[수정증보판]

대학생을 위한 **핵심 물리학**

[수정증보판]

대학생을 위한 핵심 물리학

이일수 지음

경북대학교출판부

이일수(李一洙, Ilsu Rhee)

1978년 경북대학교 문리과대학 물리학과 이학사
1981년 서울대학교 대학원 물리학과 이학석사
1989년 뉴욕주립대학 Buffalo 대학원 물리학과 Ph.D.
1989년 뉴욕주립대학 Buffalo 물리학과 연구원
2008년 워싱턴대학 Saint Louis 의과대학 방문교수
2012년 조지타운대학 물리학과 방문교수
1990년~현재 경북대학교 자연과학대학 물리학과 교수

박사학위논문 : "Finite-Size Scaling of the Superfluid Density of ^{4}He Confined Between Silicon Wafers" Phys. Rev. Lett. 63 410 (1989)
국내외 전문학술지 논문 70편 및 『극저온기술의 기초』(2007년 대한민국학술원 우수학술도서),
『현대물리학의 기초』(2009년 문화체육관광부 우수학술도서) 등 단행본 15권 저술

대학생을 위한 핵심 물리학 [수정증보판]

제1판 1쇄 2011년 10월 31일 | **제2판 1쇄** 2015년 2월 23일
지은이 이일수 | **펴낸이** 황석근 | **펴낸 곳** 경북대학교출판부
출판등록 1973년 10월 10일 ⓐ97호 | **주소** 대구광역시 북구 대학로 80
전화 053-950-6741 ~ 3 | **팩스** 053-953-4692 | **E-mail** press@knu.ac.kr
Homepage http://knupress.com

ISBN 978-89-7180-331-8 93420

값은 표지 뒷면에 있습니다.
파본은 바꾸어 드립니다.

머리말

대학생들을 위한 다양한 일반물리학(general physics) 교재가 출판되어 있다. 그러나 이들 중에서 많은 수의 물리학 교재가 미국에서 출판된 교재를 번역한 역서들이다. 이러한 교재들은 훌륭한 교재들이지만 그 내용이 너무 방대하고 책의 두께도 천 페이지를 훨씬 넘는 것들이 많다. 교재(textbook)란 되도록 많은 내용을 포함함으로써 이를 가르치는 사람들에게는 필요한 부분을 취사선택할 수 있도록 하고, 강의를 듣는 학생들에게는 참고자료가 많아서 내용을 이해하기 쉽도록 하는 것일수록 좋다. 위의 목적을 달성하려고 하니 그 내용이 방대해지고 페이지 수도 많아지게 된다. 그러나 지금은 다양한 경로를 통해 필요한 정보를 얻을 수 있는 시대이다. 따라서 교재에 모든 정보를 포함할 필요성이 없어졌다. 이에 따라 핵심적인 내용만이 포함되어 있는 물리학 교재도 훌륭한 교재가 될 수 있다.

'대학생을 위한 핵심 물리학'은 대학생들, 특히 이공계 학생들이 공부해야 하는 일반물리학분야의 핵심적인 부분만을 포함하고 있으며 이공계 학생들의 전공에 도움이 되는 물리학적 지식을 축약하여 소개하고 있다. 즉, 이 책은 역학, 진동과 파동, 유체, 열역학, 전자기 현상, 광학, 현대물리 등 7개의 분야를 설명하는 7개의 장으로 구성되어 있다. 그리고 각 장의 끝에는 학생들이 본문의 내용을 연습문제를 통해 확실히 이해할 수 있도록 하기 위해 많은 연습문제를 그 정답과 함께 수록하였다. 물리학적 원리는 그에 관련된 연습문제를 풀어 보고, 그 원리에 관련된 실험을 해 봄으로써 더욱 명확히 이해할 수 있다. 연습문제를 풀어 보는 것은 물리학적 원리가 실제적인 문제에 어떻게 적용 및 응용되는가를 이해하는 데 필요하다. 그리고 물리학실험은 물리학적 원리가 실험을 통해 어떻게 구현되는가를 눈으로 직접 봄으로써 물리학의 이해에 도움을 준다. 이와 같이 물리학의 학습에는 연습과 실험이 필수적이다. '대학생을 위한 핵심 물리학'에서는 각 장에 관련된 많은 연습문제를 해답과 함께 각 장의 끝에 배치하고 있다. 학생들이 이 문제들을 풀어 봄으로써 각 장에 언급된 물리학적 원리를 확실히 이해하고, 그 원리를 실제문제에 적용하는 응용력을 키우게 될 것이다.

아무쪼록 '대학생을 위한 핵심 물리학'을 통해 얻은 물리학적 지식이 앞으로 전공 공부를 하는 데 도움이 되고, 또한 이 책을 통해 학생들이 물리학에 대한 흥미를 가지게 되기를 기대한다.

2011년 10월 이일수

차례

제5장 전자기 현상

제6장 광학

제7장 현대물리

Physics For University Student

제1장

역학

1. Newton의 운동법칙
2. 힘의 종류
3. Newton의 제2법칙의 응용
4. 일과 에너지
5. 충돌
6. 회전운동

1. Newton의 운동법칙

Newton의 운동법칙은 아래와 같은 3개의 법칙으로 이루어져 있다. 원문에 가깝게 기술한 3개의 법칙은 아래와 같다.

- 제1법칙: 모든 물체는 알짜 외부력(unbalanced force, net force)이 없다면 그 운동상태를 그대로 유지한다. 즉, 정지한 물체는 계속 정지해 있고, 일정한 속도로 움직이는 물체는 동일한 속도로 계속 움직인다.
- 제2법칙: 운동상태의 변화(운동량의 변화)는 물체에 주어진 힘에 비례한다. 운동상태의 변화는 힘이 주어지는 방향으로 이루어진다.
- 제3법칙: 모든 작용(action)에 대해 같은 크기이고 방향이 반대인 반작용(reaction)이 항상 존재한다. 즉, 두 물체의 상호작용에 있어서 크기가 같고 방향이 반대인 힘이 두 물체에 서로 작용한다.

아래부터 위에 기술된 3개의 법칙의 물리적 의미에 대해 상세히 알아보도록 한다.

1-1. 제1법칙

제1법칙은 관성의 법칙(law of inertia)이라고도 부른다. 여기서 관성(inertia)이란 물체가 현재의 운동상태를 유지하려는 성질을 말한다. 즉, 모든 물체는 운동상태의 변화에 대해 저항한다는 것이다. 따라서 외부의 알짜 힘이 주어지지 않는다면 정지하고 있는 물체는 계속 정지하려고 하고, 일정한 속도로 움직이는 물체는 계속 일정한 속도로 움직이려고 한다.

물체의 운동상태에 대한 저항의 크기는 물체의 질량에 비례한다. 즉, 질량이 클수록 운동상태의 저항이 강하다. 따라서 질량이 클수록 관성이 크다고 할 수 있다. 질량이 큰 물체일수록 움직이게 하기 위해서는 더 큰 힘이 필요하게 된다.

고대 철학자들은 일정한 속도로 운동하고 있는 물체가 종래에는 정지하는 현상을 통해 물체가 그 운동상태를 그대로 유지하기 위해서는 외부에서 힘이 주어져야 한다고 생각했다. 그러나 Galileo는 물체는 마찰력에 의해 속도가 줄어들 뿐이라는 점을 지적하였다. 따라서 마찰력이 없다면 일정한 속도로 움직이는 물체가 그 운동상태를 유지하기 위해서 외부력이 필요 없다고 하였다.

Galileo는 그림 1-1과 같이 두 개의 동일한 경사면을 붙인 구조에서 한 경사면에서 공을 굴릴 경우 공은 다른 경사면에 거의 같은 높이까지 올라가는 것을 관찰하였다. 그는 이 실험에서 경사면의 마찰이 없을 경우 공은 정확히 같은 높이까지 올라갈 것이라고 추론하였다. 또한 오른쪽 경사면을 평편한 면으로 만들 경우 공은 같은 높이까지 올라가기 위해 영원히 굴러갈 것이므로 공의 운동상태를 바꾸기 위해 외부에서 힘이 주어질 필요가 없다는 결론을 얻을 수 있었다.

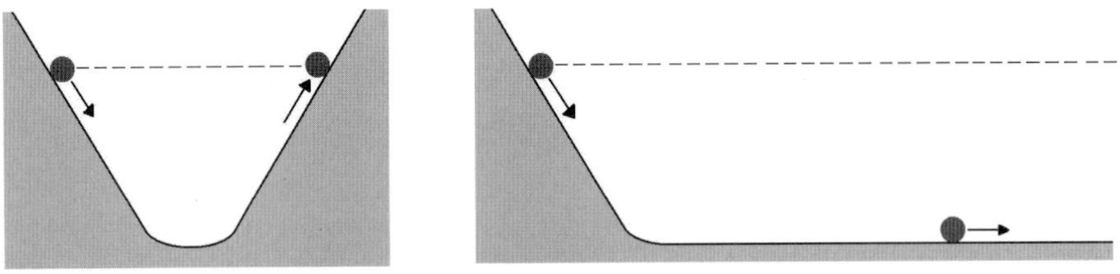

그림 1-1. Galileo의 실험과 추론

운동상태는 물체의 속도로 정의된다. 이에 따라 관성이란 속도의 변화에 저항하는 경향을 일컫는다. 외부에서 주어지는 힘이 없다면 물체의 속도는 변하지 않는다. 여기에서 외부에서 주어지는 힘이 없다는 것은 알짜 힘이 없다는 것을 뜻한다. 알짜 힘이 없다는 것은 물체에 작용하는 힘들을 벡터적으로 합성했을 경우 0이 된다는 것을 의미한다. 이 경우 물체에 작용하는 힘들은 모두 균형을 이루고 있으므로(balanced) 물체에 작용하는 알짜 힘은 0이 된다.

그림 1-2의 왼쪽 그림과 같이 상자가 책상 위에 놓여 있는 경우를 생각해 보자. 이때 상자에는 두 개의 힘이 작용하고 있다. 하나는 중력에 의한 물체의 무게로서 아래 방향으로 향하고, 다른 하나는 책상이 상자에 작용하는 수직력(normal force)으로서 위로 향하는 힘이다. 위 두 개의 힘은 크기가 같고 방향이 반대이다. 따라서 두 힘은 균형을 이루고 있고(balanced), 이에 따라 상자는 움직이지 않고 평형(equilibrium)상태에 존재한다.

다음에는 그림 1-2의 오른쪽 그림과 같은 경우를 생각해 보자. 상자는 그림에서와 같이 일정한 속도로 책상 위에서 움직이고 있다. 이 경우에도 왼쪽 그림과 같이 물체의 무게와 수직력이 균형을 이루고 있다. 그러나 위 두 개의 힘 이외에도 상자의 운동방향과 반대방향으로 작용하는 마찰력이 존재한다. 이 마찰력을 상쇄하는 힘이 존재하지 않기 때문에 이 경우에는 알짜 힘이 0이 아니다. 우리의 경험에서 알 수 있듯이 상자는 마찰력에 의해 종래에는 멈추게 될 것이다. 즉, 마찰력이 운동의 반대방향으로 작용함으로써 물체의 속도를 변화시킴을(감소시켜 정지시킴) 볼 수 있다.

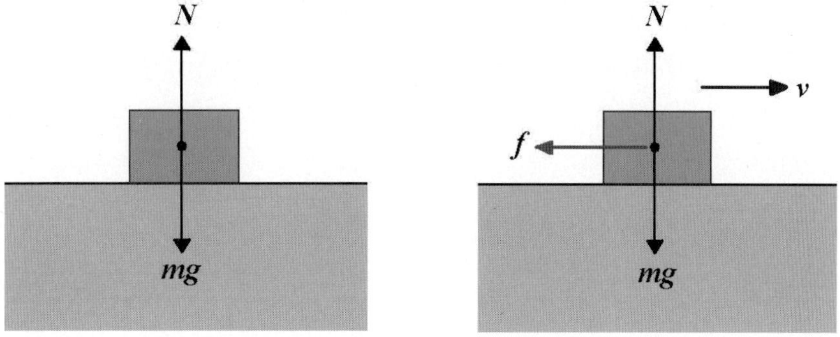

그림 1-2. 알짜 힘이 없는 경우(왼쪽), 알짜 힘이 있는 경우(오른쪽)

1-2. 제2법칙

제2법칙은 물체에 작용하는 알짜 힘은 운동상태(운동량)의 시간에 따른 변화율과 같다고 기술하고 있다. 즉,

$$\vec{F}_{\mathrm{net}} = \frac{d}{dt}(m\vec{v}) \tag{1-1}$$

로 표현된다. 만약 질량이 일정하다면 위 식은

$$\vec{F}_{\mathrm{net}} = m\frac{d\vec{v}}{dt} = m\vec{a} \tag{1-2}$$

와 같이 고쳐 쓸 수 있다. 위 식에서 $\vec{a}$는 속도의 변화율로서 가속도(acceleration)이다. 식 1-2는 일반적으로 널리 알려진 Newton의 제2법칙의 수학적 표현이다. 위 식은

$$\vec{a} = \frac{\vec{F}_{\mathrm{net}}}{m} \tag{1-3}$$

으로도 표현된다. 위 식에서 질량 m은 물체의 관성으로서 물체의 운동상태의 변화에 대한 저항을 나타낸다. 즉, 질량이 클수록 관성이 크고 가속(속도변화)시키기 어렵다. 그리고 가속도와 힘은 모두 벡터량이므로 가속의 방향은 알짜 힘의 방향이 된다. 식 1-1은 운동량($m\vec{v}$)의 보존법칙을 준다. 즉, 외부에서 작용하는 힘이 없다면 운동량은 보존된다.

속도의 단위는 $m/\sec$로 표현되고, 가속도는 속도의 시간에 따른 변화율이므로 $m/\sec^2$의 단위를 가진다. 따라서 힘의 단위는 식 1-2에서 $kg\ m/\sec^2$로 표현되는데 이를 N(Newton)으로 표기한다. 이에 따라 $1N$의 힘이란 $1kg$의 물체를 $1m/\sec^2$로 가속시키는 데 필요한 힘으로 정의할 수 있다.

1-3. 제3법칙

제3법칙은 두 물체의 상호작용에서 모든 힘은 항상 쌍(pair)으로 일어난다고 말한다. 만약 물체 A가 물체 B에 힘 $\vec{F}$를 작용(action)하면 물체 B는 이의 반작용(reaction)으로 크기는 같고 방향은 반대인 $-\vec{F}$을 물체 A에 미친다. 이에 따라 제3법칙을 작용-반작용의 법칙이라고 부른다.

그림 1-3과 같이 물체가 책상 위에 놓여 있는 경우 어떤 작용과 반작용이 있는지 보기로 하자. 첫째, 지구에 의해 물체는 지구중심 방향으로의 힘 $\vec{W}$을 받는다. 이의 반작용으로서 물체는 지구에 $-\vec{W}$의 힘을 미친다. 둘째, 책상은 물체에 수직력 $\vec{N}$를 작용한다. 이의 반작용으로서 물체는 책상에 $-\vec{N}$의 힘을 미친다.

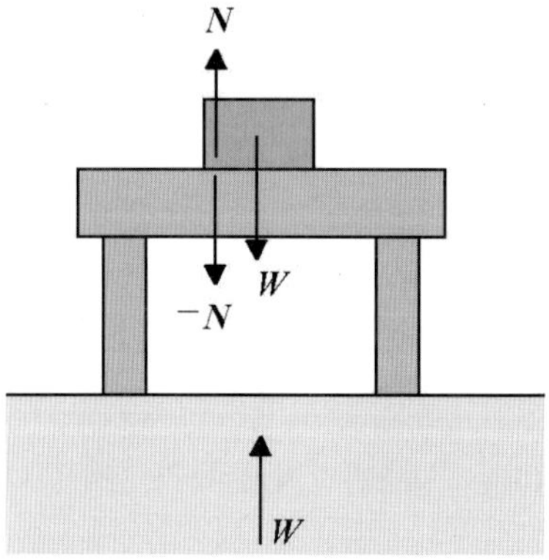

그림 1-3. 책상 위에 놓인 물체의 작용－반작용

작용-반작용을 응용한 예로서 로켓의 추진이 있다. 즉, 로켓이 지면(ground) 쪽으로 연료를 분사시키면(작용), 이의 반작용으로서 반대방향(하늘 쪽)으로 로켓의 추진력이 발생하게 된다.

2. 힘의 종류

힘(force)이란 한 물체가 다른 물체와 상호작용함에 따라 발생하는 밀고(push) 당기는(pull) 것을 말한다. 힘은 접촉할 때 발생하는 힘(접촉력)과 떨어져 있을 때에도 발생하는 힘(비접촉력) 두 가지로 대별할 수 있다. 접촉력에는 마찰력, 장력, 수직력, 복원력 등이 있고 비접촉력에는 만유인력, 전기력, 자기력 등이 있다. 아래에서는 역학부분에 관련된 힘에 대해 상세히 알아보도록 한다.

2-1. 외력

사람이나 물체에 의해 다른 물체에 주어지는 힘이 외력(applied force)이다. 사람이 손으로(근육) 손수레를 미는 것이라든지, 기계장치가 다른 물체를 당기는 것 등은 모든 외력에 속한다.

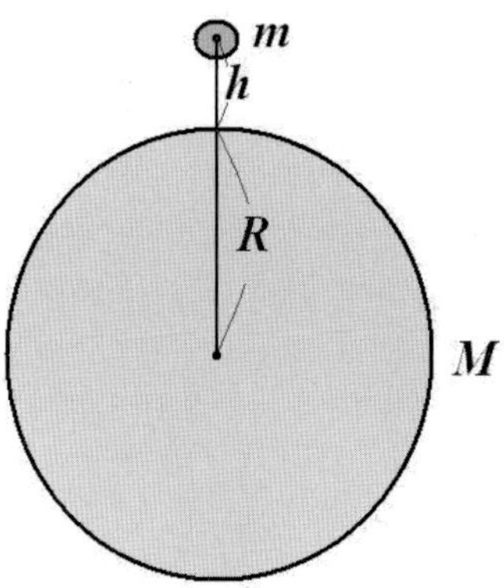

그림 1-4. 지구와 물체 사이의 만유인력

2-2. 중력

지구표면 근처에서 물체가 지구중심 방향으로 받는 힘(인력)이다. 기본적으로 이 힘은 지구와 물체 사이에 작용하는 만유인력이다. 만유인력은 질량 m_1인 물체와 질량 m_2인 물체 사이에는 힘의 크기가

$$F = \frac{Gm_1 m_2}{r^2} \tag{1-4}$$

와 같은 인력이 작용한다. 이 인력은 두 물체의 질량중심을 잇는 방향으로 작용한다. 지표에서 높이 h에 있는 질량 m인 물체와 지구 사이에 작용하는 만유인력은

$$F = \frac{GMm}{(R+h)^2} \tag{1-5}$$

로 주어진다. 여기서 M과 R은 각각 지구의 질량과 지구의 반경을 나타낸다. 지표 근방에 있는 물체의 경우 $h \ll R$이므로 식 1-5는

$$F = \frac{GMm}{R^2\left(1+\frac{h}{R}\right)^2} \approx m\frac{GM}{R^2} \equiv mg \tag{1-6}$$

로 근사적으로 표현된다. 여기서 $g \equiv \frac{GM}{R^2} \cong 9.8\,m/\mathrm{sec}^2$의 값을 가지고, 이를 중력가속도(acceleration due to gravity)라고 부른다. 이에 따라 지표 근방에 존재하는 물체는 일정가속도 g를 가진다. 그리고 지표 근방의 질량 m인 물체는 지구중심 방향으로의 힘인 mg가 작용된다. 이를 물체의 무게(weight)라고 부른다.

2-3. 수직력

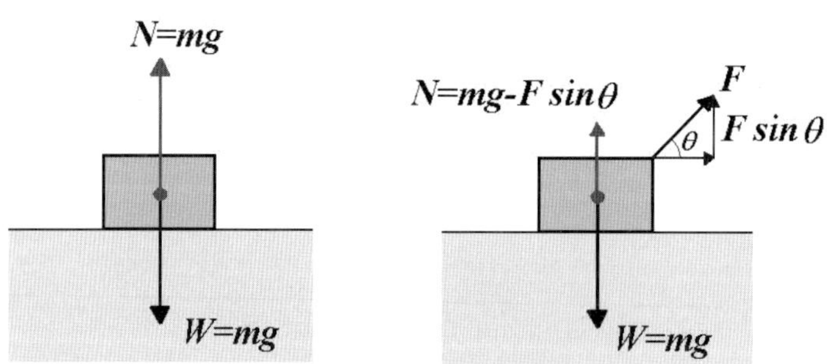

그림 1-5. 수직력

수직력(normal force)은 고정된 면(surface)에 놓여 있는 물체를 받치는(support) 힘으로서 면이 물체에 작용하는 힘이다. 수직력은 수직으로 면을 누르는 힘과 크기는 같으나 방향은 반대이다. 그림 1-5의 왼쪽 그림에서 물체가 면을 누르는 힘은 물체의 무게이므로 수직력은 mg이다. 반면에

오른쪽 그림은 힘 F가 작용하고 있는 경우인데, 이 힘 F의 위쪽 성분 $F\sin\theta$ 때문에 면을 누르는 힘이 $mg - F\sin\theta$가 되므로 이 힘의 크기와 같은 수직력이 위쪽으로 작용하게 된다. 이와 같이 수직력은 면을 수직으로 누르는 힘과 크기는 같고 방향은 반대인 힘을 말한다.

2-4. 마찰력

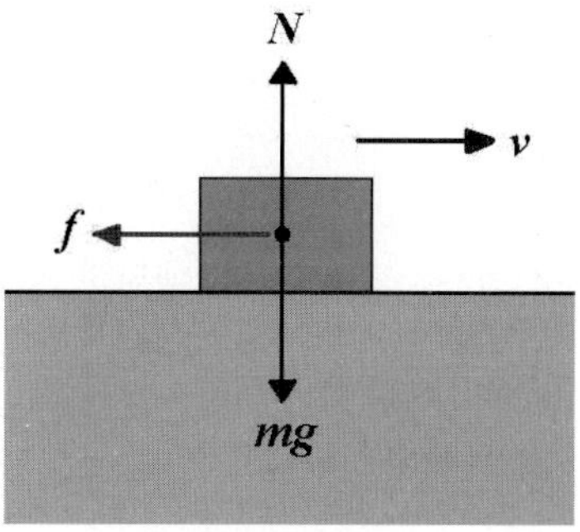

그림 1-6. 마찰력

물체가 어떤 바닥(surface)과 접촉하여 움직이거나(운동마찰), 외부 힘이 접촉하는 면에 대해 수평방향으로 물체에 작용할 때(정지마찰), 바닥의 면이 물체의 운동을 방해하는 힘이 마찰력이다. 마찰력은 두 개의 면이 접촉해 있을 때 두 면에 있는 분자들 사이에 작용하는 전기적 인력 때문에 발생한다. 마찰력은 접촉하는 두 면의 종류(마찰계수, μ)와 두 면이 서로 눌러지는 강도(수직력)에만 의존한다.

어떤 바닥에 놓여 있는 물체를 밀 때 특정 힘 이하의 힘을 작용할 경우 물체는 움직이지 않는다. 특정 힘 이상의 힘을 작용하면 그때서야 물체는 움직이기 시작한다. 이 특정 힘을 최대정지마찰력(static friction)이라고 부른다. 최대 정지마찰력은

$$f_s = \mu_s N \tag{1-7}$$

와 같이 주어진다. 여기서 μ_s는 정지마찰계수이고 N은 수직력이다.

어떤 바닥에서 움직이고 있는 물체에도 바닥면과 물체와의 접촉면에서 마찰력이 작용한다. 이 경우의 마찰력을 운동마찰력(kinetic friction)이라고 부른다. 운동마찰력은 물체에 주어진 힘과 물체의 운동상태에 무관하고 단지 수직력에만 비례한다. 여기서 비례상수는 두 접촉면의 특성에

관련된 운동마찰계수이다. 즉,

$$f_k = \mu_k N \tag{1-8}$$

와 같이 표현된다. 여기서 μ_k는 운동마찰계수이고 N은 수직력이다. 일반적으로 운동마찰계수가 정지마찰계수보다 작은 값을 가진다.

2-5. 장력

물체가 늘어지지 않는 줄(wire, rope 등)의 끝에 매달려 있거나 당겨져 있을 때 줄에 의해 작용되는 힘이다. 장력은 물체가 줄을 당기는 방향과 반대방향으로 작용한다.

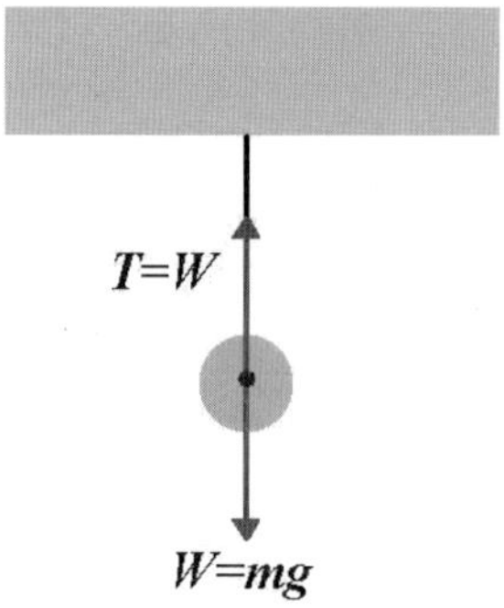

그림 1-7. 줄의 장력

2-6. 복원력

원래의 길이(natural length, 평형상태)에 대해 수축되어 있거나(compressed) 늘어나 있는(stretched) 스프링에 붙어 있는 물체에 작용하는 스프링에 의한 힘이다. 이 힘은 스프링이 원래의 길이 방향으로 복원하려고 하는 성질 때문에 발생되므로 복원력(restoring force)라고도 부른다. 복원력은 Hooke 법칙으로 $F_s = -kx$와 같이 주어진다. 여기서 k는 스프링상수(spring constant)이고 x는 평형상태에 대해 늘어나거나 줄어든 스프링의 길이를 나타낸다.

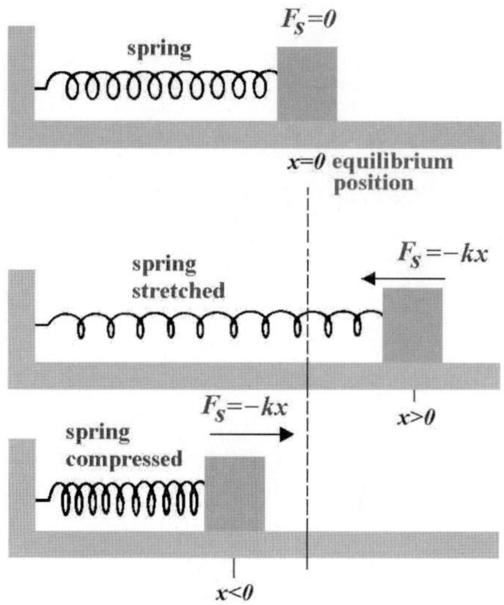

그림 1-8. 스프링에 의한 복원력

2-7. 부력

액체 속에 놓인 물체에 작용하는 힘이 부력(buoyant force)이고, 이는 Archimedes의 원리에 의해 주어진다. 기본적으로 부력은 위치에 따른 압력의 차이에 의해 발생한다. 그림 1-9에서와 같이 액체의 밀도보다 낮은 물체는 액체 속에서 뜨게 되는데, 뜨는 부분의 체적은 물체의 무게와 부력이 같아지는 조건에서 구할 수 있다. 이 부력은 Archimedes의 원리에서 액체에 잠긴 부피에 해당하는 액체의 무게와 같다. 부력에 관련된 더 상세한 내용은 유체역학 부분에서 다루게 될 것이다.

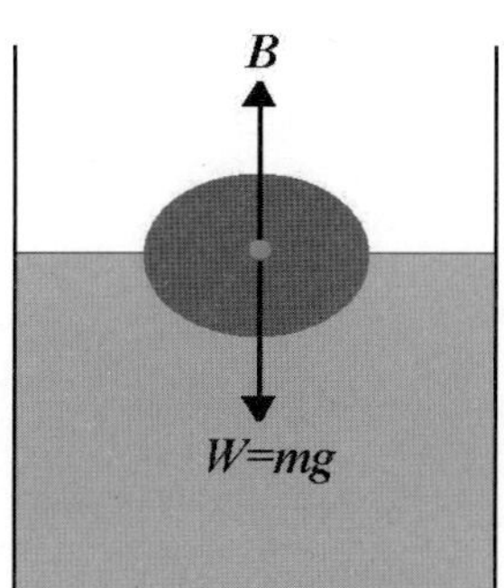

그림 1-9. 액체 속에서의 부력

2-8. 저항력

유체(액체 또는 기체)속에 물체가 움직일 때 유체를 구성하는 분자들에게서 받는 물체의 움직임에 대한 저항력(drag force)이 존재한다. 이 저항력은 대체로 속도에 비례한다. 즉, 저항력은 $F_d = -kv$로 주어진다. 이 저항력은 특히 낙하산과 관련된 운동에 관련되어 중요한 역할을 하는 힘이다.

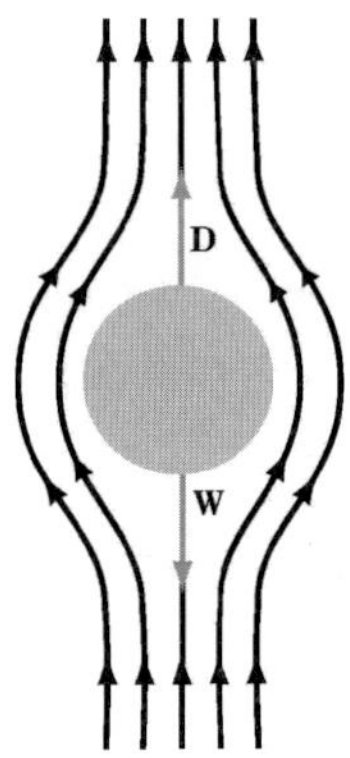

그림 1-10. 유체 속에서의 저항력

3. Newton의 제2법칙의 응용

이 절에서는 Newton의 제2법칙이 실제적인 문제에 어떻게 응용되는지에 대해 몇 가지 예제를 통해 알아보도록 한다. 일정가속도 $\vec{a}$가 작용하는 문제에 대해서 속도와 이동거리에 대한 식의 관계를 알아보자. 속도와 운동의 방향은 힘이 작용하는 방향(즉, 가속도의 방향)과 동일하므로 벡터 표시를 하지 않기로 한다. 가속도와 속도의 관계는 $a = \dfrac{dv}{dt}$이므로

$$\int_{v_0}^{v} \frac{dv}{dt} dt = \int_{t=0}^{t} a dt \Rightarrow \therefore v = v_0 + at \tag{1-9}$$

와 같이 주어진다. 여기서 가속도 a는 일정하므로 적분 밖으로 나와서 적분이 간단히 된다. 그리고 v_0는 물체의 최초($t=0$)의 속도이다. 마찬가지로 $v = \dfrac{ds}{dt}$의 관계에서 운동거리 s에 대한 식도 식 1-9를 이용하면

$$\int_{s_0}^{s} \frac{ds}{dt} dt = \int_{t=0}^{t} v_0 dt + \int_{t=0}^{t} atdt \Rightarrow \therefore s = s_0 + v_0 t + \frac{1}{2}at^2 \quad (1\text{-}10)$$

을 구할 수 있다. 여기서 s_0는 물체의 최초($t=0$)의 위치를 나타낸다. 식 1-9에서 $t=(v-v_0)/a$ 이므로 이를 식 1-10에 대입하여 정리하면

$$v^2 - v_0^2 = 2a(s - s_0) \quad (1\text{-}11)$$

을 얻을 수 있다.

3-1. 포사체 운동

포사체 운동은 지표에 대해 일정한 각도로 쏘아올린 물체의 운동에 대한 것이다. 대포에서 쏜 포탄이나 타자가 친 야구공 등의 운동이 포사체 운동의 예가 될 것이다. 포사체 운동에서는 지구중심 방향으로 일정한 중력가속도 g가 작용한다. 따라서 포사체 운동은 일정가속도운동이라고 할 수 있다.

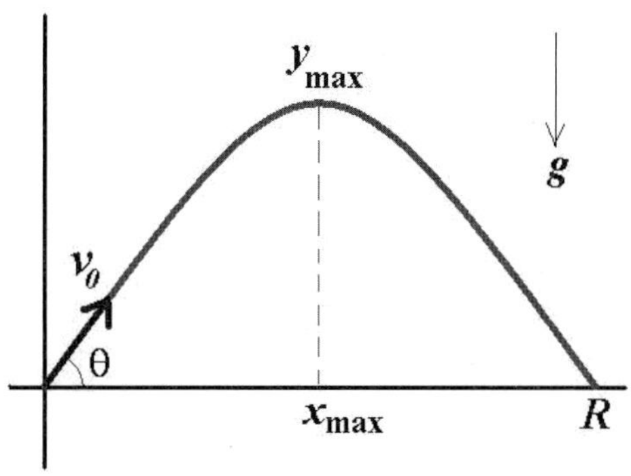

그림 1-11. 포사체의 운동궤적

포사체가 지표와 각도 θ로 초속 v_0로 운동을 시작하는 경우를 생각해 보자. y좌표를 지구중심 방향과 반대방향, x축을 포사체의 이동방향이라고 하자. 중력가속도는 $-y$방향으로만 작용하고 있다는 데 유의하자. 따라서 y방향의 속도 $v_0\sin\theta$는 중력가속도에 의해 줄어들지만, x방향의

속도 $v_0\cos\theta$는 변함이 없다. 즉,

$$x\text{-방향: 등속운동; } v_x = v_0\cos\theta \tag{1-12}$$

$$y\text{-방향: 일정가속도운동; } v_y = v_0\sin\theta - gt$$

와 같이 주어진다. 포사체가 최대높이에 도달하는 시간은 y방향의 속도가 0이 되는 때이므로 $t_{\max} = (v_0\sin\theta)/g$와 같이 구해진다. 따라서 포사체가 올라갈 수 있는 최대의 높이는

$$y_{\max} = v_0\sin\theta\, t_{\max} - \frac{1}{2}gt_{\max}^2 \rightarrow \therefore y_{\max} = \frac{v_0^2\sin^2\theta}{2g} \tag{1-13}$$

이다. 포사체가 날아갈 수 있는 최대의 거리 R은 포사체가 날아가는 시간은 최대높이까지 걸리는 시간의 2배라는 사실과 x방향의 속력은 $v_0\cos\theta$로 일정하다는 것을 이용하면

$$R = v_0\cos\theta(2t_{\max}) = \frac{2v_0^2\sin\theta\cos\theta}{g} = \frac{v_0^2\sin 2\theta}{g} \tag{1-14}$$

와 같이 구할 수 있다. 여기서 포사체는 발사각이 45°일 때 가장 멀리 날아간다는 것을 알 수 있다. 그리고 지표에서 수직으로(지구중심 방향의 반대) 쏘아 올리는 물체의 운동은 위 식들에서 $\theta = 90^o$를 대입하면 구할 수 있다.

3-2. 마찰력이 관련되어 있는 운동

고정된 면 위에서 움직이는 물체의 운동에는 마찰력이 관련되어 있다. 이 절에서는 경사면에서 물체가 미끄러져 내려오는 경우를 예로 보기로 한다. 그림 1-12의 왼쪽 그림은 마찰이 없는 면에서 물체에 미치는 힘을 표시한 것이고, 오른쪽 그림은 마찰력 f가 작용하는 경우의 힘들을 나타낸 것이다. 경사면에 놓여 있는 물체에 작용하는 힘에는 무게, 수직력, 마찰력이 있다. 무게는 중력에 의한 것이고, 수직력은 물체의 면과 경사면의 접촉에 의한 것으로 경사면을 수직으로 누르는 힘과 크기는 같고 방향은 반대라는 것을 앞 절에서 보았다. 그리고 마찰력은 수직력에 비례하고 비례상수는 운동마찰계수임을 알고 있다.

그림 1-12의 왼쪽 그림에서 수직력을 구해 보기로 하자. 수직력을 구하기 위해서는 경사면을

수직으로 누르는 힘을 먼저 구해야 한다. 경사면을 수직으로 누르는 힘은 무게 mg를 경사면에 수직한 힘과 경사면에 수평한 면으로 나눔으로써 구할 수 있다. 즉, 경사면을 수직으로 누르는 힘은 그림에서와 같이 $mg\cos\theta$임을 알 수 있다. 따라서 수직력은 $N = mg\cos\theta$이다. 물체는 경사면에 접촉하여 아래로 내려온다. 이에 따라 경사면에 수직한 방향으로의 운동은 없으므로 이 방향으로의 알짜 힘은 없다. 이는 무게의 경사면에 수직한 힘인 $mg\cos\theta$가 수직력 N과 같음으로써 만족됨을 알 수 있다. 경사면을 따라 가속되는 물체의 가속도는 힘 $mg\sin\theta$에 의한 것이므로 $F = ma$에서 $a = g\sin\theta$임을 알 수 있다.

다음에는 경사면에 마찰력이 존재하는 경우인 그림 1-12의 오른쪽 그림에 대한 경우를 생각해 보자. 이 경우에도 경사면에 수직한 운동은 없으므로 그 방향으로의 힘이 균형을 이루어야하므로 $N = mg\cos\theta$을 만족하여야 한다. 반면에 경사면 방향으로의 힘에는 마찰력 f가 존재하므로 경사면 방향으로의 알짜 힘은 $mg\sin\theta - f$이다. 그리고 마찰력 f는 $\mu_k N$이므로 알짜 힘은 $mg\sin\theta - \mu_k mg\cos\theta$이다. 따라서 경사면 방향의 물체의 가속도는

$$a = g\sin\theta - \mu_k g\cos\theta \tag{1-15}$$

임을 알 수 있다. 마찰력이 있는 경우 마찰력이 운동의 반대방향으로 작용함으로써 마찰이 없는 경우보다 가속도가 떨어짐을 볼 수 있다.

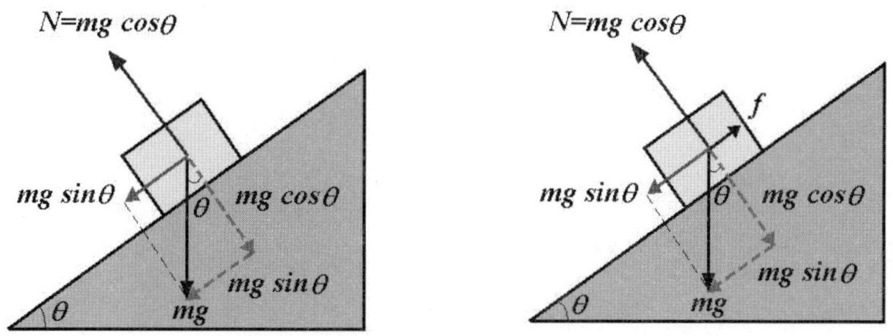

그림 1-12. 경사면에서의 물체의 운동

그림 1-13에서와 같이 일정한 크기의 힘 F가 경사면에 대해 각 θ방향으로 작용하는 경우를 보기로 하자. 이 경우 힘 F의 성분 $F\sin\theta$는 경사면에 대해 수직상향으로 작용하므로 경사면을 누르는(수직하향) 힘은 $mg\cos\theta - F\sin\theta$이다. 따라서 수직력은 $N = mg\cos\theta - F\sin\theta$이다.

힘 F의 작용에 의해 물체가 경사면의 위로 움직이는 경우를 가정하면, 마찰력은 운동방향과 반대방향으로 작용하므로 경사면 방향으로 물체에 작용하는 알짜 힘은

$$F_{\rm net} = F\cos\theta_2 - mg\sin\theta_1 - \mu_k N = F\cos\theta_2 - mg\sin\theta_1 - \mu_k(mg\cos\theta_1 - F\sin\theta_2) \quad (1\text{-}16)$$

이다. 따라서 물체의 가속도는 $F_{\rm net} = ma$에서

$$a = \frac{F}{m}(\cos\theta_2 + \mu_k\sin\theta_2) - g(\sin\theta_1 + \mu_k\cos\theta_1) \quad (1\text{-}17)$$

이 된다. 반면에 힘 F의 작용에도 불구하고(힘 F가 크지 않는 경우) 물체가 경사면을 따라 내려오는 경우의 가속도는

$$a = g(\sin\theta_1 - \mu_k\cos\theta_1) + \frac{F}{m}(\mu_k\sin\theta_2 - \cos\theta_2)a \quad (1\text{-}18)$$

이 됨을 확인할 수 있다.

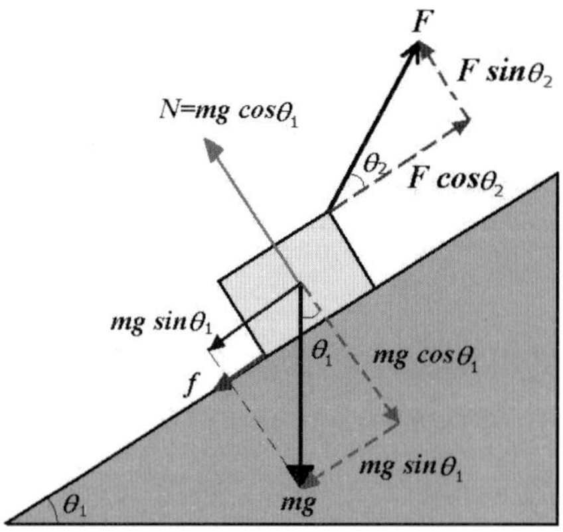

그림 1-13. 일정한 힘 F가 작용하는 경우

3-3. 원운동

원운동은 물체가 원 궤도를 도는 운동을 말한다. 줄에 매달린 돌을 회전시켜 원 궤도를 돌게 하거나, 경주용 자동차가 원형도로를 달리는 경우가 원운동에 해당된다. 행성들이 태양주위를 도는 것도 거의 원 궤도(실제로는 타원궤도)에 가까우므로 원운동에 해당된다. 여기서 주의할 점은 원운동은 등속력운동이지, 등속도운동은 아니라는 것이다. 등속력운동에서는 속도의 크기는 같으나 속도의 방향이 계속 바뀌기 때문에 물체가 원운동을 계속 유지하기 위해서는 힘의 공급이 필요하다. 즉, $\vec{F} = m\frac{d\vec{v}}{dt}$ 에서 속도 $\vec{v}$가 바뀌므로 힘이 필요한 것이다. 원운동을 계속하게 하는 힘을 구심력이라고 한다. 그리고 강체(rigid body)가 회전운동을 할 때 강체의 각 지점은 원운동을 한다. 이러한 강체의 회전운동에 대해서는 아래의 절에서 상세히 다루기로 한다.

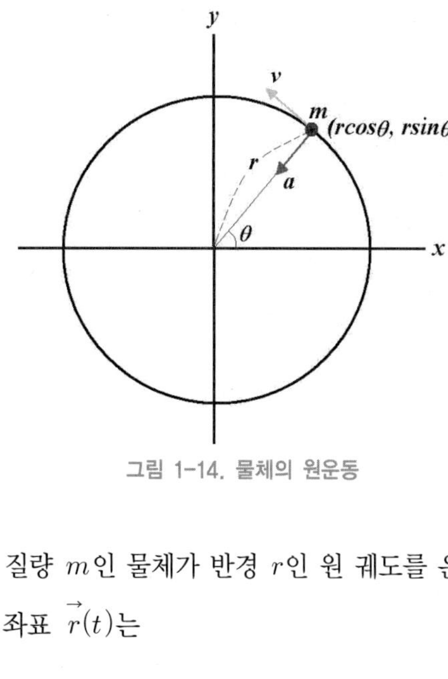

그림 1-14. 물체의 원운동

그림 1-14에서와 같이 질량 m인 물체가 반경 r인 원 궤도를 운동하는 경우를 생각해 보자. 임의의 시간에서 물체의 좌표 $\vec{r}(t)$는

$$\vec{r}(t) = r\cos\theta\,\hat{i} + r\sin\theta\,\hat{j} \tag{1-19}$$

와 같이 표현된다. 여기서 각도 θ가 시간에 따라 변하는 양이다. 그리고 식 1-19를 이용하면 임의의 시간에서 물체의 속도는

$$\vec{v}(t) = \frac{d\vec{r}(t)}{dt} = -r\sin\theta\frac{d\theta}{dt}\hat{i} + r\cos\theta\frac{d\theta}{dt}\hat{j} \tag{1-20}$$

와 같이 구해진다. 원운동을 하는 물체의 각속도 $d\theta/dt$가 일정한 경우($d\theta/dt \equiv \omega$) 위 식은

$$\vec{v}(t) = -r\sin\theta\,\omega\,\hat{i} + r\cos\theta\,\omega\,\hat{j} \tag{1-21}$$

로 고쳐 쓸 수 있다. 속도의 크기는 $v = \sqrt{v_x^2 + v_y^2} = r\omega$로 주어진다. 그리고 식 1-19와 1-21에서 $\vec{r}(t) \cdot \vec{v}(t) = 0$이므로 $\vec{r}(t)$와 $\vec{v}(t)$는 서로 수직이다. 이는 임의의 시간에서 물체의 속도가 항상 원 궤도의 접선방향임을 나타낸다. 그림 1-14에 이를 보여 주고 있다. 그리고 가속도는 식 1-21을 다시 미분함으로써

$$\vec{a}(t) = -r\cos\theta\,\omega^2\hat{i} - r\sin\theta\,\omega^2\hat{j} = -\omega^2\vec{r}(t) \tag{1-22}$$

로 표현된다. 위 식에서 가속도는 원궤도의 중심방향($-\vec{r}(t)$)으로 작용하고 있음을 나타내고 있다. 그리고 가속도의 크기는 $a = \sqrt{a_x^2 + a_y^2} = r\omega^2$이다. 위와 같이 원궤도의 중심을 향하는 가속도를 구심가속도라고 부른다. 그리고 $F = ma = mr\omega^2$이 원운동을 계속하게 만드는 구심력이 된다. 원운동의 속도의 표현인 $v = r\omega$을 이용하면 구심력은 $F = \frac{mv^2}{r}$와 같이 속도만의 표현으로 고쳐 쓸 수 있다.

4. 일과 에너지

이 절에서는 일에 대한 정의와 이에 따른 운동에너지와 포텐셜에너지에 대해 알아보기로 한다. 그리고 일-에너지 정리와 에너지보존칙에 대해서도 검토해 보고자 한다.

4-1. 일(work)

시간에 따라 변하지 않는 힘 $\vec{F}$가 물체에 작용하여 물체가 직선적으로 $\vec{s}$방향으로 움직였다고 할 경우 힘이 물체에 한 일은

$$W = \vec{F} \cdot \vec{s} \tag{1-23}$$

와 같이 정의된다. 위 식에서 두 벡터의 스칼라 곱(dot product)이 되어야 하는 이유는 아래와 같다. 그림 1-15에서 보듯이 물체에 비스듬한 힘 $\vec{F}$가 물체를 끌어 물체가 직선거리 $\vec{s}$를 이동한 경우를 고려해 보자. 힘의 성분 중에 $\vec{s}$방향으로의 힘 $F_{\parallel} = F\cos\theta$만이 물체를 이동시키는 데 사용하였음을 볼 수 있다. $\vec{s}$방향에 수직인 힘 $F_{\perp}$은 물체를 이동시키는 데 전혀 도움이 되지 못했다. 이에 따라 힘 $\vec{F}$가 물체를 $\vec{s}$ 이동시키는 데 한 일은

$$W = \vec{F} \cdot \vec{s} = Fs\cos\theta \tag{1-24}$$

와 같이 주어짐을 알 수 있다. 여기서 θ는 힘 $\vec{F}$와 이동거리 $\vec{s}$ 사이의 각도이다.

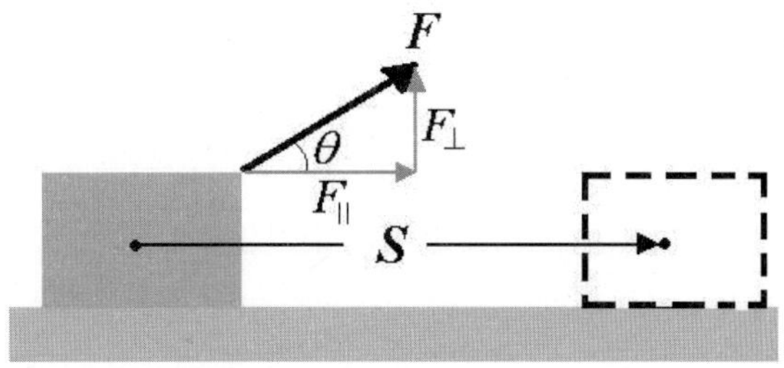

그림 1-15. 일에서의 스칼라 곱의 정의

힘이 일정하지 않거나 물체의 이동거리가 직선적이지 않을 경우 힘이 물체에 한 일에 대한 일반적인 정의는

$$W = \int_{s_1}^{s_2} \vec{F} \cdot d\vec{s} \tag{1-25}$$

로 주어진다. 각 지점에서 작용하는 힘과 물체의 이동방향에 대한 곱 $\vec{F} \cdot \overrightarrow{ds}$ 를 물체가 이동하는 경로에 따라 적분한 것이다. 어떤 운동의 경우에는 힘이 물체에 한 일이 항상 0이 되는 경우도 있다. 즉, 원운동의 경우(그림 1-14) 구심력의 방향과 물체의 운동방향은 항상 수직이다. 따라서 구심력이 물체에 한 일은 0이 된다. 일의 단위는 $N \cdot m$인데 이를 J(Joule)로 표현한다. 1Joule은 1N의 힘을 작용하여 물체를 1m 이동시켰을 때의 일로 정의된다.

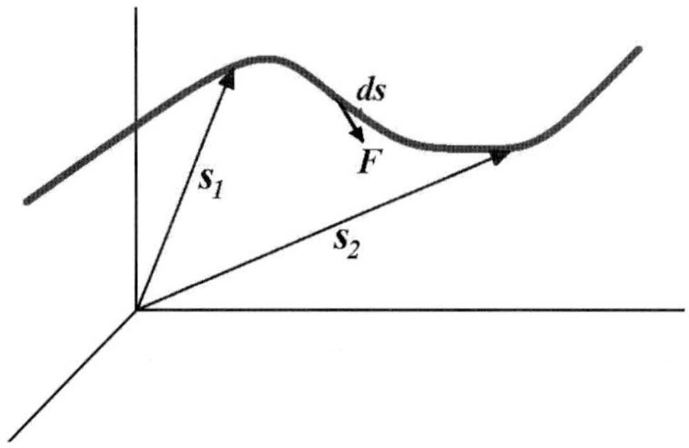

그림 1-16. 힘이 위치에 따라 변하는 경우의 힘이 하는 일

4-2. 운동에너지

Newton의 제2법칙은 $\frac{d\vec{p}}{dt}=\vec{F}$로 주어지고, 질량이 변하지 않는 경우 $m\frac{d\vec{v}}{dt}=\vec{F}$로 고쳐 쓸 수 있다. 이 식의 양변에 속도 벡터 $\vec{v}$를 스칼라 곱을 하면

$$m\vec{v} \cdot \frac{d\vec{v}}{dt}=\vec{F} \cdot \vec{v} \Rightarrow \frac{1}{2}m\frac{d}{dt}(\vec{v} \cdot \vec{v})=\vec{F} \cdot \vec{v} \qquad (1\text{-}26)$$

을 얻을 수 있다. 위 식을 시간 dt(이 사이에 물체는 위치 1에서 위치 2로 이동)에 대해 적분하면

$$\int_1^2 \frac{1}{2}m\frac{d(v^2)}{dt}dt=\int_1^2 \vec{F} \cdot \vec{v}\,dt \Rightarrow \therefore \frac{1}{2}mv_2^2-\frac{1}{2}mv_1^2=\int_1^2 \vec{F} \cdot d\vec{s} \qquad (1\text{-}27)$$

을 얻는다. 여기서 $\vec{v}\,dt=d\vec{s}$를 이용하였다. 위 식에서 오른쪽 항은 물체가 위치 1에서 위치 2로 이동하는 데 힘이 물체에 해 준 일이다. 그리고 왼쪽의 물리량 $\frac{1}{2}mv^2$을 운동에너지(kinetic energy, 앞으로 K로 표시함)로 정의한다. 따라서 식 1-27은 물체에 일을 해 줌으로써 물체의 운동에너지가 변한다는 것을 표현하고 있다. 즉, 물체의 운동에너지는 어떤 힘이 물체에 일을 해 주어야 변한다는 것을 나타낸다. 식 1-27은

$$\frac{1}{2}mv_2^2-\frac{1}{2}mv_1^2=\int_1^2 \vec{F} \cdot d\vec{s}=W_{1\to 2} \qquad (1\text{-}28)$$

로 표현할 수 있다. 위 관계식을 일-에너지 정리(work-energy theorem)라고 부른다.

4-3. 포텐셜에너지

지표에 있는 질량 m인 물체를 들어 올리는 경우를 생각해 보자. 질량 m은 지구에 의한 중력을 받고 있으므로 이를 이기고 물체를 들어올리기 위해서는 외부에서 일을 해 주어야 한다. 질량 m을 지표에서 높이 y까지 들어올리기 위해 우리가 해 주어야 하는 일은

$$W_{0\rightarrow y} = \int_{0}^{y}(-mg)dy = -mgy \qquad (1\text{-}29)$$

와 같다. 이렇게 높이 y로 올라간 질량 m인 물체는 그 위치에서 놓일 경우 잠재적으로 mgy의 일을 할 수 있는 능력을 가진다. 이렇게 저장된 에너지(물체를 들어올리기 위해 우리가 사용한 에너지)를 중력포텐셜에너지(gravitational potential energy)라고 부른다. 식 1-29에서는 기준점(중력포텐셜에너지가 0인 위치)으로 잡은 지표에서 높이 y까지 이동하는 데 우리가 사용한 에너지를 나타내었다. 따라서 지표에서 y 떨어진 높이에 있는 질량 m인 물체는 mgy의 중력포텐셜에너지를 가진다고 할 수 있다. 포텐셜에너지를 U로 표시하는데 이를 이용하면

$$U(y) = mgy \qquad (1\text{-}30)$$

와 같이 표현된다. 위와 같이 중력포텐셜에너지는 기준점에서 떨어진 위치 y만의 함수이다. 이렇게 위치에만 관련되는 포텐셜에너지를 주는 힘(위 경우 중력)을 보존력(conservative force)이라고 부른다. 보존력의 경우 포텐셜에너지가 위치에만 관련되므로 물체를 한 위치에서 다른 위치로 이동하는 데 사용한 힘은 단지 두 위치의 끝점에만 관련되지, 물체를 이동한 경로에는 무관하다. 예를 들어 중력 하에서 물체를 지표에서 임의의 높이 y_1에서 y_2로 이동시키는 데 드는 일은

$$W_{y_1\rightarrow y_2} = \int_{y_1}^{y_2}(-mg)dy = -mg(y_2 - y_1) = -[U(y_2) - U(y_1)] \qquad (1\text{-}31)$$

와 같이 구해진다. 이 식에서 보듯이 물체를 높이 y_1에서 y_2로 이동시키는 데 사용해야 하는 일은 단지 그 끝점 y_1과 y_2에만 관련되어 있다. 우리가 물체를 이동한 경로와는 무관하다는 것을 알 수 있다. 또한 물체가 원래 상태로 돌아올 경우(순환과정, $y_2 = y_1$) 우리가 물체에 한 일은 0이 됨을 볼 수 있다. 그림 1-17에서 보듯이 물체 m을 y_1에서 y_2로 이동시키는 데 드는

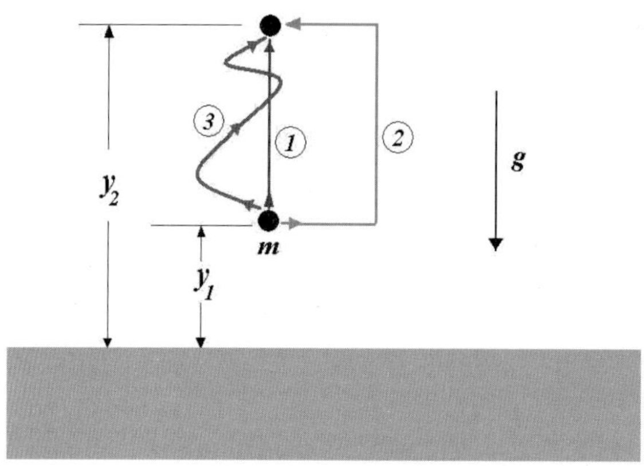

그림 1-17. 중력은 보존력

일은 시작점과 끝점에만 관련되고 그 경로(①, ②, ③)에는 무관함을 보여 주고 있다.

스프링 상수 k인 스프링을 평형상태보다 길이 x만큼 늘리거나 줄이기 위해서는 외부에서 복원력을 이겨서 일을 해 주어야 한다. 이렇게 해 준 일이 스프링에 저장되고 이를 탄성포텐셜에너지(elastic potential energy)라고 부른다. 평형상태($x = 0$)를 기준점으로 잡을 경우 길이 x를 변화시키는 데 드는 일은

$$W_{0\to x} = \int_0^x (-kx)dx = -\frac{1}{2}kx^2 \qquad (1\text{-}32)$$

로 계산된다. 따라서 평형상태에서 x만큼 변화된 스프링이 가지는 탄성포텐셜에너지는

$$U = \frac{1}{2}kx^2 \qquad (1\text{-}33)$$

와 같이 표현된다. 탄성포텐셜에너지도 거리 x만의 함수로 주어지므로 스프링의 복원력은 보존력이다.

두 물체 m_1과 m_2에 작용하는 만유인력의 경우를 생각해 보자. 만유인력은 $F = -\frac{Gm_1m_2}{r^2}$로 표현된다. 만유인력의 경우 힘이 $1/r^2$의 형태이므로 기준점을 ∞로 잡는 것이 편리하다. 기준점인 ∞에서 물체 m_2를 물체 m_1에서 r 떨어진 위치까지 이동시키는 데 드는 일은

$$W_{\infty\to r} = \int_{\infty}^{r}\left(-\frac{Gm_1m_2}{r^2}\right)dr = \frac{Gm_1m_2}{r} \tag{1-34}$$

로 주어진다. 따라서 만유인력 포텐셜은

$$U = -\frac{Gm_1m_2}{r} \tag{1-35}$$

와 같이 주어진다. 만유인력 포텐셜도 두 물체 사이의 거리만의 함수이므로 보존력에 해당된다.

비보존력(nonconservative force)의 대표적인 예로서는 마찰력과 항력(drag force) 등이다. 마찰력의 경우를 생각해 보자. 마룻바닥에 놓인 상자를 1의 위치에서 2의 위치로 이동시키는 경우에 있어서 우리가 마찰을 이겨 상자를 움직이는 데 사용한 일은 경로에 따라 다름을 쉽게 알 수 있다. 1의 위치와 2의 위치를 이동하는 데 경로가 길면 길수록 사용하는 일의 양이 크기 때문에 보존력이 아닌 것이다. 보존력이라면 우리가 사용한 일이 시작점인 1의 위치와 끝점인 2의 위치가 같다면 경로에 따라 무관할 텐데, 그렇지 않기 때문에 마찰력은 비보존력이다.

4-4. 에너지보존칙

일-에너지 정리(식 1-28)는

$$\frac{1}{2}mv_2^2 - \frac{1}{2}mv_1^2 = W_{1\to 2} = \int_1^2 \vec{F}\cdot d\vec{s} \tag{1-36}$$

와 같이 주어졌고, 보존력만 있는 경우 포텐셜에너지의 정의(식 1-31)에 의해

$$W_{1\to 2} = -[U(2) - U(1)] \tag{1-37}$$

이므로, 위 두 식을 결합함으로써

$$\frac{1}{2}mv_1^2 + U(1) = \frac{1}{2}mv_2^2 + U(2) \tag{1-38}$$

을 얻을 수 있다. 식 1-38을 역학적에너지(mechanical energy)보존칙이라고 한다. 즉, 보존력만이 존재하는 경우 역학적에너지는 보존됨을 알 수 있다.

다음에는 물체에 작용하는 힘 중에서 비보존력이 있는 경우를 생각해 보자. 이 경우 일은 보존력이 한 일과 비보존력이 한 일의 합이므로

$$W_{1\to2} = W^{c}_{1\to2} + W^{nc}_{1\to2} \tag{1-39}$$

로 표현할 수 있다. 그런데 보존력에 의해 한 일과 포텐셜에너지 사이의 관계는 식 1-37로 주어지므로 위 식은

$$W_{1\to2} = U(1) - U(2) + W^{nc}_{1\to2} \tag{1-40}$$

와 같이 표현된다. 위 식에 일-에너지 정리인 식 1-36을 적용하면

$$\frac{1}{2}mv_2^2 - \frac{1}{2}mv_1^2 = U(1) - U(2) + W^{nc}_{1\to2} \tag{1-41}$$

을 얻을 수 있다. 그리고 위 식을 정리하면

$$[K(2) + U(2)] - [K(1) + U(1)] = W^{nc}_{1\to2} \tag{1-42}$$

와 같은 에너지보존칙을 얻을 수 있다. 위 식에서 운동에너지를 K로 표시하였다. 마찰력과 같은 비보존력은 물체의 운동방향과 반대이므로 비보존력이 존재하는 경우 역학적에너지는 줄어듦을 볼 수 있다.

예제 1 그림과 같이 상자와 면의 운동마찰계수가 μ_k인 평편한 면을 상자가 초속 v로 이동한다. 이후 물체는 마찰력에 의해 멈추게 될 것이다. 물체가 이동하는 거리를 구하라.

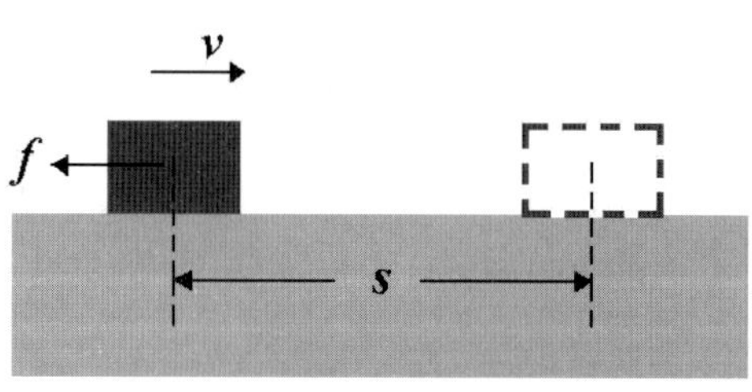

답. 상자와 바닥면 사이의 마찰력에 의한 일에 의해 상자의 운동에너지가 완전히 소진되면 상자는 멈추게 될 것이다. 상자가 거리 s를 이동한 후 멈추었다고 할 경우 운동에너지는 $\frac{1}{2}mv^2$에서 0으로 변하고, 마찰력에 의해 한 일은 $f \cdot s$이다. 비보존력이 있는 경우의 에너지보존칙인 식 1-41을 사용하면

$$\frac{1}{2}mv^2 - 0 = \mu_k mg\, s \qquad (1\text{-}43)$$

을 얻을 수 있다. 따라서 상자가 멈출 때까지 이동한 거리는 $s = \frac{v^2}{2\mu_k g}$이다.

예제 2 높이 h에 있는 질량 m인 상자가 경사면(경사각, θ)을 따라 내려오는 경우를 생각해 보자. 경사면과 상자 사이의 운동마찰계수는 μ_k이다. 비탈면 아래에서의 상자의 속도를 구하라. 마찰이 없는 경우의 속도와 비교하라.

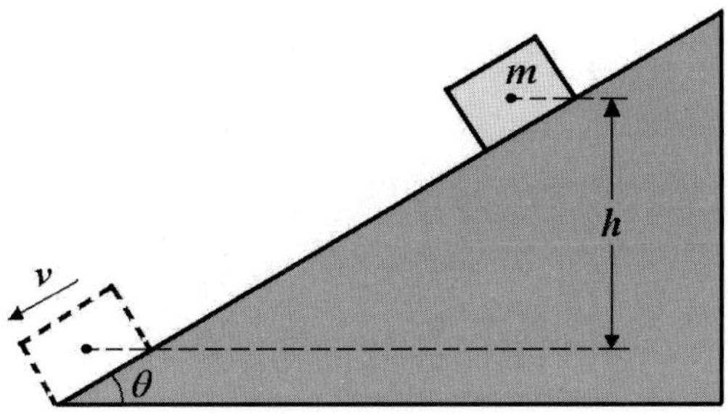

답. 비탈면과 상자 사이에 마찰이 없다면 상자의 중력위치에너지가 비탈면의 바닥에서는 모두 상자의 운동에너지로 변할 것이다. 즉,

$$mgh = \frac{1}{2}mv^2 \qquad (1\text{-}44)$$

을 얻는다. 따라서 비탈면의 바닥에서의 상자의 속도는 $v = \sqrt{2gh}$ 임을 알 수 있다.

반면에 마찰이 존재한다면 높이 h에 있는 상자의 중력위치에너지 중 일부는 마찰력에 의해 소비되고 그 나머지의 에너지가 상자의 운동에너지가 될 것이다. 즉,

$$mgh - \mu_k mg\cos\theta \frac{h}{\sin\theta} = \frac{1}{2}mv^2 \tag{1-45}$$

이다. 여기서 상자가 비탈면을 내려오는 거리는 $h/\sin\theta$를 사용하였다. 따라서 비탈면의 바닥에서의 상자의 속도는

$$v = \sqrt{2gh - 2\mu_k g\, h cot\theta} = \sqrt{2gh(1-\mu_k cot\theta)} \tag{1-46}$$

와 같이 주어진다. 이 값은 마찰이 없는 경우의 속도인 $\sqrt{2gh}$ 보다 작음을 볼 수 있다.

예제 3 스프링 상수 k인 스프링을 질량 m인 물체로 밀어 스프링의 길이를 평형상태보다 x만큼 수축시켰다고 하자. 면과 상자 사이의 운동마찰계수는 μ_k이다. 상자가 스프링을 완전히 떠날 때의 속도를 구하라.

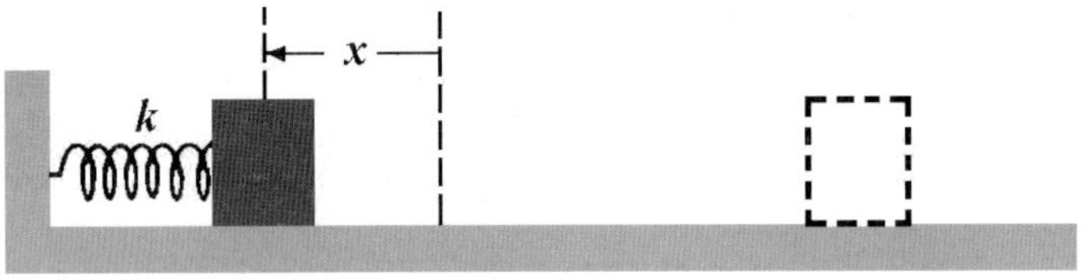

상자와 바닥면 사이에 마찰이 없다면 상자는 에너지보존칙인

$$\frac{1}{2}kx^2 = \frac{1}{2}mv^2 \tag{1-47}$$

에서 구한 $v = \sqrt{k/m}\ x$의 속도로 계속 움직일 것이다. 그러나 상자와 바닥면에 마찰이 있다면(마찰계수, μ_k) 문제는 조금 복잡해진다. 물체가 거리 x만큼 움직여 스프링을 완전히 떠나기까지 상자와 바닥면 사이에는 마찰이 작용한다. 따라서 스프링의 탄성위치에너지 중 일부는 이때 마찰력에 의한 일로 소비되고, 남은 에너지가 상자의 운동에너지가 된다. 즉,

$$\frac{1}{2}kx^2 - \mu_k mg\, x = \frac{1}{2}mv^2 \tag{1-48}$$

에서 상자가 스프링을 완전히 떠나는 순간의 속도를 구할 수 있다. 그리고 이후 상자는 식 1-48에

주어진 속도로 진행하게 되는데, 상자와 바닥면 사이에는 마찰력이 계속 작용하기 때문에 운동에너지가 소비되어 종래에는 멈추게 될 것이다.

5. 충돌

물체들이 충돌하는 경우 각 물체에 작용하는 힘은 시간에 따라 변한다. 골프채로 골프공을 치는 경우를 생각해 보자. 그림 1-18에 골프공이 받는 힘의 시간에 따른 변화를 개략적으로 보여주고 있다. 작용-반작용의 법칙에 의해 동일한 힘이 골프공에게서부터 골프채에게도 전해진다. 그림에서 보듯이 충돌하는 순간부터 골프채가 골프공에 힘을 미치기 시작하며, 이 힘이 최대로 된 후, 골프공이 골프채와 분리되는 순간 골프공에 미치는 힘이 0이 된다. 골프채와 골프공이 접촉해 있는 시간을 충돌시간이라 하는데 이를 Δt로 나타내자. 그림에서 $\overline{F}$는 힘이 미치는 Δt 동안 골프채에 의해 골프공에 미치는 평균적인 힘을 나타낸다. 따라서 힘의 시간에 따른 변화를 적분한 값과 $\overline{F}\Delta t$의 값은 동일하다.

충돌에서 $\overline{F}$의 힘이 짧은 Δt 동안 작용하여 질량 m인 물체의 속도가 $\overrightarrow{v_1}$에서 $\overrightarrow{v_2}$로 변했다고 할 때

$$\overline{F} = m\vec{a} = \frac{m\overrightarrow{v_2} - m\overrightarrow{v_1}}{\Delta t} \tag{1-49}$$

와 같이 표현된다. 따라서

$$\overline{F}\Delta t = m\overrightarrow{v_2} - m\overrightarrow{v_1} = \Delta\vec{p} \tag{1-50}$$

이다. 위 식에서 $\overline{F}\Delta t$를 충격량(impulse)이라고 한다. 이 충격량에 의해 물체의 운동량이 변한다. 동일한 운동량의 변화에 대해 충돌시간 Δt에 따라 물체가 단위시간당 받는 평균적인 힘은 다르다. 예를 들어 사람이 높은 빌딩에서 떨어질 때 땅에 그대로 머리를 부딪치게 되는 경우 충돌시간은 10ms 정도로 아주 짧다. 따라서 머리에 가해지는 평균적인 힘은 엄청나다. 그러나 스턴트맨이 높은 빌딩에서 공기로 채워진 매트리스에 떨어지는 경우 매트리스의 작용에 의해 감속되어 머리가 땅에 부딪히게 되는 충돌시간은 2초 정도가 된다. 이에 따라 머리가 그대로 땅에 부딪히는 경우보다 평균적인 힘이 2백분의 1 정도이므로 무사하게 된다.

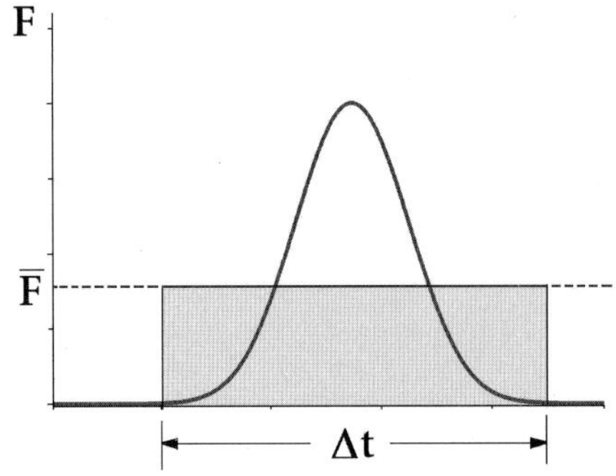

그림 1-18. 충돌시간과 충격량

그림 1-19에서와 같이 1차원적으로 두 물체가 충돌하는 경우를 생각해 보자. 충돌 전의 물체 m_1과 m_2의 속도는 각각 v_1과 v_2이고, 충돌 후의 두 물체의 속도는 각각 v_1'과 v_2'이다. 따라서 충돌하는 순간 m_1과 m_2가 받는 충격량은 각각

$$-\overline{F}\Delta t = m_1 v_1' - m_1 v_1 \tag{1-51}$$

$$\overline{F}\Delta t = m_2 v_2' - m_2 v_2$$

으로 주어진다. 위의 두 식을 더하면

$$m_1 v_1 + m_2 v_2 = m_1 v_1' + m_2 v_2' \tag{1-52}$$

을 얻는다. 위 식은 충돌 전과 후의 운동량은 보존된다는 것을 나타내고 있다.

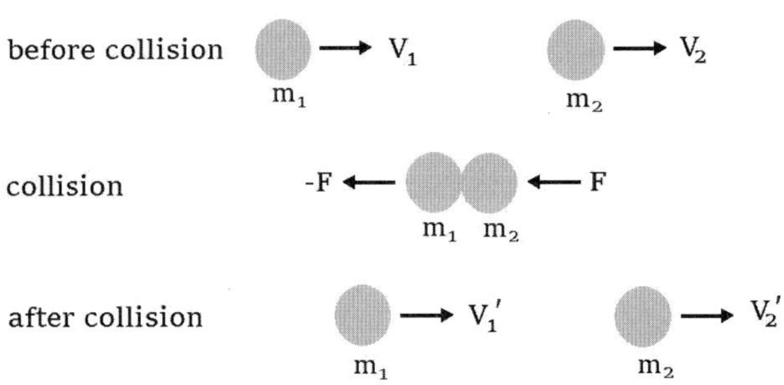

그림 1-19. 운동량의 보존

위에서 보듯이 충돌은 고립된 계에서 일어나므로 외부력의 작용이 없다. 따라서 충돌 전과 후의 운동량은 같다. 즉, 모든 충돌에서 운동량이 보존된다. 그러나 충돌의 종류에 따라 운동에너지가 보존되기도 하고 보존되지 않기도 한다. 운동에너지가 보존되는 충돌을 탄성충돌(elastic collision)이라고 부르고, 운동에너지가 보존되지 않는 충돌을 비탄성충돌(inelastic collision)이라고 부른다. 그리고 충돌 후 두 물체가 붙어서 움직이는 경우를 완전 비탄성충돌이라고 한다.

충돌에서 운동에너지의 일부분이 내부에너지로 변하거나(온도의 증가 등), 소리에너지 등으로 외부로 달아나므로 거시계에서는 엄밀한 탄성충돌의 경우는 없다고 할 수 있다. 그러나 이상기체의 경우나 원자세계에서 발생하는 전자기 산란 등은 탄성충돌이라고 할 수 있다. 그리고 거시계에서는 당구공의 충돌이 탄성충돌에 거의 가깝다고 할 수 있다.

1차원 탄성충돌에 대해 알아보도록 하자. 속도 v_1인 질량 m_1인 물체와 속도 v_2인 질량 m_2인 물체가 충돌 후 각각 속도가 $v_1{}'$과 $v_2{}'$으로 변했다면 운동량과 운동에너지보존칙에서

$$m_1 v_1 + m_2 v_2 = m_1 v_1{}' + m_2 v_2{}' \tag{1-53}$$

$$\frac{1}{2} m_1 v_1^2 + \frac{1}{2} m_2 v_2^2 = \frac{1}{2} m_1 v_1{}'^2 + \frac{1}{2} m_2 v_2{}'^2$$

와 같은 관계를 구할 수 있다. 위 식은

$$m_1 (v_1 - v_1{}') = - m_2 (v_2 - v_2{}') \tag{1-54}$$

$$\frac{1}{2} m_1 (v_1^2 - v_1{}'^2) = - \frac{1}{2} m_2 (v_2^2 - v_2{}'^2)$$

와 같이 고쳐 쓸 수 있다. 식 1-54의 두 식을 나누면

$$v_1 - v_2 = - (v_1{}' - v_2{}') \tag{1-55}$$

을 구할 수 있다. 식 1-55에서 충돌 전의 상대속도 $v_1 - v_2$는 충돌 후의 상대속도 $v_1{}' - v_2{}'$와 크기는 같고 부호는 반대인 것을 나타내고 있다. 이는 탄성충돌에서의 특성에 해당된다. 2차원

또는 3차원 충돌의 경우에도 운동량의 각 성분이 보존되는 조건을 적용함으로써 문제를 해결할 수 있다.

다음에는 완전비탄성충돌의 경우를 보기로 하자. 완전비탄성충돌에서는 충돌 후 두 물체가 붙어서 움직이는 경우이다. 속도 v_1인 질량 m_1인 물체와 속도 v_2인 질량 m_2인 물체가 충돌 후 붙어서 속도 V로 움직인다고 할 때, 운동량보존칙 $m_1v_1+m_2v_2=(m_1+m_2)V$에서 충돌 후 두 물체의 속도는

$$V=\frac{m_1v_1+m_2v_2}{(m_1+m_2)} \tag{1-56}$$

와 같이 구해진다. 충돌 전(K_i)과 후(K_f)의 운동에너지의 차이는

$$K_f-K_i=-\frac{1}{2}\frac{m_1m_2}{m_1+m_2}(v_1-v_2)^2<0 \tag{1-57}$$

와 같이 계산된다. 식 1-57은 충돌 후의 운동에너지가 충돌 전의 운동에너지보다 줄어들었음을 보여 주고 있다. 이 줄어든 운동에너지는 열이나 소리에너지 등으로 소비되었을 것이다.

6. 회전운동

앞 절까지는 병진운동(translational motion)에 대해서만 알아보았다. 이 절에서는 물체가 특정 축에 대해 회전하는 경우인 회전운동(rotational motion)에 대해 알아보기로 한다. 물체를 병진운동 시키기 위해서는 물체에 힘을 작용해야 함을 알 수 있었다. 반면에 물체를 회전시키기 위해서는 토오크(torque)의 작용이 필요하다. 회전운동에 관련된 물리량들에 대한 관계식은 병진운동에 관련된 물리량들에 관계식과 매우 유사하다. 이러한 내용들에 대해 이 절에서 알아보도록 한다.

6-1. 토오크

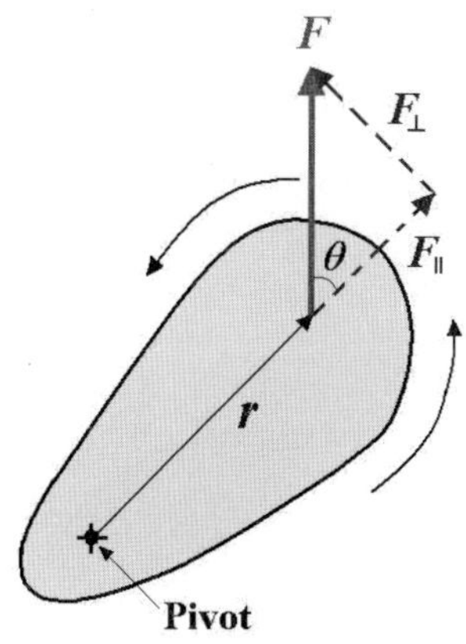

그림 1-20. 강체에 작용하는 토오크와 회전운동

토오크(torque)는 물체를 회전축을 중심으로 회전시킨다. 이는 힘(force)이 물체를 밀거나 당기는 것과 대비된다. 강체(rigid body)에 회전축(pivot)에서 거리 $\vec{r}$ 떨어진 지점에 힘 $\vec{F}$가 작용하는 경우를 생각해 보자(그림 1-20). 여기서 강체를 이루는 입자들은 동일한 거리를 유지한다. 그림에서 보듯이 힘 $\vec{F}$의 성분 중에 $F_{\parallel}$ 성분은 강체를 당기는 작용밖에 하지 못함을 볼 수 있다. 강체를 회전시키는 힘은 $F_{\perp}$ 뿐이다. 이에 따라 토오크는

$$\vec{\tau} = \vec{r} \times \vec{F} \tag{1-58}$$

와 같이 정의된다. 위에서 설명한 대로 $F_{\perp}$ 만이 강체를 회전시키는 데 사용되므로 토오크 크기는 $\tau = rF\sin\theta$ 로 주어진다. 여기서 θ는 $\vec{r}$과 $\vec{F}$ 사이의 각도이다. 그리고 토오크의 방향은 강체가 회전하는 쪽으로 손가락으로 감쌀 경우 엄지손가락 방향이 토오크의 방향이다. 즉, 오른나사의 법칙이 작용됨을 볼 수 있다.

6-2. 회전운동

원판 모양의 강체가 그 중심을 회전축으로 하여 회전하는 경우를 생각해 보자. 하나의 기준선(reference line)을 그림 1-21과 같이 잡았을 경우 기준선에 있는 강체를 이루는 모든 입자들은 x축에 대해 각 θ를 이룬다. 그리고 강체가 회전할 때 이 각의 시간에 따른 변화는

$$\omega = \frac{d\theta}{dt} \tag{1-59}$$

으로 정의되고 이를 각속도(angular velocity)라고 부른다. 그림에서 보듯이 기준선은 임의로 잡을 수 있기 때문에 실제로 강체의 모든 부분에서 위 각속도는 동일하다는 것을 알 수 있다.

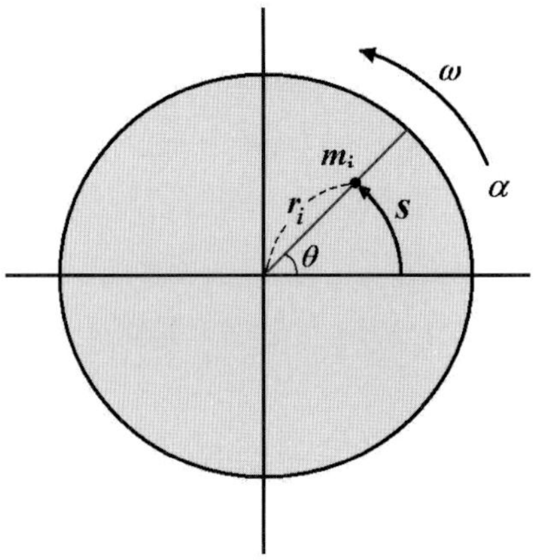

그림 1-21. 강체의 회전운동

다음에는 기준선에 있고 중심에서 거리 r_i에 있는 질량 m_i의 입자를 생각해 보자. 질량 m_i가 x축에서부터 시작하여 거리 s를 이동하여 x축과 각 θ를 이루었다고 하자. 이 경우 질량 m_i가 그 사이 이동한 거리와 각도와의 관계는 $s = r_i\theta$이다. 이 관계식에서부터 선속도(translational velocity)와 각속도의 관계를 구할 수 있다. 즉,

$$\omega = \frac{d\theta}{dt} = \frac{d}{dt}\left(\frac{s}{r_i}\right) = \frac{1}{r_i}\frac{ds}{dt} = \frac{v}{r_i} \tag{1-60}$$

을 얻을 수 있다. 여기서 v는 선속도를 나타낸다. 이에 따라 선속도는 각속도와 $v = r\omega$와 같은 관계를 가진다. 이 관계에서 보듯이 강체의 각속도는 강체의 모든 지점에서 동일하나 선속도는 회전축에서 떨어진 거리가 커짐에 따라 커짐을 알 수 있다.

토오크가 강체에 작용하면 각속도는 변한다. 즉, 회전이 가속된다. 이에 따라

$$\alpha = \frac{d\omega}{dt} \tag{1-61}$$

와 같이 각가속도(angular acceleration)가 정의된다. 그리고 이를 식 1-60에 적용하면

$$\alpha = \frac{d\omega}{dt} = \frac{d}{dt}\left(\frac{v}{r_i}\right) = \frac{1}{r_i}\frac{dv}{dt} = \frac{a}{r_i} \tag{1-62}$$

과 같이 각가속도와 선가속도와의 관계를 구할 수 있다. 또는 $a = r\alpha$와 같이 표현된다. 이 관계에서도 보듯이 강체의 각가속도는 강체의 모든 지점에서 동일하나 선가속도는 회전축에서 떨어진 거리가 커짐에 따라 커짐을 알 수 있다.

다음에는 일정한 각가속도 α가 작용하는 회전운동에 있어서 각 물리량들과의 관계를 알아보도록 하자. 식 1-62를 시간 dt에 대해 적분하면

$$\int_0^t \alpha\, dt = \int_{\omega_0}^{\omega} \frac{d\omega}{dt} dt \Rightarrow \therefore \omega = \omega_0 + \alpha t \tag{1-63}$$

을 얻을 수 있다. 위 관계식은 일정가속도 a에서 병진운동의 관계식인 $v = v_0 + at$와 동일한 형태임을 볼 수 있다. 즉, 가속도 a를 각가속도 α로 대치하면 동일한 형태이다. 식 1-63에서 $\omega = d\theta/dt$를 이용하고, 시간 dt에 대해 다시 적분하면

$$\int_{\theta_0}^{\theta} \frac{d\theta}{dt} dt = \int_0^t \omega_0 dt + \int_0^t \alpha\, t\, dt \Rightarrow \therefore \theta = \theta_0 + \omega_0 t + \frac{1}{2}\alpha t^2 \tag{1-64}$$

을 얻는다. 위 관계식도 일정가속도 a인 병진운동에서의 관계식 $s = s_0 + v_0 t + \frac{1}{2}at^2$과 동일함을 볼 수 있다. 식 1-63에서 $t = (\omega - \omega_0)/\alpha$을 얻고 이를 식 1-64에 대입하면

$$\omega^2 - \omega_0^2 = 2\alpha(\theta - \theta_0) \tag{1-65}$$

을 구할 수 있다. 이 관계식도 병진운동의 관계식인 $v^2 - v_0^2 = 2a(s - s_0)$와 동일한 형태임을 볼 수 있다. 표 1-1에 병진운동과 회전운동에 관련된 운동방정식(kinematics)의 차이를 요약해 놓았다.

표 1-1. 병진운동과 회전운동의 운동방정식의 비교

	일정 선가속도운동	일정 각가속도운동	두 운동의 관련식
가속도	a(일정)	α(일정)	$a = r\alpha$
속도	$v = v_0 + at$	$\omega = \omega_0 + \alpha t$	$v = r\omega$
변위	$s = s_0 + v_0 t + \frac{1}{2}at^2$	$\theta = \theta_0 + \omega_0 t + \frac{1}{2}\alpha t^2$	$s = r\theta$
초속-최종속도와의 관계	$v^2 - v_0^2 = 2a(s - s_0)$	$\omega^2 - \omega_0^2 = 2\alpha(\theta - \theta_0)$	

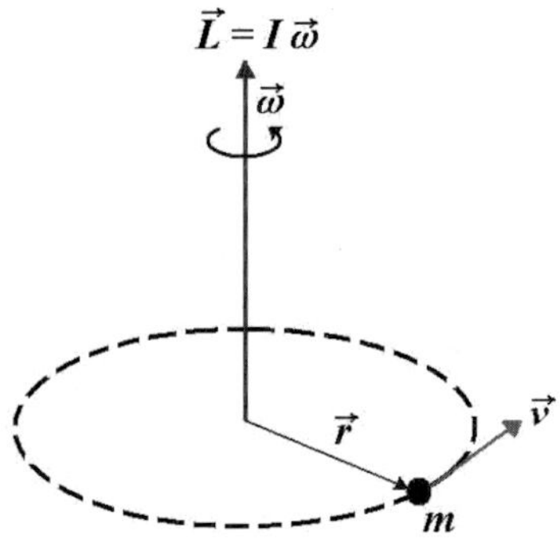

그림 1-22. 질량 m의 회전운동

다음에는 그림 1-22에서와 같이 회전축에서 r 떨어진 지점에 질량 m이 회전운동을 하는 경우를 생각해 보자. 회전축과 질량 m은 질량을 무시할 수 있는 막대에 의해 연결되어 있다고 가정한다. 접선방향으로의 힘에 의해 질량 m이 토오크를 받아 회전운동을 한다. 이 경우 토오크는

$$\vec{\tau} = \vec{r} \times \vec{F} \Rightarrow \tau = rF = r(ma) = (mr^2)\alpha \equiv I\alpha \tag{1-66}$$

로 표현된다. 위 식에서 $\vec{r}$과 $\vec{F}$가 수직인 사실과 $a = r\alpha$을 이용하였다. 그리고 마지막 식에서는 관성모멘트(moment of inertia) $I = mr^2$를 정의하였다. 위 식은 벡터 식으로는 $\vec{\tau} = I\vec{\alpha}$로 표현되고, 이를 회전운동에서 Newton의 제2법칙이라고 부른다. 이 식은 병진운동에 관련된 Newton의 제2법칙에 대응된다. 토오크에 의해 물체가 각가속도 $\vec{\alpha}$로 회전하게 되는데 이 회전운동은 관성모멘트 I에 의해 방해를 받는다. 즉, 각가속도는 관성모멘트에 반비례한다. 이는 물체가 외부 힘에 의해 가속도 $\vec{a}$로 병진운동을 할 때 질량이 관성으로 작용하여, 병진운동이 질량 m에 의해 방해를 받는 것에 대응됨을 볼 수 있다. 따라서 회전운동에서 관성모멘트는 병진운동에서의

질량에 해당됨을 볼 수 있다.

회전운동에 관련된 운동에너지는

$$K = \frac{1}{2}mv^2 = \frac{1}{2}(mr^2)\omega^2 = \frac{1}{2}I\omega^2 \tag{1-67}$$

와 같이 구해진다. 이 식은 병진운동의 운동에너지 $K = \frac{1}{2}mv^2$에 대응됨을 볼 수 있다. 즉, 관성모멘트와 각속도는 질량과 선속도에 각각 대응된다.

회전에 관련된 각운동량은 $\vec{L} = \vec{r} \times \vec{p}$ 로 정의된다. 그림 1-22의 계에서는 $\vec{r}$과 $\vec{p}$는 수직이므로

$$\vec{L} = \vec{r} \times \vec{p} \Rightarrow L = rp = r(mv) = (mr^2)\omega = I\omega \tag{1-68}$$

로 주어진다. 위 식도 병진운동에서의 선운동량 $\vec{p} = m\vec{v}$ 에 대응된다. 이 경우에도 회전운동에서의 관성모멘트와 각속도는 병진운동에서의 질량과 선속도에 각각 대응된다. 벡터 식으로는 $\vec{L} = I\vec{\omega}$ 로서 각속도의 방향은 각운동량의 방향과 동일하다.

다음에는 각운동량과 토오크와의 관계를 구해 보자. 이는 각운동량을 시간에 대해 미분하면

$$\frac{dL}{dt} = I\frac{d\omega}{dt} = I\alpha = \tau \tag{1-69}$$

과 같은 표현을 얻을 수 있다. 벡터 식으로는 $\vec{\tau} = d\vec{L}/dt$ 로 표현된다. 즉, 토오크가 없는 경우 각운동량은 보존된다. 위 식을 병진운동의 Newton의 제2법칙 $\vec{F} = d\vec{p}/dt$ 에서 외부 알짜 힘이 없는 경우 선운동량이 보존되는 경우에 대응됨을 볼 수 있다.

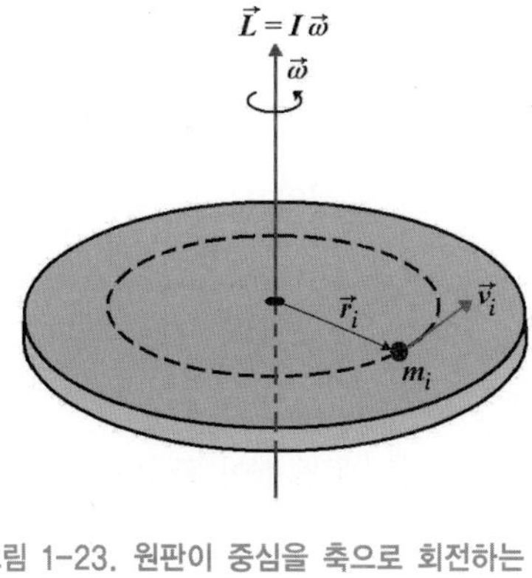

그림 1-23. 원판이 중심을 축으로 회전하는 경우

그림 1-23에서와 같이 강체 중에 가장 간단한 구조인 원판이 중심을 축으로 하여 회전하는 경우를 생각해 보자. 원판은 수많은 입자 m_i로 구성되어 있으므로 원판 전체에 작용하는 토오크는

$$\vec{\tau} = \sum_i \vec{\tau_i} = \sum_i \vec{r_i} \times \vec{F_i} \tag{1-70}$$

으로 주어진다. 접선방향으로의 힘 $\vec{F}_i$가 작용되어 원판을 회전시키므로 중심축에서 각 m_i까지 위치벡터 $\vec{r_i}$와 $\vec{F_i}$는 서로 수직이다. 따라서 식 1-70에서

$$\vec{\tau} = \sum_i \vec{r_i} \times \vec{F_i} \Rightarrow \tau = \sum_i r_i F_i = \sum_i r_i (m a_i) = \left(\sum_i m_i r_i^2\right)\alpha = I\alpha \tag{1-71}$$

을 얻을 수 있다. 위 식을 얻는 데 강체를 구성하는 모든 입자인 m_i는 동일한 각속도와 각가속도를 가짐을 이용하였다. 이 식은 하나의 질량 m으로 구성된 계에서 얻은 결과인 식 1-66과 같음을 볼 수 있다. 단지 관성모멘트는 모든 구성입자의 관성모멘트의 합인 $\sum_i m_i r_i^2$으로 표현한 것이 다른 점이다. 위 식은 벡터 식으로는 $\vec{\tau} = I\vec{\alpha}$ 로 쓸 수 있다. 여기서 각가속도의 방향은 토오크의 방향과 동일하다.

마찬가지로 강체의 회전운동에너지는 모든 입자 m_i의 회전운동에너지의 합이므로

$$K = \sum_i \frac{1}{2} m_i v_i^2 = \frac{1}{2}\left(\sum_i m_i r_i^2\right)\omega^2 = \frac{1}{2} I \omega^2 \tag{1-72}$$

로 주어진다. 위 식을 얻는 데 모든 구성입자들은 동일한 각속도를 가진다는 것을 이용하였다. 또한 각운동량의 경우도

$$\vec{L} = \sum_i \vec{L_i} = \sum_i \vec{r}_i \times \vec{p_i} \Rightarrow L = \sum_i r_i p_i = \left(\sum_i m_i r_i^2\right)\omega = I\omega \tag{1-73}$$

와 같이 표현된다. 위 식을 얻는 데도 모든 구성입자들은 동일한 각속도를 가진다는 것을 이용하였다. 이 관계식은 벡터 식으로는 $\vec{L} = I\vec{\omega}$ 로 쓸 수 있다. 각운동량과 토오크와의 관계는 각운동량을 시간에 대해 미분하면

$$\frac{d\vec{L}}{dt} = I\frac{d\vec{\omega}}{dt} = I\vec{\alpha} = \vec{\tau} \tag{1-74}$$

를 얻는다. 위 식은 토오크가 없다면 운동량이 보존됨을 보이고 있다.

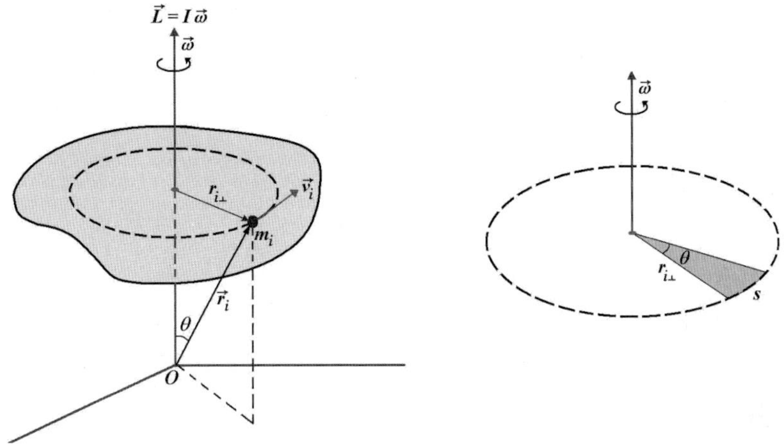

그림 1-24. 강체의 회전운동

다음에는 위에서 구한 식들이 일반적인 강체에 대해서도 적용할 수 있음을 보기로 한다. 아래에 구할 식들은 강체가 특정 회전축 방향(그림 1-24에서 $\hat{k}$ 방향)으로 회전하는 경우에만 적용되는 식들임에 유의해야 한다. 이 경우 각속도 $\vec{\omega}$는 $\hat{k}$ 방향이다. 그림 1-24에서 강체를 구성하는 입자 m_i에 대해서 선속도는

$$v_i = |\vec{\omega} \times \vec{r_i}| = r_{i\perp}\,\omega \tag{1-75}$$

로 주어진다. 각 운동량은

$$\vec{L} = \sum_i \vec{r_i} \times \vec{p_i} = \sum_i m_i \vec{r_i} \times \vec{v_i} = \sum_i m_i r_{i\perp} v_i \hat{k} = \left(\sum_i m_i r_{i\perp}^2\right)\vec{\omega} = I\vec{\omega} \tag{1-76}$$

와 같이 구해진다. 여기서 식 1-75와 $\vec{\omega} = \omega\hat{k}$를 이용하였다. 그리고 관성모멘트는 $I = \sum_i m_i r_{i\perp}^2$ 와 같이 정의된다. 위 식을 미분하면

$$\frac{d\vec{L}}{dt} = I\frac{d\vec{\omega}}{dt} = I\vec{\alpha} \tag{1-77}$$

을 얻을 수 있다. 그리고 운동에너지는

$$K = \sum_i K_i = \frac{1}{2}\sum_i m_i v_i^2 = \frac{1}{2}\left(\sum_i m_i r_{i\perp}^2\right)\omega^2 = \frac{1}{2}I\omega^2 \tag{1-78}$$

와 같이 주어진다. 그리고 각운동량과 토오크와의 관계는

$$\begin{aligned}\frac{d\vec{L}}{dt} &= \sum_i \frac{d\vec{L_i}}{dt} = \sum_i \frac{d}{dt}(m\vec{r_i}\times\vec{v_i}) \\ &= \sum_i m_i\left(\vec{r_i}\times\frac{d\vec{v_i}}{dt} + \frac{d\vec{r_i}}{dt}\times\vec{v_i}\right) \\ &= \sum_i \vec{r_i}\times(m_i\vec{a_i}) = \sum_i \vec{r_i}\times\vec{F_i} = \vec{\tau}\end{aligned} \tag{1-79}$$

와 같음을 볼 수 있다. 즉, $\vec{\tau} = d\vec{L}/dt$ 이다. 따라서 토오크가 없는 경우 각운동량 $\vec{L}$이 보존됨을 볼 수 있다. 표 1-2는 위에서 언급한 내용들을 정리한 것이다.

표 1-2. 병진운동과 회전운동과의 비교

병진운동			회전운동		
물리량	표현	단위	물리량	표현	단위
선변위	$\vec{s}$	m	각변위	$\vec{\theta}$	rad
선속도	$\vec{v} = d\vec{s}/dt$	m/sec	각속도	$\vec{\omega} = \frac{d\vec{\theta}}{dt}$	rad/sec
선가속도	$\vec{a} = d\vec{v}/dt$	m/sec^2	각가속도	$\vec{\alpha} = \frac{d\vec{\omega}}{dt}$	rad/sec^2
질량	m	kg	관성모멘트	$I = \sum_i m_i r_i^2$	$kg-m^2$
힘	$\vec{F} = \sum_i \vec{F}_i$	N	토오크	$\vec{\tau} = \sum_i \vec{r}_i \times \vec{F}_i$	$N-m$
일	$W = \int \vec{F}\cdot d\vec{s}$	J	일	$W = \int \vec{\tau}\cdot d\vec{\theta}$	J
운동에너지	$K = mv^2/2$	J	운동에너지	$K = \frac{1}{2}I\omega^2$	J
선운동량	$\vec{p} = m\vec{v}$	$N-$sec	각운동량	$\vec{L} = \sum_i \vec{r}_i \times \vec{p}_i$	$J-$sec
운동방정식	$\vec{F} = m\vec{a}$	N	운동방정식	$\vec{\tau} = I\vec{\alpha}$	$N-m$
일률	$P = \vec{F}\cdot\vec{v}$	J/sec	일률	$P = \vec{\tau}\cdot\vec{\omega}$	J/sec

6-3. 질량중심

병진운동에서 물체에 힘을 가하면 물체는 가속되는데, 이때 물체는 모든 질량이 질량중심에 있는 것처럼 힘을 받아 이동하게 된다. 질량중심은 아래와 같이 정의된다.

질량중심을 $\vec{R}$이라고 두면 운동방정식은

$$\vec{F} = M\ddot{\vec{R}} \tag{1-80}$$

과 같이 주어진다. 여기서 $M = \sum_i m_i$로서 물체의 전체질량을 나타낸다. 그리고 운동량은 $\vec{p} = \sum_i m_i \vec{r_i}$ 이고 $\frac{d\vec{p}}{dt} = \vec{F}$ 이므로 $\sum_i m_i \ddot{\vec{r_i}} = M\ddot{\vec{R}}$ 을 얻는다. 따라서

$$\ddot{\vec{R}} = \frac{\sum_i m_i \ddot{\vec{r_i}}}{M} \tag{1-81}$$

을 얻을 수 있고 이에 따라 질량중심은

$$\vec{R} = \frac{\sum_i m_i \vec{r_i}}{M} \tag{1-82}$$

로 정의된다. 그리고 연속적인 물체(강체)의 경우의 질량중심 정의는

$$\vec{R} = \frac{1}{M}\int \vec{r}\, dm \tag{1-83}$$

로 주어진다. 여기서 dm은 강체의 미소부분의 질량이다.

예제 4 그림과 같은 3개의 질량이 분포되어 있는 계의 질량중심을 구하라.

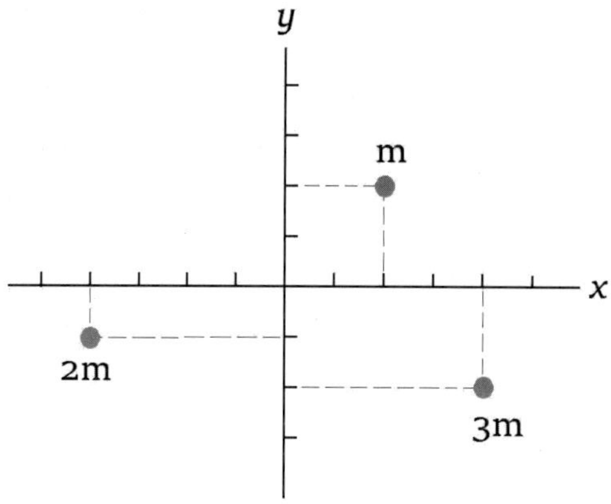

답. 분산적인 물체이므로 식 1-82를 이용하면

$$x_{cm} = \frac{\sum m_i x_i}{M} = \frac{2\times m + 4\times 3m + (-4)\times 2m}{6m} = 1 \tag{1-84}$$

$$y_{cm} = \frac{\sum m_i y_i}{M} = \frac{2\times m + (-2)\times 3m + (-4)\times 2m}{6m} = -1$$

을 얻을 수 있다. 즉, 질량중심은 $(x_{CM}, y_{CM}) = (1, -1)$ 이다.

예제 5 그림과 같은 균일한 막대의 질량중심을 구하라.

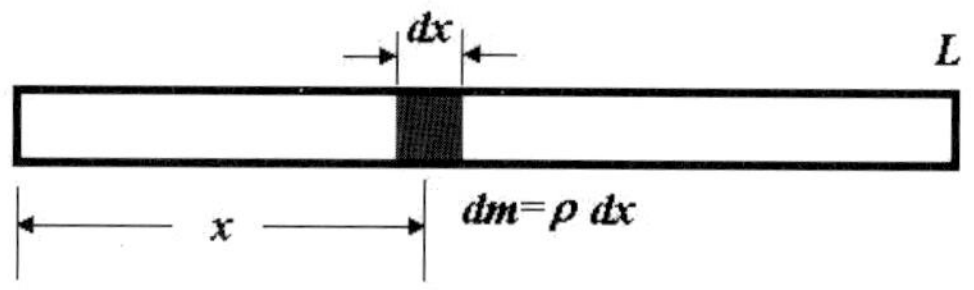

답. 연속적인 물체이므로 식 1-83을 이용하면 된다. 그리고 1차원적인 물체이므로

$$x_{cm} = \frac{1}{M}\int_0^L x\rho dx = \frac{\rho}{M}\left[\frac{x^2}{2}\right]_0^L = \frac{\rho L^2}{2M} = \frac{L}{2}\ (\because \rho = \frac{m}{L}) \tag{1-85}$$

을 구할 수 있다. 즉, 균일한 막대의 질량중심은 막대의 중심임을 확인할 수 있다.

6-4. 관성모멘트

위의 절에서 보았듯이 물체의 관성모멘트는

$$I = \sum_i m_i r_i^2 \tag{1-86}$$
$$I = \int r^2\, dm$$

로 주어진다. 위 식에서 위쪽 식은 분산적인 물체에 대한 관성모멘트의 식이고, 아래쪽 식은 연속적인 물체에 대한 관성모멘트의 식이다.

예제 6 다음과 같은 3개의 질량이 분포되어 있는 계의 관성모멘트를 구하라.

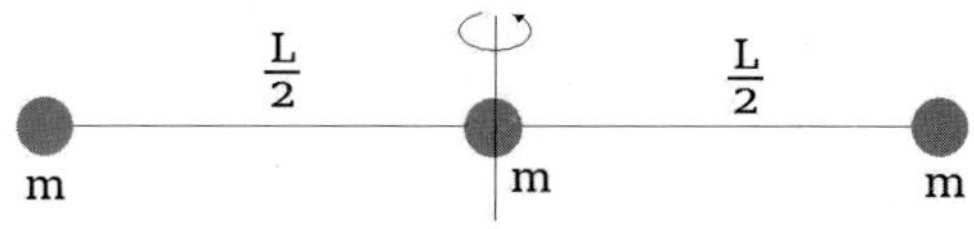

답. 분산적인 물체이므로 식 1-86의 위 식을 이용하면

$$I = \sum_i m_i r_i^2 = m\left(\frac{L}{2}\right)^2 + m\left(\frac{L}{2}\right)^2 = \frac{1}{2} mL^2 \tag{1-87}$$

과 같이 구해진다.

예제 7 반경 R이고 높이 h인 원통의 관성모멘트를 구하라.

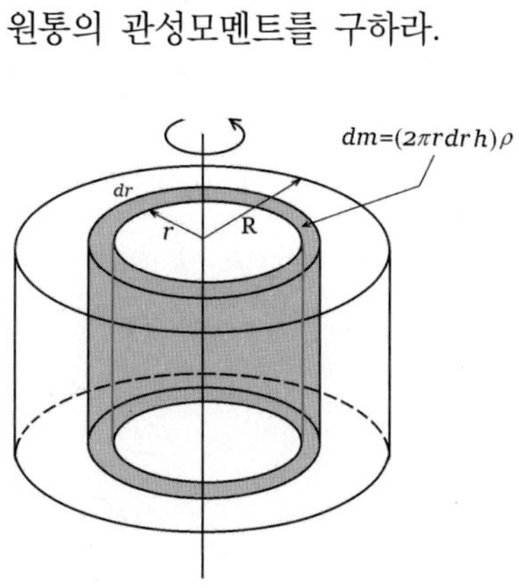

답. 연속적인 물체이므로 식 1-86의 아래 식을 이용하면 된다. 그림에서와 같이 중심에서 r 떨어진 지점에 있는 미소 질량을 생각하여 물체 전체에 대해 적분하면

$$
\begin{aligned}
I &= \int r^2\,dm = \int_0^R r^2(2\pi r\,dr\rho h) = 2\pi\rho h\int_0^R r^3\,dr \qquad (1\text{-}88)\\
&= 2\pi\rho h\left[\frac{r^4}{4}\right]_0^R = \frac{1}{2}\pi\rho h R^4 = \frac{1}{2}MR^2
\end{aligned}
$$

을 얻는다. 마지막 과정에서 $M=\pi R^2 h\,\rho$를 이용하였다. 여기서 ρ는 물체의 밀도이다. 두께가 아주 얇은 원판의 경우 관성모멘트의 표현은 원통의 관성모멘트의 표현과 같음을 볼 수 있다.

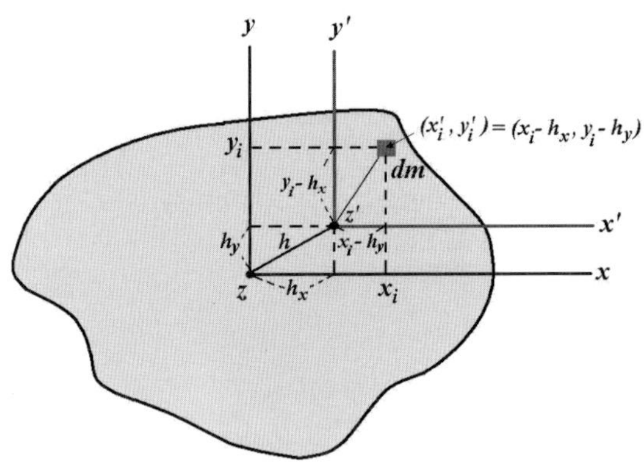

그림 1-25. 평행축 정리

질량중심축과 평행이고 거리 h 떨어진 축에 대해 회전하는 물체의 관성모멘트는 평행축정리(parallel axis theorem)를 이용하여 구할 수 있다. 그림 1-25에서와 같이 물체의 미소부분 dm의 xyz좌표계와 $x'y'z'$좌표계에서의 관계는 $x_i' = x_i - h_x,\ y_i' = y_i - h_y$이다. 그리고 회전축 z'축은 z축에서 h떨어져 있다. z'축에 대한 관성모멘트는

$$
\begin{aligned}
I &= \int dm\left[(x_i - h_x)^2 + (y_i - h_y)^2\right] \qquad (1\text{-}89)\\
&= \int dm\,(x_i^2 + y_i^2) - 2h_x\int dm\,x_i - 2h_y\int dm\,y_i + (h_x^2 + h_y^2)\int dm\\
&= I_{CM} + Mh^2
\end{aligned}
$$

로 주어진다. 위 식에서 $\int dm\,x_i$ 등의 항은 질량중심을 원점으로 잡았기 때문에 0이 된다.

예제 8 3개의 질량으로 구성된 물체에서 제일 왼쪽 물체의 축을 중심으로 회전할 경우에 관성모멘트를 구하라.

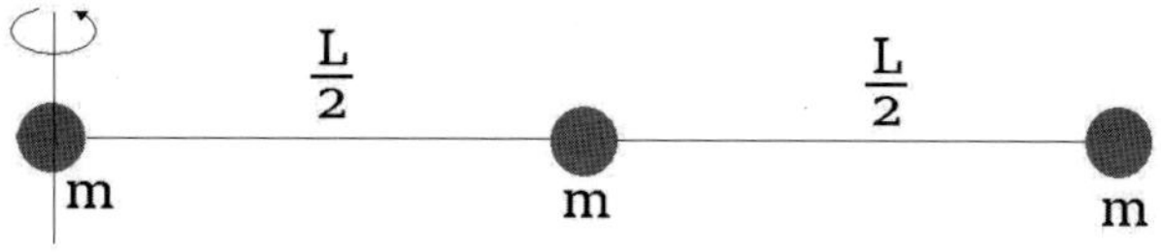

답. 예제 6에서 질량중심축으로 회전할 때의 관성모멘트는 $I=mL^2/2$이었다. 새로운 회전축은 질량중심축에서 거리 $L/2$ 떨어져 있으므로 평행축정리를 이용하면 관성모멘트는 $I=I_{CM}+3m(L/2)^2=5mL^2/4$이다. 관성모멘트의 정의를 이용하여 관성모멘트를 구하면 $I=\sum_i m_i r_i^2 = m(L/2)^2+mL^2=5mL^2/4$이 되므로 평행축정리로 구한 결과와 같음을 볼 수 있다.

예제 9 $m_1=2kg, m_2=1kg, m_3=3kg$이 그림과 같이 배치되어 있다. x, y, z축으로 회전시킬 때의 관성모멘트를 각각 구하라.

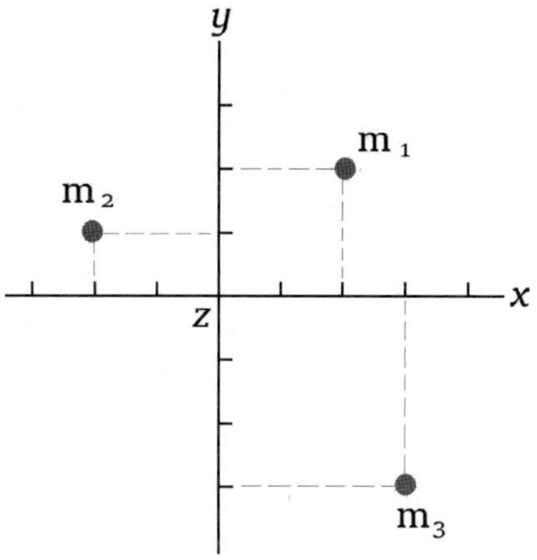

답. z축으로 회전하는 경우 $I_z=\sum m_i r_i^2 = m_1(x_1^2+y_1^2)+m_2(x_2^2+y_2^2)+m_3(x_3^2+y_3^2)=75kgm^2$이다. 그리고 x축으로 회전하는 경우 $I_x=\sum m_i y_i^2 = m_1y_1^2+m_2y_2^2+m_3y_3^2=36kgm^2$이고, y축으로 회전하는 경우 $I_y=\sum m_i x_i^2=m_1x_1^2+m_2x_2^2+m_3x_3^2=39kg\,m^2$이다.

6-5. 회전운동의 예

이 절에서는 회전운동에 관련된 몇 가지 예를 보도록 한다.

예제 10 질량이 M이고 반경이 R인 원통이 경사각 θ인 경사면을 미끄러지지 않고 굴러서 내려온다. 원통의 가속도를 구하라.

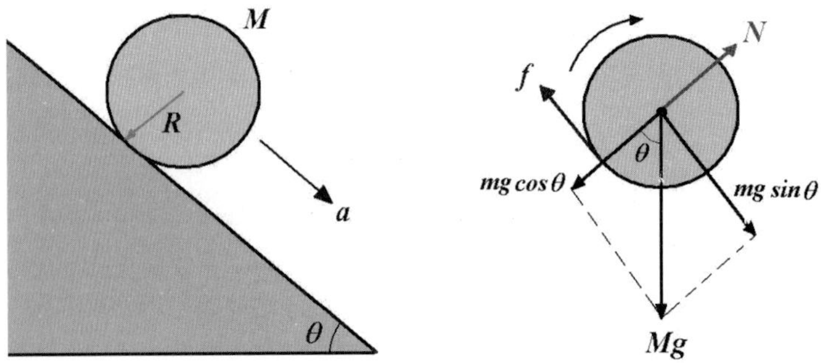

답. 원통이 굴러 내려오므로 병진운동과 회전운동이 함께 일어난다. 병진운동의 경우에는 비탈면으로의 힘은 $Mg\sin\theta - f$ 이므로

$$Mg\sin\theta - f = Ma \tag{1-90}$$

로 주어진다. 반면에 회전운동의 원인은 토오크인데 토오크의 힘은 마찰력이 준다. 따라서 회전운동 방정식 $\tau = I\alpha$ 에서

$$fR = \frac{1}{2}MR^2\left(\frac{a}{R}\right) \rightarrow \therefore f = \frac{1}{2}Ma \tag{1-91}$$

를 얻는다. 여기서 원통의 관성모멘트 $MR^2/2$와 병진운동과 회전운동의 가속도 사이의 관계식 $a = R\alpha$를 이용하였다. 식 1-91의 결과를 식 1-90에 대입하여 가속도를 구하면

$$a = \frac{2}{3}g\sin\theta \tag{1-92}$$

과 같이 구해진다.

예제 11 질량 M이고 반경 R인 원통이 정지상태에서 높이 h에서부터 경사각 θ인 경사면을 굴러서 내려온다. 경사면의 바닥에서의 속도를 구하라.

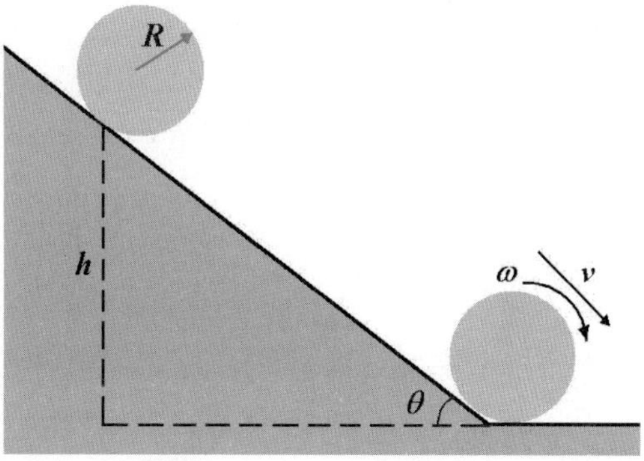

답. 구르기 시작하는 위치와 경사면의 바닥에서의 에너지는 에너지보존칙에 의해 동일하여야 한다. 원통이 높이 h에서부터 정지상태에서 구르기 시작했으므로 이 위치에서의 에너지는 위치에너지 Mgh밖에 없다. 반면에 바닥에서는 운동에너지밖에 없다. 그런데 운동에너지에는 병진운동에너지와 회전운동에너지도 있으므로 에너지보존칙에서

$$Mgh = \frac{1}{2}Mv^2 + \frac{1}{2}I\omega^2 \tag{1-93}$$

와 같다. 병진운동의 속도와 회전운동의 속도와의 사이에는 $v = R\omega$의 관계가 있고, 원통의 관성모멘트는 $MR^2/2$이므로 식 1-89에서 원통의 속도는

$$v = \sqrt{\frac{4gh}{3}} \tag{1-94}$$

와 같이 주어진다.

원통 대신에 반경 R인 구가 굴러 내려오는 경우를 생각해 보자. 위 식들에서 달라지는 것은 원통의 관성모멘트 대신에 구의 관성모멘트뿐이다. 구의 관성모멘트는 $2MR^2/5$이므로 비탈면의 바닥에서 구의 속도는

$$v = \sqrt{\frac{10gh}{7}} \tag{1-95}$$

와 같이 구해진다.

예제 12 그림과 같이 질량 M이고 반경 R인 원판이 각속도 ω_1으로 돌고 있다. 위에서 원판과 동일한 재질로 만든 반경 $R/2$인 원판을 회전축에 놓았을 경우 각속도는 어떻게 변하는가?

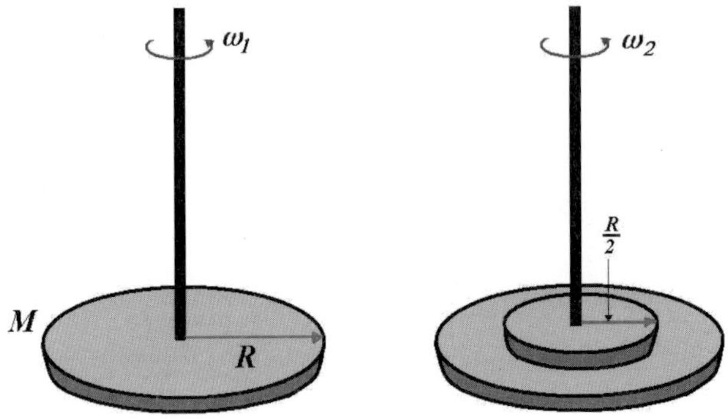

답. 외부의 토오크가 주어지지 않았으므로 각운동량이 보존된다. 초기의 각운동량은

$$L_i = I_i \omega_i = \frac{MR^2}{2}\omega_1 \quad (1\text{-}96)$$

이다. 반면에 다른 원판이 덧붙여졌을 경우 관성모멘트가 증가하므로 각운동량은

$$L_f = I_f \omega_f = \frac{1}{2}\left[MR^2 + \frac{M}{4}\left(\frac{R}{2}\right)^2\right]\omega_2 = \frac{17}{16}\left(\frac{1}{2}MR^2\right)\omega_2 \quad (1\text{-}97)$$

이 된다. 각운동량보존칙 $L_i = L_f$에서 $\omega_2 = 16\omega_1/17$이 구해진다.

6-6. 정적평형

계가 정적평형(static equilibrium) 상태에 있으면 계에 작용하는 알짜 힘은 0이 되어야 한다. 2차원의 경우를 생각해 보면 각 좌표에 해당되는 알짜 힘이 0이 되어야 하므로

$$\sum_i F_{ix} = 0, \ \sum_i F_{iy} = 0 \quad (1\text{-}98)$$

와 같은 조건이 만족되어야 한다. 그런데 알짜 힘이 0이더라도 토오크가 존재하면 물체는 회전하므

로 정적평형상태가 아니다. 그림 1-26이 이러한 예이다. 막대의 양 끝에 그림과 같이 힘 F가 주어질 경우 알짜 힘은 0이다. 그러나 이 경우 막대는 질량중심으로 회전하므로 정적평형이 아니게 된다. 이렇게 토오크가 존재하는 계에서는 식 1-94의 알짜 힘이 0이라는 조건 이외에 토오크가 0이 되어야 하는 조건도 만족하여야 정적평형상태가 된다. 즉,

$$\sum_i \tau_i = 0 \tag{1-99}$$

의 조건도 만족되어야 한다. 아래에 정적평형에 관한 몇 가지 예를 보기로 하자.

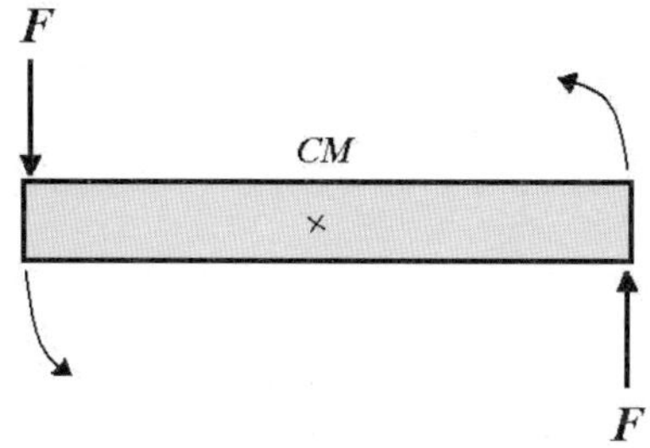

그림 1-26. 알짜 힘이 0이더라도 회전하는 경우

예제 13 그림과 같은 계가 정적평형상태에 있다. 각 줄에 작용하는 장력을 구하라.

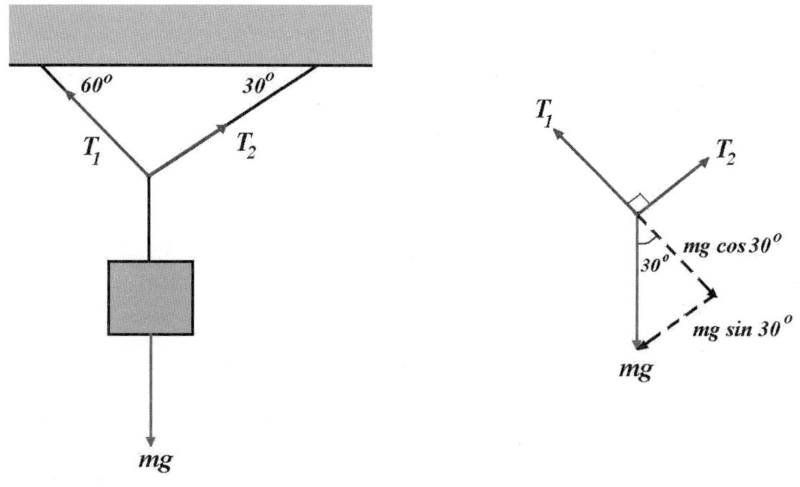

답. 계에 작용하는 토오크는 없으므로 정적평형이 되려면 알짜 힘만 0이면 된다. 그림과 같은 좌표를 사용하면 각 좌표 축 방향의 알짜 힘이 0이어야 한다는 조건에서 각 줄에 작용하는 장력은

$$T_1 = mg\cos 30^\circ, \quad T_2 = mg\sin 30^\circ \tag{1-100}$$

와 같이 구해진다.

예제 14 그림과 같이 100kg인 물체가 매달려 있다. 막대는 벽에 고장된 핀(pin)과 줄에 의해 지탱되고 있다. 줄은 막대 길이의 $\frac{2}{3}$지점에 연결되어 수평하게 벽에 고정되어 있다. 줄의 장력과 핀에 작용하는 힘의 크기와 방향을 구하라.

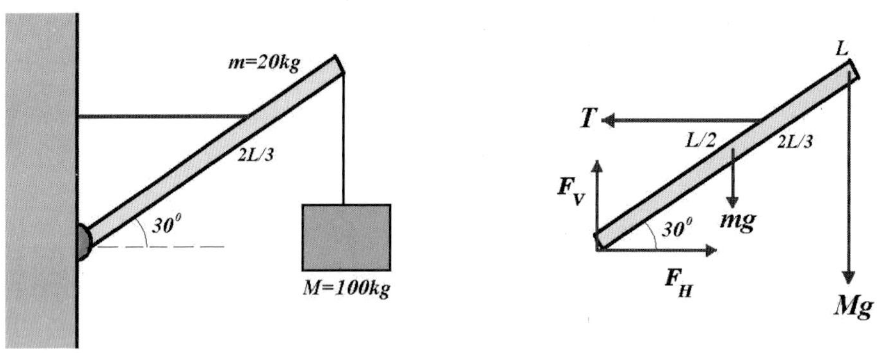

답. 그림에서와 같이 평형을 위해서 수평 알짜 힘이 0이 되어야 하므로

$$T = F_H \tag{1-101}$$

이고 수직 알짜 힘이 0이 되어야 하는 조건에서

$$F_V = mg + Mg = (m+M)g = 1176\,N \tag{1-102}$$

을 얻는다. 그리고 알짜 토오크가 0이 되어야 한다는 조건에서

$$mg\frac{L}{2}\cos\theta + MgL\cos\theta = T\frac{2}{3}L\sin\theta \tag{1-103}$$

을 얻는다. 토오크의 작용점은 핀을 선택하였다. 위 식에서

$$T = \frac{3(m+2M)g\cos\theta}{4\sin\theta} \tag{1-104}$$

을 얻는다. 주어진 값들을 대입하면 $T = 2800.73\,N$ 을 얻는다. 따라서 $F_H = 2800.73\,N$이고, 핀에 작용하는 힘의 크기와 방향은

$$F = \sqrt{F_V^2 + F_H^2} = 3037.61N, \qquad \theta = \tan^{-1}\frac{F_H}{F_V} = 22.78^{\circ} \tag{1-105}$$

이다.

[연습문제]

문제 1 돌이 100m 높이의 절벽 아래로 자유낙하를 한다. 지표까지 닿는 데 걸리는 시간을 구하라. 그리고 돌을 시속 60km로 절벽 아래로 던질 경우 지표에 닿는 데 걸리는 시간은 얼마인가?

답. $h=\frac{1}{2}gt^2$에서 떨어지는 데 걸리는 시간은 $t=\sqrt{\frac{2h}{g}}=4.5\text{sec}$와 같이 구해진다. 돌을 절벽 아래로 던지는 경우 초속이 있으므로 식 $h=v_0t+\frac{1}{2}gt^2$에 값을 대입하여 시간 t를 구하면 3.2sec를 얻을 수 있다.

문제 2 야구공을 연직상향으로 시속 60km로 던졌을 때 야구공은 얼마나 높이 올라갈 수 있는가?

답. 최종속도가 0이 되는 높이까지 올라갈 수 있다. $v^2-v_0^2=2a\Delta s$에서 $v=0$과 $a=-g$를 대입하면 $\Delta s=\frac{v_0^2}{2g}=14m$을 구할 수 있다.

문제 3 야구공을 연직상향으로 시속 60km로 던진 후 5초 후에 지표에 떨어지는 것이 관측되었다. 야구공이 던져진 위치의 높이를 구하라.

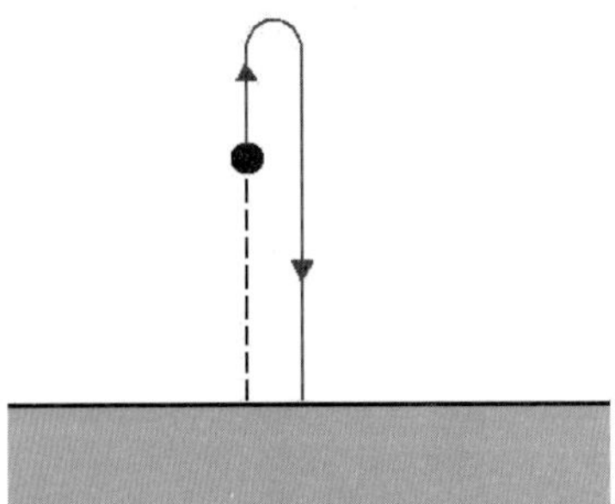

답. 지표를 원점으로 잡으면 임의의 시간 t에서 공의 위치는

$$y(t)=h+v_ot-\frac{1}{2}gt^2 \tag{1-106}$$

로 주어진다.

$t=5\mathrm{sec}$일 때 $y=0$이므로 $h=\frac{1}{2}gt^2-v_o t=39m$가 구해진다.

문제 4 투수가 수평방향으로 시속 120km/h로 공을 던졌다. 투수가 공을 놓은 높이는 지표에서 2m라고 한다.

(a) 야구공이 지표에 떨어질 때까지 갈 수 있는 거리를 구하라.

(b) 투수가 공을 던진 위치에서 18m 거리에 타자가 있다. 타자가 서 있는 위치를 통과할 때 공의 높이를 구하라. 그리고 이곳에서 속력을 구하라.

답. (a) 초기에 공은 수평방향의 속도만 가지고 있다. 따라서 임의의 시간 t에서 수직방향의 공의 위치는 $y=h-\frac{1}{2}gt^2$이다. 여기서 h는 투수가 공을 놓은 위치인 2m이다. 공이 땅에 떨어지는 데 걸리는 시간은 위 식에서 $y=0$으로 두면 $t=\sqrt{\frac{2h}{g}}=0.64\mathrm{sec}$을 구할 수 있다. 수평방향의 위치는 $x=v_0 t$로 주어지므로 공이 땅에 떨어지기 전에 이동하는 거리는 $x=21m$이다.

(b) $x=vt$에 $x=18m$를 대입하면 공이 타자가 있는 곳에 도착하는 데 걸리는 시간을 구할 수 있다. 즉, $t=0.54\mathrm{sec}$이다. 이때 공의 높이는 $y=h-\frac{1}{2}gt^2$에서 $y=0.57m$를 구할 수 있다. 수평방향의 속도는 변함없이 $v_x=33.3m/\mathrm{sec}$이고 수직방향으로의 속도는 $v_y=-gt$에 $t=0.54\mathrm{sec}$를 대입하면 $v_y=5.29m/\mathrm{sec}$로 구해진다. 따라서 타자를 통과할 때의 공의 속력은 $v=\sqrt{v_x^2+v_y^2}=33.7\,m/\mathrm{sec}$이다. 이 속력은 투수가 던질 때의 속도보다 빠르다.

문제 5 포탄이 초속 50m/sec와 발사각 40°로 220m 떨어진 성벽을 향해 발사되었다. 성벽의 높이는 30m라고 한다. 공기의 저항을 무시할 수 있다고 할 때 아래 물음에 답하라.

(a) 포탄이 성벽을 치게 됨을 보여라.

(b) 성벽을 칠 때까지 포탄이 날아간 시간을 구하라.

(c) 포탄이 치는 성벽의 높이를 구하라.

(d) 대포의 위치나 포탄의 속도는 바꿀 수 없지만 발사각은 바꿀 수 있다고 할 때 포탄이 성벽을 가까스로 넘을 수 있는 발사각을 구하라.

답. (a) 포탄의 사거리는 $R=\frac{v_o^2\sin 2\theta}{g}=251m$이다. 성벽까지의 거리는 220m이므로 포탄은 성벽까지 날아간다. 그런데 포탄이 성벽을 넘지 않는다는 것을 보여 주어야 포탄이 성벽을 치는 것을 증명할 수 있다. 이는 220m의 거리에서 포탄의 높이를 계산하면 된다. 임의의 시간 t에서 포탄의 높이는

$$y = v_{0y}t - \frac{1}{2}gt^2 = x\tan\theta - \frac{gx^2}{2v_0^2\cos^2\theta} \tag{1-107}$$

이다. 따라서 $x = 220m$에서의 y는 23m로 계산되므로 포탄은 성벽을 넘지는 못하고 성벽을 치게 된다.

(b) $x = v_0\cos\theta\, t$에서 $x = 220m$이므로 시간 $t = 5.7\sec$가 구해진다.

(c) 이는 위 (a)에서 구한 바대로 23m이다.

(d) 식 1-107에 $\sec^2\theta = 1 + \tan^2\theta$를 이용하면

$$\frac{gx^2}{2v_0^2}\tan^2\theta - x\tan\theta + \left(y + \frac{gx^2}{2v_o^2}\right) = 0 \tag{1-108}$$

을 얻는다. $x = 220m$와 $y = 30m$를 대입하여 이차방정식의 근의 공식을 이용하면 $\tan\theta = 0.9913, 1.328$이 구해진다. 따라서 각도는 각각 $\theta = 44.7°$, $53°$이다.

문제 6 50m의 절벽에서 수평으로 포탄을 쏘아 1km 떨어진 적의 진지를 명중시키고자 한다. 이때 포탄의 속도를 얼마로 해야 하나?

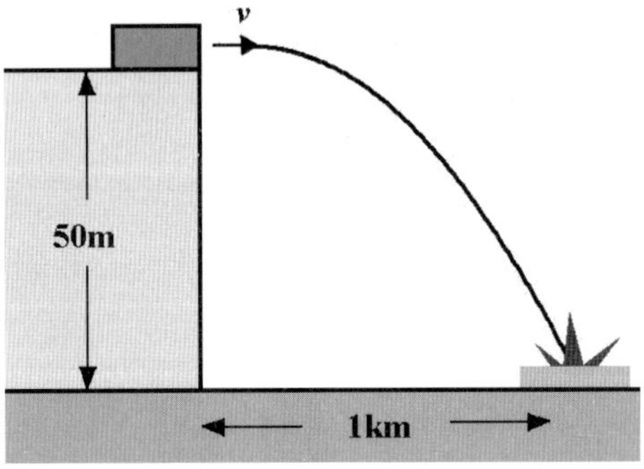

답. 50m로 자유낙하하는 데 걸리는 시간은 $\frac{1}{2}gt^2 = 50$에서 $t = 3.19\sec$이다. 이 낙하시간은 포탄이 날아가는 시간과 동일하다. 포탄의 수평운동은 등속운동이므로 $vt = 1,000$에서 $v = 313\,m/\sec$을 구할 수 있다.

문제 7 대포의 위치에서 1km 떨어진 높이 200m의 진지에 포탄을 명중시키고자 한다. 포탄의 초속은 150m/sec이다. 진지를 명중시키기 위해 포신의 수평면과의 각도를 조절해야 한다. 진지를

명중시키기 위한 포신의 발사 각도를 구하라.

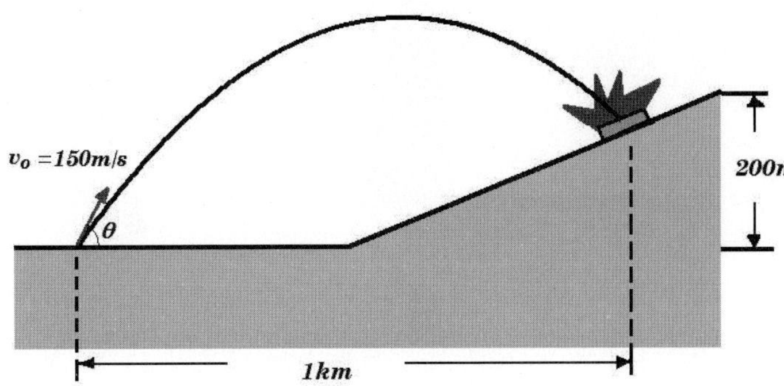

답. 포탄이 1km 날아가야 하므로 걸리는 시간은 $x = v_{0x}t \rightarrow t = \dfrac{x}{v_{0x}}$ 이다. 그리고 포탄의 높이는 $y = v_{0y}t - \frac{1}{2}gt^2$이므로 위 시간을 이에 대입하면

$$y = v_{oy}\frac{x}{v_{0x}} - \frac{g}{2}\frac{x^2}{v_{0x}^2} \tag{1-109}$$

을 구할 수 있다. $v_{ox} = v_0 \cos\theta$, $v_{0y} = v_0 \sin\theta$이므로

$$y = \tan\theta\, x - \frac{g}{2}\frac{x^2}{v_0^2}(1 + \tan^2\theta) \tag{1-110}$$

을 얻는다. 여기서 $\sec^2\theta = 1 + \tan^2\theta$를 이용하였다. $y = 200$, $x = 1{,}000$, $t \equiv \tan\theta$로 두면 $218t^2 - 1{,}000t + 418 = 0$를 얻는다. 이 방정식의 해는 $t = 4.12, 0.47$이고 이는 $t \equiv \tan\theta$에서 각각 $\theta = 76°$, $25°$로 구해진다. 여기서 $25°$의 경우 포탄이 최고점에 도달하지 않고 바로 맞추는 경우이고 $76°$의 경우에는 포탄이 최고점에 도달한 후 떨어지면서 진지를 맞추게 된다.

문제 8 공기총으로 50m 떨어진 나무 위에 앉은 새를 맞추려고 한다. 새는 지상에서 높이 21.5m인 나무의 꼭대기에 앉아 있다. 공기총에서는 스프링 상수 400N/m인 스프링이 20cm 수축한 후 10g의 탄환을 발사한다. 사람이 총을 쏘는 위치는 지상에서 1.5m에서다. 새를 맞추기 위한 탄환의 발사 각도를 구하라.

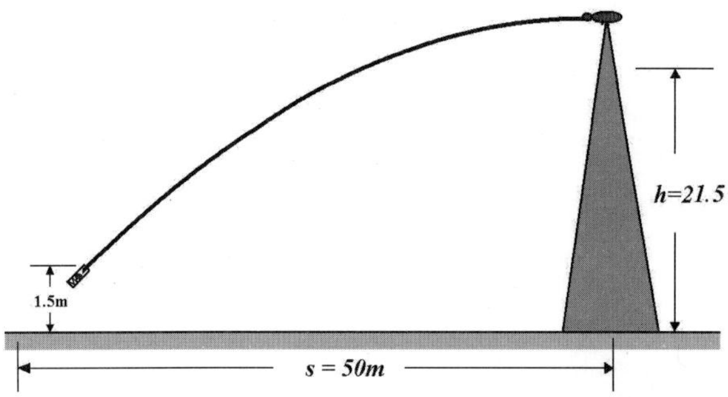

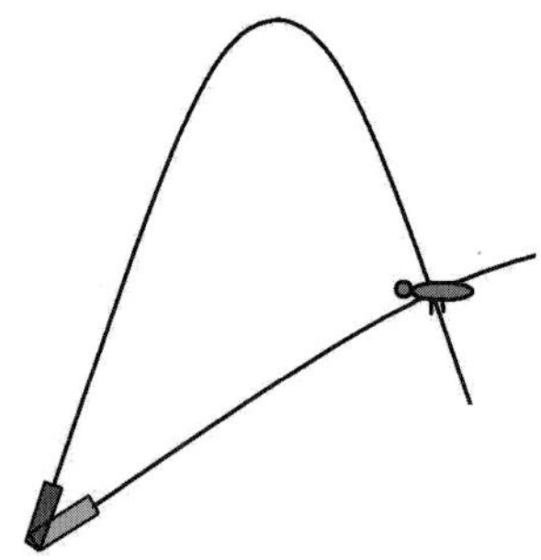

답. 스프링이 수축할 때의 위치에너지가 탄환의 운동에너지로 전부 전환된다고 하자. 이 경우 탄환의 속도는

$$\frac{1}{2}kx^2 = \frac{1}{2}mv_0^2 \rightarrow v_0 = 40\,m/\mathrm{sec} \tag{1-111}$$

이다. 탄환의 x방향의 속도는 변하지 않는다. 따라서 $x = v_0 \cos\theta\, t$에서 $x = 50\,m$가 되어야 하므로 $t_s = \frac{5}{4\cos\theta}$로 구해진다. 즉, 이 시간에 탄환은 새를 맞추게 된다. 시간 t_s에서 탄환의 y좌표는 20m가 되어야 하므로

$$y = 20 = v_0 \sin\theta\, t_s - \frac{1}{2}g t_s^2 \tag{1-112}$$

이 만족된다. 식 1-112에 t_s를 대입하여 정리하면

$$20\cos^2\theta - 50\sin\theta\cos\theta + 7.8 = 0 \tag{1-113}$$

이 된다. 위 식에 $x = \cos\theta$로 변수를 치환하면 $20x^2 - 50x\sqrt{1-x^2} + 7.8 = 0$가 된다. 정리하여 양변을 제곱하면 $2{,}900x^4 - 2{,}188x^2 + 61 = 0$이 얻어진다. 이 식을 풀면 $x^2 = 0.029,\ 0.7255$를 얻으므로 결과적으로 $\theta = 80^\circ$, 32°를 얻는다. 이 중에서 낮은 각도인 32°인 경우 탄환이 최고 높이까지 올라가지 못한 시점에서 탄환이 새를 맞춘다. 반면에 80°의 경우 탄환이 최고 높이에서 떨어지면서 새를 맞추게 된다.

문제 9 폭격기가 수직에 대해 $\theta = 35^o$의 각도로 내려가면서 폭탄을 투하한다. 이때 폭격기는 지상에서 $h = 1,000m$를 날고 있었다. 그 후 $t = 7$초 후에 폭탄이 지표에 떨어지는 것이 관측되었다. (a) 폭격기의 속도는 얼마였는가? (b) 폭탄을 투하한 후 폭격기가 이동한 수평거리는 얼마인가? (c) 폭탄이 지표에 도달할 때의 속도는 얼마인가?

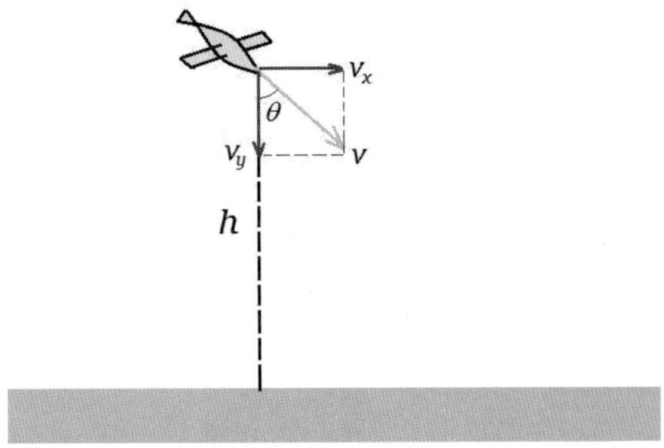

답. (a) 폭탄을 투하한 t초 후의 폭탄의 위치는 $y(t) = v_{oy} + \frac{1}{2}gt^2$로 표현된다. 위 식에 $y(t) = h = 1,000m$와 $t = 7s$를 대입하면 $v_{oy} = 108.56\,m/\mathrm{sec}$이 구해진다. 그리고 $v_{oy} = v_o \cos 35^o$에서 $v_o = 132.53\,m/\mathrm{sec}$이다. (b) $v_{ox} = v_o \sin 35^o = 76.01\,m/\mathrm{sec}$이고 $x = v_{ox}t = 532.10m$이다. (c) $v_y = v_{oy} + gt = 177.16\,m/\mathrm{sec}$이다. $v_x = v_{ox} = 76.01\,m/\mathrm{sec}$이므로 $v = \sqrt{v_x^2 + v_y^2} = 192.78\,m/\mathrm{sec}$와 같이 구해진다.

문제 10 초속 v_o, 발사각 θ_o로 물체를 발사한다고 하자. 공기의 저항력은 $-\beta\vec{v}$이다. 수직방향의 저항력은 수평방향의 저항력에 비해 무시할 수 있다고 가정한다. (a) 최대 사정거리를 얻기 위한 발사각은 $\theta_o = \frac{\pi}{4} - \delta$임을 보여라. 여기서 $\delta = \frac{\gamma}{4\sqrt{2}}$이고 $\gamma = \frac{\beta v_o}{mg}$이다. $\gamma \ll 1$을 이용하라. (b) 물체가 공기 중을 날아갈 때 수평방향의 저항력은 거의 일정하다. 왜 그런가? 그리고 수직저항력은 수평저항력에 비해 무시할 수 있다. 왜 그런가?

답. (a) 사정거리는 $R = v_{ox}t - \frac{1}{2}a_f t^2$로 주어진다. 여기서 $a_f = \frac{\beta v_x}{m} \simeq \frac{\beta v_{ox}}{m}$이고, 비행시간은 $t = \frac{2v_o \sin\theta_o}{g}$이다. 따라서 사정거리는

$$R = \frac{v_o^2}{g}\sin 2\theta_o - \frac{2a_f}{g^2}v_o^2 \sin^2\theta_o = \frac{v_o^2}{g}\sin 2\theta_o\left(1 - \frac{\beta v_o \sin\theta_o}{mg}\right) \quad (1\text{-}114)$$

로 표현된다. 위 식에서 $R_o = \frac{v_o^2}{g}$, $\gamma = \frac{\beta v_o}{mg}$라고 두면

$$R = R_o \sin 2\theta_o (1 - \gamma \sin\theta_o) \tag{1-115}$$

로 고쳐 쓸 수 있다. 위 식을 θ_o에 대해 미분하여 0으로 두면, 최대 사정거리의 조건을 구할 수 있다. 즉,

$$\frac{dR}{d\theta_o} = 0 = R_o[2(1-\gamma\sin\theta_o)\cos 2\theta_o - \gamma \sin 2\theta_o \cos\theta_o] \tag{1-116}$$

을 얻고, 이에 따라 $\cos 2\theta_o = \frac{\gamma}{2(\sqrt{2}-\gamma)} \simeq \frac{\gamma}{2\sqrt{2}}$의 조건이 구해진다. 여기서 $\gamma \ll 1$인 조건을 이용하였다. 그리고 $2\theta_o = \frac{\pi}{2} - 2\delta$라고 두면 위 관계식에서

$$\cos\left(\frac{\pi}{2} - 2\delta\right) = \sin 2\delta \simeq 2\delta \simeq \frac{\gamma}{2\sqrt{2}} \tag{1-117}$$

을 얻는다. 따라서 $\delta = \frac{\gamma}{4\sqrt{2}} = \frac{1}{4\sqrt{2}} \frac{\beta v_o}{mg}$를 구할 수 있다.

(b) 물체가 날아갈 때에는 $|v_y| \le v_x$ 의 조건이 만족된다. 그리고 v_x가 크게 변하지 않으므로, 저항력이 크게 변하지 않는다. 그리고 위 조건에서 수직저항력은 무시할 수 있다.

문제 11 5kg인 페인트 통이 줄에 매달려 지붕으로 올라가고 있다. 페인트 통이 0.5m/sec^{2}으로 가속될 때의 줄의 장력은 얼마인가? 반면에 페인트 통이 1m/sec의 일정한 속도로 올라갈 때의 장력은 얼마인가?

답. 가속될 경우 $T - mg = ma$이 된다. 따라서 $T = m(g+a) = 51.5N$이다. 반면에 일정한 속도로 올라갈 때는 가속도가 0이다. 따라서 $T = mg = 49N$이다.

문제 12 정지하고 있는 질량 10kg인 물체를 일정한 힘 F = 50N(그림과 같이 수평면에서 30° 각도로 주어짐)으로 5초 동안 가속시킨 후 힘을 제거하였다. 물체와 바닥 사이의 운동마찰계수는 0.5이다. 다음 물음에 답하라.

(a) 힘을 제거한 직후의 속력을 구하라.

(b) 힘을 제거한 후 정지할 때까지 물체가 이동한 거리를 구하라.

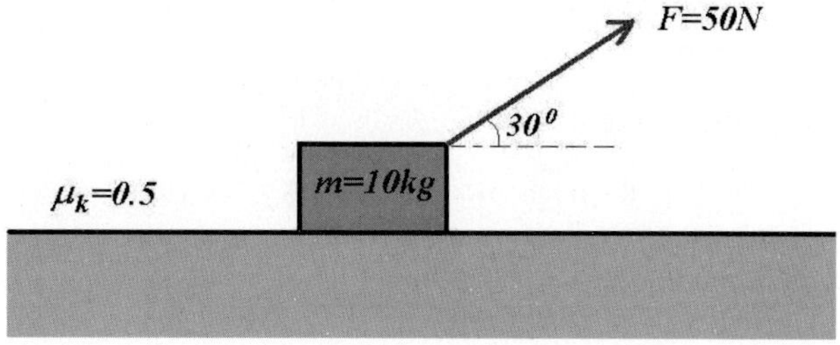

답. (a) 마찰력을 구하려면 우선 수직력을 구해야 된다. y방향으로 물체는 움직이지 않으므로 이 방향의 알짜 힘은 0이다. 즉,

$$N + F\sin 30° - mg = 0 \rightarrow N = mg - F\sin 30° = 73N \qquad (1\text{-}118)$$

이다. x방향으로의 운동은 Newton의 제2법칙을 사용하면 $F\cos 30° - f = ma$에서

$$a = \frac{F\cos 30° - \mu_k N}{m} = 0.68\, m/\sec^2 \qquad (1\text{-}119)$$

을 얻는다. 따라서 속도는 $v = v_0 + at = 3.4\, m/\sec$이다.

(b) 힘을 제거하면 마찰력만이 운동의 반대방향으로 작용하므로 Newton의 제2법칙에서

$$F = -\mu_k N = -\mu_k mg = ma \qquad (1\text{-}120)$$

이므로 $a = -\mu_k g = -4.9\, m/\sec^2$ 이다. 운동의 반대방향으로 가속이 되므로 속도가 0이 되는 시간은

$$v = v_0 - at = 0 \rightarrow t = \frac{v_0}{a} = 0.69\sec \qquad (1\text{-}121)$$

이고, 이 사이에 이동한 거리는

$$s = s_0 + v_0 t + \frac{1}{2}at^2 = 1.18m \qquad (1\text{-}122)$$

이다.

문제 13 아래 그림과 같이 질량을 무시할 수 있는 줄에 질량이 m_1과 m_2인 두 개의 상자가 연결되어 있다. 바닥은 매끄럽고 마찰이 없다. 그림에서 보는 바와 같이 힘 F가 상자 m_2에 주어져 있다.

(a) 상자 m_1의 가속도를 구하라.

(b) 두 상자를 연결하는 줄의 장력을 구하라.

(c) 두 상자를 연결하는 선이 질량 m_3을 가진다고 할 때 상자 m_1의 가속도는 얼마인가? 줄이 상자 m_1에 미치는 힘과 상자 m_2에 미치는 힘의 차이는 무엇인가?

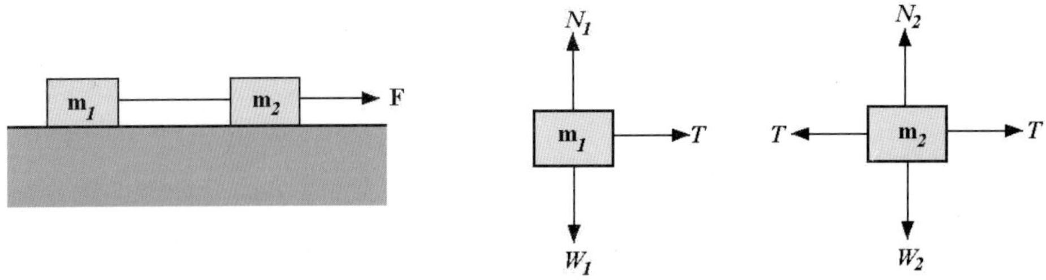

답. (a) 상자 m_2에 Newton의 제2법칙을 적용하면 $F-T=m_2a$이다. 그리고 상자 m_1에서의 운동방정식은 $T=m_1a$이다. 위 두 식을 합하여 가속도 a에 대해서 풀면

$$a=\frac{F}{m_1+m_2} \tag{1-123}$$

을 얻는다.

(b) 위 (a)의 결과를 $T=m_1a$에 대입하면 장력은 $T=\frac{m_1F}{m_1+m_2}$을 얻는다.

(c) 힘 F는 세 가지 질량 m_1, m_2, m_3를 가속시킨다. 따라서 이 세 질량의 가속도는

$$a=\frac{F}{m_1+m_2+m_3} \tag{1-124}$$

이다. T_1을 m_1에 연결된 줄의 장력이라고 하고 T_2를 m_2에 연결된 줄의 장력이라고 하자. 그러면 상자 m_1과 m_2에 관련된 Newton의 법칙에서 각각 $T_1=m_1a$, $F-T_2=m_2a$을 얻는다. 두 식에 식 1-124를 이용하면

$$T_1-T_2=\frac{m}{m_1+m_2+m_3}F \tag{1-125}$$

을 얻는다.

문제 14 그림과 같이 2개의 상자 m_1=1kg, m_2=2kg가 접촉하고 있다. 상자 m_1에 10N의 힘이 수평으로 주어졌을 때 m_2가 m_1에 작용하는 힘을 구하라.

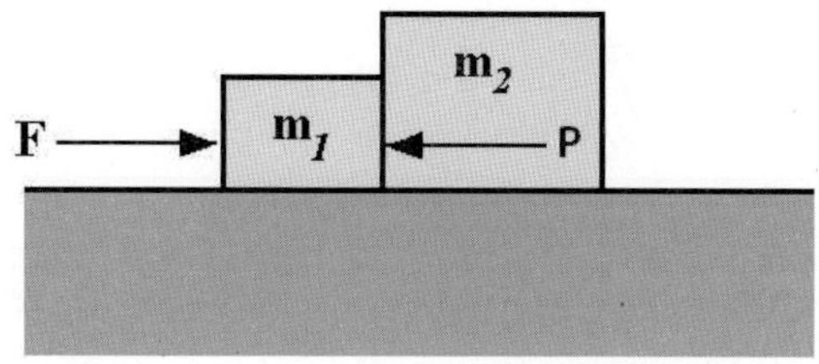

답. 힘 10N에 의해 두 상자는 가속도 $a = F/(m_1 + m_2) = 3.33\,m/\sec$을 가진다. m_2가 m_1에 작용하는 힘을 P라고 두고, 상자 m_1에 Newton의 제 2법칙을 적용하면 $F - P = m_1 a$에서 $P = F - m_1 a = 6.67N$이다.

문제 15 그림과 같이 상자에 힘 $F = 300N$이 주어질 경우 상자의 가속도를 구하라. 상자의 질량은 50kg이다. 그리고 상자와 면 사이의 운동마찰계수는 0.3이다.

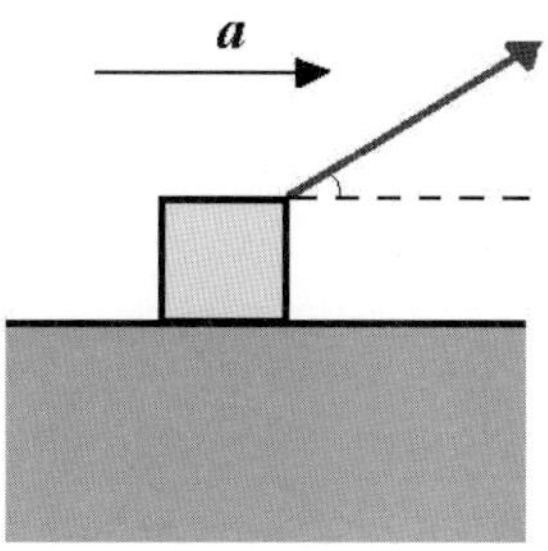

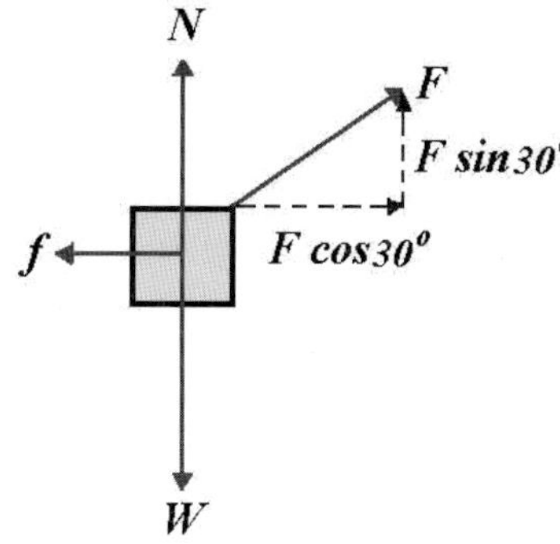

답. 운동방정식은

$$\sum_i F_{ix} = ma:\ F\cos 30^\circ - \mu_k N = ma \qquad (1\text{-}126)$$
$$\sum_i F_{iy} = 0:\ N + F\sin 30^\circ = mg$$

와 같이 주어진다. 따라서 $N = 340N$, $a = 3.16\,m/\sec^2$와 같이 구해진다.

문제 16 37°의 경사면을 따라 8kg의 상자를 일정한 속력으로 끌어올리려고 한다. 이 경사면에 그림과 같이 30° 방향으로 작용해야 하는 힘 F는 얼마인가? 상자와 경사면 사이의 운동마찰계수는 0.78이다.

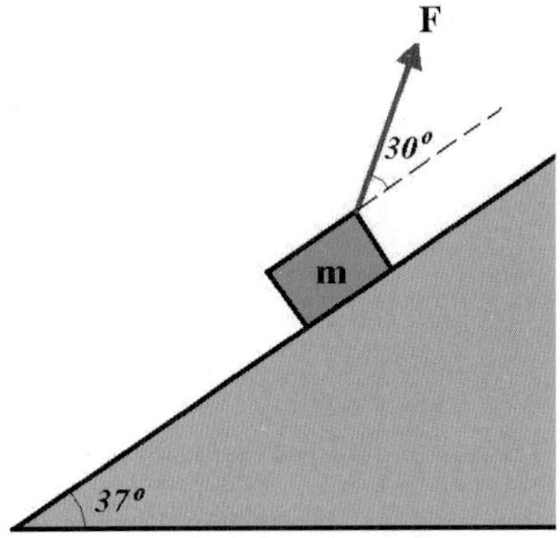

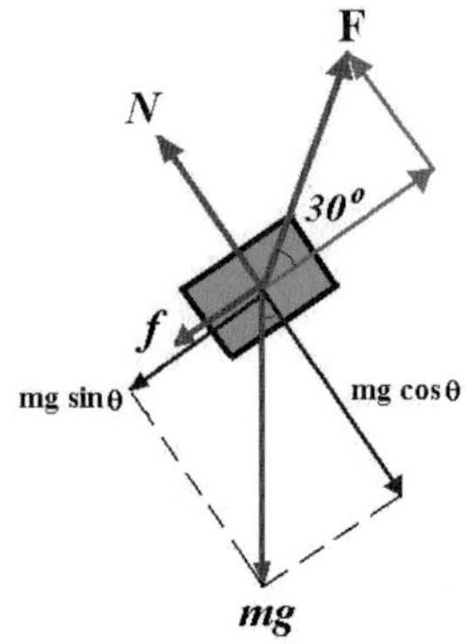

답. 경사면을 따라 일정한 속력(등속)으로 운동하려면 경사면 방향의 알짜 힘이 0이 되어야 한다. 물체에 작용하는 힘들이 그림에 주어져 있다. 수직력 N은 경사면의 수직방향으로 물체가 움직이지 않기 때문에 경사면의 수직 방향의 알짜 힘은 0이 되어야 한다는 조건에서

$$N = mg\cos 37^\circ - F\sin 30^\circ \quad (1\text{-}127)$$

와 같이 구할 수 있다. 따라서 마찰력 f는

$$f = \mu_k N = \mu_k (mg\cos 37^\circ - F\sin 37^\circ) \quad (1\text{-}128)$$

이다. 물체가 일정한 속력으로 움직이기 위해서는 경사면 방향으로 작용하는 알짜 힘이 0이 되어야 한다.

$$F_s = F\cos 30^\circ - f - mg\sin 37^\circ = 0 \quad (1\text{-}129)$$

에서 $F = 72\,N$으로 구해진다.

문제 17 질량 $m_1 = 100\,g$인 물체가 경사각 30°이고 마찰계수 $\mu_k = 0.5$인 경사면에 놓여 있다. 이 물체가 크기와 마찰을 무시할 수 있는 도르래와 늘어나지 않는 줄에 의해 질량 $m_2 = 500\,g$인 물체와 연결되어 있다. 이 계의 가속도와 줄의 장력을 구하라.

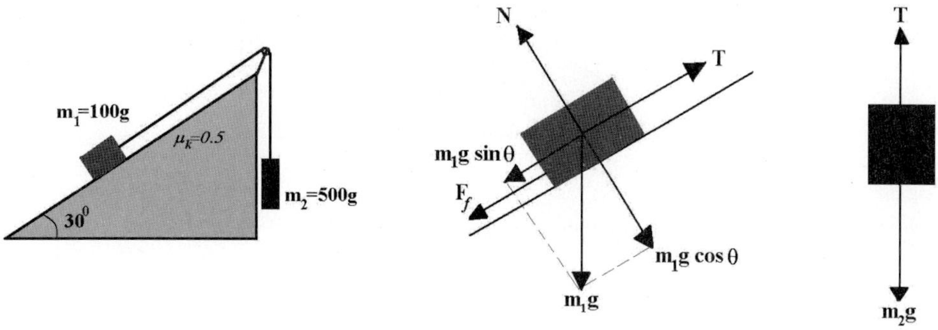

답. 질량 m_1에 작용하는 힘을 고려하여 Newton의 제2법칙을 적용하면

$$T - m_1 g\sin\theta - \mu_k m_1 g\cos\theta = m_1 a \tag{1-130}$$

이다. 그리고 질량 m_2에 작용하는 힘을 고려하면 Newton의 제2법칙은

$$m_2 g - T = m_2 a \tag{1-131}$$

이다. 두 물체는 늘어나지 않는 줄에 의해 서로 연결되어 있으므로 가속도 a는 동일하다. 위 두 식을 더하여 가속도를 구하면

$$a = \frac{m_2 g - m_1 g\sin\theta - \mu_k m_1 g\cos\theta}{m_1 + m_2} = 6.65\,m/\text{sec}^2 \tag{1-132}$$

와 같이 구해진다. 그리고 줄의 장력은 $T = m_2(g-a) = 1.58N$와 같이 구해진다.

문제 18 그림과 같이 질량 $m = 10kg$이 경사각 30°의 경사면에 놓여 있다.

(a) 힘 F가 그림과 같이 주어질 경우 상자는 경사면을 일정한 속도로 올라간다. 이 경우 힘 F의 값을 구하라.

(b) 가속도가 $1m/\text{sec}^2$일 경우 주어져야 할 힘 F를 구하라. 상자와 비탈면 사이의 운동마찰계수는 0.2이다.

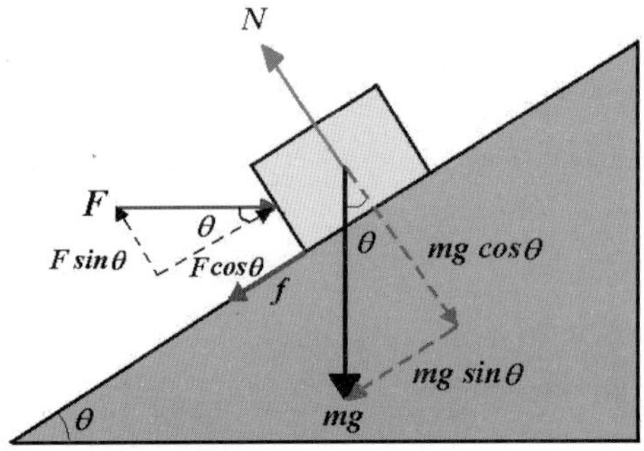

답. 경사면의 방향을 x축, 경사면에 수직한 축을 y축으로 하면 각 축방향으로의 운동방정식은 각각 아래와 같이 주어진다.

$$\sum_i F_{ix} = ma:\ F\cos 30^\circ - \mu_k N - mg\sin 30^\circ = ma \qquad (1\text{-}133)$$
$$\sum_i F_{iy} = 0:\ mg\cos 30^\circ - N + F\sin 30^\circ = 0$$

(a) 일정한 속도인 경우에는 가속도가 0이다. 식 1-125에 $a=0$를 대입하여 풀면 $F=86.13N$와 $N=127.95N$을 얻을 수 있다.

(b) 식 1-125에 $a=1m/\sec^2$을 대입하여 값을 구하면 $F=99.2N$과 $N=134.5N$을 구할 수 있다.

문제 19 경사각이 30°인 경사면에 놓인 1,000kg인 물체를 크레인으로 일정한 속도로 경사면을 따라 움직이게 하고자 한다. 크레인에 작용해야 하는 힘을 구하라. 크레인 줄과 경사면 사이의 각도는 20°이다. 물체와 바닥 사이의 운동마찰계수는 0.5이다.

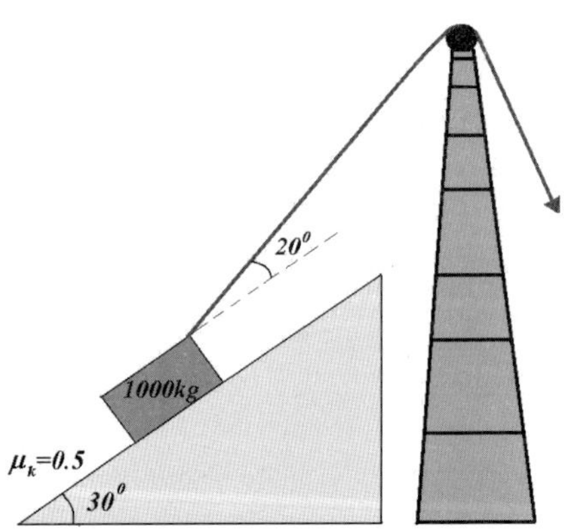

답. 일정한 속도라는 것은 $a=0$, 즉 가속이 되지 않는다는 것을 뜻한다. 따라서 Newton의 제2법칙에서 $F=ma=0$이 되어야 한다. 수직력은 비탈면에 수직한 방향으로는 물체가 움직이지 않으므로 힘이 0이어야 되는 조건에서

$$N-mg\cos 30^\circ + F\sin 20^\circ = 0 \tag{1-134}$$

을 얻는다. 비탈면 방향으로의 알짜 힘이 0이 되어야 한다는 조건에서

$$F\cos 20^\circ - \mu_k(mg\cos 30^\circ - F\sin 20^\circ) - mg\sin 30^\circ = 0 \tag{1-135}$$

을 얻는다. 따라서 힘은 $F=8,232N$이다.

문제 20 그림과 같은 구조에서 $m_1 = 3kg$가 움직이지 않기 위한 m_2의 최댓값은 얼마인가? 각 줄에 작용하는 장력을 구하라. 질량 m_1과 면 사이의 정지마찰계수는 0.3이다.

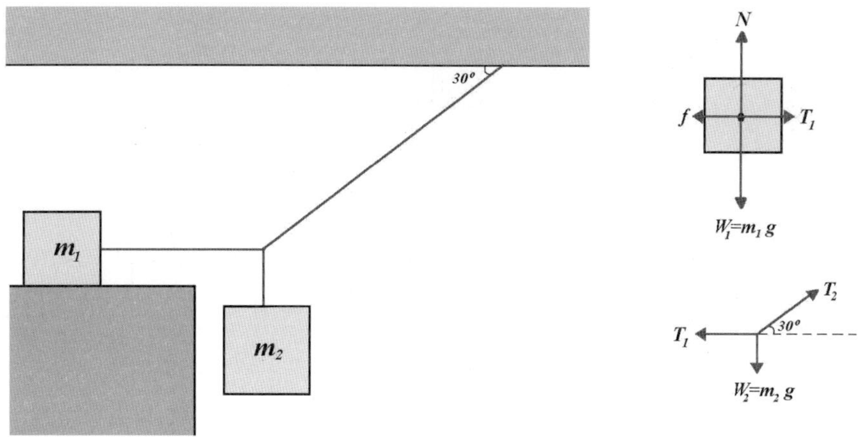

답. 그림에서와 같이 질량 m_1에 힘이 작용하므로 평형조건에서

$$\sum_i F_{ix} = 0:\ T_1 = f = \mu_s m_1 g = 8.82N \tag{1-136}$$
$$\sum_i F_{iy} = 0:\ N = W_1 = m_1 g$$

을 얻는다. 이로부터 $T_1 = 8.82N$을 구할 수 있다. 그리고 줄의 갈림길에서의 평형조건에서

$$\sum_i F_{ix} = 0:\ T_1 = T_2 \cos 30^\circ \tag{1-137}$$
$$\sum_i F_{iy} = 0:\ W_2 = m_2 g = T_2 \sin 30^\circ$$

을 얻을 수 있다. 식 1-137의 두 식을 연립하여 풀면 $m_2 = 0.52kg$과 $T_2 = 10.18N$을 구할 수 있다.

문제 21 활차에 짐(load)이 얹어져 있다. 짐과 활차면 사이의 정지마찰계수는 0.25이다. 활차는 50km/h로 달리고 있다. 짐이 미끄러지지 않으면서 활차가 정지하고자 한다. 이 경우 정지할 때까지 이동한 거리의 최솟값은 얼마인가?

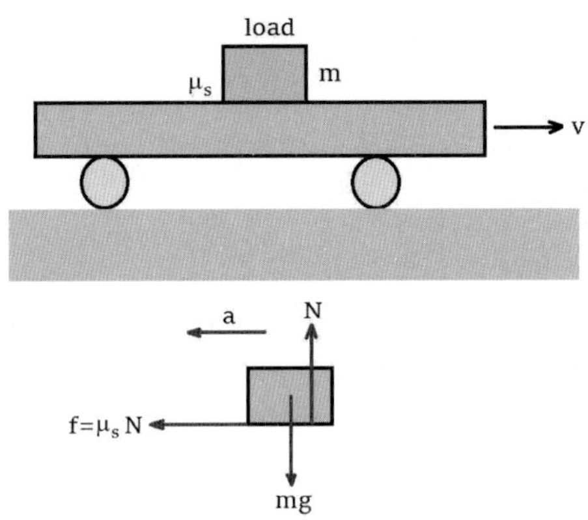

답. $N = mg$이다. 짐이 움직이지 않으려면 $ma \le f_s$를 만족해야 한다. $f_s = \mu_s N = \mu_s mg$이므로 $a \le \mu_s g$이 만족해야 된다. 그리고 $v^2 = 2as$이고, 가속도(감속)가 $a = \mu_s g$인 경우 이동거리는 $s = \frac{v^2}{2a} = \frac{v^2}{2\mu g} = 39.38m$로 계산된다. 위 값은 가속도의 최댓값인 $a = \mu_s g$인 경우이므로 이동거리의 최솟값에 해당된다. $a = \mu_s g$보다 천천히 감속하면 더 멀리 이동한 후에 멈추게 된다.

문제 22 천정에 박힌 고리에 줄이 연결되어 있다. 천정에서 바닥까지의 거리는 $h = 15m$이다. 줄의 질량 $M = 20kg$이다. 사람이 천정에서 줄을 타고 내려온다고 하자. 사람의 질량은 $m = 60kg$이다. 그리고 고리가 견딜 수 있는 무게는 600N이다. 사람이 땅에 도달할 수 있기 위한 최소의 속도를 구하라.

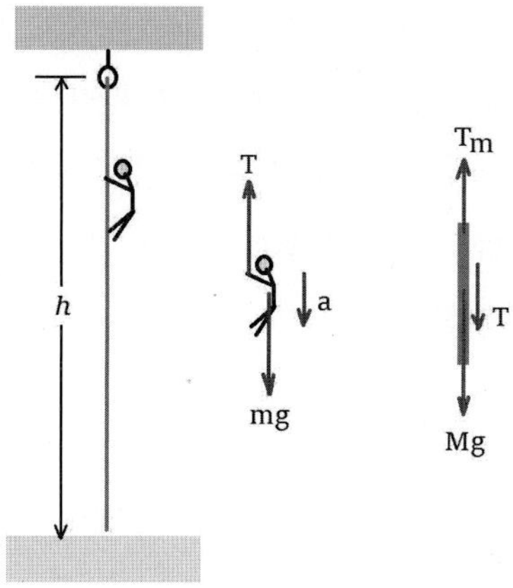

답. 사람의 경우 운동방정식은 $mg - T = ma$이다. 반면에 줄의 경우 $T_m = 600 = T + Mg$가 만족되어야 고리가 지탱이 되어 사람이 내려올 수 있다. 위 두 식을 연립하면 $a = 3.07m/\sec^2$이다. 그리고 $v^2 = 2ah$에서 $v = 9.6\,m/\sec$이다.

문제 23 에스키모 사냥꾼이 포획한 동물을 썰매에 얹고 눈 위에서 썰매를 밀고 있다. 포획된 동물의 질량은 $m_1 = 30kg$이고, 썰매의 질량은 $m_2 = 20kg$이다. 썰매와 눈 사이의 운동마찰계수는 0.1이고, 동물과 썰매 사이의 정지마찰계수는 0.8이다. (a) 썰매에 실은 동물이 떨어지지 않게 밀 수 있는 수평력의 최댓값을 구하라. (b) 이 최대 수평력에 의한 가속도를 구하라.

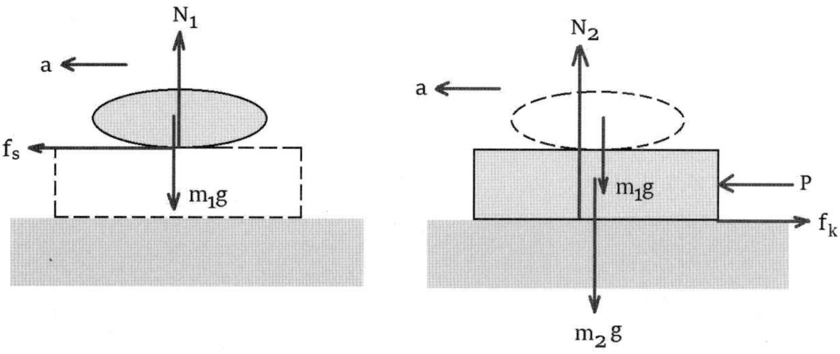

답. 동물만 고려할 경우(왼쪽 그림) $N_1 = m_1 g$이고 $f_s = \mu_s N_1 = \mu_s m_1 g = m_1 a$이다. 따라서 가속도는 $a = \mu_s g = 7.84\,m/\sec^2$이다. 다음에 동물과 썰매를 모두 고려할 경우(오른쪽 그림) 수직력은 $N_2 = (m_1 + m_2)g$이고 $f_k = \mu_k N_2 = \mu_k (m_1 + m_2) g$이다. 운동방정식 $P - f_k = (m_1 + m_2)a$에서 수평력의 최댓값은 $P = (m_1 + m_2)(\mu_s + \mu_k)g = 441N$와 같이 구해진다.

문제 24 속도 $v=100km/h$의 자동차가 앞서가고 있는 트럭을 따라가고 있다. 트럭의 속도는 $v=50km/h$이다. 자동차의 운전자는 트럭과의 거리가 $40m$ 떨어진 위치에서 앞차와의 거리가 너무 가깝다고 인식하고 브레이크를 밟았다. 브레이크의 작용에 의해 감속 $a=-2m/\sec^2$이 되면서 자동차의 속도가 떨어진다. 트럭은 동일한 속도로 가고 있다고 가정한다. (a) 브레이크를 밟은 후 자동차가 트럭과 충돌하기까지의 시간간격과 이동거리를 구하라. (b) 충돌 직전의 상대속도를 구하라.

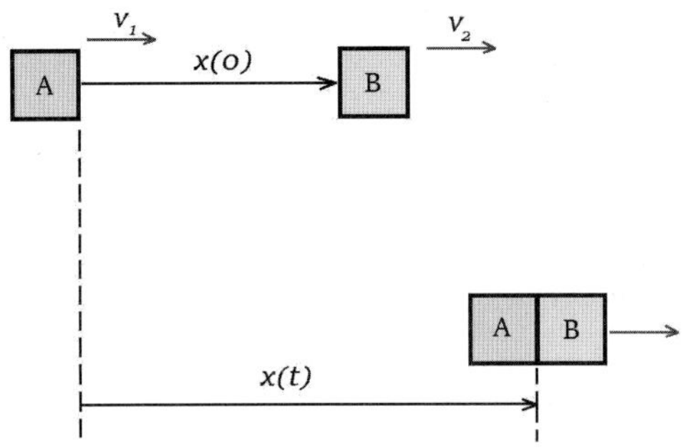

답. 브레이크를 밟는 순간을 $t=0$로 두자. 그 후 t초 후 자동차와 트럭의 위치는 각각

$$x_{car}(t)=v_o^{car}t-\frac{1}{2}at^2=27.78t-t^2 \tag{1-138}$$

$$x_{truck}(t)=x_o^{truck}+v_o^{truck}t=40+13.89t$$

와 같이 주어진다. 두 차가 충돌할 때의 위치는 같아지므로 $x_{car}=x_{truck}$에서 $t_1=9.81\,s$와 $t_2=4.08s$가 구해진다. 이 중에서 짧은 값이 해가 된다. 이동거리는 $x_{car}=x_{truck}=96.7m$이다. (b) $t_2=4.08s$에서의 자동차의 속도는 $v_{car}=v_o^{car}-at=19.62\,m/s$이다. 트럭은 충돌 전후에 동일한 속도로 이동하고 있으므로, 충돌 직전의 상대속도는 $v_{car}-v_{truck}=5.73\,m/\sec$이다. 이는 $20.62\,km/h$에 해당된다.

문제 25 질량 $m_a=2kg$과 질량 $m_b=5kg$인 물체가 질량을 무시할 수 있는 줄에 의해 연결되어 경사각 $\theta=30^o$인 경사면에 놓여 있다. m_a와 바닥 사이의 운동마찰계수는 $\mu_{ka}=0.1$이고, m_b와 바닥 사이의 운동마찰계수는 $\mu_{kb}=0.2$이다. (a) 줄의 장력을 구하라. (b) 경사면에 평행한 가속도를 구하라.

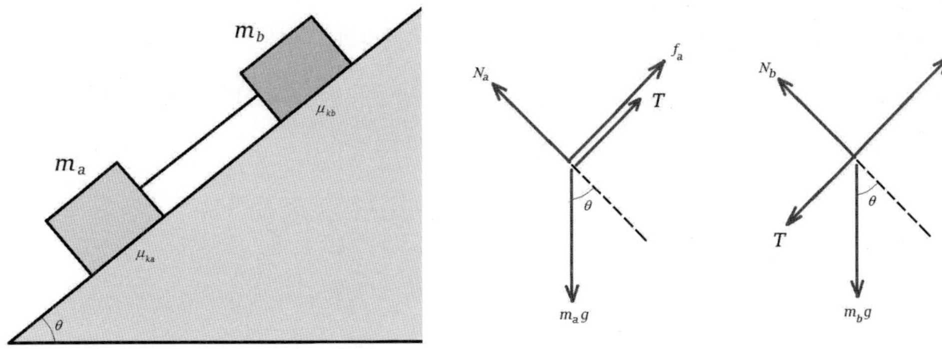

답. 물체 m_a에 대한 운동방정식은

$$\sum_i F_{ix} = m_a g\sin 30^o - f_a - T = m_a a_x \tag{1-139}$$

$$\sum_i F_{iy} = N_a - m_a g\cos 30^o = 0 \rightarrow N_a = m_a g\sin 30^o$$

와 같다. 그리고 물체 m_b에 대한 운동방정식은

$$\sum_i F_{ix} = m_b g\sin 30^o - f_b + T = m_b a_x \tag{1-140}$$

$$\sum_i F_{iy} = N_b - m_b g\cos 30^o = 0 \rightarrow N_b = m_b g\sin 30^o$$

로 주어진다. 첫 번째 식들을 더하면

$$(m_a + m_b) g\sin 30^o - (f_a + f_b) = (m_a + m_b) a_x \tag{1-141}$$

를 얻는다. 주어진 값들을 대입하면 $a_x = 3.45\, m/\sec^2$이 구해진다. 가속도를 위 식에 대입하면 줄의 장력은 $T = 1.21\, N$을 구할 수 있다.

문제 26 질량 m이고 반경이 r인 공이 높이 h에서부터 굴러서 그림과 같은 트랙(track)을 내려온다고 하자. 구의 관성모멘트는 $\frac{2}{5}mr^2$이다.

(a) 공이 반경 R인 원형 트랙의 제일 위쪽에서 자유낙하하려면 h는 얼마여야 하나?

(b) 공이 반경 R인 원형 트랙의 제일 위쪽에서 떨어지지 않고 움직이기 위해서는 공이 출발해야 하는 최소의 높이 h는 얼마여야 하나? $R \gg r$이라 가정하라.

(c) 공이 $6R$의 높이에서 출발했다면 점 Q에서의 수평방향으로 작용하는 힘을 구하라.

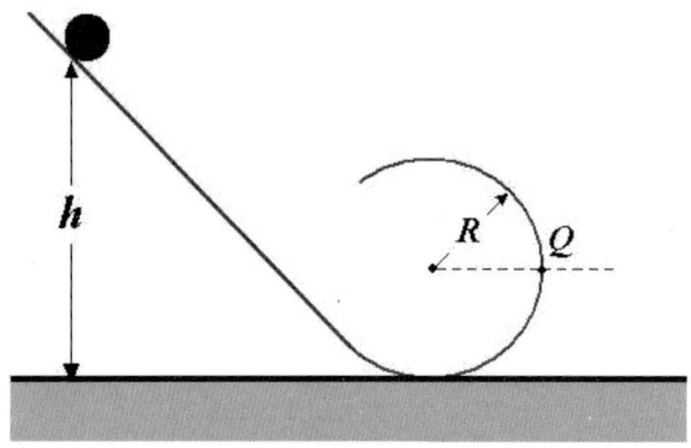

답. (a) 제일 위쪽에서 자유낙하하려면 그 지점에서 공의 속도가 0이어야 한다. 에너지보존칙에서 $mgh = mg(2R)$에서 $h = 2R$이다.

(b) 원형 트랙의 정상에서 작용하는 힘은 공의 수직력과 무게이다. 즉, $N + mg$의 힘이 아래 방향으로 작용한다. 공이 원운동을 하므로 이 힘이 구심력이다. 따라서

$$N + mg = \frac{mv^2}{R - r} \tag{1-142}$$

이다. 이 식에서 $R - r$은 공의 반경 r을 고려한 공의 원운동 반경이다. 공이 가까스로 트랙에 붙어 있을 조건은 수직력이 0이 되는 $N = 0$이다. 따라서 공이 가까스로 트랙에 붙어 있을 조건은 위 식에서

$$g = \frac{v^2}{R - r} \tag{1-143}$$

와 같이 구해진다. 에너지보존칙에서 (h에서 공의 위치에너지) = (정상에서 공의 운동에너지) + (정상에서 공의 회전운동에너지) + (정상에서 공의 위치에너지)이므로

$$mgh = \frac{1}{2}mv^2 + \frac{1}{2}I\omega^2 + mg(2R) \tag{1-144}$$

을 얻는다. 위 식에 $I = \frac{2}{5}mr^2$, $\omega = \frac{v}{r}$을 대입하면

$$gh = \frac{7}{10}v^2 + 2gR \tag{1-145}$$

을 얻는다. 식 1-143에서 $v^2 = g(R-r)$을 얻고 이를 식 1-145에 대입하면

$$h = 2.7R - 0.7r \approx 2.7R \tag{1-146}$$

와 같이 구해진다. 이 높이가 공이 정상에 도달할 때 공이 계속 원운동할 수 있는 조건이다.
(c) 에너지보존칙인

$$mgh = \frac{1}{2}mv^2 + \frac{1}{2}I\omega^2 + mgh' \tag{1-147}$$

에서 $h = 6R$이고 Q점은 $h' = R$이므로

$$mg(6R) = \frac{1}{2}mv^2 + \frac{1}{2}\left(\frac{2}{5}mr^2\right)\left(\frac{v}{r}\right)^2 + mg(R) \tag{1-148}$$

이다. 따라서

$$6gR = \frac{7}{10}v^2 + gR \tag{1-149}$$

을 얻는다. 즉, $v^2 = \frac{50gR}{7}$을 구할 수 있다. Q에서 수직력이 구심력이므로

$$N = \frac{mv^2}{R-r} = \frac{50mgR}{7(R-r)} \approx \frac{50mg}{7} \tag{1-150}$$

과 같이 구해진다.

※ 위 문제에서 공의 반경을 완전히 무시할 경우 공의 회전운동에너지는 고려할 필요가 없다. 이 경우 (a)의 답은 동일하다. (b)의 답은 정상에서 원운동의 조건은 (중력) + (수직력) = (원심력)에서 (수직력) ≥ 0이 되어야 한다. 따라서

$$N = \frac{mv^2}{R} - mg \geq 0 \tag{1-151}$$

이므로 $mv^2 \geq mgR$이다. 에너지보존칙에서

$$mgh = \frac{1}{2}mv^2 + mg(2R) \tag{1-152}$$

이다. 식 1-152를 식 1-151에 대입하면 $h \geq \frac{5R}{2}$을 구할 수 있다.

문제 27 마찰을 무시할 수 있는 반지름 R인 반구 모양이 언덕 꼭대기에 앉아 있던 질량 m인 아이가 정지상태에서 미끄러지기 시작하여 점 P에서 반구로부터 떨어진다. 아이가 떨어지는 위치의 높이 h와 이 지점에서의 속도를 구하라.

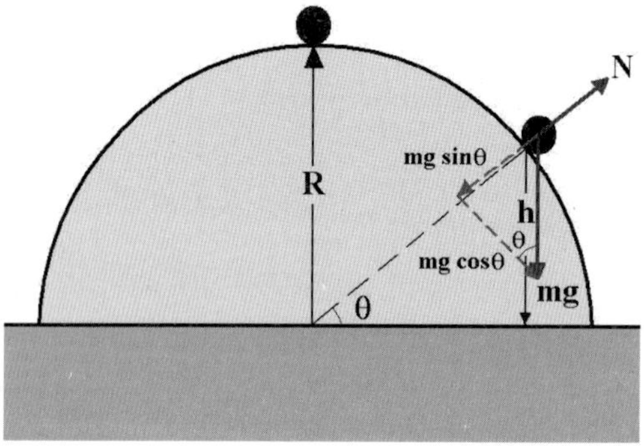

답. 아이는 수직력이 없어지는 지점에서 떨어진다. 이 경우 $mg\sin\theta$가 원심력 $\frac{mv^2}{R}$이 된다. 즉, $g\sin\theta = \frac{v^2}{R}$이 된다. 에너지보존칙에서 (정상에서 아이의 위치에너지) = (떨어지는 위치에서의 운동에너지) + (떨어지는 위치에서의 위치에너지)이다. 즉,

$$mgR = \frac{1}{2}mv^2 + mgh \tag{1-153}$$

이다. 그림에서 $\sin\theta = \frac{h}{R}$이므로 $g\sin\theta = \frac{v^2}{R}$에서 $v = \sqrt{gh}$을 얻고 이를 식 1-153에 대입하면 $h = \frac{2R}{3}$을 구할 수 있다. 이에 따라 $v = \sqrt{\frac{2gR}{3}}$이다.

문제 28 60cm 길이의 줄이 3kg의 물체에 연결되어 있다. 이 물체를 지면에 수직한 평면에서 원운동을 시킨다고 하자.

(a) 원운동의 가장 낮은 지점에서 줄의 장력이 50N이라고 할 때 물체의 속도는 얼마인가?

(b) 원운동의 가장 높은 지점에서 줄이 느슨해지지 않기 위한 물체의 최소속도는 얼마인가?

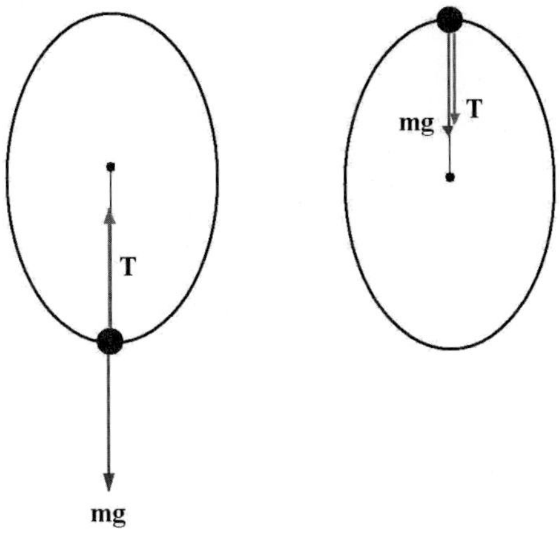

답. (a) 물체가 원운동의 가장 낮은 위치에서 받는 힘은 물체의 무게가 아래 방향으로 작용하고 줄의 장력이 위쪽 방향으로 작용한다. 알짜 힘의 방향은 위쪽 방향이고 이 알짜 힘이 원운동의 구심력을 준다. 따라서

$$T - W = \frac{mv^2}{r} \rightarrow v = \sqrt{\frac{r(T - mg)}{m}} = 2m/\mathrm{sec} \quad (1\text{-}154)$$

와 같이 구해진다.

(b) 물체가 원운동의 최고점에서 받는 힘은 아래 방향으로의 물체의 무게와 아래 방향으로의 줄의 장력이다. 따라서 $T+W$가 원운동의 구심력을 준다. 줄이 느슨해지지 않기 위해서는 줄의 장력이 0이 되지 않아야 한다. 따라서 줄이 느슨해지지 않는 물체의 최소 속력은 줄의 장력이 0이 될 때이다. 줄의 장력이 0보다 크면 줄이 느슨해지지 않고 원운동을 하게 된다. 따라서

$$T + W = \frac{mv^2}{r} \rightarrow 0 + mg = \frac{mv_{\min}^2}{r} \rightarrow \therefore v_{\min} = 2.4m/\mathrm{sec} \quad (1\text{-}155)$$

과 같이 구해진다.

문제 29 반경이 20m인 원형의 도로가 안쪽은 낮고 바깥쪽은 높게 각도가 10°로 경사져 있다. 이 도로를 따라 자동차가 등속으로 주행을 할 때 가장 적당한 속력은 얼마인가?

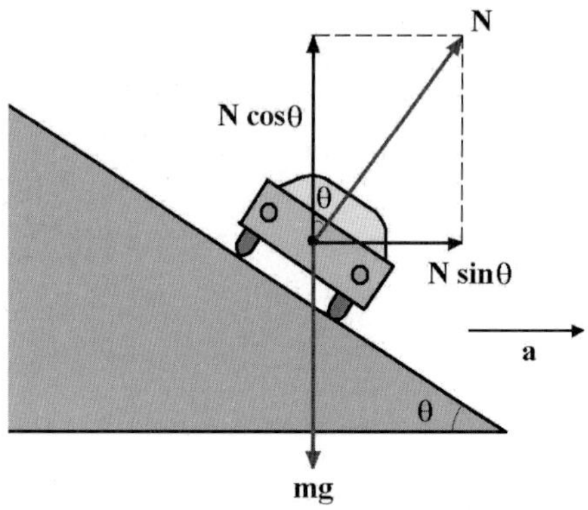

답. 그림으로부터 구심력은 $N\sin\theta$이다. 그런데 $N\cos\theta = mg$이므로 구심력은 $mg\tan\theta$이다. 따라서

$$mg\tan\theta = \frac{mv^2}{r} \tag{1-156}$$

에서 $v = \sqrt{rg\tan\theta} = 5.9\,m/\sec$를 구할 수 있다. 이보다 차의 속도가 느리면 차는 미끄러질 것이다.

문제 30 60kg인 선수가 6m/sec의 속도로 반경 5m인 트랙의 곡선주로를 돌고 있다. 이 선수에 작용하는 구심력은 얼마인가? 구심력의 원인은 무엇인가?

답. 선수가 받는 구심력은 $F_c = \frac{mv^2}{r} = 432\,N$이다. 구심력의 원인은 선수의 운동화 바닥과 트랙면 사이의 정지마찰이다. 이때 마찰계수는 거의 1에 가깝다. 따라서 마찰력은 $f = \mu_s mg = 588N$이다. 이 마찰력이 구심력보다 크므로 이에 의해 선수는 안정된 원궤도를 돌 수 있다. 만약 마찰력이 구심력보다 작으면 선수는 미끄러질 것이다.

문제 31 천정에서부터 물체를 실에 매달아 놓으면 지구 중심에서 약간 벗어난 방향을 가리킨다. 이는 지구 자전 때문이다. 다음의 위치에서 지구중심에서 벗어난 각도를 구하라. 지구의 반경은 $R = 6.36 \times 10^6\,m$. (a) 위도 60°인 지역 (b) 극지방 (c) 적도지방

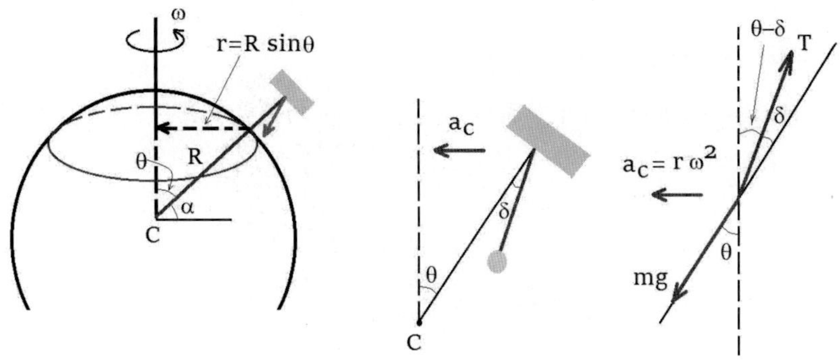

답. 지구의 자전 각속도는 $\omega = \frac{2\pi}{24\times 3,600}\, rad/\sec$이다. 그림에서와 같은 힘이 물체에 작용한다. y축 방향으로는 평형 상태이므로 물체에 작용하는 힘이 없다. 즉, $T\cos(\theta-\delta) = mg\cos\theta$가 만족된다. 반면에 x축 방향으로는 회전에 의한 구심력이 작용한다. 따라서

$$mg\sin\theta - T\sin(\theta-\delta) = ma_c = mr\omega^2 = mR\,\omega^2\sin\theta \tag{1-157}$$

를 얻는다. 식 1-157에 $T = \frac{mg\cos\theta}{\cos(\theta-\delta)}$을 대입하여 정리하면

$$\tan(\theta-\delta) = \left(1 - \frac{R\omega^2}{g}\right)\tan\theta \tag{1-158}$$

을 얻을 수 있다. $\delta \ll \theta$이므로 $\tan(\theta-\delta) \simeq \tan\theta - \delta\sec^2\theta$ 이다. 여기서 $\frac{d(\tan\theta)}{d\theta} = \sec^2\theta$을 이용하였다. 이를 식 1-158에 적용하면

$$\delta \simeq \frac{R\omega^2}{g}\frac{\tan\theta}{\sec^2\theta} = \frac{R\omega^2}{2g}\sin 2\theta = \frac{R\omega^2}{2g}\sin 2\alpha \tag{1-159}$$

이 된다. 위에서 마지막에는 $\theta = \frac{\pi}{2} - \alpha$를 이용하였다. 위 식을 이용하면 (a) 위도 60°인 지역에서는 $\delta = 0.00148 rad = 0.085^o$이다. (b)와 (c)의 경우 $\delta = 0$임을 볼 수 있다.

문제 32 그림과 같이 발사된 총알이 나무에 박혀 이동하는 거리를 측정하여 총알의 속도를 알 수 있다. 질량 $m = 100g$인 총알은 완전비탄성충돌로 질량 $M = 100kg$인 나무에 박혀 충돌

후 나무와 총알은 수직으로 거리 $y=5cm$만큼 움직인다.

(a) 총알의 속도 v를 구하라.

(b) 충돌에 의해 잃은 운동에너지와 총알의 원래 운동에너지와의 비율은 얼마인가? 이 에너지는 어디로 갔는가?

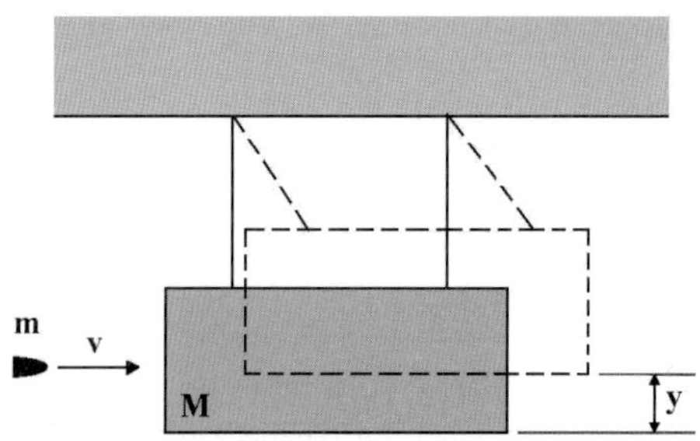

답. (a) 운동량보존칙에서

$$mv=(m+M)v' \quad \rightarrow \quad v'=\frac{mv}{m+M} \tag{1-160}$$

와 같이 주어진다. 에너지보존칙에서

$$\frac{1}{2}(m+M)v'^{\,2}+0=0+(m+M)gy \tag{1-161}$$

이다. 식 1-161에서 v'을 구하여 식 1-160에 대입하여 총알의 속도 v를 구하면

$$v=\frac{m+M}{m}\sqrt{2gy}=991m/\sec \tag{1-162}$$

를 구할 수 있다.

(b) 충돌 후 나무와 총알의 운동에너지는

$$K'=\frac{1}{2}(m+M)v'^{\,2}=\frac{1}{2}\frac{m^2v^2}{m+M} \tag{1-163}$$

이다. 총알의 초기운동에너지 $K=\frac{1}{2}mv^2$와의 차이는

$$\Delta K = K' - K = \frac{1}{2}\frac{m^2v^2}{m+M} - \frac{1}{2}mv^2 = \frac{1}{2}mv^2\left(\frac{-M}{m+M}\right) = K\left(\frac{-M}{m+M}\right) \quad (1\text{-}164)$$

이고, 이의 초기 운동에너지와의 비는

$$\frac{\Delta K}{K} = -\frac{M}{m+M} = -0.999 \quad (1\text{-}165)$$

이다. 위 식에서 거의 대부분의 운동에너지가 사라졌음을 알 수 있다. 운동에너지는 주로 열로 달아났고 일부는 총알이 나무에 박힐 때 나무의 분자결합을 깨는 데 사용되었다.

문제 33 질량 $m_1 = 1\,kg$인 물체가 $v_1 = 10m/\sec$로 왼쪽에서 오른쪽으로 움직이고 있다. 이 물체가 처음 위치에서 $s = 3m$ 이동했을 때, 질량 $m_2 = 50\,g$이고 속력이 $v_2 = 100m/\sec$인 총알이 수평으로 날아와 박혔다. 물체 m_1이 최종적으로 멈추는 위치는 원래의 위치에서 얼마나 떨어져 있는가? 물체와 바닥면 사이의 마찰계수는 $\mu_k = 0.2$이다.

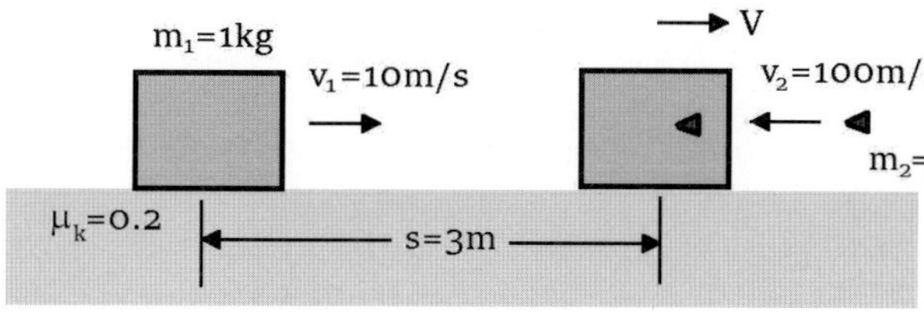

답. 물체 m_1이 처음 위치에서 $3m$ 이동했을 때의 속력은 에너지보존칙인

$$\frac{1}{2}m_1 v'^2_1 = \frac{1}{2}m_1 v_1^2 - \mu_k m_1 g\, s \quad (1\text{-}166)$$

의 관계식에서 $v'_1 = 9.39\,m/\sec$로 구해진다. 이때 총알이 박히고, 이 충돌에서 운동량이 보존된다. 따라서 운동량보존칙에서

$$-m_2v_2 + m_1v'_1 = (m_1 + m_2)V \quad (1\text{-}167)$$

을 얻을 수 있고, $V = 4.18m/\sec$이 구해진다. 속력이 양의 값이므로 물체와 총알은 이 속도로

오른쪽으로 진행한다. 이렇게 진행하는 물체는 마찰에 의해 정지하게 된다. 이동거리는 에너지 보존칙인

$$\frac{1}{2}(m_1+m_2)V^2=\mu_k(m_1+m_2)g\,s' \tag{1-168}$$

에서 $s'=4.46m$이 구해진다. 따라서 물체는 원래의 위치에서부터 $7.46m$ 이동한 후 멈추게 된다.

문제 34 마찰계수 $\mu_k=0.5$인 바닥에 질량 $m_2=1kg$인 나무토막이 놓여 있다. 그 뒤에 1m 떨어진 위치에 스프링상수 $k=600N/m$인 스프링이 있다. 질량 $m_1=10g$인 총알이 속력 $v=500m/\sec$로 나무토막에 박혔다.

(a) 총알이 박힌 직후의 나무토막의 속도를 구하라.

(b) 총알이 박힌 나무토막이 스프링과 충돌하여 스프링의 길이가 수축되었다. 스프링의 최대 수축거리를 구하라.

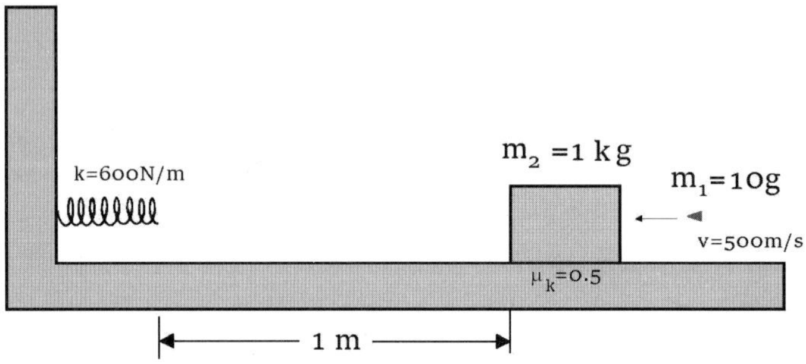

답. (a) 총알이 나무토막에 박힌 전후의 운동량보존칙에서

$$m_1v=(m_1+m_2)V \rightarrow V=4.95\,m/\sec \tag{1-169}$$

을 구할 수 있다. 이 속도로 총알이 박힌 나무토막이 스프링에 접근한다.

(b) 에너지보존칙을 적용하면 된다. 총알이 박힌 나무토막의 운동에너지가 스프링의 탄성포텐셜에너지가 된다. 그런데 총알이 박힌 나무토막이 멈출 때까지 마찰이 한 일이 있으므로 이를 빼

주어야 한다. 나무토막이 이동한 거리는 1+Δx(스프링이 수축한 길이)이다. 이에 따라

$$\frac{1}{2}(m_1+m_2)V^2-\mu_k(m_1+m_2)g(1+\Delta x)=\frac{1}{2}k(\Delta x)^2 \qquad (1\text{-}170)$$

을 얻는다. 위 식을 풀면 $\Delta x = 0.149m = 14.9cm$을 구할 수 있다.

문제 35 질량 100g인 상자가 5m/sec로 진행하고 있다. 그림과 같이 스프링에서 1m 떨어진 위치에서 상자 위에 질량 10g인 매미가 앉았다. 매미가 앉은 상자는 그 후 1m를 진행한 후 스프링상수 k = 4000N/m인 강철 스프링을 만난다. 상자가 스프링에 닿는 순간 매미가 날아갔다. 이후 상자는 달려오는 속도에 의해 스프링을 수축시켰다. 수축된 스프링의 길이는 몇 cm인가? 바닥과 상자 사이의 운동마찰계수는 0.5이다.

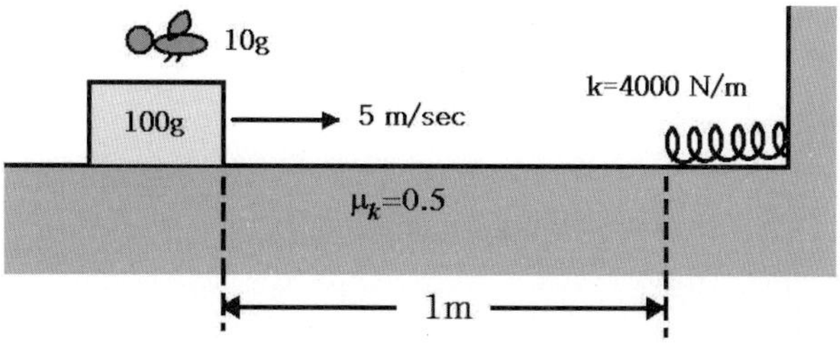

답. 파리가 상자에 앉기 전과 후에서 운동량보존칙을 적용하면

$$mv_0=(m+m_1)V \qquad (1\text{-}171)$$

이다. 따라서 매미가 앉은 직후의 상자의 속도는 $V=4.55\,m/\mathrm{sec}$이다. 매미와 상자는 그 후 1m 이동하게 된다. 스프링에 닿기 전의 상자의 속도 v_2를 먼저 구하자. 그 사이에 마찰력이 일을 하게 된다($\mu_k(m_1+m_2)g\,\Delta s$, $\Delta s=1m$). 따라서 에너지보존칙인

$$\frac{1}{2}(m+m_1)V^2-\mu_k(m+m_1)g\Delta s=\frac{1}{2}(m+m_1)v_2^2 \qquad (1\text{-}172)$$

에서 $v_2=3.30\,m/\mathrm{sec}$(스프링에 닿을 때의 속도)를 구할 수 있다. 이 순간에 매미가 날아가므로 매미가 날아간 전후에 운동량보존칙을 적용하면

$$(m+m_1)v_2 = mv_3 \tag{1-173}$$

에서 $v_3 = 3.63\, m/\sec$(매미가 날아간 후의 속도)을 구할 수 있다. 이러한 속도를 가진 상자가 스프링과 충돌하여 스프링을 수축시킨다. 에너지보존칙은

$$\frac{1}{2}mv_3^2 - \mu_k mgx = \frac{1}{2}kx^2 \tag{1-174}$$

이다. 여기서 x만큼 수축하는 동안의 마찰도 고려하였다. 식 1-174를 풀면 $x = 1.8cm$를 구할 수 있다.

문제 36 스프링 상수 $k = 100N/m$인 스프링에 질량 $m_1 = 100g$의 물체가 붙어 있다. 질량 m_1인 물체를 밀어 스프링이 평형상태에서 $A = 10cm$로 수축하였다. 스프링이 놓이면 스프링 계는 평형위치에서 $x = 5cm$에 놓인 질량 $m_2 = 50g$인 물체와 탄성충돌을 한다.

(a) 충돌 후 m_2의 속도를 구하라.

(b) 충돌 후 스프링 계는 단진동을 한다. 이때 이 단진동의 진폭을 구하라. 마찰은 무시한다.

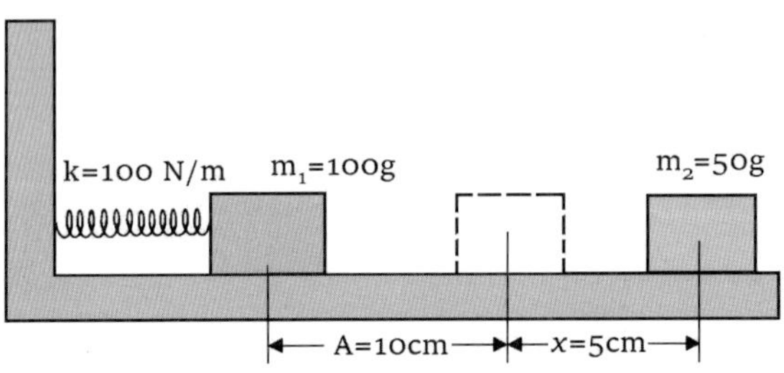

답. (a) m_1이 m_2와 충돌하기 직전의 속력 v_1은 에너지보존칙인

$$\frac{1}{2}kA^2 = \frac{1}{2}kx^2x^2 + \frac{1}{2}m_1v_1^2 \tag{1-175}$$

와 같은 관계식에서 $v_1 = 2.74m/s$로 구해진다. 두 물체의 충돌에서 운동량은 보존되므로

$$m_1v_1 = m_1v_1{}' + m_2v_2{}' \tag{1-176}$$

이다. 그리고 충돌이 탄성충돌이라고 했으므로, 충돌 전과 후의 상대속도는 같아야 된다. 즉,

$$v_1 - v_2 = -(v_1' - v_2') \quad (1-177)$$

이 만족된다. 그리고 충돌 전에 m_2는 정지해 있었으므로 $v_2 = 0$을 이용하면

$$v_1 = v_2' - v_1' \quad (1-178)$$

을 얻을 수 있다. 식 1-176과 178을 연립하여 풀면 $v_2' = 3.65 m/\sec$, $v_1' = 0.911 m/\sec$를 구할 수 있다.

(b) 스프링 계의 초기 에너지는 $kA^2/2$인데, 이 에너지는 m_2가 가져가는 운동에너지만큼 줄어든다. 그리고 진폭은 물체 m_1이 멈추는 위치에서 위 에너지가 모두 스프링의 탄성에너지 $kA'^2/2$가 되는 위치이므로

$$E = \frac{1}{2}kA^2 - \frac{1}{2}m_2 v_2'^2 = \frac{1}{2}kA'^2 \quad (1-179)$$

이다. 따라서 새로운 진폭은 $A' = 5.78 cm$로 구해진다.

문제 37 스프링 상수 k인 스프링에 질량 M인 물체가 달려 있다. 평형위치에서 l만큼 수축시킨 후에 놓을 경우 수축된 위치에서 최대 $1.8l$까지 이동하는 것이 관찰되었다. (a) 물체와 바닥 사이의 마찰계수를 구하라. (b) 이 사이에 마찰력이 물체에 한 일을 구하라. (c) 평형위치를 통과할 때의 속도는 얼마인가?

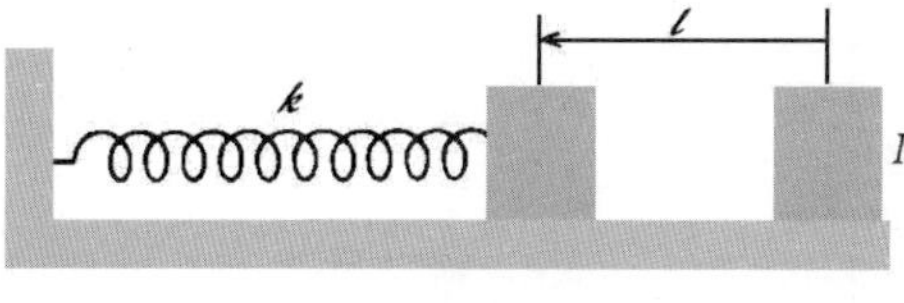

답. (a) 에너지보존칙에서 $\frac{1}{2}kl^2 = F_f(1.8l) + \frac{1}{2}(0.8l)^2$을 얻는다. 위 식에서 $F_f = \mu_k Mg$이므로 $\mu_k = \frac{kl}{10Mg}$를 구할 수 있다.

(b) $W_f = -\mu_k Mg(1.8l) = -0.18kl^2$이다.

(c) 에너지보존칙에서 $\frac{1}{2}kl^2 = -\mu_k Mgl + \frac{1}{2}Mv^2$이므로 $v = \sqrt{\frac{4kl^2}{5M}}$이다.

문제 38 바닥에 수직으로 붙어 있는 스프링 위로 질량 $m = 5kg$인 물체가 떨어진다. 물체는 스프링의 끝에서부터 $h = 2m$ 높이에서 $v = 2m/\sec$의 속도로 떨어진다. 스프링의 질량은 무시한다. 스프링의 위쪽 끝을 $y = 0$로 잡는다. 스프링 상수는 $k = 200N/m$이다. (a) 물체가 스프링의 끝에 떨어짐으로써 수축되는 스프링의 최대 수축 길이를 구하라. (b) 물체가 스프링의 $y = 0$위치로 올라온 시점에서 스프링을 떠난다고 가정하자. 물체가 올라갈 수 있는 최대 높이를 구하라. (c) 스프링의 끝에 강력한 접착제가 있어서 물체가 스프링에 떨어지면 물체는 바로 스프링에 붙어서 함께 움직인다고 하자. 이 경우 물체가 올라갈 수 있는 최대 높이를 구하라.

답. (a) 계의 처음 에너지는 $E_i = \frac{1}{2}mv^2 + mgh = 108J$이다. 스프링의 최대 수축 y에서 $v = 0$이고, 이때의 에너지는 $E_f = mgy + \frac{1}{2}ky^2$이다. $E_i = E_f$에서 $100y^2 + 49y - 108 = 0$을 얻고, 두 개의 해인 $y = -1.31, +0.82m$을 얻는다. 이 중에서 y는 마이너스의 값이 되어야 하므로 $y = -1.31m$이다.
(b) 초기 에너지는 변함이 없어야 된다. 높이 y'까지 올라간다면 이때의 속도는 0이므로 에너지는 $E_f = mgy' = E_i = 108J$이다. 따라서 $y' = 2.20m$이다.
(c) 이 경우 최고 높이 y''에서의 에너지는 $E_f = \frac{1}{2}ky''^2$이고 $E_f = E_i = 108J$이므로 $y'' = 1.04m$이다.

문제 39 질량 $m = 1kg$인 물체가 못(nail 1)에 고정된 길이 $l = 1m$인 줄에 연결되어 수평상태(P_1)에서 놓인다고 하자. (a) 제일 낮은 위치 P_2에서 줄의 장력을 구하라. (b) 또 다른 못(nail 2)이 d위치에 박혀 있다. 물체가 이 못 주위를 한 바퀴 돌 수 있기 위한 못의 위치 d를 구하라.

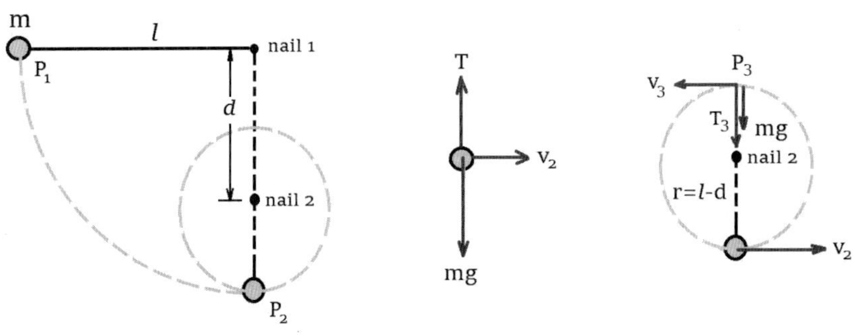

답. (a) P_1에서는 $K_1 = 0$, $U_1 = mgl$이므로 $E_1 = mgl$이다. 반면에 P_2에서는 $K_2 = \frac{1}{2}mv_2^2$, $U_2 = 0$이므로 $E_2 = \frac{1}{2}mv_2^2$이다. 따라서 에너지보존칙에서 $v_2 = \sqrt{2gl}$ 이 구해진다. 물체가 회전하므로 구심력이 필요하다. 구심력은 $T - mg$에 의해 주어진다. 그리고 구심력은 회전반경이 l이므로 $\frac{mv_2^2}{l} = 2mg$이다. 따라서 $T - mg = 2mg$에서 줄의 장력은 $T = 3mg = 29.4N$로 구해진다.
(b) 못 2(nail 2)에 의해 회전할 때, 최고 높이 P_3에서 $K_3 = \frac{1}{2}mv_3^2$, $U = mg2(l-d)$이므로 에너지보존칙에서

$$E_3 = \frac{1}{2}mv_3^2 + 2mg(l-d) = E_1 = mgl \tag{1-180}$$

이다. 따라서 $v_3 = \sqrt{2g(2d-l)}$ 이 구해진다. 못 2(nail 2)를 중심으로 회전운동을 할 때 구심력은

$$F_c = mg + T_3 = \frac{mv_3^2}{(l-d)} = \frac{2mg(2d-l)}{l-d} \tag{1-181}$$

로 주어진다. 회전운동이 가능한 임계에서 $F_c = 0$이므로 위 식에서 $d = \frac{l}{2}$이다.

문제 40 두 연인이 스케이트장에서 스케이트를 타고 있다. 여자의 질량은 $m_1 = 50kg$이고, 남자의 질량은 $m_2 = 75kg$이다. (a) 두 사람이 반대방향으로 다가와서 포옹한다고 하자. $v_1 = 1.5m/\sec$이고, $v_2 = 1.2m/\sec$이다. 두 사람의 최종속도의 크기와 방향을 구하라. (b) 두 사람이 포옹한 후 여자가 0.3초 동안 $60N$의 힘으로 남자를 수평으로 밀었다고 하자. 서로 떨어진 후 여자의 속도의 크기와 방향을 구하라.

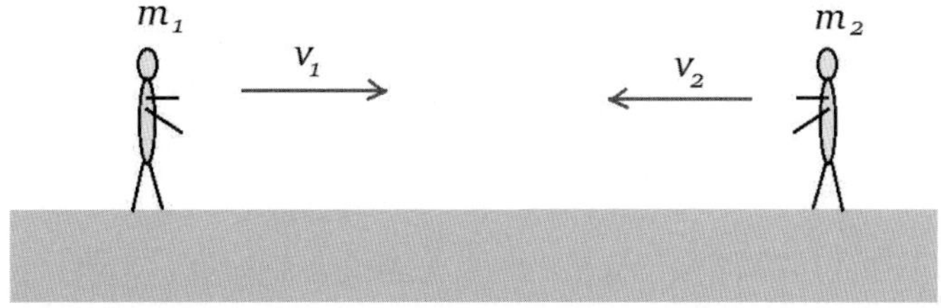

답. (a) 운동량보존칙 $m_1v_1 + m_2v_2 = (m_1 + m_2)V$에서 $V = -0.12\,m/\sec$(왼쪽 방향)으로 구해진다.

(b) 여자가 받는 충격량은 $J = \overline{F}\Delta t = 18\,N\mathrm{sec}$이다. 따라서 $J = \Delta P$에서 여자의 운동량의 변화는 $\Delta P = -18\,N\mathrm{sec}$로 구해진다. $\Delta P = m\Delta v = -18\,N\mathrm{sec}$에서 $\Delta v = -0.36\,m/\mathrm{sec}$이므로 $v = -4.8\,m/\mathrm{sec}$로 왼쪽방향이다.

문제 41 빈 활차의 질량은 $M = 5{,}000kg$이고 길이는 $L = 40m$이다. 활차의 왼쪽 끝이 $x = 0$인 위치에 도달하면 활차에 $\lambda = 250kg/\mathrm{sec}$의 속도로 석탄이 부어진다. 활차의 초속은 $v_o = 2m/\mathrm{sec}$이다. 그리고 활차의 오른쪽 끝점에 도달하면 자동적으로 석탄의 투하가 멈추어진다. (a) 활차에 투하된 석탄의 양을 구하라. (b) 활차의 최종속도를 구하라.

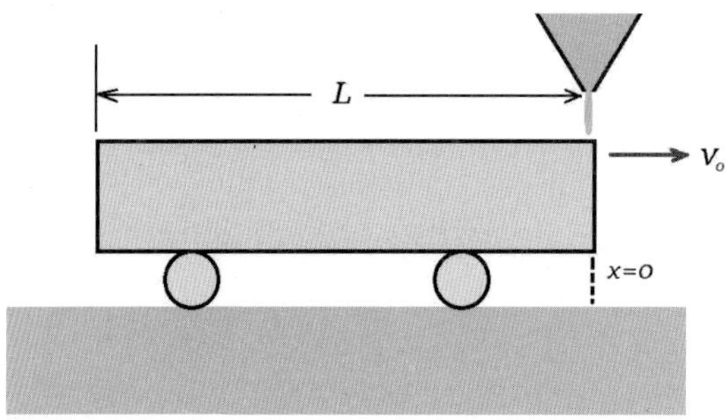

답. (a) 외부력이 없으므로 운동량이 보존된다. 즉, $(M+\lambda t)v = Mv_o$이 만족된다. 따라서 $v = \frac{Mv_o}{M+\lambda t}$이고 $v = \frac{dx}{dt}$이므로

$$x(t) = \int v dt = Mv_o \int_0^t \frac{dt}{M+\lambda t} = \frac{Mv_o}{\lambda} \ln\left(\frac{M+\lambda t}{M}\right) \qquad (1\text{-}182)$$

을 얻을 수 있다. $x(t) = L$이 될 때 (활차가 끝에 갔을 경우)까지 걸리는 시간은 위 식에서 $T = 34.1\,s$가 구해진다. 활차에 투하된 석탄의 양은 $\Delta M = \lambda T = 8{,}600kg$이다.

(b) 활차의 최종속도는 운동량보존칙에서 $v = \frac{Mv_o}{M+\lambda T} = 0.74m/\mathrm{sec}$으로 구해진다.

문제 42 질량 $m = 4kg$인 물체가 $k = 0.2\,N/m$인 스프링에 연결되어 평편한 평면에서 움직이고 있다. 바닥과의 마찰은 무시한다. 스프링의 정지 길이는 $l_o = 2m$이다. P_1 위치에서는 $l_1 = 2m$, $v_1 = 0.8\,m/\mathrm{sec}$이고 v_1과 l_1의 각도는 90^o이다. 반면에 P_2 위치에서는 $l_2 = 4m$이다. v_2와 θ_2를 구하라.

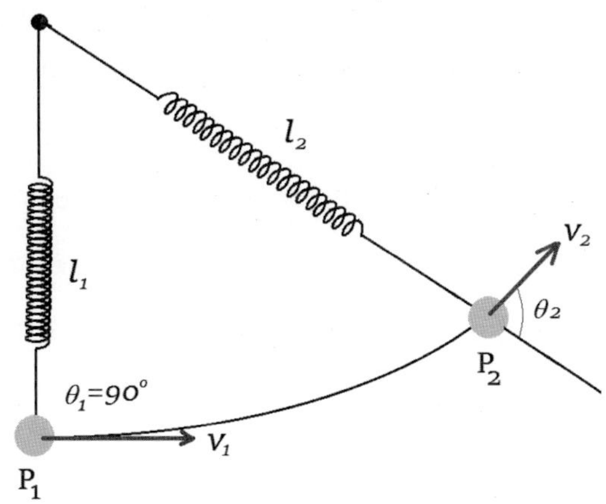

답. 스프링 힘은 보존력이므로 역학적 에너지가 보존된다. P_1에서는 $K_1 = \frac{1}{2}mv_1^2 = 1.28J$이고, $U_1 = 0$이다. 그리고 P_2에서는 $K_2 = \frac{1}{2}mv_2^2 = 2v_2^2$이고, $U_2 = \frac{1}{2}k(l_2 - l_o)^2 = 0.4J$이다. 역학적 에너지 보존칙 $K_1 + U_1 = K_2 + U_2$에서 $v_2 = 0.66\,m/\mathrm{sec}$가 구해진다. 보존력일 경우 각운동량도 보존된다. 각운동량은

$$|\vec{L}| = |\vec{l} \times \vec{p}| = |m(\vec{l} \times \vec{v})| = mlv\sin\theta \tag{1-183}$$

로 주어진다. 위 각운동량은 항상 지면에서 나오는 방향이다. 각운동보존칙 $ml_1v_1\sin\theta_1 = ml_2\sin\theta_2$에서 $\theta_2 = 37.31^o$이다.

문제 43 질량 60kg인 스턴트맨이 지상에서 높이 50m에 있는 건물옥상에서 뛰어내린다. 공기 매트리스에 떨어진 후 바닥에 정지하기까지 2sec가 걸렸다. 정지할 때까지 스턴트맨이 느끼는 평균 힘은 얼마인가? 매트리스가 없다면 스턴트맨이 느끼는 평균 힘은 얼마인가? 이 경우 지표와 접촉시간은 10msec이다.

답. 매트리스 위에서의 속도는 $mgh = \frac{1}{2}mv^2$에서 $v = 31\,m/\mathrm{sec}$임을 알 수 있다. 평균 힘은

$$\overline{F} = \frac{p_f - p_i}{\Delta t} = \frac{0 - mv}{\Delta t} = -930N \tag{1-184}$$

와 같이 구해진다. 반면에 그대로 땅에 떨어지는 경우 접촉시간이 10msec로 아주 짧으므로 위

식에 이 값을 대입하면 $\overline{F}=-186,000N$ 이다. 이 힘은 대략 18.6톤 질량의 무게에 해당된다. 따라서 충돌에서는 접촉시간이 아주 중요하다. 접촉시간이 길수록 평균 힘이 줄어든다.

문제 44 포수가 투수가 던지는 시속 140km/h의 공을 받는다고 하자. 야구공의 질량은 140g이다. 포수가 공을 바로 받을 경우 공과 미트의 접촉시간은 10msec라고 한다. 이 경우 포수가 느끼는 평균 힘을 구하라. 이와 달리 포수가 공과의 접촉시간을 길게 하기 위해 공이 미트에 닿은 후 뒤로 빼면서 받는다. 이 경우 접촉시간이 2sec라고 한다. 이때의 포수가 느끼는 평균 힘을 구하라.

답. 접촉시간이 10msec인 경우

$$\overline{F}=\frac{p_f-p_i}{\Delta t}=\frac{0-mv}{\Delta t}=-544N \tag{1-185}$$

로 계산된다. 이 힘은 질량 55kg의 무게에 해당된다. 반면에 접촉시간이 2sec인 경우 위 식에 대입하면 평균 힘은 2.7N이다. 따라서 포수가 느끼는 평균 힘은 접촉시간이 길 경우 훨씬 작다는 것을 확인할 수 있다.

문제 45 속도 $\overrightarrow{v_1}$ 으로 움직이는 질량 m인 물체가 동일한 질량 m인 정지해 있는 물체와 충돌한다고 하자. 이 충돌이 탄성충돌이라고 할 때 충돌 후 두 물체는 서로 직각방향으로 진행함을 보여라.

답. 운동량보존칙은

$$m_1\overrightarrow{v_1}=m_1\overrightarrow{v_1}'+m_2\overrightarrow{v_2}'\rightarrow\overrightarrow{v_1}=\overrightarrow{v_1}'+\overrightarrow{v_2}' \tag{1-186}$$

이다. 여기서 두 물체의 질량이 같음을 이용하였다. 그리고 운동에너지보존칙에서

$$\frac{1}{2}m_1v_1^2=\frac{1}{2}m_1{v_1}'^2+\frac{1}{2}m_2{v_2}'^2\rightarrow v_1^2={v_1}'^2+{v_2}'^2 \tag{1-187}$$

을 얻는다. 식 1-186을 이용하면

$$v_1^2 = \overrightarrow{v_1} \cdot \overrightarrow{v_1} = {v_1}'^2 + {v_2}'^2 + 2\overrightarrow{v_1}' \cdot \overrightarrow{v_2}' \tag{1-188}$$

을 얻는다. 식 1-187과 식 1-188을 비교하면 $\overrightarrow{v_1}' \cdot \overrightarrow{v_2}' = 0$임을 알 수 있다. 따라서 $\overrightarrow{v_1}'$와 $\overrightarrow{v_2}'$은 서로 수직이다. 즉, 충돌 후 두 물체는 서로 수직인 방향으로 진행함을 보여 주고 있다.

문제 46 속도 $v = 10m/\sec$이고 질량 $m = 200g$인 공이 각도 $\theta = 30^o$로 벽을 치고 동일한 각도 θ로 튀어나간다. 공이 벽에 접촉하는 시간은 $3msec$이다. (a) 공이 받은 충격량을 구하라. (b) 공이 벽에 가하는 평균 힘을 구하라. (c) 벽이 공에 가한 평균 힘을 구하라.

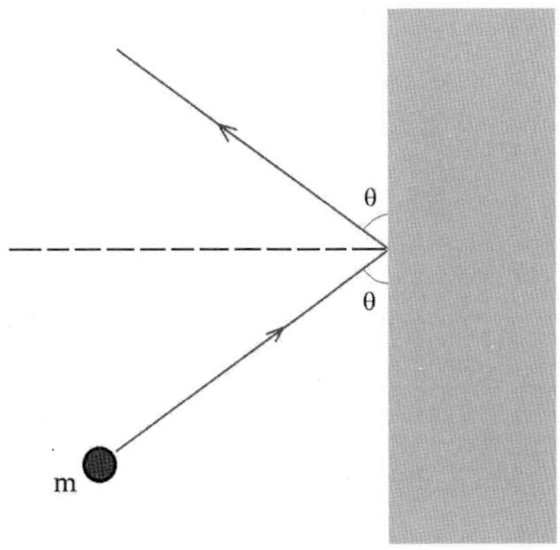

답. (a) 충격량은 $\vec{J} = \int_{t_i}^{t_f} \vec{F}\, dt = \overrightarrow{P_f} - \overrightarrow{P_i}$ 로 주어진다. 여기서 충돌 전과 후의 운동량은

$$\overrightarrow{P_i} = m\overrightarrow{v_i} = mv_x \hat{i} + mv_y \hat{j} = mv\sin\theta\, \hat{i} + mv\cos\theta\, \hat{j} \tag{1-189}$$

$$\overrightarrow{P_f} = m\overrightarrow{v_f} = -mv_x \hat{i} + mv_y \hat{j} = -mv\sin\theta\, \hat{i} + mv\cos\theta\, \hat{j}$$

로 주어진다. 위 식에서 $|\overrightarrow{v_f}| = |\overrightarrow{v_i}| = v$ 를 이용하였다. 따라서 충격량은

$$\vec{J} = \overrightarrow{P_f} - \overrightarrow{P_i} = -2mv\sin\theta\, \hat{i} = -2\,\hat{i}\ [kgm/\sec] \tag{1-190}$$

(b) $\vec{J} = \int_{t_i}^{t_f} \overrightarrow{F}_{ball} dt = \overline{F}_{ball}(t_f - t_i) = -2\hat{i}$ 이고 $t_f - t_i = 3msec$이므로 $\overline{F}_{ball} = -667\,\hat{i}\,[N]$ 이다.

(c) $\overline{F}_{wall} = -\overline{F}_{ball} = 667\,\hat{i}\,[N]$ 이다.

문제 47 그림과 같이 3개의 질량이 무게를 무시할 수 있는 가는 막대로 연결되어 있다. 이 계의 질량중심을 구하라.

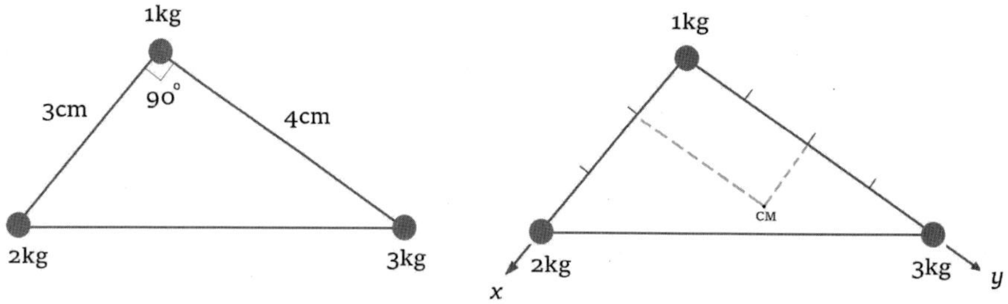

답. 좌표를 그림과 같이 잡으면 질량중심의 정의에서

$$x_{cm} = \frac{\sum_i m_i x_i}{M} = 1,\ \ y_{cm} = \frac{\sum_i m_i y_i}{M} = 2 \tag{1-191}$$

을 구할 수 있다.

문제 48 반경 R인 원판 중에 각 θ인 부채꼴에 대한 질량중심을 구하라. 이를 $\theta = 30°$인 경우와 반쪽 원판($\theta = 180°$)에 대해 적용해 보라.

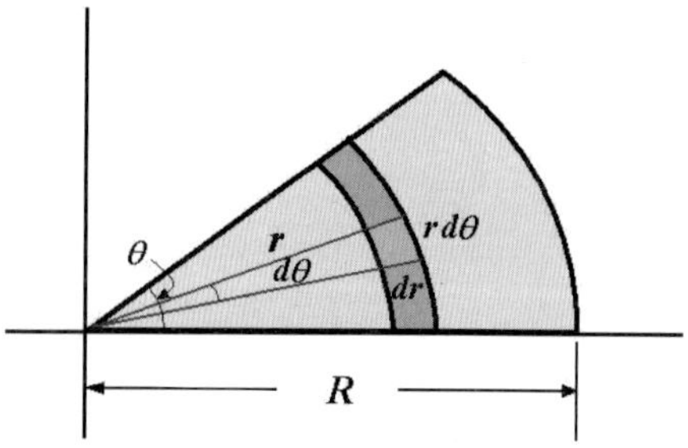

답. 반경 r이고 두께가 dr인 띠를 생각해 보자. 이 띠의 질량은 $dm = \rho\, r\, d\theta\, dr$이다. 여기서 ρ는 원판의 밀도이다. 질량중심의 정의에 따라 질량중심의 x좌표는

$$x_{CM} = \frac{1}{M}\int x\,dm = \frac{1}{M}\int_0^R\int_0^{\theta_0}(r\cos\theta)\,\rho\,r\,d\theta\,dr \tag{1-192}$$

$$= \frac{\rho}{M}\int_0^R r^2\,dr\int_0^{\theta_0}\cos\theta\,d\theta = \frac{\rho}{M}\frac{R^3}{3}\sin\theta_0$$

와 같이 구해진다. 질량중심의 y좌표는

$$y_{CM} = \frac{1}{M}\int y\,dm = \frac{1}{M}\int_0^R\int_0^{\theta_0}(r\sin\theta)\,\rho\,r\,d\theta\,dr \tag{1-193}$$

$$= \frac{\rho}{M}\int_0^R r^2\,dr\int_0^{\theta_0}\sin\theta\,d\theta = \frac{\rho}{M}\frac{R^3}{3}(1-\cos\theta_0)$$

로 주어진다. 그리고 부채꼴의 질량은

$$M = \int dm = \int_0^R\int_0^{\theta_0}\rho\,r\,d\theta\,dr = \int_0^R r\,dr\int_0^{\theta_0}d\theta = \rho\frac{R^2\theta_0}{2} \tag{1-194}$$

와 같다. 따라서 식 1-194를 식 1-192와 식 1-193에 대입하면

$$x_{CM} = \frac{2}{3}\frac{R}{\theta_0}\sin\theta_0 \tag{1-195}$$

$$y_{CM} = \frac{2}{3}\frac{R}{\theta_0}(1-\cos\theta_0)$$

을 얻는다. $\theta=30^\circ$의 경우 $x_{CM} = \frac{2R}{\pi}$, $y_{CM} = \frac{4}{\pi}\left(1-\frac{\sqrt{3}}{2}\right)R = 0.17R$이다. 그리고 반쪽 원판의 경우 $\theta_0=\pi$이므로 $x_{CM}=0$, $y_{CM} = \frac{4}{3\pi}R = 0.42R$이다.

문제 49 질량 M이고 반경 R인 반쪽 원판의 중심과 지름 축으로 회전할 경우 반쪽 원판의 관성모멘트를 각각 구하라.

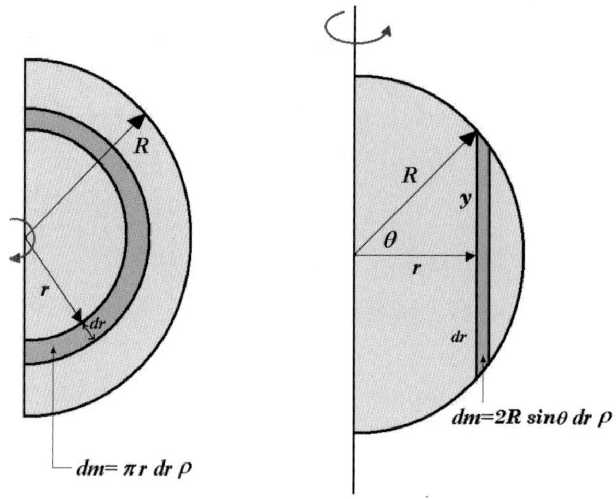

답. 반쪽 원판의 중심으로 회전할 경우의 관성모멘트는

$$I=\int r^2\,dm=\int_0^R r^2(\pi r\,dr\,\rho)=\rho\pi\int_0^R r^3 dr=\frac{1}{2}MR^2 \qquad (1\text{-}196)$$

와 같이 구해진다. 여기서 $\rho=\frac{M}{\pi R^2/2}=\frac{2M}{\pi R^2}$을 이용하였다. 반면에 지름 축으로 회전하는 경우 관성모멘트는

$$I=\int r^2\,dm=-2R^4\rho\int_{\pi/2}^0 \sin^2\theta\cos^2\theta\,d\theta=\frac{1}{4}MR^2 \qquad (1\text{-}197)$$

와 같이 구해진다. 위 식에서 $r=R\cos\theta,\ dr=-R\sin\theta\,d\theta$를 이용하였다.

문제 50 그림과 같이 질량 $m_1=1kg$과 질량 $m_2=10kg$가 반경 $R=10cm$이고 질량 $M=2kg$인 도르래에 의해 연결되어 있다. 경사면의 각도는 30°이고 경사면의 운동마찰계수 μ_k는 0.5이다. 질량 m_2가 바닥에서부터 높이 $h=1m$에서 놓인 후 바닥에 도달하는 순간 m_2의 속력을 구하라. 그리고 질량 m_2가 바닥에 도달하는 시간을 구하라. 두 질량을 연결하는 줄은 늘어나지 않는다고 가정한다.

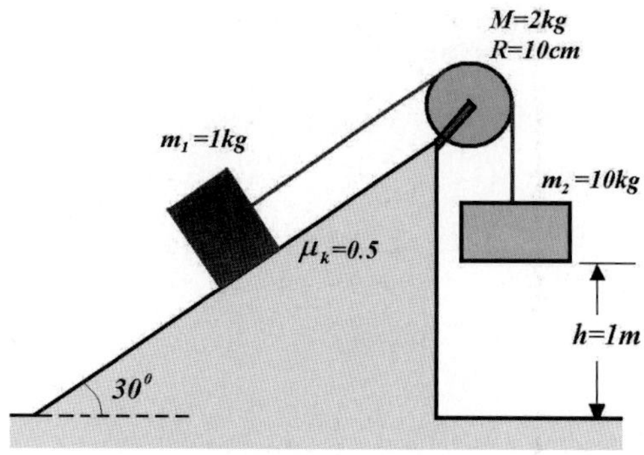

답. 두 상자가 늘어나지 않는 줄에 의해 연결되어 있으므로 m_2가 $\Delta s = 1m$ 이동하면(바닥에 도달하면) m_1도 비탈을 따라 1m 이동한다. 초기에 이 계의 에너지는 m_2가 가지는 위치에너지뿐이다(m_1의 위치에너지는 차이만 고려하면 된다). 마지막 상태는 m_2가 바닥에 닿아 위치에너지가 없어지고, 속도 v에 의한 운동에너지만 있게 된다. m_1도 동일한 속도로 움직이고 비탈을 따라 1m 이동하였으므로 이에 따른 위치에너지의 증가가 있다. 그런데 m_1이 비탈길을 따라 이동하는 동안 마찰에 의한 일이 있으므로 이를 빼 주어야 한다. m_1의 수직력이 $m_1 g \cos\theta$이므로 마찰력에 의한 일은 $\mu_k m_1 g \cos\theta \, \Delta s$이 된다. 그리고 최종 상태에서의 도르래의 회전운동에너지를 고려하여야 한다. 따라서 m_2의 위치에너지에서 m_1이 비탈을 올라갈 때 생기는 마찰에 의한 일을 뺀 에너지가 최종상태에서 m_1, m_2가 가지는 운동에너지, m_1이 가지는 위치에너지, 도르래가 가지는 회전운동에너지가 된다. 즉,

$$m_2 g \Delta s - f_k \Delta s = m_1 g \, \Delta s \, \sin\theta + \frac{1}{2}(m_1 + m_2)v^2 + \frac{1}{2} I\omega^2 \qquad (1\text{-}198)$$

이다. 도르래에서 각속도와 선속도 사이에는 $v = R\omega$의 관계가 있고 $f_k = \mu_k m_1 g \cos\theta$이므로

$$m_2 g \Delta s - \mu_k m_1 g \cos\theta \, \Delta s = m_1 g \, \Delta s \, \sin\theta + \frac{1}{2}(m_1 + m_2)v^2 + \frac{1}{2}\frac{1}{2} MR^2 \left(\frac{v}{R}\right)^2 \qquad (1\text{-}199)$$

을 얻는다. 주어진 값들을 대입하면 $v = 3.85 m/\sec$을 얻을 수 있다. 다음에 질량 m_2가 바닥에 도달하는 시간을 구해 보자. 일정 가속도운동이므로 가속도를 구하여 바닥에 도달하는 데 걸리는 시간을 계산할 수 있다. 즉, 가속도는

$$v^2 - v_0^2 = 2ah \rightarrow a = \frac{v^2}{2h} = 7.4 m/\sec^2 \qquad (1\text{-}200)$$

와 같이 구해진다. $v = v_0 + at$ 에서 $t = 0.52\,\mathrm{sec}$얻는다. 여기서 $v_0 = 0$을 이용하였다.

문제 51 그림과 같이 질량 M이고 반경 R이 도르래의 양단에 질량 m_1과 m_2가 연결되어 있다 $(m_1 > m_2)$. 이 계의 가속도와 각가속도를 구하라.

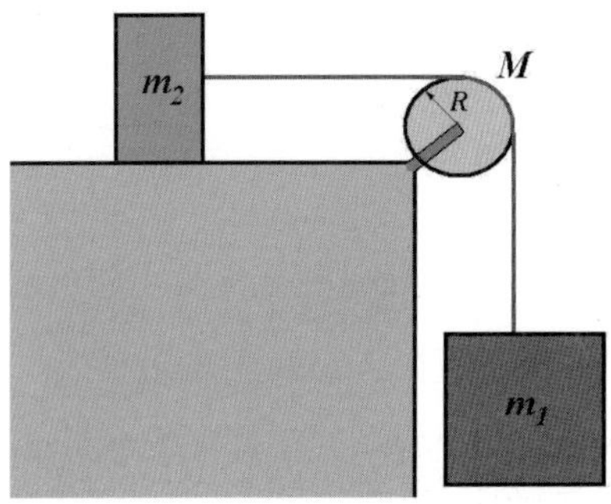

답. 두 가지 방법으로 문제를 해결해 보자. 첫 번째로 $\tau = dL/dt$ 관계식을 이용하는 경우 먼저 각운동량을 구해야 된다. 각운동량은

$$L = \sum_i L_i = m_1 vR + m_2 vR + I\omega = (m_1 + m_2)vR + I\frac{v}{R} \qquad (1\text{-}201)$$

을 구할 수 있다. 여기서 $v = R\omega$를 이용하였다. 토오크는 $\tau = m_1 gR$이므로

$$\tau = \frac{dL}{dt} \to m_1 gR = \left(m_1 R + m_2 R + \frac{I}{R}\right)\alpha \to \alpha = \frac{m_1 g}{m_1 + m_2 + M/2} \qquad (1\text{-}202)$$

와 같이 구해진다. 여기서 도르래의 관성모멘트는 $MR^2/2$를 이용하였다. 선가속도는 $a = R\alpha$의 관계식에서 구할 수 있다.

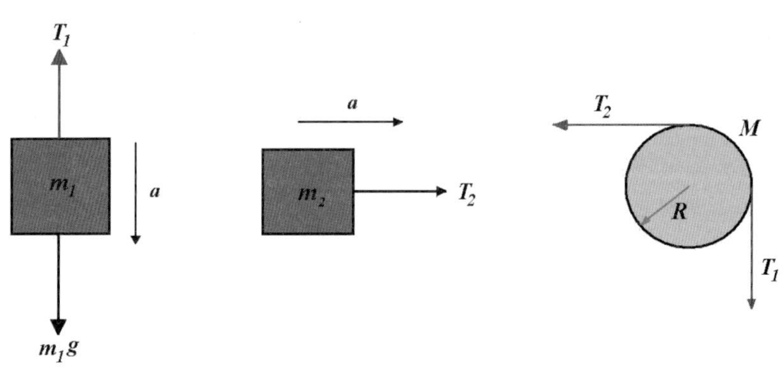

다음에는 Newton의 운동방정식을 통해 문제를 해결해 보자. 그림의 왼쪽에 있는 m_1에 대한 운동방정식은

$$m_1 g - T_1 = m_1 a \tag{1-203}$$

이다. 그리고 질량 m_2에 대한 운동방정식은

$$T_2 = m_2 a \tag{1-204}$$

이다. 마지막으로 도르래의 회전운동방정식에서

$$\tau = I\alpha \rightarrow (T_1 - T_2)R = \frac{1}{2}MR^2\frac{a}{R} \tag{1-205}$$

를 얻는다. 위 세 개의 식들을 조합하여 풀면 선각속도는

$$a = \frac{m_1 g}{m_1 + m_2 + M/2} \tag{1-206}$$

을 얻을 수 있다. 이는 각운동량을 계산하여 구한 가속도와 동일하다. 각 줄에 걸리는 장력은 가속도를 위 식들에 대입하면 구할 수 있다.

문제 52 그림과 같이 도르래에 질량 m이 연결되어 있다. 질량 m의 가속도를 구하라.

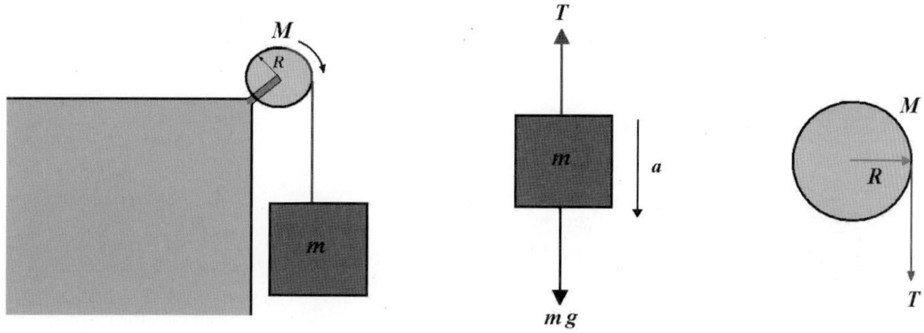

답. 질량 m의 병진운동에 대한 운동방정식은

$$mg - T = ma \tag{1-207}$$

와 같다. 그리고 도르래의 회전운동방정식에서

$$\tau = I\alpha \rightarrow TR = \frac{1}{2}MR^2\alpha = \frac{1}{2}MR^2\left(\frac{a}{R}\right) \rightarrow \therefore\ T = \frac{1}{2}Ma \tag{1-208}$$

을 구할 수 있다. 식 1-208을 식 1-207에 대입하면

$$a = \frac{mg}{m + M/2} \tag{1-209}$$

를 얻는다.

문제 53 질량 M이고 반경이 R인 원통이 높이 H의 계단을 오르기 위한 당겨야 하는 최소의 힘 F를 구하라.

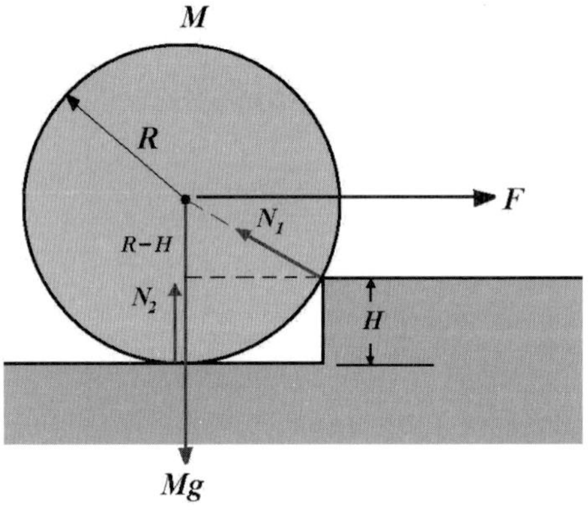

답. 원통이 구르기 시작하는 시점까지 계는 정적평형상태에 있다. $\sum_i \tau_i = 0$ 인 조건에서

$$\sum_i \tau_i = Mg\sqrt{R^2 - (R-H)^2} - F(R-H) = 0 \tag{1-210}$$

을 얻는다. 이에 따라 원통이 계단으로 오르기 위한 최소의 힘은

$$F = \frac{Mg\sqrt{2RH - H^2}}{R - H} \tag{1-211}$$

이다. 수직력 N_2는 원통이 구르기 시작하면 0이 되고 대신에 N_1이 수직력으로 작용한다.

문제 54 원통이 그림과 같이 굴러 떨어지는 경우 가속도와 줄의 장력을 구하라. 그리고 h 떨어진 후의 속도와 각속도를 구하라.

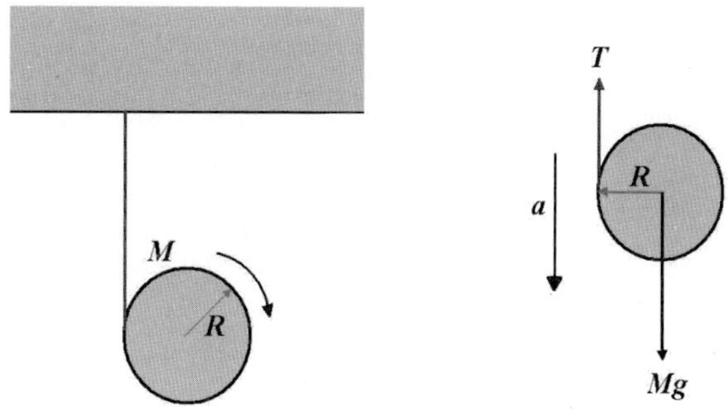

답. 원통의 병진운동방정식은

$$Mg - T = Ma \tag{1-212}$$

이다. 그리고 회전운동방정식에서

$$\tau = I\alpha \rightarrow RT = I\alpha = \frac{1}{2}MR^2\frac{a}{R} \rightarrow \therefore T = \frac{1}{2}Ma \tag{1-213}$$

을 구할 수 있다. 식 1-213을 식 1-212에 대입하여 가속도를 구하면 $a = 2g/3$이다.
h 떨어진 후의 속도는 식 $v^2 - v_0^2 = 2ah$을 이용하면 $v = \sqrt{2ah} = \sqrt{4gh/3}$을 구할 수 있다.
그리고 이때의 각가속도는

$$\omega = \frac{v}{R} = \sqrt{\frac{4gh}{3R^2}} \tag{1-214}$$

이다. 그리고 장력은 식 1-213에 가속도를 대입하면 $T = Mg/3$으로 구해진다.

문제 55 그림과 같은 도르래 계에서 질량 m_2의 바닥에서의 속도와 각속도, 도르래의 회전각도를 구하라. 그리고 질량 m_2가 바닥에 도달할 때까지 걸린 시간을 구하라. $m_2 > m_1$이다.

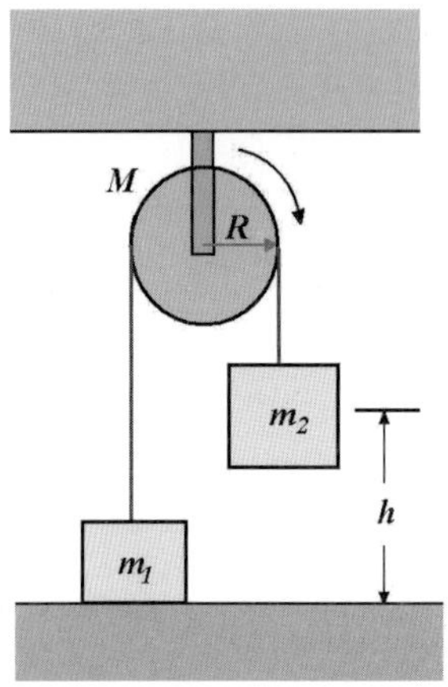

답. 에너지보존칙을 적용해 보자. 초기의 에너지는 m_2의 위치에너지 $E_i = m_2gh$밖에 없다. 그리고 질량 m_2가 바닥에 도달할 때의 총 에너지는 m_1과 m_2의 운동에너지, m_1의 위치에너지, 도르래의 회전운동에너지 등의 합이다. 즉,

$$E_f = \left(\frac{1}{2}m_1v^2 + \frac{1}{2}m_2v^2 + \frac{1}{2}I\omega^2\right) + m_1gh \tag{1-215}$$

와 같이 주어진다. 에너지보존칙 $E_i = E_f$에서 질량 m_2의 바닥에서의 속도는

$$v = \sqrt{\frac{2(m_2 - m_1)gh}{m_1 + m_2 + M/2}} \tag{1-216}$$

와 같이 구해진다. 여기서 $I = MR^2/2$와 $v = R\omega$를 사용하였다. 각속도는 $\omega = v/R$에서

$$\omega = \frac{v}{R} = \frac{1}{R}\sqrt{\frac{2(m_2 - m_1)gh}{m_1 + m_2 + M/2}} \tag{1-217}$$

와 같이 구해진다. 질량 m_2가 h 이동하여 바닥에 도달할 때까지 도르래가 회전하는 거리도 또한 $\Delta s = h$이다. $\Delta s = R\Delta\theta$의 관계식에서 도르래가 회전하는 각도는 $\Delta\theta = h/R$이다. 따라서

$$\Delta t = \frac{\Delta s}{v/2} = \frac{2h}{v} = \sqrt{\frac{(2m_1 + 2m_2 + M)h}{(m_2 - m_1)g}} \tag{1-218}$$

을 구할 수 있다. 여기서 속도는 평균속도 $\frac{v}{2}$를 사용하였다.

문제 56 그림과 같이 경사각 θ인 비탈면에 반경 R이고 질량이 M인 원통이 있다. 이 원통에 그림과 같이 힘 T가 주어졌을 때 원통이 일정한 속도로 비탈면을 올라가는 것이 관찰되었다. T를 주어진 물리량으로 표현하라. 그리고 마찰력을 구하라. 물체는 미끄러지지 않고 굴러서 비탈을 올라간다고 한다.

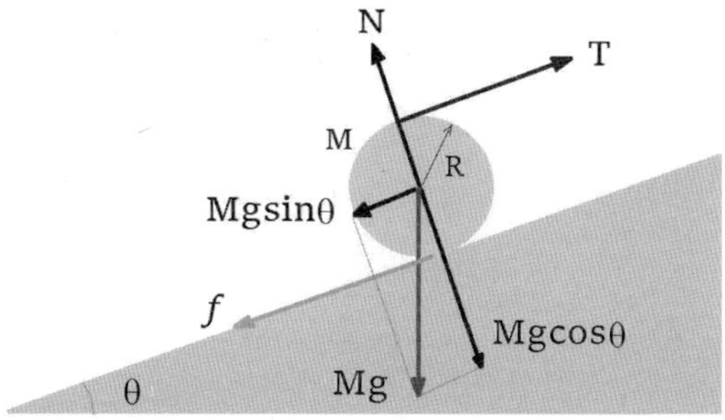

답. 비탈면에 수직인 힘의 평형조건에서 $N = Mg\cos\theta$을 얻을 수 있다. 비탈면에 평행한 방향으로 일정한 속도로 올라간다고 했으므로, 이 방향으로의 가속도도 0이 되어야 한다. 즉,

$$T - f - Mg\sin\theta = Ma_x = 0 \tag{1-219}$$

이 만족된다. 그리고 토오크에 대한 운동방정식은

$$\tau = fR + TR = I\alpha \tag{1-220}$$

이다. 원통의 관성모멘트는 $MR^2/2$이고, 원통이 굴러서 올라가므로 $\alpha = a_x/R = 0$이 만족된다. 따라서 위 식에서 $f = -T$이므로

$$T = \frac{Mg}{2}\sin\theta \tag{1-221}$$

를 구할 수 있다. 위에서 보듯이 마찰력은 T와 크기는 같으나 방향이 반대이다.

문제 57 질량 100kg(우주복 포함)인 우주인이 우주유영을 하다가 우주선에 연결된 줄이 끊어져 버렸다. 우주인은 정지상태에서 가지고 있던 질량 2kg인 도구를 우주선의 반대방향으로 시속 60km/h로 던졌다. 우주인이 현 위치에서 우주선까지의 거리가 30m라고 할 때 우주선이 도달하는데 몇 초 걸리는가?

답. 운동량보존칙에서 $p_i = 0$이고 $p_f = m_t v_t + mv$이므로 $p_i = p_f$에서 $v = -1/3\,m/\mathrm{sec}$로 구해진다. 여기서 m_t와 v_t는 각각 도구의 질량과 우주인이 던진 속도이다. $s = vt$에서 $t = 90\,\mathrm{sec}$가 구해진다.

문제 58 회전판에 양팔을 쭉 펴고 양손에 질량 m인 아령을 들고 있는 사람이 각속도 ω_1로 돌고 있다. 그러다가 아령을 떨어뜨렸을 때 각속도 ω_2는 얼마인가? 손은 사람의 중심축에서 L 떨어져 있다. 그리고 I_m은 팔을 쭉 편 사람의 관성모멘트이다.

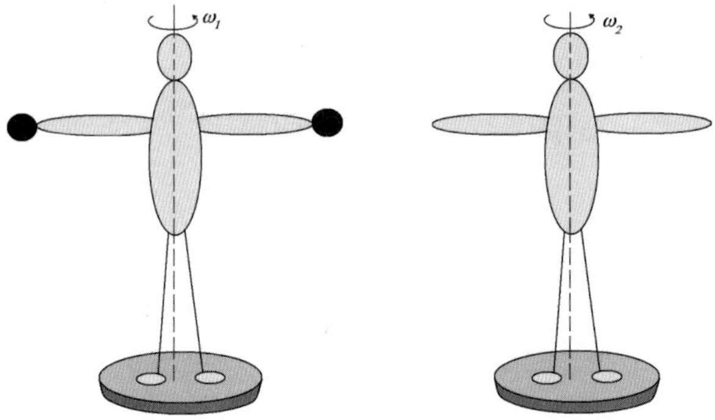

답. 관성모멘트가 바뀐다. 즉, $I_i = I_m + 2mL^2$이고 $I_f = I_m$이다. ω_2는 각운동량보존칙 $I_i \omega_1 = I_f \omega_2$에서

$$\omega_2 = \frac{I_m + 2mL^2}{I_m}\omega_1 \tag{1-222}$$

와 같이 구해진다.

문제 59 질량 100kg이고 반경이 2m인 원형 놀이기구가 있다. 중심에서 1.5m인 지점에 질량 20kg인 아이가 타고 있다. 반경에 수직한 방향으로 400N의 힘을 가하여 놀이기구를 돌린다. 마찰은 무시한다.

(a) 각가속도를 구하라.

(b) 400N의 힘을 2초 동안 가한 후 놓았을 때 각속도를 구하라.

(c) 아이가 중심에서 50cm인 지점까지 이동했을 때의 각속도를 구하라.

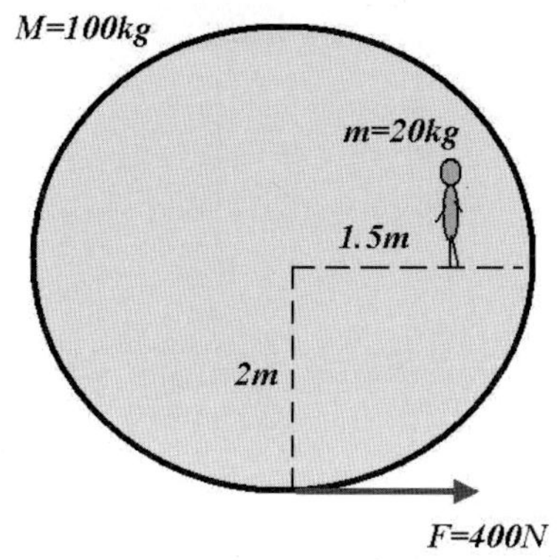

답. (a) 외력에 의한 토오크는 $\tau = rF = 2 \times 400 = 800\ Nm$이다. 이 토오크에 의해 각가속도가 발생한다. 원판의 관성모멘트는 $I_p = \frac{1}{2}MR^2 = 200\,kg\,m^2$이고 아이에 의한 관성모멘트는 $I_c = mr^2 = 45\,kg\,m^2$이다. 총 관성모멘트는 두 관성모멘트의 합이므로 $I = I_p + I_c = 245\,kg\,m^2$이다. 따라서 $\tau = I\alpha$에서 $\alpha = 3.27\ rad/\sec^2$을 구할 수 있다.

(b) 일정각가속도 운동이므로 $\omega = \omega_0 + \alpha t$ 에서 $\omega = \alpha t = 6.54\ rad/\sec$을 구할 수 있다. 여기서 초기 각속도 $\omega_0 = 0$을 사용하였다.

(c) 각운동량보존칙 $I\omega = I'\omega'$에서 구하면 된다. 아이가 움직임에 따라 관성모멘트가 변한다. 새로운 관성모멘트는 $I' = I_p + mr'^2 = 205\ kg\,m^2$로 구할 수 있다. 따라서 $I\omega = I'\omega'$에서 $\omega' = 7.82\ rad/\sec$을 얻는다.

문제 60 그림과 같이 두 반경의 원판으로 구성된 도르래가 있다. $R_1 = 20cm$, $R_2 = 40cm$이고 도르래의 관성모멘트는 $I = 3\,kg\,m^2$이다. 이 도르래에 그림과 같이 두 개의 질량이 연결되어 있다. 각각의 질량은 $m_1 = 3kg, m_2 = 5kg$이다. 각가속도와 줄에 작용하는 장력을 구하라.

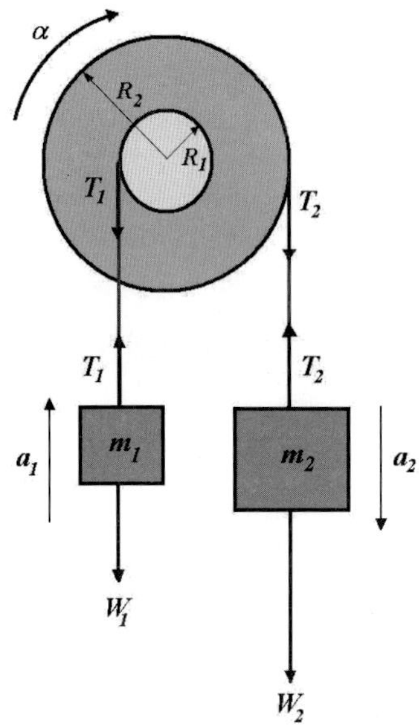

답. 각 질량에 대한 운동방정식은

$$T_1 - m_1 g = m_1 a_1 \rightarrow T_1 - 29.4 = 0.6\alpha \quad (1\text{-}223)$$

$$m_2 g - T_2 = m_2 a_2 \rightarrow 49 - T_2 = 2\alpha$$

와 같이 구할 수 있다. 여기서 각속도와 선속도의 관계인 $a_1 = R_1\alpha,\ a_2 = R_2\alpha$를 이용하였다. 그리고 도르래의 회전운동에 대한 운동방정식은

$$-T_1 R_1 + T_2 R_2 = I\alpha \rightarrow -2T_1 + 4T_2 = 30\alpha \quad (1\text{-}224)$$

이다. 위 두 식을 이용하면 $\alpha = 3.5\,rad/\sec^2,\ T_1 = 31.5N,\ T_2 = 42N$을 구할 수 있다.

문제 61 바깥쪽 반경 R과 안쪽 반경 r인 요요(yoyo)가 있다. 두 반경의 비는 $R = 10r$이다. 가속도와 장력을 구하라.

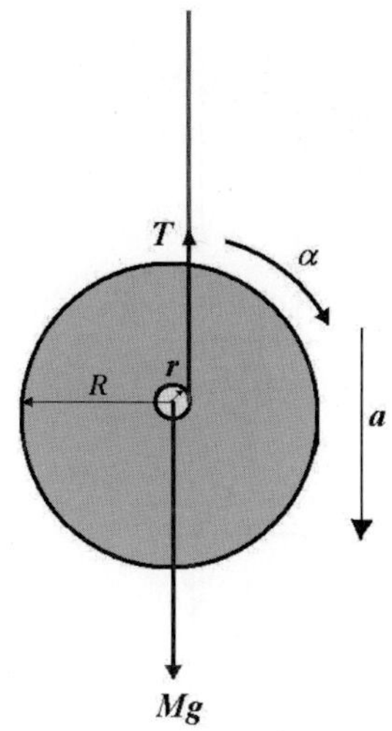

답. 병진운동방정식은

$$Mg - T = Ma \tag{1-225}$$

이다. 그리고 회전운동방정식은

$$Tr = I\alpha \rightarrow Tr = \left(\frac{1}{2}MR^2\right)\frac{a}{r} \tag{1-226}$$

이다. 여기서 $R = 10r$이므로 안쪽 반경의 관성모멘트는 무시하였다. 그리고 선가속도와 각가속도와의 관계 $a = R\alpha$를 이용하였다. 식 1-225에서 $T = Mg - Ma$이므로 이를 식 1-226에 대입하면

$$a = \frac{g}{1 + \dfrac{R^2}{2r^2}} = \frac{g}{51} \tag{1-227}$$

을 구할 수 있다. 그리고 장력은 $T = 50Mg/51 \approx Mg$를 구할 수 있다.

문제 62 두 개의 도르래로 구성된 계가 있다. 힘 F로 줄을 길이 L만큼 당길 경우 무게 W인 물체가 이동한 거리는 얼마인가? 그리고 평형상태를 유지하기 위해 당겨야 하는 힘의 크기는 무엇인가?

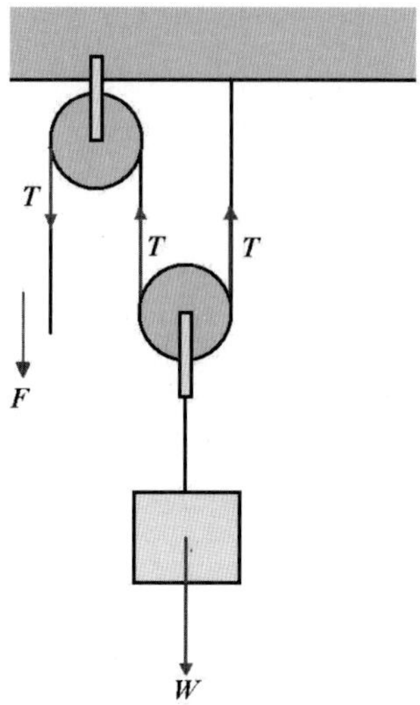

답. 힘 F로 길이 L을 당기면 물체는 $L/2$만큼 이동함을 볼 수 있다. 평형상태에서 $W=2T$이므로 장력은 $T=W/2$이고 이 장력과 동일한 힘으로 당겨야 평형상태에 있게 된다. 따라서 $F=T=W/2$이다.

문제 63 (a) 질량 M이고 반경 R인 원통이 V자형 홈(groove)에서 일정한 각속도(ω)로 돌고 있다. 원통과 면 사이의 정지마찰계수는 μ_s이다. 원통을 일정한 각속도로 회전시키기 위한 원통에 주어져야 하는 토크에 대한 표현을 구하라.

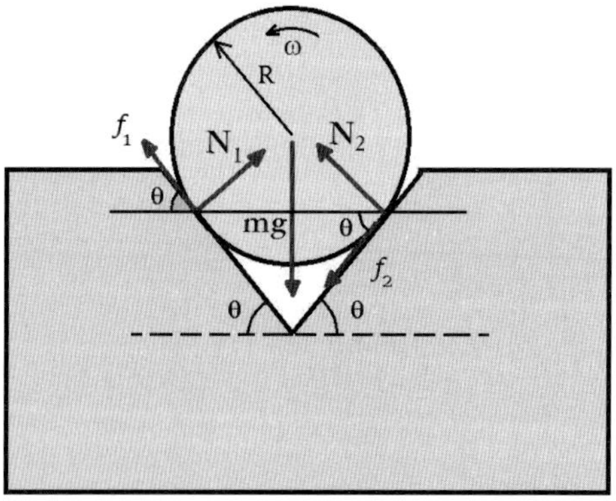

답. 각 부분의 마찰력은 $f_1=\mu_s N_1$, $f_2=\mu_s N_2$이다. 수평 힘에 대한 평형에서

$$N_1 \sin\theta - f_1 \cos\theta - N_2 \sin\theta - f_2 \cos\theta = 0 \tag{1-228}$$

을 얻을 수 있다. 그리고 수직 힘에 대한 평형조건은

$$N_1 \cos\theta + f_1 \sin\theta + N_2 \cos\theta - f_2 \sin\theta = mg \tag{1-229}$$

이 만족된다. 위 두 식에서 N_1과 N_2에 대한 표현을 구할 수 있다. 따라서 원통을 일정한 각속도로 회전시키기 위한 원통에 주어져야 하는 토크는

$$\tau = (f_1 + f_2)R = \mu_s (N_1 + N_2)R = \frac{2\mu_s mgR}{(1+\mu_s^2)\cos\theta} \tag{1-230}$$

와 같이 구해진다.

문제 64 그림과 같이 마찰이 없는 고정된 못(peg)의 양쪽에 질량 m과 반경 R이고 질량이 M인 실패(spool)가 걸쳐져 있다. 줄은 못과 실패에서 미끄러짐이 없다고 가정한다. 정지 상태에서 질량 m이 놓일 때 질량 m이 움직이지 않기 위해서는 m의 값은 얼마가 되어야 하나?

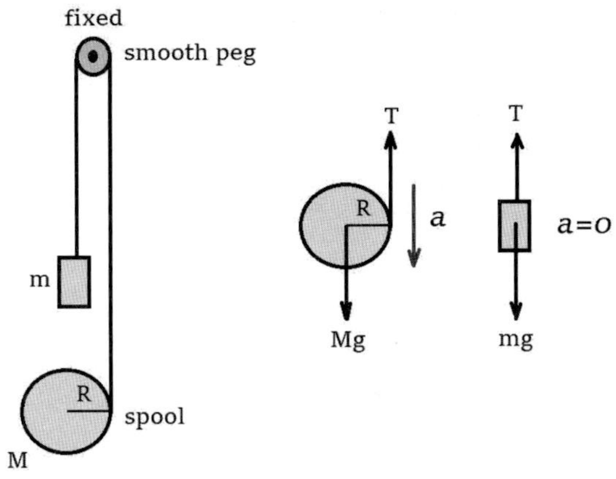

답. 실패에서의 병진운동방정식은 $Mg - T = Ma$이다. 그리고 실패의 회전운동방정식은 $TR = I\alpha$이다. 여기서 $I = \frac{1}{2}MR^2$이고 $a = R\alpha$이므로, 위 두 식에서 $a = \frac{2}{3}g$가 구해진다. 따라서 $T = \frac{1}{2}Ma = \frac{1}{3}Mg$이다. 그런데 질량 m은 정지상태에서 놓였고, 움직이지도 않으므로 가속도가 0이다. 따라서

병진운동방정식은 $mg - T = ma' = 0$에서 $T = mg$이다. 줄의 장력은 같으므로 $T = \frac{1}{3}Mg$를 이용하면 $m = \frac{M}{3}$을 얻을 수 있다.

(다른 방법) 에너지보존칙을 사용해 보자. 질량 M이 h만큼 아래로 움직인다면

$$Mgh + 0 = \frac{1}{2}Mv^2 + \frac{1}{2}I\omega^2 \tag{1-231}$$

을 얻는다. 여기서 $I = \frac{1}{2}MR^2$이고 $\omega = \frac{v}{R}$을 이용하면 $v^2 = \frac{4}{3}gh$을 얻는다. $v^2 - v_o^2 = 2ah$에서 $v_o = 0$이므로 $v^2 = 2ah$이다. 위 두 식에서 $a = \frac{2}{3}g$가 구해진다. 그리고 m에 대한 병진운동방정식 $T = mg = \frac{1}{2}Ma$에서 $m = \frac{M}{3}$이 구해진다.

문제 65 회전바퀴(flywheel) A와 B가 축(shaft) S와 클러치(clutch) C에 의해 연결된다. A와 B 이외의 것들은 관성모멘트를 무시할 수 있다고 가정한다. A의 관성모멘트는 $4{,}000\,kg\,m^2$이다. 그리고 클러치가 연결되지 않았을 때 A는 $600\,rev/\mathrm{min}$로 회전한다. 반면에 B는 정지해 있다. 클러치에 의해 A와 B가 연결될 때 A는 감속되고 B는 가속되어 최종적으로 모두 $400\,rev/\mathrm{min}$으로 회전한다. (a) B의 관성모멘트를 구하라. (b) 클러치의 베어링에는 마찰이 없다고 할 때 클러치에서 마찰에 의해 소비되는 에너지는 얼마인가?

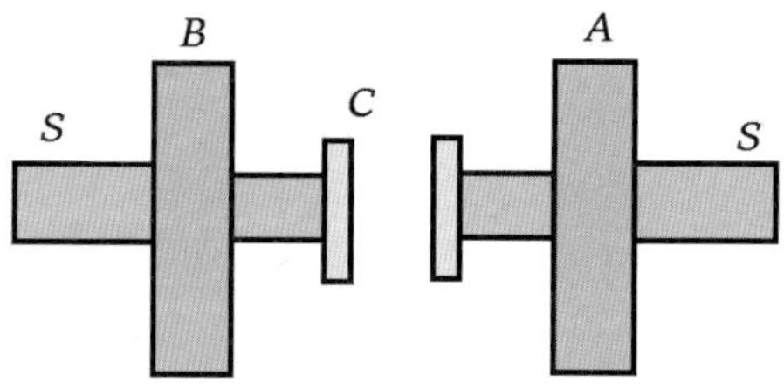

답. (a) 한 번의 회전(rev)은 $2\pi\,[rad]$에 해당된다. 따라서 초기의 각속도는 $\omega_i = 20\pi\,[rad/\mathrm{sec}]$이고, 클러치가 작동된 후의 각속도는 $\omega_f = 13.33\,rad/\mathrm{sec}$이다. 각운동량보존칙에서

$$I_A\,\omega_i = (I_A + I_B)\,\omega_f \tag{1-232}$$

을 얻는다. 주어진 값들을 대입하면 $I_B = 200kg\,m^2$이 구해진다.

(b) 클러치가 작용되는 전후의 운동에너지의 변화는

$$W_f = K_i - K_f = \frac{1}{2} I_A \omega_i^2 - \frac{1}{2}(I_A + I_B)\omega_f^2 \qquad (1\text{-}233)$$

이다. 주어진 값들을 대입하면 $W_f = 2.63 \times 10^5 J$이다.

문제 66 그림에서 A와 B는 동일한 줄이다. 이 줄의 장력은 300N 이상을 지탱하지 못한다. 이 경우 그림과 같이 매달 수 있는 최대질량 m을 구하라. 그리고 각 줄에 걸리는 장력을 구하라.

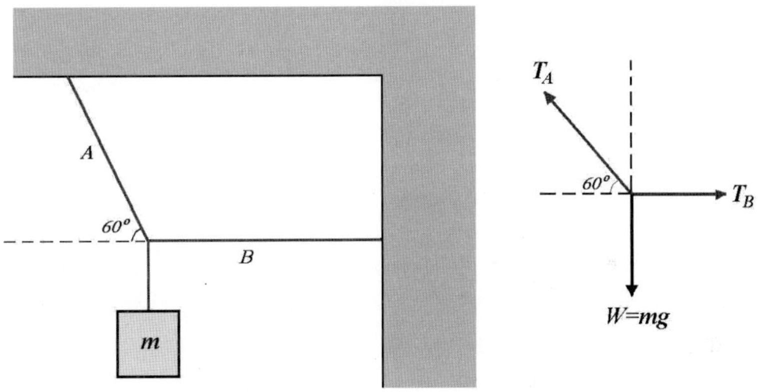

답. 벽에 매달린 줄이 $T_B = 300N$의 장력을 받는다고 하자. 토오크는 없으므로 x, y좌표에 작용하는 힘의 합이 0이면 정적평형상태에 있게 된다.

$$\sum_i F_{ix} = 0;\ T_B = T_A \cos 60^\circ \rightarrow \therefore T_A = \frac{T_B}{\cos 60^\circ} = 600N \qquad (1\text{-}234)$$

$$\sum_i F_{iy} = 0;\ W = T_A \sin 60^\circ = 520N$$

과 같이 구해진다. 그런데 A에 걸리는 장력이 600N이 될 수 없다. 따라서 B에 300N이 걸릴 수 없다. 만약 A줄에 300N이 걸린다면 힘의 평형의 조건에서

$$\sum_i F_{ix} = 0;\ T_B = T_A \cos 60^\circ \rightarrow \therefore T_B = 150N \quad (1\text{-}235)$$

$$\sum_i F_{iy} = 0;\ W = T_A \sin 60^\circ = 130N$$

와 같이 구해지고 장력의 조건이 만족된다. 따라서 최대질량은 13kg이다.

문제 67 그림과 같이 마찰이 없는 도르래에 의해 3개의 질량이 매달려 있다. $W_1 = 300N$일 때 줄의 장력과 각 질량을 구하라.

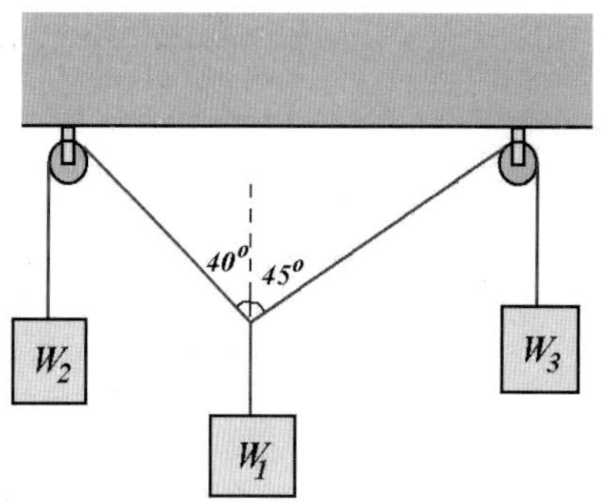

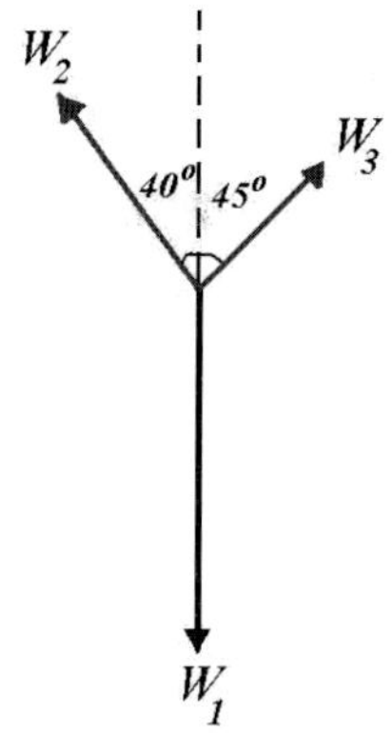

답. 줄의 장력은 각각 $T_1 = W_1$, $T_2 = W_2$, $T_3 = W_3$이다. 토오크는 없으므로 힘의 평형조건만 생각하면 된다. 따라서 평형조건에서

$$\sum_i F_{ix} = 0;\ W_3 \cos 45^\circ = W_2 \cos 50^\circ \quad (1\text{-}236)$$

$$\sum_i F_{iy} = 0;\ W_1 = W_2 \cos 40^\circ + W_3 \cos 45^\circ$$

와 같이 구해진다. $W_1 = 300N$이므로 $W_2 = 213N$, $W_3 = 194N$을 구할 수 있다. 각 줄의 장력은 각 줄에 매달린 질량의 무게와 동일하다.

문제 68 질량이 10kg인 상자가 평편한 면에 놓여 있다. 상자와 면 사이의 정지마찰계수는 0.3이다. 그림과 같은 방향으로 힘 F가 주어질 경우 상자를 움직이기 위한 최소의 힘 F의 값은 얼마인가?

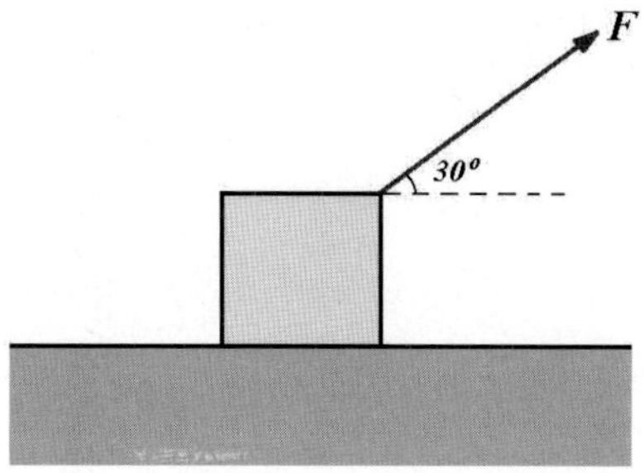

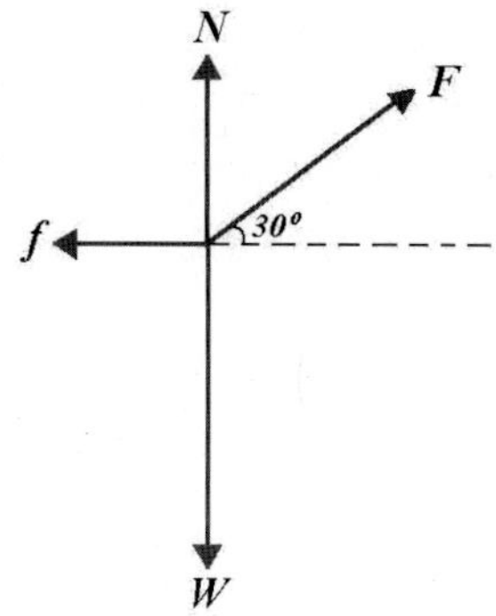

답. 토오크는 없으므로 물체가 움직이는 직전에 힘의 평형에서

$$\sum_i F_{ix} = 0;\ F\cos 30^\circ - f = 0 \rightarrow F\cos 30^\circ = \mu_s N \qquad (1\text{-}237)$$

$$\sum_i F_{iy} = 0;\ N + F\sin 30^\circ - W = 0$$

를 얻는다. 두 식을 연립하여 풀면 $F = 29N$와 $N = 83.5N$을 얻을 수 있다.

문제 69 그림과 같이 막대와 W=2,000N의 물체가 균형을 이루고 있다. 막대는 균일하고 무게는 800N이다. 각 줄의 장력을 구하라.

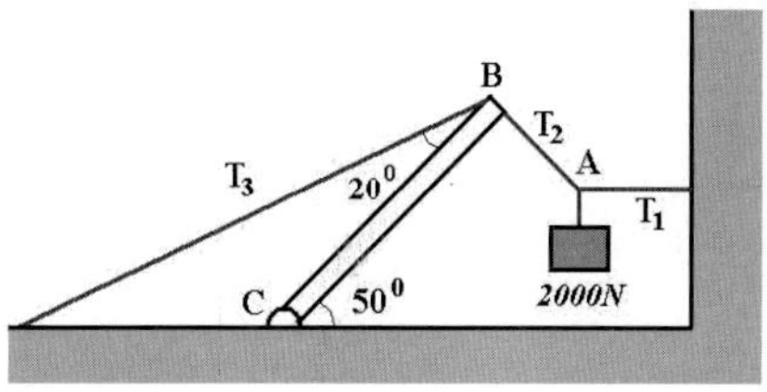

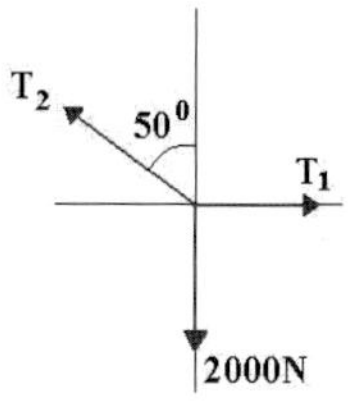

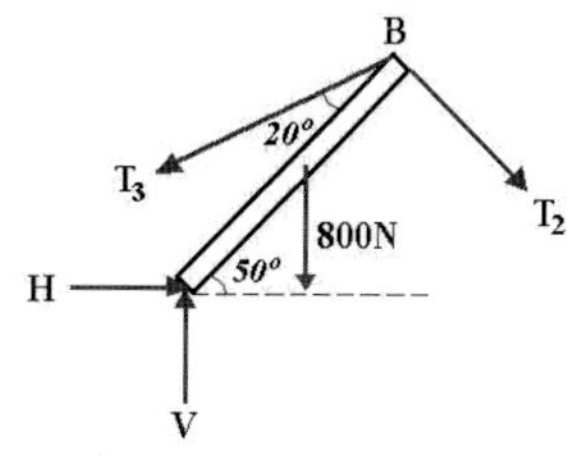

답. 점 A에서의 힘의 평형에서

$$\sum_i F_{ix} = 0:\ T_2\cos 50^\circ - 2000 = 0 \rightarrow\ \therefore T_2 = 3{,}110N \qquad (1\text{-}238)$$

$$\sum_i F_{iy} = 0:\ T_1 - T_2\sin 50^\circ = 0 \rightarrow \therefore T_1 = 2{,}380N$$

을 구할 수 있다. 점 C를 중심으로 하여 회전하는 토오크가 0이어야 하므로

$$\sum_i \tau_i = 0 \rightarrow T_3(L\sin 20^\circ) - T_2 L - mg\left(\frac{L}{2}\cos 50^\circ\right) = 0 \qquad (1\text{-}239)$$

에서 $T_3 = 9{,}840N$을 얻을 수 있다.

문제 70 그림과 같은 구조에서 핀(pin)에 작용하는 힘을 구하라.

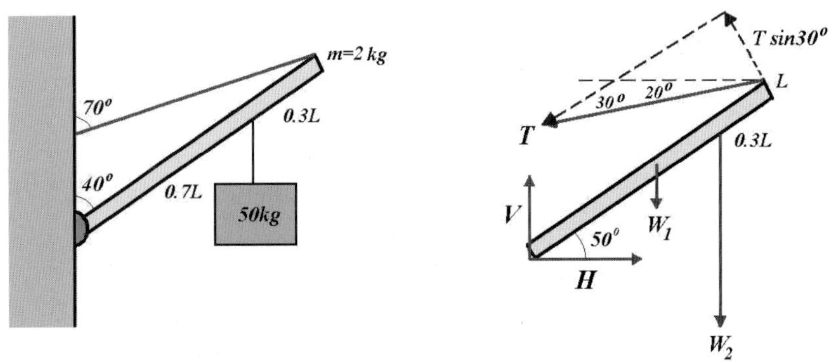

답. 구조가 정적평형상태에 있으므로 알짜 힘과 토오크가 0이 되는 조건을 만족하여야 한다. 알짜 힘이 0이 되어야 하는 조건에서

$$\sum_i F_{ix} = 0:\ H - T\cos 20^\circ = 0 \qquad (1\text{-}240)$$

$$\sum_i F_{iy} = 0:\ V - W_1 - W_2 - T\sin 20^\circ = 0$$

를 구할 수 있다. 그리고 토오크가 0이 되는 조건에서

$$\sum_i \tau_i = 0:\ 0.7L\, W_2 \cos 50^\circ + 0.5L\, W_1 \cos 50^\circ = L\, T\sin 30^\circ \qquad (1\text{-}241)$$

을 얻을 수 있다. 위 3개의 식을 조합하면 $H = 426N$, $V = 665N$, $T = 453N$을 구할 수 있다.

문제 71 그림과 같은 구조에서 핀(pin)에 작용하는 힘을 구하라. 물체의 질량은 m=200kg이고 나무의 질량은 M=40kg이다.

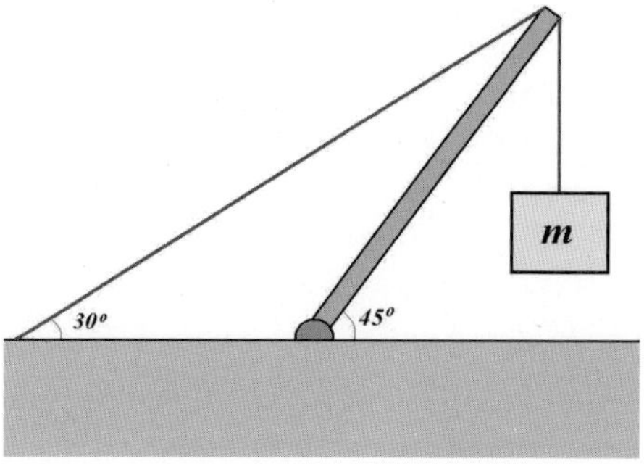

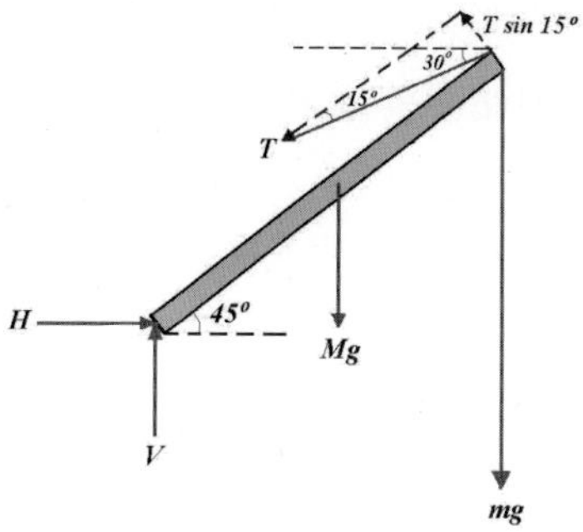

답. 구조가 정적평형상태에 있으므로 알짜 힘과 토오크가 0이 되는 조건을 만족하여야 한다. 알짜 힘이 0이어야 한다는 조건에서

$$\sum_i F_{ix} = 0:\ H - T\cos 30^\circ = 0 \tag{1-242}$$

$$\sum_i F_{iy} = 0:\ V - Mg - mg - T\sin 30^\circ = 0$$

를 구할 수 있다. 그리고 토오크가 0이 되는 조건에서

$$\sum_i \tau_i = 0:\ Mg\frac{L}{2}\cos 45^\circ + mgL\cos 45^\circ = LT\sin 15^\circ \tag{1-243}$$

을 얻을 수 있다. 위 3개의 식을 조합하면 $H = 5{,}101N,\ V = 5{,}297N,\ T = 5{,}890N$을 구할 수 있다.

문제 72 사람이 사다리를 오르고 있다. 벽에는 마찰력이 없고 바닥은 마찰력(운동마찰계수는 0.5)이 존재한다. 사다리와 지면의 각도는 45°이다. 사람의 질량은 $m = 60\,kg$이고 사다리의 질량은 $M = 40kg$이다. 사람이 어느 정도 높이까지 오를 때 사다리가 미끄러지는가?

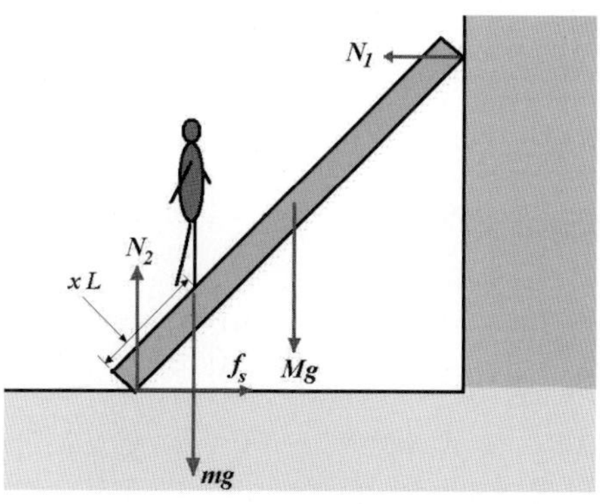

답. 사다리가 미끄러지기 직전에는 정적평형상태에 있으므로 알짜 힘과 토오크가 0이 되는 조건을 만족하여야 한다. 알짜 힘이 0이 되어야 하는 조건에서

$$\sum_i F_{ix} = 0 : f_s - N_1 = 0 \qquad (1\text{-}244)$$

$$\sum_i F_{iy} = 0 : N_2 - Mg - mg = 0$$

를 구할 수 있다. 그리고 토오크가 0이 되는 조건에서

$$\sum_i \tau_i = 0 : (xL)\,mg\cos 45^\circ + \left(\frac{L}{2}\right)Mg\,\cos 45^\circ = N_1 L\cos 45^\circ \qquad (1\text{-}245)$$

을 얻을 수 있다. 마찰력은 $f_s = \mu_s N_2$이므로 식 1-244의 첫 번째 식에서 $N_2 = 2N_1$을 얻는다. 그리고 식 1-244의 두 번째 식에서 $N_2 = 980N$을 얻는다. 따라서 $N_1 = 490N$이고 $x = 0.5$을 얻을 수 있다. 즉, 사람이 사다리의 반을 올라갈 때 사다리가 미끄러지기 시작한다.

문제 73 불균일한 막대가 그림과 같이 줄에 매달려 정지하고 있다. 왼쪽 끝에서 막대의 질량중심까지의 거리를 구하라. 막대의 길이는 10m이다.

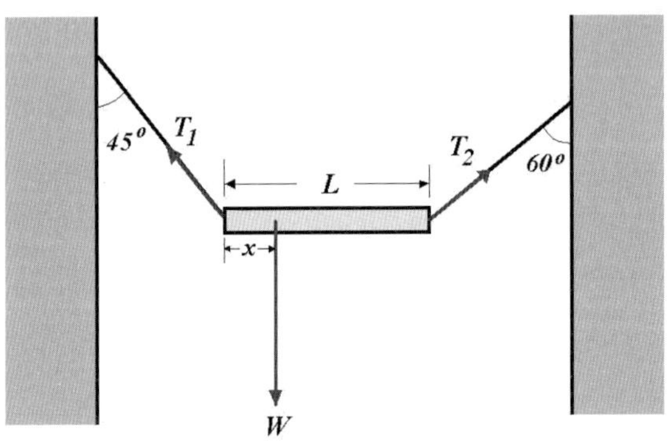

답. 구조가 정적평형상태에 있으므로 알짜 힘과 토오크가 0이 되는 조건을 만족하여야 한다. 알짜 힘이 0이 되어야 한다는 조건에서

$$\sum_i F_{ix} = 0 : T_1\sin 45^\circ - T_2\sin 60^\circ = 0 \rightarrow \sqrt{3}\,T_2 = \sqrt{2}\,T_1 \qquad (1\text{-}246)$$

$$\sum_i F_{iy} = 0 : T_1\cos 45^\circ + T_2\cos 60^\circ - W = 0 \rightarrow \sqrt{2}\,T_1 + T_2 - 2W = 0$$

를 구할 수 있다. 그리고 질량중심을 회전축으로 할 경우 토오크가 0이 되는 조건에서

$$\sum_i \tau_i = 0: \; T_1 \cos 45^\circ \; x = T_2 \cos 60^\circ \; (L-x) \rightarrow \sqrt{2}\, T_1 \, x = T_2 (L-x) \quad \text{(1-247)}$$

을 얻을 수 있다. 위 3개의 식을 조합하면 $x = 0.37L$를 구할 수 있다. 따라서 왼쪽 끝에서 질량중심까지의 거리는 3.7m이다.

문제 74 그림과 같은 구조에서 막대에 끝을 밑으로 잡아당김으로써 장치(machine)에 힘이 주어진다. 장치는 적어도 200N의 힘이 주어져야 작동된다. 막대의 질량은 무시하라.

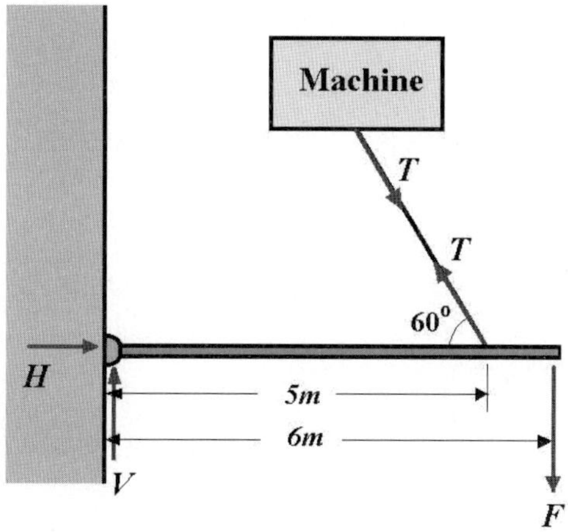

답. 장치가 작동할 때 줄의 장력은 200N이 된다. 알짜 힘이 0이 되어야 하는 조건에서

$$\sum_i F_{ix} = 0: \; H = T\cos 60^\circ = 100 \quad \text{(1-248)}$$
$$\sum_i F_{iy} = 0: \; V + T\sin 60^\circ = F$$

을 얻는다. 그리고 토오크가 0이 되는 조건에서

$$\sum_i \tau_i = 0: \; F \times 6 = T\sin 60^\circ \times 5 \rightarrow F = 144N \quad \text{(1-249)}$$

을 얻을 수 있다. 그리고 $V = F - T\sin 60^\circ = -29N$을 얻는다. 여기서 마이너스 값은 힘 H의

방향이 그림에서 표시된 방향과 반대라는 뜻이다. 위의 결과에서 막대를 잡아당기는 힘이 144N 이상이 되어야 장치가 작동함을 나타낸다.

문제 75 길이 2m이고 질량이 1kg인 사다리가 그림과 같이 마찰력이 없는 벽에 걸쳐져 있다. 바닥은 마찰이 존재한다. 벽이 사다리에 미치는 힘과 바닥이 사다리에 미치는 힘을 구하라.

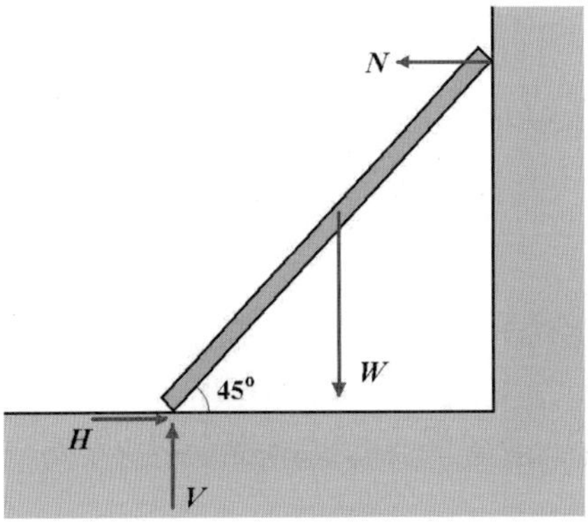

답. 구조가 정적평형상태에 있으므로 알짜 힘과 토오크가 0이 되는 조건을 만족하여야 한다. 알짜 힘이 0이 되어야 한다는 조건에서

$$\sum_i F_{ix} = 0:\ H = N \qquad (1\text{-}250)$$
$$\sum_i F_{iy} = 0:\ V = W = 9.8$$

를 구할 수 있다. 그리고 토오크가 0이 되는 조건에서

$$\sum_i \tau_i = 0:\ N \times L\sin 45^\circ = W \times \frac{L}{2}\cos 45^\circ \rightarrow 2N\sin 45^\circ = W\cos 45^\circ \qquad (1\text{-}251)$$

을 얻을 수 있다. 따라서 $N = 4.9N$과 $H = 4.9\,N$을 구할 수 있다. 여기서 H는 마찰력이다.

문제 76 길이 50cm인 장난감 다리가 양단에 지지대에 의해 고정되어 있다. 다리의 질량은 500g이다. 왼쪽에서 10cm인 지점에 질량 50g인 장난감 자동차가 놓여 있다. 다리 양단에 있는 지지대가 다리에 작용하는 힘을 구하라. 다리는 휘지 않는다고 한다.

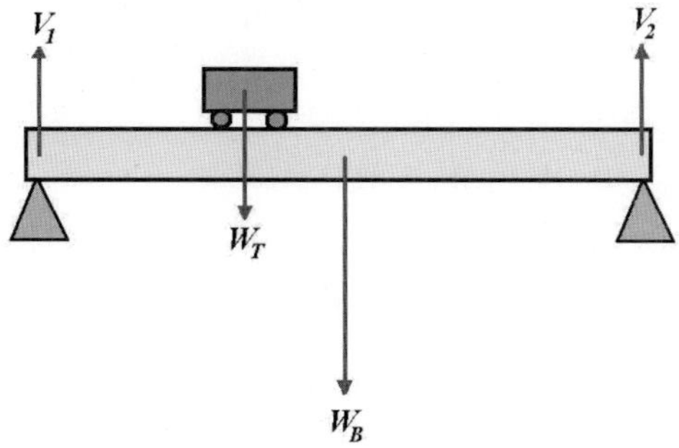

답. 자동차가 없다면 각 지지대는 다리 무게의 반을 지지하면 된다. 즉, 2.45N이다. 반면에 다리 위에 물체가 놓임으로써 토오크가 작용한다. 따라서 토오크의 합이 0이라는 평형조건도 만족되어야 한다. 즉, 알짜 힘과 토오크가 0이라는 조건에서

$$\sum_i F_{iy} = 0 :\ V_1 + V_2 - W_B - W_T = 0 \tag{1-252}$$

$$\sum_i \tau_i = 0 \quad : 10\, W_T + 25\, W_B = 50\, V_2$$

을 구할 수 있다. 위 식에서 $V_2 = 2.55N$, $V_1 = 2.84N$을 구할 수 있다. 자동차가 있는 지지대에 더 많은 지지력이 필요함을 볼 수 있다.

문제 77 길이 50cm인 무게를 무시할 수 있는 막대의 양단에 두 질량이 매달려 있다. 막대의 지지대는 W_1에서 20cm 떨어진 위치에 있다. 이 계가 평형상태에 있다면 $W_1 = 100N$일 때 W_2는 얼마인가?

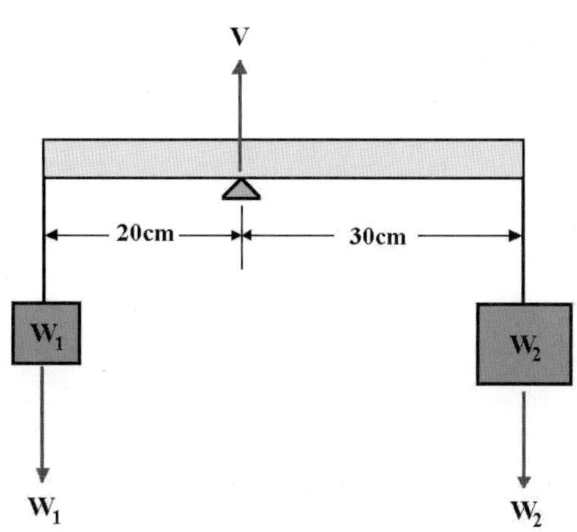

답. 정적평형에서 알짜 힘과 토오크가 0이 되어야 하는 조건에서

$$\sum_i F_{iy} = 0 : \ V = W_1 + W_2 \tag{1-253}$$

$$\sum_i \tau_i = 0 \quad : 20\, W_1 = 30\, W_2$$

을 구할 수 있다. 위 식에서 $W_2 = 66.7N$을 구할 수 있다. 그리고 지지대가 막대에 미치는 힘은 $V = 166.7N$이다.

문제 78 길이 2m이고 질량이 3kg인 막대 위에 질량 10kg인 물체가 올려져 있다. 막대의 양끝을 A와 B 두 사람이 들고 있다. 물체는 A쪽에서 50cm인 지점에 놓여 있다. 평형상태에서 A와 B가 작용해야 하는 힘을 구하라.

답. 정적평형에서 알짜 힘과 토오크가 0이 되어야 하는 조건에서

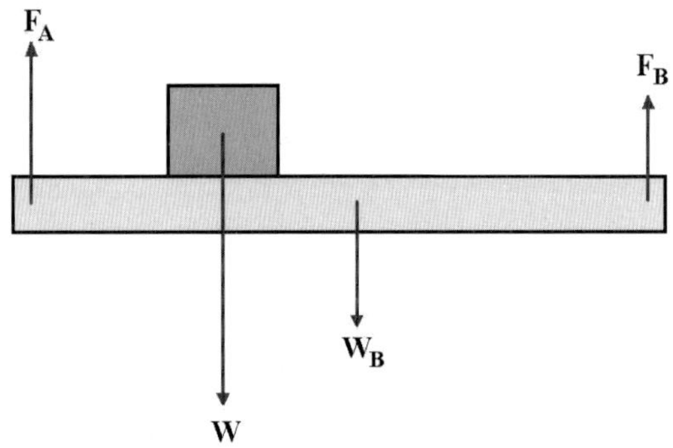

$$\sum_i F_{iy} = 0 : \ F_A + F_B = W + W_B \tag{1-254}$$

$$\sum_i \tau_i = 0 \quad : 50\, W + 100\, W_B = 200\, F_B$$

을 구할 수 있다. 위 식에서 $F_A = 88.2\,N$와 $F_B = 39.2N$을 구할 수 있다.

문제 79 그림과 같이 질량 3kg인 막대가 한쪽 끝은 벽에 있는 핀에 의해 지지되어 있고, 다른 쪽 끝은 벽에 고정된 줄에 의해 지지되고 있다. 줄에 작용하는 장력과 핀에 작용하는 힘을 구하라.

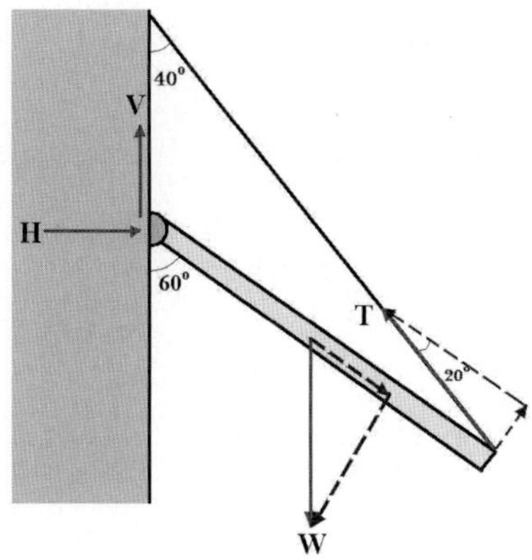

답. 정적평형에서 알짜 힘이 0이 되어야 하는 조건에서

$$\sum_i F_{ix} = 0 : H = T\cos 50^\circ \tag{1-255}$$

$$\sum_i F_{iy} = 0 : V + T\sin 50^\circ = W$$

을 구할 수 있다. 그리고 알짜 토오크가 0이 되어야 한다는 조건은

$$\sum_i \tau_i = 0 : (T\sin 20^\circ)L = W\cos 30^\circ \left(\frac{L}{2}\right) \tag{1-256}$$

로 주어진다. 위 식에서 $T = 37.2N$이다. 그리고 식 1-255에서 $H = 23.9N$과 $V = 0.9N$을 구할 수 있다.

문제 80 길이 $L = 10m$이고 질량 $M = 1kg$인 나무가 그림과 같은 구조에 의해 지탱되고 있다. 이 구조에서 나무를 지탱하기 위해서는 d인 위치에 힘 F의 작용이 필요하다. $m_1 = 1kg$, $m_2 = 2kg$, $m_3 = 200g$, $l = 2m$이다. (a) 힘 F의 크기와 방향을 구하라. (b) 거리 d를 구하라.

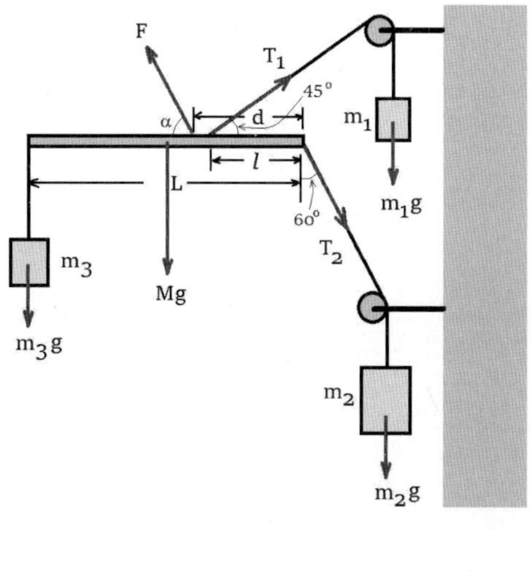

답. 줄의 장력은 $T_1 = m_1 g$, $T_2 = m_2 g$이다. 평형을 유지하기 위해 막대에 대해서 $\sum_i F_{ix} = 0$, $\sum_i F_{iy} = 0$이 만족되어야 한다.

$$\sum_i F_{ix} = T_1 \cos 45^o + T_2 \sin 60^o + F_x = 0 \tag{1-257}$$

이므로 $F_x = -23.90N$이 구해진다. 그리고

$$\sum_i F_{iy} = T_1 \sin 45^o - T_2 \cos 60^o + F_y - Mg - m_3 g = 0 \tag{1-258}$$

에서 $F_y = 24.43N$이다. 따라서 $F = \sqrt{F_x^2 + F_y^2} = 34.18N$이고 $\alpha = \tan\frac{F_y}{F_x} = 45.63^o$이다. 또 다른 평형조건인 $\sum \vec{\tau_i} = 0$에서

$$\sum \tau_i = m_3 g L + Mg\frac{L}{2} - F_y d - T_1 \sin 45^o \times 2 = 0 \tag{1-259}$$

이므로 $d = 2.24m$이다.

Physics For University Student

제2장

진동과 파동

1. 진동
2. 파동

대학생을 위한 핵심 물리학

1. 진동

조화진동자(harmonic oscillator)란 평형상태 주위에 진동하는 계를 이른다. 그리고 복원력만이 존재하는 계를 단조화진동자(simple harmonic oscillator)라고 부른다. 단진동에서 계는 일정한 진폭과 진동수로 진동한다. 진동을 방해하는 저항력이나 마찰력이 존재할 수도 있는데 이때 진동의 진폭과 진동수가 달라질 수도 있다. 이러한 경우 진동자를 감쇠진동자(damped oscillator)라고 부른다. 그리고 외부력에 의해 계가 진동할 수 있는데 이를 강제진동자(forced harmonic oscillator) 라고 부른다. 강제진동에서는 공명현상이 일어나는데 이때 외부력의 진동수가 계의 고유진동수(natural frequency)에 가까울 경우 계가 가장 큰 진폭으로 진동하게 된다.

1-1. 단진동

스프링 상수 k인 스프링을 수직으로 매달면 스프링 자체의 무게에 의해 스프링이 늘어나 전체길이가 l_o로 된다. 여기에 질량 m인 물체를 매달면 스프링의 길이는 $\Delta l = mg/k$만큼 더 늘어나게 된다. 이때 스프링의 한쪽 끝에서 물체의 질량중심까지의 거리를 l이라고 하자. 이 상태에서 물체를 $-y_{\max}$만큼 아래로 당겼다 놓으면 물체는 $-y_{\max}$에서 $+y_{\max}$ 사이에서 진동하게 된다. 이를 단진동(simple harmonic motion)이라고 부른다.

임의의 시간 t에서 물체의 위치를 $y(t)$로 둔다. 여기서 $y(t)$는 물체의 평형위치에서부터의

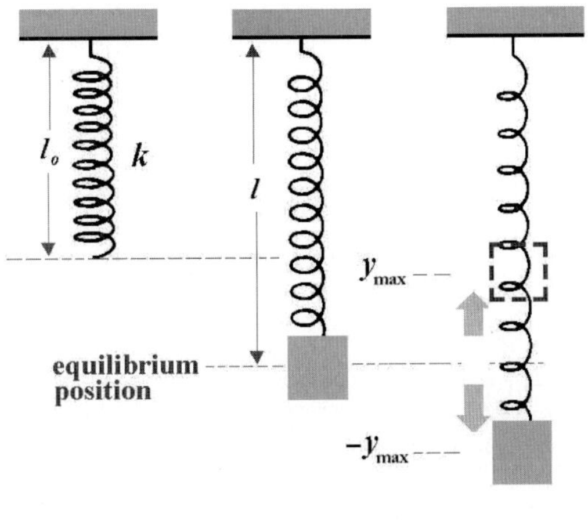

그림 2-1. 스프링의 단진동운동

거리로서 아래 방향은 -로, 위 방향은 +로 잡는다. 그러면 물체의 운동방정식은 $F=-ky$에서

$$m\frac{d^2y}{dt^2}=-ky \tag{2-1}$$

로 주어진다. 위 식을 정리하면

$$\frac{d^2y}{dt^2}+w^2y=0 \tag{2-2}$$

이 된다. 여기서 $\omega=\sqrt{\frac{k}{m}}$ 로 두었다. 식 2-2의 해는

$$y=y_{\max}\sin(\omega t+\theta_0) \tag{2-3}$$

으로 구해진다. 여기서 $y_{\max}$는 진동의 진폭이고 θ_0는 초기위상으로서 진동이 시작한 위치에 의존하는 양이다. 그리고 ω는 각진동수(rad/sec)이다. 단진동의 주기는 한 번 진동하는 데 걸리는 시간으로서 각으로는 2π에 해당된다. 그리고 진동수는 1sec에 진동하는 수에 해당되므로 주기(sec)의 역임을 알 수 있다. 따라서 주기와 진동수는

$$T=\frac{2\pi}{\omega}=2\pi\sqrt{\frac{m}{k}} \tag{2-4}$$

$$f=\frac{1}{T}=\frac{1}{2\pi}\sqrt{\frac{k}{m}}$$

와 같이 정의된다. 식 2-3과 같은 sin파인 진동의 모양은 그림 2-2에서와 같은 장치를 이용하여 측정하면 확인할 수 있다. 물체에 붙은 펜(pen)이 회전하는 종이 위에 sin파 진동모양을 표시하고 있다.

단진동은 물체를 평형위치에서 $-y_{\max}$로 당긴 후 놓음으로써 시작된다. 이때 포텐셜에너지는 $\frac{1}{2}ky_{\max}^2$이고, 운동에너지는 0이다. 그러나 진동이 시작되면서 포텐셜에너지의 일부가 운동에너지가 된다. 그리고 물체가 평형위치를 지나갈 때 모든 포텐셜에너지 $\frac{1}{2}ky_{\max}^2$가 운동에너지가 된다. 물체가 $+y_{\max}$ 위치에 도달하면 모든 운동에너지가 다시 포텐셜에너지가 된다. 이와 같이 물체는 진폭($+y_{\max}$, $-y_{\max}$)을 진동하는 동안 초기의 에너지 $\frac{1}{2}ky_{\max}^2$가 위치에너지에서 운동에너지로, 다시 운동에너지에서 위치에너지로 변하는 과정을 반복하게 된다.

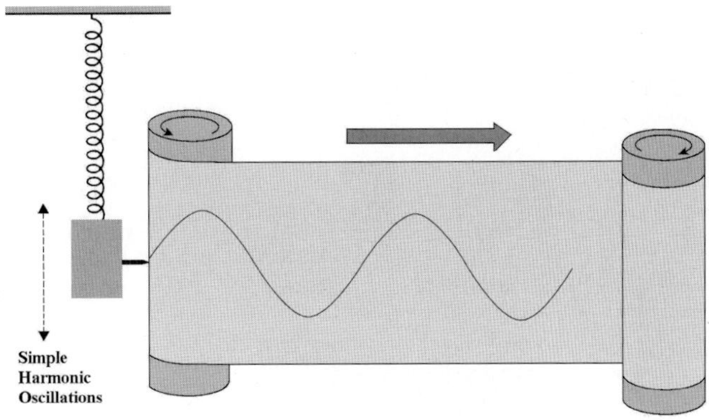

그림 2-2. sin파 진동 모양의 측정

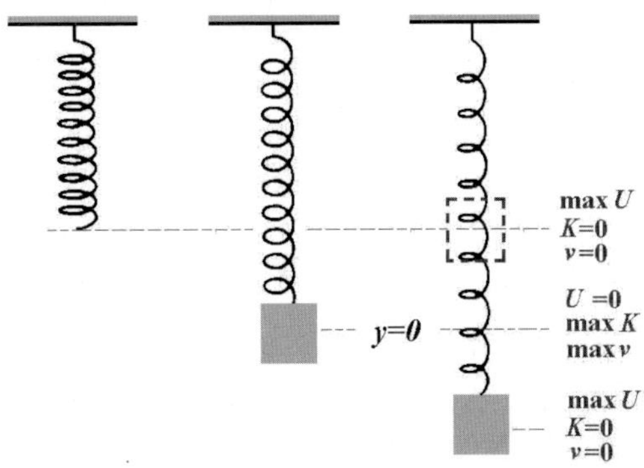

그림 2-3. 단진동에서 위치에 따른 에너지의 변환

스프링에 붙은 물체가 수평면에 놓인 상태에서 진동하는 경우에도 위에서 본 수직진동과 동일한 운동을 관찰할 수 있다. 모든 식들은 그대로 수평진동에도 적용할 수 있다.

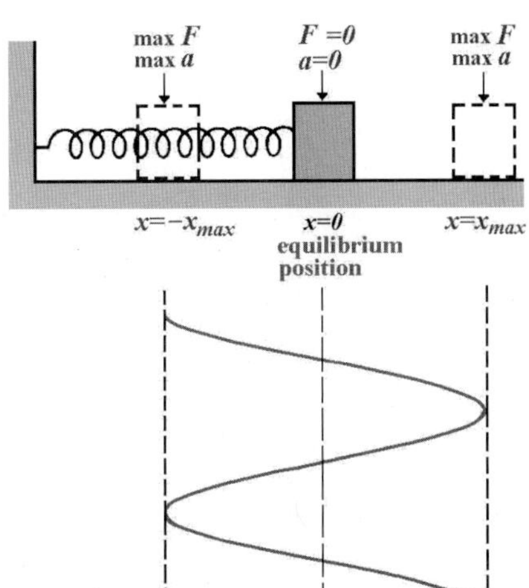

그림 2-4. 수평진동에서의 단진동운동

에너지 관점에서 본 수평진동에 대한 내용이 그림 2-5에 주어져 있다. 평형위치에서는 운동에너지밖에 없고 양쪽 끝에는 운동에너지밖에 없다.

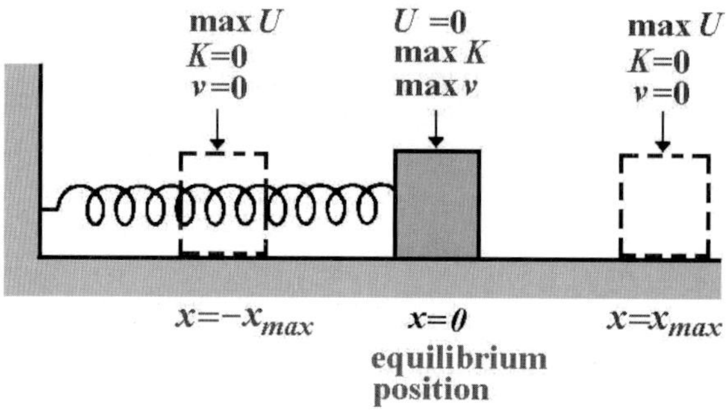

그림 2-5. 에너지 관점에서 본 수평 단진동운동

예제 1 스프링 상수가 $400\,N/m$인 스프링의 길이를 5cm 늘리기 위해 필요한 힘은 얼마인가?

답. $F=-kx$에서 80N이 필요함을 알 수 있다.

예제 2 스프링 상수 $400\,N/m$의 스프링에 2kg의 물체가 매달려 단진동을 하고 있다. 단진동의 진폭은 5cm이다. 진동하는 물체의 최고속도는 얼마인가?

답. 물체가 최고속도를 가지는 순간은 포텐셜에너지가 모두 운동에너지가 될 때이다. 즉, $\frac{1}{2}ky_{\max}^2=\frac{1}{2}mv_{\max}^2$에서 $v_{\max}=\sqrt{\frac{k}{m}}\,y_{\max}=71\,cm/\sec$이다.

예제 3 스프링 상수 $500\,N/m$의 스프링에 2kg의 물체가 매달려 단진동을 하고 있다. 이 계의 진동수와 주기를 구하라.

답. $f=\frac{1}{2\pi}\sqrt{\frac{k}{m}}=2.52\,Hz$이고 주기는 $T=\frac{1}{f}=0.4\sec$이다.

1-2. 감쇠진동과 강제진동

스프링에 달린 물체의 진동에 있어서 진폭이 시간이 지남에 따라 점차 줄어듦을 관찰할 수 있다. 이는 진동이 공기의 저항력(drag force)에 의해 감쇠되기 때문이다. 그리고 그림 2-4와 같은 수평진동에서도 진폭은 마찰력에 의해 감쇠된다. 이러한 감쇠들은 대체로 속도에 비례한다. 따라서 운동방정식은

$$m\frac{d^2y}{dt^2} = -ky - \gamma\frac{dy}{dt} \tag{2-5}$$

와 같이 표현된다. 여기서 $\gamma\frac{dy}{dt}$항이 속도에 비례하는 감쇠력을 나타낸다. 그리고 γ는 감쇠상수(damping constant)이다. 식 2-5는

$$\frac{d^2y}{dt^2} + 2b\frac{dy}{dt} + \omega_0^2 y = 0 \tag{2-6}$$

와 같이 고쳐 쓸 수 있다. 여기서 $2b = \frac{\gamma}{m}$, $\omega_0^2 = \frac{k}{m}$로 두었다. 위 식의 일반해는

$$y(t) = e^{-bt}\left(c_1 e^{\sqrt{b^2-\omega_0^2}\,t} + c_2 e^{-\sqrt{b^2-\omega_0^2}\,t}\right) \tag{2-7}$$

와 같이 구해진다. 여기서 c_1, c_2는 상수이다. 식 2-7에서 제곱근 안의 값에 따라 3가지 다른 감쇠진동이 있을 수 있다. 즉, $b^2 - \omega_0^2 > 0$ (강한 감쇠, over-damped), $b^2 = \omega_0^2$(임계감쇠, critically damped), $b^2 - \omega_0^2 < 0$ (약한 감쇠, under-damped) 등으로 나누어진다. 강한 감쇠에서는 감쇠상수가 아주 커서 진동이 일어나지도 못하고 바로 평형상태로 돌아간다. 그리고 임계감쇠에서도 진동이 없이 평형상태로 돌아간다. 이러한 임계감쇠는 문의 감쇠장치에 바람직한 경우에 해당된다. 마지막으로 약한 감쇠에서는 진동이 감쇠가 없는 경우의 진동수에서 약간 벗어난 지점에서 일어나며, 또한 진폭이 시간이 지남에 따라 서서히 감소하는 경우이다. 그림 2-6에 각각의 경우에 진동의 모양이 시간이 지남에 따라 어떻게 변하는지를 보여 주고 있다.

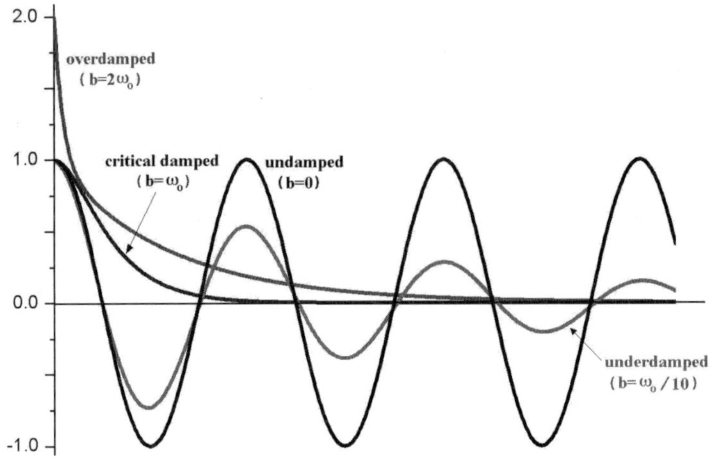

그림 2-6. 감쇠진동에서 시간이 지남에 따른 진동의 모양 변화

그림 2-7에 감쇠기가 달린 진동의 모양을 보여 주고 있다. 문의 감쇠장치나 자동차에서의 충격흡수장치(shock absorber)가 이에 해당된다.

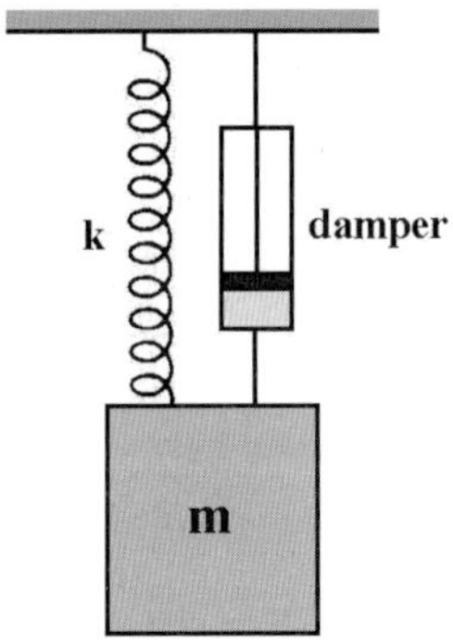

그림 2-7. 감쇠장치

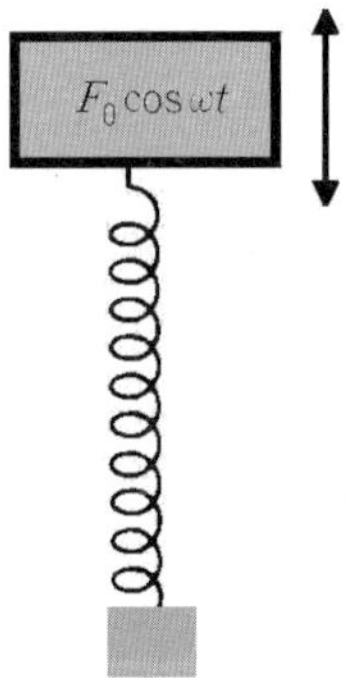

그림 2-8. 강제진동

다음에는 그림 2-8에서와 같이 진동이 외부력에 의해 강제로 발생하는 경우를 보기로 하자. 이 경우 운동방정식은

$$\ddot{y}+2b\dot{y}+\omega_0^2 y=\frac{F_o}{m}\cos\omega t \tag{2-8}$$

과 같이 주어진다. 여기서 $2b=\frac{\gamma}{m}$, $\omega_0^2=\frac{k}{m}$를 각각 나타낸다. 즉, 외부력에 의해 진동이 되는데 감쇠도 발생하는 경우의 예이다. 그리고 $F_o\cos\omega t$의 외부력이 작용한다고 가정하였다. 위 미분방정식의 해는

$$y(t)=e^{-bt}\left(c_1 e^{\sqrt{b^2-\omega_0^2}\,t}+c_2 e^{-\sqrt{b^2-\omega_0^2}\,t}\right)+A\cos(\omega t-\delta) \tag{2-9}$$

와 같이 구해진다. 식 2-9에서 첫 번째 e^{-bt}가 있는 항은 시간이 지남에 따라 급격히 줄어든다. 따라서 위 식의 해 중에서 안정적인 해(steady state solution)는

$$y=A\cos(\omega t-\delta) \tag{2-10}$$

과 같이 주어진다. 여기서 A와 δ는

$$A(\omega)=\frac{F_0/m}{\sqrt{(\omega_0^2-\omega^2)^2+4b^2\omega^2}},\quad \delta=\tan^{-1}\left(\frac{2b\omega}{\omega_0^2-\omega^2}\right) \tag{2-11}$$

이다. 진동의 진폭 A는 진동의 Q값인 $Q=\frac{\omega_o}{2b}$를 사용하면

$$A(\omega)=\frac{F_o/m}{\sqrt{(\omega_o^2-\omega^2)^2+\omega_o^2\omega^2/Q^2}} \tag{2-12}$$

와 같이 고쳐 쓸 수 있다. 진동의 진폭이 가장 커지는 외부력의 진동수에서 공명현상(resonance)이 일어난다. 이는 식 2-12를 ω에 대해 미분하여 0으로 둘 때 얻어지는 ω의 값이다. 위 식에서 Q값이 아주 크면(감쇠가 아주 적은 경우에 해당) 외부력의 진동수 ω가 ω_o에 접근함에 따라 진동의 진폭이 아주 커짐을 볼 수 있다. 즉, 이 경우 공명이 ω_o에서 일어난다. 그림 2-9에 Q에

따른 진동의 진폭의 차이를 보여 주고 있다. Q값이 커짐에 따라 공명에서 진폭이 커지고 공명도 진동의 고유진동수 ω_o에 접근함을 볼 수 있다.

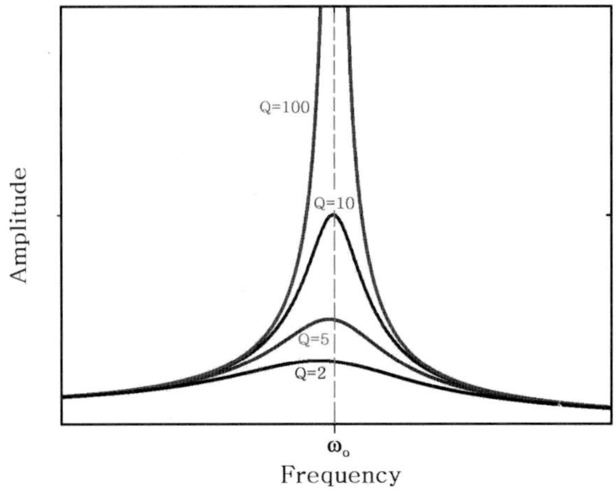

그림 2-9. Q에 따른 공명현상의 차이

1-3. 단진자

질량을 무시할 수 있는 길이 L인 줄(또는 막대)의 한쪽 끝에 질량 m인 물체가 매달려 있다. 그리고 줄의 다른 쪽 끝은 천장에 고정되어 있다. 물체를 평형위치에서 작은 각도로 변위시켰다가 놓았을 경우 물체는 단진자(simple pendulum)운동을 한다.

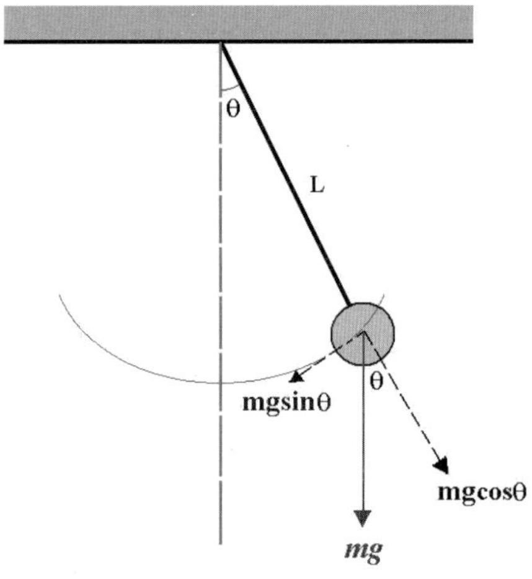

그림 2-10. 단진자의 단진동운동

물체의 진동방향으로 복원력 $-mg\sin\theta$가 작용하므로 운동방정식은

$$F = m\frac{d^2s}{dt^2} = -mg\sin\theta \tag{2-13}$$

이다. 여기서 s는 동경방향의 변위이다. 따라서 $s = L\theta$의 관계를 이용하면 위 식은

$$\frac{d^2\theta}{dt^2} + \frac{g}{L}\sin\theta = 0 \tag{2-14}$$

와 같이 고쳐 쓸 수 있다. 식 2-14는 단진자운동의 운동방정식은 아니다. 그러나 진동의 각이 작을 경우 $\sin\theta = \theta - \frac{\theta^3}{3!} + \cdots$에서 $\sin\theta \approx \theta$로 근사할 수 있으므로 식 2-14는

$$\frac{d^2\theta}{dt^2} + \frac{g}{L}\theta = 0 \tag{2-15}$$

와 같이 되어 단진자운동의 운동방정식이 된다. 식 2-15의 해는

$$\theta = \theta_{\max}\sin(\omega t + \delta) \tag{2-16}$$

와 같다. 여기서 $\omega = \sqrt{\frac{g}{L}}$이고 δ는 초기($t = 0$)위상을 나타낸다. 단진자의 주기와 진동수는 각각

$$T = \frac{2\pi}{\omega} = 2\pi\sqrt{\frac{L}{g}} \tag{2-17}$$

$$f = \frac{1}{T} = \frac{1}{2\pi}\sqrt{\frac{g}{L}}$$

로 주어진다. 식 2-17에서 보듯이 단진자의 주기와 진동수는 줄에 매달린 질량에 무관하다는 것을 알 수 있다.

단진자의 운동방정식은 회전운동방정식을 이용하여도 구할 수 있다. 질량에 작용하는 토오크는 $\tau = (mg\sin\theta)L$이고 $\alpha = \frac{d^2\theta}{dt^2}$이다. 그리고 관성모멘트는 $I = mL^2$이다. 따라서 $\tau = I\alpha$에서

$$-mg\sin\theta\, L = mL^2\frac{d^2\theta}{dt^2} \rightarrow \therefore \frac{d^2\theta}{dt^2} + \frac{g}{L}\sin\theta = 0 \tag{2-18}$$

을 얻을 수 있다. 여기서 토오크는 각이 감소하는 방향으로 작용하기 때문에 - 부호를 붙였다. 식 2-18은 식 2-14와 같음을 볼 수 있다.

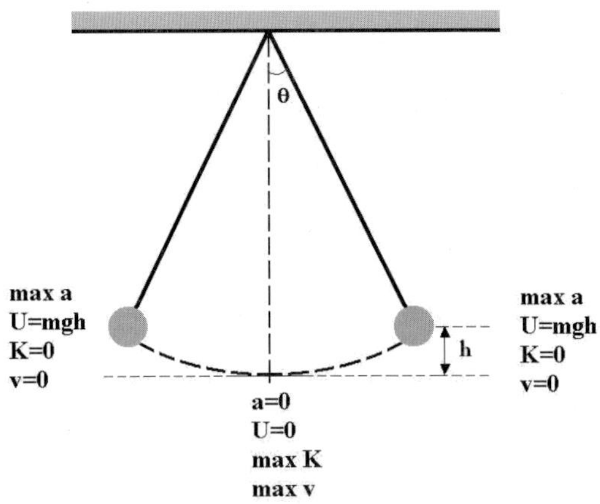

그림 2-11. 단진자운동에서의 에너지의 변환

에너지 관점에서 볼 때 단진자의 운동은 단진동의 운동과 동일하게 위치에너지와 운동에너지가 상호 바뀌는 과정을 되풀이한다. 최고 높이에서는 위치에너지밖에 없고 평형위치로 이동하면서 위치에너지의 일부가 운동에너지로 바뀐다. 이에 따라 평형위치에서 위치에너지는 모두 운동에너지로 바뀐다. 이와 같은 에너지 변환과정이 반복됨으로써 단진자운동이 계속된다.

예제 4 지구에서의 단진자의 주기가 1sec이었다. 이 단진자를 지구중력의 1/6인 달에 가져갔을 때 주기는 얼마로 바뀌는가?

답. $T \propto \frac{1}{\sqrt{g}}$이므로 $T_M = \sqrt{6}\ T_E$이다. 즉, 2.4sec가 된다.

1-4. 물리진자

물체를 매달아 단진자처럼 단진자운동을 하게 만들 수 있다. 이를 물리진자(physical pendulum)라고 부른다. 물리진자의 질량중심이 회전축에서 거리 L만큼 떨어져 있다고 할 경우 토오크는 $-mgL\sin\theta$이므로 운동방정식은 $\tau = I\alpha$에서

$$\frac{d^2\theta}{dt^2} + \frac{mgL}{I}\sin\theta = 0 \tag{2-19}$$

을 구할 수 있다. 그리고 진동의 각이 작을 경우 위 식은

$$\frac{d^2\theta}{dt^2}+\frac{mgL}{I}\theta=0 \tag{2-20}$$

이므로 단진자운동방정식이 된다. 따라서 주기와 진동수는 각각

$$T=\frac{2\pi}{\omega}=2\pi\sqrt{\frac{I}{mgL}} \tag{2-21}$$

$$f=\frac{1}{T}=\frac{1}{2\pi}\sqrt{\frac{mgL}{I}}$$

로 주어진다.

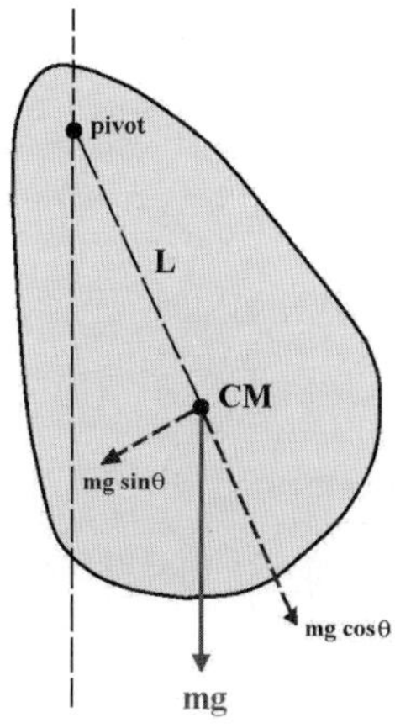

그림 2-12. 물리진자의 구조

2. 파동

파동(wave)은 규칙적인 에너지의 이동이다. 파동은 그 원인에 따라 역학파와 전자기파로 나눌 수 있다. 역학파(mechanical wave)는 역학적인 에너지가 매질을 통해 한 곳에서 다른 곳으로 이동하는 현상이다. 이 경우 매질 자체는 이동하지 않고 에너지만 매질의 다른 쪽으로 전달해 준다. 전자기파는 하전입자의 진동 때문에 전기장과 자기장이 발생하고 이것이 공간을 통해 이동하는 현상이다. 이와 같은 발생 메커니즘의 차이에 의해 전자기파는 파동의 전달에 있어서 매질이 필요 없다. 이 장에서는 역학파에 대해서만 알아보도록 한다. 전자기파는 전기장과 자기장을 다루고 난 후에 언급될 것이다.

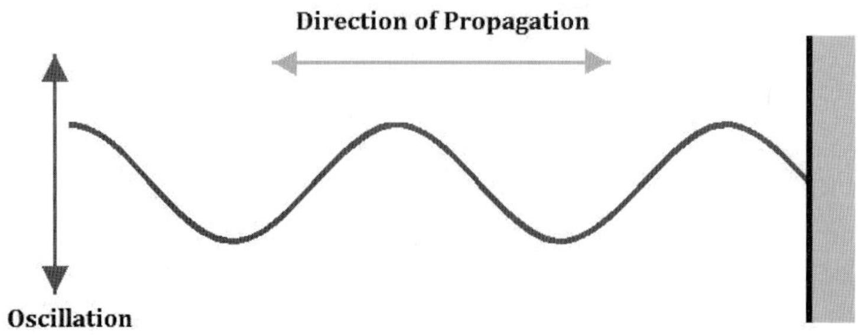

그림 2-13. 현의 진동(횡파의 예)

파동의 진동방향과 진행방향과의 관계에 따라 두 가지 종류의 파동으로 구별된다. 즉, 횡파(transverse wave)와 종파(longitudinal wave)가 있다. 횡파는 파동의 진동방향과 파동의 진행방향이 수직인 경우이다. 대표적인 횡파에는 현의 진동이 있다. 줄의 한쪽 끝은 고정하고 다른 쪽 끝을 흔들면 파동이 발생된다. 이것이 곧 현의 진동이다. 현은 아래위로 진동을 하고 파동은 이의 수직방향으로 진행한다. 따라서 파의 진동방향과 파의 진행방향이 수직이다. 그리고 수면파도 횡파의 일종이고 전자기파도 횡파에 속한다. 반면에 종파의 대표적인 것에는 음파가 있다. 음파는 역학적인 에너지(스피커나 사람의 성대의 떨림)에 의해 공기의 밀도의 변화가 유도된다. 이때 매질의 소(less dense)한 부분과 밀(denser)한 부분이 반복적으로 나타나고 이에 따라 역학적에너지가 전달된다. 즉, 소와 밀한 부분이 수평방향으로 반복적으로 나타나고 또한 파동의 진행도 수평진동의 방향으로 이루어진다. 따라서 음파는 진동방향과 진행방향이 동일하므로 종파에 속한다.

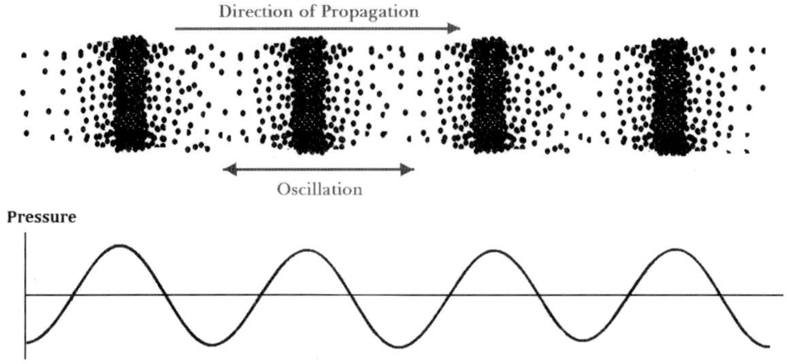

그림 2-14. 음파의 진동과 진행(종파의 예)

2-1. 파장과 진동수

그림 2-13과 같은 1차원적인 현의 진동을 생각해 보자. 평형위치에서부터 현까지의 높이 $y(x,t)$는 위치 x와 시간 t의 함수이다. 즉, 현의 높이는 두 개의 독립적인 변수인 위치와 시간 모두에 따라 달라진다. 따라서 변수 중 하나를 고정시켜야 파의 모양을 관찰할 수 있다.

첫째, 시간을 고정시킨 경우를 생각해 보자. 이 경우 임의의 시간에서의 파의 위치에 따른 모양을 관찰할 수 있다. 그림 2-15에 임의의 시간에서의 파의 모양이 주어져 있다. 이 그림에서 파동은 같은 모양이 반복됨을 볼 수 있다. 반복되는 거리를 파장(wavelength)으로 정의한다. 파장은 주로 λ로 표현된다. 그리고 진동은 $-A$에서 $+A$ 사이에서 일어나며, 이때 A를 진폭(amplitude)이라고 부른다.

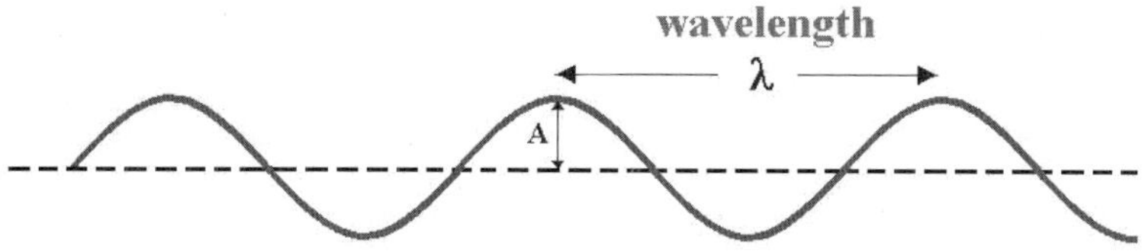

그림 2-15. 임의의 시간에서의 파동의 모양, 파장의 정의

둘째, 공간을 고정하는 경우에 대해 알아보도록 하자. 즉, 특정위치에서 파동이 시간에 따라 어떻게 변하는 것을 보는 것이다. 그림 2-16에서와 같이 특정위치만을 두고 나머지 부분은 모두 스크린으로 가린다고 생각해 보자. 그리고 그 부분의 현에 푸른 매듭을 매어 두었다고 가정하자. 그러면 이 매듭은 시간에 따라 오르락내리락할 것이다. 이 매듭이 한 번 오르락내리락하는 데 걸리는 시간이 주기(period)로 정의된다. 주기는 T로 표현된다. 그리고 1sec 동안 오르락내리락하는 횟수는 진동수(frequency)로 정의되고 f로 표현된다. 여기서 진동수는 주기의 역수임을 알 수 있다. 즉, $f = 1/T$이다.

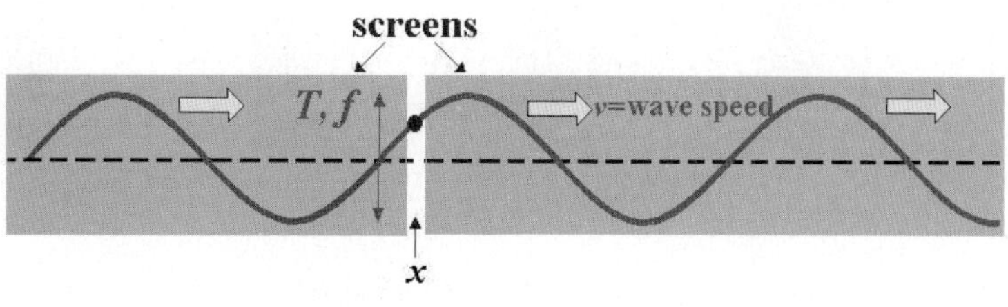

그림 2-16. 임의의 위치에서의 파동의 모양, 주기와 진동수의 정의

위에서 본 바와 같이 파동은 시간에 따라서도 변하고 위치에 따라서도 변한다. 그리고 이 변화는 독립적인 두 변수인 시간과 위치에 따라 동시에 일어난다. 이에 따라 파장, 주기, 진동수가 정의되었다. 그러나 이 물리량들은 서로 독립적이지는 않다. 앞에서 보았듯이 주기와 진동수는 역수의 관계에 있다. 그리고 파장과 진동수의 곱은 파의 속력이다. 즉,

$$v = f\lambda \tag{2-22}$$

와 같이 표현된다. 이 표현은 파동이 1sec에 f번 진동하는데, 한 번의 진동에 의해 거리 λ를 진행하므로 f와 λ의 곱이 파동이 1sec에 진행한 거리라는 것을 쉽게 알 수 있다.

예제 5 파동의 속도가 300m/sec이고 파장이 3m로 관찰되었다면 이 파의 진동수와 주기는 얼마인가?

답. $f\lambda = v$에서 $f = v/\lambda = 100Hz$이다. 그리고 $T = 1/f = 10msec$이다.

2-2. 소리

소리(sound)는 인간의 귀로 관측되는 진동수 영역의 음파이다. 인간의 귀가 측정할 수 있는 음파의 진동수 영역은 대략 20Hz에서 20,000Hz 사이이다. 그리고 20Hz 이하를 초저음파라 부르고 20,000Hz 이상을 초고음파 또는 초음파라 부른다. 음파의 발생은 매질을 진동시키는 것이다. 매질을 진동시키는 진동수가 곧 음파의 진동수가 된다. 그림 2-17에 스피커에 의해 발생되는 에너지에 의해 공기 분자들의 압력변화가 주어지고 이에 따라 파동이 전달된다. 스피커의 떨림의 진동수가 곧 발생되는 소리의 진동수가 된다.

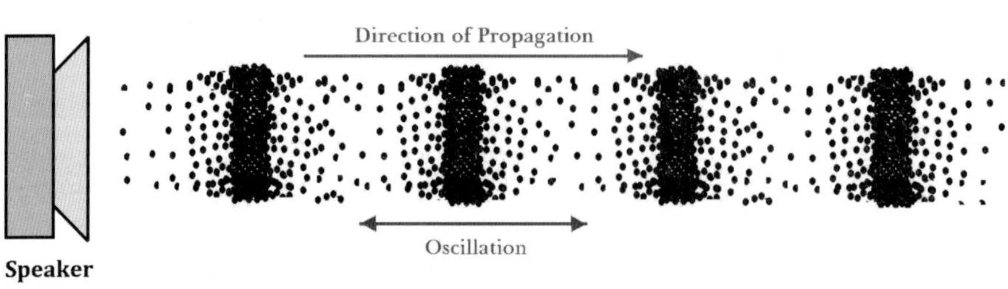

그림 2-17. 스피커에 의한 공기의 진동과 음파의 발생

소리의 전달속도는 매질에 따라 다르다. 기체, 고체, 액체에서의 음파의 전달속도는 각각

$$v_g = \sqrt{\frac{\gamma p}{\rho_g}}, v_s = \sqrt{\frac{Y}{\rho_s}}, \quad v_l = \sqrt{\frac{B}{\rho_l}} \tag{2-23}$$

으로 주어진다. 여기서 $\gamma = 1.67$(단원자 기체), 1.4(이원자 분자), p는 기체의 압력, Y는 고체의 Young률, B는 액체의 체적팽창률을 각각 나타낸다. 그리고 ρ_g, ρ_s, ρ_l은 각각 기체, 고체, 액체의 밀도이다.

소리도 에너지의 전달이므로 특정 위치에서 에너지를 측정함으로써 소리의 세기를 알 수 있다. 소리의 세기는 어떤 위치에 단위면적당 단위시간당 도달하는 에너지를 뜻한다. 즉, 소리 세기의 단위는 W/m^2으로 주어진다. 인간의 귀로 인식될 수 있는 소리의 최저의 세기는 $10^{-12}\ W/m^2$이다. 이를 I_o로 두면 임의의 소리 세기 I는

$$dB = 10 \log \frac{I}{I_o} \tag{2-24}$$

으로 표시할 수 있다. 위 식으로 정의되는 소리의 세기 단위를 데시벨(decibel) 단위라고 한다. 이렇게 데시벨 단위로 표시하는 것은 에너지 단위가 10의 마이너스 몇 승(power)으로 표현하는 것이 비효율적이기 때문이다. 그리고 10을 곱한 것은 소수점 단위를 줄이기 위한 목적이다.

인간의 귀로 측정되지 않은 초음파는 의료진단용으로 많이 사용되고 있다. 즉, 초음파를 복부 내부로 발사하여 내장 각 부분에서 반사되어 오는 초음파를 관측하여 내부를 조영하는 데 초음파가 응용되고 있다. 또한 도플러효과를 이용하여 피의 흐름을 촬영하는 데도 초음파가 사용되고 있다. 초음파 도플러 측정은 건물 내로 침입하는 사람을 관측하여 경보하는데도 사용되고 있다. 즉, 초음파가 지속적으로 나오는 실내를 사람이 움직이면 움직이는 사람에서 반사되어 오는 반사파의 진동수는 도플러효과에 의해 달라지며 이를 관측하여 침입자를 알리는 경보를 할 수 있는 것이다. 위에 예를 든 초음파의 응용은 초음파가 반사 또는 투과하는 것을 측정하여 물체의 위치를 관측하는 것들이다. 반면에 초음파의 에너지를 직접 이용하는 경우도 있다. 초음파 세척기, 초음파 절단기, 초음파 분쇄기(신장 결석 등의 파괴) 등은 음파의 에너지를 직접 이용하는 것들이다.

2-3. 파동방정식

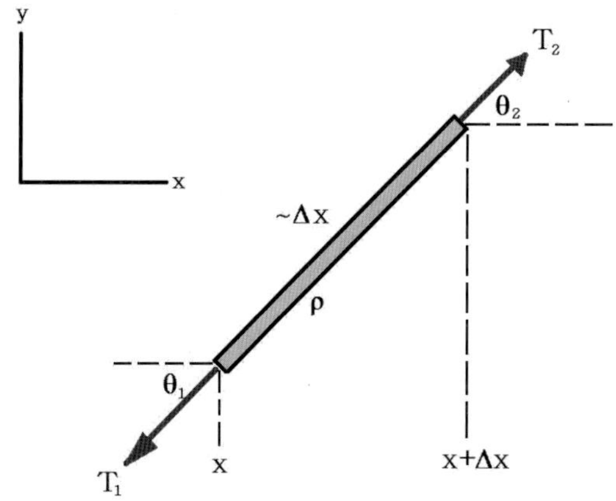

그림 2-18. 현의 진동에서 미소부분에서의 파동의 모양

일차원적인 현의 진동에 관련된 파동방정식은 아래와 같이 유도된다. 그림 2-18은 현의 진동에서 미소한 부분을 표시한 것이다. 여기서 ρ는 줄의 밀도를 나타낸다. 장력의 x성분은 서로 평형을 이루어야하므로 동일해야 한다. 즉,

$$T_1 \cos\theta_1 = T_2 \cos\theta_2 = T \tag{2-25}$$

이 만족된다. 그리고 장력의 y성분이 진동을 발생하므로

$$T_2 \sin\theta_2 - T_1 \sin\theta_1 = ma \equiv \rho \Delta x \frac{\partial^2 y}{\partial t^2} \tag{2-26}$$

와 같은 운동방정식을 얻는다. 식 2-25에서 $T_1 = T/\cos\theta_1$, $T_2 = T/\cos\theta_2$이므로 이를 식 2-26에 대입하면

$$\tan\theta_2 - \tan\theta_1 = \frac{\rho \Delta x}{T} \frac{\partial^2 y}{\partial t^2} \tag{2-27}$$

을 얻는다. tan의 정의를 이용하면

$$\left.\frac{\partial y}{\partial x}\right|_{x+\Delta x} - \left.\frac{\partial y}{\partial x}\right|_{x} = \frac{\rho \Delta x}{T} \frac{\partial^2 y}{\partial t^2} \tag{2-28}$$

와 같이 고쳐 쓸 수 있다. 그리고 줄의 미소부분 Δx를 아주 작게 잡으면

$$\lim_{\Delta x \to 0} \frac{1}{\Delta x}\left[\left.\frac{\partial y}{\partial x}\right|_{x+\Delta x} - \left.\frac{\partial y}{\partial x}\right|_{x}\right] = \frac{\rho}{T}\frac{\partial^2 y}{\partial t^2} \quad \rightarrow \frac{\partial^2 y}{\partial x^2} = \frac{\rho}{T}\frac{\partial^2 y}{\partial t^2} \qquad (2\text{-}29)$$

을 얻는다. 위 식에서 $v = \sqrt{\frac{T}{\rho}}$ (파동의 속도, T와 ρ는 각각 줄의 장력과 밀도)라고 두면

$$\frac{\partial^2 y}{\partial x^2} = \frac{1}{v^2}\frac{\partial^2 y}{\partial t^2} \qquad (2\text{-}30)$$

와 같은 현의 진동에 대한 파동방정식을 얻을 수 있다. 위 파동방정식의 일반적인 해는

$$y = F(x - vt) + G(x + vt) \qquad (2\text{-}31)$$

로 주어진다. 여기서 $F(x - vt)$는 오른쪽으로 속도 v로 움직이는 파동을 나타내고 $G(x + vt)$는 왼쪽으로 속도 v로 움직이는 파동을 나타낸다.

sin파는

$$\begin{aligned} y &= A\sin(kx - \omega t) \qquad (2\text{-}32) \\ &= A\sin\left(\frac{2\pi}{\lambda}x - \frac{2\pi}{T}t\right) \\ &= A\sin(kx - 2\pi f t) \end{aligned}$$

등으로 표현된다. 여기서 $k = 2\pi/\lambda$는 파수로서 각도 2π 동안 통과하는 파의 수를 나타낸다.

예제 6 진폭이 0.1m, 진동수가 500Hz, 속도가 300m/sec인 $+x$방향으로 진행하는 파의 식을 쓰라.

답. $\lambda = v/f = 0.6m$이다. 이에 따라 $k = 2\pi/\lambda = 10.5\,m^{-1}$, $\omega = 2\pi f = 3.14 \times 10^3 \sec^{-1}$이다. 따라서 파의 식은

$$y(x,t) = y_m \sin(kx - \omega t) = 0.1\sin(10.5x - 3.14 \times 10^3 t) \qquad (2\text{-}33)$$

로 주어진다.

2-4. 파동의 중첩

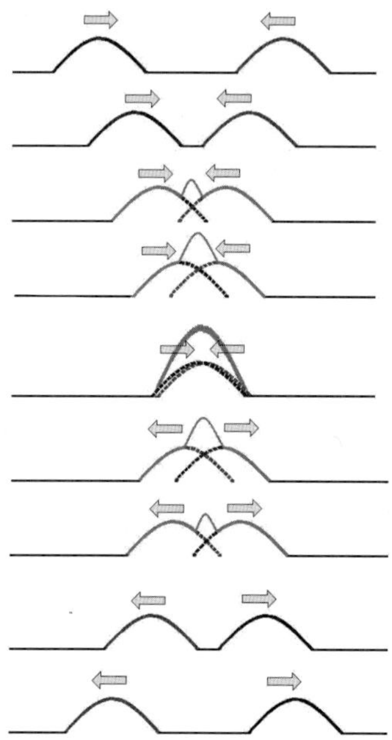

그림 2-19. 두 펄스파의 중첩

두 개의 파동이 마주치면 중첩(superposition)이 된다. 즉, 두 개의 파 $y_1(x,t)$와 $y_2(x,t)$가 만나면 합쳐져서

$$y(x,t) = y_1(x,t) + y_2(x,t) \tag{2-34}$$

와 같은 파동이 된다.

그림 1-19에 서로 반대방향으로 진행하는 두 개의 펄스파가 만나는 경우 두 파가 어떻게 중첩되는지를 보여 주고 있다. 두 파가 중앙의 지점에서는 서로 만나서 중첩이 되나 그 이후 계속 반대방향으로 나아감을 알 수 있다.

다음에는 몇 가지 특수한 경우 파동(sin 파)의 중첩이 어떻게 일어나는지에 대해 알아보도록 하자.

첫째, 두 개의 파동이 같은 방향으로 진행하는 경우를 생각해 보자. 두 개의 파동은 진폭과 진동수는 같으나 위상은 다르다. 이 경우 중첩에 의해

$$y(x,t) = y_m \sin(kx - \omega t + \phi_1) + y_m \sin(kx - \omega t + \phi_2) \tag{2-35}$$
$$= 2y_m \cos\left(\frac{\phi_1 - \phi_2}{2}\right)\sin\left(kx - \omega t + \frac{\phi_1 + \phi_2}{2}\right)$$

와 같은 파동이 된다. 식 2-35에서 보듯이 중첩된 파동의 진폭은 두 파동의 위상차에 관련되어 있다. 두 파의 위상이 같다면($\phi_1 = \phi_2$, 또는 두 위상 차이가 2π의 배수) 두 파는 보강간섭이 되어 파동의 중첩은 두 파의 합으로 주어진다. 즉, 모든 시점에서 최대점과 최소점이 일치하여 중첩된 파는 두 파의 합이 된다. 이에 반해서 두 파의 위상 차이이 180° 차이가 나면(또는 위상 차이가 π의 홀수 배) 소멸간섭이 일어나서 두 파의 합은 0이 된다. 즉, 모든 시점에서 한 파의 최대점은 다른 파의 최소가 되고, 한 파의 최소가 다른 파의 최대가 되어 중첩된 파는 0이 된다.

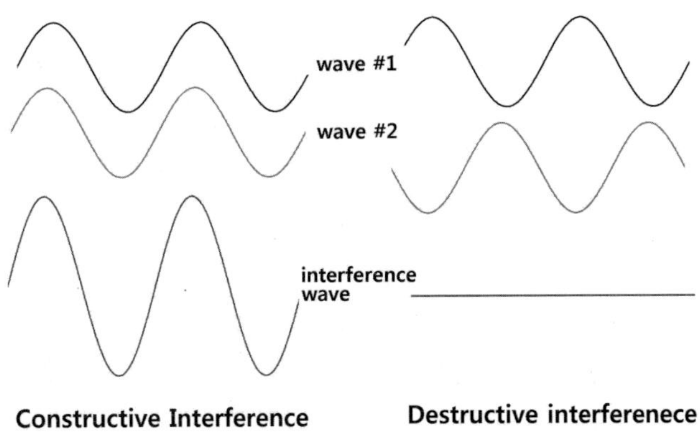

그림 2-20. 파동의 간섭

둘째, 두 개의 동일한 파동이 서로 반대방향으로 진행하는 경우에 대해 알아보도록 하자. 이 경우 중첩된 파는

$$y(x,t) = y_m \sin(kx - \omega t) + y_m \sin(kx + \omega t) \tag{2-36}$$
$$= 2y_m \sin kx \cos \omega t$$

와 같이 표현된다. 중첩된 파에서 위치와 시간에 대한 함수가 분리되어 있음을 볼 수 있다. 즉, $\sin(kx - \omega t)$항이 없으므로 중첩된 파는 진행하는 파는 아니다. 식 2-36에서 $\cos\omega t$항은 단조화 운동의 형태와 동일하다. 그러나 위치에 따라 다른 진폭항인 $2y_m \sin kx$이 곱해져 있다. 이와 같이 파가 진행을 하지 않기 때문에 이러한 파를 정지파(standing wave)라고 부른다. 그림 2-21에

정지파의 모양을 보여 주고 있다.

정지파에서 진폭이 0이 되는 위치는 $\sin kx = 0$이 되는 위치이므로

$$kx = \pi, 2\pi, 3\pi, \cdots \rightarrow \therefore x = \frac{\lambda}{2}, \lambda, \frac{3\lambda}{2}, \cdots = \frac{n\lambda}{2}, \quad n = 1, 2, 3, \cdots \qquad (2\text{-}37)$$

와 같이 주어진다. 이 위치를 영점(nodes)이라고 부른다.

반면에 극점(anti-nodes)이 되는 위치는 $\sin kx = \pm 1$이 만족되므로

$$kx = \frac{\pi}{2}, \frac{3\pi}{2}, \frac{5\pi}{2}, \cdots \rightarrow \therefore x = \frac{\lambda}{4}, \frac{3\lambda}{4}, \cdots = \frac{n\lambda}{4}, \quad n = 1, 3, 5, \cdots \qquad (2\text{-}38)$$

와 같이 주어진다. 이 극점에서 진폭은 $\pm 2y_m$이 된다.

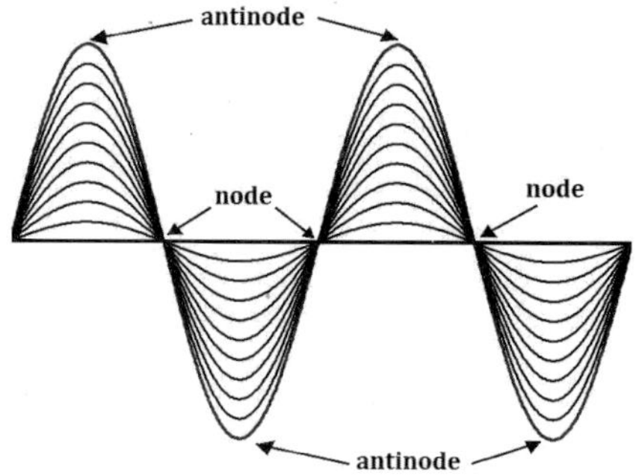

그림 2-21. 정지파의 모양

셋째, 진동수가 다른 두 파가 중첩되는 경우에 대해 보도록 하자. 어떤 특정위치 x_o로 진행해 오는 두 개의 다른 진동수의 파에 대한 중첩에 대해 생각해 보자. 각진동수 ω_1, ω_2의 두 파는

$$y_1 = y_m \sin(k_1 x_o - \omega_1 t) = y_m \sin(\omega_1 t + \phi_1) \rightarrow y_1 = y_m \sin 2\pi f_1 t \qquad (2\text{-}39)$$

$$y_2 = y_m \sin(k_2 x_o - \omega_2 t) = y_m \sin(\omega_2 t + \phi_2) \rightarrow y_2 = y_m \sin 2\pi f_2 t$$

와 같이 표현할 수 있다. 위 식의 마지막 과정에서 각파의 위상(ϕ_1, ϕ_2)을 0으로 두었고 $\omega = 2\pi f$를 이용하였다. 식 2-39로 주어진 두 파가 중첩되는 경우 합성파는

$$y(x_o, t) = 2y_m \cos 2\pi\left(\frac{f_1 - f_2}{2}t\right) \sin 2\pi\left(\frac{f_1 + f_2}{2}t\right) \qquad (2\text{-}40)$$

이 된다. 식 2-40으로 주어진 중첩된 파는 두 파의 곱임을 알 수 있다. 여기서 한 파는 sin파로서 진동수는 두 파의 진동수 평균인 $(f_1+f_2)/2$이다. 다른 파는 cos파로서 진동수는 두 파의 진동수 차이인$(f_1-f_2)/2$이다. 두 파의 진동수 차이($|f_1-f_2|$)가 아주 작다면 cos파는 sin파보다 훨씬 느리게 진동한다. 즉, cos파는 천천히 변하는 진폭(envelope)으로 작용하고 그 안에 빠르게 변하는 sin파가 존재한다. 합성파가 최대의 값($+y_m$ 또는 $-y_m$)을 가지는 시간에서는

$$\cos 2\pi\left(\frac{f_1-f_2}{2}t\right)=\pm 1 \qquad (2\text{-}41)$$

이 만족된다. 즉, 합성파의 한 주기당 두 번의 최대 신호가 관측된다. 진폭이 $(f_1-f_2)/2$의 진동수로 변하므로 1초당 관측되는 비트(beat) 수는

$$f_{beat}=|f_1-f_2| \qquad (2\text{-}42)$$

로 주어진다. 그림 2-22의 오른쪽 그림이 10Hz와 11Hz의 합성파이다. 그림에서 보듯이 1초당 2번의 최대의 진폭이 관측됨을 알 수 있다. 그리고 1초의 진폭(envelope)의 변화 안에 10번의 진동($(f_1+f_2)/2$)이 관측된다.

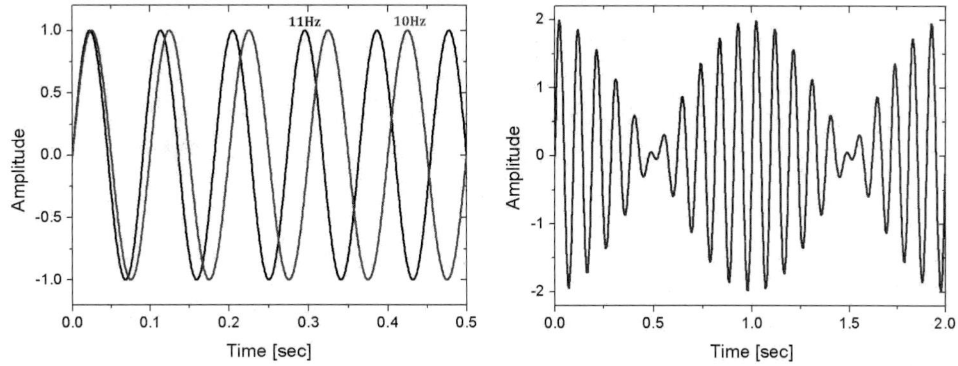

그림 2-22. 진동수가 비슷한 두 파(10Hz와 11Hz의 파)의 중첩, beat의 관찰

예제 7 동일한 파가 위상차가 $\pi/2$가 난다. 두 파가 같은 방향으로 이동하는 경우 합성파의 진폭은 얼마인가?

답. $y_1(x,t) = y_m \sin(kx - \omega t)$, $y_2(x,t) = y_m \sin(kx - \omega t + \pi/2)$이므로 합성파는

$$y(x,t) = y_1 + y_2 = 2y_m \sin(kx - \omega t + \pi/4)\cos(\pi/4) \qquad (2-43)$$

$$= \sqrt{2}\, y_m \sin(kx - \omega t + \pi/4)$$

2-5. 정지파

이 절에서는 두 끝이 고정된 줄에서의 정지파와 파이프 안에서 형성되는 정지파에 대해 알아보도록 한다. 두 끝이 고정된 정지파는 기타, 바이올린 등 현악기에서 음파가 발생되는 원리를 준다. 그리고 파이프 안에 형성되는 정지파는 플루트, 피리 등 관악기 안에서 어떻게 음파가 형성되는지를 보여 주고 있다.

두 끝이 고정된 줄에서의 정지파는 한쪽 끝에서 진행한 파와 다른 쪽 끝에서 반사되어 오는 파의 계속적인 중첩에 의해 형성된다. 두 끝이 고정되어 있기 때문에 그곳에서 변위는 0이 되어야 한다. 이에 따라 두 끝은 영점(node)이 된다. 이와 같은 조건 때문에 줄에서 형성될 수 있는 진동의 모양이 제한적이다. 이러한 제한된 진동형태를 정상모드(normal mode)라고 한다. 줄이 진동할 수 있는 진동수의 제한은 진동의 양자화(quantization)라고도 한다.

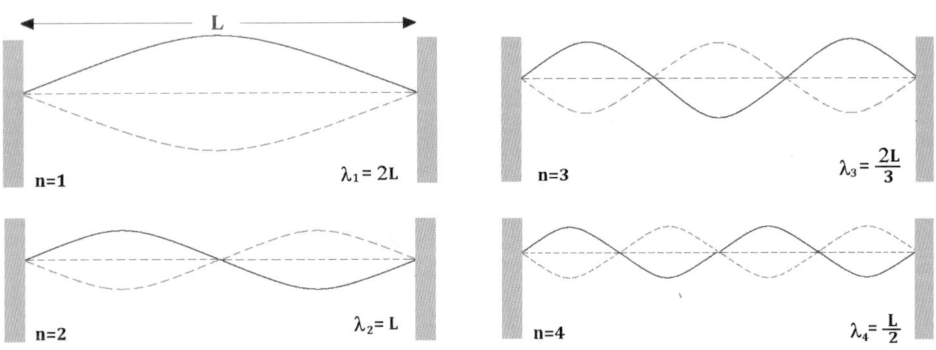

그림 2-23. 두 끝이 고정된 줄에서의 진동모드

그림 2-23에 두 끝이 고정된 길이 L인 줄에서 형성될 수 있는 정상파 모드(mode)를 보여 주고 있다. 가장 파장이 긴 진동모드는 영점이 양끝에서만 존재하는 경우이다. 이 경우 진동 파장은 $\lambda_1 = 2L$이 된다. 이를 진동수로 표현하면 $f_1 = v/(2L)$이 된다. 여기서 v는 음파의 속도이다. 이 진동수를 기본진동수(fundamental frequency)라고 부른다. 또는 첫 번째 화음(first harmonic)

이라고도 부른다. 다음으로 파장이 긴 진동모드는 중간에 하나의 영점이 더 존재하는 경우이다. 이 경우 파장은 $\lambda_2 = L$이다. 진동수로는 $f_2 = v/L$이다. 이를 두 번째 화음(second harmonic) 또는 첫 번째 배음(first overtune)이라고 부른다. 다음으로 파장이 긴 진동모드는 중간에 2개의 영점이 존재하는 경우로서 $\lambda_3 = 2L/3$이다. 이를 세 번째 화음 또는 두 번째 배음이라고 부른다. 이와 같은 과정을 계속함으로써 진동모드의 파장은

$$\lambda_n = \frac{2L}{n} \qquad n = 1, 2, 3, \cdots \tag{2-44}$$

으로 구할 수 있다. 여기서 n은 n번째 진동모드(또는 화음)를 나타낸다. 식 2-44에 대응되는 진동수는

$$f_n = \frac{v}{\lambda_n} = n\frac{v}{2L} = \frac{n}{2L}\sqrt{\frac{T}{\rho}} \qquad n = 1, 2, 3, \cdots \tag{2-45}$$

로 주어진다. 마지막 과정에서 줄에서의 파의 속도는 $v = \sqrt{T/\rho}$인 것을 이용하였다. 여기서 T는 줄의 장력이고 ρ는 줄의 밀도이다.

위와 같이 구한 진동모드는 식 2-36에 경계조건을 적용함으로써도 구해진다. 정지파의 표현은 $y = 2y_m \sin kx \cos \omega t$이므로 한쪽 끝의 경계조건 $y(0,t) = 0$는 자동적으로 만족된다. 다른 쪽 끝에서의 경계조건인 $y(L,t) = 0$을 적용하면 $\sin kL = 0$을 얻고 이에 따라

$$k_n L = n\pi \qquad n = 1, 2, 3, \cdots \tag{2-46}$$

을 얻을 수 있다. 즉, $k = 2\pi/\lambda$에서 $\lambda_n = 2L/n$을 얻을 수 있다. 이는 식 2-44에서 얻은 결과와 동일하다.

현악기에서 생성되는 음파의 진동수 조절은 기본진동수의 변화를 통해 이루어진다. 줄에서 형성되는 정지파의 기본진동수는 줄의 장력과 줄의 길이에 의해 조절된다. 줄의 장력은 현악기에 붙어 있는 조절장치에 의해 줄을 당기거나 느슨하게 함으로써 조절된다. 장력이 커질수록 정상모드의 진동수는 증가한다. 이렇게 장력이 조절된 후 여러 진동수의 음의 발생은 줄의 길이를 조절함으로써 이루어진다. 손가락으로 줄의 길이를 조절함으로써 기본진동수를 바꿀 수 있다. 이 경우 줄의 길이가 짧을수록 높은 진동수의 음이 발생된다.

다음에는 관 속에서 형성되는 정지파에 대해 알아보도록 하자. 관 속의 정지파는 종파인 음파에

의해서 형성된다. 즉, 앞에서 본 줄에서 형성되는 정지파는 횡파였는 데 반해서 관 안에 형성되는 정지파의 경우에는 종파임에 유의하자. 관 속에서 정지파가 형성되는 경우에는 두 가지가 있을 수 있다. 즉, 양쪽이 모두 열려 있는 경우와 한쪽만 열려 있고 다른 쪽은 닫혀 있는 경우가 있을 수 있다. 양쪽이 모두 닫혀 있는 경우에는 음파가 발생되지 않는다. 정지파의 형성은 관의 한쪽에서 진행되는 음파와 반대쪽에서 반사되어 오는 음파의 중첩에 의해 이루어진다.

첫째, 한쪽은 열려 있고 다른 쪽은 닫혀 있는 관의 경우를 보기로 하자. 열려 있는 쪽에는 공기 분자들의 이동이 자유스러우므로 변위가 최대가 된다. 즉, 극점(antinode)이 된다. 반면에 닫혀 있는 쪽에는 공기 분자의 이동이 되지 못하므로 영점(node)이 되어야 한다. 그러나 압력의 관점에서 보면 닫혀 있는 쪽이 압력이 높고 열려 있는 쪽은 압력이 낮다. 이는 열려 있는 쪽에는 압력이 대기압과 같아서 압력변화가 없기 때문이다. 그림 2-24에 한쪽이 열린 관에서 형성될 수 있는 정지파의 모양이 주어져 있다. 이 그림은 변위의 관점에서 그린 것이다. 즉, 열린 쪽의 변위가 최대가 되고 닫힌 쪽의 변위가 0이 된다. 가장 파장이 긴 경우는 $\lambda_1 = 4L$이다. 이때의 진동수는 $f_1 = v/(4L)$이다. 그리고 배음들의 파장은

$$\lambda_n = \frac{4L}{n} \qquad n = 1,3,5,\cdots \tag{2-47}$$

와 같이 주어진다. 이에 따라 정지파의 진동수는

$$f_n = \frac{v}{4L}n \qquad n = 1,3,5,\cdots \tag{2-48}$$

와 같다. 따라서 한쪽 끝이 닫힌 관에서는 기본진동수의 홀수 배인 정지파만이 가능하다는 것을 보여 주고 있다.

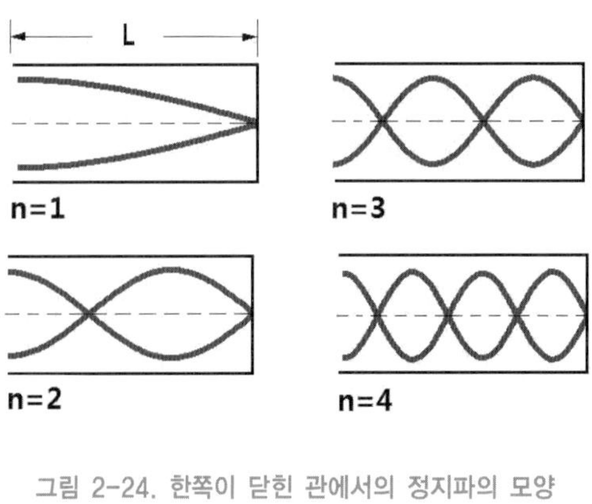

그림 2-24. 한쪽이 닫힌 관에서의 정지파의 모양

둘째, 양쪽이 모두 열린 관에서 형성되는 정지파에 대해 알아보도록 하자. 이 경우 양쪽은 모두 극점이 되어야 한다. 그림 2-25는 이 경우 가능한 진동모드의 모양을 보여 주고 있다. 그림에서 보듯이 가능한 정지파의 파장은

$$\lambda_n = \frac{2L}{n} \qquad n = 1, 2, 3, \cdots \tag{2-49}$$

임을 알 수 있다. 이에 따라 가능한 정지파의 진동수는

$$f_n = \frac{v}{2L} n \qquad n = 1, 2, 3, \cdots \tag{2-50}$$

이 된다. 한쪽이 닫힌 경우와 달리 기본진동수의 모든 배수의 정지파가 가능함을 알 수 있다.

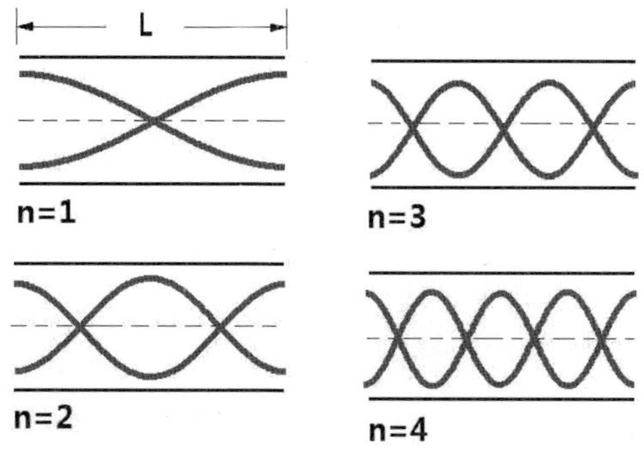

그림 2-25. 양쪽이 열린 관에서의 정지파의 모양

예제 8 양단의 거리 60cm에 고정된 줄이 있다. 연속적인 두 정지파의 진동수가 300Hz와 400Hz로 관찰되었다. 기본진동수와 속도를 구하라.

답. $\Delta f = f_{n+1} - f_n = (n+1)\frac{v}{2L} - n\frac{v}{2L} = \frac{v}{2L} = 100Hz$에서 $v = 120\,m/\sec$이다. 그리고 기본진동수는 $f_1 = \frac{v}{2L} = 100Hz$이다.

2-6. 도플러효과

기차의 기적소리를 플랫폼에서 듣는다고 할 때 기차가 다가올 때는 고음(높은 진동수)으로

들리고 기차가 멀어지면 저음(낮은 진동수)으로 들리는 것을 경험해 보았을 것이다. 이러한 음파의 현상을 도플러효과라 부른다. 도플러효과는 음파를 발생하는 음원과 관측자 사이에 상대적인 운동이 존재하면 언제나 관찰되는 현상이다. 음파에 일어나는 도플러 현상은 모든 파동에서 관찰할 수 있는 일반적인 현상이다. 따라서 전자기파에서도 도플러 현상이 일어난다.

음원과 관측자 사이의 상대적인 운동에는 몇 가지 경우가 있을 수 있다. 첫째, 음원은 움직이는데 관측자는 정지해 있는 경우, 둘째, 음원은 정지해 있는데 관측자가 움직이는 경우, 셋째, 음원과 관측자가 모두 움직이는 경우 등 세 가지 경우를 생각해 볼 수 있다. 또한 운동방향에 따라 음원과 관측자가 서로 가까워지는 방향으로 움직이는 경우와 멀어지는 방향으로 움직이는 경우로 나눌 수 있다.

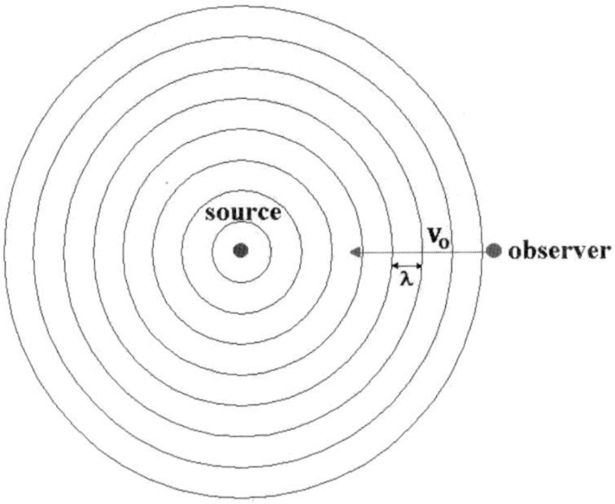

그림 2-26. 관측자가 음원 쪽으로 움직이는 경우

먼저 음원이 정지하고 관측자가 움직이는 경우(그림 2-26)를 고려해 보자. 음원의 진동수를 f, 파장을 λ, 공기 중에서의 음파의 속도를 v라고 하자. 관측자가 정지해 있을 경우에는 관측자는 음원에서 발생한 진동수 f를 들을 것이다. 그러나 관측자가 음원 쪽으로 속도 v_o로 움직이면서 들을 경우에는 관측자는 더 많은 파원을 만나게 된다. 즉, 관측자는 일초당 v_o로 움직이고 음파의 파장은 λ이므로 관측자는 일초당 v_o/λ의 파를 추가로 만난다. 따라서 관측자가 듣는 음파의 진동수는 $f_o = f + v_o/\lambda$이고 $v = f\lambda$이므로

$$f_o = f\ \frac{v + v_o}{v} \tag{2-51}$$

임을 알 수 있다.

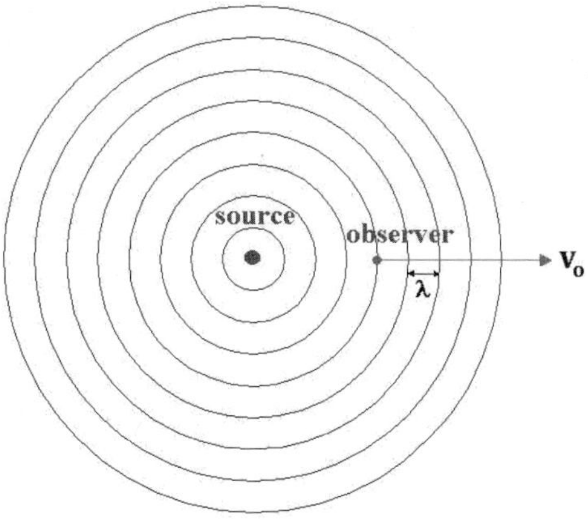

그림 2-27. 관측자가 음원에서 멀어지는 경우

이번에는 관측자가 음원에서 멀어지는 경우(그림 2-27)를 보도록 하자. 이는 위의 경우와는 반대로 관측자가 듣는 진동수는 정지한 상태에서보다 적어지게 되고 따라서 관측자가 듣는 진동수는

$$f_o = f\ \frac{v - v_o}{v} \tag{2-52}$$

이다.

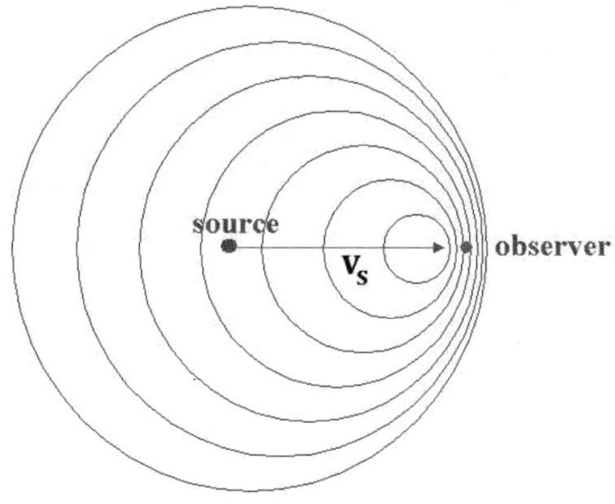

그림 2-28. 음원이 관측자 쪽으로 움직일 경우

다음에는 관측자가 정지한 반면에 음원이 움직이는 경우를 생각해 보자. 먼저 음원이 관측자로 속도 v_s로 다가오는 경우(그림 2-28)를 보기로 하자. 그림에서 보듯이 음원이 속도 v_s로 관측자에게 다가오면서 음파를 발생할 경우 관측자가 듣는 음파의 파장은 짧아지게 됨을 볼 수 있다. 일초당 음원이 움직이는 거리는 v_s이고 음파의 진동수는 f이므로 짧아지는 파장은 $v_s = f\Delta\lambda$의 관계식에서 $\Delta\lambda = v_s/f$ 임을 알 수 있다. 따라서 관측자가 관측하는 파장은 $\lambda_o = \lambda - v_s/f$이고 $v = f\lambda$에서

$$f_o = f \frac{v}{v - v_s} \tag{2-53}$$

임을 알 수 있다.

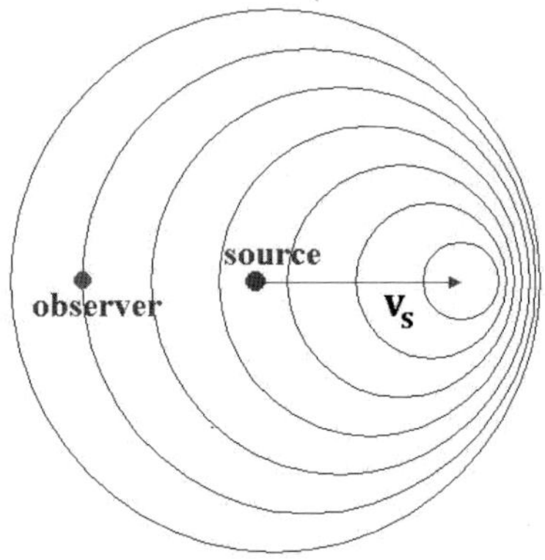

그림 2-29. 음원이 관측자에서 멀어지는 경우

이번에는 음원이 관측자에서 속도 v_s로 멀어지는 경우(그림 2-29)를 보자. 이 경우 그림에서 보듯이 관측하는 파장은 길어지게 된다. 단위시간당 음원은 v_s로 멀어지고 이는 관측파장이 v_s/f만큼 길어짐을 뜻한다. 결국 관측하는 진동수는

$$f_o = f \frac{v}{v + v_s} \tag{2-54}$$

임을 알 수 있다.

위에서 알아본 내용들을 조합하여 하나의 식으로 나타내면

$$f_o = f \frac{v \pm v_o}{v \pm v_s} \tag{2-55}$$

과 같이 표현할 수 있다. 위 식은 부호 (+, -) 짝은 서로 접근하는 경우이고 (-, +) 짝은 서로 멀어지는 경우이다

예제 9 어떤 사람이 진동수 $f = 400Hz$의 소리를 발생하는 사이렌을 들고 벽을 향해 속도 $v_o = 5m/\sec$로 달려간다고 하자. 이 사람이 듣는 맥놀이 진동수와 beat수를 구하라. 공기 중의 소리의 전파속도는 $v = 340m/\sec$이다.

답. 달려가는 사람은 벽에서 반사되어 오는 사이렌 소리와 들고 가는 사이렌 소리를 모두 듣는다.

벽에서 반사되어 오는 사이렌의 진동수는 두 과정을 거쳐 구할 수 있다. 먼저 가상적으로 벽에 있는 사람이 듣는 진동수 f_w를 구한 후, 이 진동수를 달려가는 사람이 듣는 진동수 f_o를 구하면 된다. 첫째 벽에서 듣는 진동수는 음원이 벽 쪽(벽에 있는 관찰자)으로 속도 v_o으로 가까워지고 있으므로 $f_w = f\frac{v}{v-v_o}$을 구할 수 있다. 그리고 이 진동수로 반사되어 오는 진동수를 벽 쪽으로 달려가는 사람이 듣는다. 이 경우 관찰자가 음원 쪽으로 가까워지고 있으므로 달리는 사람이 듣는 진동수는

$$f_o = f_w\frac{v+v_o}{v} = f\frac{v+v_o}{v-v_o} = 412Hz \tag{2-56}$$

을 구할 수 있다. 달리는 사람은 f과 f_o를 모두 들으므로 두 진동수 사이의 맥놀이에 의한 소리를 듣는다. 맥놀이 진동수는 $f = \frac{f+f_o}{2} = 406Hz$이고 beat 수는 $|f-f_o| = 12$이다.

[연습문제]

문제 1 질량 M인 물체가 스프링 상수 k인 스프링에 매달려 마찰이 없는 평면에서 진동하고 있다. 물체의 진동주기는 T이다. 물체가 평형위치의 오른쪽 $x = A/2$인 위치를 통과할 때 질량 m인 진흙이 위에서 떨어져 물체에 붙었다. (a) 진흙이 붙기 전의 물체의 속도를 구하라. (b) 진흙이 붙은 직후의 물체의 속도를 구하라. (c) 진흙이 붙은 후 달라진 주기를 구하라. (d) 진흙이 붙은 후의 진폭을 구하라. (e) 진흙이 떨어질 때의 위치가 달랐다면 주기는 어떻게 달라지나? (f) 진흙이 떨어질 때의 위치가 달랐다면 진폭은 달라지는가?

답. (a) 역학적에너지보존칙에서

$$\frac{1}{2}Mv^2 + \frac{1}{2}k\left(\frac{1}{2}A\right)^2 = \frac{1}{2}kA^2 \Rightarrow \therefore v = A\sqrt{\frac{3k}{4M}} \tag{2-57}$$

와 같이 구해진다.

(b) 진흙은 수직으로 떨어지므로 수평방향의 운동량에는 변함이 없다. 따라서 운동량보존칙 $Mv = (M+m)v'$에서

$$v' = \frac{Mv}{M+m} = \frac{A}{M+m}\sqrt{\frac{3kM}{4}} \tag{2-58}$$

을 구할 수 있다.

(c) 질량이 더해졌으므로 주기는 $T = 2\pi\sqrt{\frac{M+m}{k}}$ 이다.

(d) 새로운 진폭을 A'라고 두면 에너지보존칙에서

$$\frac{1}{2}(M+m)v'^2 + \frac{1}{2}k\left(\frac{1}{2}A\right)^2 = \frac{1}{2}kA'^2 \tag{2-59}$$

이다. 식 2-58을 대입하면

$$\frac{1}{2}(M+m)\left(\frac{A}{M+m}\sqrt{\frac{3kM}{4}}\right)^2+\frac{1}{2}k\left(\frac{1}{2}A\right)^2=\frac{1}{2}kA'^2 \quad (2\text{-}60)$$

에서 $A'=\frac{1}{2}A\sqrt{\frac{4M+m}{M+m}}$ 와 같이 구해진다.

(e) 주기는 질량에만 관련되므로 진흙이 떨어지는 위치와 관련이 없다.

(f) 진폭은 에너지에 관련되므로 진흙이 떨어지는 위치에 따라 진폭이 달라질 수 있다.

문제 2 스프링 상수 $k=400\,N/m$ 인 스프링에 25g인 물체가 달려 있다고 한다. 물체를 평형상태에서 10cm 당겼다 놓음으로써 단진동이 시작된다. 아래 물음에 답하라.

(a) 주기 (b) 진동수 (c) 각진동수 (d) 총 에너지 (e) 진폭 (f) 최대속도 (g) 최대 가속도

(h) 진동 시작 후 3초 후의 위치, 속도, 가속도

답. (a) $T=2\pi\sqrt{\frac{m}{k}}=0.05\sec$ (b) $f=\frac{1}{T}=20\sec^{-1}$ (c) $\omega=2\pi f=40\pi\,[rad/\sec]$

(d) $E=\frac{1}{2}kA^2=2J$ (e) $A=0.1\,m$ (f) $\frac{1}{2}mv_{\max}^2=E=2J \Rightarrow v_{\max}=12.65\,m/\sec$

(g) $F_{\max}=-kA=ma_{\max}\Rightarrow a_{\max}=\frac{kA}{m}=1600m/\sec^2$

(h) $x=A\sin(\omega t+\frac{\pi}{2})\Rightarrow x=A=0.1\,m$, 최대 변위 위치($x=A$)에서 속도는 0이고 가속도는 최대이다. 따라서 $v=0\,m/\sec$, $a=1{,}600\,m/\sec^2$이다.

문제 3 스프링 상수 $400\,N/m$의 스프링에 2kg의 물체가 매달려 단진동을 하고 있다. 단진동의 진폭은 5cm이다. 물체가 평형위치에서 2cm일 때 진동하는 물체의 속도는 얼마인가?

답. 물체가 평형위치에서 2cm일 때 운동에너지는

$$\frac{1}{2}mv^2=\frac{1}{2}ky_{\max}^2-\frac{1}{2}ky^2 \quad (2\text{-}61)$$

이므로 이 식에서 물체의 속도는 $v=0.65\,m/\sec$이다.

문제 4 그림과 같은 스프링 시스템에서 각각의 효과적인 스프링 상수를 구하라.

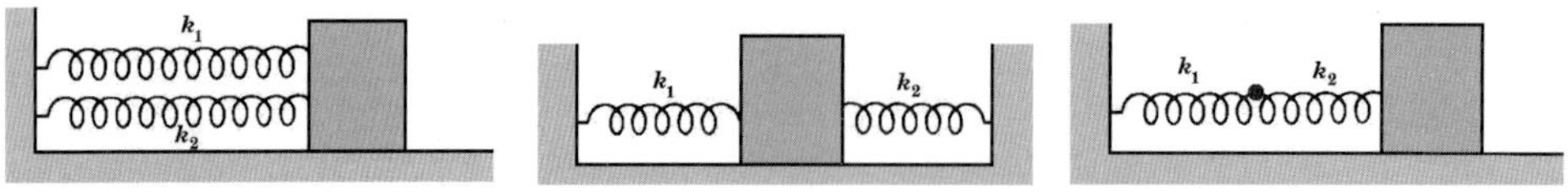

(a) (b) (c)

답. (a) 스프링을 오른쪽으로 x만큼 움직였을 때 각각의 스프링에 작용하는 힘은 $F_1 = -k_1 x$, $F_2 = -k_2 x$이다. 따라서 스프링 계에 작용하는 힘은

$$F = F_1 + F_2 = -(k_1 + k_2)x \tag{2-62}$$

이므로 스프링계의 효과적인 스프링 상수는 $k_{eff} = k_1 + k_2$이다. (b) 이 계는 (a)와 동일하게 $k_{eff} = k_1 + k_2$이다. (c) 스프링을 오른쪽으로 x만큼 움직였을 때 k_1스프링은 x_1만큼, k_2스프링은 x_2만큼 변형된다. 스프링 계의 변위는 $x = x_1 + x_2$이다. 그리고

$$x_1 = -F/k_1,\ x_2 = -F/k_2 \tag{2-63}$$

이므로 $F = -kx$에서

$$k_{eff} = \frac{k_1 k_2}{k_1 + k_2} \tag{2-64}$$

이다.

문제 5 단진동의 진폭은 4cm이고 진동수는 2Hz이다. $t = 0$에서의 물체의 위치가 2cm였다. 0.2sec 후의 물체의 위치를 구하라.

답. $y = y_{\max}\sin(\omega t + \theta_o)$에 $t = 0$를 대입하면 $2 = 4\sin\theta_o$에서 $\theta_o = 30^\circ$이다. 따라서 임의의 시간에서 물체의 위치는 $y = 4\sin(\omega t + \pi/6)$로 주어진다. 그리고 $\omega = 2\pi f = 4\pi$이므로 0.2sec 에서의 위치는 $y = -0.42cm$이다.

문제 6 가속되는 계의 안쪽에서 단진자 실험을 한다고 하자. 다음 경우에 대해 단진자의 주기를 구하라. (a) 위로 가속도 a로 가속되는 경우 (b) 아래로 가속도 a로 가속되는 경우 (c) 자유낙하하는 경우 (d) 수평으로 가속도 a로 가속되는 경우

답. (a) 단진자가 느끼는 가속도는 $g' = g + a$이다. 따라서 주기는

$$T = 2\pi\sqrt{\frac{L}{g'}} = 2\pi\sqrt{\frac{L}{g+a}} \tag{2-65}$$

이다.

(b) 단진자가 느끼는 가속도는 $g' = g - a$이므로

$$T = 2\pi\sqrt{\frac{L}{g'}} = 2\pi\sqrt{\frac{L}{g-a}} \tag{2-66}$$

이다.

(c) 이 경우에는 $g' = g - g = 0$이므로 단진자운동을 하지 못한다.

(d) 이 경우에는 방향이 서로 수직인 두 가속도의 합이므로 가속도의 크기는 $g' = \sqrt{g^2 + a^2}$ 이다.

$$T = 2\pi\sqrt{\frac{L}{g'}} = 2\pi\sqrt{\frac{L}{g^2+a^2}} \tag{2-67}$$

으로 주어진다.

문제 7 질량 $M = 10g$인 물체가 길이 $L = 50cm$인 줄의 한쪽 끝에 매달려 있다. 줄의 다른 쪽 끝은 천장에 고정되어 있다. 질량 M에 수평으로 질량 $m = 5g$인 진흙이 속도 $v = 2m/\mathrm{sec}$로 날아와서 질량 M에 붙었다. 질량 $m + M$은 얼마나 높이 올라가겠는가? 이 높이에서 수직축과의 각도를 구하라. 이 진자의 주기를 구하라.

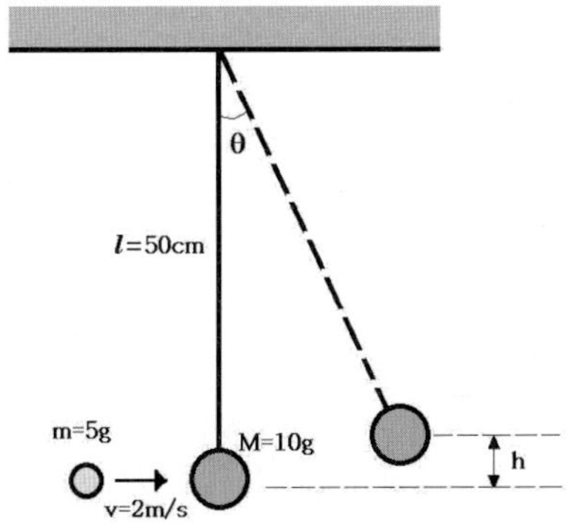

답. 운동량보존칙에서 $mv = (m+M)V$에서

$$V = \frac{mv}{m+M} = 0.67\,m/\sec \tag{2-68}$$

로 구해진다. 두 질량이 붙어서 움직이게 되는데 올라갈 수 있는 높이는 에너지보존칙에서

$$\frac{1}{2}(m+M)\frac{m^2v^2}{(m+M)^2} = (m+M)gh \tag{2-69}$$

이므로 올라갈 수 있는 최대의 높이는

$$h = \frac{m^2v^2}{2(m+M)^2g} = 2.27\,cm \tag{2-70}$$

이다. 따라서 각도 $\theta = \tan^{-1}(2.27/48) = 2.7°$이다. 진자의 주기는 $T = 2\pi\sqrt{\frac{L}{g}} = 1.4\sec$이다.

문제 8 길이 L이고 질량 M인 막대의 한쪽 끝을 회전축으로 진동을 시켰을 경우 이 진자의 주기를 구하라.

답. 한쪽 끝을 축으로 했을 경우 막대의 관성모멘트는 $\frac{mL^2}{3}$이다. 그리고 회전축에서 질량중심까지의 거리가 $\frac{L}{2}$이므로 물리진자의 주기는

$$T = 2\pi\sqrt{\frac{I}{mgL}} = 2\pi\sqrt{\frac{L}{3g}} \tag{2-71}$$

로 주어진다.

문제 9 반경 R이고 질량 M인 원판의 끝을 회전축으로 진동을 시켰을 때의 진자의 주기를 구하라.

답. 원판의 중심에 대한 관성모멘트는 $\frac{MR^2}{2}$이다. 원판의 끝을 회전축으로 할 경우의 관성모멘트는 평행축 정리에서

$$I = I_{CM} + MR^2 = \frac{3}{2}MR^2 \tag{2-72}$$

이다. 따라서 물리진자의 주기는

$$T = 2\pi\sqrt{\frac{I}{MgR}} = 2\pi\sqrt{\frac{3R}{2g}} \tag{2-73}$$

이다.

문제 10 길이 L이고 질량 m인 균일한 막대의 끝에 반경 R이고 질량이 M인 원판이 붙어 있다. 막대의 다른 쪽 끝을 회전축으로 하는 물리진자의 주기를 구하라. 원판 대신에 반경 R이고 질량 M인 구를 막대에 붙인 경우의 물리진자의 주기를 구하라.

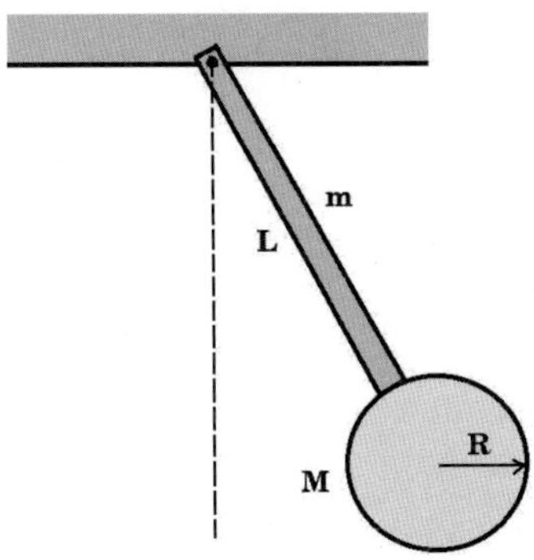

답. 회전운동방정식에서 $\tau = I\alpha$인데 토오크는 막대와 원판에 의해 주어지므로

$$\tau = \tau_R + \tau_L = -mg\left(\frac{L}{2}\sin\theta\right) - Mg(R+L)\sin\theta \tag{2-74}$$

이다. 그리고 관성모멘트는

$$I = I_L + I_R = \frac{mL^2}{3} + \left[\frac{MR^2}{2} + M(R+L)^2\right] \tag{2-75}$$

이다. 여기서 평행축 정리를 사용하였다. 따라서 운동방정식은 $\sin\theta \approx \theta$를 이용하면

$$\ddot{\theta} + \frac{\frac{mgL}{2} + Mg(R+L)}{\frac{mL^2}{3} + \frac{3}{2}MR^2 + 2MRL + ML^2}\theta = 0 \tag{2-76}$$

을 얻을 수 있다. 이에 따라 진자의 주기는

$$T = \frac{2\pi}{\omega} = 2\pi\sqrt{\frac{\frac{mL^2}{3} + \frac{3}{2}MR^2 + 2MRL + ML^2}{\left(MR + ML + \frac{mL}{2}\right)g}} \tag{2-77}$$

와 같이 구해진다. 막대에 구를 붙인 경우 주기는

$$T = 2\pi\sqrt{\frac{\frac{mL^2}{3} + \frac{7}{5}MR^2 + 2MRL + ML^2}{\left(MR + ML + \frac{mL}{2}\right)g}} \tag{2-78}$$

와 같이 주어진다. 여기서 구의 관성모멘트는 $\frac{2}{5}MR^2$을 이용하였다.

문제 11 인간의 귀로 들을 수 있는 음파의 진동수 영역은 20Hz에서 20,000Hz 사이이다. 이를 파장영역으로 표현하면 얼마인가? 음파의 속도는 340m/sec이다.

답. $v = f\lambda$에서 20Hz는 17m이고 20,000Hz는 1.7cm이다.

문제 12 현의 진동에서 파의 속도가 300m/sec임이 관찰되었다. 이때의 줄의 장력은 200N이었다. 파의 속도를 10% 증가시키기 위해 장력은 몇 % 증가시켜야 하나?

답. $v = \sqrt{\frac{T}{\rho}}$ 이므로 $v_1 = \sqrt{\frac{T_1}{\rho}}$, $v_2 = \sqrt{\frac{T_2}{\rho}}$ 라 두면 $\frac{v_2}{v_1} = \sqrt{\frac{T_2}{T_1}}$ 이다. 따라서

$$\frac{T_2}{T_1} = \frac{v_2^2}{v_1^2} = 1.21 \tag{2-79}$$

이다. 따라서 $T_2 = 1.21\,T_1$이므로 장력을 21% 증가시켜야 한다.

문제 13 강철의 밀도는 $10^4\,kg/m^3$이고 Young률은 $2.3 \times 10^{11}\,N/m^2$이다. 강철 안에서 전달되는 음파의 속도를 구하라.

답. $v = \sqrt{\frac{Y}{\rho}} = 4{,}795\,m/\text{sec}$

문제 14 물의 체적탄성률은 2,000MPa이다. 물속에서 음파의 전달속도를 구하라.

답. $v=\sqrt{\frac{B}{\rho}}=\sqrt{\frac{2\times 10^9 N/m^2}{1000\,kg/m^3}}=1{,}414\,m/\sec$

문제 15 헬륨의 밀도는 STP 상태(0˚C, 1기압)에서 0.18kg/m^{3}이다. STP 상태에서 헬륨에서의 음파의 전달속도를 구하라.

답. $v=\sqrt{\frac{\gamma p}{\rho}}=\sqrt{\frac{1.67\times 1.013\times 10^5 N/m^2}{0.18\,kg/m^3}}=969\,m/\sec$

문제 16 두 개의 기체로 구성된 혼합기체에서의 음파의 전달속도에 대한 표현을 구하라. A기체와 B기체의 분자량은 각각 M_A, M_B이다. 그리고 섞인 질량비는 $t=\frac{m_B}{m_A}$이다.

답. $v=\sqrt{\frac{\gamma p}{\rho}}$이므로 p, ρ를 알아야 한다. $\rho=\frac{m}{V}=\frac{m_A+m_B}{V}$이고 분압의 법칙에서

$$p=p_A+p_B=\frac{(n_A+n_B)RT}{V} \tag{2-80}$$

로 주어진다. $n_A=\frac{m_A}{M_A}$, $n_B=\frac{m_B}{M_B}$이므로 이를 위 식에 대입하여 정리하면

$$\frac{p}{\rho}=\left(\frac{1}{M_A}+\frac{t}{M_B}\right)\left(\frac{1}{1+t}\right)RT \tag{2-81}$$

를 구할 수 있다. 위 식에서 $t=\frac{m_B}{m_A}$를 사용하였다. 따라서 혼합기체에서의 음파의 전달속도는

$$v=\sqrt{\frac{\gamma p}{\rho}}=\sqrt{\frac{\gamma RT(M_B+t\,M_A)}{M_A\,M_B(1+t)}} \tag{2-82}$$

을 구할 수 있다.

문제 17 산소와 질소는 2원자 분자이다. 분자량은 각각 32g/mole과 28g/mole이다. 상온에서 산소와 질소에서의 음파의 속도를 구하라. 기체상수 $R=8.31\,J/mole$이다. 공기는 질소 70%, 산소 29%로 이루어져 있다. 공기 중에서의 음파의 속도를 구하라.

답. $v=\sqrt{\frac{\gamma p}{\rho}}=\sqrt{\frac{\gamma nRT}{\rho V}}=\sqrt{\frac{\gamma RT}{M}}$ 이므로 산소는 $v=330\,m/\sec$, 질소는 $353\,m/\sec$를 구할 수 있다. 여기서 질소와 산소는 2원자 분자이므로 $\gamma=1.4$를 이용하였다. 공기 중 산소와 질소의 질량비는 $t=\frac{0.7\times M_B}{0.29\times M_A}=2.11$이다. 식 2-82를 이용하면 $v=346\,m/\sec$을 구할 수 있다.

문제 18 전체길이가 2m이고 질량이 5g인 줄의 한쪽 끝은 벽에 고정되어 있고 다른 쪽에는 질량 3kg이 도르래를 통해 매달려 있다. 이 줄에서 진동이 발생했을 경우 파의 전파속도를 구하라.

답. 줄의 장력과 질량의 무게가 평형을 이루고 있으므로 $T=mg=29.4\,N$이다. 그리고 줄의 밀도는 $\rho=m/L=2.5\times10^{-3}\,kg/m$이다. 따라서 $v=\sqrt{T/\rho}=108\,m/\sec$이다.

문제 19 도서관 안의 소음은 30dB이고 평소 대화에서의 소음은 60dB이다. 두 소음 사이의 에너지의 비는 얼마인가?

답. 도서관에서는 $30dB=10\log I_1/I_o$이고 대화에서는 $60\,dB=10\log I_2/I_o$이다. 두 식을 빼면 $30\,dB=10\log I_2/I_1$이므로 $I_2=1,000I_1$, 즉 1,000배이다.

문제 20 다음 두 파의 중첩파를 구하라. $y_1=10\sin(2\pi t-5x)$, $y_2=10\sin(2\pi t+5x)$. 그리고 $x=10$에서의 진폭을 구하라.

답. $y=y_1+y_2=20\cos 5x\sin 2\pi t$이다. $x=10$에서의 진폭은 $20\cos 50=28.5$이다.

문제 21 1m 떨어진 두 벽 사이에 형성되는 음파의 정지파 중에 가장 낮은 진동수는 얼마인가?

답. $\lambda_1=2L=2m$이므로 $f_1=v/\lambda=170\,Hz$이다.

문제 22 길이가 1m이고 밀도가 1g/m인 줄이 양끝이 고정되어 진동하고 있다. 줄에 작용한 장력은 10N이다. 기본진동수를 구하라.

답. $v=\sqrt{T/\rho}=100m/\sec$이고 $\lambda_1=2L=2m$이다. 따라서 $f_1=v/\lambda_1=50Hz$이다.

문제 23 밀도가 8g/m이고 길이 50cm인 줄의 양단이 고정되어 있다. 줄의 장력은 200N이다. 이 줄이 3차 화음에서 진동하고 있다. 파의 속도, 파장, 진동수를 구하라.

답. $v=\sqrt{\dfrac{T}{\rho}}=158.1\,m/\sec$이다. 3차 화음의 정지파 조건에서 $\lambda_3=\dfrac{2L}{3}=0.33m$을 구할 수 있다. 이에 따라 $f_3=\dfrac{v}{\lambda_3}=479\,Hz$이다.

문제 24 양끝이 고정된 길이 1m인 줄에서 발생한 세 번째 화음(harmonic)의 진동수가 1,200Hz였다. 첫 번째 화음(기본진동수)과 두 번째 화음의 진동수를 구하라. 파의 속도를 구하라.

답. $f_3=1,200\,Hz$이므로 $f_1=f_3/3=400Hz$, $f_2=2f_1=800Hz$이다.
$v=f_1\lambda_1=800m/\sec$이다. 여기서 $\lambda=2L=2m$를 이용하였다.

문제 25 한쪽이 닫힌 오르간 파이프(pipe)의 길이가 50cm이다. 기본진동수와 2개의 배음의 진동수를 구하라.

답. $\lambda_1=4L=2m$, $\lambda_2=\dfrac{4L}{3}=0.67m$, $\lambda_3=\dfrac{4L}{5}=0.4m$이다. 따라서 $f_1=\dfrac{v}{\lambda_1}=170\,Hz$, $f_2=510Hz$, $f_3=850Hz$를 구할 수 있다.

문제 26 양쪽 끝이 열린 오르간 파이프의 길이가 1m이다. 기본진동수와 2개의 배음의 진동수를 구하라.

답. $\lambda_1=2L=2m$이므로 $f_1=v/\lambda_1=170Hz$, $f_2=2f_1=340Hz$, $f_3=3f_1=510\,Hz$이다.

문제 27 한쪽 끝이 닫힌 두 오르간 파이프의 길이는 각각 70cm와 75cm이다. 두 파이프에서 형성된 기본진동수에서 나오는 파들에 의해 만들어지는 beat수를 구하라.

답. $\lambda_1=4L$, $f_1=v/\lambda_1$이다. 70cm 파이프에서는 121Hz의 기본파가 나오고 75cm에서 나오는 기본파는 113Hz이다. 따라서 beat수는 8Hz이다.

문제 28 한쪽 끝이 닫혀 있는 관(tube)의 기본진동수가 440Hz이다. 공기 중의 소리의 속도가 343m/s 이다. 다음 물음에 답하라.

(a) 관의 길이를 구하라 (b) 첫 번째 배수 진동수(next higher harmonic frequency)를 구하라

(c) 만약 끝이 모두 열린 관의 경우 위 (a), (b)의 답을 구하라

답. (a) $f_1 = \frac{v}{4L} \Rightarrow L = \frac{v}{4f_1} = 0.195m$ (b) $f_n = \frac{nv}{4L} \Rightarrow f_3 = 3f_1 = 1320Hz$

(c) $f_n = \frac{nv}{2L} \rightarrow L = \frac{v}{2f_1} = 0.39m$, $f_2 = 2f_1 = 880Hz$

문제 29 진동수 676Hz의 소리굽쇠를 이용하여 기주(공기의 기둥)의 공명실험을 하였더니 기주의 길이가 12.4cm일 때와 37.2cm일 때 공명하였다. 이 사이에 다른 공명은 없었다. 소리의 속도를 구하라.

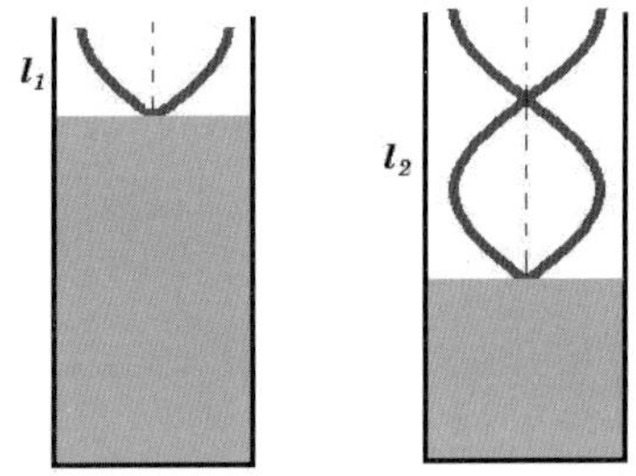

답. 기주의 진동은 그림과 같으므로 파장은 $\frac{\lambda}{2} = l_2 - l_1 = 24.8cm \Rightarrow \lambda = 49.6cm$이다.

$v = f\lambda = 676\sec^{-1} \times 49.6cm = 335m/\sec$이다.

문제 30 시속 100km/h로 지나가는 기차가 2,000Hz의 기적소리를 낸다. 정지한 관측자가 기차가 다가올 때와 기차가 지나간 후에 듣는 기적소리의 진동수를 구하라.

답. 기차가 다가올 때 듣는 진동수는 $f_o = \frac{v}{v - v_s} f = 2,179Hz$이고 기차가 지나간 후에 듣는 진동수는 $f_o = \frac{v}{v + v_s} f = 1,848Hz$이다.

문제 31 그림과 같은 도로에서 2대의 자동차(A, C)가 달리고 있다. 자동차 A의 속력은 60km/h이고, 자동차 C의 속력은 70km/h이다. 그리고 사람 B가 야외카페에서 식사를 하고 있다. 자동차 A가 사람 B에 대해 100m 접근했을 때 진동수 400Hz의 사이렌을 울린다고 하자. 이때 사람 B가

듣는 진동수를 구하라. 사람 B는 차선에서 20m 떨어진 야외카페에 앉아있다. 그리고 자동차 C 안에 있는 사람들이 듣는 진동수는 각각 얼마인가? 음파의 속도는 340m/sec이다.

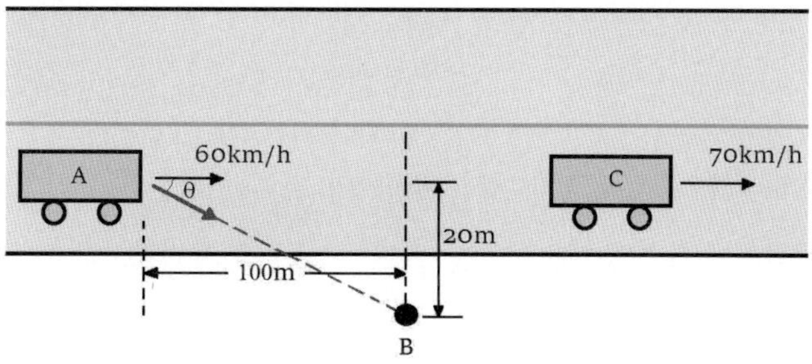

답. 자동차 A와 C의 속도는 각각 $v_A = 16.7m/\mathrm{sec}$, $v_C = 19.4m/\mathrm{sec}$이다. 사람 B가 듣는 진동수는 자동차가 달려오고 있으므로 $f = f_o \dfrac{c}{c - v_A \cos\theta} = 420Hz$을 구할 수 있다. 여기서 $\theta = 11.3^o$를 사용하였다. 그리고 자동차 C 안에 있는 사람은 $f = f_o \dfrac{c - v_C}{c - v_A} = 397Hz$의 진동수를 듣는다.

문제 32 건널목에 서 있는 관측자가 기차가 다가오면서 내는 기적소리의 진동수와 기차가 지나간 후의 기적소리의 진동수를 각각 300Hz와 270Hz로 관측하였다. 기차의 속도와 기차에서 내는 기적소리의 진동수를 구하라.

답. 다가올 때는 $f_o = \dfrac{v}{v - v_s} f = 300$이고, 멀어질 때는 $f_o = \dfrac{v}{v + v_s} f = 270$이다. 두 식을 연립하여 풀면 $v_s = 17.9\,m/\mathrm{sec}$(시속 64km/h)이고 $f = 284Hz$이다.

문제 33 태아의 심장 박동 측정에 초음파 Doppler 효과가 이용된다. 초음파가 태아의 심장 막에 수직으로 입사한다고 하자. 그리고 심장 막의 속도를 v_s라고 하자. 진동수 f인 초음파를 입사시켰을 때 태아의 심장 막에서 반사되어 오는 초음파의 진동수 f_o에 대한 표현을 구하라. f와 f_o의 차이(beat 신호)에서 태아 심장의 박동 수를 구할 수 있다.

답. 진동수 f인 초음파를 심장 막에서 관찰할 때 진동수는 $f_w = \dfrac{v + v_s}{v} f$이다. 이는 심장 막(관찰자)이 음원 쪽으로 다가가기 때문이다. 심장 막에서 반사된 초음파(위의 진동수)가 관찰자에게는

$$f_o = f_w \frac{v}{v - v_s} = f \frac{v + v_s}{v - v_s} \tag{2-83}$$

로 관찰된다. 이는 음원(심장 막)이 관찰자 쪽으로 다가오기 때문이다. 심장 막의 박동 수는

$$beat = |f - f_o| = f\frac{2v_s}{v - v_s} \tag{2-84}$$

로 계산된다.

문제 34 벽을 향해 5m/s의 속도로 달리면서 200Hz의 소리를 지른다고 하자. 벽에서 반사되어 오는 소리가 그 사람에게 도착할 때 들리는 비트(beat)수를 구하라.

답. 벽에서 듣는 진동수는 음원인 사람이 벽에 가까이 가므로 $f_w = \frac{v}{v - v_o}f$이다. 그리고 이 진동수의 소리를 관찰자가 음원에 다가가면서 들으므로 벽에서 반사되는 소리를 관찰자는 $f_o = \frac{v + v_o}{v}f_w$의 진동수로 듣는다. 위 두 식을 조합하면

$$f_o = \frac{v + v_o}{v - v_o}f = 206Hz \tag{2-85}$$

을 구한다. 따라서 beat수는 $\Delta f = |f_o - f| = 6Hz$ 이다.

문제 35 그림과 같이 2MHz의 초음파를 발사하고 측정하는 초음파진동자에서 인체 내부로 초음파가 발사된다. 발사된 초음파는 진동자의 수평면과의 각도 10°인 혈관 속의 혈소판에 의해 반사된다. 반사되어 오는 초음파는 진동자에 의해 다시 관찰된다. 진동자에서 발사된 파와 반사되어 오는 파가 합쳐질 경우 생기는 beat 수를 구하라.

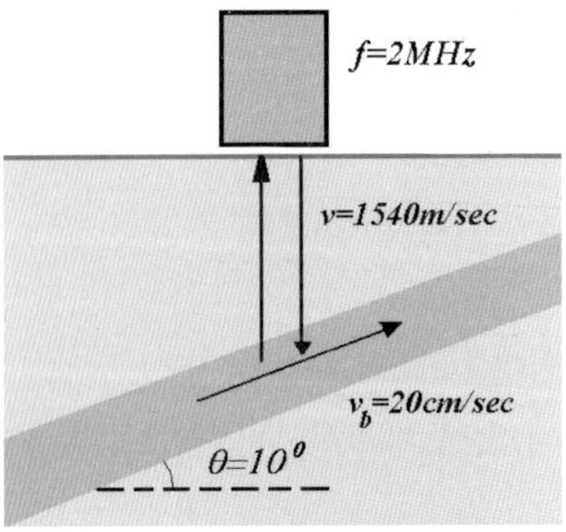

답. 혈소판 위치(관찰자가 다가감)에서 관찰되는 진동수는 $f_{ob} = f\frac{v + v_b \sin\theta}{v}$이다. 여기서 혈소판이

관찰자 쪽으로의 속도가 $v_b \sin\theta$를 이용하였다. 다음에 음원(혈소판)이 진동자 쪽으로 이동(음원이 다가감)하므로 진동자에서 관찰되는 진동수는

$$f_{ob}' = f_{ob}\frac{v}{v - v_b \sin\theta} = f\frac{v + v_b \sin\theta}{v - v_b \sin\theta} = 2.000090 \times 10^6 Hz \qquad (2\text{-}86)$$

이다. 따라서 beat수는 $f_{beat} = |f - f_{ob}'| = 90\,Hz$이다.

Physics For University Student

제3장

유체

1. 유체
2. 대기압
3. Pascal의 원리
4. 유체에서 깊이에 따른 압력의 변화
5. 부력, Archimedes의 원리
6. Bernoulli 정리
7. 점성 유체

1. 유체

유체(fluid)는 모양이 일정하지 않고 그 모양은 담긴 용기에 따라 달라진다. 즉, 고체를 제외한 기체와 액체를 통틀어 유체라고 부른다. 그리고 유체는 아무리 작은 층밀림(shear stress)에 의해서도 계속적으로 모양이 변하여 이동(flow)할 수 있다. 즉, 유체는 고체와 달리 흐를 수 있는 성질을 가진다. 유체 중에서 액체는 한쪽만 열린 용기에서 자유면(free surface)을 가질 수 있지만 기체는 그렇지 못하다(즉, 열린 면으로 달아난다).

유체에 관련된 역학은 정역학(statics)과 동역학(dynamics)이 있을 수 있다. 정역학은 정지한 유체에 관련된 역학이다. 정역학에 관련된 것으로 Pascal의 원리와 Archimedes의 원리가 있다. Pascal의 원리는 밀폐된 유체에 압력을 가할 경우 그 압력이 유체의 전체로 균일하게 퍼진다는 것이다. 그리고 유체 안에서 물체(다른 유체 또는 고체)는 부력을 받는다. 이 부력에 관련된 것이 Archimedes의 원리이다.

유체의 흐름에는 정상류(steady state flow)와 비정상류(난류, turbulence 등)가 있다. 정상류는 어떤 지점의 유체의 성질(압력, 온도, 속도 등)이 시간에 따라 변하지 않는 경우이다. 정상류에 관련되어 Bernoulli의 정리가 있다. 그리고 유체역학은 공기의 흐름에 대한 기체동역학(aerodynamics)과 액체의 흐름에 관련한 액체동력학(hydrodynamics)으로 구별되기도 한다.

이 장에서는 위에 언급한 유체에 관련된 법칙과 그 응용에 대해 다루기로 한다.

2. 대기압

대기압(atmospheric pressure)은 대기에 의한 압력을 나타낸다. 압력은 단위면적당 작용하는 힘을 말한다. 압력의 원인은 공기의 무게에 의한 것이다. 따라서 어떤 지점의 대기압은 그 지점의 단위면적 위에 존재하는 공기(대기권의 끝까지 존재하는)의 무게와 같다. 대기압은 그림 3-1에 주어진 구조와 같은 Torrichelli가 고안한 수은기압계(barometer)로 측정한다. 수은기압계는 수은으로 가득 찬 관을 수은이 가득 담긴 통에 뒤집어 놓음으로써 만들어진다. 이렇게 뒤집으면 관의 끝에 있던 수은이 중력에 의해 빠져나감에 따라 그 끝은 진공이 된다. 즉, 대기압과 수은의 무게가 균형을 이루는 지점까지 수은이 관의 끝에서 아래로 내려가게 된다. 대기압에 의해 수은이 높이 h에서 멈춘다면 이때 수은의 무게는 $V\rho_{Hg}g=(Ah)\rho_{Hg}g$이고 대기압에 의한 힘은 P_aA이다. 여기서 A는 관의 단면적이다. 따라서 위 두 힘을 같게 놓으면 대기압은

$$P_a = \rho_{Hg}\, g\, h \tag{3-1}$$

와 같이 주어진다.

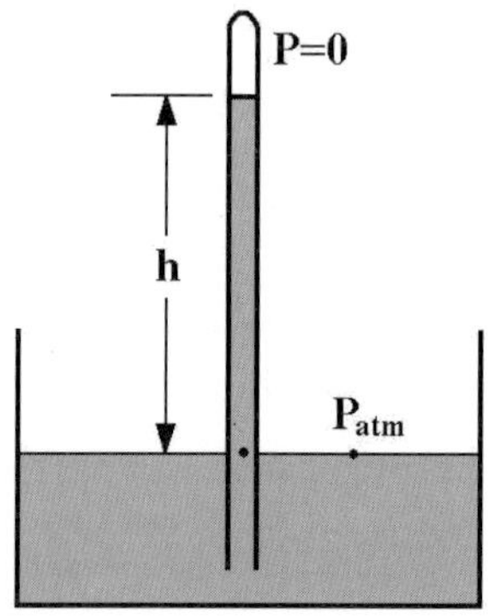

그림 3-1. 수은기압계의 구조

수은의 밀도는 $\rho_{Hg} = 13.6\, g/cc$ 이다. 그리고 1기압에서 수은 관은 높이 $76\, cm$까지 올라간다. 따라서 1기압은 식 3-1에 의해 $1.013 \times 10^5\, Pa$와 같이 구해진다. 여기서 압력의 단위 Pa는 Pascal로서 $1\, Pa = 1\, N/m^2$이다. 그리고 1기압은 $1{,}013\, hPa$로도 나타낸다. 여기서 hPa는 hecto Pa로 $100 Pa$이다.

압력의 또 다른 단위로는 $Torr$가 있는데 $1\, Torr = 1\, mmHg$이다. 즉, 수은이 1mm 올라가게 하는 압력이 $1\, Torr$이다. 따라서 1기압은 $760\; Torr$이다.

대기압은 고도(altitude)에 따라 달라진다. 즉, 높은 고도에서 공기의 밀도가 줄어듦으로써 대기압이 낮아지게 되는 것이다. 그림 3-2에서와 같이 해수면에서 고도 y에 있는 두께 Δy의 판(slab)을 생각해 보자.

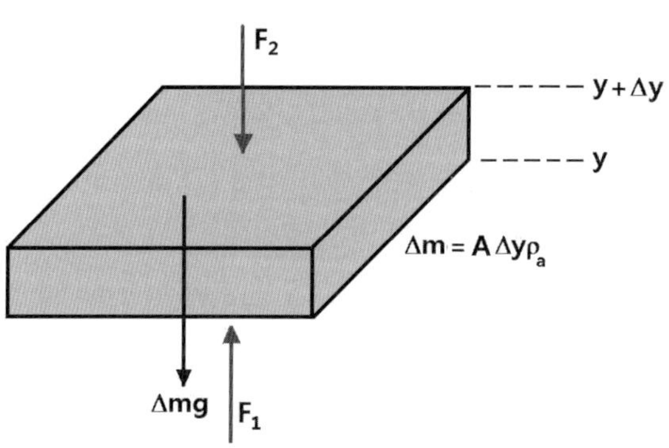

그림 3-2. 해수면에서 높이 y에 있는 두께 Δy의 공기 판(slab)

그림에서 보듯이 평형상태에서는 세 힘 $F_1, F_2, \Delta mg$가 균형을 이루어야 하므로

$$F_1 - F_2 - \Delta m g = 0 \tag{3-2}$$

가 만족된다. $F_1 = P_y A$, $F_2 = P_{y+\Delta y} A$이다. 여기서 A는 판(slab)의 단면적이다. 따라서

$$P_y A - P_{y+\Delta y} A - A \Delta y \rho_a g = 0 \tag{3-3}$$

이 된다. 여기서 ρ_a는 공기의 밀도를 나타낸다. Δy를 아주 작게 잡으면

$$\lim_{\Delta y \to 0} \frac{P_{y+\Delta y} - P_y}{\Delta y} = -\rho_a g \rightarrow \therefore \frac{dP}{dy} = -\rho_a g \tag{3-4}$$

와 같은 관계를 구할 수 있다. 공기를 이상기체로 고려할 경우 1mole의 공기에 대해 $PV = RT$이 만족된다. $\rho_a = M_a / V$에서 $\rho_a = PM_a / RT$의 관계를 구할 수 있다. 여기서 M_a는 공기의 분자량(molecular weight)이다. 이를 이용하면 식 3-4는

$$\frac{dP}{P} = -\frac{M_a g}{RT} dy \tag{3-5}$$

와 같이 고쳐 쓸 수 있다. 위 식에서 공기의 온도 T를 일정하다고 가정하고(실제로 80km까지의 변화는 20% 정도), 식 3-5를 적분하면

$$P(y) = P(0) e^{-\frac{M_a g}{RT} y} = P(0) e^{-\frac{y}{H}} \tag{3-6}$$

와 같이 구해진다. 여기서 $P(0)$는 해수면(sea level)의 대기압을 나타내고, $H = RT/M_a g$는 축척높이(scale height)를 나타낸다. 축척높이는 평균 대기온도 250K를 사용하면 $H = 7.4\,km$로 구해진다. 식 3-6에서 보듯이 대기압은 고도(altitude)가 올라감에 따라 지수적으로 감소함을 보여주고 있는데, 이는 실험치와 잘 일치하고 있다. 고도에 따른 공기밀도도 위와 동일한 관계를 보이고 있다. 즉,

$$\rho_a(y) = \rho_a(0)e^{-\frac{y}{H}} \tag{3-7}$$

와 같은 관계를 가진다.

예제 1 높이 10km를 비행기가 날고 있다. 이 높이에서의 공기의 밀도와 해수면에서의 공기밀도의 비를 구하라. 그리고 이곳의 대기압은 해수면의 대기압의 몇 %인가?

답. $\frac{\rho(y)}{\rho(0)} = 0.26$이다. 즉, 10km에서의 공기밀도는 해수면 공기밀도의 약 1/4임을 알 수 있다. 대기압도 마찬가지로 $P(y)/P(0) = 0.26$이므로 해수면의 약 1/4이다.

예제 2 대류권(troposphere, 11km)에서 고도에 따른 온도변화는 $T(y) = T(0) - By$로 주어진다. 여기서 $T(0)$는 해수면에서의 온도이고 $B = 6.5\,K/km$이다. 대류권에서의 고도에 따른 압력변화에 대한 표현을 구하라. 해수면에서의 온도는 20°C이고 대기압은 1기압일 때 10km에서 압력은 해수면의 몇 %인가?

답. 고도에 따라 온도가 변하면 식 3-5는

$$\frac{dP}{P} = -\frac{M_a g}{R[T(0) - By]}dy \tag{3-8}$$

와 같이 고쳐진다. 위 식을 0에서 y까지 적분하면

$$P(y) = P(0)\left[1 - \frac{B}{T(0)}y\right]^{\frac{M_a g}{BR}} \tag{3-9}$$

을 구할 수 있다. 여기서 $M_a = 29\,g/mole$, $R = 8.31\,J/Kmole$이므로 $M_a g/BR = 5.26$이다. 주어진 값을 식 3-9에 대입하면 $P(10km)/P(0) = 0.27$이므로 10km에서의 대기압은 해수면의 대기압의 27%이다. 이는 예제 1에서 온도가 일정하다고 가정한 식에서 구한 0.26과 크게 차이가 없음을 보여 준다.

3. Pascal의 원리

Pascal의 원리는 다음과 같이 기술된다. 즉, 정지하고 있는 밀폐된 공간에 있는 유체의 한 지점에 가해진 압력은 유체의 모든 지점에 변함이 없이 전달된다. 그림 3-3에 보여 준 것과 같이 밀폐된 유체에 단면적 A인 피스톤에 힘 F가 주어지면 압력 $P = F/A$는 유체의 모든 부분에 그대로 전달된다. 이는 실험적으로 확인해 볼 수 있다. 즉, 용기의 몇 부분에 구멍을 내어 피스톤에 압력을 가하면 동일한 압력으로 유체가 용기를 빠져나오는 것을 확인할 수 있다.

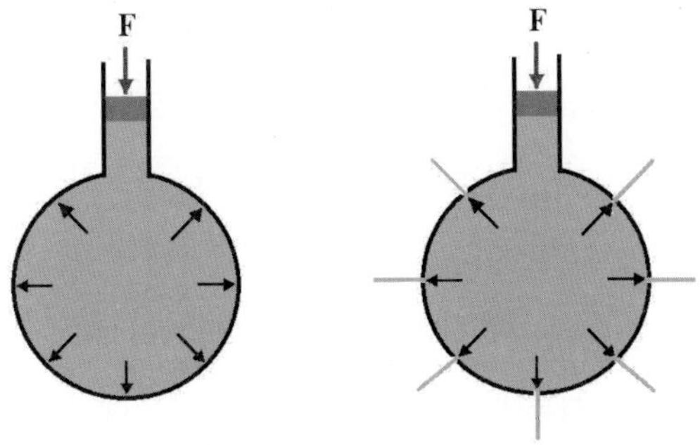

그림 3-3. Pascal의 원리 및 실험

Pascal의 원리는 일상생활에서도 많이 응용이 되고 있다. 자동차의 제동장치가 대표적인 예이다. 브레이크 페달을 밟으면 페달에 연결된 관 안에 있는 기름(brake oil)에 압력이 주어지고, 이 압력이 바퀴에 달린 제동장치에 전달되어 자동차가 제동이 된다. 그리고 자동차 정비공장에서 이용하는 유압기(hydraulic lift)에서도 Pascal의 원리가 이용되고 있다. 이 유압기는 작은 힘으로도 무게가 무거운 자동차를 들어 올리는 데 효과적이다. 그림 3-4에 유압기의 대략적인 구조가 주어져 있다.

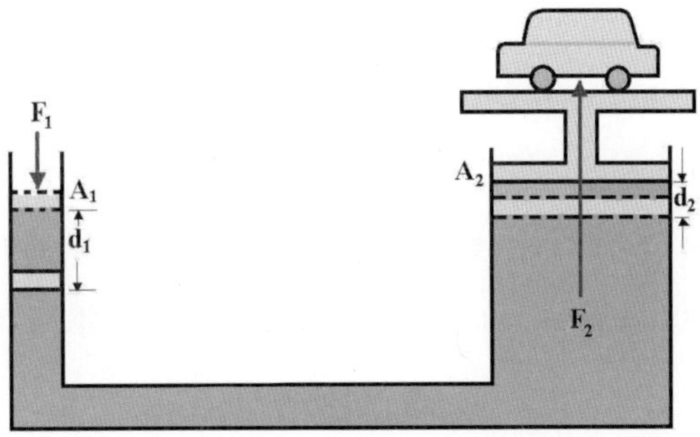

그림 3-4. 유압기의 대략적인 구조

유압기는 작은 단면적(A_1)의 실린더와 큰 단면적(A_2)의 실린더가 연결되어 있고, 연결 관 안에는 유체(기름)가 채워져 있다. 만약 작은 단면적의 실린더에 힘 F_1이 주어진다고 하면 유체에 압력 F_1/A_1이 주어진다. 이 압력은 Pascal의 원리에 의해 유체의 모든 부분에 변함없이 전달된다. 이에 따라 이 압력 F_1/A_1이 큰 단면적의 실린더 부분에도 전달된다. 이 압력이 큰 단면적의 실린더 부분에 힘 F_2으로 작용하는 데, 작은 실린더와 큰 실린더 부분에 작용하는 압력이 동일하다는 원리에 의해 이 힘 F_2는

$$\frac{F_1}{A_1} = \frac{F_2}{A_2} \rightarrow \therefore F_2 = \frac{A_2}{A_1} F_1 \tag{3-10}$$

와 같이 구해진다. 식 3-10은 두 실린더의 단면적의 비를 10배로 할 경우 10배의 힘이 큰 실린더에 작용하게 된다는 것을 보여 주고 있다. 따라서 작은 힘으로 자동차와 같은 무거운 물체를 들어 올릴 수 있게 된다. 그러나 에너지보존칙에 의해 큰 무게의 물체를 들어 올리는 높이는 그렇게 크지 않다. 즉, 작은 단면적의 실린더에 힘 F_1이 주어져서 거리 d_1을 이동하였다면 큰 단면적의 실린더는 거리 d_2를 이동하게 되는데, 이 d_2는 에너지보존칙에서

$$F_1 d_1 = F_2 d_2 \rightarrow \therefore d_2 = \frac{F_1}{F_2} d_1 \tag{3-11}$$

와 같이 구해진다.

예제 3 어떤 유압기에서 큰 단면적의 실린더의 직경은 25cm이고, 작은 단면적의 실린더의 직경은 1cm라고 한다. 질량 1,000kg의 자동차를 20cm 들어 올리려고 한다. 작은 실린더에 작용하는 힘과 작은 실린더의 이동거리를 구하라.

답. 자동차의 무게는 $F_2 = mg = 9{,}800N$이다. 그리고 두 실린더의 단면적의 비는 $A_2/A_1 = 625$이다. 따라서 식 3-10에서 작은 실린더에 작용해야 하는 힘 $F_1 = 16N$이다. 그러나 자동차를 20cm 들어올리기 위해서 작은 실린더를 이동해야 하는 거리는 식 3-11에서 $d_1 = 123m$이다. 이는 작은 공기 압축장치(compressor)를 사용하여 기름을 압축함으로써 가능한 거리이다.

4. 유체에서 깊이에 따른 압력의 변화

유체 안에서 같은 높이의 모든 지점에서의 압력은 동일하다. 이는 압력은 그 지점 위에 있는 유체의 무게에 의해 단위면적당 작용하는 힘이기 때문이다. 그림 3-5의 왼쪽 그림에서와 같이 유체 안에 있는 가상의 원통을 생각해 보자. 원통의 양 단면에 작용하는 힘이 같지 않다면 유체는 움직일 것이다. 이는 유체가 정지하고 있다는 가정에 위배된다. 따라서 같은 높이에서 작용하는 압력은 같아야 된다.

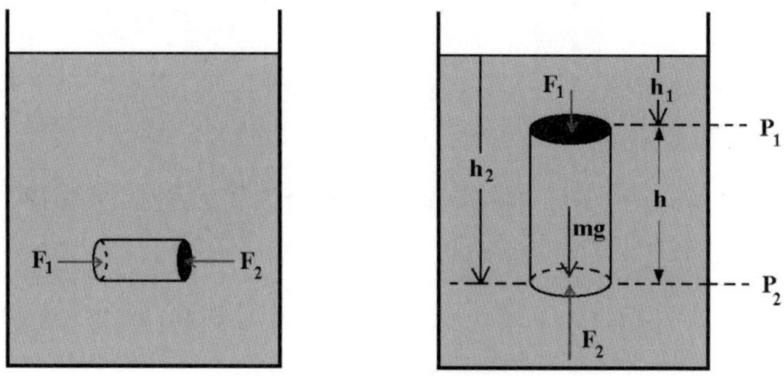

그림 3-5. 유체의 높이에 따른 압력의 변화

다음에는 그림 3-5의 오른쪽 그림에서와 같이 유체 안에 단면적이 A인 수직의 원통을 생각해 보자. 원통의 위쪽 단면은 유체의 표면에서 h_1의 깊이에 있고, 아래쪽 단면은 유체의 표면에서 높이 h_2의 깊이에 있다. 각 단면에는 힘 F_1과 F_2가 작용하고 있다. 그리고 각 단면에서의 압력은 각각 $P_1 = F_1/A$와 $P_2 = F_2/A$이다. 유체는 평형상태에 있으므로 위 힘들은 원통 안의 유체에 의한 무게 mg와 균형을 이루어야 한다. 즉,

$$F_2 - F_1 - mg = 0 \tag{3-12}$$

이 만족된다. 원통 안의 유체의 질량은 $m = A(h_2 - h_1)\rho$이다. 여기서 ρ는 유체의 밀도이다. $F_1 = P_1 A$와 $F_2 = P_2 A$를 사용하면 식 3-12에서

$$P_2 - P_1 = \rho g(h_2 - h_1) = \rho g h \tag{3-13}$$

을 구할 수 있다. 식 3-13은 유체 안의 두 위치의 압력 차이는 두 위치의 깊이 차이 h에 비례함을

보여 주고 있다.

그림 3-6에서 각 지점에서의 압력 P_1, P_2, P_3는 모두 동일하다. 이는 파이프 모양이 어떻든 간에 모두 수면에서 같은 높이에 있는 위치이므로 식 3-13에서 주어진 바와 같이 동일한 압력이 되어야 하기 때문이다.

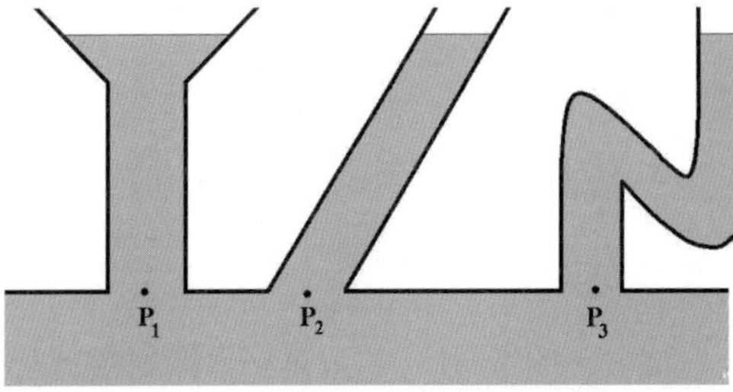

그림 3-6. 모양이 다른 파이프라도 높이가 같은 위치에서는 압력이 동일하다.

수면에서의 압력이 대기압 P_a인 경우 깊이 h에서의 압력은 식 3-13에서

$$P_h = P_a + \rho_w gh \tag{3-14}$$

로 주어진다. 여기서 ρ_w는 물의 밀도이다. 식 3-14에서 물의 경우 약 10m 깊이로 내려갈 때마다 1기압씩 증가함을 볼 수 있다. 예를 들어 50m 깊이의 물에서의 압력은 6기압이 됨을 알 수 있다.

스쿠버(SCUBA) 다이버의 경우 물의 깊이에서의 압력과 동일한 압력의 기체를 공급받아야만 호흡이 가능하다. 대기 중에서 사람이 정상적인 호흡에서 공기를 들어 마실 때 허파 안의 압력이 대기압보다 3Torr 낮다. 그리고 숨을 내쉴 때는 반대로 허파의 압력은 대기압보다 3Torr 높다. 따라서 사람의 호흡작용은 횡경막의 조절로 허파 안의 압력을 주위 공기 압력보다 3Torr 차이가 나도록 하여 주위 공기를 들이마시거나 내뱉는 과정이라고 이해할 수 있다. 물속에서 숨을 쉬기 위한 장비가 스쿠버(SCUBA)장비인데, 이는 "자동 물속 호흡장비(Self-Contained Underwater Breathing Apparatus)"에서 영문의 첫 글자들을 따서 SCUBA로 이름이 붙여졌다. 스쿠버 장비는 고압(대략 200기압)의 탱크와 이에 고무호스로 연결된 숨쉬기용 마스크로 구성되어 있다. 그리고 탱크에는 압력을 측정하고 압력에 맞게 고무호스로 탱크 안의 기체를 적당하게 내보내는 조절기가 부착되어 있다.

물속 50m 깊이에는 압력이 6기압이 된다. 앞에서 설명했듯이 사람이 호흡을 한다는 것은 주위

압력보다 허파 내의 압력을 3Torr 정도를 증가 또는 감소시키면서 주위의 공기를 들이마시거나 내뱉는 과정이다. 따라서 물속에서 압력이 6기압이면 허파 내의 압력은 이 6기압과 차이를 가지면서 호흡을 해야 한다. 다시 말해서 이는 호흡을 위해 공급되는 기체의 압력이 6기압이 되어야 한다는 것을 뜻한다. 스쿠버 장비의 압력조절 장치는 물속의 압력을 측정하여 이에 맞는 기체를 고무호스를 통해 사람의 입으로 전달한다. 그런데 탱크 안에 공기를 그대로 가압시켜 넣을 경우는 문제가 있다. 대기 내의 공기 중에는 질소가 약 78% 함유되어 있다. 따라서 탱크 내 200기압으로 가압된 공기가 6기압으로 조절되어 사람의 입 속으로 들어간다면 이 공기 속의 질소는 $6 \times 0.78 = 4.7$기압이 된다. 이 정도의 질소가 피와 세포 속에 들어가면 질소중독으로 아주 위험하게 된다. 따라서 이를 방지하기 위해 질소 대신에 헬륨을 사용한다. 즉, 탱크 내에는 산소와 헬륨의 혼합기체를 넣는다. 헬륨은 다른 원소와 잘 결합을 하지 않으므로 인체에도 해가 없는 원소이다.

서로 섞이지 않는 두 액체의 밀도의 비를 구하는 장치가 그림 3-7에 주어져 있다. A와 B지점에서의 압력은 동일하므로

$$P_a + \rho_1 g h_1 = P_a + \rho_2 g h_2 \tag{3-15}$$

가 만족된다. 여기서 P_a는 대기압이다. 따라서 식 3-15를 정리하면

$$\frac{\rho_2}{\rho_1} = \frac{h_1}{h_2} \tag{3-16}$$

을 구할 수 있다. 즉, 두 액체의 밀도의 비를 구할 수 있다.

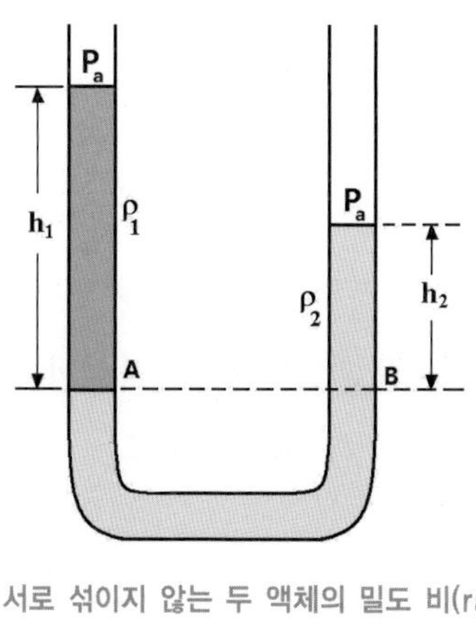

그림 3-7. 서로 섞이지 않는 두 액체의 밀도 비(ratio) 구하기

5. 부력, Archimedes의 원리

부력(buoyant force)에 대한 Archimedes의 원리는 다음과 같이 기술된다.

> 어떤 물체가 유체 속에 전부 또는 부분이 잠겨있을 때 그 물체는 그 물체에 의해 빠져나간(displaced) 유체의 무게에 해당되는 부력을 받는다.

물체가 유체에 놓일 때 물체의 밀도와 유체의 밀도의 상대적인 크기에 따라 세 가지 경우가 있을 수 있다. 첫째, 물체의 밀도가 유체의 밀도보다 큰 경우 물체는 가라앉을 것이다. 둘째, 물체의 밀도와 유체의 밀도가 같다면 물체는 완전히 잠겨서 평형상태에 있을 것이다. 셋째, 물체의 밀도가 유체의 밀도보다 작을 경우 물체의 일부분이 유체 위에 떠 있을 것이다. 위와 같은 현상은 유체의 위치에 따른 압력 차이에 의해 이해할 수 있다. 아래에서는 이에 대해 알아보기로 한다.

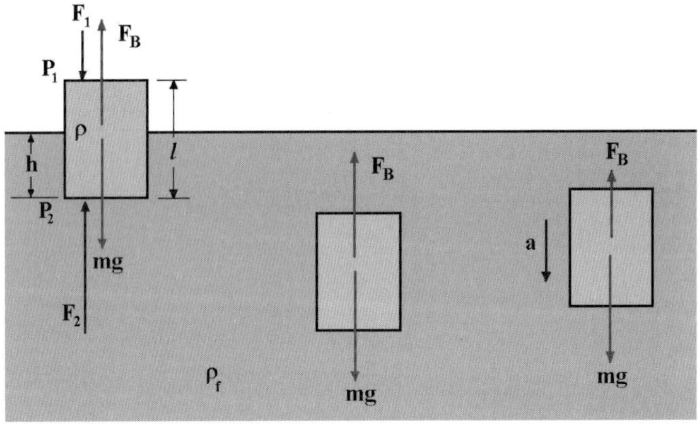

그림 3-8. 액체에서의 부력

그림 3-8에 위의 3가지 경우에 대한 그림이 주어져 있다. 물체는 길이 l이고 단면적인 A인 원통이라고 하자. 그리고 물체의 밀도는 ρ이고 액체의 밀도는 ρ_f라고 한다. 물체가 액체 속에 부분적으로 잠겨 있는 경우에 대해 먼저 알아보자. 물체가 액체의 표면에서 깊이 h만큼 잠겨 있다. 이 경우 물체의 위쪽 단면과 아래쪽 단면에서의 압력 차이는 $P_2 - P_1 = \rho_f g h$이다. 평형상태에서 물체에 작용하는 힘은 0이어야 된다. 따라서

$$F_2 - F_1 - mg = 0 \tag{3-17}$$

이 만족되어야 한다. 식 3-17에서 물체의 무게 mg와 힘 $F_B = F_2 - F_1$이 균형을 이루고 있음을 볼 수 있는데, F_B가 곧 부력이다. $F_1 = P_1 A, F_2 = P_2 A$이므로 부력은

$$F_B = F_2 - F_1 = (P_2 - P_1)A = (Ah)\rho_f g = V_m \rho_f g \tag{3-18}$$

와 같이 표현된다. 여기서 $P_2 - P_1 = \rho_f g h$를 이용하였다. 그리고 V_m은 액체 속에 잠긴 물체의 체적이다. 따라서 식 3-18에서 부력은 액체에 잠긴 물체의 부피에 해당되는 액체의 무게임을 알 수 있다. 물체의 질량은 $m = (Al)\rho$이므로 식 3-18을 이용하면 식 3-17은

$$(Ah)\rho_f g = (Al)\rho g \rightarrow \therefore \frac{h}{l} = \frac{\rho}{\rho_f} \tag{3-19}$$

와 같이 표현된다. 물체의 일부만 뜰 경우 $h < l$이므로 $\rho < \rho_f$가 되어야 한다. 즉, 물체의 일부만 뜨는 경우 물체의 밀도는 유체의 밀도보다 작다는 것을 알 수 있다. 위 식은 또한 $h = l$인 경우(즉, 물체가 완전히 잠기는 경우) $\rho = \rho_f$, 즉 물체의 밀도가 액체의 밀도와 같다는 것을 나타낸다.

다음에는 물체가 액체 안에 완전히 잠겨 있는 경우를 보도록 하자. 이 경우 $P_2 - P_1 = \rho_f g l$의 관계에서 부력은

$$F_B = F_2 - F_1 = A(P_2 - P_1) = (Al)\rho_f g = V\rho_f g \tag{3-20}$$

와 같다. 식 3-20에서 부력은 액체에 잠겨 있는 물체의 부피에 해당되는 액체의 무게라는 것을 다시 확인할 수 있다. 즉, 물체가 완전히 잠겨 있으므로 부력은 물체의 전체 부피에 해당되는 액체의 부피로 표현된 것이다. 물체가 평형상태에 있으므로 부력 $V\rho_f g$가 물체의 무게 $mg = V\rho g$와 같아야 하므로 $\rho = \rho_f$임을 알 수 있다. 즉, 물체의 밀도와 액체의 밀도가 같은 경우 물체가 완전히 잠기게 된다.

부력이 물체의 무게보다 작은 경우 물체는 가라앉게 된다. 이 경우 부력인 $V\rho_f g$이 물체의 무게 $V\rho g$보다 작은 경우이므로

$$V\rho_f g < V\rho g \rightarrow \therefore \rho_f < \rho \tag{3-21}$$

가 만족된다. 즉, 물체의 밀도가 액체의 밀도보다 큰 경우 물체는 액체에 가라앉게 된다. 물체가 액체에 가라앉는 가속도는 저항력(drag force)을 무시하면

$$mg - F_B = ma \tag{3-22}$$

에서 구할 수 있다. 그리고 $mg = V\rho g$이고 $F_B = \rho_f Vg$이므로 가속도는 식 3-22에서

$$a = \left(1 - \frac{\rho_f}{\rho}\right)g \tag{3-23}$$

와 같이 구해진다.

예제 4 얼음의 밀도는 0.92g/cc이다. 빙산의 바닷물 위에 떠 있는 부분은 전체 빙산 부피의 몇 %인가?

답. 부력과 빙산의 무게가 평형을 이루고 있다. 부력은 $V_m \rho_w g$이다. 여기서 V_m은 물속에 잠긴 빙산의 체적이고 ρ_w는 바닷물의 밀도이다. 그리고 빙산의 무게는 $V\rho g$이다. ρ는 빙산(얼음)의 밀도이다. 부력과 무게가 같아야 하므로 잠긴 부피의 비율 f는

$$V_m \rho_w g = V\rho g \rightarrow \therefore f = \frac{V_m}{V} = \frac{\rho}{\rho_w} = 0.92 \tag{3-24}$$

이다. 따라서 바닷물에 떠 있는 빙산의 부분은 8% 뿐이다.

예제 5 어떤 물체의 밀도는 2g/cc이다. 물속에서 이 물체가 가라앉는 가속도를 구하라. 그리고 이 물체가 수면에서부터 깊이 2m의 물탱크 바닥에 도달하는 데 걸리는 시간을 구하라.

답. 식 3-23을 이용하면 $a = 4.9\,m/\mathrm{sec}^2$이다. $s = \frac{1}{2}at^2$에서 $t = 0.9\,\mathrm{sec}$를 구할 수 있다.

예제 6 질량 1kg의 물체가 용수철저울의 끝에 매달려 물속에 완전히 잠겨있다. 물체의 밀도는 2g/cc이다. 용수철저울로 측정한 물속에서의 물체의 무게를 구하라.

답. 힘의 평형에서 $T+F_B=mg$이다. 여기서 T는 장력으로서 용수철저울로 측정한 물속에서의 물체의 무게이다. $F_B=V\rho_f g=\frac{m}{\rho}\rho_f g$이므로

$$T=mg-F_B=m\left(1-\frac{\rho_f}{\rho}\right)g=4.9N \tag{3-25}$$

와 같이 구해진다. 이 무게는 질량 0.5kg에 해당된다.

예제 7 단면이 A이고 높이 H인 배(ship)를 생각해 보자. 배의 무게가 W라면 물에 가라앉는 깊이 h를 구하라. 그리고 배가 물에 잠기기 직전까지 짐(load)을 싣는다고 가정할 때 실을 수 있는 최대의 짐 무게는 얼마인가?

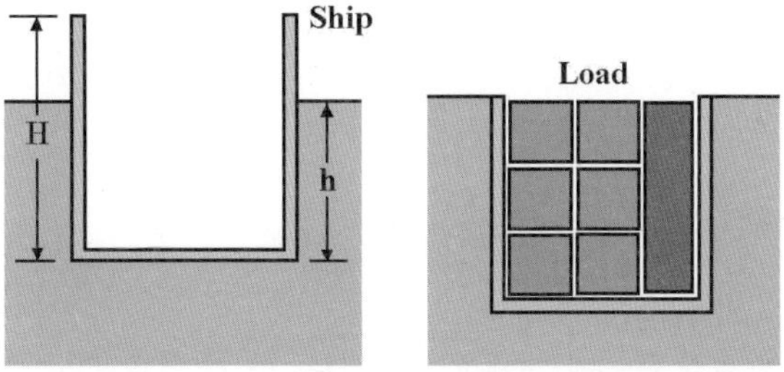

답. 깊이 h까지 잠길 때 부력은 $Ah\rho_w g$이다. 이 부력이 배의 무게와 동일할 때 평형상태이므로 $hA\rho_w g=W$에서 배의 잠기는 깊이는 $h=\frac{W}{A\rho_w g}$이다. 짐(load)을 W'까지 실을 경우 배가 물에 잠기기 직전이라면 이때 부력은 $AH\rho_w g$이고 배와 짐 무게의 합은 $W+W'$이다. 이 두 힘이 평형을 이루므로 최대 짐의 무게는

$$AH\rho_w g=W+W' \rightarrow \therefore W'=AH\rho_w g-W \tag{3-26}$$

로 주어진다.

액체 위에 떠 있는 물체의 질량중심과 부력의 중심이 다를 수 있다. 이 경우 물체가 평형상태에 있기 위해서는 질량중심과 부력의 중심이 같은 수직선에 존재하여야 한다. 그렇지 않을 경우 토오크가 작용하므로 질량중심과 부력의 중심이 같은 수직선에 있을 때까지 회전하여 평형상태로 돌아가려 한다. 액체에 떠 있는 물체에 약간의 힘을 주어 위치를 변하게 하면 다시 원래의 상태로 돌아오는 것을 관찰할 수 있다. 그림 3-9에 이를 보여 주고 있다. 물에 뜨는 오뚝이를 거꾸로

놓으면 질량중심과 부력의 중심이 같은 수직선에 있지 않으므로 토오크가 작용하여 두 중심이 같은 수직선에 있을 때까지 회전하여 평형상태로 돌아감을 볼 수 있다.

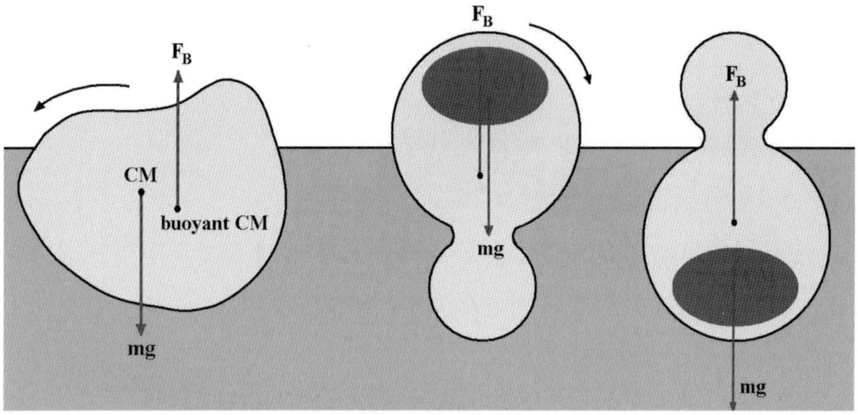

그림 3-9. 질량중심과 부력의 중심

6. Bernoulli 정리

지금까지는 정지한 유체의 행동에 대해 알아보았다. 즉, 압력의 전달(Pascal의 원리)이나 부력(Archimedes의 원리) 등에 대해 언급하였다. 이 절에서는 움직이는 유체에 대해 알아보도록 한다. 유체의 운동은 2가지로 나눌 수 있다. 즉, 정상류(steady state flow 또는 laminar flow)와 난류(turbulence)가 존재한다.

정상류는 유체의 흐름에서 각 층이 다른 속도로 이동하더라도 층 사이에 섞임이 없고, 유체의 입자들이 명확하게 관찰할 수 있는 경로(유선, streamline)를 따라 흐른다. 반면에 난류는 입자의 흐름이 불규칙한 흐름을 보인다. 입자들이 명확한 경로가 없고 각 순간마다 변하는 불규칙한 경로를 따른다.

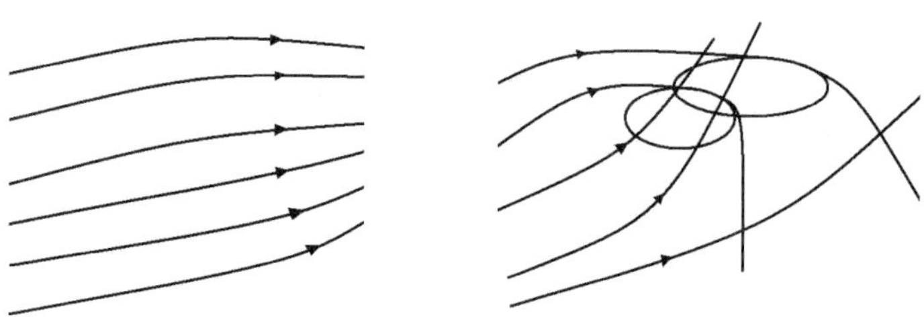

그림 3-10. 정상류와 난류

정상류에 대해 성립하는 연속방정식과 Bernoulli 정리에 대해 알아보도록 하자. 연속방정식은 정상류에서 질량보존의 법칙이고 Bernoulli 정리는 정상류에서 에너지보존칙이다. 그리고 유체는 비압축성(incompressible)이라 가정한다. 비압축성이므로 유체에서 모든 위치에서 밀도는 동일하다. 유체의 밀도를 ρ라고 표시한다.

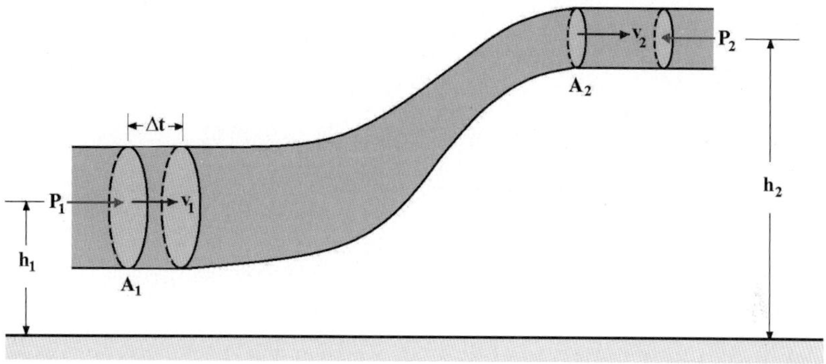

그림 3-11. 정상류

그림 3-11과 같은 정상류에서 단면 A_1에서 단위시간당 흘러들어온 유체의 양은 단면 A_2에서 단위시간 당 흘러나가는 유체의 양과 같아야 한다. 이는 유체의 유입과 유출이 없기 때문에 질량이 보존되어야 함을 나타낸다. 시간 Δt 동안 단면 A_1으로 흘러들어온 유체의 양은 $A_1 v_1 \Delta t$이고 단면 A_2로 흘러나간 유체의 양은 $A_2 v_2 \Delta t$이다. 따라서 질량보존에 의해

$$A_1 v_1 \Delta t = A_2 v_2 \Delta t \rightarrow \therefore A_1 v_1 = A_2 v_2 \tag{3-27}$$

로 주어진다. 식 3-27은 단면이 작은 위치에서 유체의 속도가 빨라짐을 보여 주고 있다.

Bernoulli 정리(방정식)는 일-에너지 정리를 이용하면 유도할 수 있다. 유체가 움직이므로 외부에서 힘이 주어진다. 이 힘은 압력 차이에 의해 발생한다. 즉, 압력 차이에 의해 한 일은

$$W = F_1 \Delta x_1 - F_2 \Delta x_2 = (P_1 A_1)\Delta x_1 - (P_2 A_2)\Delta x_2 \tag{3-28}$$

로 주어진다. 여기서 Δx_1과 Δx_2는 단면 A_1과 A_2에서 Δt 동안 유체가 이동한 거리를 나타낸다. 그리고 식 3-28의 일에 의한 유체의 에너지의 변화(단면 A_1과 A_2에서의 에너지 차이)는

$$\Delta E = \rho A_2 \Delta x_2 \left(\frac{v_2^2}{2} + g h_2\right) - \rho A_1 \Delta x_1 \left(\frac{v_1^2}{2} + g h_1\right) \qquad (3\text{-}29)$$

와 같다. 일-에너지 정리 $W = \Delta E$를 이용하고 양변에 Δt로 나누면

$$P_1 A_1 v_1 - P_2 A_2 v_2 = \rho A_2 v_2 \left(\frac{v_2^2}{2} + g h_2\right) - \rho A_1 v_1 \left(\frac{v_1^2}{2} + g h_1\right) \qquad (3\text{-}30)$$

을 얻는다. 그리고 위 식에 연속방정식 $A_1 v_1 = A_2 v_2$를 적용하면

$$P_1 + \frac{\rho}{2} v_1^2 + \rho g h_1 = P_2 + \frac{\rho}{2} v_2^2 + \rho g h_2 \qquad (3\text{-}31)$$

을 구할 수 있다. 위 식에서 왼쪽 항은 단면 A_1에서의 단위체적당 에너지이고 오른쪽 항은 단면 A_2에서의 단위체적당 에너지이다. 즉, 식 3-31은 에너지보존칙을 나타낸다. 압력 P도 단위가 $N/m^2 = J/m^3$이 되므로 단위체적당 에너지임을 알 수 있다.

단면 A_1과 A_2가 같은 높이에 있다면, 즉 $h_1 = h_2$인 경우 식 3-31은

$$P_1 + \frac{\rho}{2} v_1^2 = P_2 + \frac{\rho}{2} v_2^2 \qquad (3\text{-}32)$$

로 된다. 식 3-32에서 $v_2 > v_1$이면 $P_1 > P_2$임을 알 수 있다. 즉, 유체의 속도가 큰 곳의 압력이 유체의 속도가 낮은 곳의 압력보다 낮다는 것을 보여 준다.

예제 8 반경 r_1인 파이프와 반경이 r_2인 파이프를 연결하였다. 여기서 $r_1 = 2r_2$이다. 이렇게 연결된 파이프에 물이 흐른다고 하자. 두 파이프 양단의 압력 차이는 $P_1 - P_2 = 300Pa$이다. 큰 반경의 파이프에서의 물의 속도를 구하라.

답. 연속방정식에서 두 파이프 사이의 속도의 비를 구할 수 있다. 즉, $A_1 v_1 = A_2 v_2$에서 $A_1 = 4A_2$이므로 $v_2 = 4v_1$이다. 식 3-32를 이용하면 $v_1 = 0.2m/\sec$를 구할 수 있다.

다음에는 Bernoulli 정리로 설명되는 몇 가지 현상에 대해 알아보도록 하자.

첫 번째로 야구의 커브볼이 어떻게 만들어지는지를 보도록 하자. 그림 3-12에 회전하는 야구공을

보여 주고 있다. 여기서 야구공은 오른쪽으로 진행한다. 위쪽의 공기는 야구공의 회전방향이 공기의 움직임과 반대방향이므로 속도가 느리게 되어 식 3-32에 의해 압력이 높아진다. 반면에 아래쪽의 공기는 야구공의 회전방향과 공기의 움직임이 동일한 방향이므로 속도가 빨라지고 이에 따라 압력이 낮아진다. 결과적으로 위쪽의 압력이 아래쪽의 압력보다 크므로 공은 아래 방향으로 떨어진다. 즉, 싱크(sink)볼이 된다.

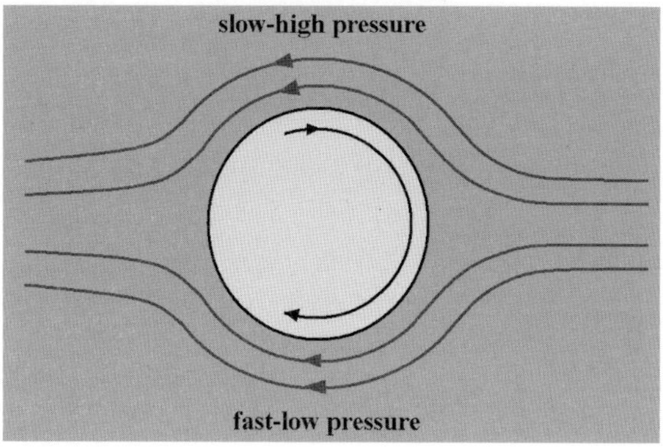

그림 3-12. 싱크(sink)볼

두 번째 예로서 비행기 날개의 양력이 있다. 유선형의 날개 모양에 의해 위쪽의 공기는 속도가 빨라져서 그 부분에는 압력이 낮아진다. 반면에 아래쪽은 공기의 속도가 느리므로 압력이 높아진다. 이에 따라 날개의 아래쪽이 위쪽보다 압력이 커지므로 이에 따라 비행기의 양력(upthrust)이 주어진다.

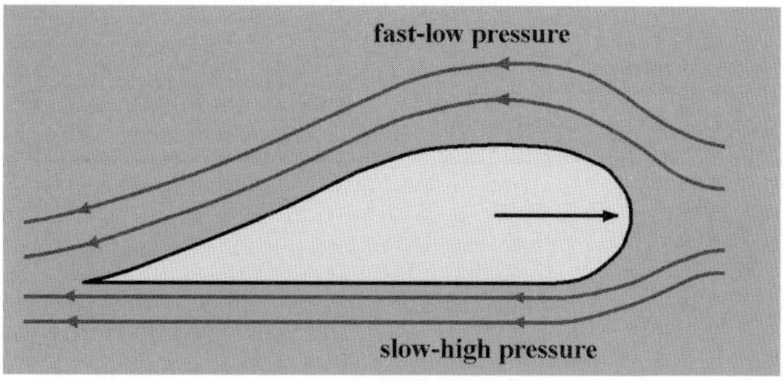

그림 3-13. 비행기의 양력

세 번째 예로는 분무기(향수병)가 있다. 분무기에 달린 고무공을 눌러 주면 공기가 빠른 속도로 지나가면서 그 부분의 압력이 낮아진다. 이에 따라 향수병 안의 압력이 위쪽 압력보다 높아지므로 향수가 뿜어지게 된다.

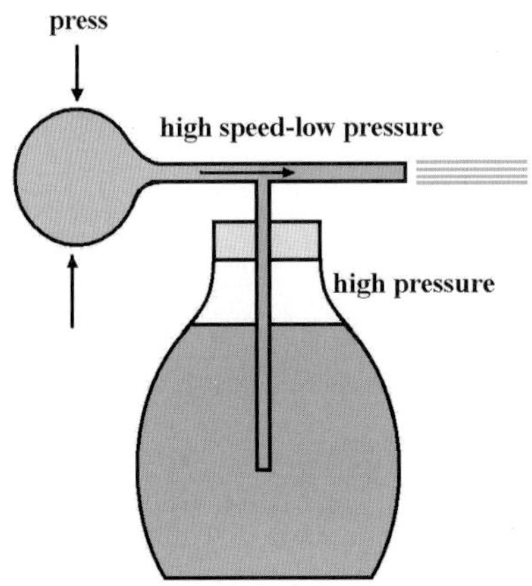

그림 3-14. 향수병에 달린 분무기의 작동

7. 점성 유체

유체에는 점성(viscosity)이 존재한다. 점성은 유층(layer) 사이에 작용하는 마찰력이다. 유층들이 서로 지나칠 때 유체를 이루는 분자들 사이의 전기적인 인력에 의해 마찰력이 발생한다. 그림 3-15에 관 속을 흐르는 유체의 속도분포를 보여 주고 있다. 왼쪽 그림은 점성이 없는 이상적인 유체의 속도분포를 보여 주고 있다. 오른쪽 그림은 관에 접촉된 유체는 관 표면과 유체사이의 점성에 의해 속도가 0임을 보여 준다. 그리고 중앙을 흐르는 유층이 마찰력의 영향이 가장 적고 관에 가까이 있는 유체들은 유층 사이의 점성이 커지므로 그림과 같은 속도분포를 보여 주게 된다.

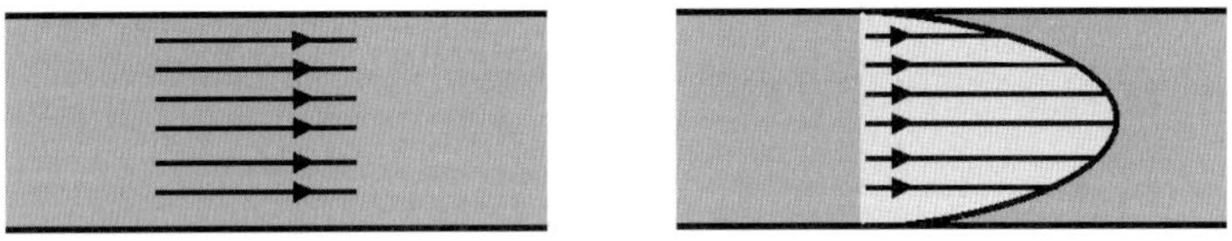

그림 3-15. 관 속에서 유체의 속도분포

그림 3-16과 같이 두 개의 판 사이에 갇힌 유체에서 점성을 관찰할 수 있다. 아래의 판은 정지해 있고 위쪽 판은 일정한 속도 v로 움직이고 있다. 두 판에 접촉해 있는 유체는 판과 동일한 속도를 가진다. 따라서 아래 판에 붙은 유체의 속도는 0이고 위쪽 판에 붙은 유체의 속도는 v이다. 그리고 판 사이의 유체의 속도는 그림과 같이 아래 판에서 위 판으로 가면서 직선적으로 속도가 증가한다. 이러한 속도의 분포를 만들기 위해서는 위 판에 힘 F를 가해야 한다. 그리고 이 힘에 의해 그림과 같이 유체는 층밀림(shear strain)이 발생한다. 점성계수는 층밀림을 주기 위해 필요한

층밀림력(shear stress)의 비(ratio)로서 정의된다. 즉,

$$\eta = \frac{F/A}{v/l} \qquad (3\text{-}33)$$

와 같이 정의된다. 점성계수의 단위는 $N\sec/m^2$ 또는 $Pa-\sec$이다. 그리고 $10^{-1}N\sec/m^2$을 $poise$라는 단위로 사용한다. 즉, $1poise = 0.1kg/m \cdot \sec = 1g/cm \cdot \sec$이다. 물의 경우 상온에서의 점성계수가 $10^{-2}poise$이다. 기름의 경우 점성계수는 물의 점성계수의 약 10배 정도이다. 그리고 공기의 점성계수는 약 $10^{-4}poise$이다.

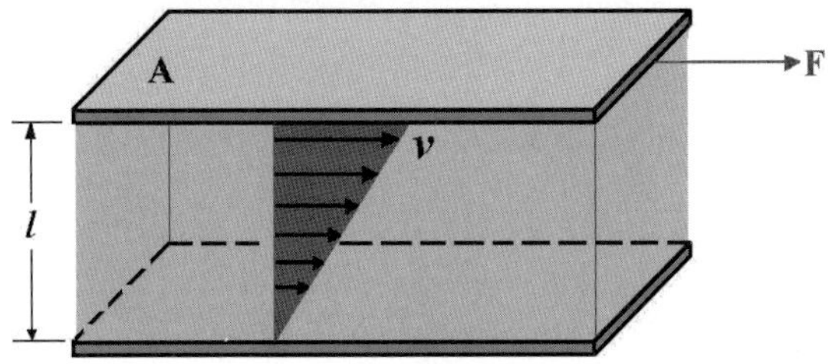

그림 3-16. 점성계수의 측정

파이프 안을 흐르는 유체의 위치에 따른 유체의 속도와 유체의 흐름량(flow rate)에 대한 것은 Poiseuille 법칙에 의해 주어진다. 반경 R이고 길이 L인 파이프 속을 유체가 흐른다고 하자. 두 파이프 양단의 압력 차이는 ΔP이다. 이 압력의 차이에 의해 유체가 관 속을 흐를 수 있다. 이 압력의 차이에 따라 반경 r의 단면에 있는 유체에 주어지는 힘은

$$F_P = \Delta P(\pi r^2) \qquad (3\text{-}34)$$

로 주어진다. 반면에 반경 r이고 길이 L인 원통의 표면적에 작용하는 점성력은

$$F_V = -\eta(2\pi rL)\frac{dv}{dr} \qquad (3\text{-}35)$$

와 같이 주어진다. 유체가 일정한 속도로 움직이는 평형상태에서는 알짜 힘이 0이므로

$$F_P + F_V = 0 \rightarrow \therefore \Delta P(\pi r^2) = \eta(2\pi rL)\frac{dv}{dr} \qquad (3\text{-}36)$$

을 만족한다. 따라서 관 속의 위치에 따른 유체의 속도변화는

$$\frac{dv}{dr} = \frac{\Delta P}{2\eta L} r \tag{3-37}$$

와 같이 구해진다. 관 속의 속도의 경계조건은 다음과 같다. 첫째, 관에 접촉한 부분에서 유체의 속도는 0이다. 즉, $r = R$에서 $v = 0$이다. 둘째, 관의 중심에서 유체의 속도변화는 0이다. 즉, $r = 0$에서 $\frac{dv}{dr} = 0$의 조건을 만족한다. 식 3-37을 적분하면

$$\int_v^0 dv = \frac{\Delta P}{2\eta L} \int_r^R r\,dr \rightarrow \therefore v(r) = \frac{\Delta P}{4\eta L}\left(R^2 - r^2\right) \tag{3-38}$$

을 얻을 수 있다. 여러 속도인 유체의 전체적인 흐름률(volume flux)은

$$Q \equiv \frac{d\Phi}{dt} = \int v\,dA \tag{3-39}$$

로 주어진다. 여기서 Q는 단위시간당 파이프를 통과하는 유체의 체적량이다. 식 3-38을 식 3-39에 대입하여 적분하면

$$Q = \int_0^R v\,dA = \int_0^R \frac{\Delta P}{4\eta L}\left(R^2 - r^2\right)(2\pi r\,dr) = \frac{\pi}{8}\frac{R^4}{\eta L}\Delta P \tag{3-40}$$

을 얻을 수 있다. 식 3-40을 Poiseuille 법칙이라고 부른다.

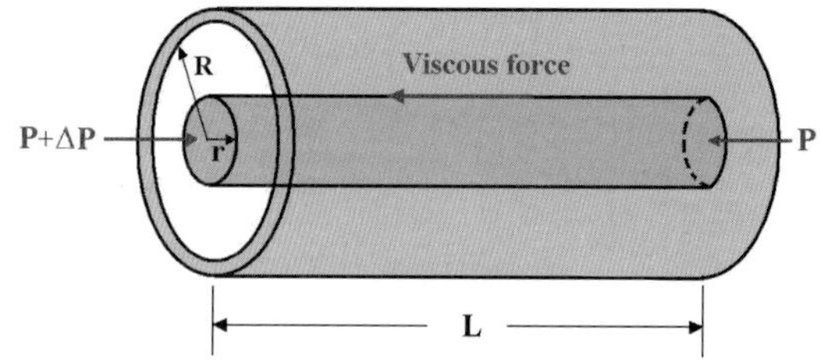

그림 3-17. 관 속을 흐르는 유체의 속도분포

점성이 있는 유체 안에서 떨어지는 구형의 물체가 받는 점성저항력은

$$F_d = 6\pi\eta r v \tag{3-41}$$

와 같이 주어진다. 이는 Stokes 법칙으로 Navier-Stokes 방정식에서 유도된다. 식 3-41은 점성

저항력은 유체의 점성, 구체의 반경, 구체의 속도에 비례함을 보여 주고 있다.

점성이 있는 유체 안에서 떨어지는 구는 최종적으로 종단속도(terminal speed)로 떨어진다. 일정한 속도로 떨어지기 위해서는 구에 작용하는 알짜 힘이 0이어야 된다. 유체 속에서 떨어지는 구에 작용하는 힘은 위쪽 방향으로는 식 3-41과 같은 점성저항력과 부력이 있다. 그리고 아래로는 구의 무게가 작용한다. 즉, 일정속도 v_t로 떨어지는 조건은

$$6\pi\eta r v_t + \frac{4\pi r^3}{3}\rho_f g = \frac{4\pi r^3}{3}\rho g \tag{3-42}$$

와 같다. 여기서 ρ_f는 유체의 밀도를 나타낸다. 식 3-42를 정리하면 종단속도는

$$v_t = \frac{2}{9}\frac{r^2 g}{\eta}(\rho - \rho_f) \tag{3-43}$$

로 주어진다. 특정 반경의 구를 유체 속에 떨어뜨려 종단속도를 측정함으로써 식 3-43을 이용하여 유체의 밀도를 결정할 수 있다. 그리고 밀도를 아는 유체 속에 구를 떨어뜨려 종단속도를 측정함으로써 구의 반경을 결정할 수 있다.

수돗물을 아주 약하게 틀면 물이 흐르는 유선(streamline)은 아주 깨끗하고 맑음을 관찰할 수 있다. 유체의 유선이 겹치지 않고 유체는 각 유선을 따라 연속적으로 흐른다. 이러한 유체의 흐름을 층류(laminar flow)라고 부른다. 그러나 수돗물을 크게 틀면 물에 거품이 생기고 유체의 흐름의 색이 희게 변하는 것을 관찰할 수 있다. 이러한 현상은 물의 속도가 빨라서 소용돌이(vortex)가 생기기 때문이다. 이러한 유체의 흐름을 난류(turbulent flow)라고 부른다. 층류와 난류의 구분은 4개의 요소의 조합인 Reynolds 수로 정의된 값이 어떤 영역에 있는지에 따라 결정할 수 있다. 즉, Reynolds 수는

$$Re = \frac{\rho v D}{\eta} \tag{3-44}$$

로 정의된다. 여기서 ρ는 유체의 밀도이고, v는 유체의 속도이고, η는 유체의 점성계수이고, D는 관의 직경이다. Reynolds 수는 단위가 없는 양이다. 실험을 통해 다음과 같은 경계조건이 알려져 있다. 즉, Reynolds 수가 2,000보다 작으면 층류에 속하고, 2,000 ~ 3,000 사이는 불안정한 상태이고, 3,000 이상이면 난류에 속한다.

[연습문제]

문제 1 혈관을 파이프로 가정한다. 피의 밀도는 1,060kg/m^{3}이다. 똑바로 서 있는 키 170cm의 사람의 경우 발과 머리 사이의 혈압 차이를 구하라.

답. $\Delta P = \rho g h = 1.77 \times 10^4\, Pa$이다.

문제 2 대기압이 980hPa인 날에 수은기압계의 높이는 얼마인가?

답. $P = \rho g h$에서 $h = 73.6\, cm$이다.

문제 3 유압계의 큰 피스톤의 직경은 40cm이다. 작은 피스톤의 직경은 2cm이다. 큰 피스톤 위에 놓인 1,500kg인 자동차를 들어올리기 위해 작은 피스톤에 작용해야 하는 힘은 얼마인가? 자동차를 30cm 들어올리기 위해 작은 피스톤의 이동거리는 얼마인가?

답. $\Delta P = F_1/A_1 = F_2/A_2$에서 $F_1 = (A_1/A_2)F_2 = 36.75N$이다. 이동거리는 $F_1 d_1 = F_2 d_2$에서 $d_2 = (F_1/F_2)d_1 = 120m$이다.

문제 4 10g의 금속 물체를 물속에 잠긴 상태에서 용수철저울로 측정해 보니 질량이 7g이었다. 이 물체의 밀도를 구하라.

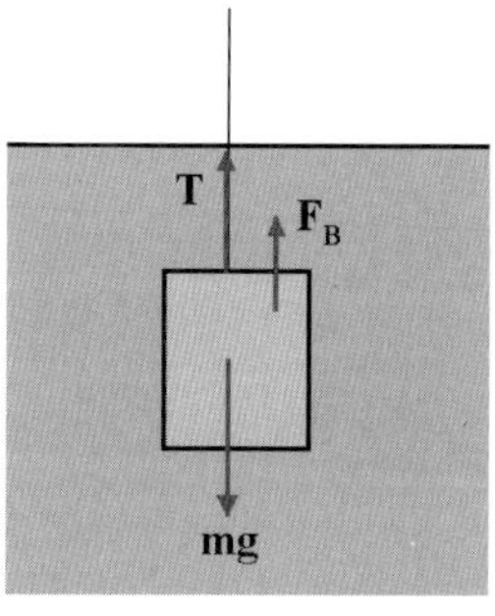

답. $T + F_B = mg$에서 $F_B = mg - T$이다. 그리고 $F_B = \rho_w g V$에서 $V = F_B/(\rho_w g)$이다. 그런데 $\rho = m/V$이므로

$$\rho = \frac{m}{V} = \frac{\rho_w mg}{F_B} = \frac{\rho_w mg}{mg - T} = 3.33\, g/cc \tag{3-45}$$

이다.

(별해) 공기 중과 물속에서의 무게차이가 부력이다. $F_B = 3g$이고 $F_B = \rho_w Vg$이므로 $V = 3cc$이다. 따라서 $\rho = \frac{m}{V} = 3.33\frac{g}{cc}$ 이다.

문제 5 어떤 물체의 밀도가 0.8g/cc이다. 이 물체를 밀도 0.9g/cc의 액체에 넣었을 경우 가라앉는 부피는 전체 부피의 몇 %인가?

답. $F_B = \rho_f V_m g$이다. 여기서 V_m은 가라앉는 부피를 나타낸다. 그리고 물체의 무게는 $W = \rho Vg$이고 평형상태에 있으므로 $F_B = W$이다. 따라서

$$\rho_f V_m g = \rho Vg \rightarrow \therefore \frac{V_m}{V} = \frac{\rho}{\rho_f} = 0.89 \tag{3-46}$$

이다. 가라앉는 부분은 전체 부피의 89%이다.

문제 6 공기 중에서 나무토막의 질량은 20g이었다. 금속조각을 나무토막 밑의 줄에 매달았다. 금속조각만 물에 잠겼을 때 나무토막과 금속조각의 총 질량은 28g으로 관찰되었다. 그리고 나무토막과 금속조각을 모두 물에 잠겼을 때 총 질량은 4g으로 관찰되었다. 나무토막의 체적과 밀도를 구하라.

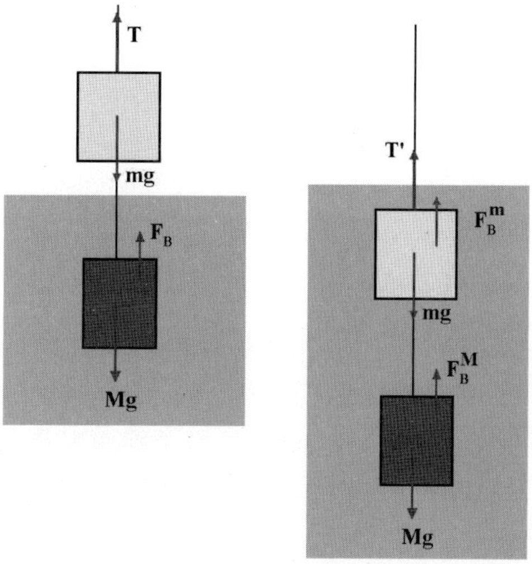

답. 금속조각만 잠겼을 때 평형조건에서 $T = mg + Mg - F_B^M$을 얻는다. 그리고 모두 잠겼을 때 평형조건에서 $T' = mg + Mg - F_B^M - F_B^m$을 얻는다. 위 두 식을 빼 주면

$$T - T' = F_B^m = \rho_w Vg \tag{3-47}$$

을 얻는다. 주어진 값을 대입하면 체적은 $V = 24cc$로 구해진다. 그리고 나무토막의 밀도는 $\rho = m/V = 0.83\,g/cc$이다.

문제 7 밀도 0.8g/cc의 나무토막 위에 질량 60kg의 사람이 서 있다. 사람의 발이 물에 젖지 않을 수 있는 나무토막의 최소 부피는 얼마인가?

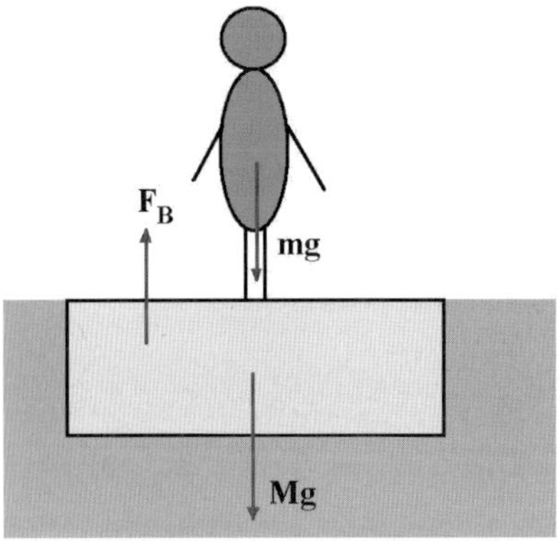

답. 평형상태이므로 $mg + Mg = F_B$를 만족한다. 여기서 사람의 발이 물에 젖지 않을 최소의 조건에서 나무토막은 완전히 잠기므로 $F_B = \rho_w Vg$이다. 따라서

$$mg + \rho Vg = \rho_w Vg \rightarrow \therefore V = \frac{mg}{(\rho_w - \rho)g} = 0.3\,m^3 \tag{3-48}$$

을 구할 수 있다.

문제 8 금속조각이 공기 중에서 20g이었다. 금속조각이 물에 잠겼을 때 16g이었다. 금속조각의 부피와 밀도를 구하라. 금속조각을 어떤 기름 속에 담갔을 때는 18g이었다. 이 기름의 밀도는 얼마인가?

답. 공기 중에서의 무게와 물속에서의 무게의 차이는 부력이므로 $W' = W - \rho_w Vg$이다. 이에 따라 $V = 4cc$를 구할 수 있다. 밀도는 $\rho = m/V = 5g/cc$이다. 기름에서도 마찬가지로 공기 중에서의 무게와 물속에서의 무게의 차이는 부력이므로 $W - W' = \rho_f Vg$에서 $\rho_f = 0.5\,g/cc$를 구할 수 있다.

문제 9 물이 담긴 비커(beaker)의 총 질량은 100g이었다, 이를 저울 위에 올려 놓고 줄에 매달린 질량 10g이고 밀도가 4g/cc인 금속조각을 완전히 물에 담갔다. 금속조각은 비커의 바닥에는 닿지 않고 물속에 있다. 저울의 눈금은 얼마일까?

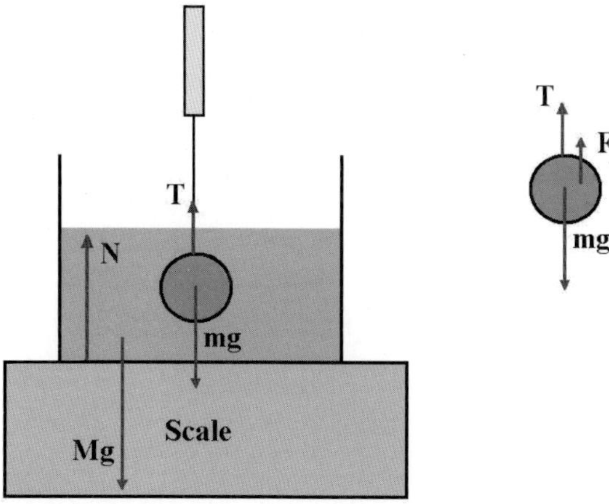

답. 힘의 평형에서 저울의 눈금은 $N = mg + Mg - T$이다. 그리고 $T = mg - \rho_w Vg$이므로

$$N = (m + M)g - (mg - \rho_w Vg) = 102.5\,g\text{중} \tag{3-49}$$

이다. 즉, 약 1N이다.

문제 10 한 변이 1cm인 정육각형 모양의 구리가 줄에 매달려 물속에 잠겨 있다. 줄에 작용하는 장력을 구하라. 구리의 밀도는 8.9g/cc이다.

답. $T = mg - \rho_w Vg = 0.077N$이다. 즉, 약 7.9g의 무게에 대응된다.

문제 11 단면적이 $5m^2$이고 높이 50cm인 배가 있다. 짐을 싣지 않았을 때 높이 25cm까지 물이 찬다고 한다. 배의 질량을 구하라. 이 배에 질량 60kg인 사람을 태우고 짐을 싣는다고 하자. 최대로 실을 수 있는 짐의 질량을 구하라.

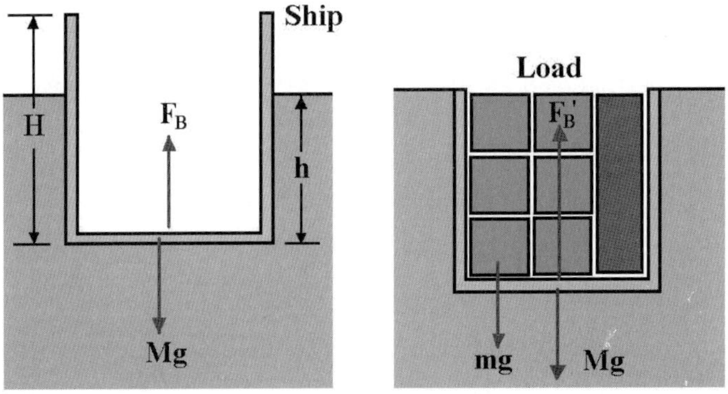

답. $W = mg = \rho_w V_m g$에서 1,250kg을 구할 수 있다. 짐을 실을 경우 힘의 평형에서

$$mg + Mg = \rho_w Vg \rightarrow \therefore m = 1,250kg \tag{3-50}$$

이다. 사람의 질량 60kg을 빼면 최대로 실을 수 있는 짐의 질량은 1,190kg이다.

문제 12 순금으로 만들었다고 주장하는 금관을 공기 중에서 무게를 달아 보니 100N이었다. 만약 순금으로 만들었다면 물속에 완전히 잠긴 후 무게를 측정하면 몇 N이 되겠는가? 금의 밀도는 19.3g/cc이다.

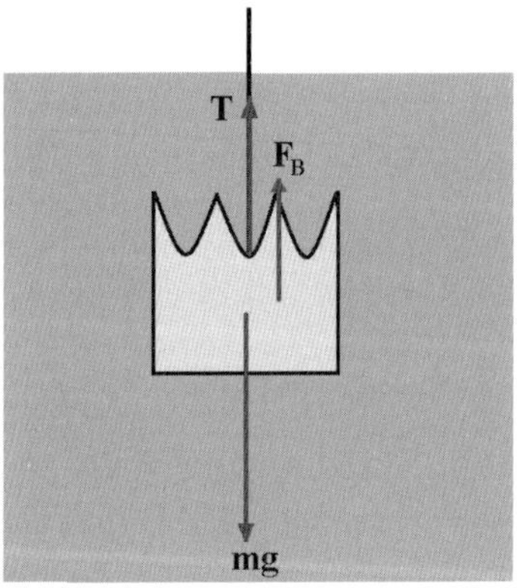

답. $T + F_B = W$이다. $F_B = \rho_w g V$이고 $W = \rho_{Au} V g = 100\,N$이므로

$$T = (\rho_{Au} - \rho_w) V g = 94.8\,N \qquad (3\text{-}51)$$

이다.

문제 13 한 변의 길이가 $W = 30m$인 정사각형의 수영장에 바닥에서 높이 $H = 2m$까지 물이 차 있다. 이날의 기압은 $P_a = 1.02 \times 10^5\,N/m^2$이다. (a) 물에 의해 바닥에 가해지는 총 힘은 얼마인가? (b) 네 개의 벽에 작용하는 힘은 얼마인가? 물의 밀도는 $\rho_w = 10^3\,kg/m^3$이다.

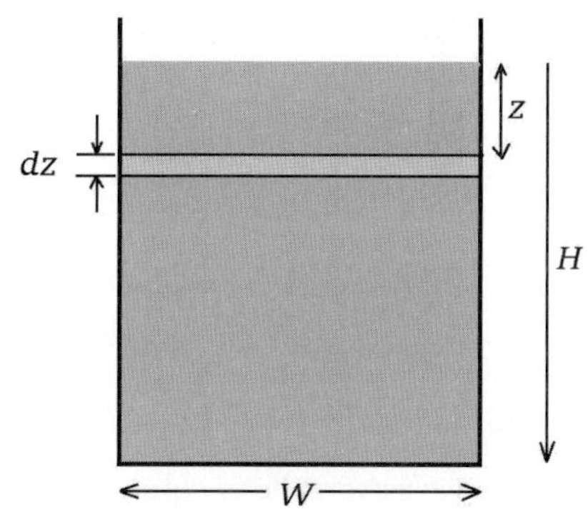

답. (a) 바닥에서의 압력은 $P = P_a + \rho_w g H = 1.216 \times 10^5\,N/m^2$이다. 따라서 힘은 $F = PA$이므로 $1.094 \times 10^8\,N$이다. (b) 수면에서 깊이 z에 있는 띠 dz에 작용하는 힘은

$$dF = 4P\,dA = 4(P_a + \rho g z)(W dz) \qquad (3\text{-}52)$$

와 같다. 전체적인 힘은 적분을 하면 된다. 즉,

$$F = \int dF = \int_0^H 4W(P_a + \rho g z)\,dz = 4W\left(P_a H + \frac{1}{2}\rho g H^2\right) \qquad (3\text{-}53)$$

이다. 주어진 값을 대입하면 $F = 2.472 \times 10^7\,N$이다.

문제 14 물통이 높이 1.5.m인 책상 위에 놓여 있다. 물통의 제일 아래쪽에 있는 작은 구멍을 통해 나온 물이 책상에서 30cm 떨어진 바닥에 떨어지는 것이 관측되었다. 물통에 담긴 물의 높이를 구하라.

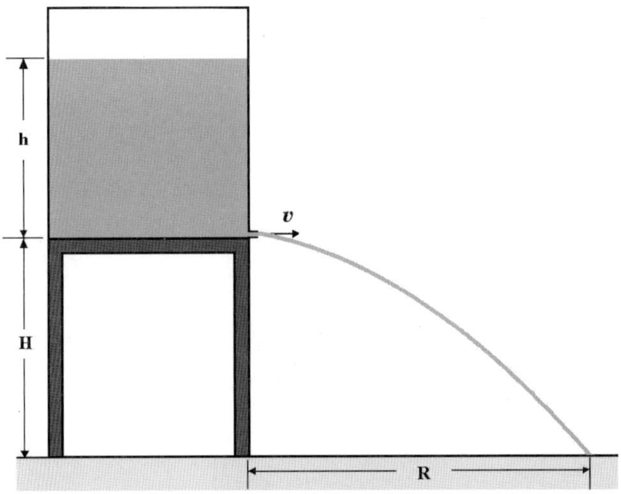

답. 물의 속도는 Bernoulli의 정리에서 $v = \sqrt{2gh}$ 이다. 책상에서 바닥에 떨어지는 데 걸리는 시간은 $H = \frac{1}{2}gt^2$에서 $t = \sqrt{\frac{2H}{g}}$ 이다. 따라서 $R = vt = 2\sqrt{hH}$ 에서 $h = 1.5m$를 구할 수 있다.

문제 15 큰 물탱크의 제일 아래쪽 부분에 단면적 $2mm^2$의 작은 구멍이 있다. 물탱크의 높이가 5m라면 1분 동안 새는 물의 양은 얼마인가?

답. 물의 속도는 Bernoulli의 정리에서 $v = \sqrt{2gh}$ 이다. 빠져나오는 물의 양은 vAt이므로 1.19l를 구할 수 있다.

문제 16 반경 1m인 물탱크가 있다. 이 물탱크는 지상에서 5m 높이에 설치되어 있다. 물탱크의 제일 아래쪽에 반경 1cm인 구멍이 있고 마개로 막혀 있다. 물탱크는 높이 3m까지 물이 채워져 있다. 구멍의 마개를 뺄 경우 구멍에서 나오는 물의 속도를 구하라. 초기에 물은 물탱크에서 얼마나 떨어진 지점에 떨어지는가? 그리고 물탱크를 비우는 데 걸리는 시간을 구하라.

답. 그림은 문제 13을 참조. 초기에 물탱크에서 나오는 물의 속도는 $v = \sqrt{2gh}$ 이다. 물이 바닥에 떨어지는 데 걸리는 시간은 $t=\sqrt{\frac{2H}{g}}$ 이므로 물이 떨어지는 위치는 $R=vt=7.75m$이다. 탱크 안의 물이 빠져나감으로써 물의 높이가 줄어든다. 물의 높이가 변하는 속도는 dh/dt이다. 연속방정식에서

$$-A_1\frac{dh}{dt}=A_2v_2 \tag{3-54}$$

을 구할 수 있다. $v_2=\sqrt{2gh}$ 이고 탱크에서 물이 줄어드는 속도 dh/dt는 항상 v_2보다 작다. 즉, $dh/dt \ll v_2$ 이다. 식 3-54를 이용하여 적분하면

$$dt=-\frac{A_1}{A_2}\frac{dh}{\sqrt{2gh}} \rightarrow \therefore t=-\frac{A_1}{A_2}\frac{1}{\sqrt{2g}}\int_H^0\frac{dh}{\sqrt{h}}=\frac{A_1}{A_2}\sqrt{\frac{2H}{g}} \tag{3-55}$$

을 구할 수 있다. 주어진 값을 대입하면 물탱크에서 물이 모두 빠져나가는 데 걸리는 시간은 2시간 48분임을 알 수 있다.

문제 17 Venturi 관은 유체의 속도를 측정하는 기기이다. 단면적 A와 a의 비는 $A/a=10$이다. 공기가 관 속으로 이동함으로써 관에 있는 수은 기둥의 높이 차이가 $h=15cm$가 난다. 공기의 속도 v_1을 구하라. 공기의 밀도는 1.3kg/m^{3}이고 수은의 밀도는 13.6×10^3kg/m^{3}이다.

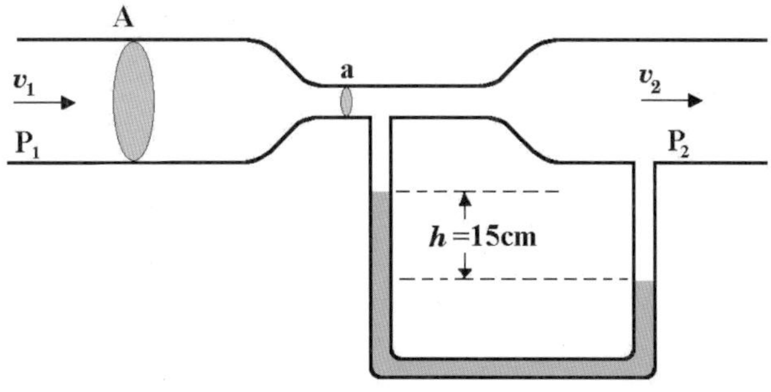

답. 연속의 정리에서 $Av_1=av_2 \rightarrow 10v_1=v_2$이다. 그리고 Bernoulli 정리에서

$$\frac{1}{2}\rho_{air}v_1^2+p_1=\frac{1}{2}\rho_{air}v_2^2+p_2 \tag{3-56}$$

이다. 압력 차이 때문에 높이 차이가 나므로 $p_1-p_2=\rho gh$이다. 따라서 식 3-56은

$$\frac{1}{2}\rho_{air}\,v_1^2 - \frac{1}{2}\rho_{air}\,(10v_1)^2 = p_2 - p_1 = -\rho gh \tag{3-57}$$

이 된다. $v_1 = \sqrt{\frac{2\rho gh}{99\rho_{air}}} = 17.6\,m/\text{sec}$이다.

문제 18 그림과 같이 큰 물통 안에 바닥에서 높이 $h_1 = 10m$까지 물이 차 있다. 물통의 바닥에서 높이 $h_2 = 1m$에 물통의 직경과 비교하여 무시할 수 있을 정도의 작은 직경의 구멍을 뚫었다. 이 구멍으로부터 나온 물이 물통에서 $x = 10m$ 지점에 도달할 수 있도록 하기 위해서 물통에 주어야 하는 압력 P는 몇 기압인가? 1기압은 $1.013 \times 10^5 N/m^2$이다.

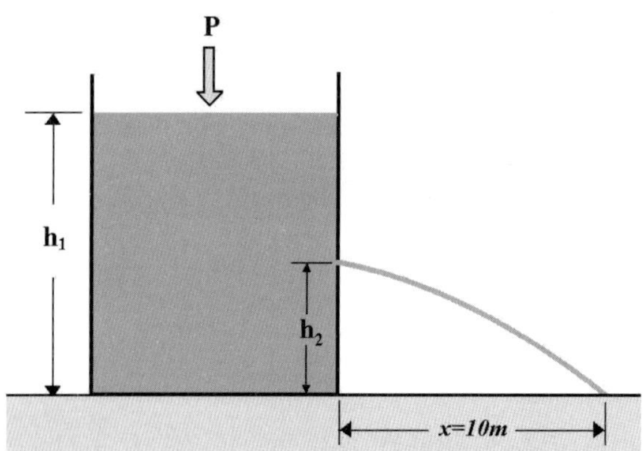

답. 물통의 윗부분과 작은 구멍 부분에 Bernoulli의 정리를 적용하면

$$P + \rho gh_1 + \frac{1}{2}\rho v_1^2 = P_a + \rho gh_2 + \frac{1}{2}\rho v_2^2 \tag{3-58}$$

을 얻는다. 여기서 P_a는 대기압이다. 물통 윗부분의 유체의 움직임은 아주 느리므로 $v_1 \approx 0$로 둘 수 있으므로

$$P = P_a + \rho g(h_2 - h_1) + \frac{1}{2}\rho v_2^2 \tag{3-59}$$

을 얻는다. 높이 h_2에 있는 구멍에서 나오는 물이 바닥에 도달하는 데 걸리는 시간은 자유낙하 공식에서 $h_2 = \frac{1}{2}gt^2 \rightarrow t = \sqrt{\frac{2h_2}{g}}$ 와 같다. 물이 떨어지는 위치는 $x = v_2 t = v_2\sqrt{\frac{2h_2}{g}}$ 와 같이 주어지고 속도는 $v_2 = \sqrt{\frac{g}{2h_2}}\,x$을 이용하여 구해진다. 이를 식 3-59에 대입하면

$$P = P_a + \rho g(h_2 - h_1) + \frac{1}{2}\rho\frac{g}{2h_2}x^2 \tag{3-60}$$

을 얻는다. 주어진 값을 대입하면 $P = 2.581 \times 10^5 N/m^2 = 2.55$기압을 얻는다.

문제 19 바닥에 놓여 있는 물탱크에 두 개의 작은 구멍이 있다. 구멍은 각각 바닥에서 4cm와 10cm 위에 있다. 두 구멍에서 나오는 물이 같은 위치에 떨어지기 위해서는 물의 높이는 얼마여야 하나?

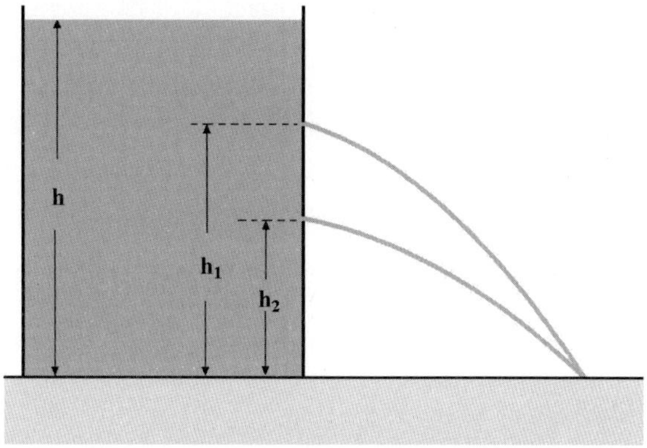

답. Bernoulli의 정리를 적용하면 물의 속도는 구멍과 수면 사이의 거리에만 관계된다. 즉, 위 구멍과 아래 구멍에서 나오는 유체의 속도는 각각

$$v_1 = \sqrt{2g(h-h_1)},\ v_2 = \sqrt{2g(h-h_2)} \tag{3-61}$$

와 같이 주어진다. 두 구멍에서 물이 바닥에 떨어지는 시간은 자유낙하에서

$$t_1 = \sqrt{\frac{2h_1}{g}},\ t_2 = \sqrt{\frac{2h_2}{g}} \tag{3-62}$$

와 같이 구해진다. 거리는 속도와 시간의 곱이므로

$$v_1t_1 = v_2t_2 \rightarrow (v_1t_1)^2 = (v_2t_2)^2 \tag{3-63}$$

에서 $h = h_1 + h_2 = 14\,cm$를 얻는다.

문제 20 공기로 채워진 밀폐된 공간에 헬륨을 넣은 풍선이 바닥에 연결되어 있다. 이 전체 공간이 오른쪽으로 가속된다고 하자. 풍선이 움직이는 방향과 그 이유를 설명하라.

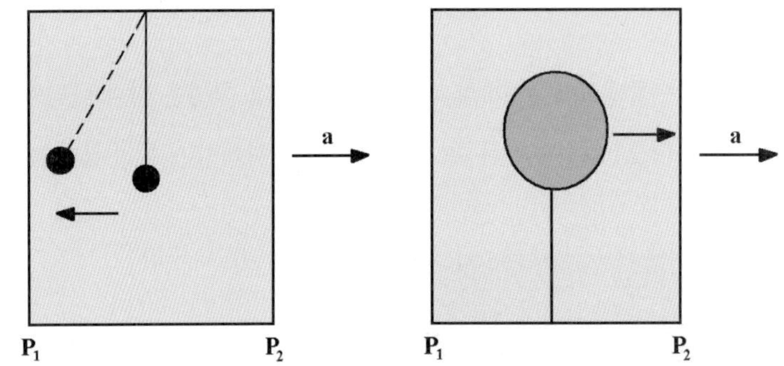

답. 풍선은 오른쪽으로 움직인다. 전체 공간이 오른쪽으로 가속되면 그 안에 있는 공기는 왼쪽으로 이동한다. 이에 따라 왼쪽이 오른쪽보다 압력이 높다. 이 압력 차이에 의해 풍선은 오른쪽으로 움직이게 된다. 이러한 풍선의 운동방향은 천장에 매달린 진자의 경우 가속되는 반대방향으로 움직이는 것과 대비된다.

문제 21 깔때기에 탁구공을 넣고 좁은 목에 입으로 공기를 불어 넣는다. 깔때기의 방향을 위쪽으로 두었을 경우 아무리 세게 불어도 공이 잘 올라가지 않음이 관찰된다. 마찬가지로 깔때기의 방향을 아래쪽으로 두고 바람을 불어 넣으면 공은 잘 떨어지지 않음이 관찰된다. 그 이유를 설명하라.

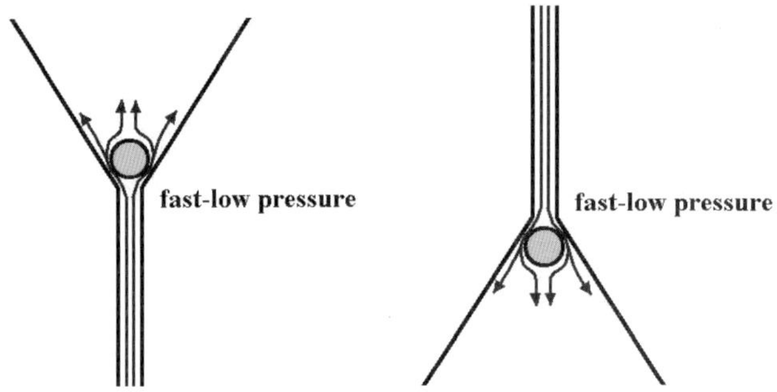

답. 공기를 불어 넣음으로써 깔때기의 목 부분에서는 공기의 속도가 빨라지므로 압력이 낮아진다. 이에 따라 깔때기의 위쪽 부분과 목 부분 사이에는 압력 차이가 발생하여 탁구공을 목 부분으로 밀어 넣음으로써 공은 올라가지 않는다. 마찬가지로 깔때기가 아래 방향인 경우에도 목 부분에는

불어 넣는 공기에 의해 그 부분에서는 압력이 낮아져서 공이 깔때기의 목 부분으로 밀어 넣어짐으로써 공이 떨어지지 않게 된다.

문제 22 그림과 같은 siphon 구조에서 물이 나오는 호스의 끝 부분에서의 물의 속도를 구하라.

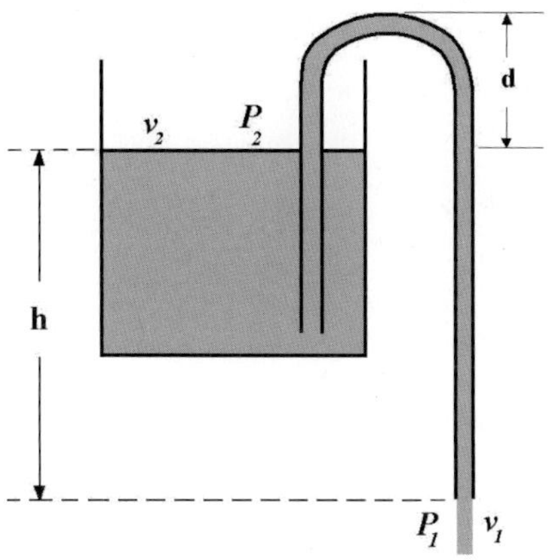

답. 탱크 안의 수면 부분과 호스 끝 사이에 Bernoulli 정리를 적용하면 물의 속도는 $v_1 = \sqrt{2gh}$ 이다.

문제 23 직경 1mm의 알루미늄 구가 점성계수 $\eta = 0.8 \times 10^{-3} poise$이고 밀도가 0.7g/cc인 유체로 떨어질 때의 종단속도를 구하라. 알루미늄의 밀도는 2.7g/cc이다.

답. $v_t = \frac{2}{9}\frac{r^2 g}{\eta}(\rho - \rho_f) = 1.36 m/\sec$이다.

문제 24 직경이 1cm인 파이프 안으로 물이 흐른다. 물의 흐름이 층류(laminar flow)가 되기 위한 물의 최고속도를 구하라. 물의 점성계수는 $10^{-2} poise$이다.

답. $Re = \frac{\rho v D}{\eta} \leq 2{,}000$의 조건을 만족해야 흐름이 층류가 된다. 이에 따라 층류가 되기 위한 유체의 속도의 조건은

$$v \leq \frac{2000\eta}{\rho D} = 20 cm/\sec \tag{3-64}$$

이다. 따라서 층류가 되기 위한 물의 최고속도는 20cm/sec이다.

문제 25 유리잔에서 올라오는 반경 0.3mm의 공기방울의 종단속도를 구하라. 공기의 밀도는 0.0012g/cc이고 물의 점성계수는 $10^{-2} poise$이다.

답. $v_t = \frac{2}{9}\frac{r^2 g}{\eta}(\rho_w - \rho) = 19.6cm/\sec$이다.

문제 26 반경 $1mm$의 금속 구가 물속에서 $20cm/\sec$의 속도로 떨어지고 있다. 금속 구가 받는 점성 저항력을 구하라.

답. $F_d = 6\pi\eta r v = 3.8 \times 10^{-6} N$이다.

문제 27 점성계수 $0.05 poise$인 액체가 직경 10cm의 파이프 안에 속도 0.6m/sec의 속도로 흘러간다. 액체가 100m를 흘러가는 동안의 압력감소를 구하라.

답. $Q = \frac{\pi}{8}\frac{R^4}{\eta L}\Delta P$에서 $\Delta P = \frac{8Q\eta L}{\pi R^4}$이다. $Q = Av$로 주어진다. 여기서 $A = \pi R^2$는 단면적이다. 따라서 $\Delta P = \frac{8\eta L v}{R^2} = 960 N/m^2$이다.

문제 28 반경 1mm의 알루미늄 구가 물속으로 떨어질 때의 종단속도를 구하라. 알루미늄의 밀도는 2.7g/cc이다.

답. $v_t = \frac{2}{9}\frac{r^2 g}{\eta}(\rho - \rho_f) = 3.7m/\sec$이다.

문제 29 밀도 2.6g/cc의 유리구가 기름 속으로 낙하한다. 기름의 밀도는 0.9g/cc이고 점성계수는 $0.2 poise$이다. 유리구를 떨어뜨린 후 100sec 후에는 50cm 떨어짐이 관측되었다. 유리구의 크기를 구하라.

답. 속도는 $v = 0.5cm/\sec$이다. $v = \frac{2}{9}\frac{r^2 g}{\eta}(\rho - \rho_f)$에서 $r = 0.16mm$이다.

문제 30 직경 1cm인 긴 수도관에서 나오는 물이 난류가 되는 속도를 구하라. 그리고 이 속도에서 단위시간당 흘러나오는 물의 양은 얼마인가?

답. $Re = \frac{\rho v D}{\eta} = 3,000$에서 $v = \frac{3000\eta}{\rho D} = 0.3m/\sec$이다. $Q = \frac{\pi D^2}{4} v = 0.024 l/\sec$이다.

문제 31 3cc의 수용액을 직경 1cm인 주사기를 사용하여 주사한다고 하자. 주사용액에서 주삿바늘 끝까지의 길이는 3cm이다. 그리고 주삿바늘의 직경은 1mm이다. 0.3sec에 모두 주사한다고 할 때 주사하는 데 주어지는 힘을 구하라. 주삿바늘로 나오는 수용액의 속력을 구하라. 수용액의 점성계수는 $10^{-3} poise$이다.

답. $\Delta P = \frac{8Q\eta L}{\pi R^4}$에서 $Q = \frac{V}{t} = 10\,cc/\mathrm{sec}$이다. 주어진 값을 대입하면

$$\Delta P = 12,229\,\frac{dyne}{cm^2} = 1222.9\,Pa \tag{3-65}$$

이다. 주사기에 주어진 힘은 $F = PA = 0.096\,N$이다. 수용액이 주삿바늘로 나오는 속도는

$$v = Q/A' = 12.7\,m/\mathrm{sec} \tag{3-66}$$

이다. 여기서 A'은 주삿바늘의 면적이다.

제4장

열역학

1. 온도

온도(temperature)는 물체의 뜨겁고 차가운 정도를 숫자로 표시한 것이다. 물체의 뜨겁고 차가운 정도는 물체를 구성하는 원자들의 운동에 관련되어 있다. 원자들의 운동이 활발하면 물체는 뜨겁고, 원자들의 운동이 활발하지 못하면 물체는 차갑다. 이러한 물체의 뜨겁고 차가운 정도를 나타내는 온도를 어떻게 숫자로 나타내는가는 온도체계(temperature scale)마다 다르다. 즉, 어떤 온도를 기준으로 잡느냐, 또는 온도간격은 어떻게 할 것이냐에 대한 다양한 방법이 있을 수 있다. 가장 많이 사용하는 온도체계로는 섭씨(Celsius), 화씨(Fahrenheit), 절대(또는 Kelvin) 온도체계가 있다.

물체의 온도를 재는 것이 온도계(thermometer)이다. 어떤 물질의 물리적 특성이 온도에 따라 변하면 그 특성을 온도 측정에 이용할 수 있다. 즉, 그 물질을 온도계의 물질로 이용할 수 있게 된다. 온도의 측정에서는 온도계를 측정하고자 하는 물체와 열적으로 접촉을 시켜 온도계로 사용하는 물질의 물리적 특성을 측정하는 것이다. 온도계로 사용하기에 가장 편리한 경우가 그 물리적 성질이 온도에 따라 직선적으로 변하는 경우이다. 이 경우 온도는 그 물리량에 직선적인 관계에 있으므로

$$T(x) = ax + b \tag{4-1}$$

와 같이 표현된다. 여기서 a와 b는 상수로서 온도계로 사용한 물질의 특성에 따라 다르며, 두 특정 온도에 의해 결정된다. 이와 같이 두 특정 온도에서의 물리량에 따라 특정 온도계의 특성이 결정된다. 즉, 온도의 측정에서 두 기준점을 잡아야 그 사이를 균등하게 자르거나, 또는 특정 함수로 나타낼 수 있다. 섭씨와 화씨 온도체계에서는 물의 어는점과 물의 끓는점을 두 개의 기준점으로 잡는다(해수면에서의 값들). 섭씨 온도체계에서는 물의 어는점을 0°C, 물의 끓는점을 100°C로 잡는다. 그리고 그 사이를 100등분하여 온도를 정한다. 또한 등분은 0°C 이하와 100°C 이상에서도 그대로 적용된다. 반면에 화씨 온도체계에서는 물의 어는점을 32°F, 물의 끓는점을 212°F으로 잡는다. 그리고 그 사이를 180등분하여 온도를 전한다. 또한 등분은 32°F 이하와 212°F 이상에서도 그대로 적용된다.

절대온도는 섭씨와 화씨 체계와는 달리 열역학적인 온도(thermodynamic temperature)를 준다. 일정 체적에서 기체의 압력을 측정하면 온도에 비례하는데, 이러한 특성은 기체의 종류에 무관한 것이 발견되었다. 이에 따라 기체의 종류에 무관한(기체가 희박하다는 이상기체의 조건이 만족되면) 온도체계를 만들 수 있게 되었고, 이를 열역학적 온도체계라고 부르게 되었다. 기체의 체적을

일정하게 유지하고 기체의 온도변화에 따른 압력을 측정하는 것이 등적기체온도계(constant volume gas thermometer)이다.

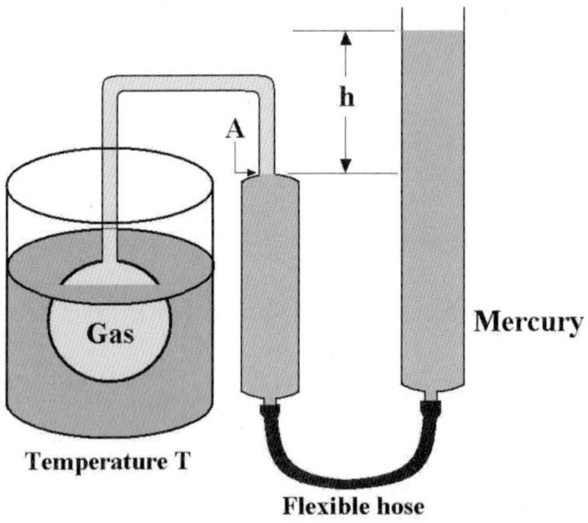

그림 4-1. 등적기체온도계의 구조

그림 4-1에 등적기체온도계의 개략적인 구조가 주어져 있다. 여기서 기체는 이상기체로 간주할 수 있을 정도로 희박하다(dilute). 온도가 증가하면 기체의 압력이 증가하고 온도가 내려가면 기체의 압력이 감소한다. 이 기체의 온도에 따른 압력의 변화를 수은기압계(mercury manometer)로 측정한다. 압력은 두 수은기둥의 높이 차이 h로 측정된다. 측정하는 압력은 기체의 체적이 일정하게 유지될 때의 압력이다. 즉, 기체의 체적을 온도가 변해도 변하지 않도록 할 필요가 있다. 온도가 증가하여 기체가 팽창하면 압력이 증가하여 기체의 체적이 증가할 것이므로 오른쪽 관을 들어 올려 기체가 A지점에 머물도록 한다. 또한 온도가 내려가면 압력이 내려가서 기체의 체적이 줄어들 것이므로 오른쪽 관을 내려서 기체가 A지점에 있도록 한다. 관을 들어 올리고 내림으로써 기체가 항상 A지점까지 차 있도록 조절할 수 있다. 즉, 기체의 등적상태에서의 온도에 따른 압력을 측정할 수 있는 것이다.

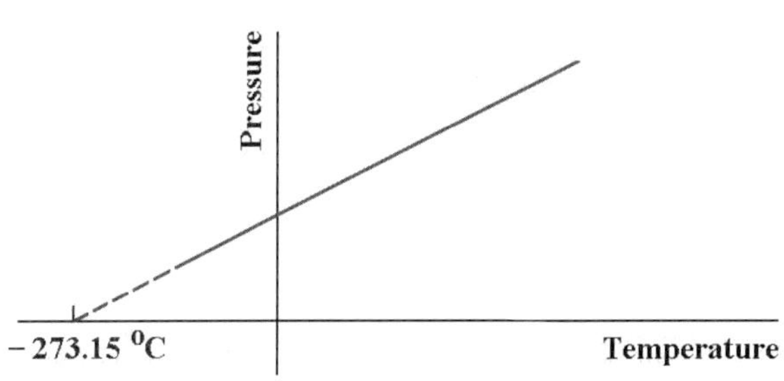

그림 4-2. 이상기체의 온도에 따른 압력의 변화

위와 같은 등적기체온도계를 사용하여 측정한 온도에 따른 기체압력의 변화가 그림 4-2에 주어져 있다. 압력은 온도에 따라 직선적으로 변하고 있음을 볼 수 있다. 이러한 직선적 현상은 사용한 기체에 관계없이 만족된다. 이는 기체가 희박할 경우 기체의 압력, 온도, 체적 사이에는

$$PV = nRT \tag{4-2}$$

의 관계를 만족(이상기체 상태방정식, 아래를 참조)하는데, 체적 V가 일정해서 압력이 온도에 직선적으로 비례하기 때문이다. 실험결과를 압력이 0이 되는 지점까지 연장하면(extrapolated) -273.15°C에 접근함을 볼 수 있다. 이 온도가 바로 절대영도(absolute zero)이고 Kelvin 온도체계의 시작점이다. 즉, $0K$에 해당된다. 절대영도에서는 압력이 0이 되므로 기체의 운동이 정지된다. 실제로는 모든 기체는 아주 희박하지 않을 경우 온도가 절대영도 가까이로 내려가면서 액체에서 고체로 바뀐다. 그리고 양자역학적으로는 불확정성 원리에 의해 물체를 이루는 입자들은 정지할 수 없으므로 실험적으로 절대영도를 얻을 수는 없다. 위와 같이 절대영도는 정적기체온도계에서 자연적으로 도출되는 온도이다. 그리고 모든 기체에 대해 절대영도는 동일하므로 일반적인 온도이다.

절대온도체계에서도 온도를 표시하기 위해서는 두 개의 기준점이 필요하다. 하나의 기준점은 절대영도이고 다른 하나의 기준점은 물의 삼중점(triple point)을 이용한다. 물의 삼중점은 어느 곳에서도 동일한 값으로서 일반적인 물리량이다(물의 끓는점은 고도에 따라 달라진다). 위 두 기준점 사이의 등분은 섭씨 온도체계의 등분을 그대로 사용한다. 따라서 섭씨온도와 절대온도의 사이에는 $^oC = K + 273.16$의 관계를 가진다. 물의 삼중점에서는 물의 액체(물), 기체(수증기), 고체(얼음) 상태가 공존한다. 물의 삼중점의 온도는 $T_3 = 273.16K$(0.01°C)이고 압력은 $P_3 = 612\,Pa(6 \times 10^{-3}\,atm)$이다.

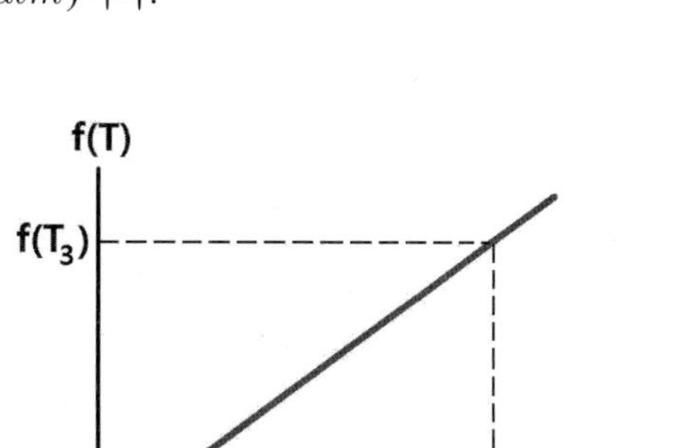

그림 4-3. 절대온도체계에서의 온도결정

그림 4-3에 직선적인 관계를 이용할 경우 절대온도체계에서 기체의 임의의 물리량 $f(T)$의 온도에 따른 변화를 보여 주고 있다. 0(절대영도)과 물의 삼중점(TP)이 두 개의 기준점이다. 직선의 기울기는 $f(T_3)/273.16$이다. 따라서 임의의 온도에서 $f(T)$는

$$f(T) = \frac{f(T_3)}{273.16}T \rightarrow \therefore T = \frac{f(T)}{f(T_3)} \times 273.16 \tag{4-3}$$

로 주어진다. $f(T)$가 압력이라면

$$T = \frac{P(T)}{P(T_3)} \times 273.16 \tag{4-4}$$

이다. 즉, 어떤 압력 $P(T)$가 측정되면 이 압력에 대응되는 온도를 식 4-3에서 결정할 수 있다.

예제 1 화씨로 50°F를 섭씨와 절대온도로 바꾸면 몇 도인가?

답. $C = \frac{5}{9}(F-32)$에서 10°C이다. 절대온도로는 $K = C + 273$에서 283K이다.

예제 2 어떤 저항온도계의 저항이 물의 삼중점 시료(cell)에서 5.2Ω으로 관찰되었다. 저항이 10Ω이 되는 곳의 온도는 얼마인가? 저항은 온도에 직선적으로 변한다고 한다.

답. $\frac{T_c}{R_c} = \frac{T}{R}$에서 $T = \frac{R}{R_c}T_c = 523.31K$이다. 여기서 삼중점의 온도는 273.16K를 사용하였다.

온도를 측정하기 위해서 온도계를 사용하는데 물리학적인 입장에서 볼 때 온도를 잰다는 것은 물리량이 온도에 따라 어떻게 변하는가를 보는 것이다. 따라서 기본적으로는 온도에 따라 변하는 물리량들은 모두 온도를 측정하는 데 이용될 수 있다. 즉, 온도에 따라 부피가 변하는 것, 전기저항이 변하는 것, 색이 변하는 것 등을 온도를 재는 데 이용할 수 있다. 그러나 온도에 따라 변하는 물리량이더라도 실용적으로 이용될 수 없는 것들은 온도측정에 사용되지 못한다. 즉, 온도 측정에 사용할 수 있기 위해서는 측정하고자 하는 온도범위에서 측정 가능할 정도로 물리량이 크게 변해야 되고, 또한 온도에 따른 변화가 간단한 물리법칙에 의해 설명될 수 있어야 한다. 특정 온도영역에서 특정 물리적 성질이 많이 변하는 물질을 그 온도영역에서 온도를 측정하는 데 사용한다. 그리고

위에서 보았듯이 식 4-1과 같이 온도에 따라 직선적으로 변하는 물리량이 온도측정에서 가장 유용하게 사용될 수 있다.

상온근방의 온도를 측정하기 위해서 수은 또는 알코올 온도계가 이용되고 있다. 이들 온도계는 액체의 부피가 온도에 따라 직선적으로 변하는 것을 이용한 것이다. 즉, 온도가 높아지면 액체의 부피가 커지고 반대로 온도가 낮아지면 부피가 줄어드는 물리법칙을 사용한 것이다. 밀봉된 가는 유리관 속에 수은 또는 알코올을 넣고 물의 어는 온도와 끓는 온도에서의 부피에 해당되는 위치를 표시하고 그 사이를 100등분(섭씨의 경우)하여 온도계를 만든 것이다. 수은은 은회색을 띠고 있어서 식별이 용이하나 알코올은 색이 없어 투명하므로 주로 붉은 색소를 넣어 식별이 용이하게 만든다. 이러한 온도계는 기온을 재거나 사람의 체온을 재는 데 많이 이용되고 있다.

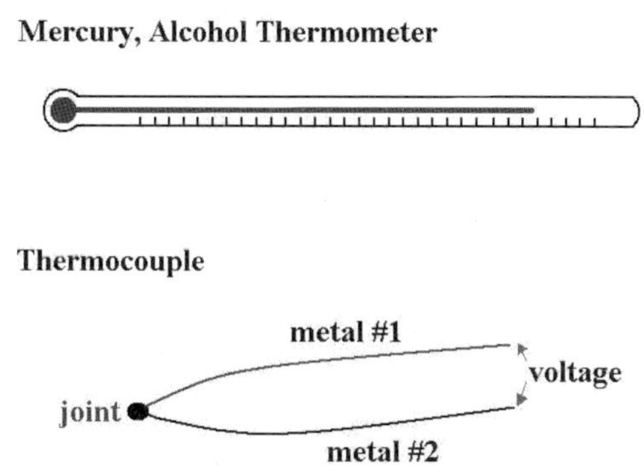

그림 4-4. 수은온도계와 열전대

석유난로, 전열기, 냉장고 등에서 온도를 측정하기 위해서는 기기(器機)의 작동온도에서 파손이 되지 않는 온도계를 사용하여야 한다. 또한 온도를 조절해야 하는 기기에는 온도가 설정된 온도보다 높거나 낮으면 전기신호를 주어 온도를 조절해야 하는 경우가 많다. 냉장고, 온풍기, 에어컨 등이 그 대표적인 경우이다. 이러한 기기에서는 온도에 따라 변하는 전기적인 신호를 측정하는 온도계를 사용하는 것이 좋다. 이러한 경우 많이 사용되는 온도계가 열전대(thermocouple)이다. 열전대는 두 개의 다른 도체를 접합시켰을 때 두 도체 사이에 전압차가 생기며 이 전압차가 온도에 따라 변하는 성질을 온도측정에 이용한 것이다. 열전대로 측정 가능한 온도영역은 상당히 넓다. 여러 종류의 열전대가 개발되어 -180°C에서 2,000°C까지의 온도를 측정하는 데 사용되고 있다.

온도의 측정에서 온도계와 온도를 측정하려는 물질은 열적평형(thermal equilibrium)상태에 있어야 한다. 열적평형상태에서는 두 물체는 동일한 온도가 된다. 열역학 제0법칙에 의하면 서로 접촉하고 있는 물체는 열적평형상태에 도달하고 온도가 같게 된다. 즉, 뜨거운 물체와 차가운 물체를 열적으로 접촉시키면 두 물체 사이에 열에너지의 이동에 의해 종래에는 두 물체의 온도가 같아지는 열적평형상태에 도달한다. 또한 열역학 제0법칙은 다음과 같이 기술되기도 한다. 두 물체가 각각 제3의 물체와 열적평형상태에 있다면 두 물체도 또한 열적평형상태에 있다. 즉, A와 B가 각각 C와 온도가 같다면 A와 B도 같은 온도이다. 이에 따라 C가 온도계라고 할 경우 두 물체 A와 B의 온도를 측정하여 온도가 같으면 A와 B는 같은 온도라고 얘기할 수 있게 된다. 또한 열역학 제0법칙에 의하면 3개 이상의 물체가 열적평형상태에 있다면 그 물체 중 어느 두 개의 물체를 택하더라도 그 두 물체는 열적평형상태에 있다고도 얘기할 수 있다.

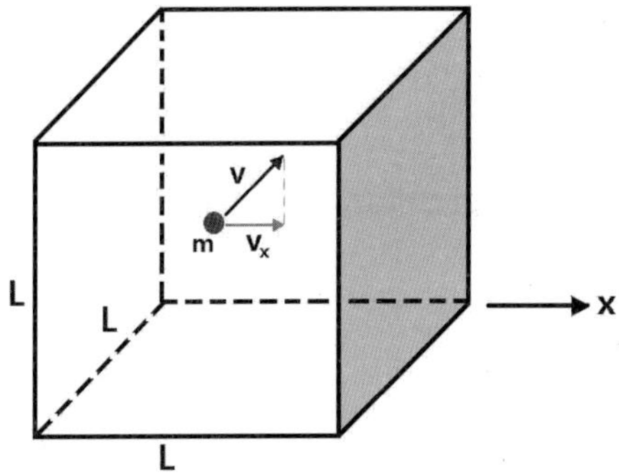

그림 4-5. 상자 속에 갇힌 기체분자의 운동에 의한 압력

다음에는 이상기체 상태방정식과 기체 운동론을 결합함으로써 기체의 온도가 기체의 운동에너지와 어떻게 관련되는지를 보기로 한다. 이상기체란 기체원자 상호 간의 작용이 없을 정도로 기체가 희박한 경우를 말한다. 기체 1mole을 고정된 부피의 상자에 넣고 온도에 따른 기체의 압력을 측정하면 상자안의 기체의 종류에 관계없이 이 압력이 거의 동일하다는 것을 발견할 수 있다. 그리고 기체의 농도가 아주 희박해지면 모든 기체에서

$$PV = nRT \tag{4-5}$$

의 관계가 만족됨을 관찰할 수 있다. 식 4-5를 이상기체 상태방정식(ideal gas law)이라고 부른다. 여기서 n은 기체의 mole수이고 R은 기체상수로서 8.31J/mole·K의 값을 가진다. 그리고 P, V, T는 기체의 상태함수(기체의 상태를 나타내는 물리량)로서 각각 압력, 체적, 온도를 나타낸다. 식

4-5는 기체의 mole에 대한 식인데 Boltzmann 상수로 표현하기 위해

$$k = \frac{R}{N_A} = 1.38 \times 10^{-23}\ J/K \tag{4-6}$$

의 관계를 이용하면

$$PV = NkT \tag{4-7}$$

로 표현될 수 있다. 여기서 $n = N/N_A$를 사용하였다. 이와 같이 기체분자의 수 N으로 표현한 이상기체 상태방정식을 구할 수 있다.

기체가 온도 T로 유지되는 상자 속에 갇혀 있는 경우를 생각해 보자. 그림 4-5에서와 같이 기체는 상자 속에서 무작위방향으로 움직인다. x축 방향의 벽에 기체가 부딪힘으로써 벽에 압력을 미친다. 질량 m인 기체분자의 x방향으로의 속도성분이 v_x라고 하자. 이 기체가 벽에 부딪힘으로써 변하는 x방향의 운동량의 변화는

$$\Delta p_x = |\Delta p(x)| = |(-mv_x) - mv_x| = 2mv_x \tag{4-8}$$

로 주어진다. 여기서 기체분자와 벽과의 충돌은 탄성충돌이라고 가정하였다. 이 운동량의 변화는 벽에 압력으로 주어진다. 기체분자가 벽과 한 번 충돌하는 데 걸리는 시간은 기체분자가 상자의 끝에서 출발하여 충돌 후 원래의 위치로 돌아오는 데(거리는 $2L$, 속도는 v_x) 걸리는 시간이므로 $\Delta t = 2L/v_x$로 주어진다. 따라서 기체분자가 한 번의 충돌에 의해 벽에 미치는 힘은

$$\frac{\Delta p_x}{\Delta t} = \frac{2mv_x}{2L/v_x} = \frac{mv_x^2}{L} \tag{4-9}$$

이다. 상자 속에 n mole의 기체분자가 있다면 기체분자의 총 수는 nN_A이다. 따라서 전체 기체분자의 충돌에 의해 벽에 주어지는 힘은

$$F_x = \frac{nN_A m(v_x^2)_{ave}}{L} \tag{4-10}$$

이다. 여기서 $(v_x^2)_{ave}$는 전체 기체분자에 대한 평균속도를 나타낸다. 이에 따라 기체분자의 충돌에 의한 벽에 미치는 압력은 $P = F/A$의 관계식에서

$$P = \frac{F_x}{L^2} = \frac{nN_A m (v_x^2)_{ave}}{L^3} = \frac{nN_A m (v_x^2)_{ave}}{V} \tag{4-11}$$

로 표현된다. 기체의 속도는 $v^2 = v_x^2 + v_y^2 + v_z^2$이고 기체분자의 속도방향은 무작위방향이므로 x, y, z의 셋 방향으로의 속도제곱은 동일하다. 따라서 $v_x^2 = v^2/3$라고 둘 수 있다. 따라서 식 4-11은

$$PV = \frac{1}{3} nN_A m (v^2)_{ave} \tag{4-12}$$

로 표현된다. 위 식을 식 4-17과 비교하면

$$K_{ave} = \frac{1}{2} m (v^2)_{ave} = \frac{3}{2} kT \tag{4-13}$$

을 구할 수 있다. 식 4-13은 기체분자의 평균운동에너지는 온도에 비례함을 보여 주고 있다. 이 관계는 기체분자의 질량에 무관함을 볼 수 있다. 즉, 기체의 온도를 측정함으로써 기체의 운동에너지를 결정할 수 있음을 보여 준다.

2. 열에너지

열(heat)은 에너지의 한 형태이다. 물체는 열에너지(thermal energy)를 가진다. 열에너지는 물체를 구성하는 원자나 분자의 운동에 의한 운동에너지와 진동, 회전 등의 위치에너지의 합이다. 이 열에너지 때문에 물체는 온도를 가진다. 그러나 열에너지는 물체의 상태를 나타내는 상태함수(state function)는 아니다. 상태함수는 물체의 온도, 압력, 부피 등으로서 물체가 어떤 상태에서 다른 상태로 전이할 때 각 과정에서 물체의 상태를 표현하는 것이다. 이에 반해서 열에너지는 일(work)과 마찬가지로 다른 물체와 주고받는 것이다.

물체는 주위(surrounding, 물체 이외의 것)와 열적으로 상호작용을 한다. 즉, 물체는 주위와

열을 주고받는다. 이 과정은 물체의 온도와 주위의 온도가 동일하게 될 때까지 계속된다. 물체의 온도와 주위의 온도가 동일하게 되는 상태를 열적평형(thermal equilibrium)이라고 부른다.

물체에 열이 주어지면 물체를 구성하는 원자나 분자의 운동이 활발해짐으로써 물체의 온도가 올라간다. 물체의 온도가 올라감에 따라 물체는 변형을 할 수도 있다. 즉, 크기가 커질 수도 있다. 또한 물체의 상태가 바뀔 수도 있다. 즉, 고체가 액체로 또는 액체가 기체로 변할 수 있다.

열의 유입에 의해 고체와 액체는 온도가 올라가며 활발해진 원자나 분자들의 운동에 의해 물체의 크기가 변할 수 있다. 열에 의해 고체막대의 길이 방향으로의 변화는 길이팽창계수(coefficient of linear expansion)로 주어진다. 이에 따라 막대의 길이변화는

$$\Delta L = \alpha L_o \Delta T \tag{4-14}$$

로 주어진다. 여기서 α는 길이팽창계수이고 L_o는 원래의 길이를 나타낸다.

그리고 온도의 증가 ΔT에 의해 고체나 액체의 부피변화 ΔV는

$$\Delta V = \beta V \Delta T \tag{4-15}$$

로 표현된다. 여기서 β는 부피팽창계수(coefficient of volume expansion)이다. 고체의 경우 부피팽창계수 β는 길이팽창계수 α의 3배이다.

표 4-1. 고체와 액체의 길이팽창계수와 부피팽창계수

고체	길이팽창계수($\times 10^{-6}$ /°C)	액체	부피팽창계수($\times 10^{-4}$ /°C)
알루미늄	2.55	알코올	11
구리	16.7	가솔린	12
유리	8.3	수은	1.82
금	14.2	벤젠	12.4
얼음	51	물	3
철(iron)	12	글리세린	5.3
텅스텐	4.5	클로로폼	12.6
강철(steel)	12	에탄올	7.5

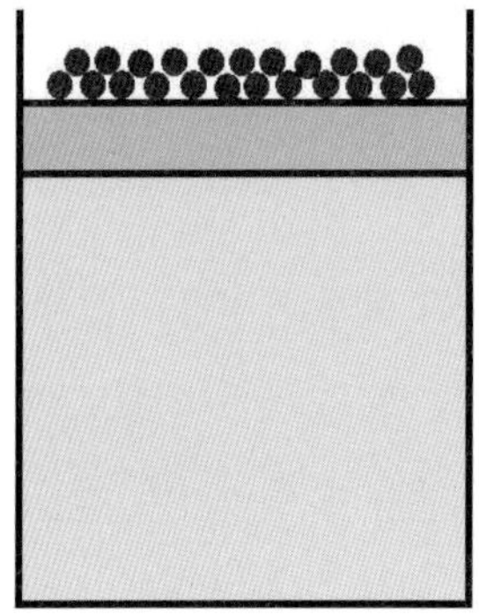

그림 4-6. 피스톤에 의해 갇힌 기체

고체는 정해진 모양을 가지나 액체의 모양은 담긴 용기에 따라 달라진다. 그런데 액체의 경우에는 자유면(free surface)이 가능하다. 따라서 열에 의해 그 체적이 증가할 수 있다. 반면에 기체는 그 모양이 담긴 용기에 따라 달라지고 자유면도 없다. 이에 따라 기체는 일정한 체적을 가진 밀폐된 공간에 갇혀야 한다. 그렇지 않을 경우 기체는 모든 공간으로 퍼져 버린다. 그림 4-6에 피스톤에 의해 갇힌 기체의 경우를 보여 주고 있다. 피스톤 위에 놓인 금속알갱이의 무게와 기체의 압력에 의한 힘이 균형을 이루고 있다. 피스톤이 자유롭게 움직일 수 있다면 이 기체 계에 열을 가하면 체적이 증가하게 될 것이다. 이와 같이 모든 물체는 열에 의해 체적이 증가하는 효과를 관찰할 수 있다.

고체나 액체에 열을 가하면 온도가 올라간다. 그리고 반대로 고체나 액체의 열에너지가 빠져나가면 온도가 내려간다. 열의 유입이나 유출에 의한 물체의 온도변화는 그 물체의 특성에 따라 다르다. 즉,

$$Q = C\Delta T \tag{4-16}$$

로 표현된다. 여기서 Q는 유입이나 유출되는 열량이고 ΔT는 온도의 증감을 나타낸다. 그리고 C는 열용량(heat capacity)으로서 그 물체의 온도를 1K 올리는 데 필요한 열량이다. 즉, 열용량의 단위는 cal/K이다. 위와 같은 열용량은 물체의 크기가 크면 커지기 때문에 여러 물체 사이의 열에 대한 온도변화를 비교하는 데 적합하지 못하다. 이를 위해 단위질량당 열용량인 비열(specific heat capacity 또는 specific heat)을 정의한다. 이에 따라 식 4-16은

$$Q = mc\Delta T \tag{4-17}$$

과 같이 고쳐 쓸 수 있다. 여기서 m은 물체의 질량이다. 그리고 비열의 단위는 cal/kg·K이다. 단위 mole당 비열이 정의되기도 한다. 특히 이 정의는 기체에 대해 많이 사용된다. 이 경우 단위 mole당 비열은 cal/mole·K이다. 물의 비열은 1cal/g·K이다. 물의 비열은 1기압에서 1g의 물을 14.5˚C에서 15.5˚C로 1˚C 올리는 데 필요한 열량으로 정의된다.

표 4-2. 물질의 비열

물질	비열(25˚C, J/g · ˚C)
H_2 기체	14.267
He 기체	5.3
물	4.184
얼음	2.010
수증기	2.010
공기	1.020
마그네슘	1.020
알루미늄	0.9
콘크리트	0.88
유리	0.84
철	0.444
구리	0.385
납	0.16
금	0.129

고체나 액체의 경우 많은 열이 유입되면 상태가 변하기도 한다. 즉, 고체는 액체를 거쳐 기체로 상태가 변한다. 그리고 액체는 기체로 변한다. 그림 4-7에 고체가 액체를 거쳐 기체로 변하는 동안 주어진 열과 온도변화를 보여 주고 있다. 고체인 물체에 열이 주어지면 온도가 올라간다. 그러다가 녹는점(melting point)에서 물체의 온도는 더 이상 올라가지 않는다. 물체가 고체상태를 유지하기 위해서는 원자나 분자 사이의 결합력이 존재한다. 공급된 열이 결합력을 깨고 물체를 액체상태로 만들 때까지 물체의 온도는 올라가지 않는다. 즉, 이 동안 공급된 열은 결합력을 깨는 데 모두 사용하므로 온도가 올라가지 않은 것이다. 그리고 물체의 모든 부분이 액체상태가 되면 그때서야 액체의 온도가 올라간다. 그리고 끓는점(vaporizing point)에서 다시 액체의 온도는 올라

가지 않는다. 고체의 녹는점에서와 마찬가지로 끓는점에서 액체가 기체로 되기 위해서는 액체를 유지하는 결합력이 깨어져야 하므로 그 사이 공급되는 열은 모두 이 결합력을 깨는 데 사용된다. 이에 따라 액체의 온도는 변하지 않는다. 그리고 모든 액체가 기체가 된 후 계속 열을 가하면 기체의 온도는 다시 올라가게 된다.

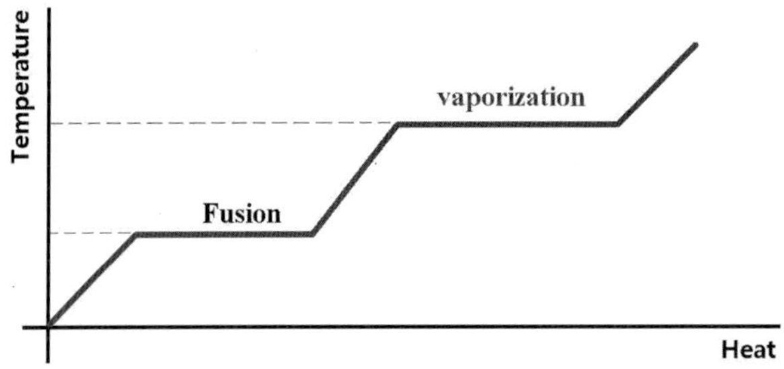

그림 4-7. 물체의 온도변화와 상태의 변화

물질의 상태를 변화시키는 데 필요한 열은 물질에 따라 다르다. 단위질량을 상태변화시키는 데 필요한 열을 변환열(heat of transformation)이라고 부른다. 변환열을 L로 표현하면 질량 m인 물체가 상태변환을 하는 데 필요한 열은

$$Q = mL \tag{4-18}$$

이다. 고체에서 액체로 상태변환을 하는데 필요한 열 L_F를 융해열(heat of fusion)이라고 부른다. 그리고 반대로 액체가 고체로 변할 때 이 융해열이 방출된다. 액체에서 기체로 상태변환을 하는 데 필요한 열 L_V를 기화열(heat of vaporization)이라고 부른다. 마찬가지로 기체가 액체로 변할 때 이 기화열이 방출된다. 물의 경우 융해열과 기화열은 각각 80cal/g과 539cal/g이다.

기체의 경우에는 두 가지 다른 비열이 정의된다. 즉, 정적(constant volume)비열과 정압(constant pressure)비열이 있다. 정적비열은 기체를 일정한 체적이 유지되는 상태에서 열을 가할 경우 단위온도를 올리는 데 필요한 열이다. 그리고 정압비열은 기체의 압력을 일정하게 유지하면서 단위온도를 올리는 데 필요한 열량이다. 고체나 액체의 경우에는 압력을 일정하게 유지할 때와 체적을 일정하게 유지할 때의 비열의 차이가 거의 없다. 왜냐하면 열에 의해 고체나 액체의 압력이나 부피변화가 크게 없기 때문이다. 반면에 기체의 경우 압력을 일정하게 유지하면서 기체의 온도를 올릴 때에

열이 더 필요하다. 부피를 일정하게 유지하기 위해서 그림 4-5와 같은 계에서는 피스톤을 움직이지 않게 고정시킨다. 그러나 압력을 일정하게 유지하기 위해서는 피스톤이 움직이도록 그대로 둔다. 이는 열을 가하면 기체의 압력이 증가하는 데 압력을 일정하게 유지하기 위해서는 피스톤이 움직여 압력을 줄여야 하기 때문이다. 이 경우 기체의 온도를 증가시키기 위해 공급하는 열을 피스톤을 움직이는 데 사용하기 때문에 온도를 높이기 위해서는 더 많은 열이 필요하다. 이에 따라 정압비열이 정적비열보다 크다. 상세한 내용은 열역학 제1법칙과 이상기체에 관련된 아래 절을 참조하기 바란다.

기체에 있어서 외부 열에 의한 온도의 변화는 일정한 부피에서 온도를 올리는 경우 열과 온도변화와의 관계는

$$Q = nc_V \Delta T \tag{4-19}$$

로 표현된다. 기체의 경우 질량보다는 mole당 비열을 정의하는 것이 편리하므로 c_V는 mole당 비열을 나타낸다. 그리고 일정한 압력에서 온도를 올리는 경우 열과 온도변화의 관계는

$$Q = nc_P \Delta T \tag{4-20}$$

로 나타낼 수 있다.

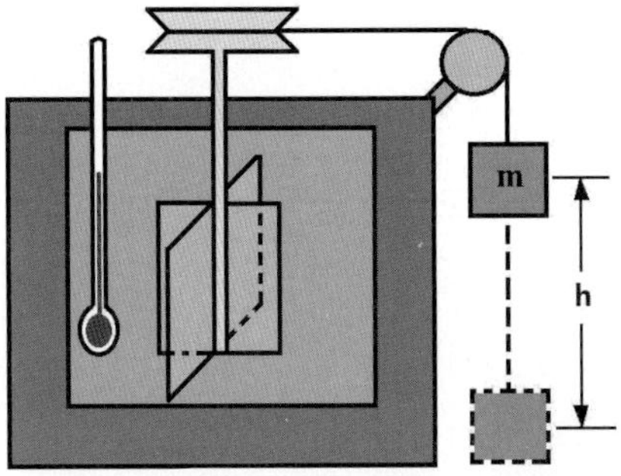

그림 4-8. 열의 일당량 실험장치의 개략도

열도 에너지이므로 에너지 단위인 Joule로 나타낼 수 있어야 한다. 열의 단위로 cal를 사용하는데 1cal는 물 1g을 1°C 올리는 데 필요한 열량으로 정의되었다. 그럼 1cal는 몇 Joule에 해당되는가?

이는 그림 4-8에 보는 바와 같은 열량계를 이용하여 구할 수 있다. 단열된 통 안에 물이 있다. 질량 m인 물체가 높이 h 떨어지면서 물 속의 풍차를 돌리고 이에 따라 물의 온도가 올라간다. 이 온도증가를 온도계로 측정한다. 이 실험에서 물에 주어진 일인 $W = mgh - K.E.$ 이 물의 온도를 높이는 데 사용되었다. 여기서 $K.E.$는 물체 m의 운동에너지, 도르래와 풍차의 운동에너지 등이다. 따라서 $W = mc\Delta T$의 관계에서 열과 일의 관계를 구할 수 있다. 이 실험에서 1cal의 열은 4.2J에 해당됨이 알려져 있다. 이를 열의 일당량이라고 부른다. 반대로 1J의 일은 0.24cal에 해당되며 이를 일의 열당량이라고 부른다.

열의 흐름(heat flow)은 3가지 방법에 의해 이루어진다. 즉, 열의 전달은 복사(radiation), 대류(convection), 전도(conduction)에 의해 이루어진다. 첫 번째, 복사는 전자기파 복사로서 이에 의한 열의 전달에는 매질이 필요 없다. 두 번째, 대류는 위치에 따라 온도차이가 있는 물체의 내부에서의 열의 순환이다. 이 경우 열의 순환에 의해 물질이 이동된다. 예를 들어 물이 히터에 의해 데워질 경우를 생각해 보자. 히터 판에 붙어 있는 아랫부분의 물은 온도가 높아져 밀도가 낮아진다. 반면에 위에 있는 물은 밀도가 높다. 이에 따라 밀도가 높은 물이 아래로 내려오고 밀도가 낮은 물이 위로 올라간다. 이에 따라 물 분자들 사이 열의 이동에 의해 전체적으로 물이 데워진다. 방안의 공기 순환도 위와 같은 대류에 의해 이루어진다. 세 번째, 열의 전도는 접촉에 의해 열의 전달이 이루어진다. 그림 4-9에서와 같이 온도가 다른 두 열원 사이에 놓인 단면적이 A이고 길이가 L인 물체에 의한 열의 전도는

$$\frac{dQ}{dt} = -\kappa A \frac{\Delta T}{L} \tag{4-21}$$

으로 주어진다. 여기서 κ는 물체에 고유한 열전도도(thermal conductivity)이다. 그리고 마이너스 부호는 열이 높은 온도에서 낮은 온도로 이동하기 때문이다.

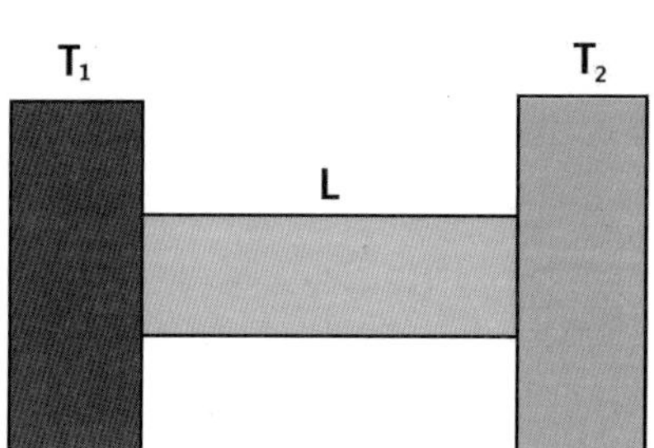

그림 4-9. 두 온도 차이에 놓인 물체에 의한 열의 전도

예제 3 20°C의 철 1kg를 완전히 녹여 액체로 만들기 위해 필요한 열량을 구하라. 이 열량은 20°C인 물 몇 cc를 100°C 수증기로 만드는 데 필요한 열량과 동일한가? 철의 녹는 온도는 1,535°C이고, 비열은 0.11cal/g이고, 융해열은 30cal/g이다.

답. $Q = mc\Delta T + mL_f = 196,650\,cal$이다. 20°C인 물 m_w를 100°C 수증기로 만드는 데 필요한 열량은 $Q_w = m_w c_w \Delta T_w + m_w L_v$이므로 $Q_w = Q$로 두면 $m_w = 317g$이다. 따라서 317cc를 수증기로 바꾸는 데 필요한 열량과 동일하다.

예제 4 그림과 같은 열량계가 있다. 800g의 열량계에 20°C의 물 1,000cc가 담겨 있다. 130°C의 알루미늄 500g을 물속에 떨어뜨렸다. 최종온도 30°C였다. 열량계의 비열을 구하라. 열은 외부로 달아나지 않는다고 가정한다. 알루미늄의 비열은 0.22cal/g°C이다.

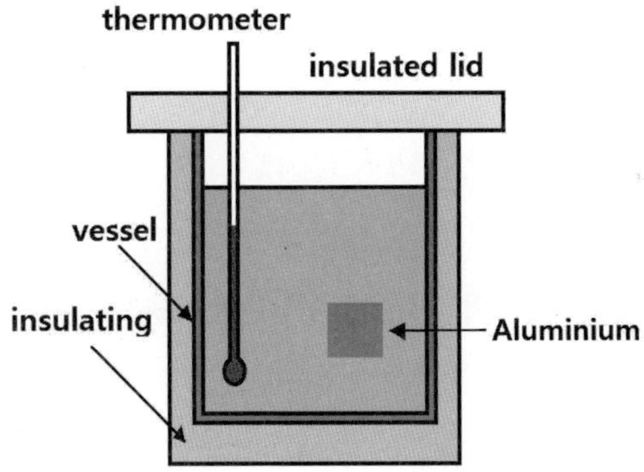

답. $m_{Al} c_{Al} \Delta T_{Al} = m_w c_w \Delta T_w + m_c c_c \Delta T_c$에서 $c_c = 0.125 cal/g℃$ 이다.

3. 기체에 관련된 일과 내부에너지

고체나 액체는 온도에 따른 부피의 변화가 크지 않다. 그러나 기체의 경우 온도에 따른 부피변화가 큼으로써 쉽게 압축과 팽창이 가능하다. 그리고 이러한 압축과 팽창에 의해 기체가 일을 하거나 또는 기체에 일이 행해질 수 있다. 이에 따라 기체를 이용한 열기관이 가능하다.

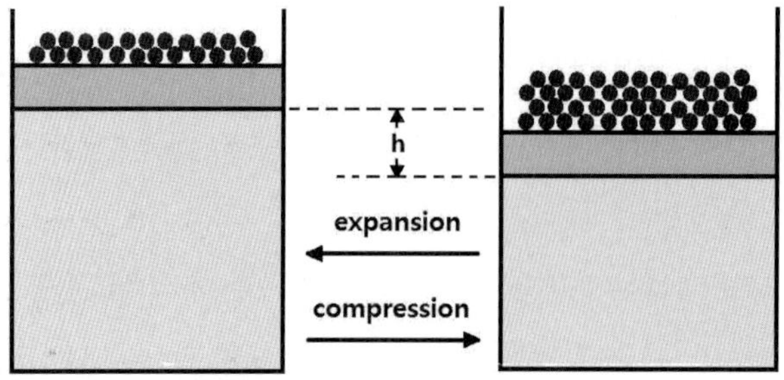

그림 4-10. 기체의 압축과 팽창

그림 4-10에서와 같이 기체가 실린더 안에 채워져 있다. 피스톤은 마찰이 없다고 가정한다. 피스톤 위에 작은 질량의 물체를 조금씩 더함으로써 기체를 가역적(reversible)으로 압축시킬 수 있다. 그리고 작은 물체를 조금씩 덜어냄으로써 가역적으로 팽창시킬 수 있다. 피스톤의 단면적을 A라고 하고, 피스톤이 움직인 높이를 h라고 두면 기체가 팽창할 경우 외부에 일을 하게 된다. 이때 일의 양은

$$\Delta W = Fh = P_{ex}Ah = P_{ex}\Delta V \tag{4-22}$$

로 표현된다. 일의 부호는 계(기체)가 외부에 일을 했을 때는 플러스 부호를 사용한다. 그리고 P_{ex}은 외부에서 주어진 압력(피스톤 위의 물체의 무게에 의해)으로 $F = P_{ex}A$의 관계를 사용하였다. ΔV는 팽창에 의해 늘어난 기체의 체적을 나타낸다. 기체가 외부력에 의해 압축될 경우에는 식 4-22는

$$\Delta W = -P_{ex}\Delta V \tag{4-23}$$

로 주어진다. 여기서 마이너스 부호를 사용한 것은 계에 일이 행해졌기 때문이다. 기체가 상태 1에서 상태 2로 변할 때 기체가 하거나 또는 기체에 행해진 일은

$$W = \int_1^2 dW = \int_1^2 P_{ex}\,dV \tag{4-24}$$

와 같이 표현된다. 여기서 기체가 일을 하는 경우에는 플러스 부호이고 기체에 일이 행해지는 경우에는 마이너스 부호를 붙여야 함을 유의해야 한다. 그리고 기체가 한 일은 기체의 상태가

변하는 경로에 따라 다르다. 그런 의미에서 위 식에서 dW는 완전미분은 아니다. 순환과정에서도 계는 일을 하므로 $W = \oint dW \neq 0$ 에서 dW는 완전미분이 아님을 알 수 있다.

기체의 상태를 기술하는 데는 기체의 mole수와 두 개의 물리량이 특정되어야 한다. 기체의 물리적 성질은 세 개의 물리량으로 특정된다. 즉, 압력, 부피, 온도이다. 이들의 관계를 주는 상태방정식(이상기체의 경우 이상기체 상태방정식)이 있으므로 실제로는 두 개의 물리량만 특정하면 나머지 하나는 자동적으로 특정이 되는 것이다. 이에 따라 기체를 이용한 열역학적 과정에서 등적, 등온, 등압과정이 있고 또한 단열과정이 있을 수 있다.

등적과정에서는 기체의 부피가 변하지 않아야 한다. 그림 4-11에서와 같은 실린더 계에서 피스톤이 움직이지 못하도록 장치(stopper)를 해 두어야 된다. 이 경우 외부와의 열 교환이 이루어지면 기체의 압력이나 온도가 변하게 된다. 그리고 등온과정에서는 외부의 힘에 의한 부피의 변화에 수반된 온도변화가 생길 수 있는 경우에도 열원(크기가 아주 커서 다른 계와 열 교환을 해도 온도의 변화가 없는 계)과 열적으로 접촉되어 있어서 온도가 일정하게 유지된다. 이 경우에도 피스톤은 움직일 수 있다. 그리고 등압과정에서는 압력이 일정하게 유지되는 과정이다. 외부와의 열 교환이 있을 경우에도 압력을 일정하게 유지하기 위해서는 피스톤이 움직여야 한다. 나머지 단열과정은 다음 절에서 다루기로 한다.

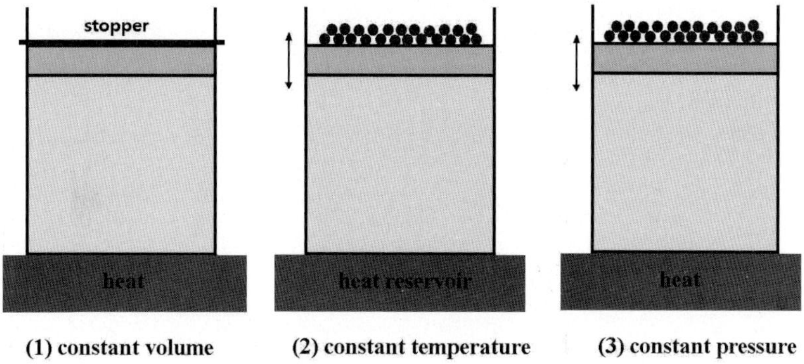

그림 4-11. 기체를 이용한 열적과정들의 개략적인 구조

그림 4-11에서 보듯이 등적과정에서는 기체의 부피변화가 없기 때문에 기체가 일을 하거나 또는 기체에 일이 행해지지는 않는다. 반면에 등온과정이나 등압과정에서는 기체가 일을 하거나 또는 기체에 일이 행해질 수 있다. 이상기체에 대해 위 두 과정에서 일어나는 일의 값이 어떨지를 알아보도록 하자.

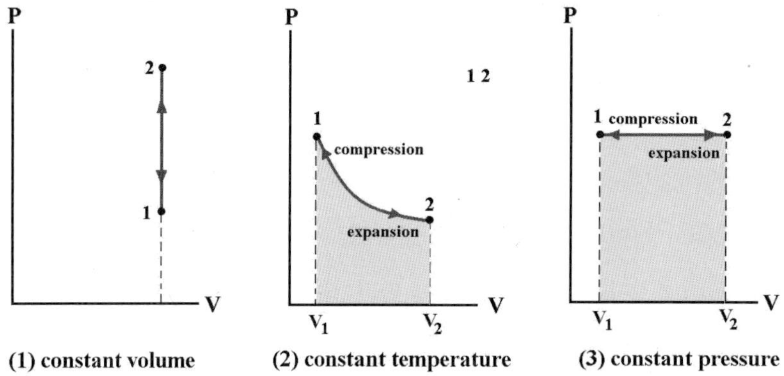

그림 4-12. P-V 상그림에서 등적, 등온, 등압과정

그림 4-12에 P-V 상그림(phase diagram)이 주어져 있다. 등적과정에서는 상태 1에서 2 또는 상태 2에서 1로 변하는 동안 부피변화가 없으므로 기체가 한 일은 없다. 반면에 등온과정에서는 기체가 팽창되는 경우와 압축되는 두 경우가 있을 수 있다. 기체가 팽창되는 경우 기체 계가 외부에 일을 하게 되고, 기체가 압축되는 경우 외부에서 기체 계에게 일이 행해진다. 팽창되는 경우, 계가 한 일은 식 4-24와 이상기체 상태방정식을 이용하면

$$W_{1\to 2}=\int_1^2 P\,dV=\int_1^2 \frac{nRT}{V}\,dV=nRT\ln\frac{V_2}{V_1} \qquad (4\text{-}25)$$

로 주어진다. 여기서 $P=nRT/V$와 등온이라는 사실을 이용하였다. 식 4-25로 주어진 적분값은 그림 4-12에서 곡선아래의 면적과 동일하다. 기체가 압축될 경우 외부에서 기체 계에 일이 행해지므로

$$W_{2\to 1}=-nRT\ln\frac{V_2}{V_1} \qquad (4\text{-}26)$$

와 같이 일의 부호가 마이너스가 된다. 또한 이상기체 상태방정식에서

$$\frac{V_2}{V_1}=\frac{\dfrac{nRT}{P_2}}{\dfrac{nRT}{P_1}}=\frac{P_1}{P_2} \qquad (4\text{-}27)$$

이므로 식 4-25는 압력의 함수로

$$W_{1\to 2} = nRT\ln\frac{P_1}{P_2} \tag{4-28}$$

과 같이 고쳐 쓸 수 있다.

등압과정에서도 기체가 팽창하는 경우와 기체가 압축되는 경우가 있을 수 있다. 등압과정에서는 압력이 일정하므로 팽창에서 기체가 한 일을 계산할 때 압력이 적분 밖으로 나올 수 있으므로

$$W_{1\to 2} = \int_1^2 P\,dV = P(V_2 - V_1) \tag{4-29}$$

과 같이 계산된다. 이 값도 그림 4-12에서 면적과 동일하다. 그리고 이상기체 상태방정식을 이용하면 위 식은

$$W_{1\to 2} = nR(T_2 - T_1) \tag{4-30}$$

로 표현할 수 있다.

물체의 내부에너지를 측정할 방법은 없다. 단지 내부에너지는 온도에 비례하므로 온도를 비교함으로써 내부에너지를 비교할 수 있을 뿐이다. 내부에너지는 물체를 구성하고 있는 원자나 분자의 운동에너지와 포텐셜에너지의 합이다. 기체가 이상기체일 경우 기체 상호 간의 작용이 없으므로 포텐셜에너지를 생각할 필요가 없으므로 이상기체의 내부에너지는 기체의 운동에너지뿐이다. 한 개의 기체분자(단원자 기체) 운동에너지는 $3kT/2$이므로 N개로 구성된 이상기체의 내부에너지는

$$U = \frac{3}{2}NkT = \frac{3}{2}nRT = \frac{3}{2}PV \tag{4-31}$$

등으로 표현할 수 있다.

4. 열역학 제1법칙

열역학 제1법칙은 에너지보존칙이다. 계가 상태 1에서 상태 2로 바뀐다고 하자. 이 과정에서 계에 열이 유입되거나 또는 유출될 수 있고, 또한 계가 일을 하거나 또는 계에 일이 행해질

수도 있다. 계에 열이 유입되고 계가 외부에 일을 하게 되는 경우를 생각해 보기로 하자. 이 경우 계의 내부에너지의 변화는 계에 공급된 열에너지에서 계가 외부에서 한 일을 뺀 것이다. 즉, 열역학 제1법칙은

$$\Delta U = U_2 - U_1 = \Delta Q - W \tag{4-32}$$

과 같이 표현된다. 식 4-32에서 계에서 열이 유출되면 ΔQ는 음의 값을 가진다. 또한 외부에서 계에 일이 행해지면 W는 음의 값을 가진다.

다음에는 특별한 경우의 열역학 과정에서 위 열역학 제1법칙을 적용해 보자.

첫째, 등적과정의 경우 부피의 변화가 없으므로 계가 일을 하거나 일을 받은 일은 없다. 따라서 $W = 0$이므로 식 4-32에서

$$\Delta U = \Delta Q \tag{4-33}$$

이 만족된다. 이에 따라 외부에서 계에 열이 유입되면($\Delta Q > 0$) 계의 내부에너지가 증가한다($\Delta U > 0$). 이상기체의 경우 내부에너지는 온도에 비례하므로(식 4-31) 기체의 온도가 올라간다. 반면에 계에서 열이 유출되면 이상기체의 경우 기체의 온도가 내려가게 된다.

둘째, 이상기체에서 등온과정에서는 내부에너지의 변화가 없다. 따라서 $\Delta U = 0$이므로 식 4-32에서

$$\Delta Q = W \tag{4-34}$$

을 만족한다. 계가 일을 하게 될 경우($W > 0$) 열이 외부에서 유입되어야 한다. 즉, 기체가 일을 하게 되면(기체의 팽창) 에너지가 빠져나가는데 그만큼의 열이 열원으로부터 유입되어야 계의 온도가 일정하게 유지된다. 반면에 계에 일이 행해지면($W < 0$) 열이 외부로 유출되어야 한다. 즉, 기체에 일이 행해지면(기체의 압축) 에너지가 유입되는데 그만큼의 에너지를 열원으로 방출해야만 계의 온도가 일정하게 유지된다.

셋째, 단열과정의 경우 계에 유입 또는 유출되는 열이 없다. 이 과정은 아주 빨리 일어나서 열의 유입이나 유출이 일어날 시간적 여유가 없는 경우이거나 또는 계의 단열이 잘 되어서 열의 유입이나 유출이 없는 경우이다. 이 과정에서는 $\Delta Q = 0$이므로 식 4-32는

$$\Delta U = -W \tag{4-35}$$

이 만족된다. 계가 일을 하게 되면($W>0$) 내부에너지가 감소한다. 이상기체의 경우 기체의 온도가 내려가게 된다. 반면에 계에 일이 주어지면($W<0$) 내부에너지가 증가한다. 이상기체의 경우 기체의 온도가 올라가게 된다.

넷째, 순환과정(cyclic process)의 경우에는 처음 상태와 나중 상태가 동일하므로 내부에너지의 변화가 없다. 따라서 식 4-32에서

$$\Delta Q = W \tag{4-36}$$

이 만족된다. 유입 또는 유출되는 열은 모두 계가 한 일이나 계가 받는 일과 같다.

다섯째, 자유팽창(free expansion)의 경우에는 기체가 진공으로 순식간에 팽창하는 경우이다. 따라서 열의 유입이나 유출도 없고 기체가 하는 일도 없다. 즉, $\Delta Q = W = 0$이다. 이에 따라 $\Delta U = 0$으로 기체의 온도도 변하지 않는다.

이상기체의 경우 정적비열과 정압비열의 관계를 보기로 하자. 여기서 정압비열이 정적비열보다 크다. 정적비열을 구하기 위해서는 기체의 부피가 일정하게 유지되는 상태에서 기체의 온도를 올린다. 이 경우 기체는 일을 하지 않는다. 따라서 주어진 모든 열이 기체의 온도를 올리는 데 사용한다. 반면에 정압비열을 구하기 위해서는 기체의 압력을 일정하게 유지하면서 기체의 온도를 올린다. 이때 기체는 압력을 일정하게 유지하기 위해서 팽창을 한다. 이에 따라 외부에 일을 하게 된다. 따라서 주어진 열의 일부가 기체를 팽창시키는 데 사용하기 때문에 동일한 온도를 올리는 데 기체의 부피를 일정하게 유지하는 상태에서 기체의 온도를 올리는 데 사용하는 열보다 더 많은 열이 필요하게 된다. 즉, 정압비열이 정적비열보다 크다.

정적비열은 $\Delta Q = nc_V \Delta T$로 정의된다. 그리고 기체의 내부에너지의 변화는 단원자 기체의 경우 식 4-31에서

$$\Delta U = \frac{3}{2} nR\Delta T \tag{4-37}$$

로 주어진다. 정적비열에서는 부피의 변화가 없으므로 기체가 한 일은 없다. 따라서 열역학 제1법칙에서 $\Delta U = \Delta Q$에서

$$\frac{3}{2} nR\Delta T = nc_V \Delta T \rightarrow \therefore c_V = \frac{3}{2} R = 12.5\, J/molK \tag{4-38}$$

을 구할 수 있다. 이에 따라 이상기체의 내부에너지는 식 4-38을 이용하면

$$U = nc_V T \tag{4-39}$$

로 표현할 수 있다.

정압비열은 $\Delta Q = nc_P \Delta T$로 정의된다. 이상기체의 상태방정식을 미분하면

$$P\Delta V + V\Delta P = nR\Delta T \tag{4-40}$$

이다. 여기서 일정 압력의 상태에서 과정이 이루어지므로 $\Delta P = 0$이다. 따라서 일정 압력에서 기체가 한 일은

$$W = P\Delta V = nR\Delta T \tag{4-41}$$

로 주어진다. 열역학 제1법칙에서

$$\Delta Q = \Delta U + W = \frac{5}{2}nR\Delta T \tag{4-42}$$

이므로 정압비열은

$$c_P = \frac{5}{2}R \tag{4-43}$$

로 구할 수 있다. 식 4-38과 식 4-43에서 두 비열의 관계는 $c_P - c_V = R$로 주어진다.

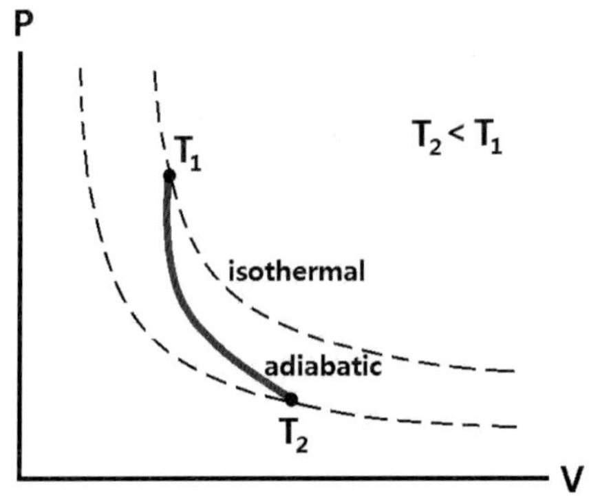

그림 4-13. 단열과정

다음에는 단열과정에서 만족되는 압력, 부피, 온도들과의 관계식을 구해보기로 하자. 그림 4-13에 단열과정을 보여 주고 있다. 단열과정에서는 기체의 온도가 내려가므로 단열과정은 두 등온상태가 연결된 것이다. 그리고 단열상태이므로 $\Delta Q = 0$이다. 따라서 열역학 제1법칙에서

$$\Delta Q = \Delta U + P\Delta V = 0 \rightarrow \therefore nc_V\, dT + PdV = 0 \tag{4-44}$$

을 구할 수 있다. 여기서 식 4-39를 사용하였다. 그리고 ΔT 등을 미분형태로 바꾸었다. 이상기체 상태방정식을 미분하면

$$PdV + VdP = nRdT \rightarrow \therefore dT = \frac{1}{nR}(PdV + VdP) \tag{4-45}$$

을 구할 수 있다. 위 식을 4-44에 대입하면

$$\left(\frac{c_V}{R} + 1\right)PdV + \frac{c_V}{R}\,VdP = 0 \tag{4-46}$$

을 얻는다. $c_P = c_V + R$을 이용하면 위 식은

$$c_P PdV + c_V\, VdP = 0 \rightarrow \therefore \gamma\frac{dV}{V} + \frac{dP}{P} = 0 \tag{4-47}$$

로 고쳐 쓸 수 있다. 여기서 $\gamma = c_P/c_V$를 사용하였다. 위 식을 적분하면

$$\gamma\int_1^2 \frac{dV}{V} + \int_1^2 \frac{dP}{P} = 0 \rightarrow \therefore P_1 V_1^{\gamma} = P_2 V_2^{\gamma} \tag{4-48}$$

을 얻을 수 있다. 이상기체 상태방정식을 이용하면

$$T_1 V_1^{\gamma-1} = T_2 V_2^{\gamma-1} \tag{4-49}$$

의 관계식도 구할 수 있다. 그리고 단열과정이므로 $PV^{\gamma} = C$이 만족된다. 따라서 기체가 한 일은

$$W = \int_1^2 PdV = C\int_1^2 \frac{dV}{V^{\gamma}} = C\frac{V_2^{1-\gamma} - V_1^{1-\gamma}}{1-\gamma} = \frac{P_2 V_2 - P_1 V_1}{1-\gamma} \tag{4-50}$$

이다. 여기서 $C = P_1 V_1^{\gamma} = P_2 V_2^{\gamma}$와 $PV = nRT$를 이용하면 $W = \frac{nR}{1-\gamma}(T_2 - T_1)$과 같이 고쳐 쓸 수 있다. 단열과정에서는 $W = -\Delta U$이므로 단원자 기체의 경우 $W = -\frac{3}{2}nR(T_2 - T_1)$이다. 식 4-50에서 단원자 기체의 경우 $\gamma = \frac{5}{3}$이다.

5. 열역학과정의 예

아래에서는 열역학 과정에 대한 몇 가지 예를 보기로 한다. 각 열역학과정에서 위의 내용들이 어떻게 적용되는지 확인해 보도록 하자.

예제 5 이상기체인 이원자(diatomic) 기체 0.4mol이 있다. 이 기체가 천천히(가역적으로) 상태 a에서 상태 b, 그리고 상태 b에서 상태 c를 거쳐서 원래의 상태 a로 돌아오는 순환과정을 거친다. 경로 ab는 등온과정이다. 이 기체의 정적비열은 $c_V = 20.80 J/molK$이고 정압비열은$c_P = 29.11 J/molK$이다.

(a) 상태 a, b, c의 온도를 구하라.

(b) 과정 ab, bc, ca에서의 내부에너지 변화를 구하라.

(c) 과정 ab에서 기체가 한 일을 구하라.

(d) 순환과정 abcd 동안 전체 일은 얼마인가?

(e) 과정 ab에서 얼마의 열이 유입 또는 유출되었는가?

(f) 순환과정에서 열역학 제1법칙이 만족됨을 보여라.

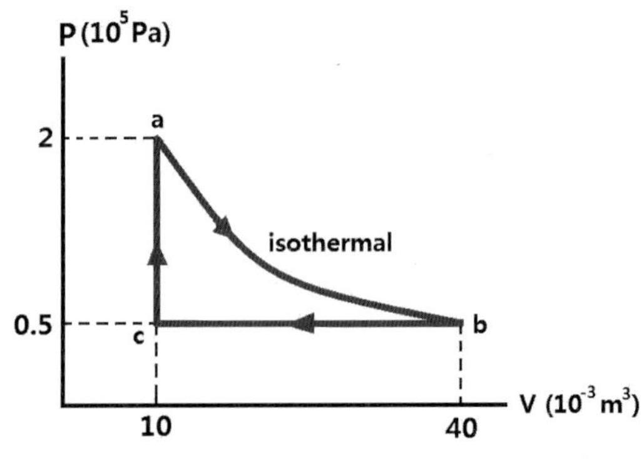

답. (a) 상태 a에 이상기체 상태방정식을 이용하면 $T_a = \frac{P_a V_a}{nR} = 601.68K$을 구할 수 있다. 과정 ab는

등온과정이므로 $T_b = 601.68K$이다. 상태 c의 온도는 $T_c = 150.42K$이다.

(b) ab과정은 등온과정이므로 온도의 변화가 없다. 따라서 $\Delta U_{ab} = 0$이다. bc과정은 등압과정이다. bc과정에 열역학 제1법칙을 적용하면 $\Delta U_{bc} = Q_{bc} - W_{bc}$이고

$$\Delta Q_{bc} = nc_P \Delta T_{bc} = -5{,}254.47J, \quad W_{bc} = P\Delta V_{bc} = -1{,}500J \tag{4-51}$$

이다. 따라서 $\Delta U_{bc} = \Delta Q_{bc} - W_{bc} = -3{,}754.47J$이다. ca과정은 등적과정이다. 이에 따라 이 과정 동안 기체가 하는 일은 없다. 즉, $W_{ca} = 0$이다. 따라서

$$\Delta U_{ca} = \Delta Q_{ca} - W_{ca} = \Delta Q_{ca} \rightarrow \therefore \Delta U_{ca} = \Delta Q_{ca} = nc_V \Delta T_{ca} = 3{,}754.47J \tag{4-52}$$

이다. 순환과정에서 $\Delta U_{abca} = 0$임을 확인할 수 있다.

(c) ab과정은 등온과정이다. 이 과정 동안 기체가 한 일은

$$W_{ab} = \int_a^b P dV = \int_a^b \frac{nRT}{V} dV = nRT_a \ln\frac{V_b}{V_a} = 2{,}772.57\,J \tag{4-53}$$

이다.

(d) $W_{cycle} = W_{ab} + W_{bc} + W_{ca} = W_{ab} + W_{bc} = (2{,}772.57J) + (-1{,}500J) = 1{,}272.57J$이다.

(e) $\Delta U_{ab} = \Delta Q_{ab} - W_{ab}$에서 ab과정이 등온과정이므로 $\Delta U_{ab} = 0$이다. 따라서

$$\Delta Q_{ab} = W_{ab} = 2{,}772.57J \tag{4-54}$$

이다. ΔQ값이 양이므로 기체가 열을 흡수한다.

(f) 순환과정 동안 기체가 한 일은 (d)에서 $W_{cycle} = 1{,}272.57J$이다. 그리고 순환과정 동안 기체가 흡수한 열은 $\Delta Q_{cycle} = \Delta Q_{ab} + \Delta Q_{bc} + \Delta Q_{ca} = 1{,}272.57J$이다. $\Delta U_{cycle} = 0$이므로 열역학 제1법칙이 만족됨을 볼 수 있다.

예제 6 0.5mole의 단원자 이상기체가 그림과 같은 순환과정을 거친다. 기체의 정적비열은 $c_V = 12.5\,J/molK$이고 정압비열은 $c_P = 20.8\,J/molK$이다. 다음을 구하라.

(a) a, b, c 위치에서의 온도를 구하라.

(b) $a \to b$과정에서 기체가 한 일, 내부에너지 변화. 유입 또는 유출되는 열량 등을 구하라.

(c) $b \to c$과정에서 기체가 한 일, 내부에너지 변화. 유입 또는 유출되는 열량 등을 구하라.

(d) $c \to a$과정에서 기체가 한 일, 내부에너지 변화. 유입 또는 유출되는 열량 등을 구하라.

(e) 순환과정 동안 기체가 한 일, 내부에너지 변화, 유입 또는 유출되는 열량 등을 구하고 열역학 제1법칙이 맞는지 확인하라.

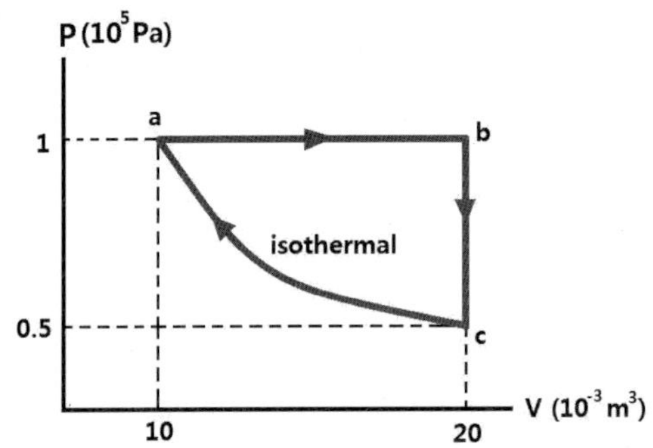

답. (a) 이상기체 상태방정식 $PV = nRT$을 이용하면 $T_a = 241K,\ T_b = 482K,\ T_c = 241K$를 얻을 수 있다. 과정 ac는 등온과정이므로 $T_a = T_c$이다.

(b) ab과정은 등압과정이므로 이 과정에서 기체가 한 일은 $W_{ab} = P\Delta V_{ab} = 1{,}000J$이다. 그리고 유출되는 열량은 $\Delta Q_{ab} = nc_P \Delta T_{ab} = 2{,}506J$이다. 그리고 열역학 제1법칙에서

$$\Delta Q_{ab} = \Delta U_{ab} + W_{ab} \ \rightarrow \Delta U_{ab} = \Delta Q_{ab} - W_{ab} = 1{,}506J \qquad (4\text{-}55)$$

이다. 또는 $\Delta U_{ab} = \frac{3}{2} nR\Delta T_{ab}$를 이용하여 구할 수도 있다.

(c) bc과정은 등적과정이므로 기체가 하는 일은 없다. 따라서 $W_{bc} = 0$이다. 그리고 이 과정에서 $\Delta Q_{bc} = nc_V \Delta T_{bc} = -1{,}506J$와 같이 열이 기체로 유입된다. 열역학 제1법칙에서

$$\Delta U_{bc} = Q_{bc} - W_{bc} = -1{,}506J \qquad (4\text{-}56)$$

를 얻는다. 마찬가지로 $\Delta U_{bc} = \frac{3}{2} nR\Delta T_{ab}$를 이용하여 구할 수도 있다.

(d) ca과정은 등온과정이다. 등온과정에서 기체가 한 일은

$$W_{ca} = \int_c^a P dV = nRT_c \int_c^a \frac{dV}{V} = nRT_c \ln \frac{V_a}{V_c} = -693J \qquad (4\text{-}57)$$

이다. ca과정은 등온과정이므로 내부에너지 변화는 없다. $\Delta U_{ca}=0$ 이다. 열역학 제1법칙에서

$$\Delta Q_{ca}=\Delta U_{ca}+W_{ca}=-693\,J \tag{4-58}$$

이다.

(e) 순환과정에서 기체가 한 일은 $W_{cycle}=W_{ab}+W_{bc}+W_{ca}=307\,J$이다. 순환과정이므로 $\Delta U_{cycle}=0$이고 $\Delta Q_{cycle}=\Delta Q_{ab}+\Delta Q_{bc}+\Delta Q_{ca}=307J$이므로 열역학 제1법칙이 만족됨을 볼 수 있다.

예제 7 압력이 2atm인 부피 $1l$의 이상기체가 등온적으로 팽창하여 체적이 2배가 되었다. 그 후 일정한 압력 하에서 원래의 체적으로 압축되었다. 그리고 다시 등온적으로 압축되어 원래의 압력으로 돌아갔다고 한다.

(a) 위 과정을 P-V 상그림을 그려라.

(b) 전체 과정을 통해 기체에 행해진 일의 양은 얼마인가?

(c) 등온과정에서 발생한 내부에너지의 변화는 얼마인가?

(d) 등압과정에서 50J의 열이 빠져나갔다고 할 때 이 과정에서 생긴 내부에너지 변화는 얼마인가?

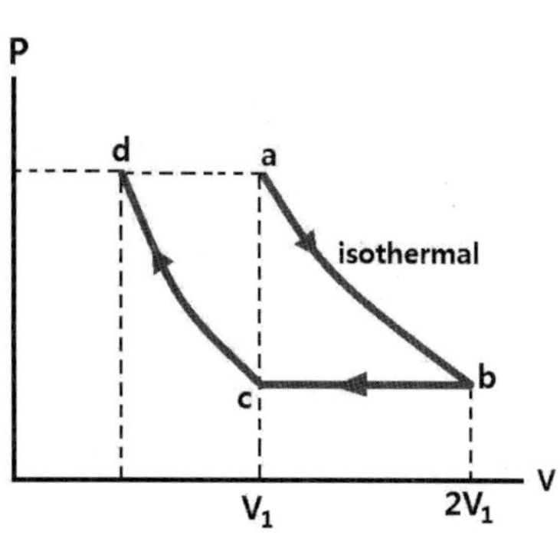

답. (a) P-V 상그림은 위와 같다. 1기압은 $1.013\times10^5N/m^2$이므로 $P_a=2.026\times10^5N/m^2$이다. 그리고 $V_a=1l=10^{-3}m^3$이다.

(b) ab과정에서 기체가 한 일은

$$W_{ab}=\int_{V_a}^{V_b}PdV=\int_{V_a}^{V_b}\frac{nRT}{V}dV=nRT_a\ln\left(\frac{V_b}{V_a}\right)=P_aV_a\ln\left(\frac{V_b}{V_a}\right)=140.44J \tag{4-59}$$

이다. 여기서 이상기체 상태방정식 $P_aV_a=nRT_a$를 사용하였다. 그리고 ab과정은 등온과정이므로

$$nRT = P_a V_a = P_b V_b = P_b(2V_a) \rightarrow \therefore P_b = \frac{1}{2}P_a \tag{4-60}$$

이다. 이를 이용하면 bc과정에서 기체가 한 일은

$$W_{bc} = P_b \Delta V_{bc} = \frac{1}{2}P_a(V_a - 2V_a) = -101.3\,J \tag{4-61}$$

와 같이 구해진다. 그리고 cd과정에서 기체가 한 일은 등온과정이므로

$$W_{cd} = nRT_c \int_{V_c}^{V_d} \frac{dV}{V} = P_c V_c \ln\left(\frac{V_d}{V_c}\right) = P_c V_c \ln\left(\frac{P_c}{P_d}\right) = -70.22J \tag{4-62}$$

와 같다. 여기서 cd과정이 등온과정이므로 $P_c V_c = P_d V_d = nRT$를 이용하였다. 그리고 $P_c = P_b = \frac{P_a}{2} = 1$기압이고 $P_d = P_a$이다. 또한, $V_c = 1l$이다. 등온압축이므로 기체가 외부로부터 일을 받았으므로 일의 부호는 마이너스이다. 따라서 전 과정에서 기체가 한 일은 $W = W_{ab} + W_{bc} + W_{ca} = 31.08\,J$이다.

(c) 이상기체의 내부에너지는 온도에만 의존한다. 등온과정에서 온도의 변화가 없으므로 내부에너지의 변화는 없다. 즉, $\Delta U = 0$이다.

(d) 열역학 제1법칙은 $\Delta U_{bc} = Q_{bc} - W_{bc}$로 주어진다. 여기서 Q_{bc}는 기체에 유입된 열의 양을 나타내고 W_{bc}는 기체가 한 일이다. 따라서 $Q_{bc} = -50J$이고 $W_{bc} = -101.3\,J$이다. 여기서 등압압축과정에서 외부에서 기체에 일이 행해졌으므로 일의 부호는 마이너스이다. 따라서 내부에너지의 변화는 $\Delta U_{bc} = 51.3\,J$이다.

6. Carnot 기관과 열역학 제2법칙

열역학 제2법칙은 여러 방식으로 기술된다.

첫째, Kelvin의 기술에 의하면 열원에서부터 열을 받아 이를 모두 일로 바꿀 수 있는 열기관은 만들 수 없다. 받은 열을 모두 일로 바꾸는 열기관은 효율이 100%이므로 위 기술은 100% 효율을 가지는 열기관은 만들 수 없다는 것을 뜻한다.

둘째, Clausius의 기술에 의하면 온도가 낮은 물체에서 온도가 높은 물체로의 열의 전달은 외부일이 없으면 불가능하다. 이는 열은 항상 온도가 높은 물체에서 온도가 낮은 물체로 전달된다는 것을 의미한다.

셋째, Lewis의 기술에 의하면 모든 계는 그대로 두면 평균적으로 가장 확률(엔트로피)이 높은 방향으로 변한다.

열역학 제2법칙은 관찰에서 비롯된 법칙이며 엄밀하게 증명을 할 수 있는 법칙은 아니다. 엔트로피는 무질서한 정도를 나타내는 물리량인데, 열역학 제2법칙은 우주의 엔트로피가 증가하는 방향으로 열역학과정이 진행된다는 것을 나타낸다. 엔트로피에 대한 내용은 다음 절에서 다루기로 한다. 이 절에서는 열기관 중에서 가장 효율이 좋은 이상적인 열기관인 Carnot 기관(cycle)에 대해 알아보기로 한다. 이를 통해 Kelvin의 기술에 대해 살펴볼 것이다.

Carnot 기관은 두 개의 등온과정과 두 개의 단열과정으로 구성되어 있다. 첫째, ab과정은 등온상태에서 계가 a에서 b로 팽창하는 과정이다. 이 과정에서 계의 팽창에 따른 온도의 감소가 있을 수 있는데, 계는 고온부 T_H로부터 열 Q_H을 받음으로써 온도를 일정하게 유지할 수 있다. 둘째, bc과정은 단열상태에서 계가 b에서 c로 팽창하는 과정이다. 이 과정에서 계는 외부와 열적으로 완전히 차단된다. 셋째, cd과정은 등온 압축과정이다. 압축과정에서 계의 온도가 올라갈 수 있는데, 계는 저온부 T_L로 열 Q_L을 방출함으로써 온도를 일정하게 유지할 수 있다. 넷째, da과정은 단열상태에서 계가 d에서 a상태로 압축되는 과정이다. 이 과정으로 계는 원래의 상태로 돌아와 순환과정을 마친다.

Carnot 기관에서 계가 한 일은 열역학 제1법칙에서

$$W = Q_H - Q_L \tag{4-63}$$

을 얻는다. 위에서 순환과정이므로 $\Delta U = 0$을 이용하였다. 열기관의 효율은 입력된 열에 대한 열기관이 한 일의 비율이므로

$$\eta = \frac{W}{Q_H} = 1 - \frac{Q_L}{Q_H} \tag{4-64}$$

과 같이 표현된다.

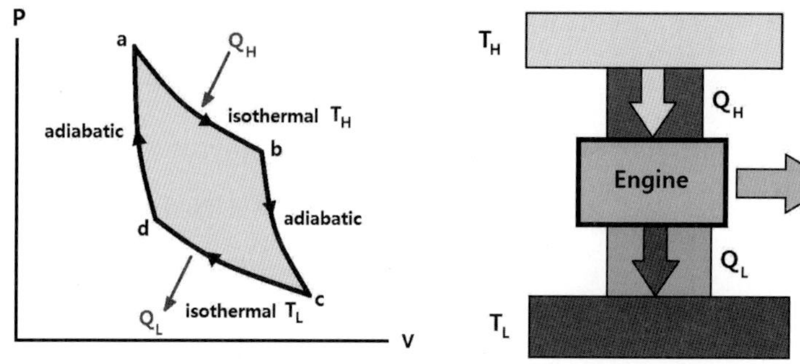

그림 4-14. Carnot 기관의 구조와 열기관 개략도

Carnot 기관에 이상기체를 사용할 경우 등온과정에서는 내부에너지의 변화가 없으므로 열역학 제1법칙에서 $Q = W$이다. 따라서 ab과정(등온과정, 온도 T_H)에서 고온부에서 흡수하는 열 Q_H은

$$Q_H = W_{ab} = \int_{V_a}^{V_b} P\,dV = \int_{V_a}^{V_b} \frac{nRT_H}{V} dV = nRT_H \ln\left(\frac{V_b}{V_a}\right) \quad (4\text{-}65)$$

이다. 마찬가지로 cd과정(등온과정, 온도 T_L)에서 저온부로 방출하는 열 Q_L은

$$Q_L = W_{cd} = \int_{V_c}^{V_d} P\,dV = \int_{V_c}^{V_d} \frac{nRT_L}{V} dV = nRT_L \ln\left(\frac{V_d}{V_c}\right) \quad (4\text{-}66)$$

이다. 따라서 열기관의 효율은 식 4-65와 4-66을 식 4-64에 대입하면

$$\eta = 1 - \frac{T_L}{T_H}\frac{\ln(V_c/V_d)}{\ln(V_b/V_a)} = 1 - \frac{T_L}{T_H} \quad (4\text{-}67)$$

을 구할 수 있다. 식 4-67의 마지막 과정은 아래와 같은 관계를 이용하였다. bc와 da과정은 단열과정이므로

$$T_H V_b^{\gamma-1} = T_L V_c^{\gamma-1} \quad (4\text{-}68)$$

$$T_L V_d^{\gamma-1} = T_H V_a^{\gamma-1}$$

이다. 식 4-68의 두 식을 나누면

$$\frac{V_c}{V_d} = \frac{V_b}{V_a} \quad (4\text{-}69)$$

을 구할 수 있다. 이 관계를 식 4-67에 대입하여 최종적인 효율의 관계식을 구하였다. 식 4-67은 Carnot 기관의 효율은 100%가 될 수 없음을 보여 주고 있다. 이는 고온부의 온도 T_H는 저온부의 온도 T_L보다 크기 때문이다. 효율이 100%가 되기 위해서는 고온부의 온도가 무한대가 되든지 또는 저온부의 온도가 절대영도가 되어야 된다. 이는 모두 불가능하다. 따라서 Carnot 기관의 효율은 100%가 될 수 없다. Carnot 기관은 가역적 기관이다. 따라서 그림 4-15와 같은 반대방향(backward)의 기관도 가능하다.

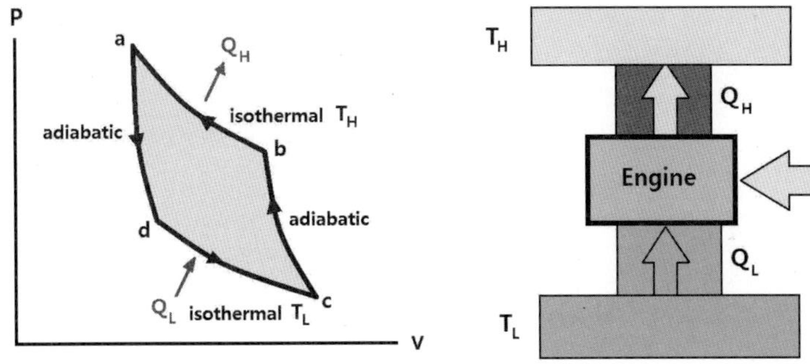

그림 4-15. Carnot 기관의 역방향 작동

그림 4-16에는 Carnot 기관보다 효율이 좋은 열기관은 있을 수 없다는 것을 구체적인 값이 주어진 열기관을 통해 증명해 보기로 하자. 이 그림에서 제일 왼쪽 그림은 Carnot 기관을 나타낸다. 이 기관은 고온부에서 200J의 열을 받아 50J은 외부로 일을 하고 나머지 150J은 저온부로 내보는 것을 보여 주고 있다. 따라서 이 Carnot 기관의 효율은 25%이다. 다음에 두 번째 그림에는 이 Carnot 기관보다 효율이 좋은 가상적인 열기관을 생각해 보자. 즉, 200J의 열을 고온부에서 받아 100J은 외부로 일을 하고 나머지 100J을 저온부로 내보내는 열기관이다. 이 열기관의 효율은 50%이다. Carnot 기관은 가역기관이므로 반대방향으로도 작동이 가능하다. 세 번째 그림에는 첫 번째 Carnot 기관과 반대로 작동하지만 열량은 2배인 Carnot 기관이 그려져 있다. 두 번째 그림과 같은 가상의 열기관과 Carnot 기관과 반대로 작동하는 열기관과 연결을 할 경우 제일 오른쪽 그림과 같은 그림을 얻을 수 있다. 이 그림은 저온부에서 고온부로 200J의 열이 이동함을 보여 주고 있다. 이는 불가능한 과정이다. 따라서 두 번째 그림과 같이 Carnot 기관보다 효율이 좋은 열기관은 있을 수 없다는 결론에 도달할 수 있다.

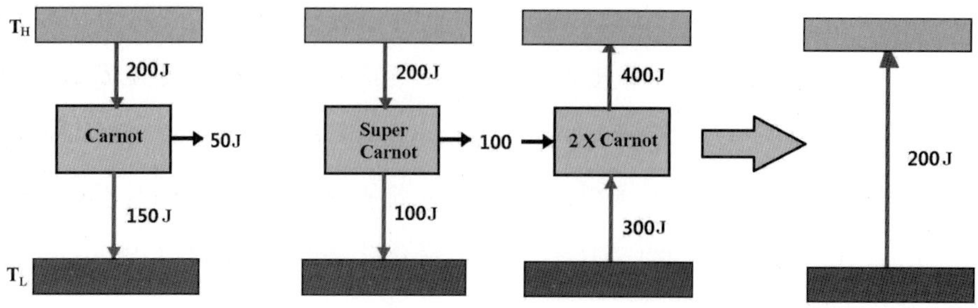

그림 4-16. Carnot 기관보다 높은 효율을 가진 열기관이 없음을 증명

식 4-65, 4-66, 4-69는

$$\frac{Q_L}{Q_H} = \frac{T_L}{T_H} \rightarrow \therefore \frac{Q_L}{T_L} - \frac{Q_H}{T_H} = 0 \tag{4-70}$$

의 관계가 성립됨을 보여 준다. 여기서 엔트로피(entropy)라는 새로운 물리량인

$$S = \frac{\Delta Q}{T} \tag{4-71}$$

을 정의할 수 있다. 이 물리량은 계의 무질서도(disorder)를 나타낸다. 외부에서 열의 유입이 많아지면 계는 이 열에 의해 무질서해진다. 따라서 엔트로피는 외부의 열에 비례할 것이다. 다음에는 온도의 엔트로피에 대한 효과를 보도록 하자. 온도가 높은 경우 이미 무질서한 상태이므로 외부의 열에 의해 무질서해지는 비율이 낮다. 반면에 온도가 낮으면 외부에서 열이 조금만 유입되어도 계는 쉽게 무질서해진다. 이에 따라 엔트로피는 온도에 반비례함을 볼 수 있다.

Carnot 기관에 각 과정에서 엔트로피의 변화를 보도록 하자. 순환과정에서 엔트로피의 변화는

$$\sum \Delta S_i = \Delta S_{ab} + \Delta S_{bc} + \Delta S_{cd} + \Delta S_{da} = \frac{Q_H}{T_H} + 0 - \frac{Q_L}{T_L} + 0 = 0 \tag{4-72}$$

이다. 여기서 단열과정에서는 열의 유입이나 유출이 없으므로 엔트로피 변화가 없음을 이용하였다. 식 4-72는 순환과정(Carnot 기관은 순환과정)에서 엔트로피의 변화는 없다는 것을 보여 주고 있다.

임의의 가역적인 순환과정은 많은 수의 Carnot 기관의 조합으로 생각할 수 있다. 각 Carnot

기관에 대해 식 4-70이 성립된다. 따라서 임의의 가역적인 순환과정에서

$$\sum \Delta S_i = \sum \frac{\Delta Q_i}{T_i} = 0 \tag{4-73}$$

이 만족된다. 무한한 수의 Carnot 기관의 조합이라고 생각할 경우 식 4-73은

$$\Delta S = \oint dS = \oint \frac{dQ_{rev}}{T} = 0 \tag{4-74}$$

로 고쳐 쓸 수 있다. 위 식은 온도가 변하는 경우 엔트로피를 계산하는 식이다. 그리고 식 4-74에서와 같이 엔트로피는 순환과정에서 전미분이 되므로 각 상태에 엔트로피 S라는 물리량이 정의된다. 따라서 엔트로피는 상태함수가 된다.

예제 8 고온부와 저온부의 온도가 각각 500˚C와 30˚C인 Carnot 기관이 있다. 이 기관의 효율을 구하라.

답. 온도를 절대온도로 고쳐야 된다. 고온부와 저온부는 각각 773K와 323K이다. 따라서 효율은 0.58이다.

7. 엔트로피와 열역학 제2법칙

열역학 제2법칙은 열역학적 과정이 일어날 수 있는 방향에 대해 규정하고 있다. 예를 들어 열은 높은 온도의 물체에서 낮은 온도의 물체로 전달된다. 그러나 그 반대방향으로는 외부에서 일을 해 주지 않는 한 열이 전달되지 않는다. 그리고 물에 잉크를 떨어뜨리면 잉크는 물에 퍼진다. 그러나 퍼진 잉크가 떨어지기 전의 상태로 돌아오는 반대의 과정은 일어나지 않는다. 이와 같이 자연에서 일어나는 현상에는 어느 방향의 과정은 가능하나 그 반대의 과정은 일어나지 않는 경우가 많다. 열역학 제2법칙은 이와 같은 과정의 일방향성에 대한 것을 설명해 준다. 열역학 제2법칙은 엔트로피라는 물리량을 정의하고, 우주(계와 주위)의 엔트로피는 가역적 과정만이 있는 경우에는 변함이 없는 반면에 비가역적 과정이 포함될 경우 증가한다는 것이다. 즉,

$$\Delta S_{univ} \geq 0 \tag{4-75}$$

이 만족된다.

엔트로피의 계산은 가역적인 과정의 경우에는 식 4-73 또는 식 4-74를 이용하여 구하면 된다. 그러나 비가역적 과정에서는 처음 상태와 최종 상태와 동일한 가역적 과정에 대한 엔트로피를 구하면 된다. 또는 통계역학적으로 물체를 이루는 분자들의 분포함수를 구하여 엔트로피를 구하는 방법도 있다.

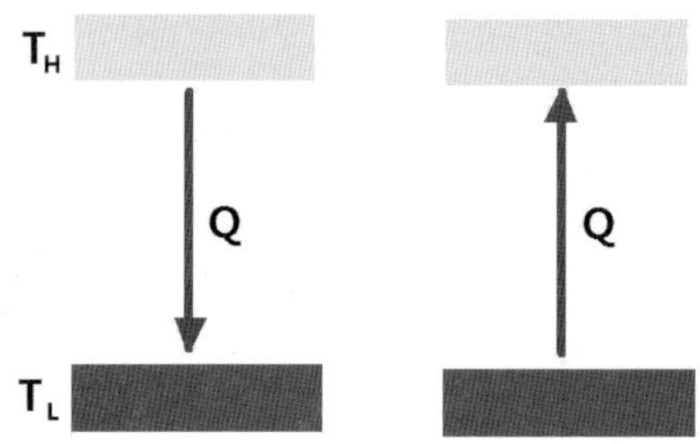

그림 4-17. 열의 전달에서 엔트로피의 변화

그림 4-17에는 높은 온도에서 낮은 온도로 열이 전달되는 경우와 반대로 낮은 온도에서 높은 온도로 열이 이동되는 경우를 보여 주고 있다. 높은 온도에서 낮은 온도로 열이 전달되는 경우의 엔트로피 변화는

$$\Delta S_{univ} = \frac{(-Q)}{T_H} + \frac{Q}{T_L} > 0 \tag{4-76}$$

와 같다. 높은 온도에서는 열을 잃고 낮은 온도에서는 열을 얻기 때문에 우주의 엔트로피 변화는 증가하므로 가능한 과정이다. 반면에 낮은 온도에서 높은 온도로 열이 전달되는 경우 엔트로피의 변화는

$$\Delta S_{univ} = \frac{Q}{T_H} + \frac{(-Q)}{T_L} < 0 \tag{4-77}$$

이다. 높은 온도에서는 열을 잃고 낮은 온도에서는 열을 받으므로 우주의 엔트로피 변화는 음이 되므로 이 과정은 가능하지 않다.

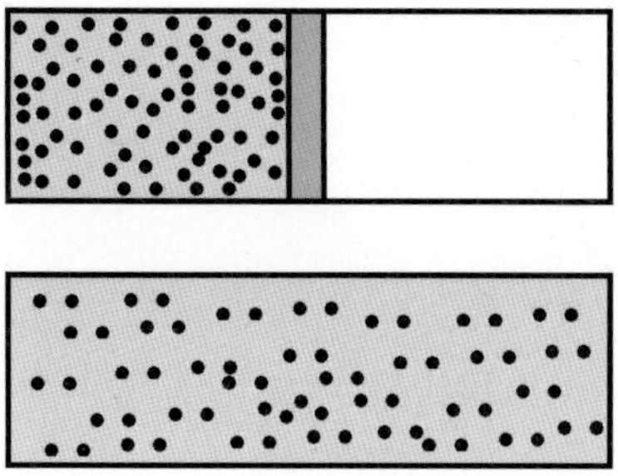

그림 4-18. 기체의 팽창에 있어서 엔트로피의 변화

그림 4-18과 같이 기체가 단열상태에서 팽창하는 경우를 보기로 하자. 위쪽 그림은 기체가 한쪽에 갇혀 있는 것을 보여 주고 있다. 아래 그림은 칸막이를 치울 경우 기체가 진공상태인 칸막이의 오른쪽으로 팽창하는 과정을 보여 주고 있다. 단열과정이므로 $\Delta Q = 0$이므로 엔트로피 변화가 없다고 결론을 내리는 것은 잘못이다. 그림 4-18에 주어진 과정은 비가역과정이다. 비가역과정일 경우 식 4-73으로 주어지는 엔트로피를 구하는 식을 사용할 수는 없다. 이 경우 처음 상태와 나중 상태가 같은 가역적인 과정을 가정하여 이 계에 식 4-74를 적용하여 엔트로피를 구하면 된다. 그림 4-18의 과정을 등온적으로 기체의 체적이 증가하는 이상기체의 가역적인 과정으로 생각해 보자. 이 경우 $\Delta U = 0$이므로 열역학 제1법칙에서 $dQ_{irrev} = dW$이므로 이 과정 동안 열의 변화는

$$Q_{irrev} = \int dQ_{irrev} = \int PdV = nRT\int \frac{dV}{V} = nRT\ln\frac{V_2}{V_1} \qquad (4\text{-}78)$$

이다. 이에 따라 엔트로피의 변화는

$$\Delta S_{sys} = \frac{Q_{irrev}}{T} = nR\ln\frac{V_2}{V_1} \qquad (4\text{-}79)$$

로 구해진다. 위 과정이 비가역적(아주 빠르게)이므로 열이 주위(surrounding)에 전달되지는 않는다. 이에 따라 주위의 엔트로피의 변화는

$$\Delta S_{sur} = \frac{(-Q_{irrev})}{T} = \frac{0}{T} = 0 \qquad (4\text{-}80)$$

이다. 이에 따라 우주의 엔트로피는

$$\Delta S_{univ} = \Delta S_{sys} + \Delta S_{sur} = nR\ln\frac{V_2}{V_1} \tag{4-81}$$

으로 주어진다. 팽창의 경우 $V_2 > V_1$이므로 $\Delta S_{univ} > 0$ 이다. 따라서 이 과정은 가능하다. 그러나 체적이 감소하는 이의 역과정은 $V_2 < V_1$ 이고 $\Delta S_{univ} < 0$ 이 되므로 가능하지 않다. 결론적으로 그림 4-18에서 위 그림의 상태에서 아래 그림의 상태로 팽창하는 경우는 가능하나, 그 반대로 아래 그림의 상태에서 위 그림의 상태로 변하는 과정은 일어나지 않는다. 이는 아래 그림의 상태에서 위 그림의 상태로 변하는 과정은 무질서한 상태에서 질서가 잡힌 상태로 바뀌는 것이므로 불가능하다. 위의 결론은 잉크가 퍼진 상태(무질서한 상태)에서 잉크가 물에 떨어진 순간의 상태(질서가 잡힌 상태)로 돌아갈 수 없는 것도 위와 같은 이유 때문이다.

그림 4-18의 과정은 통계역학적인 관점에서도 설명할 수 있다. 이 과정에서는 기체의 분자가 미시적인(microscopic) 상태에 분포하는 분포함수를 구하는 것이다. Boltzmann의 엔트로피의 정의는

$$S = k\ln\Omega \tag{4-82}$$

로 주어진다. 여기서 Ω는 기체분자가 미시적인 상태에 분포할 수 있는 방법의 수이다. 그림 4-18에서 칸막이에 의해 공간이 두 부분으로 나누어져 있다. 따라서 기체분자가 존재할 수 있는 공간은 2개이다. 모든 기체가 왼쪽 공간에 있을 수 있는 방법의 수는 1이다. 즉, 한 가지 방법밖에 없다. 따라서 이 경우 엔트로피는

$$S_i = k\ln 1 = 0 \tag{4-83}$$

이다. 반면에 N개의 기체분자가 두 공간에 분포할 수 있는 방법의 수는 2^N이다. 따라서 이때의 엔트로피는

$$S_f = k\ln 2^N = Nk\ln 2 \tag{4-84}$$

이다. 따라서 팽창에서의 엔트로피 변화는

$$\Delta S = S_f - S_i = Nk \ln 2 \tag{4-85}$$

와 같이 구해진다. 식 4-81에서 $V_2 = 2V_1$일 경우 식 4-84와 같음을 볼 수 있다. 그리고 그림 4-18에서 아래 그림의 상태에서 위 그림의 상태로 변하는 것은 엔트로피가 감소함으로써 가능하지 않는 과정임을 보여 주고 있다.

다음에는 이상기체의 열역학 과정에서의 엔트로피의 변화에 대해 알아보도록 하자. 열역학 제1법칙 $dQ = dU + PdV$에서 이상기체의 상태방정식과 $dU = nc_V dT$를 이용하면

$$dQ = nc_V dT + RT\frac{dV}{V} \tag{4-86}$$

을 얻을 수 있다. 여기서 $PV = nRT$에서 $P = (nRT)/V$를 이용하였다. 그리고 $dS = dQ/T$를 이용하면

$$dS = nc_V \frac{dT}{T} + nR\frac{dV}{V} \tag{4-87}$$

을 얻는다. 처음 상태 i에서 나중 상태 f로 변할 때 엔트로피의 변화는

$$\begin{aligned}\Delta S = \int_i^f dS = S_f - S_i &= nc_V \int_i^f \frac{dT}{T} + nR\int_i^f \frac{dV}{V} \\ &= nc_V \ln\frac{T_f}{T_i} + nR\ln\frac{V_f}{V_i}\end{aligned} \tag{4-88}$$

와 같이 구해진다. 식 4-88을 이용하여 각 열역학 과정에서 엔트로피의 변화를 알아보자.

첫째, 등온과정에서는 $T_i = T_f$이므로 엔트로피의 변화는

$$\Delta S = nR\ln\frac{V_f}{V_i} = -nR\ln\frac{P_f}{P_i} \tag{4-89}$$

이다. 식 4-89의 두 번째 관계식을 얻는 데

$$\frac{P_i V_i}{T_i} = \frac{P_f V_f}{T_f} \rightarrow \therefore \frac{V_f}{V_i} = \frac{T_f P_i}{T_i P_f} \tag{4-90}$$

을 이용하였다. 식 4-89에서 $V_f > V_i$(팽창)일 때 엔트로피가 증가하고 $V_f < V_i$(압축)일 때 엔트로피가 감소함을 보여 주고 있다.

둘째, 등적과정에서의 엔트로피의 변화는 $V_i = V_f$이므로

$$\Delta S = nc_V \ln \frac{T_f}{T_i} \tag{4-91}$$

이다. 따라서 $T_f > T_i$일 때 엔트로피가 증가하고 $T_f < T_i$일 때 엔트로피는 감소한다.

셋째, 등압과정에서의 엔트로피의 변화는 $P_i = P_f$이므로 식 4-88에서 식 4-90을 이용하면

$$\Delta S = nc_P \ln \frac{T_f}{T_i} \tag{4-92}$$

을 구할 수 있다. 여기서 $c_P = c_V + R$을 이용하였다. 이 경우에도 $T_f > T_i$일 때 엔트로피가 증가하고 $T_f < T_i$일 때 엔트로피는 감소함을 볼 수 있다.

넷째, 단열과정에서는 열의 유입이나 유출이 없으므로 엔트로피의 변화도 없다.

물체가 외부에서 열을 받아 온도가 증가하는 경우의 엔트로피 변화는

$$\Delta S = \int \frac{dQ}{T} = \int_i^f \frac{mc\,dT}{T} = mc \ln \frac{T_f}{T_i} \tag{4-93}$$

와 같이 구해진다. 여기서 c는 물체의 비열이다. 그리고 물체의 상태가 변할 때의 엔트로피의 변화는 등온적으로 이루어지므로

$$\Delta S = \frac{Q_L}{T} = \frac{mL}{T} \tag{4-94}$$

와 같이 구해진다. 여기서 L은 상태 변화에 필요한 에너지(융해열, 기화열 등)를 나타낸다.

예제 9 0°C의 얼음 100g이 완전히 녹아 0°C의 물이 될 때 엔트로피의 변화를 구하라.

답. 이 과정은 등온과정이므로 엔트로피 변화는 $\Delta S = \frac{mL_f}{T} = 122.6\,J/K$이다. 여기서 얼음의 융해열은 80cal/g이고 1cal=4.184J을 사용하였다.

[연습문제]

문제 1 섭씨와 화씨가 같아지는 온도는 몇 도인가?

답. $F = \frac{9}{5}C + 32$에서 $F = C = x$라 두고 x를 구하면 $x = -40$이다. 따라서 −40°F와 −40°C가 동일한 온도이다.

문제 2 10m인 구리막대가 있다. 온도가 10°C에서 30°C로 변할 때 구리막대의 늘어나는 길이는 얼마인가? 구리의 길이팽창계수는 1.67×10^{-5}/°C이다.

답. $\Delta L = \alpha L \Delta T = 0.334cm$이다.

문제 3 1m의 구리막대를 사용하는 기기의 정확도를 백만분의 일로 유지하려고 한다. 기기를 설치한 방의 최대 온도변화는 얼마여야 하나?

답. $\frac{\Delta L}{L} = \pm 10^{-6}$이어야 된다. $\frac{\Delta L}{L} = \alpha \Delta T$에서 $\Delta T = \pm 0.06$℃ 이다.

문제 4 나무바퀴의 바깥에 철로 된 얇은 원판을 끼우고자 한다. 측정해 보니 나무바퀴와 철 원판의 직경은 각각 50.1cm와 50cm이었다. 철 원판의 온도를 얼마로 올려야 철 원판을 나무바퀴에 끼울 수 있는가? 철의 길이팽창계수는 1.2×10−5/°C이다.

답. $\Delta L = \alpha L \Delta T$에서 $L = 50\pi$와 $\Delta L = 0.1\pi$를 사용하면 $\Delta T = 167$℃ 이다.

문제 5 수은온도계의 끝에는 1cc의 통(bulb)에 수은이 담겨져 있다. 이 통에 연결된 가는 관(capillary)의 직경은 0.5mm이다. 온도가 50°C 증가할 때, 수은이 올라가는 가는 관의 높이변화는 얼마인가? 수은의 부피팽창계수는 1.82×10^{-4}/°C이다.

답. $\Delta V = \beta V \Delta T = 0.0091\,cc$이다. 직경이 0.5mm이므로 단면적은 0.001965cm^{2}이다. 따라서 $\Delta V = Ah$에서 $h = 4.63cm$이다.

문제 6 회중시계에서 사용한 시계추의 줄은 황동으로 만들어졌다. 20°C에서 진동주기가 1초가 되도록 맞추었다. 온도가 40°C가 되면 주기의 변화는 얼마인가? 황동의 길이팽창계수는 1.93×10^{-5}/°C이다.

답. 시계추의 주기는 $\tau_o = 2\pi\sqrt{\frac{L_o}{g}}$ 이다. 온도에 의해 늘어나는 길이는 $L = L_o(1+\alpha\Delta T)$이므로

$$\tau = 2\pi\sqrt{\frac{L_o(1+\alpha\Delta T)}{g}} = 2\pi\sqrt{\frac{L_o}{g}}\,(1+\alpha\Delta T)^{1/2} \approx \tau_o(1+\frac{\alpha}{2}\Delta T) \qquad (4\text{-}95)$$

이다. 따라서 주기의 변화는 $\Delta\tau = 1.93\times10^{-4}\mathrm{sec}$이다.

문제 7 20°C에서 10cm^{2}의 구리판의 면적은 50°C에서는 얼마로 되는가?

답. $\Delta A = 2\alpha A \Delta T = 0.01\,cm^2$이다. 즉, 10.01cm^{2}가 된다.

문제 8 5cc의 유리용기에 수은이 꽉 차 있다. 온도가 20°C 증가할 때 넘치는 수은의 양은 얼마인가?

답. $\Delta V = \beta V \Delta T = 0.018cc$이다.

문제 9 구리로 만든 통이 있다. 온도가 20°C 증가하면 통의 부피는 몇% 증가하는가?

답. $\Delta V = \beta V \Delta T$에서 $\frac{\Delta V}{V} = \beta\Delta T = 3\alpha\Delta T = 0.1\%$이다.

문제 10 수은온도계의 수은 통의 부피는 V_o이다. 0°C일 때 수은 통이 꽉 차 있다. 수은 통 위의 가는 관의 단면을 A라고 하자. 수은의 부피팽창률은 β_{Hg}이다. 유리용기의 부피증가는 수은의 부피증가에 비해 무시할 수 있다고 가정한다. 온도 T에서 수은의 높이를 구하라.

답. $V = V_o(1+\beta_{Hg}\Delta T)$에서 $\Delta T = T$이다. 그리고 $\Delta V = Ah$이므로 $h = \frac{\Delta V}{A} = \frac{V_o}{A}\beta_{Hg}T$이다.

문제 11 열량계의 안쪽에는 질량 50g의 알루미늄으로 만든 통이 있다. 이 통 안에 물과 얼음의 혼합물 95g이 0°C로 존재한다. 100g의 알루미늄 덩어리를 100°C로 가열한 후 열량계에 넣었더니 온도가 5°C 오르는 것이 관찰되었다. 원래 있었던 얼음의 량을 구하라. 알루미늄의 비열은 0.22 cal/g°C이고 얼음의 융해열은 80cal/g이다.

답. 알루미늄이 잃은 열량은 $Q = mc_{Al}\Delta T = 2090\,cal$이다. 그리고 원래의 얼음의 량을 y라고 두면 얼음의 융해열은 $Q_l = 80y$이다. 물이 얻은 열량은 $Q_W = m\,c_W \Delta T = 475\,cal$이다. 그리고 알루미늄 통이 얻은 열량은 $Q_{Al} = m\,c_{Al}\,\Delta T = 55\,cal$이다. 따라서 열량의 주고받음을 식으로 표현하면

$$Q = Q_l + Q_W + Q_{Al} \rightarrow 2090 = 80y + 475 + 55 \rightarrow \therefore\ y = 19.5\,g \tag{4-96}$$

을 구할 수 있다.

문제 12 순간온수기에서 10°C의 물이 들어가서 60°C의 물이 되어 나온다. 유속은 초당 10cc이다. 온수기 히터가 제공해야 하는 일률을 구하라. 히터에 의해 공급되는 열은 모두 물의 온도를 높이는 데 사용하였다고 가정한다.

답. 물이 초당 10g이 나오므로 $\Delta Q = mc\Delta T = 500\,cal$이다. $1cal = 4.184J$이므로 $2.092kW$이다.

문제 13 5g의 금을 20°C에서 녹여 완전히 액체로 만드는데 필요한 열량을 구하라. 금의 비열은 0.031cal/g°C이고 융해열은 15cal/g이다. 그리고 금의 녹는점은 1,064°C이다.

답. $\Delta Q = mc\Delta T + mL_f = 236.82\,cal$이다. 즉, 991J이다.

문제 14 대기압에서 -10°C의 얼음 10g을 녹여 최종적으로 130°C의 수증기로 만들려고 한다. 필요한 열량을 구하라. 1기압에서 수증기의 비열은 0.48cal/g°C이다. 얼음의 비열은 0.5cal/g°C이다. 얼음의 융해열은 80cal/g이고 기화열은 540cal/g이다.

답. $Q = mc\,\Delta T_{ice} + mL_f + mc_w\,\Delta T_w + mL_v + mc_s\Delta T_s = 7{,}394cal$이다.

문제 15 20°C의 물 30cc을 냉동실에 넣었다. 이를 -10°C의 얼음으로 만들기 위해 뽑아내야 하는 열량을 구하라.

답. $Q = mc_w \Delta T_w + mL_f + mc_{ice} \Delta T_{ice} = 3,150\,cal$이다.

문제 16 석탄 10g을 태울 때 물 1,000cc를 10°C에서 50°C로 덥힐 수 있음이 관찰되었다. 1g의 석탄이 내는 열량은 얼마인가? 석탄 자체의 비열은 무시한다.

답. 석탄 10g이 내는 열량은 $Q = mc\Delta T = 40,000cal$이다. 따라서 단위 g당 석탄이 내는 열량은 4,000cal/g이다.

문제 17 열량계는 구리 300g으로 만들어졌다. 열량계 속에 500cc의 물이 들어 있다. 온도를 측정해 보니 20°C이었다. 온도 150°C이고 질량 500g인 금속을 열량계에 넣으니 최종적인 온도는 50°C가 되었다. 구리의 비열은 0.093cal/g°C이다. 이 금속의 비열을 구하라.

답. 금속이 잃은 열량은 물이 얻은 열량과 열량계가 얻은 열량의 합과 같다. 즉,

$$m_m c_m \Delta T_m = m_w c_w \Delta T_w + m_c c_c \Delta T_c \tag{4-97}$$

이다. 위 식에서 금속의 비열을 구하면 $c_m = 0.317\,cal/g$이다.

문제 18 200g의 구리 통에 100°C의 물 500cc가 담겨 있다. 이 구리 통에 0°C의 얼음 몇 g을 넣어야 물의 온도가 40°C가 되겠는가? 구리의 비열은 0.093cal/g°C이다.

답. 얼음이 잃은 열량은 구리 통과 물이 얻은 열량과 동일하다. 즉,

$$m_{ice} L_f + m_{ice} c_w \Delta T_{ice} = m_w c_w \Delta T_w + m_c c_c \Delta T_c \tag{4-98}$$

이다. 따라서 $m_{ice} = 38.5g$으로 구해진다.

문제 19 100cc 커피의 온도가 90°C이다. 0°C인 얼음 몇 g을 넣어야 커피의 온도가 40°C로 떨어지는가? 커피의 비열은 물의 비열과 동일하다고 가정하고 주위(컵 등)로 열의 방출은 없다고 한다.

답. 얼음이 잃은 열량은 커피가 얻은 열량과 동일하다. 즉,

$$m_{ice}L_f + m_{ice}c_w\Delta T_{ice} = m_c c_w \Delta T_w \tag{4-99}$$

이다. 따라서 $m_{ice} = 41.7g$으로 구해진다.

문제 20 질량 200g의 구리 통으로 된 열량계가 있다. 열량계 안에는 20°C의 물 400cc가 들어 있다. 온도 0°C인 100g의 얼음을 열량계에 넣었다. 물의 최종온도는 얼마인가? 구리의 비열은 0.093cal/g°C이다.

답. 최종온도가 0°C 이상이라고 가정하면 얼음은 모두 녹는다. 물과 열량계가 잃은 열량과 얼음이 얻은 열량의 합은 0이므로

$$m_{ice}L_f + m_{ice}c_w\Delta T_{ice} + m_c c_c \Delta T_c + m_w c_w \Delta T_w = 0 \tag{4-100}$$

이다. 최종온도를 T라고 두면 $\Delta T_{ice} = T$이고 $\Delta T_w = \Delta T_c = T - 20$이다. 값들을 대입하면 $T = 0.89$℃를 구할 수 있다.

문제 21 3kg의 수소가 S.T.P 상태에서 등압적으로 체적이 2배로 팽창한다. 수소 기체(H_2)의 등압비열은 $c_V = 14\,kJ/kgK$이다.

(a) 기체의 최종온도는 얼마인가?

(b) 기체가 팽창할 때 한 일은 얼마인가?

(c) 기체의 내부에너지의 변화는 얼마인가?

(d) 기체에 유입된 열은 얼마인가?

답. (a) $\frac{P_1V_1}{T_1} = \frac{P_2V_2}{T_2}$에서 $P_1 = P_2$이므로 $T_2 = T_1\frac{V_2}{V_1} = 546K$이다.

(b) S.T.P. 상태에서 1kmol의 부피는 22.4m^{3}이다. 수소(H_2)의 1mole은 2g이므로 3kg의 수소기체는

1.5kmole이다. 따라서 $V_1 = 33.6m^3$이다. 기체가 한 일은 $W = P\Delta V = P(V_2 - V_1) = 3.4MJ$이다.
(c) 등압상태에서 기체의 온도가 273K 증가했으므로 $\Delta Q = nc_P\Delta T$에서 $\Delta Q = 5.7MJ$이다.
(d) 열역학 제1법칙에서 $\Delta Q = \Delta U + W = 9.1MJ$이다.

문제 22 75°C인 알코올 500g을 30°C인 물 500g이 담긴 유리그릇(유리그릇의 질량은 300g이고 유리의 비열은 $c_G = 0.14\ cal/g℃$)에 넣었다고 하자. 알코올과 물 혼합물의 온도가 46°C였다고 할 때 알코올의 비열은 얼마인가?

답. 알코올이 잃은 열량 = 물이 얻은 열량 + 유리그릇이 얻은 열량이므로

$$m_{Al}\,c_{Al}\,\Delta T_{Al} = m_G\,c_G\,\Delta T_G + m_w c_w\,\Delta T_w \tag{4-101}$$

에서 $c_{al} = 0.598\ cal/g℃$를 구할 수 있다.

문제 23 100m³의 공간에 산소가 채워져 있다. 온도는 300K이고 압력은 1기압이다. 주어진 열이 모두 산소의 온도를 높이는 데 사용했다고 가정할 때 정적과 정압상태에서 산소의 온도를 1°C 올리는 데 필요한 열량을 구하라. 산소의 정적비열은 0.65J/gK이다.

답. 산소의 mole 수를 구해 보자. $n = \frac{PV}{RT} = 4063.38\,mole$이다. 단위 mole당 비열을 구해야 한다. 즉, $c_V = c_V{}'M = 20.8J/moleK$이다. 여기서 M은 분자량으로서 산소는 $32\,g/mole$이다. 따라서 $R = 8.31\,J/moleK$이므로 $c_P = c_V + R = 29.11\,J/moleK$이다. 정적상태에서 온도를 높일 경우 필요한 열량은

$$Q_V = n\,c_V\,\Delta T = 84{,}518J \tag{4-102}$$

이다. 그리고 정압상태에서 온도를 높일 경우 필요한 열량은

$$Q_P = n\,c_P\,\Delta T = 118{,}285J \tag{4-103}$$

이다.

문제 24 1mole의 수소가 S.T.P. 상태에서 용기에 갇혀 있다. 기체의 압력을 2배로 만들기 위해 외부에서 공급해야 되는 열량은 얼마인가? 수소의 비열은 $c_V = 2.4\,cal/gK$이다.

답. 압력이 2배로 바뀌므로 $P_1V_1 = nRT_1$에서 $(2P_1)V_1 = nRT_2$로 변한다. 따라서 $T_2 = 2T_1$이다. 단위 mole당 비열을 구해야 한다. 즉, $c_V = c_V{}'M = 4.8\,cal/moleK$이다. 여기서 M은 분자량으로서 수소는 $2\,g/mole$이다. 따라서 $Q = nc_V\Delta T = 1{,}310\,cal$이다.

문제 25 CO_2 기체($\gamma = 1.3$)가 단열적으로 1기압상태에서 부피가 2배로 팽창하였다. 최종압력은 얼마인가?

답. 단열과정에서는 $P_1V_1{}^{\gamma} = P_2V_2{}^{\gamma}$이다. 따라서 $P_2 = 1/2^{\gamma} = 0.406$기압이다.

문제 26 질소 기체 1mole을 10°C에서 40°C로 정적상태 및 정압상태에서 온도를 올리는 데 필요한 열량은 얼마인가? 두 경우 내부에너지의 변화는 얼마인가? 질소의 정적비열은 0.74J/gK이다.

답. mole당 비열을 구하면 $c_V = c_V{}'M = 20.72\,J/moleK$이다. 여기서 M은 분자량으로서 질소는 $28\,g/mole$이다. 그리고 $R = 8.31\,J/moleK$이므로 $c_P = c_V + R = 18.67\,J/moleK$이다. 따라서 정적상태와 정압상태에서 필요한 열량은 각각

$$Q_V = nc_V\Delta T = 622J,\quad Q_P = nc_P\Delta T = 871J \tag{4-104}$$

와 같이 구해진다. 이상기체의 경우 내부에너지는 $U = nc_V T$이므로 두 경우 모두

$$\Delta U = nc_V\Delta T = 622\,J \tag{4-105}$$

이다. 정적상태에서는 외부에 일을 하지 않는 반면에 등압상태에서는 외부에 일을 한다. 이때 외부에 한 일의 양은

$$W_P = Q_P - \Delta U = 249\,J \tag{4-106}$$

이다.

문제 27 S.T.P. 상태에 있는 헬륨 $10l$가 등압적으로 부피가 $6l$가 될 때까지 압축되었다. 온도변화를 구하라. 헬륨에서 빠져나온 열량을 구하라. 헬륨의 비열은 3.1J/gK이다.

답. $\frac{P_1 V_1}{T_1} = \frac{P_2 V_2}{T_2}$에서 $P_1 = P_2$이므로 $T_2 = 163.8K$를 구할 수 있다. 온도 변화는 $\Delta T = -109.2K$이다. 헬륨의 mole 수를 구해 보면 $n = \frac{P_1 V_1}{RT_1} = 0.447\,mole$이다. 그리고 mole당 비열은

$$c_V = c_V{}' M = 12.4\,J/moleK \quad (4\text{-}107)$$

이다. 여기서 M은 분자량으로서 헬륨은 $4\,g/mole$이다. 열역학 제1법칙에서

$$\Delta Q = \Delta U + W = nc_V \Delta T + P\Delta V = -1{,}010\,J \quad (4\text{-}108)$$

이다. 이 과정에서 열이 외부로 빠져나갔다.

문제 28 S.T.P. 상태에 있는 이상기체가 등온적으로 $30l$에서 $10l$로 압축되었다. 기체에서 빠져나온 열을 구하라.

답. 등온이므로 $\Delta U = 0$이다. 따라서 $\Delta Q = W$이다. 즉, 기체에 주어진 일(음의 부호)은 모두 열로 빠져나온다(음의 열). 등온상태에서 한 일은

$$W = nRT\ln\frac{V_2}{V_1} = P_1 V_1 \ln\frac{V_2}{V_1} = -3{,}339J \quad (4\text{-}109)$$

이다. 음의 부호이므로 외부에서 기체에 일을 해 주었다. 열도 $\Delta Q = W = -3{,}369J$이다. 음의 부호이므로 기체에서 빠져나오는 열이다.

문제 29 이상기체의 부피가 단열적으로 2배로 증가하였다. 이 과정 동안 기체는 외부에게 100J의 일을 해주었다. 기체의 내부에너지의 변화는 무엇인가? 그리고 기체에서 빠져나오는 열은 얼마인가?

답. 단열과정이므로 $\Delta Q = 0$이다. 따라서 $\Delta U = -W = -100J$이다. 내부에너지 변화가 음이므로 내부에너지가 감소하였다. 즉, 팽창에 의해 기체의 온도가 내려갔다.

문제 30 0.5mole의 단원자 이상기체가 그림과 같이 a에서 시작하여 화살표 방향의 과정을 거쳐 다시 a로 되돌아온다. 이 순환과정에서 다음을 구하라. (a) 내부에너지의 변화 (b) 기체가 한 일 (c) 외부에서 기체로 유입되는 열량

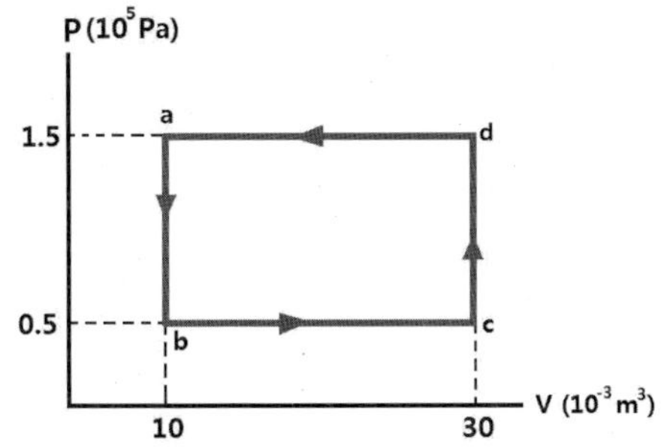

답. (a) 순환과정이므로 내부에너지의 변화는 없다. 즉, $\Delta U = 0$이다.

(b) ab와 cd과정은 등적과정이므로 일을 하지 않는다. bc 과정에서 한 일은 $W_{bc} = P_b \Delta V_{bc} = 1,000J$이고 da과정에서 한 일은 $W_{da} = P_d \Delta V_{da} = -3,000J$이다. 따라서 순환과정에서 기체가 한 일은 $W_{cycle} = W_{bc} + W_{da} = -2,000J$이다. 즉, 외부에서 기체에게 일이 주어졌다.

(c) 열역학 제1법칙에서 $\Delta Q = \Delta U + W = -2,000J$이다. 즉, 열이 기체에 유입되었다.

문제 31 단원자 이상기체 1mole이 S.T.P. 상태에 있다(a위치). 이 기체가 등적과정(ab과정)과 등압과정(bc과정)을 거칠 때 기체가 한 일을 구하라. 동일한 기체가 등온과정(ac과정)을 거칠 때 한 일은 얼마인가? $a \rightarrow b \rightarrow c$과정을 거치는 동안 내부에너지의 변화는 얼마인가? 그리고 이 과정 동안 계에 유입 또는 유출된 열은 얼마인가? ac과정에서의 내부에너지 변화와 유입 또는 유출된 열을 구하라. abca의 순환과정에서 열역학 제1법칙이 만족됨을 보여라.

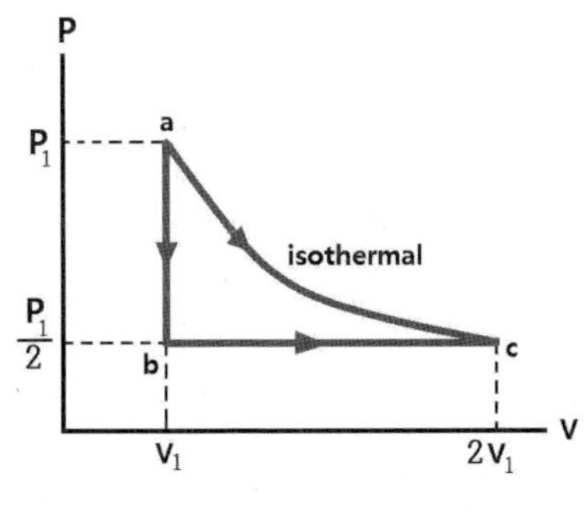

답. 첫째, ab과정(등적과정)에 대해 알아보도록 하자. 등적과정이므로 기체가 한 일은 없다. 즉, $W_{ab}=0$이다. 점 b에서의 온도를 구해 보자. a와 b에서 이상기체상태방정식을 적용하면

$$P_1 V_1 = RT_a,\ \left(\frac{P_1}{2}\right)V_1 = RT_b \qquad (4\text{-}110)$$

에서 $T_b = T_a/2 = 136.58K$를 구할 수 있다. 따라서 ab과정에서 내부에너지 변화는

$$\Delta U_{ab} = c_V \Delta T_{ab} = -1,706J \qquad (4\text{-}111)$$

이다. 여기서 $c_V = 3R/2 = 12.5J/K$을 이용하였다. 즉, 온도의 감소에 따라 내부에너지가 감소했다. 그리고 $\Delta Q_{ab} = \Delta U_{ab} + W_{ab} = -1,706J$이다. 이에 따라 이 과정 동안 열이 방출되었다. 결과적으로 ab과정 동안은 등적과정이므로 기체가 한 일은 없고, 압력이 감소함에 따라 외부로 열을 방출하고 기체의 온도가 감소되었다.

둘째, bc과정은 등압팽창과정이므로 기체가 한 일은

$$W_{bc} = \frac{P_1}{2}(2V_1 - V_1) = \frac{P_1 V_1}{2} = \frac{RT_a}{2} = 1,134J \qquad (4\text{-}112)$$

이다. 그리고 이 과정 동안 기체의 온도가 올라갔으므로 내부에너지의 변화는

$$\Delta U_{bc} = c_V \Delta T_{bc} = 1,706J \qquad (4\text{-}113)$$

이다. 즉, 온도 증가에 따라 내부에너지가 증가되었다. 그리고 이 과정(팽창) 동안 $1,134J$의 일을 외부에 했으므로 $\Delta Q_{bc} = \Delta U_{bc} + W_{bc} = 2,840J$이다. 즉, 이 과정 동안 열이 유입되었다.

다음에 ac과정은 등온팽창과정이므로 기체가 한 일은

$$W_{ac} = \int_{V_1}^{2V_1} P dV = RT_a \ln 2 = 1,573\,J \qquad (4\text{-}114)$$

이다. $a \to b \to c$과정에서 기체가 한 일은

$$W_{abc} = W_{ab} + W_{bc} = 1,134J \qquad (4\text{-}115)$$

이었다. 반면에 $W_{ac} = 1,573J$이므로 $W_{ac} \neq W_{ab} + W_{bc}$임을 알 수 있다. 즉, 일은 과정에 따라 다르다.

셋째, ca과정은 등온압축과정이므로 내부에너지의 변화는 없다. 즉, $\Delta U_{ca} = 0$이다. 이 과정(압축) 동안 외부에 한 일은 $W_{ac} = 1,573J$이므로 $W_{ca} = -1,573J$이다. 열의 유입 또는 유출은 열역학 제1법칙에서

$$\Delta Q_{ca} = \Delta U_{ca} + W_{ca} = -1,573J \tag{4-116}$$

을 구할 수 있다. 즉, 등온압축과정에서 열이 유출되었다.

abca의 순환과정에서 내부에너지의 변화는 없어야 한다. 이는 위에서 구한 값들을 이용하면

$$\Delta U_{abca} = \Delta U_{ab} + \Delta U_{bc} + \Delta U_{ca} = 0 \tag{4-117}$$

을 확인할 수 있다. 순환과정 동안 기체가 한 일은

$$W_{abca} = W_{ab} + W_{bc} + W_{ca} = -439J \tag{4-118}$$

을 구할 수 있다. 즉, 기체에 일이 행해졌다. 그리고 순환과정 동안 기체에 유입 또는 유출된 열은

$$\Delta Q_{abca} = \Delta Q_{ab} + \Delta Q_{bc} + \Delta Q_{ca} = -439J \tag{4-119}$$

을 구할 수 있다. 즉, 열이 유입되었다. 따라서 순환과정에서

$$\Delta Q_{abca} = \Delta U_{abca} + W_{abca} \tag{4-120}$$

과 같이 열역학 제1법칙이 만족됨을 볼 수 있다.

문제 32 S.T.P. 상태(a위치)의 헬륨기체 1mole이 그림과 같이 등압(ab), 단열(bc), 등온(ca)과정을 통해 순환과정을 거친다. ab과정에서는 등압팽창과정으로 부피가 2배로 늘었다. 그리고 bc과정에서는 단열팽창과정으로 원래의 부피의 4배로 늘었다. 마지막으로 ca과정은 등온압축과정으로

원래의 상태로 돌아온다. 각 과정에서 기체가 한 일, 내부에너지 변화, 열의 유입 또는 유출 등을 구하라. 순환과정에서 열역학 제1법칙이 만족됨을 보여라. 헬륨의 정적비열은 12.4J/mole-K $(3R/2)$이다.

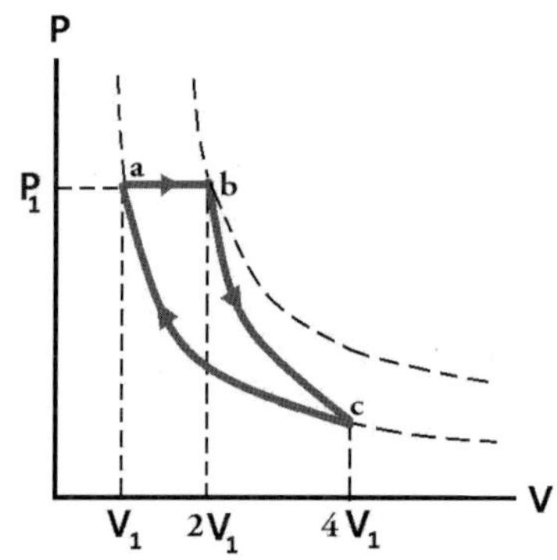

답. 첫째, ab과정은 등압팽창과정이다. 이 과정 동안 기체가 한 일은

$$W_{ab} = P\Delta V = P_1 V_1 = RT_a = 2{,}270J \tag{4-121}$$

이다. 내부에너지 변화를 구하기 위해서는 b지점의 온도를 구해야 한다. a, b 위치에서 이상기체 상태방정식을 적용하면

$$P_1 V_1 = RT_a,\ P_1(2V_1) = RT_b \rightarrow \therefore T_b = 2T_a = 546K \tag{4-122}$$

을 구할 수 있다. 따라서 내부에너지의 변화는

$$\Delta U_{ab} = nc_V(T_b - T_a) = 3{,}385J \tag{4-123}$$

이다. 따라서 이 과정 동안 기체에 유입된 열은

$$\Delta Q_{ab} = W_{ab} + \Delta U_{ab} = 5{,}655J \tag{4-124}$$

이다.

둘째, bc과정은 단열팽창과정이므로 열의 유입은 없다. 즉, $\Delta Q_{bc}=0$이다. 이 과정 동안 기체가 한 일은

$$W_{bc}=\frac{P_b V_b-P_c V_c}{\gamma-1}=\frac{P_1(2V_1)-(P_1/4)(4V_1)}{\gamma-1}=\frac{RT_a}{\gamma-1}=3,385J \qquad (4-125)$$

이다. 여기서 $P_c=P_1/4$을 이용하였다(등온과정 ca에서 $P_a V_a=P_c V_c$로부터 구해짐). 그리고 내부에너지의 감소는 $\Delta Q_{bc}=W_{bc}+\Delta U_{bc}=0$에서

$$\Delta U_{bc}=-W_{bc}=-3,385J \qquad (4-126)$$

로 구해진다.

셋째, ca과정은 등온압축과정이므로 $\Delta U_{ca}=0$이다. 그리고 기체가 한 일은

$$W_{ca}=RT_c\ln\frac{V_a}{V_c}=RT_a\ln\frac{V_1}{4V_1}=-3,147J \qquad (4-127)$$

이다. 이 과정에서 열의 유입은 $\Delta U_{ca}=0$이므로

$$\Delta Q_{ca}=W_{ca}+\Delta U_{ca}=-3,147J \qquad (4-128)$$

이다. 즉, 열이 유입되었다. 순환과정 동안 기체가 한 일은

$$W_{abca}=W_{ab}+W_{bc}+W_{ca}=2,508J \qquad (4-129)$$

이다. 그리고 내부에너지 변화는 $\Delta U_{abca}=\Delta U_{ab}+\Delta U_{bc}+\Delta U_{ca}=0$임을 확인할 수 있다. 또한 기체에 유입되는 열은

$$\Delta Q_{abca}=\Delta Q_{ab}+\Delta Q_{bc}+\Delta Q_{ca}=2,508J$$

이다. 따라서 $\Delta Q_{abca}=\Delta U_{abca}+W_{abca}$임을 확인할 수 있다.

문제 33 이상기체 $n$mole이 있다. 압력이 4배, 체적은 1/3배로 변했을 때 최종상태의 내부에너지는 최초의 내부에너지의 몇 배인가?

답. 이상 기체 상태방정식에서

$$\frac{p_i V_i}{T_i} = \frac{p_f V_f}{T_f} \tag{4-130}$$

이다. $P_f = 4P_i,\ V_f = \frac{1}{3}V_i$를 위 식에 대입하면 $T_f = \frac{4}{3}T_i$을 얻는다. 따라서 내부에너지는

$$U_f = \frac{3}{2}nRT_f = \frac{3}{2}nR\left(\frac{4}{3}T_i\right) = \frac{4}{3}\left(\frac{3}{2}nRT_i\right) = \frac{4}{3}U_i \tag{4-131}$$

이다. 따라서 내부에너지가 4/3배로 증가하였다.

문제 34 -10°C의 얼음 500g과 110°C의 수증기 100g이 섞였다. 최종적인 온도와 엔트로피 변화를 구하라. 얼음의 비열은 0.5cal/g-K이고 수증기의 비열은 0.45cal/g-K이다.

답. 얼음이 얻은 열량은 수증기가 잃은 열량과 같다. 즉,

$$m_i c_i \Delta T_i + m_i L_f + m_i c_w T = m_s c_s \Delta T_s + m_s L_v + m_s (100 - T) \tag{4-132}$$

와 같다. 따라서 $T = 37$℃를 구할 수 있다. 엔트로피의 변화는

$$\begin{aligned}\Delta S &= m_i c_i \int_{263}^{273} \frac{dT}{T} + \frac{m_i L_f}{273} + m_i c_w \int_{273}^{310} \frac{dT}{T} \\ &\quad + m_s c_s \int_{383}^{373} \frac{dT}{T} + \frac{m_s L_v}{373} + m_s c_w \int_{373}^{310} \frac{dT}{T} \\ &= 344.48\, cal/K\end{aligned} \tag{4-133}$$

을 구할 수 있다. 또는 Joule 단위로 표시하면 1,447J/K이다.

문제 35 n mole의 단원자 이상기체가 초기에는 온도와 체적이 T_i와 V_i이었다.

(a) 초기 내부에너지는 얼마인가?

(b) 이 기체가 단열적으로 T_f와 V_f로 변했을 때 내부에너지는 얼마인가?

(c) 이렇게 변하는 동안 한 일은 얼마인가?

(d) 이 과정에서 엔트로피의 변화는 얼마인가?

답. (a) $U_i = \frac{3}{2}nRT_i$ (b) $U_f = \frac{3}{2}nRT_f$

(c) 단열적이므로 $\Delta Q = \Delta U + W = 0$에서 $W = -\Delta U = -nR(T_f - T_i)$이다.

(d) 단열과정이므로 열의 유입, 유출이 없다. 따라서 $\Delta S = 0$이다.

문제 36 그림에서와 같은 과정에서 abc과정의 엔트로피와 ac과정의 엔트로피가 같음을 보여라. 기체는 이상기체로서 1mole의 양이다. 이 결과는 엔트로피가 상태함수임을 보여준다.

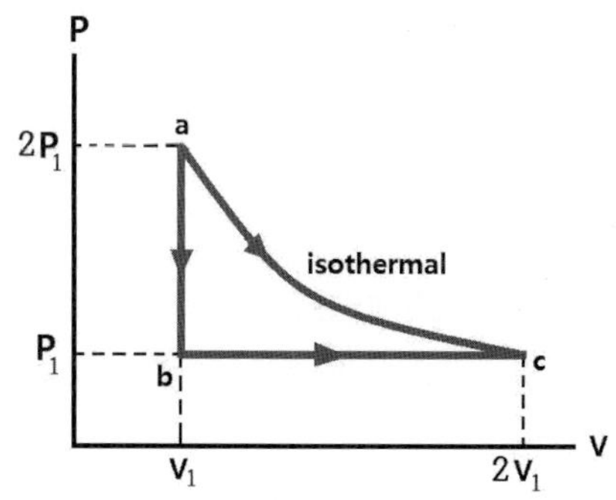

답. abc과정에서의 엔트로피 변화는

$$\Delta S_{abc} = \int_{T_a}^{T_b} \frac{c_V dT}{T} + \int_{T_b}^{T_c} \frac{c_P dT}{T} = c_V \ln \frac{T_b}{T_a} + c_P \ln \frac{T_c}{T_b} \qquad (4\text{-}134)$$

이다. 여기서 이상기체의 경우 $c_V = 3R/2$, $c_P = 5R/2$이다. 이상기체상태방정식에서

$$P_1 V_1 = RT_b,\ (2P_1)V_1 = RT_a,\ P_1(2V_1) = RT_c \qquad (4\text{-}135)$$

이다. 위 식에서 $T_a = T_c = 2T_b$를 구할 수 있다. 이에 따라 엔트로피 변화는

$$\Delta S_{abc} = R\ln 2 \qquad (4\text{-}136)$$

를 구할 수 있다.

ac과정은 등온과정이므로 $\Delta U_{ac} = 0$이다. 따라서 $\Delta Q_{ac} = \Delta U_{ac} + W_{ac} = W_{ac}$이고

$$W_{ac} = RT_a \ln\frac{V_c}{V_a} = RT_a \ln 2 \quad (4-137)$$

이다. 이에 따라 ac과정에서의 엔트로피의 변화는

$$\Delta S_{ac} = \frac{\Delta Q_{ac}}{T} = \frac{W_{ac}}{T} = R\ln 2 \quad (4-138)$$

이다. 따라서 abc과정과 ac과정에서의 엔트로피의 변화는 동일하다. 두 과정에서의 처음 과정과 나중 과정이 같다. 엔트로피는 상태함수이므로 처음 상태와 나중 상태가 같을 때 엔트로피의 변화는 동일해야 된다. 위 예에서 이를 확인해 볼 수 있다.

문제 37 N개의 분자로 구성된 이상기체가 등압적으로 부피 V_1에서 부피 V_2로 팽창할 때 엔트로피의 변화를 구하라.

답. 등압적인 경우 기체에 유입 또는 유출되는 열은 $dQ = nc_P dT$로 주어진다. 이상기체의 경우 $c_P = c_V + R = 5R/2$이다. 따라서 엔트로피의 변화는

$$\Delta S = \int dS = \int \frac{dQ}{T} = \frac{5}{2}\frac{N}{N_A}R\int\frac{dT}{T} = \frac{5}{2}Nk\int_{V_1}^{V_2}\frac{dV}{V} = \frac{5}{2}Nk\ln\frac{V_2}{V_1} \quad (4-139)$$

이다. 여기서 $k = R/N_A$와 이상기체 상태방정식을 이용하였다.

(다른 방법) 이상기체의 내부에너지는 $U = \frac{3}{2}NkT$이고 $PV = NkT$이므로 $U = \frac{3}{2}PV$이다. 등압적이므로 $dU = \frac{3}{2}PdV$이다. 열역학 제1법칙에서 $dQ = dU + dW$에서 $TdS = dU + PdV$이므로 $TdS = \frac{5}{2}PdV$가 된다. 따라서 엔트로피의 변화는

$$\Delta S = \frac{5}{2}Nk\int_{V_1}^{V_2}\frac{dV}{V} = \frac{5}{2}Nk\ln\frac{V_2}{V_1} \quad (4-140)$$

이다.

문제 38 등적과정에서 온도 T인 이상기체의 온도가 ΔT 올라갈 때 엔트로피의 변화를 구하라. 1mole의 이상기체가 50°C에서 52°C로 변할 때 엔트로피의 변화를 구하라.

답. 등적과정이므로 $W=0$이다. 따라서 $\Delta Q=\Delta U+W=\Delta U$이다. 그리고 $U=\frac{3}{2}NkT$이므로 $\Delta Q=\Delta U=\frac{3}{2}Nk\Delta T=\frac{3}{2}nR\Delta T$ 이다. 온도변화가 작을 경우 과정이 가역적으로 가정할 수 있으므로 엔트로피의 변화는

$$\Delta S=\frac{\Delta Q}{T}=\frac{3}{2}nR\frac{\Delta T}{T} \tag{4-141}$$

로 주어진다. 값을 대입하면 $\Delta S=0.077J/K$이다.

문제 39 0°C 물 200cc와 50°C 물 100cc를 섞을 때 엔트로피의 변화를 구하라.

답. 먼저 섞은 물의 평형온도를 구해야 된다. 200cc의 물이 얻은 열과 100cc의 물이 잃은 열량이 같다는 조건에서

$$m_1 c_w T=m_2 c_w (50-T)\rightarrow \therefore T=16.67\,℃ \tag{4-142}$$

을 구할 수 있다. 그리고 엔트로피의 변화는

$$\Delta S=m_1 c_w\int_{273}^{289.7}\frac{dT}{T}+m_2c_w\int_{323}^{289.7}\frac{dT}{T}=0.994\,cal/K$$

와 같이 구해진다.

문제 40 100°C의 알루미늄 10g과 200°C의 구리 20g이 열적으로 접촉하여 열평형이 된다. 이 과정에서 엔트로피의 변화를 구하라. 알루미늄과 구리의 비열은 각각 0.91J/g-K와 0.39J/g-K이다.

답. 먼저 평형온도를 구해 보자. 구리가 잃은 열량은 알루미늄이 얻은 열량과 동일하므로

$$m_{Al}c_{Al}(T-100)=m_{Cu}c_{Cu}(200-T)\rightarrow \therefore T=146\,℃ \tag{4-143}$$

이다. 엔트로피의 변화는

$$\Delta S = m_{Al}c_{Al}\int_{373}^{419}\frac{dT}{T} + m_{Cu}c_{Cu}\int_{473}^{419}\frac{dT}{T} = 0.113J/K \quad (4\text{-}144)$$

와 같이 구해진다.

문제 41 고온부가 500°C이고 저온부가 50°C인 Carnot 기관이 있다. 이 Carnot 기관은 매 순환과정에서 1,000J의 일을 한다. 다음을 구하라.

(a) Carnot 기관의 효율을 구하라. (b) 고온부에서 공급되는 열을 구하라.

(c) 저온부로 내보내는 열을 구하라. (d) 고온부에서 받은 열에 의한 엔트로피 증가와 저온부로 방출한 열에 의한 엔트로피의 감소를 구하라.

답. (a) $\eta = 1 - \frac{T_L}{T_H} = 0.58$ (b) $\eta = \frac{W}{Q_H} \rightarrow \therefore Q_H = \frac{W}{\eta} = 1724J$

(c) $Q_H = Q_L + W \rightarrow \therefore Q_L = 724J$

(d) $\Delta S_H = \frac{Q_H}{T_H} = 2.24\,J/K,\ \Delta S_L = \frac{-Q_L}{T_L} = -2.24J/K$

따라서 $\Delta S_{univ} = \Delta S_H + \Delta S_L = 0$이다. 즉, Carnot 기관은 가역기관이므로 엔트로피의 변화는 없다.

문제 42 0°C의 얼음 10g이 녹아서 10°C의 물이 될 때의 엔트로피의 변화를 구하라.

답. 엔트로피의 변화는 얼음이 녹아서 물이 되는 과정에서의 엔트로피의 변화와 0°C 물이 10°C의 물이 될 때까지의 엔트로피의 변화의 합이다. 즉,

$$\Delta S = \frac{mL_f}{T_{273}} + mc_w\int_{273}^{283}\frac{dT}{T} = \frac{mL}{273} + mc_w\ln\frac{283}{273} = 3.29\,cal/K \quad (4\text{-}145)$$

이다.

문제 43 비열 c인 질량 m의 물체가 T_1에서 T_2로 가열될 때 상변화가 일어나지 않았다고 한다. 이 과정에서 엔트로피의 변화는 얼마인가?

답. $\Delta S = \int_{T_1}^{T_2}\frac{dQ}{T} = \int_{T_1}^{T_2}\frac{mc\,dT}{T} = mc\,\ln\frac{T_2}{T_1}$이다.

문제 44 질량 m인 이상기체가 가역적인 등온팽창에 의해 부피가 V_1에서 V_2로 변할 때 엔트로피의 변화를 구하라.

답. 기체의 분자량을 M이라고 두면 기체의 mole 수는 $n = m/M$이다. 등온과정이므로 내부에너지 변화는 없다. 즉, $\Delta U = 0$이다. 열역학 제1법칙에서 $dQ = dU + W = PdV$이다. 이상기체이므로 $PV = nRT = \frac{m}{M}RT$ 이다. 따라서 엔트로피의 변화는

$$\Delta S = \int_{V_1}^{V_2} \frac{dQ}{T} = \frac{1}{T}\int_{V_1}^{V_2} PdV = \frac{mR}{M}\int_{V_1}^{V_2} \frac{dV}{V} = \frac{mR}{M}\ln\frac{V_2}{V_1} \tag{4-146}$$

와 같다.

문제 45 하나의 열원에서 열을 받아 열을 방출하지 않고 모두 일로 만드는 순환하는 열기관은 불가능하다는 것을 보여라.

답. 전체 엔트로피는 열원의 엔트로피, 열기관의 엔트로피, 주위의 엔트로피이다. 열원은 열 Q를 열기관에게 주므로 엔트로피의 변화는 $-Q/T_H$이다. 열기관은 순환과정을 거치므로 엔트로피의 변화는 없다. 주위(surrounding)는 열기관으로부터 열을 받지 않았으므로 엔트로피의 변화는 없다. 따라서 전체의 엔트로피의 변화는

$$\Delta S_{univ} = \Delta S_{res} + \Delta S_{sys} + \Delta S_{sur} = -\frac{Q}{T_H} < 0 \tag{4-147}$$

이다. 엔트로피의 변화가 음이므로 위와 같은 열기관은 불가능하다.

문제 46 온도가 다른(T_H, T_L) 두 개의 물체를 접촉시켰을 때 두 물체는 같은 온도(T_M)가 될 때 평형상태가 된다. 이 과정 동안의 계의 엔트로피의 변화를 구하라.

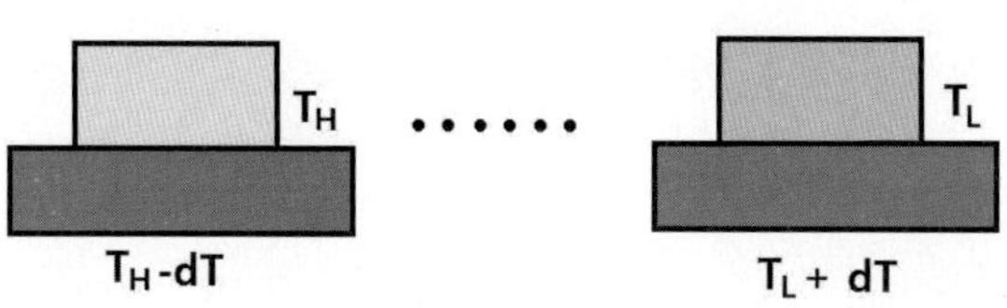

답. 이 과정은 가역적인 과정이 아니다. 따라서 동일한 결과를 나타내는 가역적인 과정을 고려해야 한다. 이를 위해 많은 수의 열원을 생각해 보자. 즉, $T_H - dT, \cdots, T_L + dT$ 의 연속적인 열원들이 두 물체와 열의 교환을 통해 평형상태에 간다고 하자. T_H인 물체는 그보다 낮은 열원들과 가역적으로 반응하여 열을 잃어 평형상태에 가고 T_L인 물체는 그보다 높은 열원과 가역적으로 반응하여 열을 얻어 평형상태로 간다. 각 과정에서 교환되는 열의 양은 $dQ = CdT$이므로 높은 온도의 물체의 엔트로피 변화는

$$\Delta S_H = \int_{T_H}^{T_M} \frac{CdT}{T} = C \ln \frac{T_M}{T_H} \tag{4-148}$$

이다. 그리고 낮은 물체의 엔트로피 변화는

$$\Delta S_C = \int_{T_L}^{T_M} \frac{CdT}{T} = C \ln \frac{T_M}{T_L} \tag{4-149}$$

이다. 따라서 계의 전체 엔트로피의 변화는

$$\Delta S_{sys} = C \left[\ln \frac{T_M}{T_H} + \ln \frac{T_M}{T_L} \right] = C \ln \frac{T_M^2}{T_H T_L} > 0 \tag{4-150}$$

을 얻을 수 있다. 이 과정은 비가역과정임을 알 수 있다.

문제 47 이상기체의 경우 자유팽창(free expansion)과 가역적 등온팽창(reversible isothermal expansion)에서의 엔트로피 변화를 비교하라.

답. V_1, T_1상태에서 V_2, T_2상태로 변할 때의 엔트로피 변화는

$$\Delta S = \int_1^2 dS = \int_1^2 \frac{dU}{T} + \int_1^2 \frac{PdV}{T} \tag{4-151}$$

이다. 등온과정이므로 $dU = 0$이고 이상기체 상태방정식을 이용하면

$$\Delta S = nR \ln \frac{V_2}{V_1} \tag{4-152}$$

을 얻을 수 있다. 자유팽창은 비가역적인 과정인데, 이를 가역적 등온팽창으로 생각할 수 있다.

첫째, 자유팽창의 경우

$$\Delta S_{sys} = nR\ln\frac{V_2}{V_1}, \quad \Delta S_{sur} = 0 \tag{4-153}$$

이다. 여기서 자유팽창의 경우 주위는 계와 상호작용을 하지 않으므로 엔트로피의 변화는 없음을 이용하였다. 따라서 전체 엔트로피는

$$\Delta S_{univ} = \Delta S_{sys} + \Delta S_{sur} = nR\ln\frac{V_2}{V_1} > 0 \tag{4-154}$$

로서 비가역적 과정임을 볼 수 있다.

둘째, 등온팽창의 경우 계는 주위로부터 열을 받으므로 주위의 엔트로피의 변화는

$$\Delta S_{sur} = \frac{(-Q)}{T} \tag{4-155}$$

이다. 그리고 계가 받은 열은 열원이 잃은 열량과 동일하므로 계의 엔트로피의 변화는

$$\Delta S_{sys} = \frac{Q}{T} \tag{4-156}$$

이다. 따라서 우주의 엔트로피 변화는 $\Delta S_{univ} = \Delta S_{sys} + \Delta S_{sur} = 0$이므로 가역적인 등온팽창은 가역적인 과정이다.

문제 48 Otto 순환과정에서의 효율의 표현을 구하라.

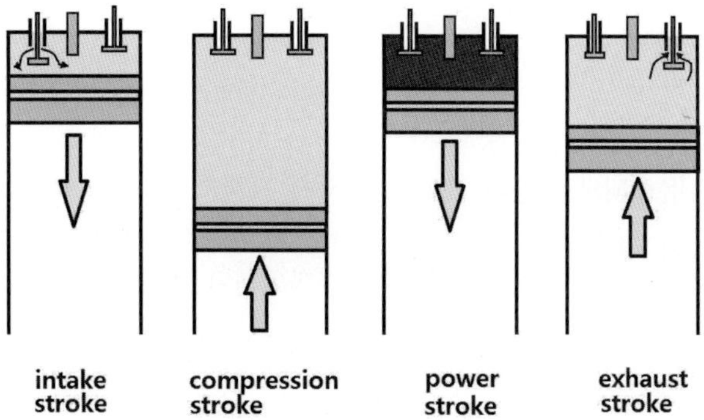

답. Otto 순환과정은 가솔린 엔진의 기본원리를 준다. 그림에서와 같이 4개의 과정으로 이루어져 있다. 즉, 흡입, 압축, 폭발, 배기 과정 등 네 개의 과정이다. 이를 PV 상그림으로 표현하면 아래 그림과 같다.

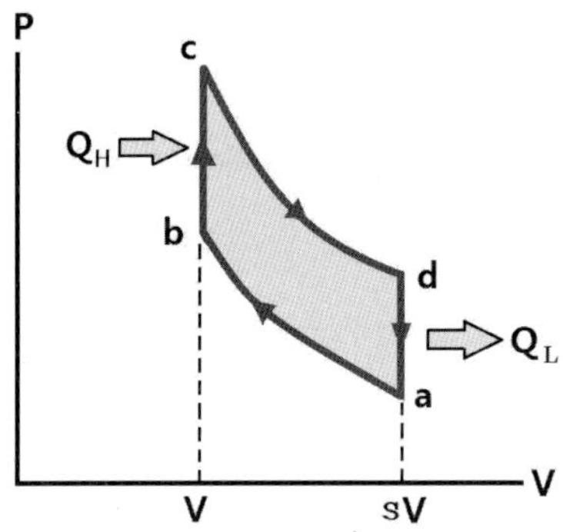

첫째, ab과정(압축과정)은 실린더 내부로 들어온 가솔린과 공기의 혼합기체가 단열적으로 a에서 b까지 압축되는 과정이다. 이때 외부에서 계에 일이 행해진다. 둘째, bc과정(폭발과정)에서는 등적으로 가솔린이 폭발한다. 이 폭발과정을 거친 가솔린의 에너지 Q_H가 계에 유입된다. 셋째, cd과정(폭발 후 팽창과정) 기체가 단열적으로 팽창되면서 외부에 일을 하게 된다. 이 일이 자동차의 기관에 전달되어 차를 움직이게 한다. 넷째, da과정(배기과정 및 그 후의 흡입과정)에서는 기체가 배기되어 열기관을 떠난다. 이때 외부로 열 Q_L이 방출된다. 그리고 다시 동일한 양의 가솔린이 흡입되어 순환과정을 되풀이 한다. bc과정에서 유입되는 열은 과정이 등적과정이므로

$$Q_H = nc_V(T_c - T_b) \tag{4-157}$$

이다. 이 열은 계에 유입되므로 양의 값이다. 그리고 da과정에서 외부로 유출되는 열은 과정이 등적이므로

$$Q_L = nc_V(T_a - T_d) \tag{4-158}$$

이다. 이 열은 외부로 유출되므로 음의 값이다. 따라서 기체가 한 일은 $W = Q_H - |Q_L|$ 이 된다. 이에 따라 Otto 기관의 열효율은

$$\eta = \frac{W}{Q_H} = \frac{Q_H + Q_C}{Q_H} = \frac{T_c - T_b + T_a - T_d}{T_c - T_b} \tag{4-159}$$

로 구해진다. ab와 cd는 단열과정이므로

$$T_a(sV)^{\gamma-1} = T_b V^{\gamma-1}, \quad T_d(sV)^{\gamma-1} = T_c V^{\gamma-1} \tag{4-160}$$

이 만족된다. 식 4-160에서 $V^{\gamma-1}$로 나누면

$$T_a s^{\gamma-1} = T_b, \; T_d s^{\gamma-1} = T_c \tag{4-161}$$

이 되고 이를 식 4-159에 대입하여 정리하면

$$\eta = 1 - \frac{1}{s^{\gamma-1}} \tag{4-162}$$

을 구할 수 있다.

문제 49 Carnot 냉장고의 성능지수(coefficient of performance)를 구하라.

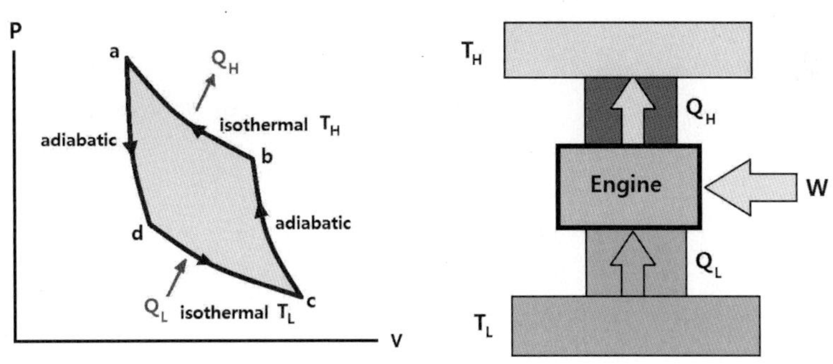

답. Carnot 기관은 가역적이므로 전 과정을 뒤집으면 열기관이 냉장고로 바뀐다. 냉장고는 외부에서 주어진 일 W에 대해 최대의 열 Q_L을 빼내는 것이 목적이다. 따라서 성능지수는

$$K = \frac{Q_L}{W} = \frac{Q_L}{Q_H - Q_L} = \frac{T_H}{T_H - T_L} \tag{4-163}$$

와 같이 구해진다. 여기서 $Q_L/Q_H = T_L/T_H$를 이용하였다.

제5장

전자기 현상

1. 전기현상
2. 자기현상
3. Maxwell 방정식

1. 전기현상

물체는 원자로 이루어지고, 원자는 양의 전하를 가지는 양성자와 음의 전하를 가지는 전자들로 구성되어 있다. 그런데 원자에서 양성자의 수와 전자의 수가 같으므로 원자는 전기적으로 중성이다. 이에 따라 원자들로 구성된 물체도 전기적으로 중성이다. 그러나 물체가 외부로부터 전하(charge, 주로 전자)를 얻거나 잃게 되면 그 물체는 하전물체(charged matter)가 된다. 즉, 물체들 사이의 상호작용(문지름 등)에 의해 전하가 이동하거나 유도되는 경우, 또는 외부 전원에 의해 그 물체에 전하가 공급되는 경우 물체는 하전물체가 된다. 물체의 하전상태는 양 또는 음, 두 가지이다.

하전물체 주위에는 전기장(electric field)이 형성된다. 다른 하전물체가 그 전기장에 들어오면 그 물체는 전기장에 의해 힘을 받게 된다.

이 절에서는 하전물체에 의해 형성되는 전기장, 하전물체 사이의 상호작용, 전하의 저장, 전기회로 등에 대해 다루고자 한다.

1-1. Coulomb의 법칙

Coulomb은 그림 5-1에 주어진 것과 같은 원리의 비틀림 저울을 사용하여 두 하전물체 사이에 작용하는 힘에 대한 관찰을 하였다. 비틀림 저울에서 두 하전물체 사이에 작용하는 힘이 크면 클수록 저울(torsion rod)의 비틀림 각도가 크게 된다. Coulomb은 하전물체의 전하의 종류에 따라 인력과 척력이 존재함을 확인하였다. 즉, 두 하전물체의 전하가 동일하면(모두 양 또는 음이면) 두 물체 사이에는 척력이 존재하고, 전하의 종류가 다르면 인력이 작용하는 것을 관찰하였다. 그리고 두 하전물체 사이에 작용하는 힘의 크기는 두 물체의 떨어진 거리의 제곱에 반비례하고, 두 하전물체의 전하량의 곱에 비례함을 발견하였다. 또한 힘이 작용하는 방향은 두 하전물체의 연장선상임을 확인하였다. 위와 같은 두 하전물체 사이에 작용하는 힘에 대한 법칙을 Coulomb의 법칙이라고 부른다. 그리고 수학적으로 Coulomb의 법칙은

$$\vec{F}_{12} = -\vec{F}_{21} = k_e \frac{q_1 q_2}{r^2} \hat{r} \tag{5-1}$$

와 같이 표현된다. 여기서 상수는 $k_e = 1/(4\pi\epsilon_o) = 9 \times 10^9\, Nm^2/C^2$ 이고, 이를 Coulomb 상수라고 부른다. 그리고 힘 $\vec{F}_{12}$와 $\vec{F}_{21}$은 Newton의 제3법칙에 따른 작용-반작용 힘이다. 즉, 두

하전물체 사이에는 크기는 같으나 방향이 반대인 힘이 서로 작용한다. 식 5-1에서 $\hat{r}$은 두 물체의 연장선에 존재하는 단위벡터이다.

Coulomb의 법칙은 중력(만유인력)의 법칙과 유사하다. 그러나 전기력에서는 인력과 척력이 모두 존재하는 반면에, 중력에서는 인력만이 존재하는 것이 다르다. 이는 전기력에서는 음과 양의 전하가 모두 존재하는데 질량은 양의 질량만 존재하기 때문이다. 그리고 중력상수는 $6.67\times10^{-11}Nm^2/kg^2$로 Coulomb 상수보다 훨씬 작은 값이다. 따라서 중력은 질량이 아주 큰 경우에만 고려하면 된다. 즉, 태양계의 운동, 지구에 의한 중력 등에서 중력은 큰 역할을 하지만 원자 내에서 양성자와 전자 사이에 작용하는 중력은 전기력에 비해 무시할 수 있다.

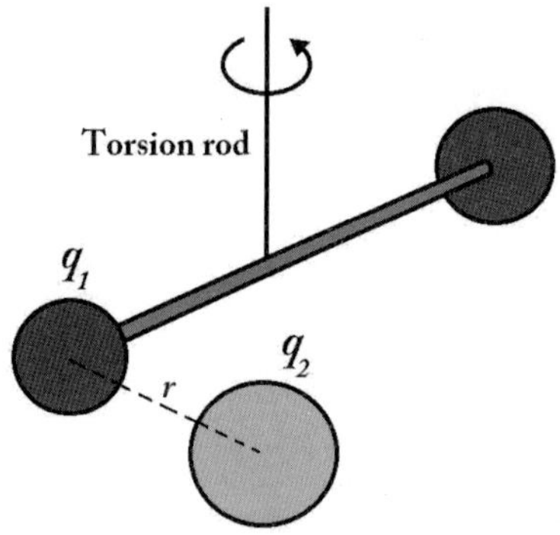

그림 5-1. Coulomb이 이용한 비틀림 진자의 원리

하전물체의 전하량은 Coulomb(표시는 C)으로 표현된다. 식 5-1에서 보듯이 두 개의 1C의 전하량을 가지는 하전물체가 1m 떨어져 있을 때 $9\times10^9 N$의 힘을 서로 작용한다. 또는 1m 떨어진 두 하전물체(동일한 전하를 가진)가 서로 $9\times10^9 N$의 힘을 작용하면 두 물체는 1C으로 하전(charged)되어 있다고 할 수 있다.

물체가 하전되는 것은 전자의 이동에 의한 것이므로 물체의 전하는 항상 전자의 전하량의 정수배이다. 이를 전하의 양자화(quantization)라고 부른다. 즉, 어떤 물체가 하전될 경우 그 전하량은

$$q = ne, \quad n = \pm1, \pm2, \pm3, \cdots \qquad (5\text{-}2)$$

로 표현된다. 여기서 e는 전자의 전하량으로서 $1.6\times10^{-19}\,C$이다.

예제 1 양성자와 전자의 질량은 각각 $1.67\times10^{-27}kg$, $9.1\times10^{-31}kg$이다. 수소원자의 기저상태에서 양성자와 전자 사이에 작용하는 전기력과 중력의 비를 구하라. 수소의 기저상태에서 양성자와 전자 사이의 떨어진 거리는 0.51Å이다.

답. 양성자와 전자 사이의 전기력은 식 5-1을 이용하면 $8.8\times10^{-8}N$을 얻는다. 반면에 양성자와 전자 사이의 중력은 $3.9\times10^{-47}N$이다. 따라서 중력과 전기력 사이의 비는 4.4×10^{-40}이다. 그러므로 수소원자 안에서 양성자와 전자의 중력은 전기력에 비해 무시할 수 있다.

1-2. 전기장

하전물체가 있는 주위에 다른 하전물체가 들어오면 그 하전물체는 Coulomb 법칙에 따라 힘을 받게 된다. 예를 들어 전하 Q인 하전물체가 어떤 공간에 놓인다고 하자. 그러면 이 하전물체에서 거리 r떨어진 위치에 전하 q인 하전물체(test charge)가 놓일 때 이 하전물체가 받는 힘은 Coulomb 법칙에서 $\vec{F}=\frac{1}{4\pi\epsilon_o}\frac{Qq}{r^2}\hat{r}$로 주어진다. 만약 q를 +1C이라고 할 때 전하 Q는 그 주위에

$$\vec{E}=\frac{\vec{F}}{q}=\frac{1}{4\pi\epsilon_o}\frac{Q}{r^2}\hat{r} \qquad (5\text{-}3)$$

로 표현되는 전기장(electric field)을 형성한다. 즉, 전하 Q인 하전물체가 만드는 전기장은 그 위치에 +1C의 전하가 놓일 때 그 전하가 받는 힘으로 정의된다. 이렇게 함으로써 각 하전물체가 만드는 전기장의 세기를 비교할 수 있게 된다. 전기장의 단위는 [N/C]이다. 그리고 전기장 $\vec{E}$인 곳에 전하 q를 놓으면 이에 작용하는 전기력은 $\vec{F}=q\vec{E}$로 표현된다.

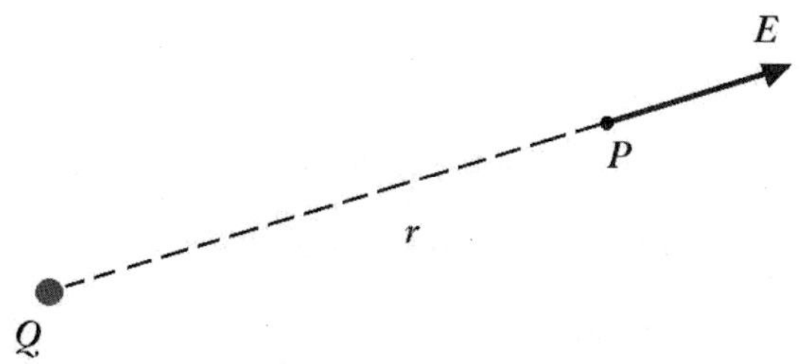

그림 5-2. 전기장의 정의

전기장과 전기력(Coulomb force)은 중첩의 원리(superposition principle)가 만족된다. 즉, 공간에 $q_1, q_2, q_3, \cdots$ 등의 전하를 가진 하전물체가 분포되어 있다고 하자. 임의의 P점이 각 하전물체에서 $\vec{r}_1, \vec{r}_2, \vec{r}_3, \cdots$ 떨어져 있다고 할 때, P에서의 전기장은 각 하전물체에 의한 전기장의 벡터 합으로 표현된다. 즉, P점에서 전기장은

$$\vec{E} = \sum_{i=1}^{n} \vec{E_i} = \frac{1}{4\pi\epsilon_o} \sum_{i=1}^{n} \frac{q_i}{r_i^2} \hat{r_i} \tag{5-4}$$

로 표현된다. 그리고 P점에 전하 q가 놓이면 이 전하가 받는 힘은 $\vec{F} = q\vec{E}$ 로 주어진다.

그리고 연속적인 전하 분포를 가지는 하전물체에 의한 전기장은

$$\vec{E} = \int_V d\vec{E} = \frac{1}{4\pi\epsilon_o} \int_V \frac{dq}{r^2} \hat{r} \tag{5-5}$$

를 이용하여 구할 수 있다. 아래부터는 하전물체를 전하(charge)로 간략히 표현하기로 한다. 그런데 전하량도 때로는 전하로 표현하기 때문에 혼동하지 않도록 한다.

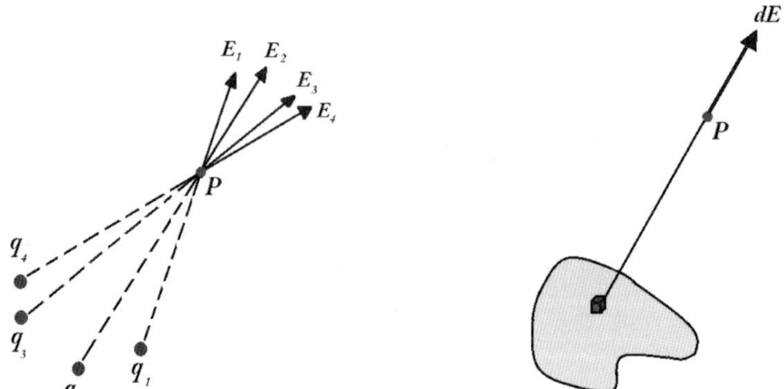

그림 5-3. 전기장의 중첩의 원리

전기력선(electric field lines)은 전기장을 눈으로 볼 수 있도록 도식화한 것이다. 전기력선은 아래와 같은 원칙에 의해 도식화 된다. 첫째, 양의 전하에서는 전기력선이 출발하고, 음의 전하에서는 전기력선이 끝난다. 둘째, 어떤 지점의 전기장의 방향은 그 지점에서 전기력선의 법선(tangential) 방향이다. 셋째, 전기력선에 수직인 면을 통과하는 전기력선의 수는 전기장의 세기에 비례한다. 따라서 전기력선이 촘촘한 곳에서는 전기장이 크고, 전기력선이 성근 곳에서는 전기장이 작다.

그림 5-4에 양과 음의 점전하(point charge)에 대한 전기력선의 모양이 주어져 있다. 이 그림에서 보듯이 전하 가까이에서 전기력선은 촘촘하고 전하에서 멀어질수록 전기력선은 성글게 된다. 즉, 전하에서 멀리 떨어질수록 거리의 제곱에 반비례하게 전기장의 세기는 줄어든다.

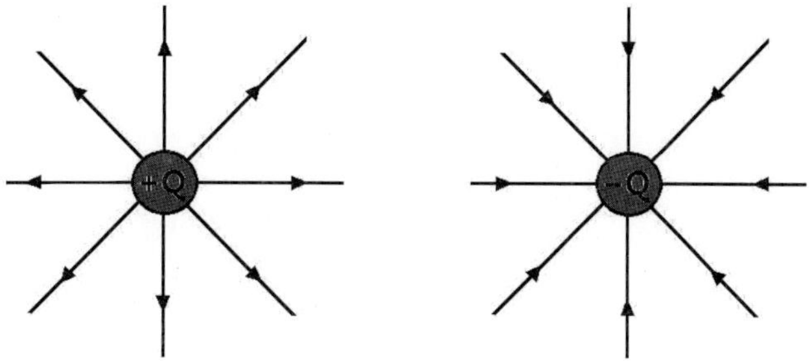

그림 5-4. 양의 전하와 음의 전하에서의 전기력선

그림 5-5에는 두 개의 동일한 전하가 가까이 놓일 때와 두 개의 반대의 전하가 가까이 놓일 때(전기쌍극자)의 전기력선의 개략적인 모양을 보여 주고 있다.

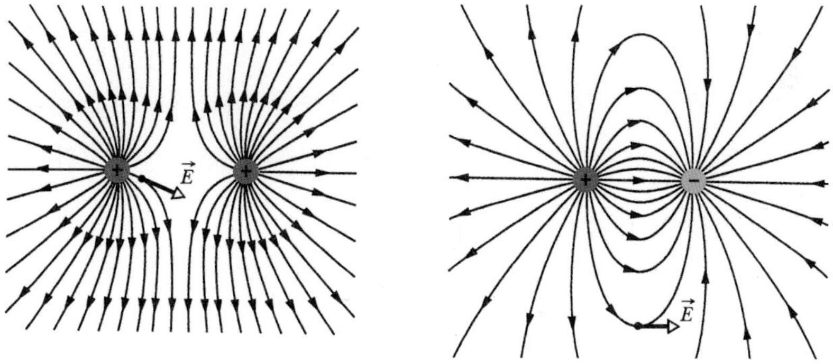

그림 5-5. 두 점전하에 의한 전기력선의 모양

도체의 경우에는 내부에 자유롭게 움직일 수 있는 자유전자들이 존재한다. 도체 내부의 자유전자들의 알짜 운동이 없을 경우 도체는 정전기적 평형상태를 유지한다. 정전기적 평형상태에 존재하는 도체 내부에는 전기장이 0이다. 이는 내부에 전기장이 존재하면 자유전자가 움직이게 되므로 평형상태가 깨어지게 되기 때문이다. 그리고 과잉전하가 도체에 주어지면 그 전하는 도체의 표면에만 존재할 수 있다. 이는 도체 내부에 전하가 존재하면 전기장이 존재하여야 되기 때문이다. 다음에 도체 표면에 존재하는 과잉전하에 의해 형성되는 전기장은 도체 표면에 수직이 되어야 한다. 이는 전기장이 도체 면에 수직하지 않고 수평방향의 전기장이 있다면 이 수평방향의 전기장에 의해 과잉전하가 움직여 평형상태가 깨어지기 때문이다.

예제 2 그림에서와 같은 전하분포에서 P점의 전기장을 구하라. P점에 전하 6 μC을 놓을 경우 이 전하가 받는 힘을 구하라.

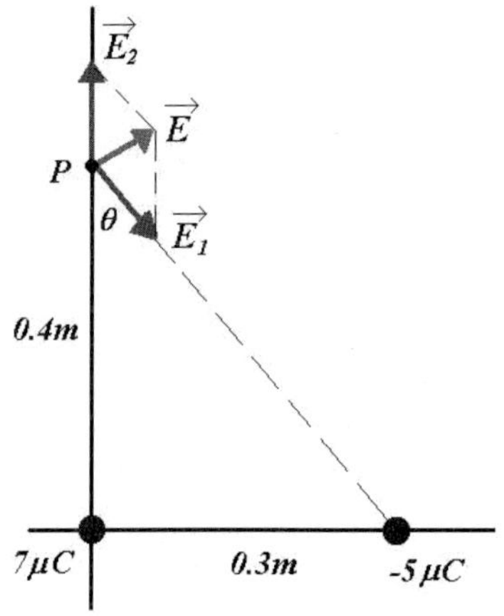

답. P점의 전기장은 P점에 +1C의 시험전하를 두었다고 가정할 때 그 시험전하에 미치는 전기력을 구하면 된다. 이 경우 P점에 전기장을 주는 전하가 2개 존재하므로 전기장을 구하기 위해서는 식 $\vec{E}=\sum_i \frac{k_e q_i}{r_i^2}\hat{r_i}$ 를 사용하면 된다. 각 전하에 의한 P점의 전기장의 방향은 그림에 표시하였다. 그리고 전기장의 크기는 각각 $|\overrightarrow{E_1}|= 1.8\times 10^5\ N/C$, $|\overrightarrow{E_2}|= 3.9\times 10^5 N/C$ 이다. $\overrightarrow{E_2}$는 y성분 밖에 없다. $\overrightarrow{E_1}$의 x, y성분들을 구해 보면 $E_{1x} = E_1 \sin\theta = 1.1\times 10^5$, $E_{1y} =- E_1 \cos\theta =- 1.4 \times 10^5 N/C$이다. 따라서 $\vec{E}= E_x\,\hat{i} + E_y\,\hat{j} = 1.1\times 10^5\,\hat{i} + 2.5\times\ 10^5\,\hat{j}$이다.

예제 3 총 전하 Q가 단위길이당 λ로 분포된 길이 l인 막대에서 a 떨어진 P점에서의 전기장을 구하라.

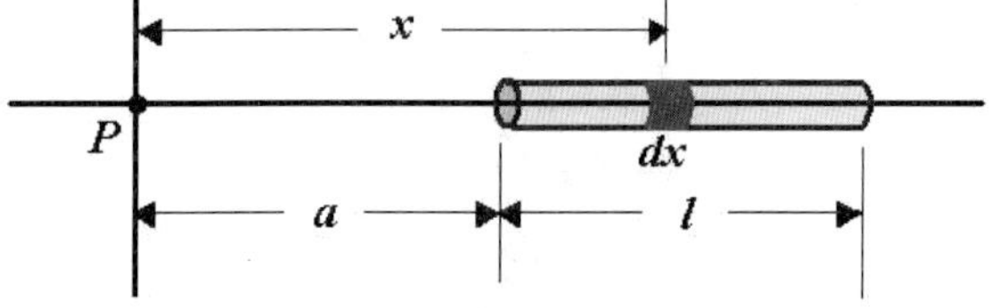

답. 연속적인 전하분포이므로 식 5-5를 사용하면 된다. P점에서 x 떨어진 미소 부분의 전하 $dq = \lambda\, dx$에 의한 P점의 전기장을 구한 후 막대 전체에 대해 적분하면 된다. 전기장의 방향은 $-x$방향이다. P점의 전기장은

$$dE = k_e \frac{dq}{x^2} = k_e \frac{\lambda\, dx}{x^2} \Rightarrow E = k_e \int_a^{a+l} \frac{\lambda\, dx}{x^2} = k_e \lambda \left[-\frac{1}{x} \right]_a^{a+l} = \frac{k_e \lambda l}{a(l+a)} \qquad (5\text{-}6)$$

이다. 그리고 $Q = \lambda l$이므로 $E = \frac{k_e Q}{a(l+a)}$이다. $a \gg l$인 경우(막대에서 먼 거리에서의 전기장) $E \approx \frac{k_e Q}{a^2}$로 표현된다. 이는 점전하에 의한 전기장과 동일하다.

예제 4 총 전하 Q가 반경 R인 원환(ring)에 고루 분포되었을 때 원환의 중심에서 x 떨어진 지점에서의 전기장을 구하라.

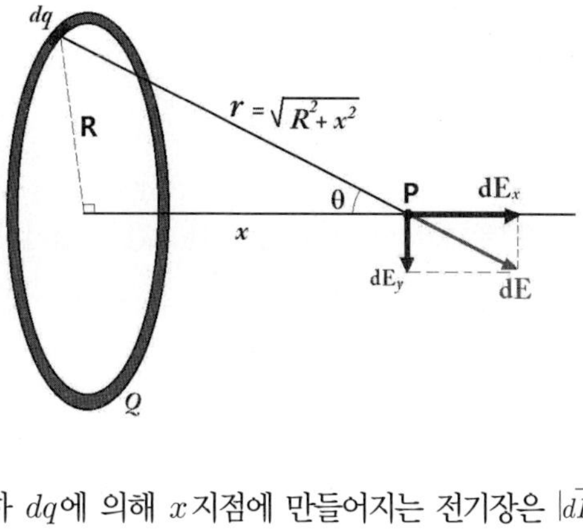

답. 원환의 미소부분의 전하 dq에 의해 x지점에 만들어지는 전기장은 $|d\vec{E}| = k_e \frac{dq}{r^2}$ 이다. 이 전기장의 방향은 그림에서와 같다. 이 전기장의 y성분은 아래쪽에 항상 대칭적인 부분이 존재하므로 전체적으로 합산하면 0이 된다. 반면에 x방향의 전기장은 합산된다. 따라서 미소부분에 의한 전기장의 x성분은

$$dE_x = dE \cos\theta = \left(k_e \frac{dq}{r^2} \right) \frac{x}{r} = \frac{k_e x}{(x^2 + R^2)^{3/2}}\, dq \qquad (5\text{-}7)$$

와 같이 주어진다. 총 전기장의 x성분은 원환 전체에 대해 적분하면 된다.

$$E_x = \int dE_x = \int \frac{k_e\, x}{(x^2+R^2)^{3/2}} dq = \frac{k_e\, x}{(x^2+R^2)^{3/2}} \int dq \tag{5-8}$$

여기서 $Q = \int dq$이므로 $E_x = \frac{k_e xQ}{(x^2+R^2)^{3/2}}$이다. 원환의 중심에서의 전기장은 $(x=0)$ $E_x = 0$이다. 그리고 $x \gg R$인 경우 $E_x = \frac{k_e xQ}{x^3(1+R^2/x^2)^{3/2}} \approx \frac{k_e Q}{x^2}$이 된다. 즉, 점전하의 경우와 동일하다.

예제 5 그림과 같이 반경 R인 얇은 원판에 전하가 균일한 전하밀도 σ로 분포되어 있다. 원판의 중심에서 거리 x 떨어진 위치에서의 전기장을 구하라.

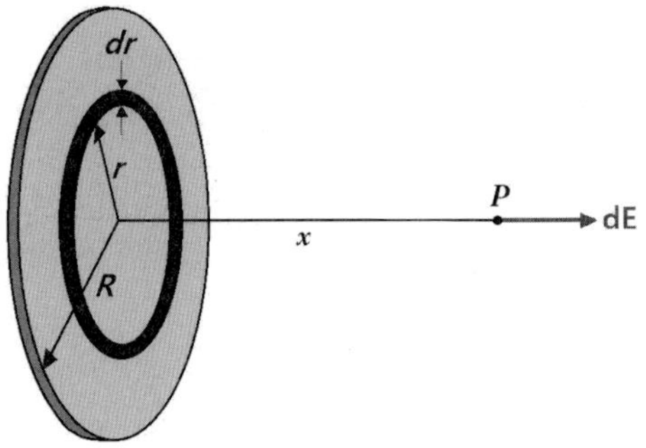

답. 그림에서와 같이 아주 얇은 두께 dr인 원환에 의한 P점의 전기장은 위의 예제 4에 주어져 있다. 원환의 전하량은 $dq = (2\pi r\, dr)\sigma$이므로 이 원환에 의해 P점에 발생되는 x축 방향의 전기장은

$$dE_x = \frac{k_e\,(2\pi\, r\, dr)\,\sigma\, x}{(x^2+r^2)^{3/2}} \tag{5-9}$$

와 같이 주어진다. 전체 원판에 의한 전기장은 적분하면

$$E_x = \frac{\sigma\, x}{4\epsilon_o}\int_0^R \frac{2r\, dr}{(x^2+r^2)^{3/2}} = \frac{\sigma}{2\epsilon_o}\left[1 - \frac{x}{\sqrt{x^2+R^2}}\right] \tag{5-10}$$

와 같이 구해진다. 위 식에서 $k_e = 1/(4\pi\epsilon_o)$을 사용하였고 부분적분을 하였다. 위 식에서 원판이 아주 크다면 즉, $R \to \infty$이면, 전기장은 $E_x = \frac{\sigma}{2\epsilon_o}$로 일정하게 됨을 볼 수 있다.

1-3. Gauss 법칙

전하들을 완전히 둘러싼 폐곡면을 생각해 보자. 그러면 전하들에 의해 전기장이 만들어지고 이 전기장에 의한 전기력선들이 폐곡면을 투과한다. 여기서 투과되는 전기력선은 전기장에 비례하고, 전기선속(electric flux)은 폐곡면을 투과하는 전기력선의 수로 정의된다. Gauss 법칙은 이 폐곡면을 통과하는 전기선속(electric flux)과 폐곡면 안에 존재하는 전하들의 전하량과의 관계를 주는 것이다.

그림 5-6에 전기선속의 개념을 나타낸 그림이 주어져 있다. 왼쪽 그림은 균일한 전기장 E에 대해 각도 θ로 기울어진 면을 통과하는 전기선속을 보여 주고 있다. 이 경우 전기장이 면을 수직으로 통과하는 면적은 $A\cos\theta$이다. 따라서 전기선속은 $\Phi_E = EA\cos\theta$로 주어진다. 이는 벡터적으로 표현하면

$$\Phi_E = \vec{E} \cdot \vec{A} = E_n A \tag{5-11}$$

이 된다. 여기서 면벡터(surface vector) $\vec{A}$는 그림에서 보듯이 면에 수직인 벡터로 나타낸다. 식 5-11에서 $E_n = E\cos\theta$은 면에 수직한 전기장을 나타낸다. 그림 5-6의 오른쪽 그림은 위치에 따라 변하는 전기장의 경우를 보여 주고 있다. 임의의 위치에서의 전기선속은 $d\Phi_E = \vec{E} \cdot d\vec{A} = E_n dA$로 표현되고 총 전기선속은 전체면에 대해 적분하면 구할 수 있다. 즉, 총 전기선속은

$$\Phi_E = \oiint_S d\Phi_E = \oiint_S \vec{E} \cdot d\vec{A} = \oiint_S E_n dA \tag{5-12}$$

로 표현된다. 여기서 $E_n = E\cos\theta$로서 면에 수직한 전기장을 나타낸다.

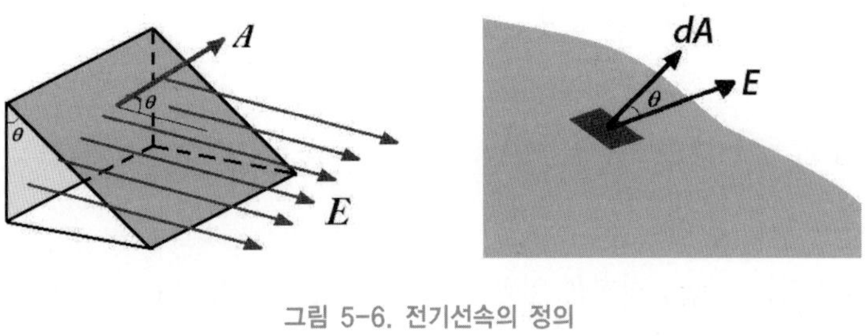

그림 5-6. 전기선속의 정의

다음에는 전하를 완전히 둘러싸고 있는 폐곡면을 통과하는 전기선속에 대해 알아보도록 하자. 가장 간단한 경우인 점전하 q를 완전히 둘러싸고 있는 반경 r인 구형의 폐곡면을 생각해 보자. 이 경우 폐곡면의 모든 지점에서 전기장은 $E_r = (k_e q)/r^2$로 동일하고, 이 전기장의 방향은 항상 구면에 수직이다. 즉, 면에 수직인 전기장이 $E_n = E_r$이 된다. 따라서 폐곡면을 통과하는 총 전기선속은 E_n에 구면의 면적 $4\pi r^2$을 곱한 것이다. 즉, 총 전기선속과 총 전하와의 관계는

$$\Phi_E = \oiint \vec{E} \cdot d\vec{A} = \oiint E_n dA = \frac{k_e q}{r^2}(4\pi r^2) = \frac{q}{\epsilon_o} \tag{5-13}$$

와 같이 주어진다. 여기서 $k_e = 1/(4\pi\epsilon_o)$을 사용하였다.

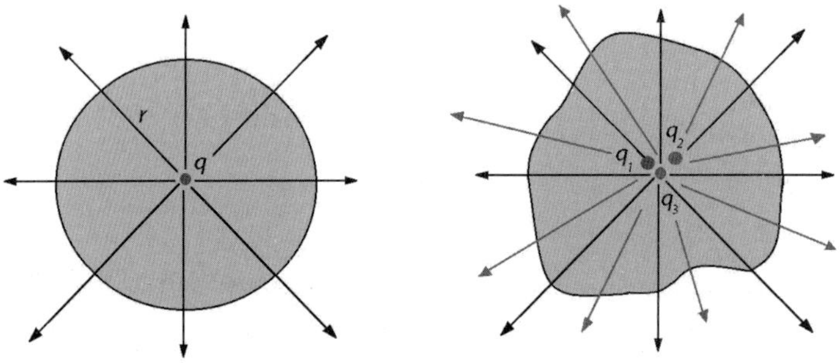

그림 5-7. 폐곡면을 통과하는 전기선속

그림 5-7에서 폐곡면이 구면인 경우를 보았는데, 실제로 폐곡면이 임의의 형태의 면이라도 식 5-13은 만족된다. 그리고 폐곡면 안에 존재하는 전하의 수가 많더라도 중첩의 원리에 의해 식 5-13은 또한 만족된다. 따라서 일반적으로 전하들을 포함하는 임의의 형태의 폐곡면을 통과하는 전기선속과 그 안에 존재하는 전하량의 사이에는

$$\Phi_E = \oiint \vec{E} \cdot d\vec{A} = \sum_i \frac{q_i}{\epsilon_o} = \frac{q_{\text{in}}}{\epsilon_o} \tag{5-14}$$

의 관계가 만족된다. 여기서 $q_{\text{in}} = \sum_i q_i$로서 폐곡면 안에 있는 전하의 전하량의 합을 나타낸다. 식 5-14를 Gauss 법칙이라고 부른다.

식 5-14로 주어지는 Gauss 법칙은 일반적으로 성립하는 법칙이다. 그러나 이 법칙은 특별한 대칭성이 존재하는 경우에만 유용하다. 즉, 적분 면에서 전기장이 일정하여 전기장이 적분의 밖으로

나올 수 있어야 한다. 아래부터는 위 조건이 만족되는 몇 가지 예에 대해 Gauss 적분면을 어떻게 형성하여 전기장을 구하는지를 보도록 한다.

예제 6 균일한 전하가 분포되어 있는(선전하밀도 λ) 무한한 선에서 거리 r 떨어진 위치에서의 전기장을 구하라.

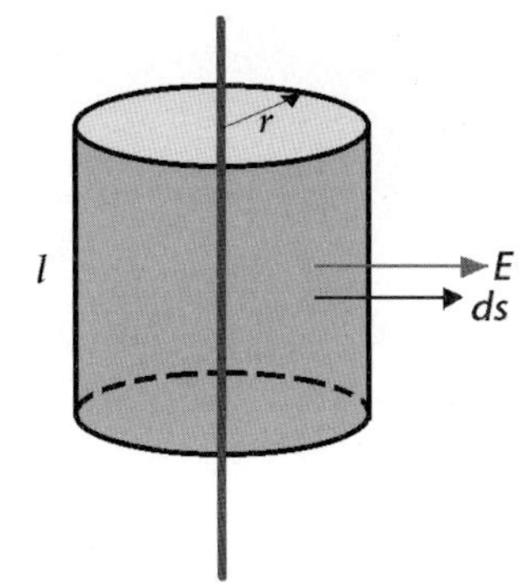

답. 균일한 전하가 분포되어 있는 유한한 도선의 경우 도선에서 거리 r 떨어진 위치에서의 전기장은 각 위치에 따라 다르다. 즉, 거리 r 떨어진 위치가 어디인가에 따라 도선 각 위치가 전기장에 기여하는 것이 대칭이 되지 않으므로 위치에 따라 전기장이 달라진다. 반면에 무한한 도선의 경우 도선에서 거리 r 떨어진 곳은 도선이 무한하므로 그 점의 아래와 위가 항상 대칭이므로 거리 r 떨어진 모든 위치에서 전기장은 동일하다. 이에 따라 Gauss 적분면을 그림에서와 같이 원통으로 잡을 수 있다. 이 원통 면에서의 전기장은 모두 동일하므로 전기선속의 적분에서 전기장은 적분 바깥으로 나올 수 있다. 즉,

$$\Phi_E = \oiint_S \vec{E} \cdot d\vec{A} = E \oiint_S dA = \frac{q_{in}}{\epsilon_o} \tag{5-15}$$

이다. 여기서 $\oiint_S dA$는 원통의 표면적이므로 $2\pi rl$이고 $q_{in} = \lambda l$이므로 전기장은

$$\Phi_E = E(2\pi rl) = \frac{q_{in}}{\epsilon_0} \Rightarrow \therefore E = \frac{\lambda}{2\pi\epsilon_0 r} = \frac{2k_e \lambda}{r} \tag{5-16}$$

로 주어진다.

예제 7 균일한 전하가 분포되어 있는 (면전하밀도 σ) 무한 평면 근방에서의 전기장을 구하라.

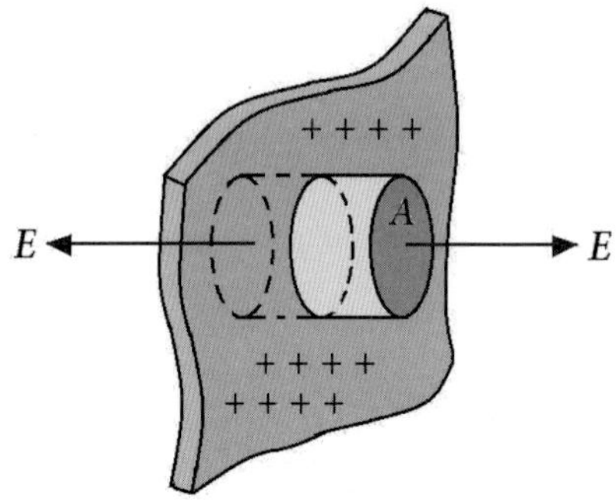

답. 면전하밀도 σ인 무한평면 근방에서 단면 A인 원통형의 Gauss 면을 고려하자. 원통의 측면으로의 전기장은 없고 면에 수직한 전기장(양쪽)만 존재하므로

$$\Phi_E = 2E \oiint_S dA = 2EA = \frac{q_{in}}{\epsilon_o} \Rightarrow \therefore E = \frac{\sigma}{2\epsilon_0} \tag{5-17}$$

로 주어진다. 여기서 $\sigma = q_{in}/A$이다.

예제 8 균일한 체적전하밀도 ρ가 분포된 구형의 절연체에서 r 떨어진 내부와 외부의 각 지점에서의 전기장을 구하라. 절연체에 분포되어 있는 총 전하량은 Q이다.

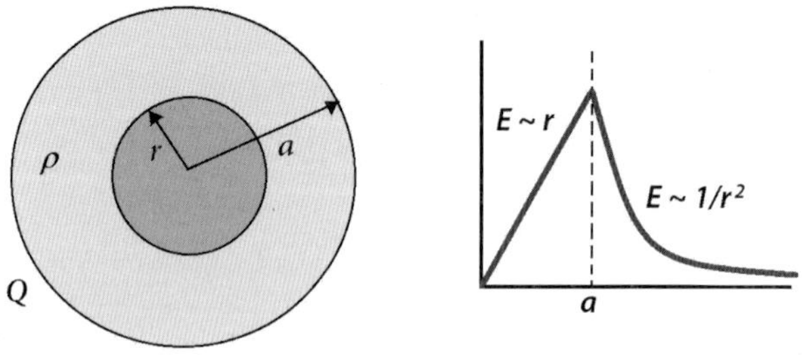

답. 절연체의 외부에서의 전기장은 총 전하 Q인 점전하에 의한 전기장과 동일하므로 구 외부에서의 전기장은 $E_{r>a} = \frac{k_e Q}{r^2}$이다. 반면에 절연체 내부의 반경 r에서의 전기장은 반경 r 안에 포함된 전하가

$$q_{in} = \rho\left(\frac{4\pi r^3}{3}\right) = \frac{Q}{(4\pi a^3/3)}\left(\frac{4\pi r^3}{3}\right) = \frac{Q}{a^3}r^3 \tag{5-18}$$

이므로 절연체 내부인 $0 < r < a$에서의 전기장은

$$\Phi_E = \oiint \vec{E} \cdot d\vec{A} = E \oiint dA = E(4\pi r^2) = \frac{q_{in}}{\epsilon_0} \Rightarrow \therefore E = k_e \frac{Q}{a^3} r \qquad (5\text{-}19)$$

와 같이 구해진다.

예제 9 그림과 같이 도체구와 도체구 껍질에 전하가 분포되어 있다. 각 영역에서의 전기장을 구하라.

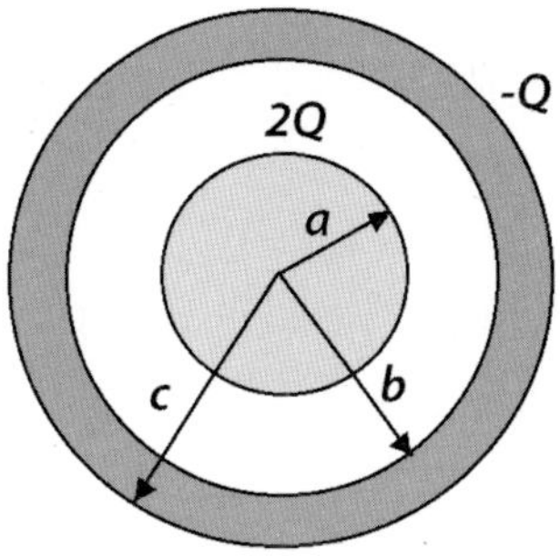

답. $r < a$인 영역은 도체 내부이므로 $E_1 = 0$이다. $a < r < b$인 영역에서는 내부에 존재하는 전하가 $2Q$이므로 전기장은 $E_2 = \frac{2k_e Q}{r^2}$이다. 그리고 $b < r < c$인 영역은 도체의 내부이므로 $E_3 = 0$이다. $r > c$인 영역의 내부에 존재하는 알짜 전하는 $2Q - Q = Q$이므로 전기장은 $E_4 = \frac{k_e Q}{r^2}$임을 알 수 있다.

1-4. 전위(electric potential)

그림 5-8에서와 같이 점전하 $+q_1$이 있고, $+q_1$에서 r 떨어진 거리에 있는 P점에 점전하 $+q_2$가 있다고 하자. 이 경우 $+q_1$에 의해 $+q_2$영역에 전기장이 형성되고 이에 따라 $+q_2$는 전기력 F_{el}을 오른쪽으로 받는다. 따라서 전하 $+q_2$를 계속 P점에 두기 위해서는 $F_{ex} = -F_{el}$의 힘이 외부에서 주어져야 한다. 그리고 그림 5-8과 같이 점전하 $+q_2$를 그 지점까지 가져다 두기 위해서 외부에서 해 주어야 하는 일은

$$W_{ex} = \int_{\infty}^{r} \vec{F}_{ex} \cdot d\vec{r} = -\int_{\infty}^{r} \vec{F}_{el} \cdot d\vec{r} \qquad (5\text{-}20)$$

와 같이 주어진다. 여기서 $\overrightarrow{F_{el}} = \frac{k_e q_1 q_2}{r^2}\hat{r}$이므로 식 5-20은

$$W_{ex} = -k_e q_1 q_2 \int_{\infty}^{r} \frac{dr}{r^2} = \frac{k_e q_1 q_2}{r} \tag{5-21}$$

와 같이 고쳐 쓸 수 있다. 식 5-21로 주어지는 일은 외부에서 행해진 일이고, 이는 그림 5-8의 전하분포가 가지는 에너지가 된다. 즉, 외부에서 행해진 일만큼의 에너지가 계에 저장되고, 이것이 계의 에너지(위치에너지)가 되는 것이다. 이를 전기적 포텐셜에너지(electric potential energy)라고 부른다. 이를 주로 U로 표시한다. 따라서 식 5-21은

$$U = W_{ex} = \frac{k_e q_1 q_2}{r} \tag{5-22}$$

로 표현된다. 위 전기적 포텐셜에너지의 단위는 일의 단위이므로 Joule이다. 식 5-23에서 보듯이 $r = \infty$에서는 전기적 포텐셜에너지는 0이다.

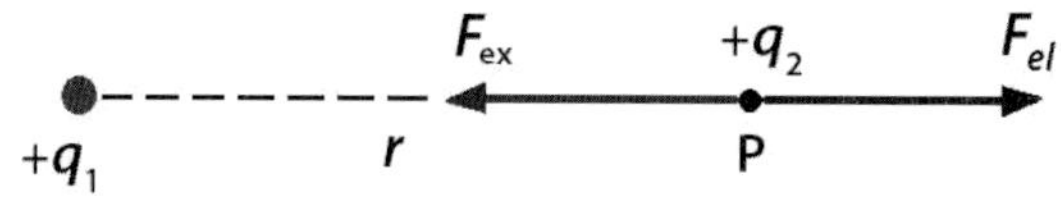

그림 5-8. 전기적 포텐셜에너지의 정의

점전하 $+q_2$ 대신에 시험전하 +1C으로 대체할 경우 식 5-22는 단위전하당 전기적 포텐셜에너지가 되고, 이를 전기 포텐셜(electric potential) 또는 전위라고 부른다. 즉, 점전하 $+q_1$을 일반적인 표시인 q로 표시하면 q에서 r 떨어진 지점의 전위는

$$V = \frac{k_e q}{r} \tag{5-23}$$

로 주어진다. 그리고 전기적 포텐셜에너지 U와 전위 V의 관계는 식 5-22와 5-23에서 $U = q'V$로 주어진다. 즉, 전위 V인 지점에 전하 q'을 가져다 두는 데 외부에서 드는 일은 $U = q'V$이다. 따라서 전위의 단위는 J/C이고 이를 Volt라고 표현한다.

식 5-23에서 전하 q가 양이면 전위는 양이 되고, 전하 q가 음이면 전위는 음이 된다. 전하 q가 양인 경우 r지점에 시험전하를 가져오는 데 외부에서 일을 해 주어야 한다. 즉, 시험전하를

무한대에서 r지점까지 가져오기 위해서는 q에 의해 만들어진 전기장을 거슬러서 외부에서 그만큼의 일을 해 주어야 한다. 이 에너지가 계에 저장되므로 전위는 양으로 정의한다. 반면에 q가 음이면 q에 의해 만들어지는 전기장이 시험전하가 q를 끌어당기므로 시험전하를 r지점에 가져다 두는 데 전기장이 일을 하게 된다. 따라서 이 경우 전위는 음으로 정의된다.

불연속적 전하분포에 의한 임의의 지점의 전위는 식 5-23을 확장하면

$$V = \sum_i \frac{k_e q_i}{r_i} \tag{5-24}$$

와 같이 표현된다. 그리고 연속적인 전하분포에 의한 전위는

$$V = \int_V \frac{k_e dq}{r} \tag{5-25}$$

와 같이 구할 수 있다. 여기서 dq는 전하분포의 미소부분을 나타낸다.

식 5-20에서 $\vec{F}_{el} = q_2 \overrightarrow{E_{q_1}}$이다. 여기서 $\vec{E}_{q_1}$은 q_1에 의해 q_2위치에 발생되는 전기장이다. 그리고 전위는 단위전하당 전기적 포텐셜에너지이므로 $V = U/q = W/q$이다. 따라서 식 5-20은

$$V = \frac{U}{q} = \frac{W_{ex}}{q} = -\int_{\infty}^{r} \vec{E} \cdot d\vec{r} \tag{5-26}$$

로 표현된다. 위 식에서 $\vec{E}_{q_1}$은 전기장의 일반적인 표시인 $\vec{E}$로 표현하였다. 따라서 식 5-26은 일반적인 전기장과 전위와의 관계를 보여 준다. 그리고 식 5-26은 시험전하를 ∞에서 r까지 가져다 두는 데 드는 일(전위)을 나타낸다. 즉, ∞와 r 사이의 전위차가 되는 셈이다. 그런데 ∞에서의 전위는 0으로 정의되므로 식 5-26은 r지점의 전위가 된다. 반면에 r_A와 r_B 사이의 전위차는

$$V_A - V_B = -\int_{\infty}^{r_A} \vec{E} \cdot d\vec{r} + \int_{\infty}^{r_B} \vec{E} \cdot d\vec{r} = \int_{r_A}^{r_B} \vec{E} \cdot d\vec{r} \tag{5-27}$$

로 표현된다. 점전하에 의한 전기장은 $\vec{E} = \frac{k_e q}{r^2}\hat{r}$ 이므로

$$V_A - V_B = \frac{k_e q}{r_A} - \frac{k_e q}{r_B} \tag{5-28}$$

와 같이 표현된다. 이는 식 5-23에서도 확인할 수 있다.

식 5-26의 관계에서 볼 수 있듯이 전기장과 전위는 서로 연관되어 있으므로 전위를 먼저 계산하여 전기장을 얻을 수도 있다. 전위는 스칼라량이므로 벡터량인 전기장보다 구하기 쉽다. 따라서 어떤 경우에는 전위를 계산하고 이 전위를 이용하여 전기장을 계산하는 것이 훨씬 쉬운 경우가 있다. 식 5-26을 미분하면

$$dV = -\vec{E} \cdot d\vec{r} \tag{5-29}$$

을 얻을 수 있다. 이에 따라 3차원의 경우 전기장의 성분들은

$$E_x = -\frac{\partial V}{\partial x},\ E_y = -\frac{\partial V}{\partial y},\ E_z = -\frac{\partial V}{\partial z} \tag{5-30}$$

와 같이 구할 수 있다. 전기장이 구면 대칭일 경우 전기장은 거리 r에만 의존하므로 이 경우 전기장은

$$E_r = -\frac{\partial V}{\partial r} \tag{5-31}$$

에 의해 구할 수 있다.

예제 10 그림과 같은 전하분포에서 P점의 전위를 구하라. 그리고 $3\mu C$의 전하를 무한대에서 P점에 가져오는 데 드는 일을 구하라.

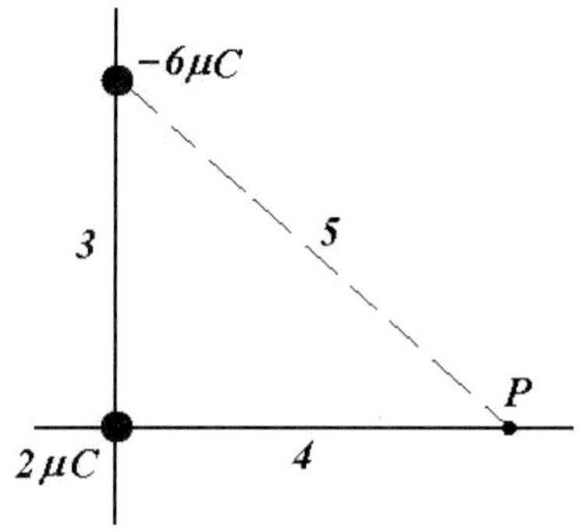

답. 두 개의 전하가 존재하므로 식 5-24를 사용하면 P점의 전위는

$$V_P = k_e \sum \frac{q_i}{r_i} = k_e\left(\frac{q_1}{r_1} + \frac{q_2}{r_2}\right) = -6.3 \times 10^3\ V \tag{5-32}$$

이다. 그리고 $3\mu C$의 전하를 무한대에서 P점에 가져오는 데 드는 일은 $W = \Delta U = q_3 V_P - q_3 V_\infty$ 에서 $V_\infty = 0$이므로 $W = q_3 V_P = -1.9 \times 10^{-2} J$이다. 이 경우 위치에너지의 감소에 따라 계가 일을 한다.

예제 11 총 전하 Q가 반경 R인 원환에 고루 분포되었을 때 원환의 중심에서 x 떨어진 지점에서의 전위를 구하라. 전위를 이용하여 P점의 전기장을 구하라.

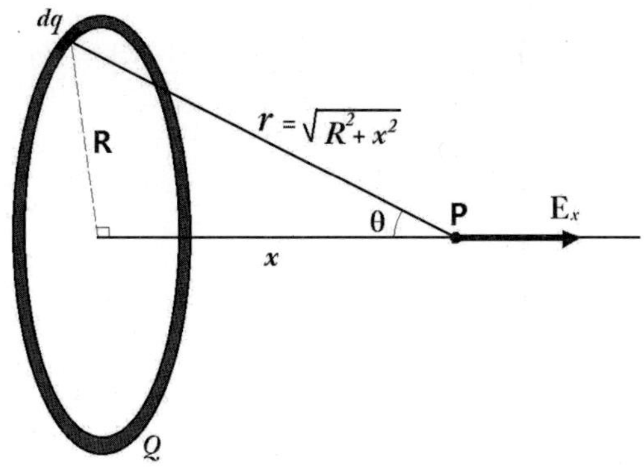

답. 식 5-25를 이용하면

$$V = k_e \int \frac{dq}{r} = \frac{k_e}{\sqrt{x^2 + R^2}} \int dq = \frac{k_e Q}{\sqrt{x^2 + R^2}} \qquad (5\text{-}33)$$

을 구할 수 있다. 이 경우 식 5-33에 주어진 전위는 x만의 함수이므로 이 전위로부터 전기장을 구할 수 있다. 즉,

$$E_x = -\frac{\partial V}{\partial x} = \frac{k_e Q x}{(x^2 + R^2)^{3/2}} \qquad (5\text{-}34)$$

와 같이 구할 수 있다.

예제 12 그림과 같이 반경 R인 얇은 원판에 전하가 균일한 전하밀도 σ로 분포되어 있다. 원판의 중심에서 거리 x 떨어진 위치 P에서의 전위을 구하라. 전위를 이용하여 P점의 전기장을 구하라.

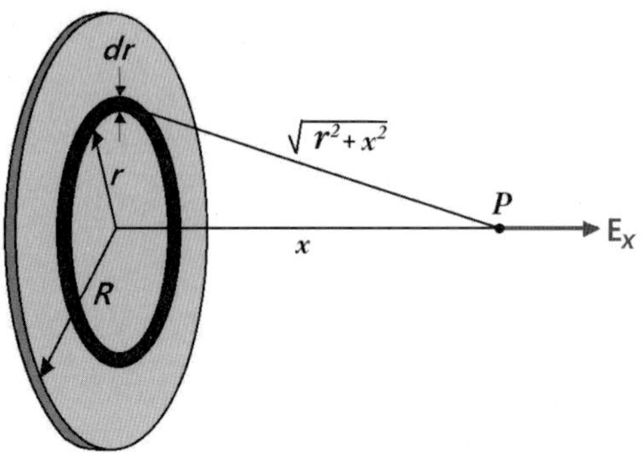

답. 반경 r지점에 두께 dr인 원환을 생각하면 이 원환의 전하량은 $dq=(2\pi r\,dr)\sigma$이다. 따라서 이 전하에 의한 P점의 전위는

$$dV=\frac{k_e\,dq}{\sqrt{x^2+r^2}}=\frac{k_e\,(2\pi r\,dr)\sigma}{\sqrt{x^2+r^2}} \tag{5-35}$$

이다. 전체 전하분포에 의한 전위는 원판 전체에 대해 적분을 하면

$$V=\int_0^R dV=2\pi k_e\sigma\left[\sqrt{x^2+R^2}-x\right] \tag{5-36}$$

와 같이 구해진다. 위 식은 x만의 함수이므로 전기장은 x방향이고

$$E=-\frac{\partial V}{\partial x}=2\pi k_e\,\sigma\left[1-\frac{x}{\sqrt{x^2+R^2}}\right]=\frac{\sigma}{2\epsilon_o}\left[1-\frac{x}{\sqrt{x^2+R^2}}\right] \tag{5-37}$$

와 같이 구해진다. 이는 식 5-10에서 구한 것과 일치함을 볼 수 있다.

예제 13 그림과 같이 반경 R인 구에 전하 Q가 균일하게 분포하고 있다. 구의 내부와 외부에서의 전위를 구하라.

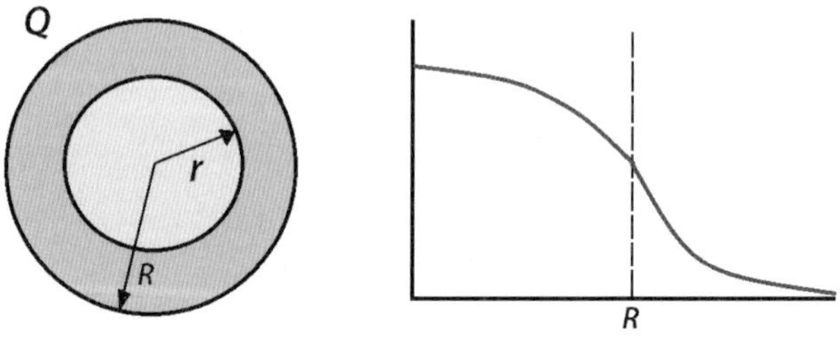

답. 구 외부의 임의의 반경 r에서의 전위는 총전하 Q가 중심에 놓여 있는 경우와 동일하므로

$$V(r) = \frac{k_e Q}{r} \tag{5-38}$$

와 같이 구할 수 있다. 위 결과를 전위의 정의에 의해 다시 확인해 보도록 하자. 이 경우 임의의 반경 r에서의 전기장은 $E(r) = \frac{k_e Q}{r^2}$이므로 전위의 정의에서

$$V(r) = -\int_{\infty}^{r} \vec{E} \cdot d\vec{r} = \frac{k_e Q}{r} \tag{5-39}$$

와 같이 구할 수도 있다. 위 식에서 구의 표면에서의 전위는 $V(R) = k_e Q/R$로 주어진다. 그리고 구 내부의 임의의 반경 r에서의 전위를 구하기 위해서는 구 내부의 임의의 위치 r에서의 전기장을 구해야 된다. 식 5-19에서 Gauss 법칙을 사용하여 구한 결과를 이용하여, 구 표면과 구 내부의 반경 r에서의 전위차를 구하면

$$V(r) - V(R) = -\int_{R}^{r} E_r \, dr = -\int_{R}^{r} \frac{k_e Q}{R^3} r \, dr = \frac{k_e Q}{2R^3}(R^2 - r^2) \tag{5-40}$$

와 같다. 따라서 구 내부의 임의의 반경 r에서의 전위는

$$V(r) = \frac{k_e Q}{2R^3}(R^2 - r^2) + \frac{k_e Q}{R} = \frac{k_e Q}{2R}\left(3 - \frac{r^2}{R^2}\right) \tag{5-41}$$

와 같이 주어진다.

1-5. 전기쌍극자

전하 $+q$와 $-q$가 가까이 놓여 있는 구조를 전기쌍극자(electric dipole)라고 부른다. 이때 전기쌍극자모멘트(electric dipole moment)는

$$\vec{p} = q\vec{d} \tag{5-42}$$

으로 정의된다. 여기서 $\vec{d}$의 방향은 전하 $-q$에서 $+q$의 방향이다.

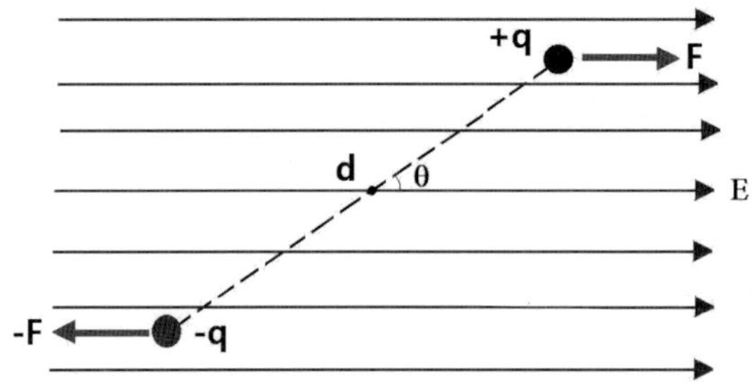

그림 5-9. 전기장 속에 놓인 전기쌍극자

전기쌍극자가 전기장에 놓이면 토오크를 받는다. 그림 5-9에서와 같이 $+q$와 $-q$가 전기장에 의해 반대방향으로 힘을 받음으로써 회전하게 된다. 두 전하의 질량중심이 전하 $+q$에서 x지점에 있다고 할 때 토오크의 크기는

$$\tau = Fx\sin\theta + F(d-x)\sin\theta = Fd\sin\theta = pE\sin\theta \tag{5-43}$$

와 같이 구해진다. 여기서 $F = qE$와 $p = qd$를 이용하였다. 토오크는 시계방향으로 작용하므로 이를 벡터 형태로 표현하면

$$\vec{\tau} = \vec{p} \times \vec{E} \tag{5-44}$$

와 같이 주어진다. 식 5-44에서 보듯이 전기쌍극자는 전기장 방향으로 회전함을 볼 수 있다.

전기장 속에서 전기쌍극자에 저장되는 에너지는 전기쌍극자를 회전시키는 데 사용한 일이다. 쌍극자를 θ_i에서 θ_f로 회전시키는 데 사용하는 일은

$$W = -\Delta U = \int_{\theta_i}^{\theta_f} \tau d\theta = \int_{\theta_i}^{\theta_f} pE\sin\theta\, d\theta = pE(\cos\theta_i - \cos\theta_f) \tag{5-45}$$

와 같다. 여기서 $\Delta U = U_f - U_i$이다. 따라서 임의의 각도에서의 위치에너지는 $U = -pE\cos\theta$이므로 일반적으로

$$U = -\vec{p} \cdot \vec{E} \tag{5-46}$$

로 정의된다. 따라서 전기쌍극자가 전기장방향으로 정렬될 때 에너지가 가장 낮다.

1-6. 축전기와 정전용량

전하를 저장하는 장치가 축전기이다. 서로 떨어져 놓인 두 도체에 각각 $+Q$와 $-Q$가 대전된다면, 두 도체 사이에는 전기장이 형성되고 그 사이에 전기에너지가 저장된다. 전하에 의해 두 도체 사이에는 전위차가 존재하고 이 전위차는 도체판에 대전된 전하의 양에 비례하게 된다. 즉, $\Delta V \sim Q$이므로 이를

$$Q = C\Delta V \tag{5-47}$$

와 같이 표현할 수 있다. 여기서 C를 정전용량(capacitance)이라고 부른다. 이 정전용량은 두 도체의 놓인 구조에만 의존하는 상수이다. 두 도체의 구성에는 두 평행한 도체판(평행판 축전기), 중심의 도체봉과 이를 둘러싼 원통 모양의 도체(원통형 축전기), 중앙의 구형의 도체와 이를 둘러싼 구 껍질 도체(구형 축전기) 등이 있을 수 있다. 이들 축전기의 정전용량은 두 도체가 각각 $+Q$와 $-Q$로 대전될 때에 형성되는 전위차를 계산하여 식 5-47을 이용하여 구할 수 있다. 식 5-47에서 보듯이 정전용량이 크면 동일한 전위차에서 저장할 수 있는 전하량 Q가 크므로, 더 많은 전하를 그 축전기에 저장할 수 있음을 볼 수 있다. 정전용량의 단위는 F로서 Faraday의 이름을 따서 Farad라고 부른다. 즉, $1\,V$의 전위차에 의해 $1\,C$의 전하가 저장되는 축전기의 정전용량이 $1\,F$이다.

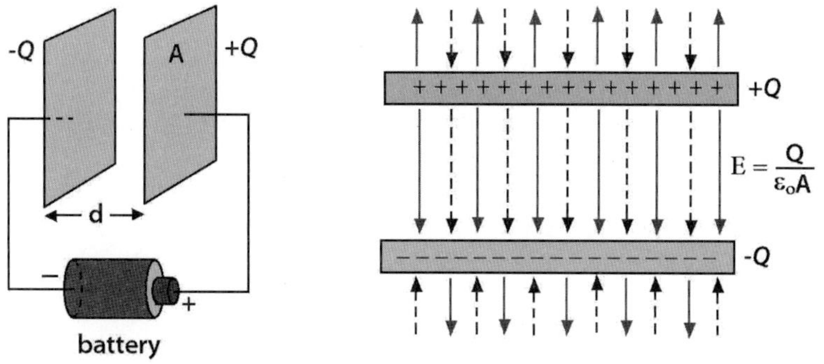

그림 5-10. 평행판 축전기의 구조

이 Farad 단위는 상당히 큰 정전용량의 단위이다. 따라서 μF(10^{-6}F)와 pF(10^{-12}F) 단위의 축전기가 전자회로에 많이 사용된다.

그림 5-10에 평행판 축전기의 구조가 주어져 있다. 면적이 A인 두 개의 도체판이 거리 d 떨어져 놓여 있다. 이 두 도체판에 외부의 전기에너지(전원, 배터리)를 연결하면 각 판은 각각 $+Q$와 $-Q$로 대전된다. 이렇게 대전된 전하에 의해 두 도체판 사이에는 전기장이 형성되는데, 이는 앞 절에서 구한 대전된 무한 평면에 의한 전기장과 동일하다. 즉, 두 도체판 사이의 전기장은 $E=Q/(\epsilon_o A)$로 주어진다. 이 전기장은 두 도체판 사이에는 거의 일정한 전기장을 준다. 물론 가장자리에는 가장자리 효과가 나타난다. 이러한 균일한 전기장에 의해 두 도체판 사이에는

$$\Delta V = V_{+Q} - V_{-Q} = -\int_d^0 \vec{E} \cdot d\vec{s} = \frac{Qd}{\epsilon_o A} \tag{5-48}$$

의 전위차가 발생한다. 여기서 0의 지점은 $-Q$의 도체판의 위치를 사용하였다. 이 경우 적분 안의 전기장은 $E=-Q/(\epsilon_o A)$이다. 따라서 평행판 축전기의 정전용량은

$$C = \frac{Q}{\Delta V} = \frac{\epsilon_o A}{d} \tag{5-49}$$

와 같이 주어진다. 식 5-49에서 보듯이 평행판 축전기의 정전용량은 두 판의 면적에 비례하고 두 판 사이의 거리에 반비례한다. 즉, 판이 넓을수록, 두 판 사이의 간격이 좁을수록 정전용량이 크다. 따라서 두 도체판 사이에 아주 얇은 유전체(부도체, 유전체 효과는 아래에 상세히 다룰

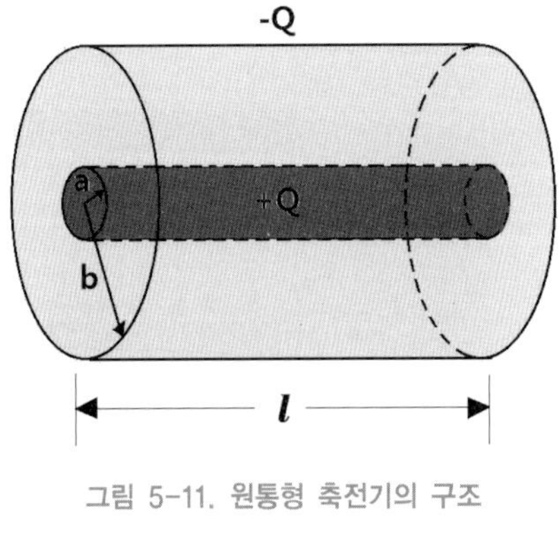

그림 5-11. 원통형 축전기의 구조

것임)를 끼워 넣어 두 판 사이의 간격을 최소로 하고, 넓은 도체판을 말아서 크기를 줄이는 방법으로 큰 정전용량의 축전기를 구성하고 있다.

다음에는 그림 5-11과 같은 원통형 축전기의 정전용량에 대해 알아보도록 하자. 중앙에 도체막대

가 있고 이 도체막대를 원통형 도체가 둘러싸고 있다. 도체막대와 원통형 도체 사이에는 유전체로 채워져 있다. 아래의 정전용량의 계산에서는 공기로 채워져 있다고 가정한다. 도체막대와 원통형 도체 사이의 임의의 위치에서의 전기장을 우선 계산해 보자. 원통막대의 중심에서 r 떨어진 위치에서의 전기장은 무한도선에 의한 전기장의 계산에서 $E_r = (2k_e\lambda)/r$로 주어졌다. 따라서 도체막대와 원통형 도체 사이의 전위차는

$$\Delta V = V_a - V_b = \int_a^b \vec{E} \cdot d\vec{r} = \int_a^b \frac{2k_e\lambda}{r} dr = 2k_e\lambda \ln\left(\frac{b}{a}\right) \qquad (5\text{-}50)$$

이다. 따라서 정전용량은

$$C = \frac{Q}{\Delta V} = \frac{l}{2k_e \ln\left(\frac{b}{a}\right)} \qquad (5\text{-}51)$$

와 같이 계산된다. 여기서 $\lambda = Q/l$를 이용하였다. 원통형 축전기의 정전용량은 $b \rightarrow a$가 됨에 따라 증가한다. 따라서 이 경우에도 두 도체 사이에 아주 얇은 유전체를 끼워 넣는다.

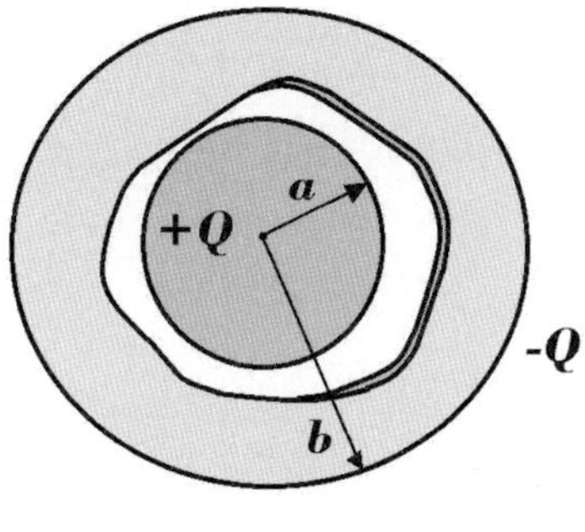

그림 5-12. 구형 축전기의 구조

다음에는 구형 축전기의 정전용량을 계산해 보자. 구형 축전기는 그림 5-12에서와 같이 구형도체가 중앙에 있고, 이를 구형 구 껍질의 도체가 둘러싸고 있다. 마찬가지로 구형도체에서 r 떨어진 지점의 전기장을 먼저 계산해 보자. 이는 $E_r = (k_e Q)/r^2$로 주어지므로 두 도체 사이의 전위차는

$$\Delta V = V_a - V_b = \int_a^b \vec{E} \cdot d\vec{r} = k_e Q\left(\frac{1}{a} - \frac{1}{b}\right) \qquad (5\text{-}52)$$

로 주어진다. 따라서 구형 축전기의 정전용량은

$$C = \frac{Q}{\Delta V} = \frac{ab}{k_e(b-a)} \tag{5-53}$$

와 같이 계산된다. 구형 축전기의 정전용량도 $b \rightarrow a$가 되면 증가함을 볼 수 있다. 그리고 바깥 구 껍질의 반경이 아주 크게 될 경우 ($b \rightarrow \infty$) 정전용량은 $C = 4\pi\epsilon_o a$로 주어진다. 이 경우 축전기의 구조는 반경 a인 단일 도체구로 구성된다.

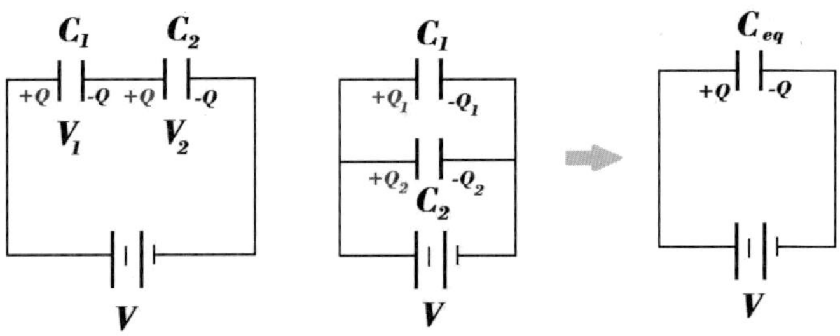

그림 5-13. 축전기의 연결

축전기를 여러 개 연결하여 사용할 수 있다. 이 경우 두 가지 형태의 연결이 있을 수 있는데, 그림 5-13에서 보듯이 직렬연결과 병렬연결이 있을 수 있다. 직렬연결의 경우 두 축전기에 떨어지는 전압이 다르고, 두 축전기에 떨어지는 전압의 합이 축전기계에 공급되는 외부 전압과 동일하다. 즉, $V = V_1 + V_2$이다. 그리고 두 축전기에 저장된 전하는 동일하다. 따라서 $Q = CV$의 관계식을 적용하면

$$\frac{Q}{C_{eq}} = \frac{Q}{C_1} + \frac{Q}{C_2} \Rightarrow \therefore \frac{1}{C_{eq}} = \frac{1}{C_1} + \frac{1}{C_2} \tag{5-54}$$

와 같이 구할 수 있다. 여기서 C_{eq}는 등가(두 축전기를 하나의 축전기로 표현) 정전용량이다. 식 5-54는 임의의 개수의 축전기를 직렬로 연결하는 경우에도 만족되는 식이다. 즉, n개의 축전기가 직렬로 연결될 경우 등가 정전용량은

$$\frac{1}{C_{eq}} = \sum_{i=1}^{n} \frac{1}{C_i} \tag{5-55}$$

로 표현된다.

축전기들이 병렬로 연결될 경우 외부전압이 축전기의 양단에 걸려 있으므로 각 축전기에 떨어지는

전압은 동일하다. 따라서 $Q = CV$에서 C가 다르므로 각 축전기에 저장되는 전하량은 다르다. 전체 축전기에 저장된 전하량을 Q라고 하면, 이는 각 축전기에 저장된 전하량의 합이 된다. 즉,

$$Q = Q_1 + Q_2 = C_1 V + C_2 V = (C_1 + C_2) V \tag{5-56}$$

이 된다. 따라서 $Q = C_{eq} V$에서 등가 정전용량은

$$C_{eq} = C_1 + C_2 \tag{5-57}$$

로 주어진다. 그리고 n개의 축전기가 병렬로 연결되어 있는 경우에도

$$C_{eq} = \sum_{i=1}^{n} C_i \tag{5-58}$$

와 같은 관계가 성립된다.

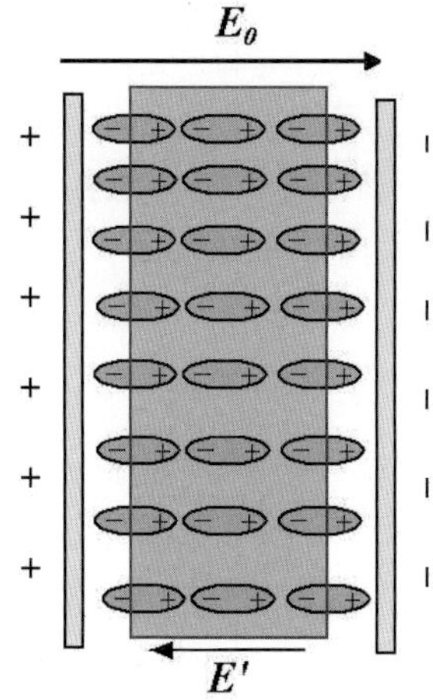

그림 5-14. 유전체가 정전용량에 미치는 영향

다음에는 축전기 사이에 유전체를 끼워 넣는 경우 축전기의 정전용량이 어떻게 바뀌는지를 보도록 하자. 유전체는 부도체로서 도체와 달리 그 내부에 자유전자가 없다. 이 유전체의 양단에 외부전압이 주어지면 분극(polarization)현상이 일어난다. 분극현상은 외부전압에 의해 유전체를 구성하는 원자의 전자구름들이 전압에 의해 발생하는 전기장에 끌려 원자들이 일시적으로 전기쌍극

자가 되는 현상이다. 이 경우 외부에서 주어진 전기장이 없어지면 원래의 상태로 돌아간다. 그림 5-14에서는 축전기 사이에 끼워 넣은 유전체에서 분극현상이 일어나는 것을 보여 주고 있다. 이 그림에서 보듯이 가장자리 부분을 제외하고는 각 원자들이 만드는 쌍극자들의 극들이 서로 상쇄되어 없어짐을 볼 수 있다. 이에 따라 가장자리의 전하들에 의해 외부전기장의 반대방향으로 유전체 내부의 전기장이 형성된다. 이와 같은 외부전기장의 반대방향으로 형성되는 유전체의 전기장에 의해 외부전기장의 세기는 줄어들게 된다. 이 효과를

$$\Delta V = \frac{\Delta V_o}{\kappa} \tag{5-59}$$

으로 표현할 수 있다. 위 식은 유전체에 의해 축전기 사이의 전압이 외부에서 주어진 전압차이인 ΔV_o보다 κ배 줄어들었음을 보여 준다. 이는 유전체의 분극에 의해서 전기장이 그만큼(κ배만큼) 줄어들었기 때문이다. 이에 따라 유전체의 존재에 의해 달라진 정전용량은

$$C = \frac{Q_o}{\Delta V} = \frac{Q_o}{\Delta V_o/\kappa} = \kappa C_o \tag{5-60}$$

로 주어진다. 위 식은 유전체에 의해 전전용량이 원래의 정전용량 C_o보다 κ배만큼 증가했음을 보여 준다.

1-7. 전류와 저항

전류는 전하들의 이동에 의해 발생한다. 이에 따라 어떤 공간에서 특정한 면을 생각할 때 전류는

$$I = \Delta q / \Delta t \tag{5-61}$$

와 같이 그 면을 단위시간당 통과하는 전하량으로 정의된다. 위 식은 순간전류의 경우 미분의 형태로 $I = dq/dt$와 같이 표현된다. 전류의 단위는 A로 표현되는 Ampere를 이용한다. 따라서 어떤 면을 통하여 단위시간당 +1C의 전하 이동이 있을 때 1A의 전류가 흐른다고 정의한다. 이와 같이 전류의 방향은 양의 전하가 이동하는 방향으로 정한다. 그런데 도체 안에서 전류를 형성하는 것은 자유전자의 이동이므로, 전류의 방향은 전자의 이동방향과 반대가 된다.

도체의 양단에 외부전압을 걸어 주면 도체 내부의 자유전자는 외부전압에 의해 이동하여 전류를 형성한다. 그림 5-15에서와 같이 단면이 A이고 길이가 d인 도체 내의 일부분을 생각해 보자. 여기서 Δq를 Δt 동안 단면 A를 지나는 전하량으로 표현하자. 자유전자의 유동속도(drift velocity)가 v_d라면 Δt 동안 전자의 이동거리는 $v_d \Delta t$이고 Δt 동안 전자들이 만드는 체적은 $(v_d \Delta t)A$이다. 그리고 단위체적당 n개의 자유전자가 있다고 할 때 Δt 동안 이동하는 총 전하는

$$\Delta q = n e v_d \Delta t A \tag{5-62}$$

이다. 따라서 자유전자에 의한 전류는

$$I = \Delta q / \Delta t = n e v_d A \tag{5-63}$$

로 정의된다.

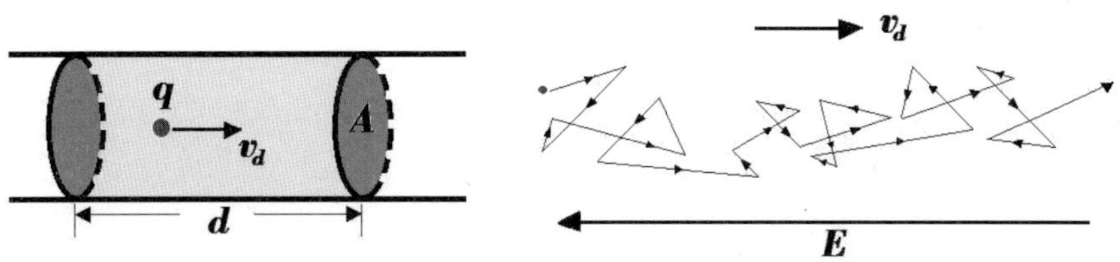

그림 5-15. 도체 내에서 자유전자에 의한 전류의 형성

그림 5-15의 오른쪽 그림에서 보듯이 도체 내에서 자유전자들은 원자와 계속 충돌하면서 지그재그(zigzag)로 운동한다. 그러나 전체적으로 전자들은 외부전압의 반대방향(전자의 전하가 음이므로)으로 이동한다. 이를 유동속도라고 하는데 이 유동속도는 예제 15에서 보듯이 아주 느리다. 그러나 전자의 수가 워낙 많고 외부전압에 의한 전기장이 도체 내의 자유전자에게 순식간에 전달되므로 도체에 외부전압이 걸리는 순간 전류가 흐르게 된다.

도체의 양단에 외부전압이 걸릴 때 도체 내부에는 전류밀도와 전기장이 형성된다. 이 두 물리량과의 사이에는

$$\vec{J} = \sigma \vec{E} \tag{5-64}$$

의 관계가 만족된다. 식 5-64의 관계를 Ohm의 법칙이라고 부른다. 여기서 σ는 전기전도도

(electrical conductivity)이고, 이는 각 도체에 따라 다르다. 그리고 Ohm의 법칙은 모든 도체나 모든 조건에서 다 만족하는 것은 아니다. Ohm의 법칙을 만족하는 물질을 Ohm 물질(Ohmic material)이라고 부른다. 전류밀도는 단위면적당 전류이므로 식 5-64에서부터 전류밀도는

$$\vec{J} = nq\vec{v}_d \tag{5-65}$$

으로 정의된다. 위 식에서 전하를 q(양 또는 음)로 표현하였고, 전하의 운동방향이 단면에 수직이 아닐 수도 있기 때문에 벡터로 나타내었다.

단면이 A이고 길이가 L인 도선을 생각해 보자. 외부전압에 의해 도선 양단에 전압차 V가 발생한다고 한다. 도선 내부의 전기장이 균일하다고 하면 전압과 전기장 사이에는 $V = EL$의 관계가 만족된다. 이에 따라 Ohm의 법칙은

$$J = \sigma E = \sigma \frac{V}{L} \tag{5-66}$$

로 표현된다. 위 식을 V에 대해 표현하면

$$V = \frac{L}{\sigma} J = \frac{L}{\sigma A} I \equiv RI \tag{5-67}$$

이 된다. 여기서 $J = I/A$를 이용하였다. 그리고 $R = L/(\sigma A)$로서 저항으로 정의된다. 위 식은 $I = V/R$로 표현할 수 있다. 이에 따라 저항은 전류의 흐름을 방해하는 것이라고 생각할 수 있다. 저항의 단위는 Ω으로서 Ohm이라고 부른다. 1V의 전압에 의해 1A의 전류가 흐르는 도선의 저항이 1Ω으로 정의된다.

전기전도도의 역수를 비저항(resistivity)으로 정의한다. 즉, $\rho = 1/\sigma$로 표현된다. 비저항은 $\Omega - m$의 단위를 가지며 각 도체에 따라 다르다. 즉, 비저항은 도체의 고유한 성질을 나타내는 물리량이다. 위의 비저항의 정의에 따라 도선의 저항은

$$R = \rho \frac{L}{A} \tag{5-68}$$

으로 주어진다. 즉, 도선의 저항은 도선의 길이에 비례하고 그 단면적에 반비례한다.

저항(resistor)은 회로 내의 전류를 제어하기 위해 많이 사용된다. 여러 종류의 저항들이 사용되고 있는데, 탄소저항이 주로 많이 사용되고 있고, 권선저항(저항이 높은 니켈-크롬 합금 등을 부도체 봉에 감아서 만든 것), 박막저항(탄소, 금속 등의 박막) 등도 있다.

전원(배터리, V)을 저항 R에 연결한 간단한 회로를 생각해 보자. 이 경우 도선과 저항을 통해 전하(전자)가 이동하므로 전류가 형성된다. 여기서 저항이외에 전원과 저항을 연결해 주는 도선들의 저항은 워낙 작은 값이므로 무시한다. 전원에서 공급되는 화학에너지에 의해 전자의 에너지가 증가되며, 이러한 전자들은 회로(저항)을 통과하여 이동하고 최종적으로 다시 전원으로 되돌아온다. 전원의 양(positive)의 단자에서 출발한 전자들의 에너지는 전원의 화학에너지에 의해 증가되어 qV가 된다. 그리고 이 에너지는 전자들이 저항 내에 있는 원자들과의 충돌에 의해 감소한다. 반면에 이러한 전자와의 충돌에 의해 저항 내의 원자들의 내부에너지는 증가한다. 그리고 저항을 통과한 전자들은 전원의 음(negative)의 단자로 되돌아와서 전원의 화학에너지를 다시 얻어 계속하여 회로 내를 이동한다. 즉, 전자들의 이동은 전원에서 얻은 에너지를 저항 내에서 소모하는 형태로 진행된다. 그리고 전원의 화학에너지가 고갈되어 더 이상 전자에게 에너지를 주지 못하는 상황이 되면 회로 내를 통한 전자의 이동은 불가능해진다. 전자들이 저항을 통과할 때 단위시간당 잃는 에너지는

$$P = \frac{dW}{dt} = \frac{d}{dt}(qV) = \frac{dq}{dt}V = IV \tag{5-69}$$

로 주어진다. 이를 저항에 소모되는 전력(power)이라고 부른다. 저항의 경우 $V = IR$이 만족되므로 저항에서 소모되는 전력은

$$P = I^2 R = \frac{V^2}{R} \tag{5-70}$$

로 표현된다. 위 식은 저항에서 열로 방출되는 단위시간당 에너지이다. 이를 Joule열이라고 한다. 전력의 단위는 W로 표현되며 J/sec이다.

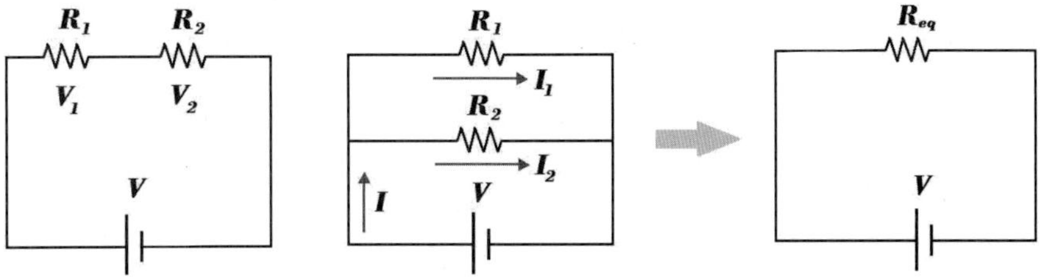

그림 5-16. 저항의 연결

저항의 연결은 그림 5-16에서와 같이 직렬연결과 병렬연결이 있을 수 있다. 직렬연결의 경우 두 저항을 흐르는 전류 I는 동일하다. 따라서 저항 R_1과 R_2에 떨어지는 전압은 각각 다르다. 이에 따라 공급해주는 전압 V는 두 저항에 떨어지는 전압의 합이 된다. 즉,

$$V = V_1 + V_2 = IR_1 + IR_2 = I(R_1 + R_2) \tag{5-71}$$

로 표현된다. 이에 따라 등가저항은

$$R_{eq} = R_1 + R_2 \rightarrow R_{eq} = \sum_{i=1}^{n} R_i \tag{5-72}$$

로 표현된다. 마지막 표현은 n개의 저항이 직렬로 연결된 경우의 등가저항이다.

저항의 병렬연결에서는 각 저항에 떨어지는 전압은 모두 V이다. 이에 따라 각 저항에 흐르는 전류는 다르게 된다. 그림에서와 같이 전원에서 흘러들어가는 전류 I는 R_1과 R_2에 각각 I_1과 I_2로 갈라진다. 이에 따라

$$I = I_1 + I_2 = \frac{V}{R_1} + \frac{V}{R_2} = V\left(\frac{1}{R_1} + \frac{1}{R_2}\right) = \frac{V}{R_{eq}} \tag{5-73}$$

와 같은 관계가 있다. 따라서 등가저항은

$$\frac{1}{R_{eq}} = \frac{1}{R_1} + \frac{1}{R_2} \rightarrow \frac{1}{R_{eq}} = \sum_{i=1}^{n} \frac{1}{R_i} \tag{5-74}$$

로 표현된다. 마지막 표현은 n개의 저항이 병렬로 연결된 경우의 등가저항이다.

예제 14 구리의 밀도는 $\rho = 8.93\ g/cc$이다. 그리고 구리 1mole의 질량은 $M = 63.5\,g/mole$이다. 구리 원자 1개당 자유전자가 1개라면 구리 내의 자유전자의 밀도는 얼마인가?

답. 자유전자의 밀도는 단위체적 안에 존재하는 자유전자의 수이다. 그리고 정의에 의하면 1mole의 구리에 $N_A = 6.02 \times 10^{23}$개의 구리원자가 존재한다. 따라서 자유전자의 밀도는 단위체적이 몇 mole인지 계산하여 N_A를 곱해 주면 된다. 1cc는 $x = \rho/M = 0.14\,mole$에 해당되므로 1cc 안에 있는 자유전자의 수는 $n = xN_A = 8.46 \times 10^{22}$개/cm^{3}이다. 따라서 1m^3 안에는 자유전자가 8.46×10^{28}개가 존재한다.

예제 15 14번 (gauge number) 구리선에 1A의 전류가 흐를 때 자유전자의 유동속도(drift velocity)를 구하라. 14번 구리선의 직경은 1.628mm이다.

답. 유동속도는 $v_d = I/neA = 3.54 \times 10^{-5}\ m/\sec$로 계산된다. 이와 같이 전자의 유동속도는 작지만 전자의 수가 워낙 많으므로 전체적으로 볼 때 전압이 구리선에 걸리는 순간 전류가 형성됨이 관찰된다.

1-8. 직류회로와 Kirchhoff법칙

직류회로는 회로 내를 흐르는 전류의 방향이 일정한 경우를 말한다. 직류회로는 여러 전자소자의 결합으로 이루어지며, 이 회로에는 직류전원이 공급된다. 여러 전자소자들이 복잡하게 결합될 경우 이를 분석하는 데 Kirchhoff법칙이 많이 이용된다. Kirchhoff법칙은 두 가지로 구성되어 있다. 첫째, 분기점의 법칙(junction rule)은 임의의 분기점으로 들어가는 전류의 합은 분기점으로 나오는 전류의 합과 같다. 이는 곧 전하의 보존법칙이다. 즉, 회로의 한 분기점에 전하가 쌓일 수는 없으므로 그 분기점으로 들어가는 전하와 나오는 전하는 같아야 한다. 둘째, 환선의 법칙(loop rule)은 임의의 닫힌 환선의 폐회로(closed circuit)에서 각 회로소자에 의한 전위차의 합은 0이 되어야 한다. 이는 곧 에너지보존칙이다. 즉, 전하가 닫힌 환선의 폐회로를 따라 이동하여 원래의 상태로 돌아올 때 회로의 에너지는 변화가 없어야 된다. 이 경우 회로의 전체적인 에너지가 변하지 않기 위해서는 전하가 어떤 회로소자에 의해 감소된 에너지는 전하가 다른 소자에 의해 증가하는 에너지와 동일하여야 한다.

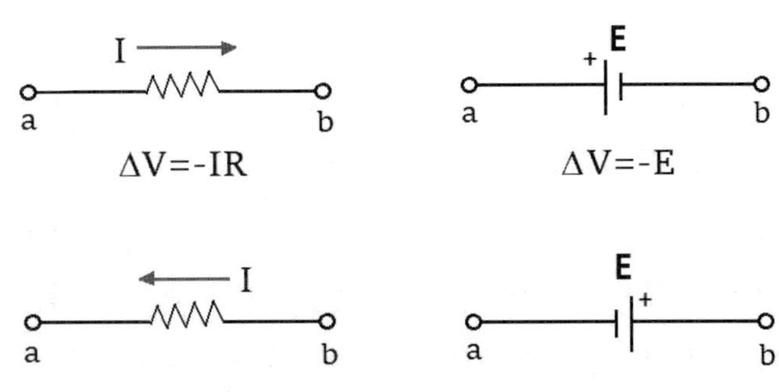

그림 5-17. 회로소자에 의한 전위차

그림 5-17에 회로소자인 저항과 전원에 의한 전압차의 발생을 보여 주고 있다. 이 그림에서 환선 폐회로의 방향은 모두 a에서 b로 향한다. 저항의 경우 전류의 방향에 따라 전압차가 다르게 나타난다. 전하가 전류와 같은 방향으로 저항을 통과할 경우 전하는 높은 전위에서 낮은 전위로 이동하므로 전압강하가 발생한다. 즉, 전위는 감소하므로 $\Delta V = -IR$이다. 반대로 전류와 반대방향으로 전하가 이동하면 전하는 낮은 전위에서 높은 전위로 이동하므로 전압증가가 발생한다. 즉, 전위가 증가하므로 $\Delta V = IR$이다. 전원의 경우 +에서 -로 이동하면 전압강하가 발생하고 -에서 +로 이동하면 전압증가가 발생한다.

예제 16 주어진 직류회로에서 각 저항에 흐르는 전류의 크기와 방향을 구하라. 각 저항에서 소비되는 열에너지의 일률을 구하라. 저항에서 열로 소비되는 에너지의 총합이 전원이 공급하는 전기에너지 일률과 같음을 보여라.

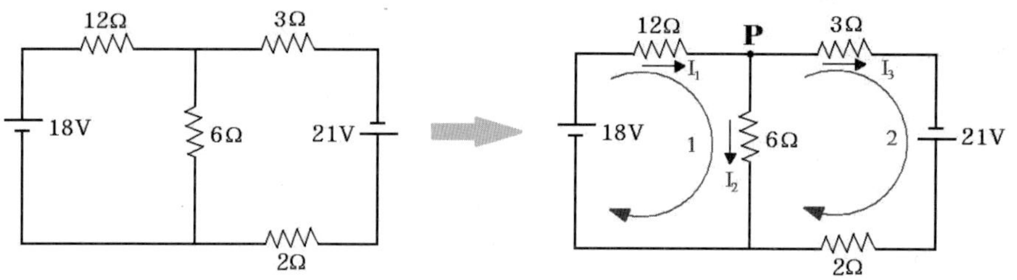

답. P점을 분기점으로 보고 분기점의 법칙을 적용하면 $I_3 + I_2 = I_1$을 얻는다. 폐회로 1과 2를 생각하면 각 폐회로에서 환선의 법칙을 적용하면

$$18 - 12I_1 - 6I_2 = 0 \Rightarrow \therefore 2I_1 + I_2 = 3 \tag{5-75}$$

$$-3I_3 + 21 - 2I_3 + 6I_2 = 0 \Rightarrow \therefore 5I_3 - 6I_2 = 21$$

을 얻는다. 위 식들을 연립하여 풀면 $I_1 = 2A$, $I_2 = -1A$, $I_3 = 3A$를 구할 수 있다. 따라서 저항 12Ω, 3Ω, 2Ω, 6Ω에는 각각 2A, 3A, 3A, 1A의 전류가 흐른다. 전류의 방향은 그림에 표시되어 있다. 각 소자에 소비되는 일률은 $P = I^2R$에서 저항 12Ω, 3Ω, 2Ω, 6Ω에는 48W, 27W, 18W, 6W이다. 즉, 각각의 에너지가 열로 소비된다. 이와 반대로 전원에 의해 $P = IV$의 에너지가 공급되는데 18V, 21V는 각각 36W, 63W의 에너지를 회로에 공급한다. 따라서 저항이 소비하는 에너지의 합인 99W를 전원이 공급하여 회로에 전류가 계속적으로 흐르게 만든다. 그리고 전원의 에너지가 소진되면 더 이상의 에너지의 공급이 없어지므로 전류가 흐르지 않게 된다.

1-9. 축전기의 충전과 방전

저항과 축전기로 구성된 회로에 전원이 공급되는 경우를 보도록 하자. 처음에는 축전기는 충전되어 있지 않았다고 가정한다. 그림 5-18에서 회로의 스위치가 닫힐 때부터($t=0$) 축전기는 충전되기 시작한다. 축전기의 충전은 축전기 양단의 전압이 전원의 전압과 동일할 때까지 진행된다. 따라서 최대로 충전될 수 있는 전하량은 CE이다. 전류의 경우 스위치가 닫힐 때에 최대의 전류 E/R이 흐르고 이 전류는 축전기가 완전히 충전되면 0이 된다.

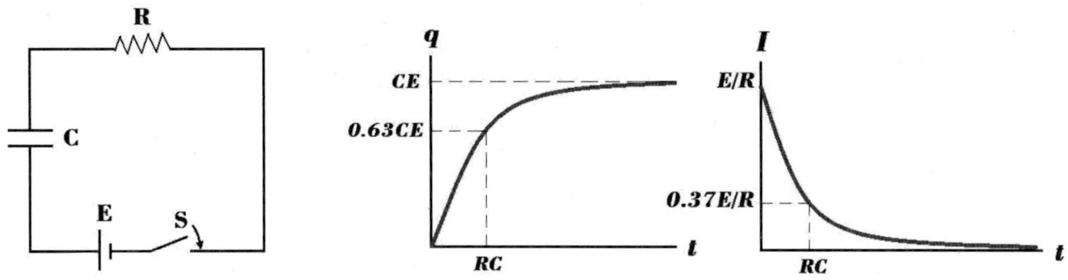

그림 5-18. 축전기의 충전

축전기의 충전에 대해 정량적으로 알아보도록 하자. 그림 5-18에서 스위치를 닫을 경우 폐회로를 시계방향으로 정하여 Kirchhoff의 환선의 법칙을 적용하면

$$E-\frac{q}{C}-IR=0 \qquad (5\text{-}76)$$

을 얻는다. 위 식에서 축전기에 충전될 수 있는 최대의 전하량은 전류가 0인 경우이므로 $Q=CE$을 얻을 수 있다. 식 5-76에 $I=dq/dt$를 적용하여 정리하면

$$\frac{dq}{dt}=-\frac{q-CE}{RC} \rightarrow \therefore \frac{dq}{q-CE}=-\frac{1}{RC}dt \qquad (5\text{-}77)$$

을 얻는다. 위 식을 적분하면

$$\int_0^q \frac{dq}{q-CE}=-\frac{1}{RC}\int_0^t dt \rightarrow \therefore \ln\left(\frac{q-CE}{-CE}\right)=-\frac{t}{RC} \qquad (5\text{-}78)$$

이 된다. 이를 정리하면

$$q(t) = CE(1 - e^{-t/RC}) \rightarrow \therefore I(t) = \frac{E}{R} e^{-t/RC} \tag{5-79}$$

을 얻는다. 식 5-79는 축전기에 충전되는 전하의 시간에 따른 변화를 보여 주고 있다. 그리고 이와 함께 전류의 시간에 따른 변화도 보여 주고 있다. 식 5-79에서 $\tau = RC$는 축전기가 최대 충전량(CE)의 63%까지 충전되는 데 걸리는 시간을 나타내고 이를 시정수(time constant)라고 부른다.

다음에는 전하 Q로 충전되어 있는 축전기가 방전되는 경우를 보기로 하자. 이 경우 축전기는 외부전원과는 연결되어 있지 않음에 유의하자. 방전은 스위치가 닫힐 때부터 시작하며, 축전기에 존재하는 전하량이 저항을 통해 방전함으로써 점차로 감소한다. 마찬가지로 전류도 처음 최대인 Q/RC에서 시작하여 점차 0으로 감소한다.

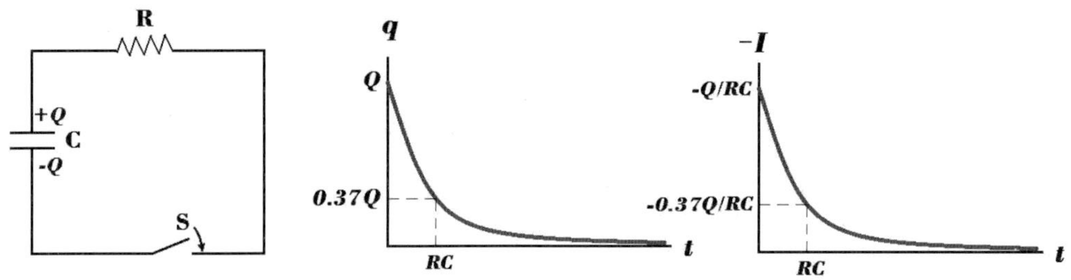

그림 5-19. 축전기의 방전

축전기의 방전에 대해서도 정량적으로 알아보도록 하자. 그림 5-19에서 스위치를 닫을 경우 폐회로를 시계방향으로 정하여 Kirchhoff의 환선의 법칙을 적용하면

$$-\frac{q}{C} - IR = 0 \tag{5-80}$$

을 얻는다. 식 5-80에 $I = dq/dt$를 적용하여 정리하면

$$\frac{dq}{dt} = -\frac{q}{RC} \rightarrow \therefore \frac{dq}{q} = -\frac{1}{RC} dt \tag{5-81}$$

이 된다. 위 식을 적분하면

$$\int_{Q}^{0}\frac{dq}{q}=-\frac{1}{RC}\int_{0}^{t}dt \rightarrow \therefore \ln\left(\frac{q}{Q}\right)=-\frac{t}{RC} \tag{5-82}$$

을 얻는다. 이를 정리하면

$$q(t)=Qe^{-t/RC} \rightarrow \therefore I(t)=-\frac{Q}{RC}e^{-t/RC} \tag{5-83}$$

이다. 식 5-83은 축전기가 방전될 때 축전기에 있는 전하의 시간에 따른 변화를 보여 주고 있다. 그리고 이와 함께 전류의 시간에 따른 변화도 보여 주고 있다. 식 5-84에서 $\tau=RC$는 축전기가 원래 충전되어 있던 전하량 Q의 63%까지 방전되는 데 걸리는 시간을 나타낸다.

2. 자기현상

자기장은 전류(움직이는 전하)에 의해 발생한다. 그리고 자기장 속에서 움직이는 전하(하전입자)는 자기력을 받는다. 그런데 전기력은 전기장의 방향으로 작용하는 반면에 자기력은 자기장의 수직한 방향으로 작용한다.

전기장을 만드는 것은 전하이고 전하는 양과 음의 전하가 존재한다. 반면에 자석의 경우 양과 음의 자극은 서로 분리되지 않는다. 즉, 단극(monopole)은 존재하지 않는다.

Faraday의 법칙은 전기의 발생에 대한 기본적인 원리를 설명한다. 즉, 자기장 속에서 회전하는 환선을 통과하는 자속(magnetic flux)의 변화에 의해 환선에 기전력이 발생한다는 것이 Faraday의 법칙이다.

전기장이 변하면 자기장이 발생되고, 자기장이 변하면 전기장이 발생된다. Maxwell에 의한 Maxwell 방정식은 전기장과 자기장의 관계와 전자기파의 전파에 대해 설명한다.

이 장에서는 위와 같은 자기장에 관련된 내용에 대해 설명할 것이다.

2-1. 자기력

움직이는 전하는 자기장(예를 들면 자석 속에 놓이면)에 의해 힘을 받는다. 이 자기력은

$$F_B = q\vec{v} \times \vec{B} \tag{5-84}$$

와 같이 주어진다. 즉, 자기력은 그림 5-20에서 보듯이 전하 q의 속도방향과 자기장 방향, 모두에 수직이다. 그리고 전하의 전하량이 양이나 음이냐에 따라 방향이 달라진다. 양의 전하의 경우 속도 방향과 자기장 방향이 만드는 벡터 방향($\vec{v} \times \vec{B}$)이 오른나사의 법칙을 따른다. 즉, 이 방향이 나사가 박히는 방향이면 그 방향이 자기력이 작용하는 방향이고, 나사가 빠지는 방향이면 그 방향이 자기력의 방향이다. 그리고 전하가 음의 전하량을 가지면 위에서 결정한 방향과 반대방향으로 자기력이 작용한다. 자기장의 단위는 T로 표현되는 Tesla를 사용한다. 식 5-85에서 보듯이 1C의 전하가 1m/sec의 속도로 1T의 자기장으로 들어갈 경우 1N의 힘을 받는다. 그리고 T 단위는 $[T] = [N/(Cm/\mathrm{sec})] = [N/(Am)]$이다. CGS단위로는 G로 표현되는 Gauss단위를 사용하는데 $1\,T = 10^4 G$이다. 지구 자기장이 약 $0.5\,G$이다.

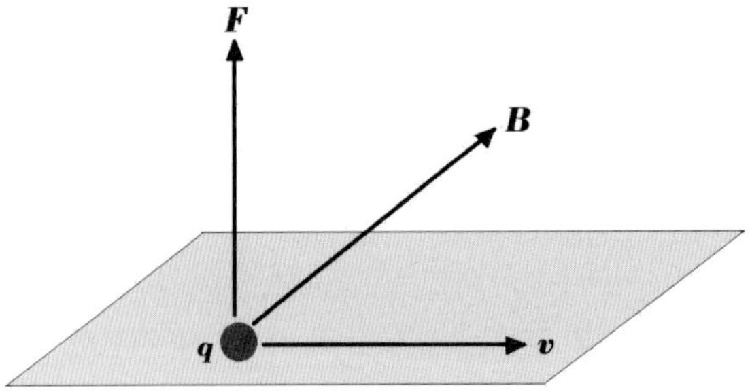

그림 5-20. 자기력의 방향

전하가 전기장과 자기장이 모두 존재하는 공간에서 움직이면, 자기력과 동시에 전기력도 받게 된다. 이때 전하에 작용하는 힘은

$$\vec{F} = q\vec{E} + q\vec{v} \times \vec{B} \tag{5-85}$$

와 같이 표현된다. 이를 Lorentz힘이라고 부른다.

전류는 움직이는 전하에 의해 형성되므로 전류가 흐르는 도선이 자기장에 놓이면 자기력을 받는다.

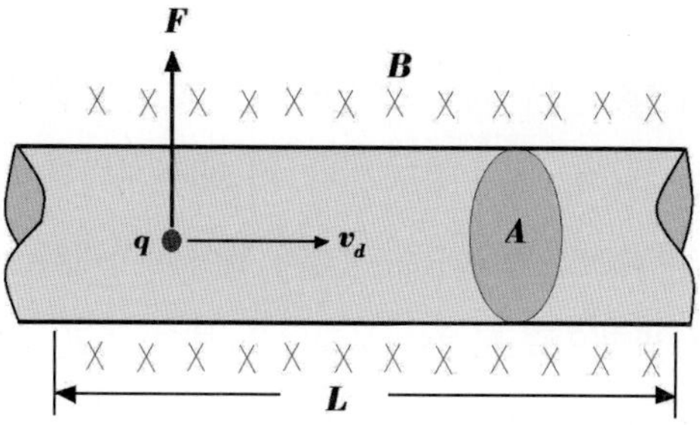

그림 5-21. 자기장 속에서 전류가 받는 자기력

자기장 $\vec{B}$에서 유동속도 $\vec{v}_d$로 움직이는 전하(도선 안에는 전자) q에 작용하는 자기력은 식 5-85에 주어지는 바와 같이 $q\overrightarrow{v_d}\times\vec{B}$이다. 도선에 단위체적당 전하 q가 n개 있고, 도선의 단면적과 길이가 각각 A와 L이면 도선 안에 존재하는 전체 전하의 수는 nAL이다. 따라서 도선 안에 있는 전하들이 받는 전체적인 자기력은

$$\vec{F}_B = (q\overrightarrow{v_d}\times\vec{B})nAL = I\vec{L}\times\vec{B} \tag{5-86}$$

로 표현된다. 여기서 $I = nqv_dA$를 이용하였다. 그리고 $\vec{L}$은 크기는 도선의 길이이고, 방향은 전류의 방향이다.

다음에는 전류가 흐르는 임의의 모양의 도선이 자기장 속에 놓여 있는 경우 도선이 받는 자기력의 표현에 대해 알아보자. 그림 5-22에서와 같이 임의의 선분 dl이 자기장에 의해 받는 자기력은 $d\vec{F}_B = Id\vec{l}\times\vec{B}$이므로 전체적으로 도선에 작용하는 자기력은 전체 도선에 대해 적분하면 얻을 수 있다. 즉,

$$\overrightarrow{F_B} = \int_a^b d\overrightarrow{F_B} = I\int_a^b d\vec{l}\times\vec{B} \tag{5-87}$$

로 표현된다. 여기서 a와 b는 도선의 양단을 나타낸다.

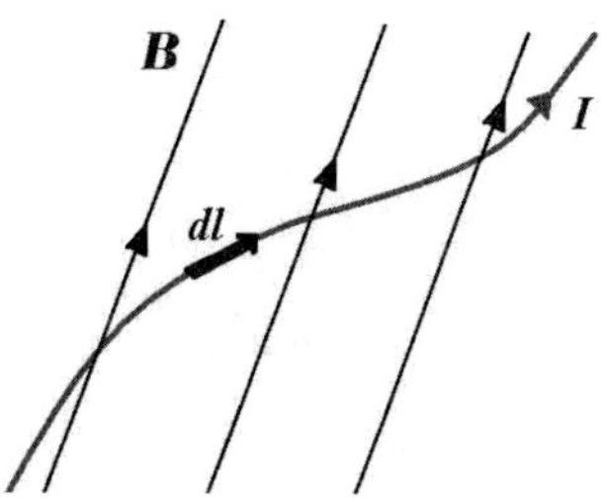

그림 5-22. 임의의 모양의 도선이 자기장 속에서 받는 자기력

그림 5-23에는 자기장 속에 놓인 도선에 미치는 자기력(식 5-87)을 보여 주고 있다. 왼쪽 그림은 도선에 전류가 흐르지 않는 경우 자기력은 없으므로 도선은 움직이지 않는다. 중간 그림은 전류가 아래에서 위로 흐르는 경우를 보여 주고 있다. 이 경우 자기력의 방향은 식 5-86에서부터 왼쪽방향임을 볼 수 있다. 그리고 오른쪽 그림은 전류가 위에서 아래로 흐르는 경우이고, 자기력의 방향이 오른쪽 방향으로 그 방향으로 도선이 움직임을 보여 주고 있다.

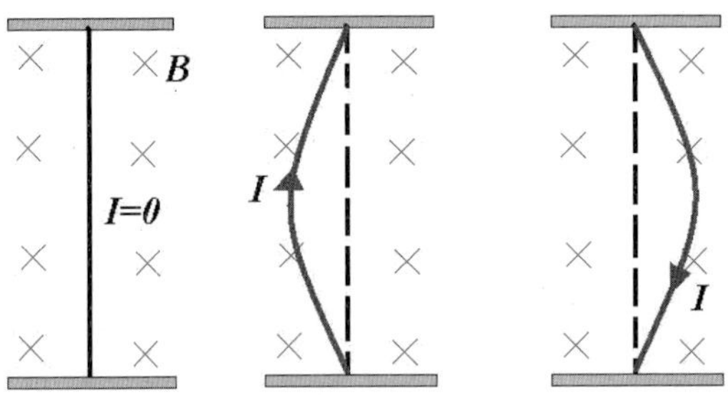

그림 5-23. 도선에 흐르는 전류의 방향에 따른 자기력의 방향

2-2. 균일한 자기장에서의 전하와 도선의 운동

자기장 속에서 운동하는 전하에 작용하는 자기력은 항상 전하의 운동방향에 수직이다. 이에 따라 자기장이 전하에 해 주는 일은 없으므로($\vec{F} \cdot d\vec{l} = 0$) 전하의 속력은 변하지 않는다. 만약 자기장이 일정하다면 운동하는 전하의 속력이 변하지 않고 힘은 항상 속도에 수직한 방향으로 일정하므로 이는 바로 원운동이다. 그림 5-24에서 보듯이 균일한 자기장에 수직으로 입사한 전하 q가 원운동을 함을 보여 주고 있다.

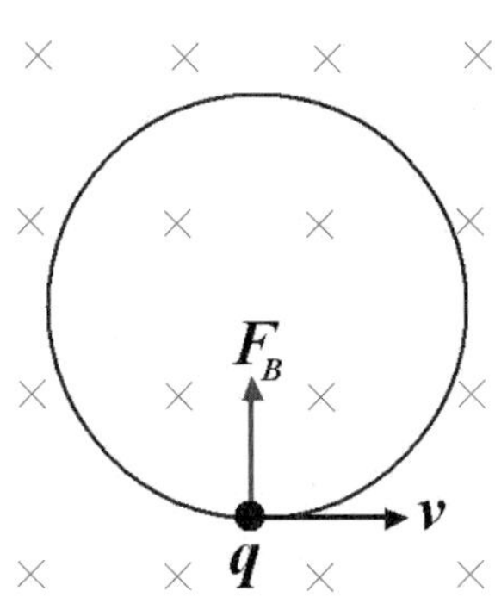

그림 5-24. 균일한 자기장 속에서 하전입자의 원운동

전하 q가 균일한 자기장에 입사하여 반경 r인 원운동을 하면, 자기력 $F_B = qvB$가 원운동의 구심력을 준다. 따라서

$$F_B = qvB = \frac{mv^2}{r} \tag{5-88}$$

의 관계가 만족된다. 이에 따라 원운동의 반경은

$$r = \frac{mv}{qB} \tag{5-89}$$

으로 주어진다. 위 식에서 보듯이 원운동을 하는 전하의 반경은 질량에 비례함을 볼 수 있다. 이 특성을 이용함으로써 질량이 다른 동위원소들을 분석할 수 있다. 그리고 원운동의 주기는 각속력이 $\omega = v/r = qB/m$으로 주어지므로

$$T = \frac{2\pi}{\omega} = \frac{2\pi m}{qB} \tag{5-90}$$

이다.

다음에는 전류가 흐르는 폐곡선에 미치는 자기력에 대해 알아보도록 하자. 그림 5-25에 세로와 가로가 각각 b와 a인 폐곡선이 균일한 자기장 B에 놓여 있다고 하자. 폐곡선에는 전류 I가 흐르고 있다. 각 폐곡선의 선분에 작용하는 자기력은 다음과 같다. 선분 ①과 ③에서는 $\vec{L}$과 $\vec{B}$가 반평행 및 평행이므로 이 선분들에 작용하는 자기력은 없다. 그리고 선분 ②에 작용하는 자기력은 지면에서 나오는 방향이고, 선분 ④에 작용하는 자기력은 지면으로 향하는 방향이다. 그리고 이 두 자기력의 크기는 동일하다. 이는 바로 짝힘으로서, 폐곡선은 그림에서와 같은 방향으로 회전하게 된다. 두 선분에 작용하는 자기력의 크기는

$$F_2 = F_4 = IaB \tag{5-91}$$

이다. 그리고 두 자기력의 방향은 반대이므로 자기력에 의해 폐곡선에 작용하는 토오크는

$$\tau_m = F_B \frac{b}{2} + F_B \frac{b}{2} = Iab\,B = IA\,B \tag{5-92}$$

와 같이 주어진다. 여기서 τ_m은 최대의 토오크를 나타낸다. 이는 폐곡선이 자기장의 면에 놓여 있을 때 최대의 토오크가 발생하기 때문에 이와 같이 표현하였다. 그림 5-25의 오른쪽 그림은 폐곡선이 자기장에 각도 θ로 놓여 있는 경우를 보여 주고 있다. 이 경우 토오크는

$$\tau_\theta = F_2\left(\frac{b}{2}\sin\theta\right) + F_4\left(\frac{b}{2}\sin\theta\right) = IAB\sin\theta \tag{5-93}$$

로 표현된다. 식 5-93은 벡터식으로

$$\vec{\tau_\theta} = I\vec{A} \times \vec{B} = \vec{\mu} \times \vec{B} \tag{5-94}$$

로 표현된다. 여기서 $\vec{A}$는 면(surface) 벡터이고 $\vec{\mu} = I\vec{A}$ 는 자기모멘트로 정의된다. 즉, 전류가 흐르는 폐곡선은 자기쌍극자를 이루고 있음을 보여 주고 있다.

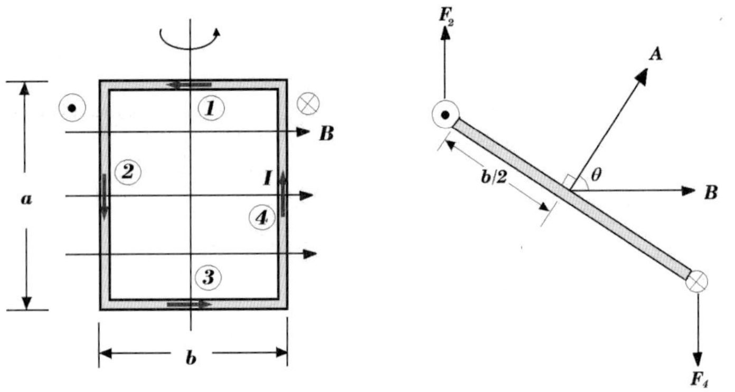

그림 5-25. 균일한 자기장 속에서 전류가 흐르는 폐곡선의 회전

예제 17 동위원소를 분석하는 질량분석에 대해 알아보자.

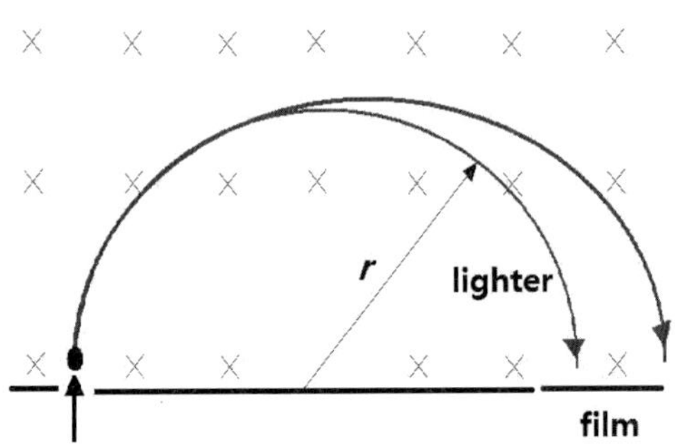

답. 질량분석은 하전입자(전하)의 균일한 자기장 속에서의 원운동을 이용하고 있다. 그림에서 보듯이 다양한 질량의 동위원소를 포함하는 하전입자들이 균일한 자기장 속을 수직으로 입사한다고 하자. 그러면 식 5-90에서 보듯이 원운동의 반경은 하전입자의 질량에 비례한다. 따라서 사진건판에 감광되는 위치를 관측함으로써 하전입자들에 포함되는 동위원소의 분포를 분석할 수 있는 것이다.

예제 18 속도선택기에 대해 알아보도록 하자.

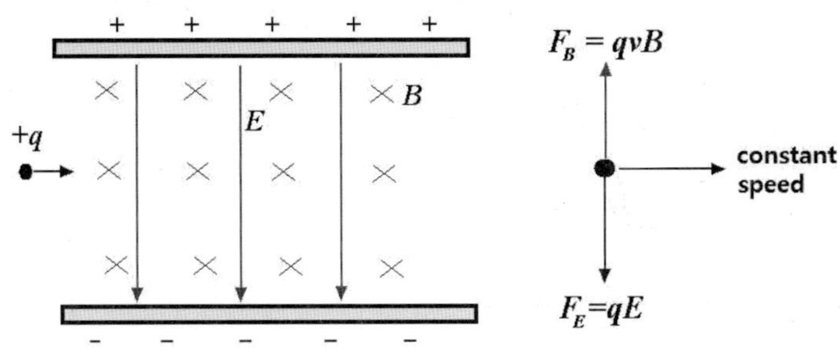

답. 그림과 같이 전하 q가 전기장과 자기장이 있는 공간에 입사한다고 하자. 여기서 자기장의 방향은 전기장의 방향과 서로 수직이다. 그림에서 보듯이 전기력은 $F_E = qE$로 아래쪽 방향을 향하고 있다. 반면에 자기력은 $F_B = qvB$로서 위쪽 방향으로 향하고 있다. 전기력이 자기력과 동일하도록 전기장과 자기장의 세기를 조절하면 하전입자는 직선적으로 일정한 속도로 움직이게 된다. 속도선택기는 동일한 속도를 가지는 하전입자 빔을 만드는 데 많이 사용되고 있다. 속도선택기를 빠져나오는 전하 q의 속력은

$$v = \frac{E}{B} \tag{5-95}$$

로 표현된다.

2-3. 자기장의 원천, Biot-Savart의 법칙

자기장은 전류에 의해 발생한다. 그림 5-26에서와 같이 전류 I가 흐르는 임의의 형태의 도선 주위에 발생되는 자기장에 대해 알아보도록 하자. 도선의 임의의 미소부분 $d\vec{l}$에 의해 P점에 만들어지는 자기장 $d\vec{B}$는

$$d\vec{B} = \frac{\mu_o}{4\pi}\frac{I d\vec{l} \times \vec{r}}{r^3} \tag{5-96}$$

와 같이 주어진다. 여기서 μ_o는 진공의 투자율로서 $4\pi \times 10^{-7}\, T - m/A$의 값을 가진다. 그리고 식 5-96을 Biot-Savart의 법칙이라고 부른다. 도선 전체에 의해 P점에 만들어지는 자기장은 식 5-96을 도선 전체에 대해 적분하면 된다. 즉,

$$\vec{B} = \int d\vec{B} = \frac{\mu_o I}{4\pi}\int \frac{d\vec{l} \times \vec{r}}{r^3} \tag{5-97}$$

와 같이 구할 수 있다. Biot-Savart 법칙은 중력의 법칙과 같이 거리의 역자승에 비례하는 법칙이다. 자기장의 방향은 도선의 전류방향을 엄지손가락으로 하여 도선을 감쌀 경우 다른 손가락이 가리키는 방향이다. 그림 5-26에 전류가 흐르는 주위에 발생하는 자기장의 방향을 표시해 두었다.

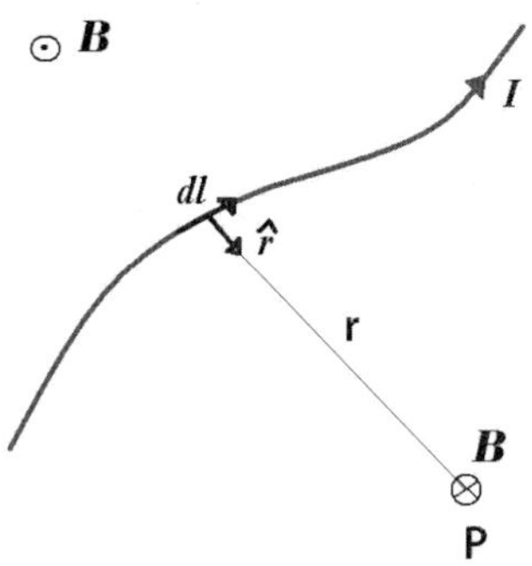

그림 5-26. 전류가 흐르는 도선 주위에 형성되는 자기장

다음에는 Biot-Savart 법칙을 이용하여 자기장을 구하는 예를 보도록 하자. 그림 5-27과 같은 유한한 도선에 전류 I가 흐르는 주위에 발생하는 자기장을 구해 보도록 하자. P점에 만들어지는 자기장은 우선 P점의 수직선이 도선과 만나는 지점에서 x떨어진 도선의 미소부분 dx에 의해 만들어지는 자기장 dB를 구하고 이를 전체의 도선에 대해 적분하여 구하면 된다. 식 5-97에서 $\vec{dx} \times \vec{r} = r\,dx\sin\theta$ 이다. 여기서 θ는 $\vec{dx}$와 $\vec{r}$ 사이의 각도이다. 따라서 $\vec{dx}$ 부분이 P점에 만드는 자기장 $d\vec{B}$의 크기는

$$dB = \frac{\mu_o}{4\pi}\frac{dx\sin\theta}{r^2} \tag{5-98}$$

로 주어진다. P점의 자기장의 방향은 지면에서부터 나오는 방향이다. 그림에서 보듯이 양단의

각도로 자기장을 표현하는 것이 편리하므로 식 5-98의 변수를 각도로 바꾸기로 한다. 즉, $a = r\sin\theta$, $x = r\cos\theta$이다. 그리고 $dx = -a\csc^2\theta\, d\theta$이므로 이를 식 5-98에 대입하면

$$dB = \frac{\mu_o I}{4\pi a}\sin\theta\, d\theta \tag{5-99}$$

을 얻을 수 있다. 도선 전체에 의해 발생하는 자기장은 도선 전체에 대해 적분하면 된다. 즉,

$$B = \int dB = \frac{\mu_o I}{4\pi a}\int_{\theta_1}^{\theta_2}\sin\theta\, d\theta = \frac{\mu_o I}{4\pi a}(\cos\theta_1 - \cos\theta_2) \tag{5-100}$$

와 같이 구해진다.

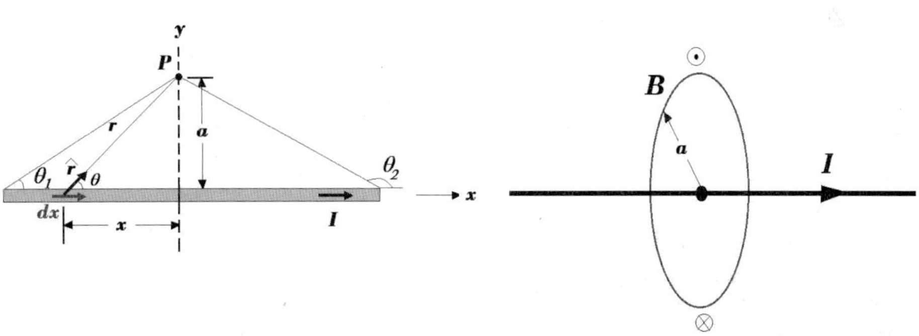

그림 5-27. 전류가 흐르는 유한한 도선에 의해 만들어지는 자기장

위 결과를 이용하여 무한도선에 의해 만들어지는 자기장은 식 5-101에서 $\theta_1 = 0$, $\theta_2 = \pi$이므로 자기장은

$$B = \frac{\mu_o I}{2\pi a} \tag{5-101}$$

와 같이 주어진다.

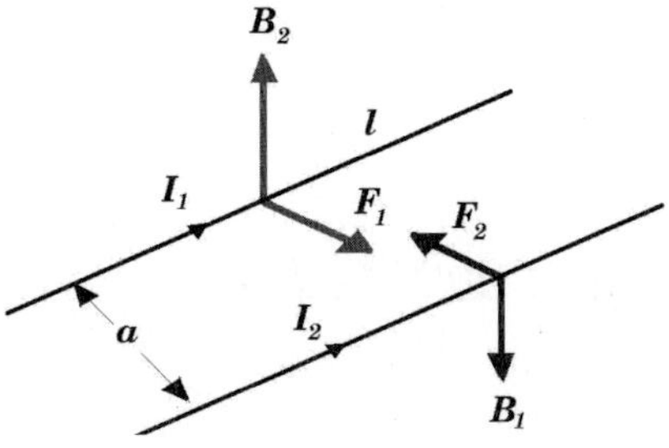

그림 5-28. 전류가 흐르는 두 도선에 작용하는 자기력

무한도선에 의한 자기장에 대한 위의 결과를 이용하여 전류가 흐르는 두 도선 사이에 작용하는 자기력을 구해 보도록 하자. 그림 5-28에 동일한 방향으로 전류가 흐르는 두 도선이 거리 a 떨어져 놓여 있는 것을 보여 주고 있다. 전류 I_1이 흐르는 도선이 전류 I_2가 흐르는 도선의 위치에 만드는 자기장은 식 5-101에 의하면

$$B_1 = \frac{\mu_o I_1}{2\pi a} \tag{5-102}$$

이다. 그리고 이 자기장의 방향은 그림에 표시해 두었다. 이 자기장에 의해 전류 I_2가 흐르는 도선이 힘을 받는데 그 힘의 크기는

$$F_2 = I_2 l B_1 = \frac{\mu_o I_1 I_2}{2\pi a} l \tag{5-103}$$

로 주어진다. 힘의 방향은 그림에서 표시한 바와 같이 전류 I_1이 흐르는 도선방향으로의 인력이다. 전류 I_2가 흐르는 도선에 의해 전류 I_1이 흐르는 도선에 자기장이 발생하고, 이 자기장에 의해 전류 I_1이 흐르는 도선에도 식 5-103에 주어진 것과 동일한 자기력인 $F_1 = F_2$이 작용함을 보일 수 있다. 결과적으로 동일한 방향의 전류가 흐르는 두 도선 사이에는 인력이 작용함을 볼 수 있다. 마찬가지로 전류의 방향이 반대인 두 도선 사이에는 척력이 작용함을 보일 수 있다.

다음에는 반경 R인 원환에 전류가 흐를 경우 원환의 중심에서 거리 x 떨어진 지점에 발생하는 자기장을 계산해 보자(그림 5-29). 원환의 dl부분이 x 떨어진 위치 P에 만드는 자기장은 dB이다. 이 중에 $dB_\perp$은 대칭적인 부분이 있으므로 모두 상쇄된다. 반면에 $dB_\parallel$는 모두 더해진다. 여기서 $dB_\parallel$는

$$dB_\parallel = \frac{\mu_0}{4\pi}\left|\frac{Id\vec{l}\times\hat{r}}{r^2}\right|\sin\theta = \frac{\mu_0 I}{4\pi}\frac{dl}{r^2}\sin\theta \tag{5-104}$$

로 주어진다. 여기서 $d\vec{l}$과 $\hat{r}$은 서로 수직임을 이용하였다. 원환 전체에 의해 만들어지는 자기장의 수평성분은

$$B_\parallel = \int dB_\parallel = \frac{\mu_0 I\sin\theta}{4\pi r^2}\int dl = \frac{\mu_0 I\sin\theta}{4\pi r^2}(2\pi R) \tag{5-105}$$

이다. 여기서 $\sin\theta = \frac{R}{r}$, $r = \sqrt{R^2+x^2}$ 이므로

$$B_{\parallel} = \frac{\mu_0 IR}{4\pi r^3}(2\pi R) = \frac{\mu_0 IR^2}{2r^3} = \frac{\mu_0 IR^2}{2(R^2 + x^2)^{3/2}} \tag{5-106}$$

로 구해진다. 그리고 원환에서 아주 먼 곳에서의 자기장은 $x \gg R$이므로

$$B_{\parallel} = \frac{\mu_0 IR^2}{2x^2(1 + R^2/x^2)^{3/2}} \approx \frac{\mu_0 IR^2}{2x^3} \tag{5-107}$$

로 근사된다. 즉, 원환에서 멀리 떨어진 지점에서 볼 때 전류가 흐르는 원환은 자기쌍극자모멘트, $\vec{m} = I\vec{A} \Rightarrow |\vec{m}| = I(\pi R^2)$ 을 가지는 자기쌍극자와 같이 보인다. 이 자기쌍극자에서 거리 x만큼 떨어진 위치에 만드는 자기장은

$$B_{\parallel} = \frac{\mu_0}{2\pi}\frac{m}{x^3} \tag{5-108}$$

로 주어진다.

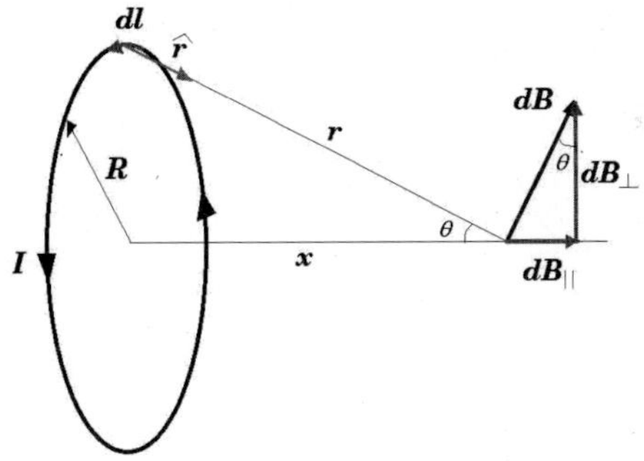

그림 5-29. 전류가 흐르는 원환에 의해 만들어지는 자기장

예제 19 그림과 같이 한 변이 L인 정사각형 모양의 도선에 전류 I가 흐르고 있다. 정사각형의 중심에 만들어지는 자기장의 크기와 방향을 구하라.

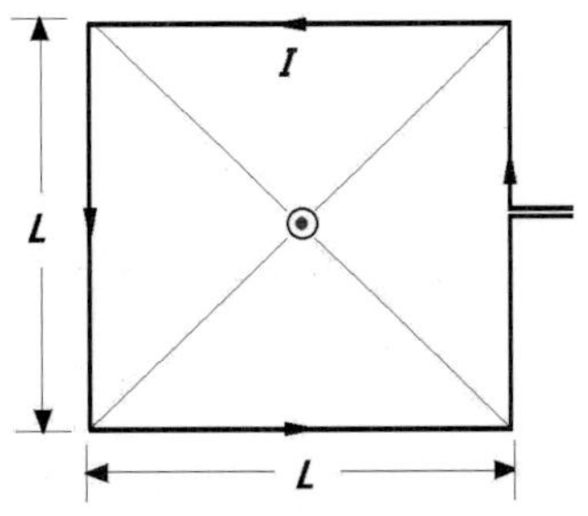

답. 정사각형의 각 변이 사각형의 중심에 만드는 자기장의 크기와 방향은 모두 동일하다. 자기장의 방향은 지면에서 나오는 방향이다. 그리고 한 변이 만드는 자기장의 크기는 식 5-100에서 $\theta_2 = 45^\circ$, $\theta_1 = 135^\circ$이므로 $B_1 = \sqrt{2}\,\mu_o I/(4\pi a)$이다. 따라서 4개의 변에 의해 만들어지는 사각형 중심에서의 자기장은

$$B = 4B_1 = \frac{\sqrt{2}\,\mu_o I}{\pi a} \tag{5-109}$$

이다.

예제 20 그림과 같이 전류가 흐르는 두 원환 사이의 중심에 형성되는 자기장을 구하라. 이 구조를 Helmholtz 코일이라고 부른다.

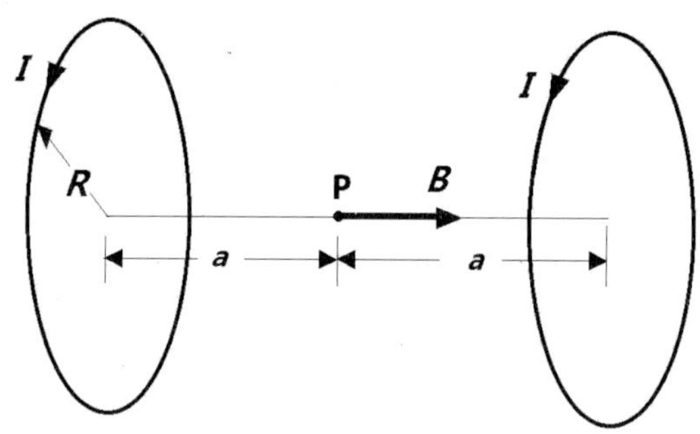

답. 왼쪽 원환과 오른쪽 원환에 의해 중심에 형성되는 자기장의 크기도 같고 방향도 동일하다. 자기장의 방향은 오른쪽 방향이다. 식 5-106을 이용하면 자기장의 크기는

$$B = 2B_{\parallel} = \frac{\mu_o I R^2}{(R^2 + a^2)^{3/2}} \tag{5-110}$$

이다.

2-4. Ampere의 법칙

전기장을 구하는 문제에서 전하분포가 대칭성이 있을 경우 Gauss 법칙을 사용하여 보다 쉽게 구할 수 있음을 보았다. 자기장의 계산에서도 마찬가지로 전류 분포가 대칭성을 가질 경우 Ampere의 법칙을 이용하여 보다 쉽게 자기장을 구할 수 있다.

대칭성을 가지고 있는 무한도선에 대해 도선을 둘러싸는 폐곡선을 따라 적분한 값이 폐곡선 안에 존재하는 전류에 비례한다는 것을 보일 수 있다. 즉, 그림 5-30과 같이 전류 I가 흐르는 무한도선을 둘러싸는 폐곡선인 반경 r인 원을 생각해 보자. 이 원주에서의 자기장의 크기는 모두 일정하고 $\mu_o I/(2\pi r)$이다. 그리고 이 원주를 따라 선(line)적분을 하면

$$\oint \vec{B} \cdot d\vec{l} = B\oint dl = \mu_o I \tag{5-111}$$

을 구할 수 있다. 위 식에서 $\vec{B}$와 $d\vec{l}$은 평행이다. 그리고 원주에서의 자기장이 모두 같으므로 적분 바깥으로 나올 수 있다.

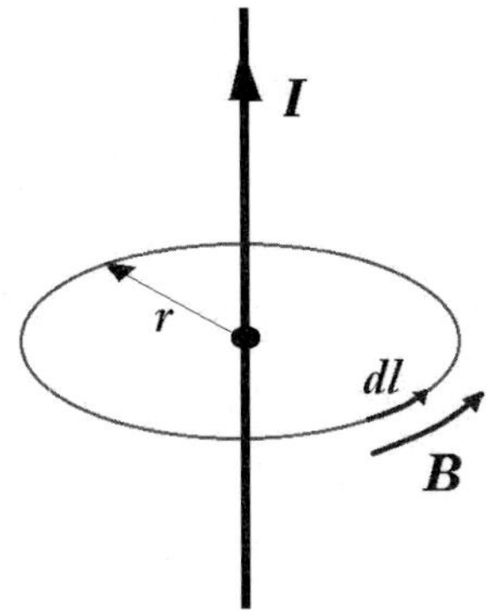

그림 5-30. 무한도선에 의한 자기장

식 5-111은 여러 전류원(source)을 포함하는 계에 대해서도 성립된다. 일반적으로

$$\oint \vec{B} \cdot d\vec{l} = \mu_o \sum_i^n I_i = \mu_o I_{in} \tag{5-112}$$

와 같이 표현된다. 이를 Ampere의 법칙이라고 부른다. 위 식에서 폐곡선을 따라 자기장 B가 일정하다면 자기장을 쉽게 계산할 수 있다.

일정한 자기장을 얻기 위해 솔레노이드(solenoid)를 많이 사용한다. 단위길이당 n번 감긴 솔레노이드를 생각해 보자. 그림에서와 같은 사각형 모양의 폐곡선을 따라 자기장을 선적분하면

$$\oint \vec{B} \cdot d\vec{l} = \vec{B_1} \cdot \vec{l} + \vec{B_2} \cdot \vec{w} + \vec{B_3} \cdot \vec{l} + \vec{B_4} \cdot \vec{w} = \mu_0 I_{in} \tag{5-113}$$

을 구할 수 있다. 여기서 B_1은 외곽이므로 $B_1 = 0$이고, B_2, B_4는 $\vec{w}$에 수직이므로 $\vec{B} \cdot \vec{w} = 0$이

다. 위 식에서 0이 되지 않는 항은 $\overrightarrow{B_3} \cdot \vec{l} = B_3 l$뿐이다. $I_{in} = nI$이므로 솔레노이드 안의 자기장은

$$B_3 l = \mu_0 n l I \Rightarrow \therefore B_3 = \mu_0 n I \tag{5-114}$$

와 같이 구해진다. 위 계산에서 선적분에서 자기장이 일정하다고 가정할 정도로(이 경우 자기장은 적분 밖으로 나올 수 있다) 솔레노이드가 긴 경우에 위의 계산이 성립된다.

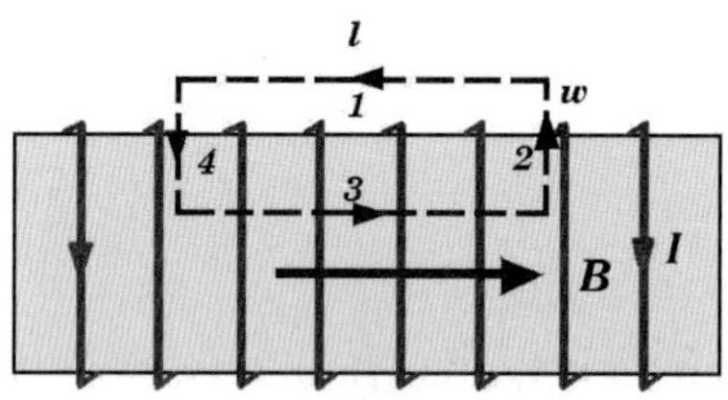

그림 5-31. 솔레노이드에서의 자기장

다음에는 전류가 흐르는 아주 길고 반경이 R인 도선의 내외부에 형성되는 자기장을 구해 보도록 하자. 첫째, 도선에서 거리 r 떨어진 외부원주에서의 자기장은

$$\oint \vec{B} \cdot d\vec{l} = B(2\pi r) = \mu_0 I_{in} = \mu_0 I \Rightarrow \therefore B = \frac{\mu_0 I}{2\pi r} \tag{5-115}$$

와 같이 전류 I가 흐르는 무한도선의 경우와 동일하다. 둘째, 도선 안의 반경 r인 원주에서의 자기장은 식 5-116에서 $I_{in} = \frac{\pi r^2}{\pi R^2} I = \frac{r^2}{R^2} I$ 이므로

$$B = \frac{\mu_0 I}{2\pi R^2} r \tag{5-116}$$

을 구할 수 있다.

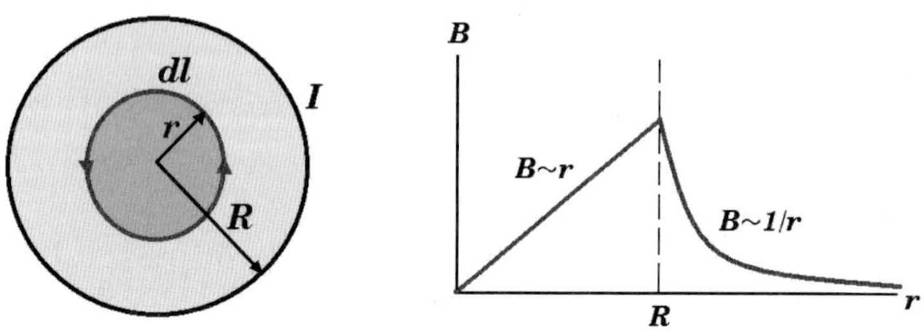

그림 5-32. 반경 R인 도선 내외부에서의 자기장

균일한 자기장을 얻기 위해 토로이드(toroid)를 많이 사용한다. 그 구조는 그림 5-33에 주어져 있다. 이 구조를 이용하여 도넛(donut) 모양의 안에 균일한 자기장을 형성할 수 있다. 토로이드 외부에 감긴 도선의 수를 N이라고 하자. 적분 폐곡선은 반경 r인 원주를 가정한다. 그러면 선적분을 통해

$$\oint \vec{B} \cdot d\vec{l} = B\oint dl = B(2\pi r) = \mu_0 I_{in} \tag{5-117}$$

을 얻고 위 식에서 $I_{in} = N\,I$이므로

$$B = \frac{\mu_0 N I}{2\pi r} = \mu_0 n I \tag{5-118}$$

을 구할 수 있다. 여기서 단위길이당 감은 수는 $n = N/(2\pi r)$이다.

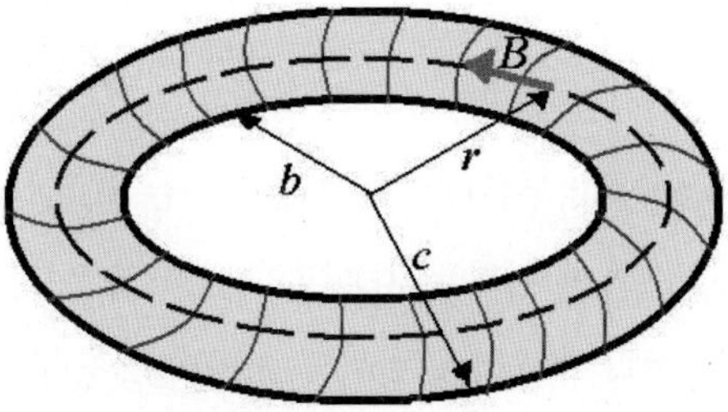

그림 5-33. 토로이드 안에 형성되는 균일한 자기장

2-5. 자기선속과 Faraday의 법칙

전기선속과 동일하게 자기선속이 정의될 수 있다. 자기선속도 자기장의 세기와 방향을 시각적으로 보여주는 가상적인 선이다. 그림에서와 같이 미소면적 $d\vec{A}$를 통과하는 자기선속은 $d\Phi_M = \vec{B} \cdot d\vec{A}$ 이고, 전체 면적을 통과하는 자기선속은 전체면적에 대해 이를 적분하여 구할 수 있다. 즉, 자기선속은

$$\Phi_M = \oiint d\Phi_M = \oiint \vec{B} \cdot d\vec{A} \tag{5-119}$$

와 같이 표현된다.

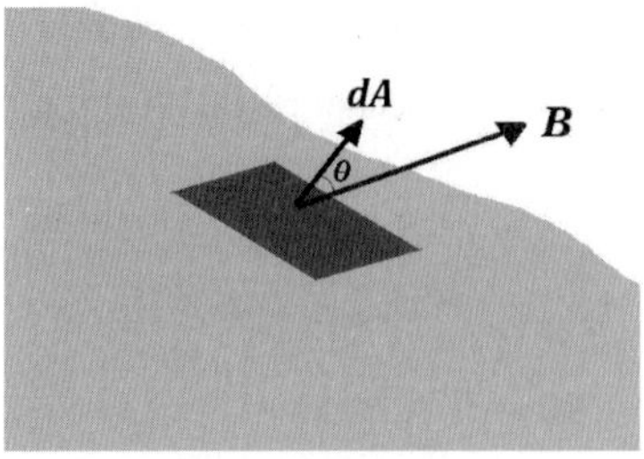

그림 5-34. 자기선속

도선으로 이루어진 폐곡면을 통과하는 자기선속이 시간에 따라 변하면 그 도선의 양단에 기전력이 발생한다. 이를 Faraday의 법칙이라고 부른다. Faraday의 법칙은

$$\epsilon = -\frac{d\Phi_B}{dt} = -\frac{d}{dt}\oiint \vec{B} \cdot d\vec{A} \qquad (5\text{-}120)$$

로 표현된다. 여기서 유도되는 기전력에 의한 전류의 방향은 자기선속의 변화를 방해하는 방향으로 발생한다. 이를 Lenz의 법칙이라고 부른다. 위 식에서 −는 Lenz의 법칙을 반영한 것이다.

식 5-119에서 보듯이 자기선속의 변화는 자기장의 변화 또는 자기선속이 통과하는 면적의 변화 등 두 가지를 통해 가능하다. Faraday 법칙은 전기의 발생에 이용되는데, 발전기의 경우 그림 5-35에서와 같이 일정한 자기장 속에서 도선을 회전시킴으로써 자기선속을 변화시켜 전기를 발생시킨다.

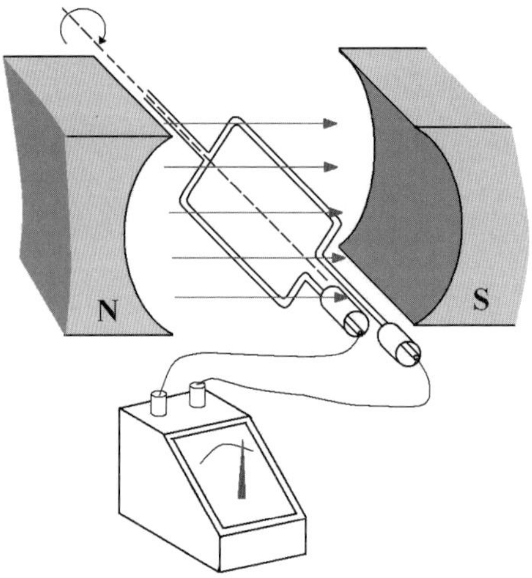

그림 5-35. 발전기의 기본적인 원리

그림 5-36과 같은 실험에서 Lenz의 법칙을 확인할 수 있다. 즉, 원환에 자석을 가까이 가져가는 경우와 자석을 멀리하는 경우의 원환에 유도되는 전류의 방향을 비교하여 Lenz의 법칙을 확인하는 것이다. 첫째, 자석의 N극이 원환에 가까워지면 원환을 통과하는 자기선속이 증가한다. 이 자기선속의 증가를 방해하기 위해서는 원환에 전류가 발생하여 자기장을 만들어야 한다. 자기장의 방향은 자기장의 증가를 방해하는 위쪽 방향으로 형성되어야 한다. 이에 따라 위쪽 방향의 자기장이 만들어지기 위해서 그림에서와 같이 반시계 방향으로 전류가 흐르는 것을 관찰할 수 있다. 둘째, 반대로 N극이 원환에서 멀어지게 되면 원환을 통과하는 자기선속이 줄어든다. 이 감소를 방해하기 위해서는 자기선속을 증가하는 방향으로 원환에 전류가 흘러야 한다. 즉, 자속의 증가방향은 그림에서와 같은 아래 방향이고 이 방향으로 자기장이 만들어지기 위해서 원환에 시계방향으로 전류가 흐르는 것을 관찰할 수 있다.

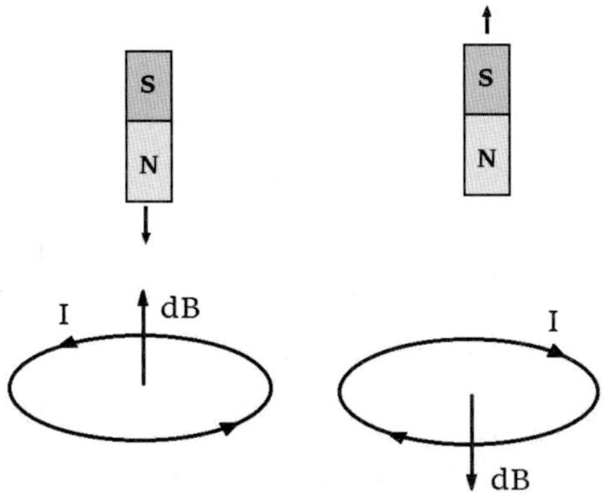

그림 5-36. Lentz의 법칙의 실험

예제 21 N = 200회 감긴 한 변의 길이가 18cm인 정사각형 모양 안으로 자기장이 수직으로 지나간다. 0.8초 동안에 자기장의 변화가 0.5T일 때 도선에 흐르는 전류와 전류의 방향을 구하라. 도선의 저항은 2Ω이다.

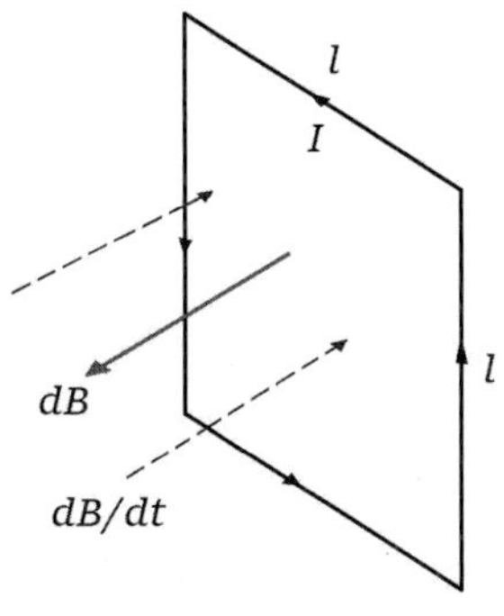

답. dB/dt가 증가하므로 사각형 안으로 통과하는 자기선속이 증가하는데 이를 방해하기 위해 도선에 전류가 흘러야 한다. 도선을 지나는 자기선속을 감소시키는 방향으로 자기장이 만들어지기 위해서는 그림과 같이 시계 반대방향으로 전류가 흘러야 한다. 발생하는 기전력의 크기는 Faraday의 법칙에서 $\epsilon = \left|\frac{d\Phi_B}{dt}\right| = NA\frac{dB}{dt} = 4.1\,V$ 로 구해진다. 도선의 저항이 2Ω이므로 도선을 흐르는 전류는 $I = \frac{\epsilon}{R} \simeq 2A$이다.

예제 22 운동기전력(일정한 자기장 속에서 움직이는 도체에 유도되는 기전력)에 대해 알아보도록 하자.

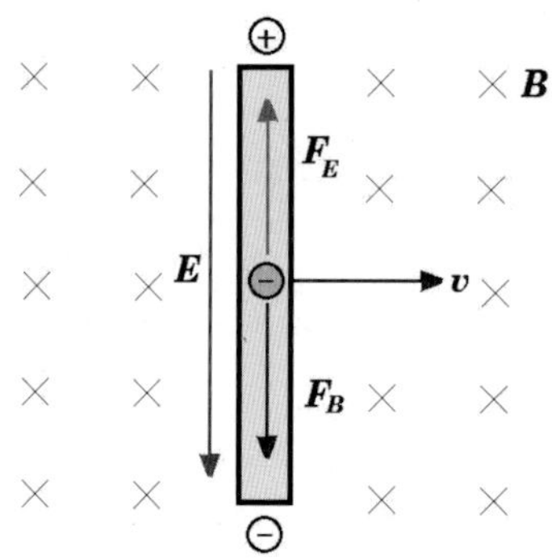

답. 도체막대가 자기장 B 속에서 속도 v로 움직이면, 자기장에 의해 도체 내의 자유전자들이 $\overrightarrow{F_B} = -e\vec{v} \times \vec{B}$ 의 자기력을 받는다. 이 자기력은 아래쪽 방향이므로 이 힘에 의해 전자는 아래쪽으로 이동한다. 이에 따라 밑에는 -전하가 쌓이고, 위에는 +전하가 남게 되어, 위에서 아래 방향으로의 전기장 E가 발생되고, 이에 의해 자유전자가 위쪽으로의 전기력 $\overrightarrow{F_E} = -e\vec{E}$ 을 받는다. 자유전자에 전기력과 자기력이 반대방향으로 작용하므로, 자유전자의 운동은 자기력과 전기력이 같아지게 되는 상태에서 평형이 이루어진다. 즉, $evB = eE \Rightarrow \therefore E = vB$에서 평형이 이루어지게 된다. 그리고 이 평형전기장에 의해 도체막대의 양단에는 전위차가 발생하게 되는데, 이는 $\Delta V = El = Blv$로 주어진다. 이와 같이 도체막대가 균일한 자기장 속에서 움직이게 되면, 막대의 양단에 전위차가 발생하는데 이를 운동기전력(motion emf)이라고 부른다.

2-6. 인덕턴스

축전기는 전하를 저장하는 장치로 그 대표적인 것이 평행판 축전기이이다. 앞에서 평행판 축전기 내부에 전기장이 형성됨을 볼 수 있었다. 자기장과 관련해서는 축전기와 유사하게 인덕터(inductor)

가 사용된다. 인덕터는 솔레노이드의 형태이다. 인덕터에 전류가 흐르면 그 내부에 자기장이 형성된다. 이는 축전기 내부에 전기장이 형성된다는 것과 대응된다. 그리고 만약 인덕터를 흐르는 전류가 시간에 따라 변한다면, 인덕터를 통과하는 자기선속이 변한다. 이 자기선속의 변화에 따라 Faraday의 법칙에 의해 인덕터에는 전류의 변화를 방해하는 방향으로 기전력이 발생하게 된다.

위와 같은 자기유도(magnetic induction)현상은 가까이 놓인 두 인덕터(코일) 사이에도 발생하고, 단일 인덕터 내부에서도 발생한다. 이 자기유도의 크기에 관련된 물리량을 인덕턴스(inductance)라고 부르는데, 두 인덕터 사이에 일어나는 자기유도에 대해서 이 물리량을 상호인덕턴스라고 부르고, 단일 인덕터에서는 이를 자체인덕턴스(또는 그냥 인덕턴스)라고 부른다. 아래에서는 위와 같은 인덕터에 관련된 자기유도현상에 대해 알아보도록 한다.

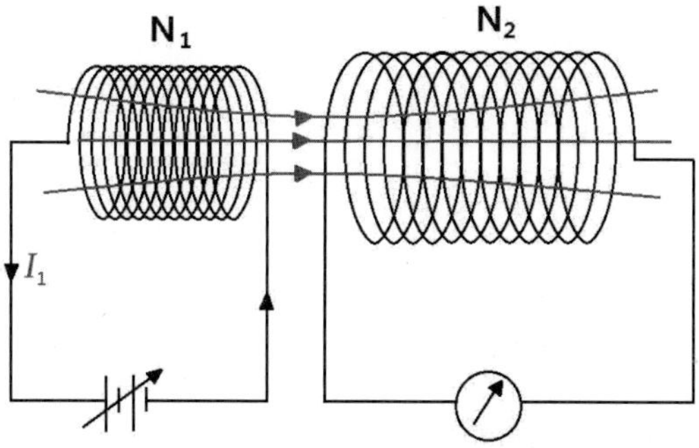

그림 5-37. 상호인덕턴스

그림 5-37에서와 같이 두 코일이 가까이 놓여 있는 경우를 보도록 하자. N_1번 감긴 코일에 전류가 흐르면 이 전류가 자기장을 발생하고, 이 자기장의 자기선속은 가까이 놓인 N_2번 감긴 코일 속을 통과한다. 만약 N_1코일에 시간에 따라 변하는 전류가 흐른다고 한다. 이 경우 이 전류의 변화에 의해 N_2코일 속을 통과하는 자기선속이 시간에 따라 변화하게 된다. 이에 따라 Faraday 법칙에 의해 N_2코일에 기전력이 발생한다. 즉, 이 기전력은

$$\epsilon_2 = -N_2 \frac{d\Phi_{B2}}{dt} \tag{5-121}$$

와 같이 주어진다. 여기서 Φ_{B2}는 N_1코일에 의해 발생한 자기장의 자기선속이 N_2코일을 통과하는 양을 나타낸다. 이 N_2코일을 통과하는 자기선속은 N_1코일의 전류에 비례한다. 즉,

$$N_2 \Phi_{B2} = M_{21} I_1 \tag{5-122}$$

와 같이 표현할 수 있다. 위 식에서 M_{21}을 상호인덕턴스라고 부른다. 식 5-122를 식 5-121에 대입하면

$$\epsilon_2 = -M_{21} \frac{dI_1}{dt} \tag{5-123}$$

와 같은 관계식을 얻을 수 있다. 위에서 논의한 것과 반대로, N_2코일에 전류가 흐를 때 N_1코일에도 동일한 유도기전력이 발생한다. 그리고 이 경우 상호인덕턴스도 동일함을 볼 수 있다. 즉, $M_{21} = M_{12}$의 관계가 만족된다.

인덕턴스의 단위로는 H로 표현되는 Henry를 사용한다. 식 5-123에서 보듯이 전류의 변화가 1초당 1A가 변할 때, 발생하는 기전력이 1V인 인덕터의 인덕턴스가 1H이다. 위와 같은 상호인덕턴스의 효과(자기유도)는 변압기에 널리 응용되고 있다.

단일 코일(N번 감은)에 흐르는 전류가 시간에 따라 변하면, 그 내부에 발생된 자기장이 변하고, 이에 따라 코일을 통과하는 자기선속이 변한다. 이 자기선속의 변화에 의해 코일에 기전력이 발생되는데 이는

$$\epsilon = -N \frac{d\Phi_B}{dt} \tag{5-124}$$

와 같이 표현된다. 그리고 이 경우에도 코일을 통과하는 자기선속은 코일에 흐르는 전류에 비례할 것이므로

$$N \Phi_B = L I \tag{5-125}$$

의 관계가 만족된다. 여기서 L을 자체인덕턴스 또는 그냥 인덕턴스라고 부른다. 이와 구별하기 위해 다른 코일에 의해 발생되는 자기선속에 관련해서는 위에서 본 바와 같이 이를 상호인덕턴스라고 불렀다. 식 5-124와 5-125를 조합하면

$$\epsilon = -L \frac{dI}{dt} \tag{5-126}$$

을 얻는다. 위 식은 인덕터(코일)에서는 전류의 변화를 방해하는 방향으로 기전력이 형성됨을 보여 주고 있다.

다음에는 솔레노이드의 인덕턴스에 대한 표현을 구해 보도록 하자. 단면적이 A이고, 단위길이당 n번이 감긴 길이 l인 솔레노이드를 통과하는 자기선속을 구해 보자. 여기서 $N\Phi_B$는 $N=nl$이고 단면이 A이므로 $(nl)BA$이다. 그리고 솔레노이드 안의 자기장은 $B=\mu_o nI$이다. 따라서 식 5-125를 이용하면

$$L=\frac{N\Phi_B}{I}=\mu_o n^2 lA \tag{5-127}$$

을 구할 수 있다.

인덕턴스가 L인 인덕터의 전류를 0에서 I까지 증가시키는 데 외부에서 공급해야 하는 에너지를 계산해 보자. 어떤 순간의 전류를 i라 두고, 전류의 변화를 di/dt라고 두면 이 변화에 필요한 외부에서 공급하는 일률은

$$P=vi=Li\frac{di}{dt} \tag{5-128}$$

이다. 여기서 $v=|\epsilon|=L\,di/dt$ 를 이용하였다. $P=dU/dt$라고 두면 dt 동안에 인덕터에 공급되는 에너지 dU는 $dU=Li\,di$이다. 따라서 전류가 0에서 I가 될 때까지 인덕터에 공급하여야 하는 총 에너지는

$$U=\int dU=\int_0^I Li\,di=\frac{1}{2}LI^2 \tag{5-129}$$

와 같이 주어진다. 식 5-129는 외부에서 인덕터에 일정한 전류 I가 흐르도록 만들기 위해 외부에서 공급한 에너지이다. 이는 곧 인덕터 안에 자기에너지로 저장된다. 즉, 자기에너지 $U_B=U$이다.

전류 I가 흐르는 솔레노이드 안에 저장되는 에너지는 식 5-127을 사용하면

$$U_B=\frac{1}{2}LI^2=\frac{1}{2}\mu_o n^2 lAI^2 \tag{5-130}$$

와 같이 주어진다. 솔레노이드 안의 체적은 $V=Al$이므로 단위체적당 에너지(에너지 밀도)는

$$u_B = \frac{U_B}{V} = \frac{B^2}{2\mu_o} \tag{5-131}$$

로 표현된다. 여기서 $B = \mu_o n I$이다. 위의 솔레노이드에 저장되는 자기에너지는 축전기에 저장되는 전기에너지와 대비할 수 있다. 축전기에 저장되는 전기에너지 밀도는

$$u_E = \frac{1}{2}\epsilon_o E^2 \tag{5-132}$$

와 같이 주어졌음을 상기할 수 있다.

2-7. 인덕터를 포함하는 회로

인덕터를 포함한 회로인 RL과 LC회로에 대해 알아보도록 한다. 인덕터가 회로 안에 있으므로 전류의 변화가 방해를 받는다. 즉, 인덕터는 회로를 흐르는 전류가 갑자기 증가하거나 감소하는 것을 억제하는 효과를 가진다. 이는 앞에서 본 인덕터 안에서 발생하는 유도기전력 현상 때문이다.

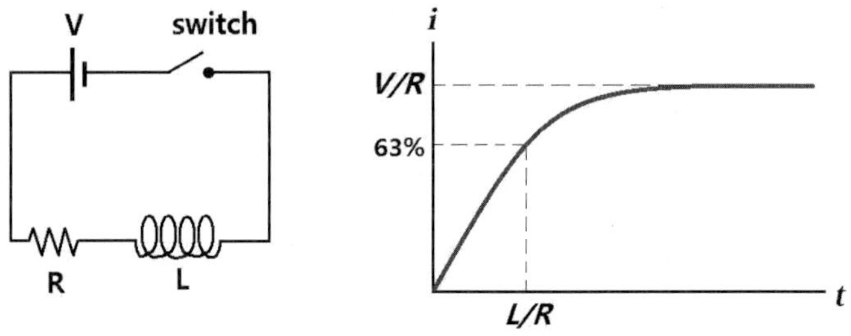

그림 5-38. 인덕터를 포함하는 RL회로

그림 5-38에서와 같이 인덕터와 저항이 연결된 회로에 외부기전력이 주어지는 경우를 보도록 하자. 여기서 인덕터의 자체 저항은 무시하도록 한다. 스위치가 닫힌 t초 후의 전류를 i라고 두면 인덕터에 떨어지는 전압은 $L di/dt$이다. 따라서 이 회로(폐회로)에 Kirchhoff의 법칙을 적용하면

$$V - iR - L\frac{di}{dt} = 0 \tag{5-133}$$

을 얻는다. 위 식을 정리하면 전류변화율은

$$\frac{di}{dt} = \frac{V}{L} - \frac{R}{L} i \tag{5-134}$$

와 같다. 스위치를 닫는 순간 전류변화율은 V/L로 최대가 되고 시간이 지남에 따라 전류 i가 증가함으로써 전류증가율은 감소하고 종래에는 전류변화율은 0이 된다. 식 5-134를 정리하면

$$\frac{di}{i - V/R} = -\frac{R}{L} dt \tag{5-135}$$

이 되고, 위 식을 적분하면

$$\int_0^i \frac{di}{i - V/R} = -\int_0^t \frac{R}{L} dt \Rightarrow \therefore \ln\left(\frac{i - V/R}{-V/R}\right) = -\frac{R}{L} t \tag{5-136}$$

을 얻는다. 위 식을 전류에 대해 정리하면

$$i = \frac{V}{R}\left[1 - e^{-(R/L)t}\right] \tag{5-137}$$

을 얻는다. 식 5-138은 회로를 흐르는 전류가 인덕터에 의해 시정수 L/R에 따라 천천히 증가함을 보여 주고 있다. 이때 시정수가 크면 클수록 최종전류 값(V/R)에 도달하는 데 시간이 더 걸린다는 것을 알 수 있다. 다음에는 전류 I가 흐르는 회로에서 전원(기전력)을 제거하는 경우를 생각해 보자. 이 경우에도 전류는 곧바로 0으로 되지 않는다. 이 경우 임의의 시간 t에서의 전류는

$$i = I e^{-(R/L)t} \tag{5-138}$$

와 같이 지수적으로 감소하여 0으로 된다는 것을 볼 수 있다.

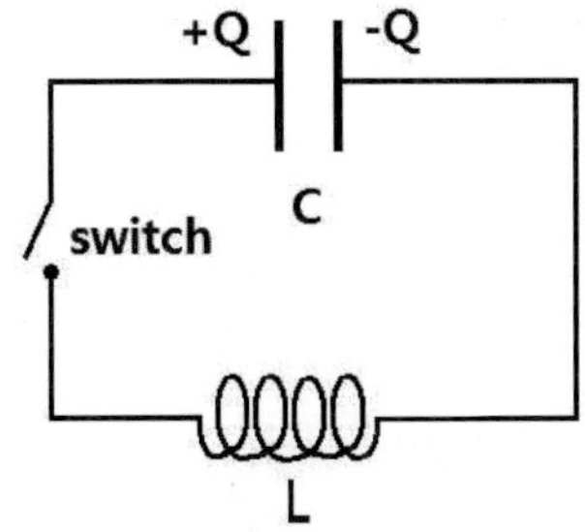

그림 5-39. LC 진동회로

다음에는 $+Q$와 $-Q$로 대전된 축전기에 인덕터를 연결한 경우에 대해 알아보도록 하자. 회로에서 스위치가 닫히면 축전기에 저장된 전하가 인덕터를 통해 방전하기 시작한다. 축전기의 방전에 따라 회로를 흐르는 전류는 증가한다. 이에 따라 축전기의 전기에너지는 줄어들고 인덕터의 자기에너지는 증가한다. 축전기가 완전히 방전하게 되면 축전기의 전기에너지는 모두 인덕터의 자기에너지로 변하게 된다. 그런데 축전기가 완전히 방전되어 전류가 0이 되려고 하면, 인덕터는 이를 방해하는 방향으로 전류를 발생한다. 이에 따라 축전기에는 원래의 반대 방향으로 전하가 충전되기 시작한다. 즉, $+Q$이었던 축전기의 전극에 음의 전하가 충전되는 것이다. 이와 같은 과정에서 인덕터의 자기에너지는 점점 줄어들고 축전기가 충전됨으로써 축전기의 전기에너지는 증가하게 된다. 위와 같은 축전기의 충전과 방전의 과정이 위 회로에서 되풀이되어 일어나게 된다. 따라서 LC회로를 진동회로라고 부른다. 임의의 시간 t에서 LC회로에 Kirchhoff의 법칙을 적용하면

$$-L\frac{di}{dt}-\frac{q}{C}=0 \tag{5-139}$$

을 얻는다. $i=dq/dt$를 이용하면 위 식은

$$\frac{d^2q}{dt^2}+\frac{1}{LC}q=0 \tag{5-140}$$

와 같이 고쳐 쓸 수 있다. 위 식은 단조화진동의 식과 동일하며 그 해는

$$q=Q\sin(wt+\phi) \tag{5-141}$$

와 같다, 여기서 $w=1/\sqrt{LC}$이다. 그리고 위상각 ϕ는 초기조건에 따라 다르다. 예를 들어 처음($t=0$) 축전기의 전하가 Q이었다면 $\phi=\pi/2$가 된다. 즉, $q=Q\cos\omega t$가 된다. 식 5-141은 축전기의 전하가 각진동수 ω로 진동함을 나타낸다. 즉, 축전기의 전하가 $2\pi/\omega$의 주기로 진동함을 보여 주고 있다.

2-8. 교류회로

교류회로에서 축전기와 인덕터는 걸어주는 전압(입력신호)의 진동수에 따라 그 행동이 변한다. 이는 이들 소자가 전압과 전류의 관계식에 미분 항을 포함하고 있기 때문이다. 반면에 저항은

전압과 전류가 미분형태의 관계가 아니므로 입력 신호의 진동수에 따라 전압과 전류의 관계가 달라지지 않는다.

축전기, 인덕터, 저항을 포함하는 교류회로에서도 직류회로에서 사용한 Ohm의 법칙을 그대로 사용할 수 있다. 그러나 직류회로에서 저항으로 정의되는 량 대신에 교류회로에서는 입력신호의 진동수에 따라 변하는 일반화된 저항을 나타내는 임피던스라는 량을 사용한다. 교류회로에서 저항, 축전기, 인덕터의 전압과 전류의 관계로부터 임피던스의 개념을 알아보기로 한다.

(1) 축전기와 인덕터의 리액턴스

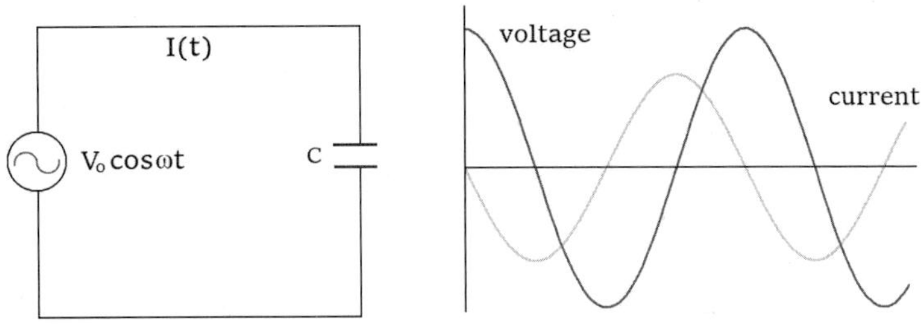

그림 5-40. 축전기 회로와 전압-전류와의 관계

그림 5-40과 같이 교류 입력전압 $V(t) = V_0 \cos\omega t$가 축전기에 연결되었다고 하자. 이때 회로를 흐르는 전류는

$$I(t) = C\frac{dV}{dt} = -\,C\,\omega\,V_0\,\sin\omega t = C\,\omega\,V_0\,\cos\left(90^o + \omega t\right) \qquad (5\text{-}142)$$

로 표현할 수 있다. 따라서 전류는 전압보다 위상이 90° 앞선다. 그러나 위상은 고려하지 않고 진폭만을 고려할 때 전류의 진폭은 $I = \dfrac{V}{1/\omega C}$ 로 쓸 수 있다. 따라서 이 식에서 축전기는 진동수에 따라 변하는 저항(리액턴스(reactance)라 부름) $1/\omega C$를 가진 것처럼 행동함을 알 수 있다. 그러나 위와 같이 전류와 전압의 위상이 다름으로 인하여 전체적으로 전류와 전압을 고려할 때 혼란이 올 수 있다. 그래서 리액턴스를 더욱 명확히 하기 위해서 복소수 개념을 도입하기로 한다. 예를 들어 $V_0 \cos\left(\omega t + \phi\right)$는 $V_0\, e^{j\phi + j\omega t}$ 로 쓰기로 약속한다(여기서 복소수를 j로 표시한 것은 전류 i와 혼동을 피하기 위해서이다). 이렇게 복소수를 취하여 계산을 한 후 실제의 값은 계산결과의 실수부분을 택하면 된다. 따라서 입력전압 $V_0 \cos\omega t$는 $V(t) = V_0\, e^{j\omega t}$ 와 같이 쓸 수 있고 전류는 $I = C\left(\dfrac{dV}{dt}\right)$ 로 주어지므로 식 5-142는

$$I(t) = \frac{V_0 e^{j\omega t}}{-j/\omega c} \equiv \frac{V(t)}{Z_C} \tag{5-143}$$

로 표현할 수 있다. 식 5-143에서 축전기의 리액턴스 Z_C는 복소 값인 $-j/\omega C$로 정의하였다. 그리고 위 식은 저항 R이 리액턴스 Z_C로 치환된 Ohm의 법칙 형태임을 볼 수 있다.

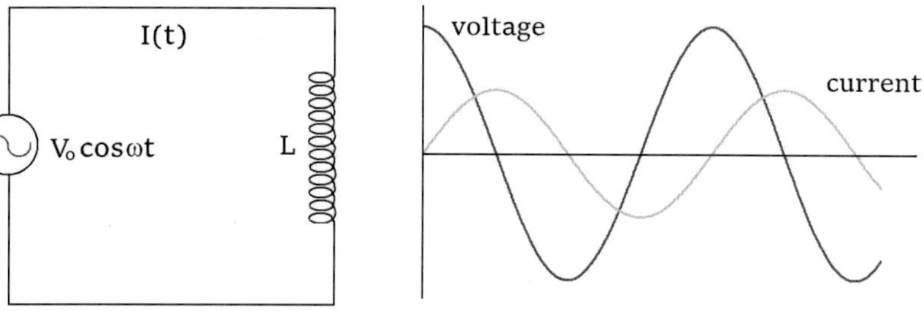

그림 5-41. 인덕터 회로와 전압-전류와의 관계

그림 5-41과 같이 입력전압 $V_0 \cos\omega t$를 인덕터에 연결하였을 경우 회로를 흐르는 전류는 $V = L\frac{dI}{dt}$의 관계식에서

$$I(t) = \frac{1}{L}\int V dt = \frac{V_o}{\omega L}\sin\omega t = \frac{V_o}{\omega L}\cos(90^o - \omega t) \tag{5-144}$$

로 표현된다. 따라서 인덕터에서는 축전기에서와는 달리 전류는 전압보다 위상이 90° 뒤짐을 볼 수 있다. 복소수의 개념을 인덕터를 포함한 회로에 적용하면 $I(t) = V(t)/Z_L$로 표현된다. 여기서 인덕터의 리액턴스 Z_L은 $j\omega L$와 같이 정의됨을 볼 수 있다.

위와 같은 결과에서 보듯이 축전기와 인덕터 만을 포함한 회로의 임피던스는 항상 허수임을 알 수 있다. 이는 전압과 전류가 항상 90°의 위상차가 있다는 것을 의미한다. 이러한 사실은 저항의 경우 교류를 양단에 걸더라도 $I(t) = V(t)/R$로 표현되며 임피던스는 실수인 $Z_R = R$인 것과 대비된다. 따라서 저항의 경우 전류와 전압 사이에 위상차는 존재하지 않고 또한 저항은 교류전원의 진동수에도 의존하지 않는다.

직류회로에서 저항이라는 의미가 저항, 축전기, 인덕터를 모두 포함하는 교류회로에서는 임피던스(impedance)라는 의미로 대치된다. 저항의 경우 저항값은 입력 신호의 진동수에 무관하게 항상 R이고 또한 전류와 전압 사이의 위상차도 없다. 반면에 축전기와 인덕터는 저항에 대응하는 리액턴스가 각각 $-j/\omega C$ 와 $j\omega L$로 정의된다. 위 리액턴스는 복소수 j로 전류와 전압 사이에 존재하는 위상차 90°를 반영하고 있다. 또한 리액턴스는 입력 신호의 진동수 ω에 따라 다른 값을 가진다. 따라서 저항, 축전기, 인덕터를 포함하는 회로에서 임피던스는 저항과 리액턴스의 합이다. 그리고 리액턴스는 복소수이므로 벡터적으로 합산하여야 한다.

(2) Ohm의 법칙의 일반화

위에서와 같이 저항, 축전기, 인덕터를 포함하는 교류회로에 복소수의 임피던스를 도입하면 Ohm의 법칙을 일반화시킬 수 있다. 즉, 일반화된 Ohm의 법칙은

$$\overrightarrow{V} = \vec{I} \cdot \vec{Z} \tag{5-145}$$

와 같이 쓸 수 있다. 여기서 벡터 량으로 표시한 것은 임피던스가 복소값이므로 나머지 량들도 복소량이 되기 때문이다. 즉, 모든 량들을 실수-허수 부분이 있는 2차원 평면에서의 벡터 량으로 볼 수 있다. 저항, 축전기, 인덕터의 임피던스는 각각 $\vec{Z}= R$, $\overrightarrow{Z_C} =- j\omega C$, $\overrightarrow{Z_L} = j\omega L$ 로 표현된다. 따라서 저항, 축전기, 인덕터 양단에 떨어지는 전압은 각각 $\overrightarrow{V}_R = \vec{I}R$, $\overrightarrow{V_c}= \frac{\vec{I}}{-j/\omega C}$, $\overrightarrow{V_L}= j\omega L\vec{I}$ 로 표현된다. 어떤 순간에 각 소자에 떨어지는 전압과 회로에 흐르는 전류 사이의 상대적인 위상 관계를 고려하면 2차원 복소 공간에서 전류와 전압과의 관계는 그림 5-42에서와 같이 그릴 수 있다.

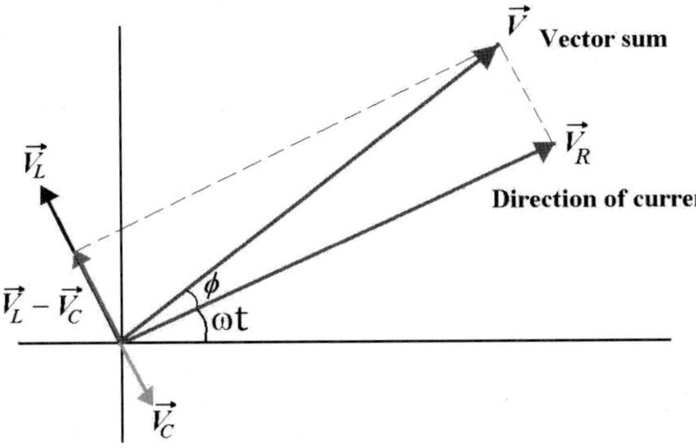

그림 5-42. 전류와 전압 사이의 위상관계

그림에서 보듯이 저항 양단의 전압 강하 V_R은 전류 I와 위상이 같고 리액턴스 부분인 인덕터와 축전기의 전압강하 V_L, V_C 는 위상이 전류에 비해 각각 $\pm 90^o$ 다르다. 따라서 총 전압 $\overrightarrow{V}$(기전력,

크기 $\sqrt{V_R^2+(V_L-V_C)^2}$)에 대한 전류 $\vec{I}$의 위상 차는

$$\phi = \tan^{-1}\frac{|Z_L|-|Z_C|}{R} \tag{5-146}$$

와 같이 주어짐을 알 수 있다. 즉, 이는 전압과 전류 사이에는 각도 ϕ의 위상차가 존재함을 뜻한다.

(3) 교류회로의 예

아래에서는 실제로 많이 사용되는 교류회로인 필터(filter)회로와 공명(resonance)회로에 대해 알아보도록 하자. 필터회로는 특정 진동수 이상 또는 이하의 신호를 선택적으로 통과시키는 회로이다. 그림 5-43에서와 같이 저항과 축전기를 두 가지 다른 형태로 연결함으로써 각기 다른 특성을 보이는데 왼쪽 회로는 특정진동수보다 낮은 신호를 통과시키고, 오른쪽 회로는 특정진동수보다 높은 신호를 통과시킨다.

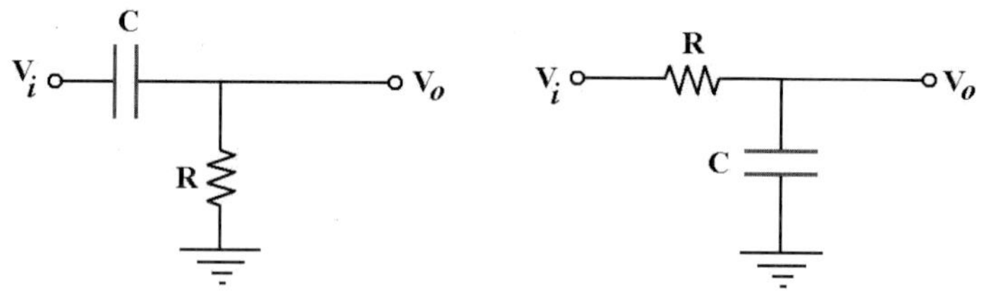

그림 5-43. 필터 회로

그림 5-43의 왼쪽 회로에 일반화된 Ohm의 법칙을 적용하면 회로를 흐르는 전류는

$$\vec{I} = \frac{\vec{V_i}}{\vec{Z}} = \frac{\vec{V_i}}{R-j/\omega C} = \frac{\vec{V_i}(R+j/\omega C)}{R^2+1/\omega^2 C^2} \tag{5-147}$$

로 표현된다. 출력은 저항 R에 떨어지는 전압이므로

$$\vec{V}_o = \vec{I}\cdot\vec{Z}_R = \frac{[R+j/\omega C]R}{R^2+1/\omega^2 C^2}\vec{V}_i \tag{5-148}$$

와 같이 구해진다. 위상을 고려치 않고 출력전압의 크기만 구해 보면

$$V_o = \sqrt{\vec{V_o} \cdot \vec{V_o^*}} = \frac{R}{\sqrt{R^2 + 1/\omega^2 C^2}} V_i \tag{5-149}$$

로 주어진다. 결과적으로 이 회로의 전압이득(입력신호에 대한 출력신호의 크기) A_v는

$$A_v \equiv \frac{V_o}{V_i} = \frac{1}{\sqrt{1 + \frac{1}{\omega^2 R^2 C^2}}} \tag{5-150}$$

와 같이 주어진다. 이 전압이득은 진동수에 따라 달라짐을 볼 수 있다. 이를 그림으로 나타낸 것이 그림 5-44이다. 이 그림에서 각 회로 소자들의 값은 $R = 1k\Omega$, $C = 1\mu F$이다. 진동수 $\omega_{3dB} = 1/RC = 1{,}000Hz$ 이상의 진동수를 가진 교류신호에 대한 이득이 상대적으로 크다. 따라서 이 기준 진동수 이상의 교류신호를 통과시킨다고 하여 이 회로를 높은 진동수 통과회로(high pass filter)라 부른다. 여기서 ω_{3dB}란 전압이득이 $-3dB$인 진동수를 말한다. 전압이득이 $-3dB$란 이득이 $1/\sqrt{2}$로 입력보다 출력이 0.7배로 작은 경우를 말한다.

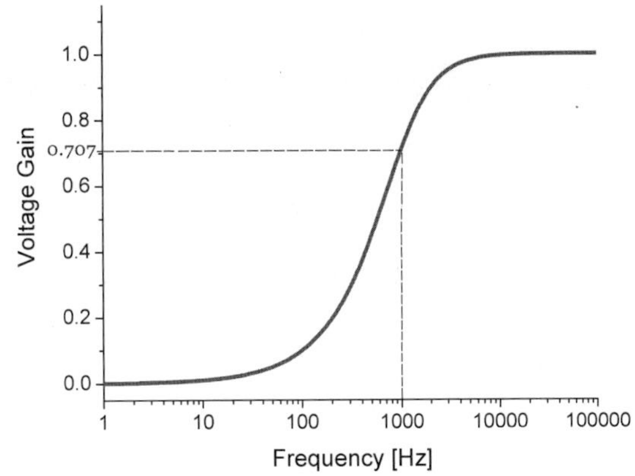

그림 5-44. 높은 진동수 통과회로(high pass filter)의 진동수 특성

그림 5-43의 낮은 진동수 통과 필터(low pass filter)에 대해서도 위에 보여준 계산과정을 통해 이 회로의 특성을 쉽게 이해할 수 있다. 즉, 전압이득은 $A_v = \frac{1}{\sqrt{1+\omega^2 R^2 C^2}}$와 같이 구해진다. 그림 5-45에 진동수 특성이 주어져 있다. 여기서 저항과 축전기의 값은 각각 $R = 1k\Omega$, $C = 1\mu F$이다. 따라서 ω_{3dB}는 1,000Hz임을 알 수 있다.

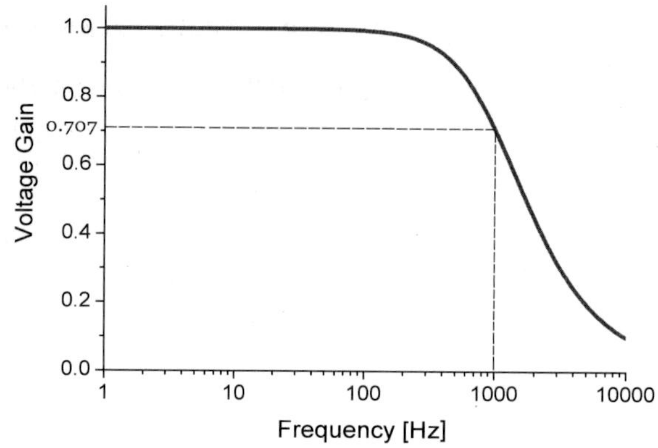

그림 5-45. 낮은 진동수 통과회로(low pass filter)의 진동수 특성

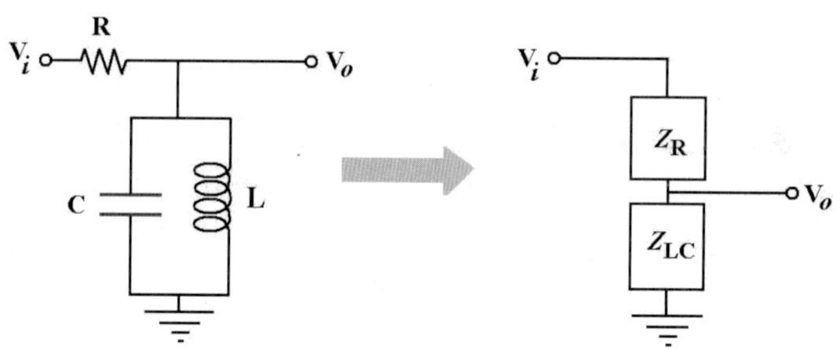

그림 5-46. 공명회로의 구성도

교류회로의 또 하나의 예로서 공명회로에 대해 알아보도록 하자. 공명회로는 원하는 진동수의 신호만을 통과시키는데 많이 사용한다. 여러 가지 형태의 공명회로가 있을 수 있으나 여기서는 가장 간단하고 많이 사용하는 형태인 L, C가 병렬로 연결된 회로를 보도록 하자. 그림 5-46에 이 공명회로가 주어져 있다. L과 C가 병렬이므로 LC의 임피던스를 먼저 구해 보면

$$\frac{1}{\overrightarrow{Z_{LC}}}=\frac{1}{\overrightarrow{Z_L}}+\frac{1}{\overrightarrow{Z_C}}=j(\omega C-\frac{1}{\omega L}) \tag{5-151}$$

이므로 $\overrightarrow{Z}_{LC}=\frac{j}{1/\omega L-\omega C}$가 된다. LC의 임피던스와 저항 R이 직렬로 연결되어 있으므로 회로의 임피던스는

$$\overrightarrow{Z}=R+\frac{j}{1/\omega L-\omega C} \tag{5-152}$$

와 같이 구해진다. 따라서 회로를 흐르는 전류는

$$\vec{I}=\frac{\vec{V}}{\vec{Z}}=\frac{\vec{V}}{R+j\omega L/(1-\omega^2 LC)} \tag{5-153}$$

와 같다. 출력전압은 LC회로에 떨어지는 전압과 같다. 따라서 출력전압은

$$\vec{Z}_o=\vec{I}\cdot\vec{Z}_{LC}=\frac{1+j\left(\frac{R}{\omega L}\right)(1-\omega^2 LC)}{1+\left(\frac{R}{\omega L}\right)^2(1-\omega^2 LC)^2}\vec{V}_i \tag{5-154}$$

와 같이 구해진다. 전압의 크기만을 고려하면 $V_o=\sqrt{\vec{V_o}\cdot\vec{V_o^*}}$ 로 주어지므로 회로의 이득은

$$A_v=\frac{V_o}{V_i}=\frac{1}{\sqrt{1+\left(\frac{R}{\omega L}\right)^2(1-\omega^2 LC)^2}} \tag{5-155}$$

와 같다. 식 5-155를 이용하여 진동수에 따른 이득을 그려보면 그림 5-47에 주어진 것과 같다. 이 그림에서 회로 소자들의 값은 $R=1k\Omega$, $L=1mH$, $C=10\mu F$이다. 따라서 공명진동수 $\omega_R=\sqrt{1/LC}=10{,}000Hz$에서 공명신호를 볼 수 있다.

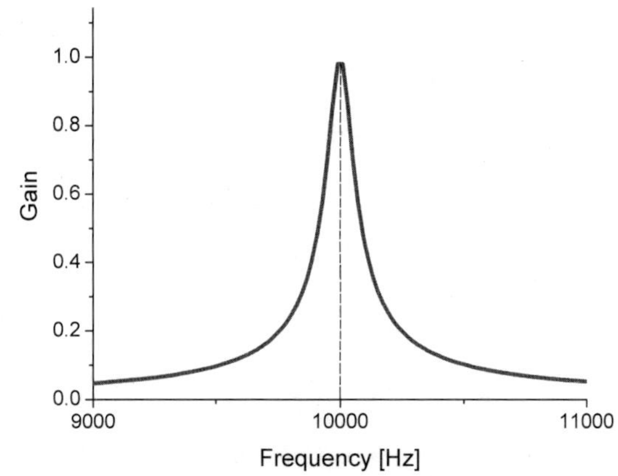

그림 5-47. 공명회로에서 출력 이득의 진동수에 따른 특성

(4) 교류회로에서의 전력

교류회로에서 전류와 전압은 시간에 따라 변한다. 따라서 교류회로에서 전류와 전압의 순간적인 측정값은 의미가 없다. 그리고 평균값도 0이므로, 이 또한 의미가 없다. 이에 따라 제곱평균근(root mean square, rms로 표시, 실효값이라고도 함) 값이 사용된다. 전압이 $V(t) = V_o \cos\omega t$인 경우 제곱평균은 $\langle V_o^2 \cos^2\omega t \rangle = V_o^2/2$이다. 이는 $\cos^2\omega t$의 평균값이 1/2이기 때문이다. 따라서 위 값의 근(root)을 취하면 $V_{\rm rms} = V_o/\sqrt{2}$이다. 이에 따라 가정에 공급되는 전압이 220V라고 하면 이는 제곱평균근 값을 나타낸다. 따라서 전압의 진폭 V_o는 $V_o = \sqrt{2}\, V_{\rm rms}$에서 311V임을 알 수 있다. 마찬가지로 전류 $I = I_o \cos(\omega t + \phi)$의 제곱평균근도 $I_{\rm rms} = I_o/\sqrt{2}$로 표현된다.

회로소자의 전력손실도 교류회로에서는

$$P(t) = V(t)I(t) \tag{5-156}$$

와 같이 시간에 따라 변한다. 이에 따라 평균전력을 구해야 한다. 저항에 의해 소비되는 전력은 전압과 전류 사이에 위상차이가 없으므로

$$\langle P(t) \rangle = \langle V(t)I(t) \rangle = V_{\rm rms} I_{\rm rms} \langle \cos^2\omega t \rangle = \frac{V_o I_o}{2} = V_{\rm rms} I_{\rm rms} \tag{5-157}$$

와 같이 표현된다. 반면에 축전기와 인덕터의 경우에는 전압과 전압 사이에 90°의 위상차이가 존재한다. 따라서 그 평균은 $\langle P(t) \rangle = V_o I_o \langle \sin\omega t \cos\omega t \rangle = 0$이다. 즉, 축전기와 인덕터에서는 소비되는 전력이 없음을 알 수 있다.

반면에 LRC회로에서는 전압과 전류 사이에 위상차 ϕ가 존재한다. 따라서 이 회로에서 소비되는 전력은

$$\begin{aligned} \langle P(t) \rangle &= \langle V(t)I(t) \rangle \\ &= \langle V_o \cos\omega t \rangle \langle I_o \cos(\omega t - \phi) \rangle \\ &= V_{\rm rms} I_{\rm rms} \langle \cos\phi \cos^2\omega t + \sin\phi \sin\omega t \cos\omega t \rangle \\ &= V_{\rm rms} I_{\rm rms} \cos\phi \end{aligned} \tag{5-158}$$

로 표현된다. 위에서 $\langle \cos^2\omega t \rangle = 1/2$, $\langle \cos\omega t \sin\omega t \rangle = 0$임을 이용하였다. 즉, 회로에서 소비되

는 전력은 전압과 전압 사이의 위상차이의 $\cos\phi$에 비례함을 보여주고 있다. 이 $\cos\phi$를 출력률 (power factor)이라고 부른다.

3. Maxwell 방정식

전기장에 대한 Gauss 법칙은

$$\oiint \vec{E} \cdot d\vec{A} = \sum_i q_i \tag{5-159}$$

으로 주어진다. 이와 대응되는 자기장에 대한 Gauss 법칙은

$$\oiint \vec{B} \cdot d\vec{A} = 0 \tag{5-160}$$

와 같이 표현할 수 있다. 위 식은 자기장의 경우 단극(monopole)이 존재하지 않는다는 것을 나타낸다. 전기의 경우 양과 음의 전하로 분리가 가능하나 자기(자석)의 경우 n극과 s극은 분리되지 않음을 식 5-160은 나타내고 있다.

Faraday 법칙은

$$\oint \vec{E} \cdot d\vec{l} = -\frac{\partial \Phi_B}{\partial t} = -\frac{\partial}{\partial t}\oiint \vec{B} \cdot d\vec{A} \tag{5-161}$$

와 같이 표현된다. 이 식은 시간에 따라 변하는 자기장에 의해 전기장이 발생됨을 보여 주고 있다. 위와는 반대로 전기장이 변할 때 자기장이 형성되는 관계식이 있으면 식 5-161에 대응될 것이다. 그러나 Ampere 법칙은

$$\oiint \vec{B} \cdot d\vec{A} = \mu_o \sum_i I_i \tag{5-162}$$

와 같이 주어진다. Maxwell은 변위전류라는 개념을 사용하여 Ampere 법칙을

$$\oint \vec{B} \cdot d\vec{l} = \mu_o\left(\sum_i I_i + \epsilon_o \frac{d\Phi_E}{dt}\right) = \mu_o \sum_i I_i + \mu_o \epsilon_o \frac{\partial}{\partial t} \oiint \vec{E} \cdot d\vec{A} \qquad (5\text{-}163)$$

와 같이 수정하였다. 위 식은 시간에 따라 변하는 전기장에 의해 자기장이 유도됨을 보여 주고 있다. 식 5-159, 5-160, 5-161, 5-162를 Maxwell 방정식이라고 부른다.

Maxwell이 변위전류를 도입하게 된 이유에 대해 알아보도록 하자. 그림 5-48에서와 같이 축전기가 충전되고 있는 경우를 생각해 보자. 축전기에 충전이 됨에 따라 전기장은 점점 증가한다. 그리고 전도전류 I에 의해 축전기 주위에 자기장도 형성된다. 폐곡선 C를 Ampere loop으로 고려할 경우 이 폐곡선을 포함하는 면으로서 S_1과 S_2가 있을 수 있다. 그런데 S_1을 통과하는 전류는 전도전류 I인데, S_2를 통과하는 전류는 0이다. 그리고 오른쪽 축전기 쪽에는 전류 I가 흐르고 있다. 이에 따라 전류의 불연속이 발생한다.

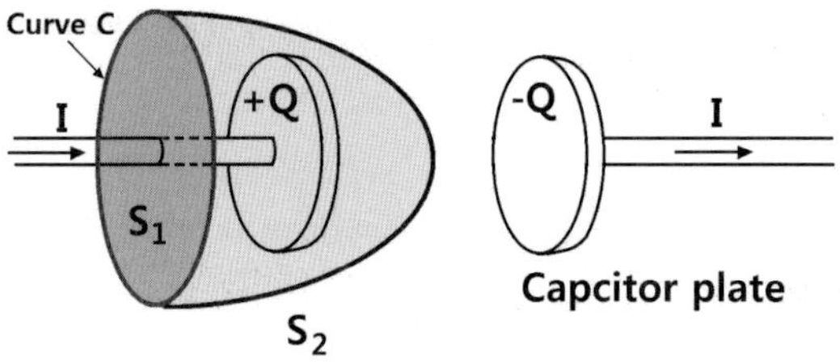

그림 5-48. 충전되는 축전기

Maxwell은 축전기의 충전에서 발생하는 전류의 불연속성을 해결하기 위해 변위전류를 도입하였다. 즉, 식 5-162의 우측에 있는 전도전류에다 변이전류 $I_d = \epsilon_o d\Phi_E/dt$를 더하였다. 이에 따라 Ampere 법칙은 식 5-163과 같이 수정되었다.

다음에는 변위전류를 도입함으로써 축전기의 충전에서 발생한 위의 모순이 어떻게 해소되는지를 보도록 하자. 그림 5-49에서와 같이 S_2를 통과하는 전기선속은

$$\Phi_E = \oiint \vec{E} \cdot d\vec{A} = EA = \frac{Q}{\epsilon_o} \qquad (5\text{-}164)$$

와 같다. 따라서 변위전류는 $I_d = \epsilon_o d\Phi_E/dt = dQ/dt$로 주어진다. 이는 전도전류 I와 동일하다. 즉, 폐곡면 S_1을 통과하는 전도전류는 폐곡면 S_2를 통과하는 변위전류와 동일함을 보여 주고 있다. 이에 따라 축전기에서 전류의 불연속성에 대한 모순이 해소된다. 즉, S_1에서는 전도전류

I가 통과하고 S_2에서는 변위전류 $I_d = I$가 통과한다.

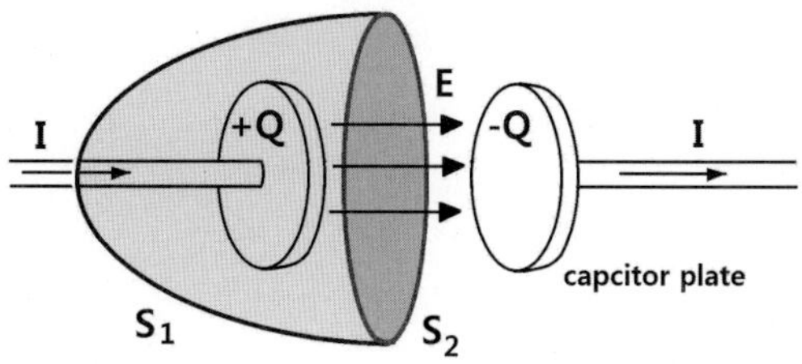

그림 5-49. 변위전류에 의한 전류 불연속성 문제의 해소

다음에는 Maxwell 방정식이 진공(전하나 전류가 없는 공간)에서 전자기파의 전파를 어떻게 기술하는지를 보도록 하자. 진공에서의 Maxwell 방정식은 $q=0, I=0$이므로

$$\oiint \vec{B} \cdot d\vec{A} = 0 \tag{5-165}$$

$$\oiint \vec{E} \cdot d\vec{A} = 0$$

$$\oint \vec{B} \cdot d\vec{l} = \mu_o \epsilon_o \frac{\partial \Phi_E}{\partial t}$$

$$\oint \vec{E} \cdot d\vec{l} = -\frac{\partial \Phi_B}{\partial t}$$

와 같이 표현된다. 큰 공간에서 위 방정식이 나타내는 현상을 보기 위해서는 아주 미소한 공간에서 위 방정식이 나타내는 현상을 보는 것만으로 충분하다. 이는 미소한 공간에서 나타내는 현상을 큰 공간에서 나타내는 현상으로 확장할 수 있기 때문이다. 그림 5-50과 같은 정육면체의 공간을 생각해 보자. 그리고 이 공간에서 전기장과 자기장은 평면파라고 가정한다. 이 경우 어떤 평면에서의 전기장과 자기장은

$$\vec{E} = E_y(x,t)\,\hat{j} \tag{5-166}$$

$$\vec{B} = B_z(x,t)\,\hat{k}$$

와 같은 평면파로 표현된다. 위 전기장과 자기장은 식 5-165의 첫 번째와 두 번째 식을 모두 만족한다. 그림 5-50에서 전기장과 자기장은 정육면체를 통과하므로 선속(flux)은 0이 됨을 알

수 있다.

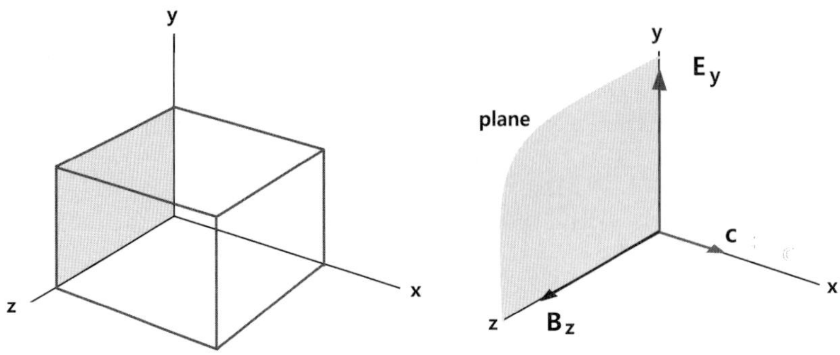

그림 5-50. 미소 정육면체와 평면파인 전기장과 자기장

식 5-166으로 표현되는 전기장과 자기장이 Maxwell의 면적분에 해당하는 두 방정식을 만족함을 볼 수 있었는데, 나머지 두 방정식(선적분에 관계되는 방정식)을 만족하는 E_y와 B_z의 관계를 알아보도록 하자. x, y, z축에 있는 3개의 면이 관련된 선적분이 있을 수 있다.

첫째, 그림 5-51과 같은 yz면에 있는 loop에 대한 전기장과 자기장(평면에서 일정)의 선적분(식 5-165의 세 번째와 네 번째 식)은 0이 됨을 볼 수 있다. 이는 E_y와 B_z가 yz면에서는 위치에 관계없이 일정하기 때문이다.

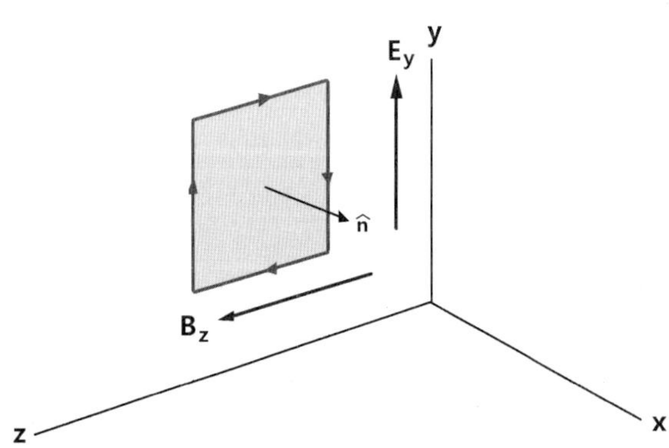

그림 5-51. yz면에서의 전기장과 자기장

둘째, xy면에 있는 loop에 대해 두 선적분에 관련된 Maxwell 방정식을 적용하여 보자. 식 5-165에서 자기장의 선적분(세 번째 식)은 자기장과 loop의 방향이 수직이므로 0이다. 따라서 식 5-165의 세 번째 식은 만족된다. 식 5-165의 네 번째 식에서 좌변은 $\oint \vec{E} \cdot d\vec{l} = E_y(x+\Delta x)\Delta y - E_y(x)\Delta y$이고 우변은 $\partial \Phi_B / \partial t = \partial / \partial t (B_z \Delta x \Delta y)$이므로

$$[E_y(x+\Delta x)-E_y(x)]\Delta y=-\frac{\partial B_z}{\partial t}\Delta x\Delta y \Rightarrow \therefore \frac{\partial E_y}{\partial x}=-\frac{\partial B_z}{\partial t} \tag{5-167}$$

을 구할 수 있다. 위 식에서 $[E_y(x+\Delta x)-E_y(x)]=\frac{\partial E_y}{\partial x}\Delta x$을 이용하였다.

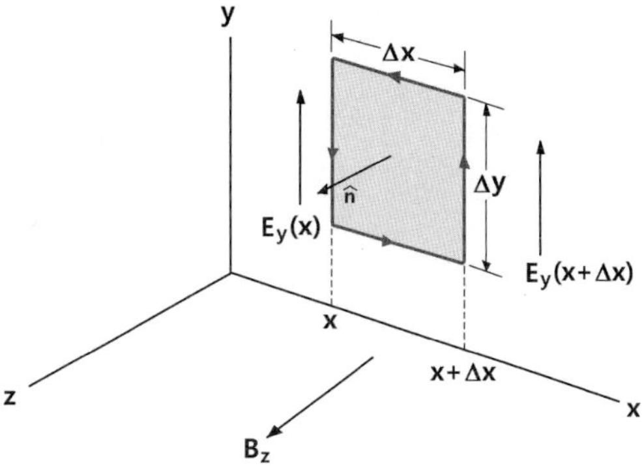

그림 5-52. xy면에서의 자기장과 전기장

셋째, xz면에 있는 loop에 대해 두 선적분에 관련된 Maxwell 방정식을 적용하여 보자. 식 5-165에서 전기장의 선적분(네 번째 식)은 전기장과 loop의 방향이 수직이므로 0이다. 따라서 식 5-165의 네 번째 식은 만족된다. 식 5-165의 세 번째 식에서 $\oint \vec{B} \cdot d\vec{l}=-B_z(x+\Delta x)\Delta z+B_z(x)\Delta z$이고 $\partial\Phi_E/\partial t=\partial/\partial t(E_y\Delta x\Delta z)$이므로

$$[-B_z(x+\Delta x)+B_z(x)]\Delta z=\mu_o\epsilon_o\frac{\partial E_y}{\partial t}\Delta x\Delta z \Rightarrow \therefore \frac{\partial B_z}{\partial x}=-\mu_o\epsilon_o\frac{\partial E_y}{\partial t} \tag{5-168}$$

을 구할 수 있다. 위 식에서 $[B_z(x+\Delta x)-B_z(x)]=\frac{\partial B_z}{\partial x}\Delta x$을 이용하였다.

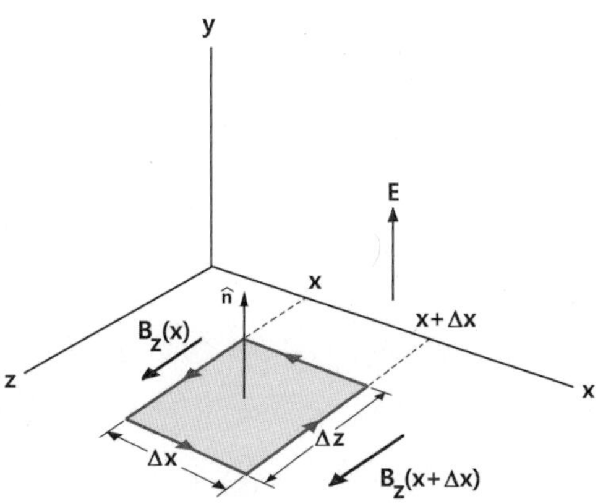

그림 5-53. xz평면에서의 전기장과 자기장

다음에는 식 5-167과 5-168이 만족하는 파동방정식을 구해 보도록 하자. 식 5-167의 양변을 시간에 대해 미분하여 식 5-168을 적용하면

$$\frac{\partial^2 B_z}{\partial x^2} - \mu_o \epsilon_o \frac{\partial^2 B_z}{\partial t^2} = 0 \tag{5-169}$$

을 얻을 수 있다. 위 식은 자기장이 속도 $v = 1/\sqrt{\mu_o \epsilon_o}$ 인 파동방정식을 만족함을 보여 주고 있다. 마찬가지로 식 5-168을 시간에 대해 편미분하여 식 5-167을 이용하면

$$\frac{\partial^2 E_y}{\partial x^2} - \mu_o \epsilon_o \frac{\partial^2 E_y}{\partial t^2} = 0 \tag{5-170}$$

을 얻을 수 있다. 위 식은 전기장도 속도 $v = 1/\sqrt{\mu_o \epsilon_o}$ 인 파동방정식을 만족함을 보여 주고 있다. 파동의 속도는 μ_o와 ϵ_o를 대입하면 $3 \times 10^8 m/s$을 구할 수 있다. 즉, 진공에서 전자기파의 전파속도는 빛의 속도임을 보여 주고 있다. 따라서 평면파의 경우 전기장과 자기장이 서로 수직한 방향으로 진동하면서 $\vec{E} \times \vec{B}$방향(x축)으로 진행함을 보여 주고 있다.

식 5-169와 5-170의 해는 각각

$$\vec{E} = E_o \sin(kx - \omega t)\,\hat{j} \tag{5-171}$$

$$\vec{B} = B_o \sin(kx - \omega t)\,\hat{k}$$

와 같다. 위 전기장과 자기장의 해는 식 1-167과 1-168을 각각 만족함을 볼 수 있다. 식 1-167에 위의 해를 대입하면 $kE_o = \omega B_o$을 얻고 식 1-168에서는 $kB_o = (\omega/c^2)E_o$을 얻는다. 여기서 진공의 빛의 속도는 $c = 1/\sqrt{\mu_o \epsilon_o}$를 이용하였다. 이 두 식을 결합함으로써

$$\omega^2 = k^2 c^2 \Rightarrow \therefore \omega = \pm\, kc \tag{5-172}$$

을 얻는다. 두 부호는 전자기파의 진행방향을 나타낸다. 또한 $E_o = cB_o$가 만족됨을 볼 수 있다. 하전입자가 전자기파에 의해 받는 힘은 $\vec{F} = q(\vec{E} + \vec{v} \times \vec{B})$ 이다. 여기서 자기장에 의한 힘의 크기는 $vB = vE/c$이므로 전기장에 의한 힘의 크기인 E에 비해 v/c배임을 보여 준다. 따라서

전자기파 안에 있는 전하가 받는 힘은 대부분 전기장에 의해 발생한다. 그러나 하전입자의 속도가 빛의 속도에 가까워지면 자기장에 의한 힘도 전기장에 의한 힘과 비슷해진다.

전자기파는 위에서 보았듯이 시간에 따라 변하는 전기장에 의해 자기장이 발생하고 또한 시간에 따라 변하는 자기장에 의해 전기장이 발생한다. 이와 같은 과정이 반복됨으로써 전기장과 자기장이 계속적으로 발생하여 전자기파가 형성된다. 이때 전기장과 자기장은 서로 수직인 방향이다. 위에서 본 평면파의 경우 전자기파의 모양은 그림 5-54와 같이 주어진다.

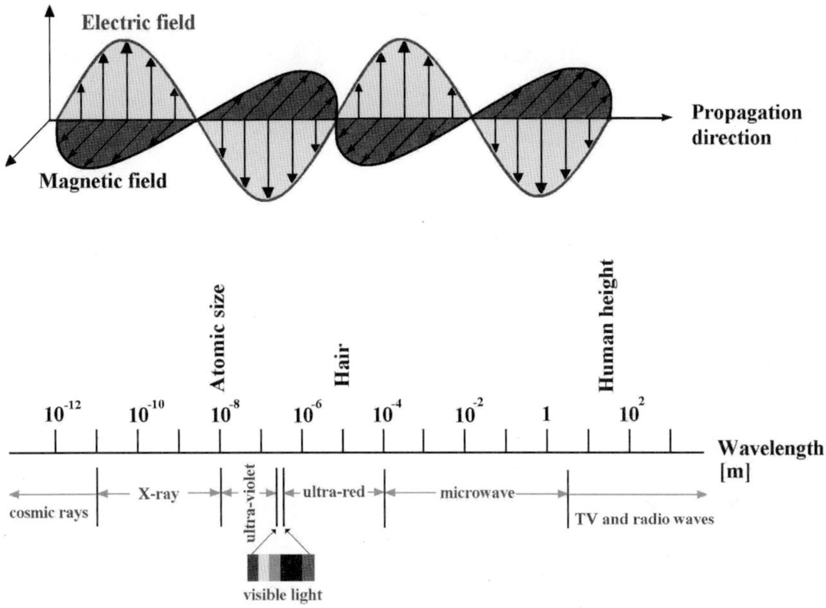

그림 5-54. 전자기파의 종류

[연습문제]

문제 1 길이 4cm인 정사각형의 두 꼭짓점에 1.5pC의 전하가 놓여 있다. 정사각형의 중심에 놓여 있는 -6nC의 전하가 받는 힘은 몇 N인가?

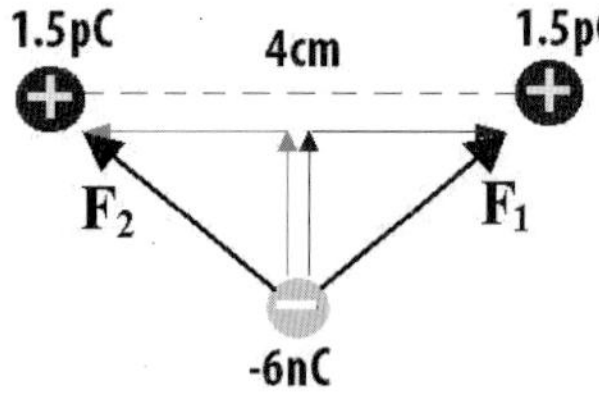

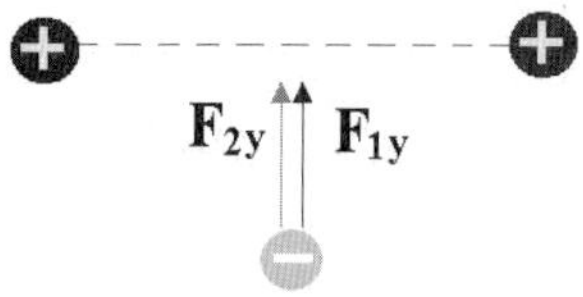

답. 그림에서와 같이 힘의 수평성분은 상쇄되어 없어진다. 힘의 수직성분은 더해지므로

$$F_E = 2F\sin 45^\circ = 2\frac{k_e qQ}{r^2}\sin 45^\circ = 0.143N \qquad (5\text{-}173)$$

을 얻을 수 있다.

문제 2 그림과 같은 전하분포에서 O점에서의 전기장을 구하라. 그리고 O점의 전위를 구하라.

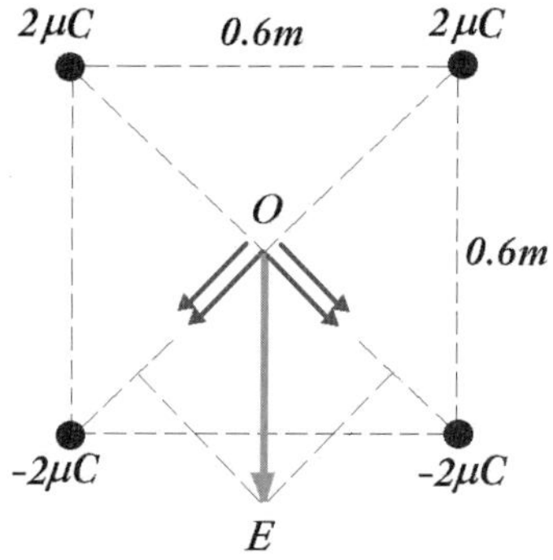

답. 각 전하에 의한 전기장의 크기는 모두 동일하며

$$\left|\overrightarrow{E_A}\right| = \left|\overrightarrow{E_B}\right| = \left|\overrightarrow{E_C}\right| = \left|\overrightarrow{E_D}\right| = k_e \frac{Q}{r^2} = 1 \times 10^5\ N/C \quad (5\text{-}174)$$

와 같이 구해진다. 최종적인 전기장의 크기는 $E = \sqrt{(E_A + E_D)^2 + (E_B + E_C)^2} = 2.8 \times 10^5\ N/C$와 같고, 방향은 그림에 표현된 것과 같다. 전위는 scalor량이므로 그냥 더해 주면 된다. 각 전하에 의한 전위는 다음과 같다.

$$V_A = V_B = k_e \frac{Q}{r} = 4.2 \times 10^4\ V \quad (5\text{-}175)$$
$$V_C = V_D = k_e \frac{Q}{r} = -\ 4.2 \times 10^4\ V$$

따라서 $V = V_A + V_B + V_C + V_D = 0$이다.

문제 3 두 전하, +Q, +2Q가 그림과 같이 놓여 있다. 아래 물음에 답하라.

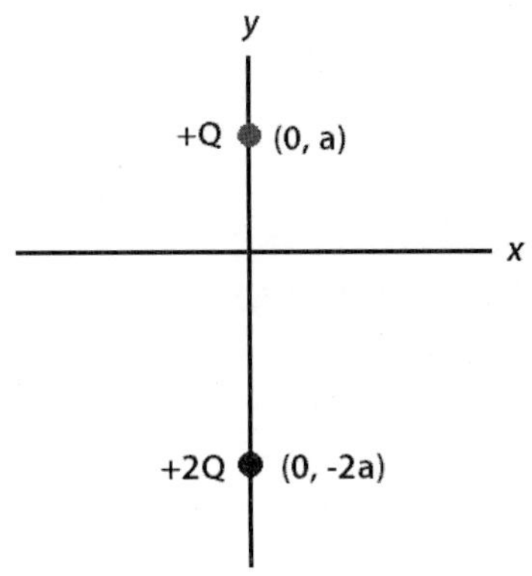

(a) +Q가 +2Q 때문에 받는 전기적인 힘의 크기와 방향은?

(b) 두 전하 때문에 발생하는 원점에서의 전기장의 크기와 방향은?

(c) x축에서 전기장이 0이 되는 위치가 존재하는가? 이유는?

(d) y축에서 전기장이 0이 되는 위치가 존재하는가? 이유는?

(e) 만약 질량 m, 전하량 −q인 물체를 원점에 놓았을 경우 초기 가속도의 크기와 방향은?

답. (a) $\overrightarrow{F_1} = k_e \frac{(Q)(2Q)}{(a+2a)^2}\hat{j} = k_e \frac{2Q^2}{9a^2}\hat{j}$

(b) $\vec{E}=\vec{E_1}+\vec{E_2}=k_e\dfrac{Q}{a^2}(-\hat{j})+k_2\dfrac{Q}{2a^2}(+\hat{j})=-k_e\dfrac{Q}{2a^2}\hat{j}$

(c) x축에서 각 전하에 의한 전기장이 정확하게 일치하는 지점이 없으므로 전기장이 0이 되는 위치가 없다.

(d) y축 상의 임의의 지점 (0, $-y$)에서 두 전하에 의한 전기장이 같을 수 있다. 이곳에서 두 전하에 의한 전기장을 같게 놓으면

$$E_1=E_2 \Rightarrow\ k_e\frac{Q}{(a+y)^2}=k_e\frac{2Q}{(2a-y)^2} \tag{5-176}$$

이다. 위 식을 풀어 y를 구하면 $y=(-4\pm3\sqrt{2})a$이다. 두 해 중에서 −부호는 맞지 않다. 따라서 전기장이 0이 되는 위치는 $P=(0,\ -y)=(0,\ (4-3\sqrt{2})a)$이다.

(e) (b)의 결과와 Newton의 제2법칙을 이용하면 가속도는

$$\vec{a}=\frac{\vec{F}}{m}=\frac{-q\vec{E}}{m}=k_e\frac{qQ}{2ma^2}(+\hat{j}) \tag{5-177}$$

와 같이 주어진다.

문제 4 질량 m이고 전하 $+q$인 두 물체가 그림과 같이 길이 L인 줄에 전기적 척력에 의해 서로 x 떨어진 위치에서 평형을 이룬다. 이때 x에 대한 표현을 구하라.

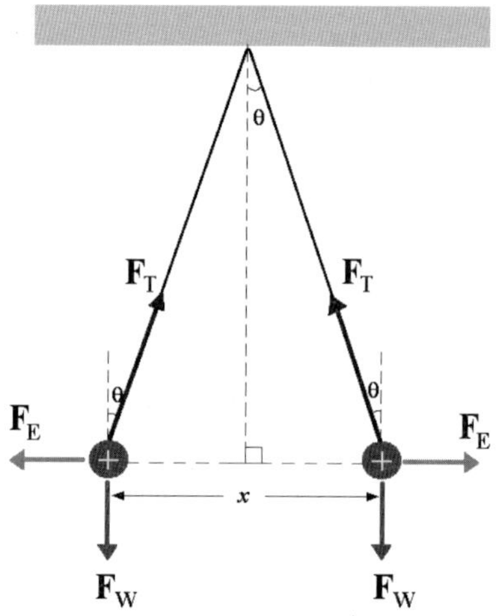

답. 평형상태에서 장력의 수직성분은 전하의 무게와 동일하다. 그리고 장력의 수평성분은 전기적 반발력과 동일하다. 즉, $F_T\cos\theta = mg$, $F_T\sin\theta = F_E$이다. 따라서

$$\tan\theta = \frac{F_E}{mg} = \frac{k_e q^2/x^2}{mg} = \frac{k_e q^2}{mgx^2} \quad (5\text{-}178)$$

을 얻을 수 있다. 그리고 $\theta \ll 1$인 경우 $\tan\theta \approx \sin\theta = x/(2L)$이므로

$$x = \left(\frac{2k_e q^2}{mg}L\right)^{1/3} \quad (5\text{-}179)$$

로 표현된다.

문제 5 쌍극자가 전하 4nC와 −4nC로 구성되어 있다. 두 전하 사이의 거리는 60cm 떨어져 있다. 쌍극자의 중간지점에서의 전기장을 구하라. 쌍극자의 중간에 −5nC의 전하가 받는 힘을 구하라.

답. $E = 2\frac{k_e Q}{r^2} = 8\times 10^4 N/C$ 이다. 전기장의 방향은 −4nC의 방향이다. −5nC이 받는 힘의 크기는 $F = qE = 4\times 10^{-7}N$이다. 힘의 방향은 +4nC의 방향이다.

문제 6 양의 전하가 아주 넓은 판에 균일하게 분포되어 있다. 5g의 물체가 판 위의 2cm 위치에 놓인다고 하자. 판에 의한 전기장이 $10^6\,N/C$이라고 할 때 전기적인 척력과 중력이 균형을 이루어 물체가 떠 있을 때 물체의 전하량을 구하라.

답. $qE = mg$에서 $q = mg/E = 50nC$이다.

문제 7 A점에서의 전위가 6V일 때 점 B의 전위는 얼마인가? 그리고 질량 10kg, 전하량 +10 C인 입자를 A에서 놓았을 때 이 입자가 B를 통과할 때의 속도는 얼마인가?

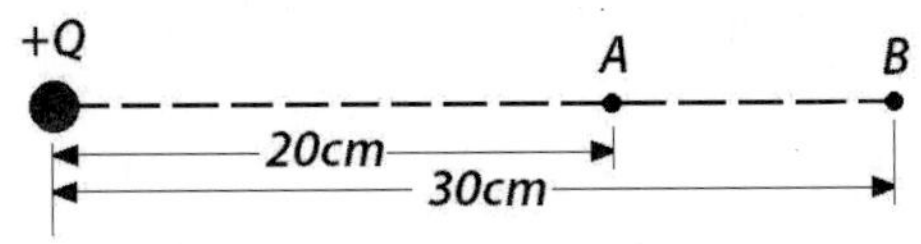

답. 점 A에서 전위가 6V이므로 $V=k_e\frac{Q}{r}$에서 $\frac{V_B}{V_A}=\frac{r_A}{r_B}=\frac{2}{3}$이다. 따라서 $V_B=\frac{2}{3}V_A=4V$이다. 그리고 에너지보존칙에서

$$\frac{1}{2}mv_A^2+qV_A=\frac{1}{2}mv_B^2+qV_B \tag{5-180}$$

이다. 여기서 $v_A=0$이므로 $v_B=\sqrt{\frac{2q(V_A-V_B)}{m}}=2m/\text{sec}$이다.

문제 8 길이 $2L$인 부도체 막대에 전하 Q가 고르게 분포되어 있다. 막대의 중앙에서 z만큼 떨어진 위치에서의 전기장을 구하라. 막대의 길이가 무한대가 될 경우 전기장은 어떻게 바뀌는가?

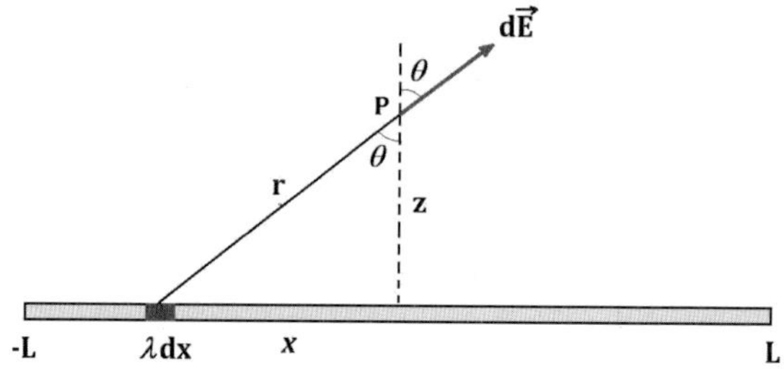

답. 단위길이 당 전하는 $\lambda=\frac{Q}{2L}$이다. 전하 λdx에 의해 P지점에 발생하는 전기장은 $d\vec{E}=\frac{k_e\lambda dx}{r^2}\hat{r}$로 주어진다. x방향으로 발생하는 전기장은 점 P가 대칭점이므로 모두 상쇄된다. 이에 따라 z방향으로의 전기장 성분만 존재한다. 즉, $dEz=|d\vec{E}|\cos\theta=\frac{k_e\lambda dx}{r^2}\frac{z}{r}$ 이다. 여기서 $r=\sqrt{r^2+z^2}$이므로

$$E_z=\int dE_z=k_e\lambda z\int_{-L}^{L}\frac{dx}{(z^2+x^2)^{3/2}}=\frac{k_e\lambda}{z}\left[\frac{x}{\sqrt{z^2+x^2}}\right]_{-L}^{L}=\frac{2k_e\lambda}{z}\frac{L^2}{\sqrt{z^2+L^2}} \tag{5-181}$$

로 구해진다. 막대의 길이가 무한대가 경우 $L\to\infty$이므로 $E_z=\frac{2k_e\lambda}{z}=\frac{\lambda}{2\pi\epsilon_o z}$로 주어진다.

문제 9 반원 모양의 얇은 부도체의 반경은 R이다. 이 부도체에 단위길이당 λ의 전하가 분포되어 있다. 반원의 중심에서의 전기장을 구하라.

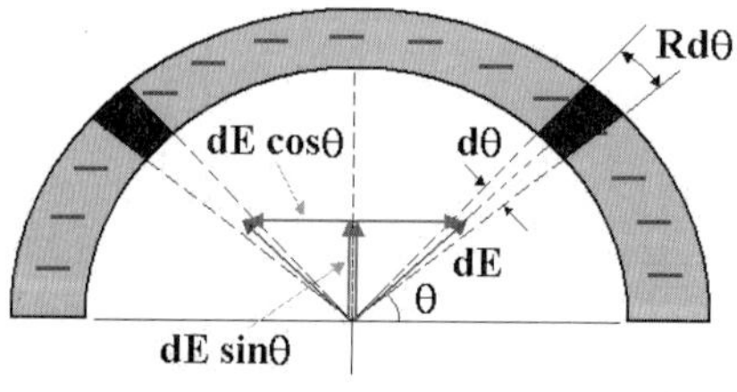

답. 반원에서 $d\theta$부분을 생각하면 길이는 $Rd\theta$이다. 이 부분의 전하에 의해 반원의 중심에 만들어지는 전기장의 크기는 $dE = (k_e \lambda R d\theta)/R^2$이다. 그림에서와 같이 두 부분의 수평성분은 서로 상쇄되고, 수직성분은 더해진다. 이는 $2dE\sin\theta$이다. 반원에 분포하는 전하에 의해 만들어지는 반원의 중심에서의 전기장의 수직성분은

$$E = \int 2dE\sin\theta = \int_0^{\pi/2} \frac{2k_e \lambda d\theta}{R} = \frac{2k_e \lambda}{R} \tag{5-182}$$

이다.

문제 10 반경 a인 부도체 구에 전하 +2Q가 대전되어 있다. 그리고 이 부도체 구의 바깥쪽에 동심으로 내경 b이고 외경 c인 도체구각이 놓여 있다. 이 도체구각에는 전하 +3Q가 분포되어 있다. (1) r < a, (2) a < r < b, (3) b < r < c, (4) r > c 영역에서의 전기장을 구하라.

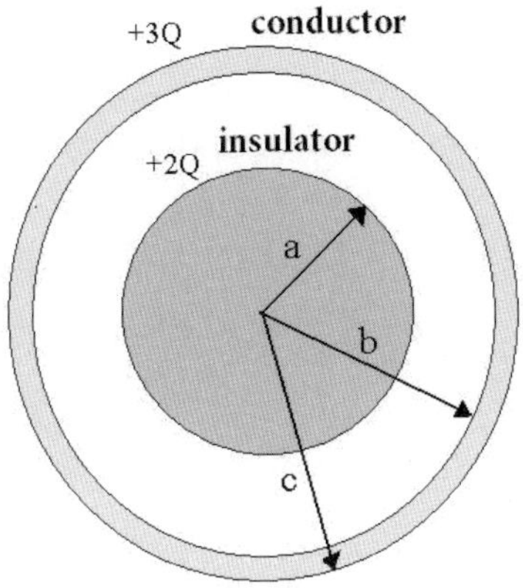

답. (1) r＜a, Gauss 법칙에서 $\oint\!\!\oint E dA = \frac{1}{\epsilon_o}\frac{r^3}{a^3}(2Q) \to E = \frac{2k_e Q}{a^3} r$

(2) a＜r＜b, $\oint\!\!\oint E dA = \frac{2Q}{\epsilon_o} \to E = \frac{2k_e Q}{r^2}$

(3) b＜r＜c, $E = 0$ (도체 안이므로)

(4) r＞d, $\oint\!\!\oint E dA = \frac{5Q}{\epsilon_o} \to E = \frac{5k_e Q}{r^2}$

문제 11 반경 R인 부도체 구에 전하가 분포되어 있다. 구의 중심에서 r 떨어진 지점의 전하밀도는 $\rho(r) = \rho_o (r/R)^2$이다. 여기서 ρ_o는 상수이다. 구의 내외부에서의 전기장을 구하라.

답. 반경 r인 구에서 두께 dr인 구각에 존재하는 전하를 구해보도록 하자. 구각의 체적이 $dV=4\pi r^2\,dr$이므로 구각에 존재하는 전하는

$$dq=\rho\,dV=\rho_o\left(\frac{r}{R}\right)^2 4\pi r^2\,dr \tag{5-183}$$

이다. 따라서 반경 r인 구 내부에 존재하는 전하량은

$$q=\iiint dq=\int_0^r \rho_o\left(\frac{r}{R}\right)^2 4\pi r^2\,dr=\frac{4\pi\rho_o}{5R^2}r^5 \tag{5-184}$$

이다. Gauss 법칙에서 반경 r인 구 내부에서의 전기장은

$$\oiint \vec{E}\cdot d\vec{A}=\frac{q}{\epsilon_o}\Rightarrow \therefore\ E=\frac{\rho_o}{5\epsilon_o R^2}r^3 \tag{1-185}$$

이다. 구 외부의 전기장은 구에 분포되어 있는 전체 전하량을 구해야 한다. 이는 식 5-184에서 $r=R$라 두면 된다. 즉, $q=4\pi\rho_o R^3/5$이다. 따라서 구 외부에서의 전기장은

$$E=\frac{\rho_o R^3}{5\epsilon_o r^2} \tag{1-186}$$

이다. 즉, 구 외부에서의 전기장은 $1/r^2$에 비례하고, 구 내부에서는 r^3에 비례한다. 구 표면에서의 전기장은 $E=\rho_o R/(5\epsilon_o)$로 상수 값을 가진다.

문제 12 점전하 $q_1=2\mu C$이 정지되어 있다. 다른 점전하 $q_2=-10nC$이 q_1에서 10cm 떨어진 지점에서 정지 상태에서 놓여 있다. 점전하 q_1에 1cm 접근한 순간의 운동에너지를 구하라.

답. q_1이 $r_A=10cm$에서 $r_B=1cm$로 이동할 때의 위치에너지의 변화는

$$\Delta U=k_e q_1 q_2\left(\frac{1}{r_A}-\frac{1}{r_B}\right)=-0.016J \tag{1-187}$$

이다. 이 에너지가 전하 q_1의 운동에너지가 된다. 즉, q_1의 운동에너지는 0.016J이다.

문제 13 두 양(+)의 전하 q_1과 q_2가 거리 s만큼 떨어져 놓여 있다. 그림과 같이 제3의 전하 q_3를 무한대에서부터 가져와서 정삼각형의 다른 꼭짓점에 놓는 데 외부에서 사용한 일의 양을 구하라.

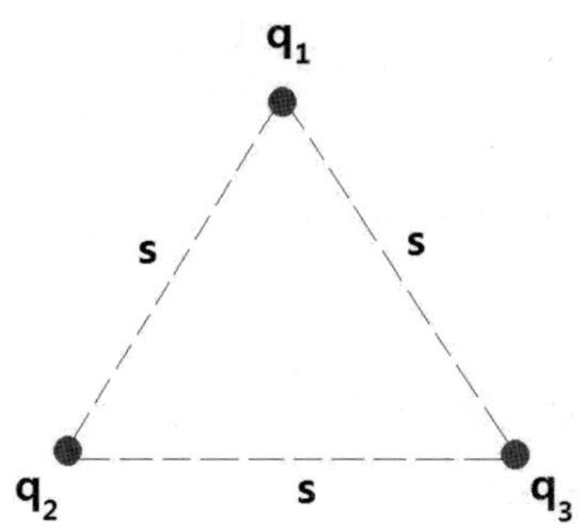

답. q_1에 의해 q_3지점에 만들어지는 전위는 $V_1 = k_e q_1/s$이고, q_2에 의해 q_3지점에 만들어지는 전위는 $V_2 = k_e q_2/s$이다. 따라서 두 전하에 의해 q_3에 만들어지는 전위는

$$V = V_1 + V_2 = \frac{k_e(q_1 + q_2)}{s} \tag{5-188}$$

이다. 따라서 q_3를 무한대에서 정삼각형의 꼭짓점에 가져다 놓는 데 사용해야 하는 일은

$$W = q_3 V = \frac{k_e q_3}{s}(q_1 + q_2) \tag{5-189}$$

이다.

문제 14 Q = 2nC의 점전하가 어떤 지점에 놓여 있다. 이 점전하에서 2cm 떨어진 지점 P에서의 전위를 구하라. 무한대에서 P점까지 점전하 1nC을 가져다 놓는 데 드는 일을 구하라.

답. P점에서의 전위는 $V = k_e Q/r = 900\,V$이다. 따라서 점전하 1nC을 P점에 가져다 놓는 데 필요한 일은 $W = qV = 9 \times 10^{-7}\,J$이다.

문제 15 점전하 $q_1 = 4nC$과 $q_2 = -6nC$이 그림과 같이 놓여 있다. 점 A에서의 전위를 구하라. 그리고 $q = 0.01C$의 전하를 A지점에서 B지점까지 이동시키는 데 드는 일을 구하라.

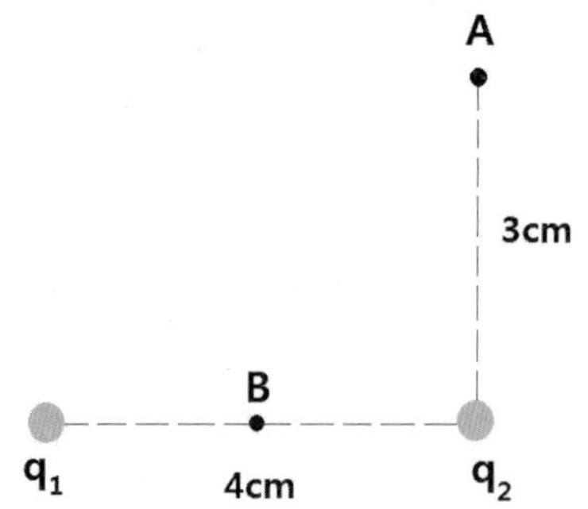

답. $V_A = k_e(q_1/r_{1A} + q_2/r_{2A}) = -1{,}080\,V$이고 $V_B = k_e(q_1/r_{1B} + q_2/r_{2B}) = -900\,V$이다. 두 지점의 전위차는 $\Delta V = V_B - V_A = 180\,V$이다. 따라서 전하 q를 A에서 B로 이동하는 데 드는 일은 $W = q\Delta V = 1.8J$이다.

문제 16 반경 R인 부도체 구에 전하 Q가 균일하게 분포되어 있다. 구 내부의 임의의 반경 r지점의 전기장은 $E = k_e Qr/R^3$임을 보았다. 구 내부의 임의의 반경 r에서의 전위를 구하라.

답. 전위의 정의에서 $V(r) = -\int_{\infty}^{r} \vec{E} \cdot d\vec{r}$ 이다. 구의 내부와 외부에서의 전기장이 다르므로, 적분을 구간에 따라 달리 구하여야 된다. 즉, 전위는

$$V(r) = -\int_{\infty}^{R} \frac{k_e Q}{r^2} dr - \int_{R}^{r} \frac{k_e Q}{R^3} r dr = \frac{k_e(3R^2 - r^2)}{2R^3} \qquad (5-190)$$

와 같이 구할 수 있다.

문제 17 반경 R인 무한원통에 선전하밀도 λ로 전하가 고루 분포되어 있다. 원통의 중심에서 r 떨어진 지점의 전기장은 $E = 2k_e\lambda/r$로 계산된다. 원통의 표면에 대한 원통 외부의 반경 r에서의 전위를 구하라.

답. $\Delta V = V_r - V_R = -\int_{R}^{r} \vec{E} \cdot d\vec{r} = -\int_{R}^{r} \frac{2k_e\lambda}{r} dr = 2k_e \ln\frac{R}{r}$ 이다.

문제 18 10nF의 평행판 축전기에 전하 50μC이 대전되어 있다. 두 판 사이의 전위차를 구하라. 두 판 사이의 거리가 0.2mm라면 두 판의 면적은 얼마인가?

답. $V = Q/C = 5{,}000\,V$이다. 그리고 $C = \epsilon_o A/d$이므로 $A = (Cd)/\epsilon_o = 0.23m^2$이다.

문제 19 판의 면적이 $10cm^2$인 평행판 축전기가 있다. 두 판의 떨어진 거리는 2mm이다. 두 판 사이에 유전상수 2.6인 유전체를 끼워 넣었다. 이 평행판 축전기의 정전용량을 구하라.

답. $C = \frac{\kappa \epsilon_o A}{d} = 12pF$이다.

문제 20 평행판에 형성된 전기장에 의해 전자 $-e$는 $-y$방향으로 휘어진다. 길이 l인 평행판의 끝부분에서 아래쪽으로 이동한 거리의 표현을 구하라.

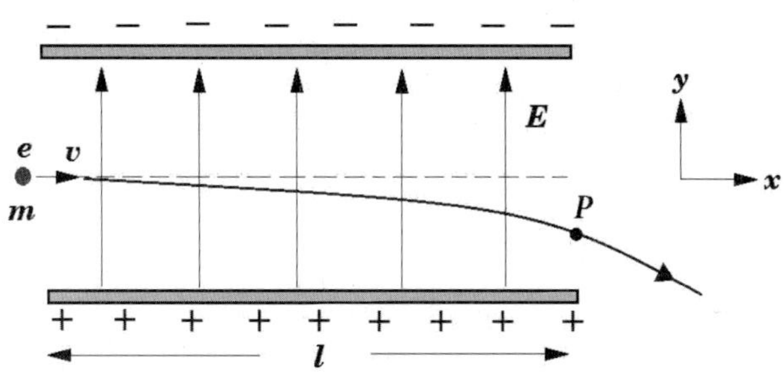

답. 가속도는 $\vec{a} = -\frac{eE}{m}\hat{j}$ 이다. $v_x = v$는 x방향의 가속이 없으므로 등속운동을 한다. 따라서 x방향으로의 이동거리는 $x = vt$이다. 평행판의 끝까지 이동하는 데 걸리는 시간은 $t = l/v$이다. 이 동안에 $-y$방향으로 가속되고 그 거리는

$$y = \frac{1}{2}a_y t^2 = \frac{1}{2}\left(-\frac{eE}{m}\right)\left(\frac{l}{v}\right)^2 = -\frac{eEl^2}{2mv^2} \tag{5-191}$$

로 주어진다.

문제 21 그림과 같이 평행판이 대전되어 있는 균일한 전기장(200N/C) 안으로 전자가 속도 $3\times 10^6\,m/\sec$로 입사한다고 하자. 전자의 전하량은 $-1.6\times 10^{-19}C$이고 질량은 $9.1\times 10^{-31}kg$이다. 전자가 평행판을 빠져나올 때 원래의 위치보다 얼마나 아래쪽으로 이동하겠는가?

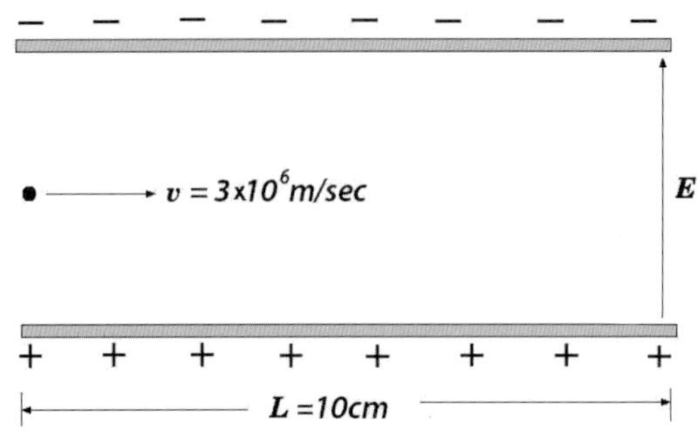

답. 문제 20의 결과를 이용하면 $a=\frac{eE}{m}=3.51\times10^{13}m/\sec^2$이고 $t=\frac{l}{v}=3.33\times10^{-8}\sec$이다. 따라서 $y=\frac{1}{2}at^2=1.95cm$ 이다.

문제 22 그림과 같이 아래 평행판의 왼쪽 끝에서 전자가 속도 $6\times10^6 m/\sec$로 45° 방향으로 입사한다고 하자. 전자는 전기장($2\times10^3 N/C$)에 의해 가속되어 위 평행판(2cm 위에 위치)에 부딪힐 것이다. 전자가 부딪히는 위치는 평행판 끝에서 얼마일 것인가?

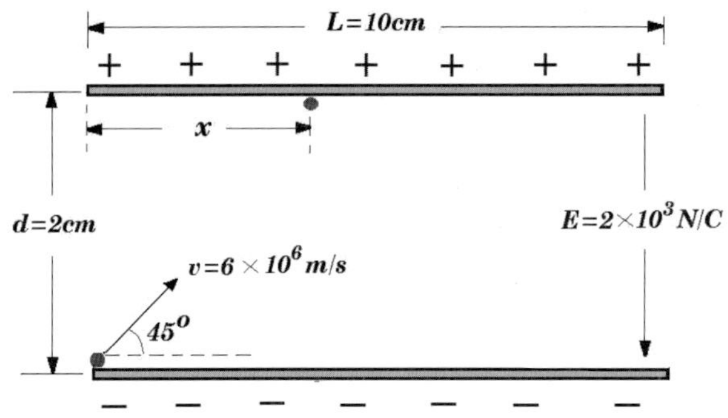

답. $v_y=v_o\sin\theta+\frac{eE}{m}t$ 이고 $y=(v_o\sin\theta)t+\frac{1}{2}\frac{eE}{m}t^2$ 이다. 따라서 $d=(v_o\sin\theta)t+\frac{1}{2}\frac{eE}{m}t^2$ 에 주어진 값들을 대입하여 t에 대한 2차방정식을 구하고 이를 풀면 $t=4.03nsec$을 얻는다. 전자의 수평속도는 $v_o\sin\theta$이므로 이동한 거리는 $x=(v_o\cos\theta)t=1.71cm$를 얻는다.

문제 23 (a) 아래 그림은 평행판 축전기를 보여 주고 있다. 이 축전기의 정전용량을 구하라. 질량 m이고 전하량 $-e$인 전자가 평행하게 두 판의 중간지점에서 초속 v_0로 입사한다고 하자. 전자가 판 사이를 빠져나갈 때 거의 위쪽 판에 부딪힐 뻔한다고 하자. 아래 물음에 답하라(중력은 무시하라).

(b) 두 판 사이의 전기장의 세기를 구하라. 답은 변수 L, d, m, e, v_0으로 나타내라.

(c) 위쪽 판의 전하량을 구하라.

(d) 얼마의 포텐셜에너지가 축전기에 저장되는가?

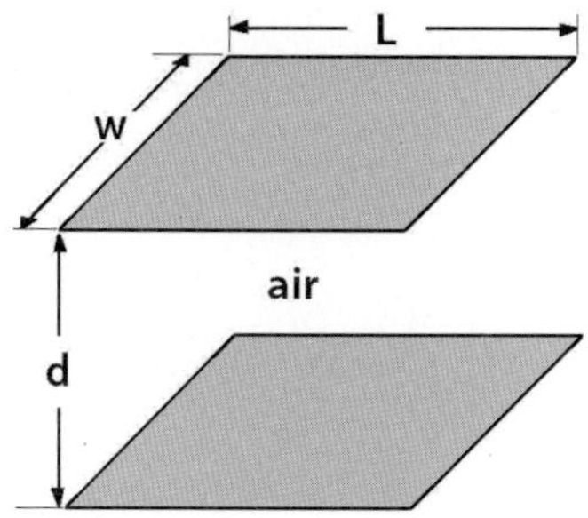

답. (a) 판 안쪽의 전기장은 $E=\frac{Q/A}{\epsilon_0}=\frac{Q}{Lw\epsilon_0}$이므로 판 양단의 전위차는 $V=Ed=\frac{Qd}{Lw\epsilon_0}$이다. 정전용량의 정의에서부터 $C=\frac{Q}{V}=\frac{Lw\epsilon_0}{d}$와 같이 구할 수 있다.

(b) 전자의 가속도는 위쪽으로 $a_y=\frac{F_E}{m}=\frac{eE}{m}$이다. 따라서 전자가 y축 방향으로 움직이는 거리는 $y=v_{0y}t+\frac{1}{2}a_yt^2=\frac{1}{2}\frac{eE}{m}t^2$이다. 전자가 판의 끝부분에 도달하는 시간은 $v_{0x}t=L \Rightarrow \therefore t=\frac{L}{v_0}$이다. 그리고 이때 $y=\frac{d}{2}$이므로 전기장은

$$\frac{d}{2}=\frac{1}{2}\frac{eE}{m}\left(\frac{L}{v_0}\right)^2 \Rightarrow \therefore E=\frac{dmv_0^2}{eL^2} \tag{5-192}$$

와 같이 구해진다.

(c) 위의 결과를 이용하면 $V=Ed$에서 $V=\frac{d^2mv_0^2}{eL^2}$이다. 그리고 $Q=CV$에서 $Q=\frac{\epsilon_0 wdmv_0^2}{eL}$와 같이 구해진다.

(d) $U_E=\frac{1}{2}CV^2=\frac{\epsilon_0 wd^3m^2v_0^4}{2e^2L^3}$이다.

문제 24 $+Q$와 $-Q$로 대전(charged)된 단면적이 A이고 두 판의 떨어진 거리가 d인 평행판 축전기 안에 저장된 전기에너지밀도를 구하라.

답. 대전된 축전기에 저장된 에너지는 축전기를 그렇게 대전시키기 위해 외부에서 해 준 일과 같다. 임의의 시간에서 $+q$와 $-q$로 대전된 평행판 축전기 양단의 전압은 q/C이다. 그러면 dq만큼의 전하를 더 대전시키기 위해 필요한 외부에너지는 $dW=v\,dq=qdq/C$이다. 따라서 축전기를

$+Q$와 $-Q$까지 대전시키기 위해 필요한 에너지는

$$W = \int dW = \frac{1}{C}\int_0^Q q\,dq = \frac{Q^2}{2C} = \frac{1}{2}CV^2 \tag{5-193}$$

와 같다. 여기서 $Q = CV$를 사용하였다. 평행판축전기의 경우 정전용량은 $C = (\epsilon_o A)/d$이므로 축전기에 저장된 전기에너지는 $U_E = W$에서

$$U_E = \frac{\epsilon_o A}{2d}V^2 = \frac{\epsilon_o A}{2d}(Ed)^2 = \frac{1}{2}\epsilon_o E^2(Ad) \tag{5-194}$$

을 구할 수 있다. 여기서 $V = Ed$의 관계를 이용하였다. 그리고 평행판축전기의 체적은 Ad이므로 평행판축전기 안에 단위체적당 저장된 전기에너지, 즉, 전기에너지밀도는

$$u_E = \frac{U_E}{Ad} = \frac{1}{2}\epsilon_o E^2 \tag{5-195}$$

로 주어진다. 이 전기에너지밀도는 인덕터 안에 저장된 자기에너지밀도의 표현인 $B^2/(2\mu_o)$와 대응된다.

문제 25 망간의 밀도는 $\rho = 1.74\ g/cc$이다. 그리고 망간 1mole의 질량은 $M = 24.31\,g/mole$이다. 망간은 2가(bivalent)원자로서 원자 1개당 자유전자 2개를 낸다. 망간 1cc 안의 자유전자의 수를 계산하라.

답. 1cc가 몇 mole인지 계산해야 한다. $x = \rho/M = 0.07\,mole/cc$이다. 1 mole 안에 N_A개의 원자가 있고 각 원자가 2개의 자유전자를 내므로 1cc 안의 자유전자의 수는 $n = 2xN_A$에서 8.7×10^{22} 개$/cc$을 구할 수 있다.

문제 26 12번 구리선의 직경은 2.053mm이다. 이 구리선의 단위길이당 저항을 계산하라. 구리의 비저항(resistivity)은 $1.7\times10^{-8}\ \Omega m$이다.

답. 저항은 $R = \rho L/A$이므로 단위길이당 저항은 $R/L = \rho/A = 5.13\times10^{-3}\ \Omega/m$이다.

문제 27 실리콘의 비저항은 640 Ωm이다. 실리콘을 직경 2mm의 선으로 만든다고 할 때 실리콘선의 단위길이당 저항을 구하라.

답. $R/L = \rho/A = 2\times 10^8\ \Omega/m$이다.

문제 28 그림과 같이 평행판 축전기에 유전체가 끼워져 있는 경우 축전기의 정전용량을 구하라.

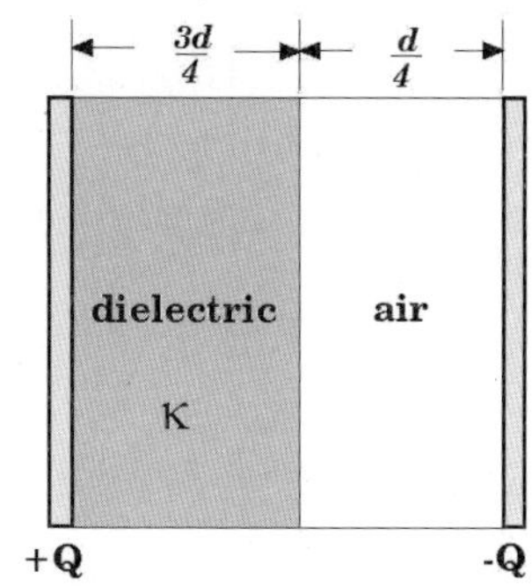

답. 평행판 축전기의 용량 $C_0 = \epsilon_o A/d$라고 두면 유전체 부분의 용량은 $C_1 = \frac{4}{3}\kappa C_0$이고 공기부분은 $C_2 = 4C_0$이다. 두 축전기가 직렬로 연결되어 있으므로 정전용량은

$$\frac{1}{C} = \frac{1}{C_1} + \frac{1}{C_2} = \frac{1}{4\kappa C_0/3} + \frac{1}{4C_0} \Rightarrow \therefore C = \frac{4\kappa}{\kappa+3} C_0 \tag{5-196}$$

으로 주어진다.

문제 29 그림과 같이 평행판 축전기에 유전체가 끼워져 있는 경우 축전기의 정전용량을 구하라.

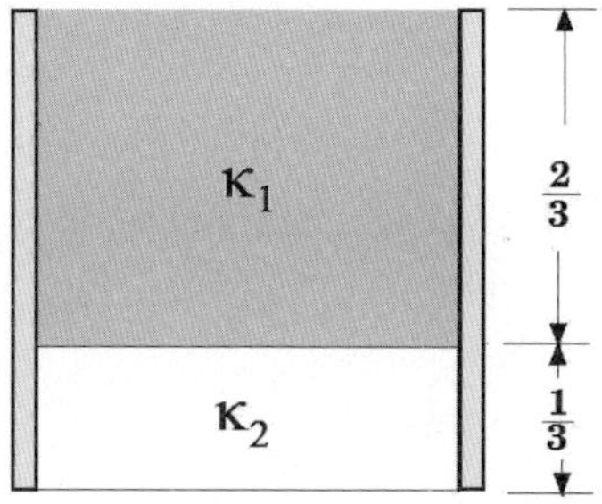

답. $C_0 = \frac{\epsilon_0 A}{d}$ 라고 두면 각 부분은 면적과 유전율이 다르므로 $C_1 = \frac{\epsilon_0 \kappa_1 (2A/3)}{d}$ 이고 $C_2 = \frac{\epsilon_0 \kappa_2 (A/3)}{d}$ 이다. 두 축전기가 병렬로 연결되어 있으므로 $C = C_1 + C_2 = \frac{1}{3}(2\kappa_1 + \kappa_2) C_0$ 이다.

문제 30 아래 회로에서 각 저항에 흐르는 전류를 구하라. 각 저항에서 소비되는 전력을 구하라. 각 저항에서 소비되는 전력이 전원에서 공급되는 전력과 같음을 보여라.

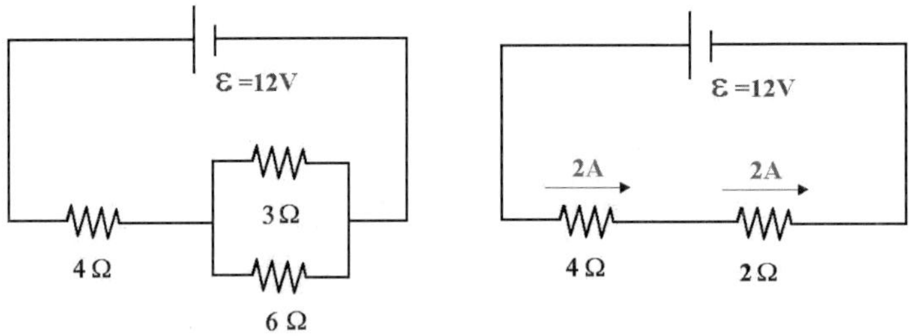

답. 3Ω과 6Ω이 병렬로 연결되어 있다. 두 저항의 등가저항은 2Ω이다. 따라서 회로를 흐르는 전류는 2A이다. 2A 중에 $\frac{2}{3}$가 3Ω으로 흐르고 $\frac{1}{3}$이 6Ω으로 흐른다. 따라서 3Ω에 흐르는 전류는 $\frac{4}{3}$A이고 6Ω을 흐르는 전류는 $\frac{2}{3}$A이다. $P = IV = I^2R$에서 4Ω 저항에서 소비되는 전력은 16W이고, 3Ω에서 소비되는 전력은 $\frac{16}{3}$W이다. 그리고 6Ω에서 소비되는 전력은 $\frac{8}{3}$W이다. 따라서 저항에서 소비되는 전력의 합은 24W이다. 그리고 전원에서 회로에 공급하는 전력은 $P = IV = 24\,W$이다. 즉, 저항에서 소비되는 전력이 전원에서 공급됨을 알 수 있다.

문제 31 아래의 회로에서 다음 물음에 답하라.

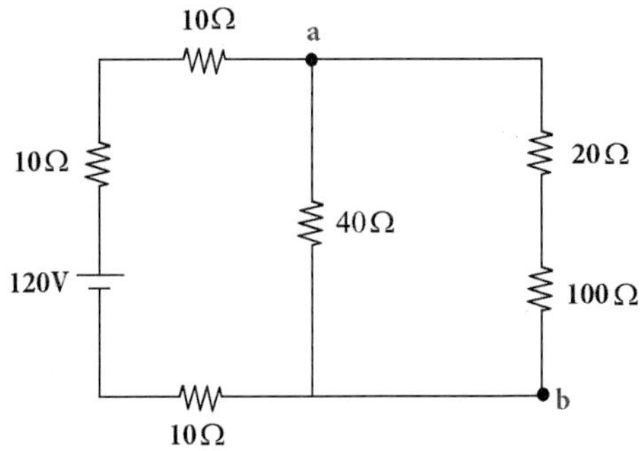

(a) 전원이 회로에 공급하는 전력은 얼마인가?

(b) 저항 20Ω에 흐르는 전류를 구하라.

(c) a와 b 사이의 전압차이를 구하라. 두 점 중 어느 쪽이 전압이 높은가?

(d) 저항 100Ω에서 10초간 소비되는 에너지를 구하라.

(e) 저항 100Ω을 만드는 데 비저항 0.45Ωm의 물질을 사용했다. 길이 4cm를 사용했다면 이 선의 반경은 얼마인가?

답. (a) 20Ω과 100Ω이 직렬로 연결되어 있으므로 이들의 합성 저항 값이 120Ω이다. 이 120Ω이 40Ω과 병렬로 연결되어 있다. 이들의 합성 저항이 30Ω이다. 이 30Ω과 3개의 10Ω이 직렬로 연결되어 있으므로 이 회로의 총 저항의 합은 60Ω이다. 전원이 120V이므로 회로를 흐르는 전류는 $I = V/R = 2A$이다. 따라서 전원이 회로에 공급하는 전력은 $P = IV = 240\,W$이다.

(b) 40Ω 부분이 20Ω과 100Ω의 직렬부분(120Ω)보다 3배의 전류가 흐르므로 40Ω에는 전체전류의 $\frac{3}{4}$이 흐른다. 따라서 $I_{40} = 3I/4 = 1.5A$이다.

(c) $V_a - V_b = IR_{20} + IR_{100} = 60\,V$이다. 따라서 a지점이 b지점보다 전압이 높다.

(d) 에너지는 전력에 시간을 곱해 준 것이므로 $E = Pt = I^2Rt = 250J$이다.

(e) $R = \frac{\rho L}{\pi R^2}$에서 $r = \sqrt{\frac{\rho L}{\pi R}} = 7.6mm$이다.

문제 32 아래 그림과 같은 회로에서 각 저항에 흐르는 전류를 구하라. 각 저항에서 소비되는 전력을 구하라. 이 저항에서 소비되는 전력은 전원에서 공급됨을 보여라.

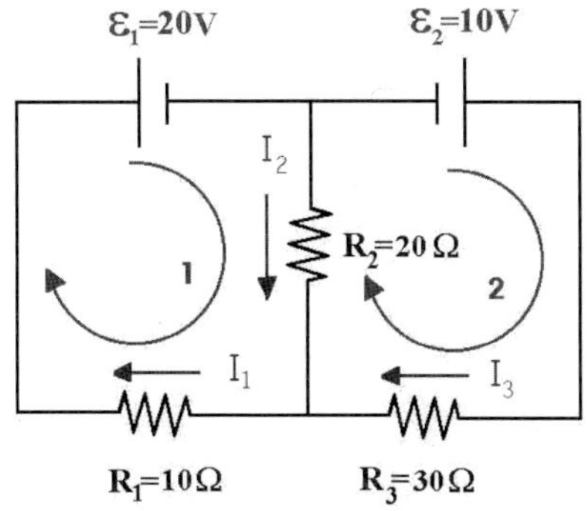

답. 그림에서와 같이 각 저항에 흐르는 전류를 I_1, I_2, I_3라고 두면 분기점의 법칙에서 $I_1 = I_2 + I_3$이다. 폐곡선 1에서 $-20 - 20I_2 - 10I_1 = 0$와 폐곡선 2에서 $10 - 30I_3 + 20I_2 = 0$을 구할 수 있다. 두 식을 연립하여 풀면 $I_1 = -8/11A$, $I_2 = -7/11\,A$, $I_3 = -1/11A$을 구할 수 있다. 전류의 방향은 그림에 표시한 방향과 모두 반대임을 알 수 있다. 따라서 저항 R_1, R_2, R_3에 소비되는

전력은 각각 5.29W, 8.1W, 0.25W이다. 저항에 의해 소비되는 전체 전력은 13.63W이다. 그리고 전원에 의해 공급되는 전력은 14.54W, −0.91W이다. 따라서 저항에서 소비되는 전력은 전원에서 공급됨을 볼 수 있다.

문제 33 아래 회로는 충전되지 않은 축전기, 2개의 저항, 전원 V로 구성되어 있다. 스위치 S가 a쪽으로 $t=0$에서 닫힌다고 할 때 아래 물음에 답하라. 모든 답은 C, r, R, V로 표현하라.

(a) t=0에서 저항 r로 흐르는 전류를 구하라.

(b) 축전기에 충전되는 전하량이 최종 전하량의 반(half)이 되는 시간을 구하라.

(c) 축전기에 전하가 완전히 충전될 때 어느 쪽 판에 양(positive)의 전하가 있는가?

(d) 저항 r에 흐르는 전류가 0이 될 때 축전기에 저장되는 포텐셜에너지는 얼마인가?

저항 r에 흐르는 전류가 0이 될 때 스위치 S를 b점으로 움직였다. 이 시간을 $t=0$으로 잡을 때 아래 물음에 답하라.

(e) 저항 R에 흐르는 전류의 시간에 따른 변화를 구하라.

(f) 저항 R에서 소비되는 전력의 시간에 따른 변화를 구하라.

(g) 저항 R에서 열로 소비되는 총 에너지를 구하라.

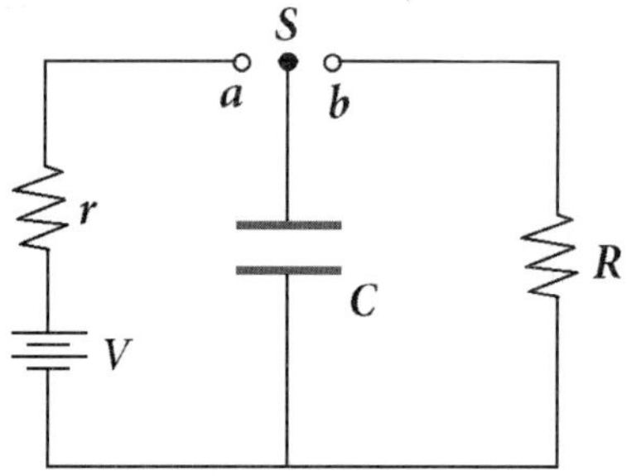

답. (a) 초기 전류는 축전기에 떨어지는 전압강하가 없으므로 $I_0 = V/r$이다.

(b) 임의의 시간 t에서 축전기의 충전전하는 $Q(t) = Q_f(1-e^{-t/rC})$이다. $Q = Q_f/2$에서의 시간 t는 $t = rC\ln 2$와 같이 구해진다.

(c) 위쪽 판에 양의 전하가 축적된다.

(d) 축전기에 전류가 흐르지 않을 때 축전기는 완전히 충전된 상태이다. 따라서 전원의 전압이 축전기에서 모두 소비되므로 $U_E = \frac{1}{2}CV^2$이다.

(e) 방전되는 축전기의 전류는 $I(t) = I_0\, e^{-t/\tau} = Ve^{-t/RC}/R$이다.

(f) 일률은 $P = I^2 R$로 주어진다. 따라서 $P(t) = [I(t)]^2 R = \frac{V^2}{R} e^{-2t/RC}$이다.

(g) 저항에서 소비되는 총 에너지는 $E = \int_{t=0}^{\infty} P(t)dt = \int_{t=0}^{\infty} \frac{V^2}{R} e^{-2t/RC} dt = \frac{CV^2}{2}$ 이다.

문제 34 전하 $q = 6\mu C$이 속도 $v = 4 \times 10^5\, m/\sec$로 그림과 같이 자기장 $B = 0.4\,T$에서 움직인다고 하자. 전하 q에 작용하는 자기력을 구하라.

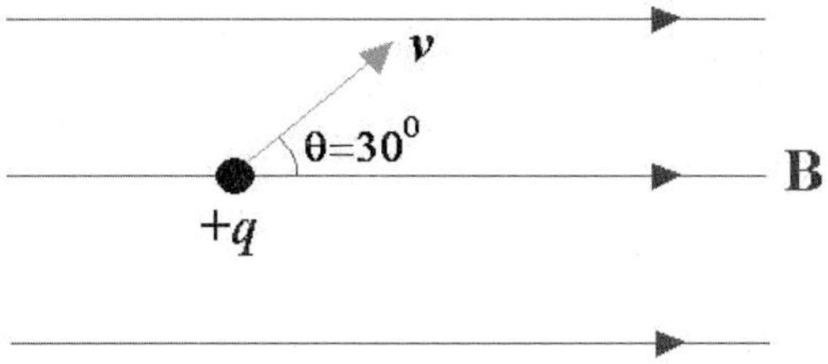

답. $F_B = qvB\sin\theta = 0.48N$이다.

문제 35 전하 q가 그림과 같이 평행판 축전기가 만드는 전기장 $E = 2 \times 10^4\, N/C$과 이에 수직한 자기장 $B = 0.5\,T$의 공간으로 속도 v로 진행한다. 이 전하가 휘어짐 없이 평행판 축전기를 통과할 때 그 속도를 구하라.

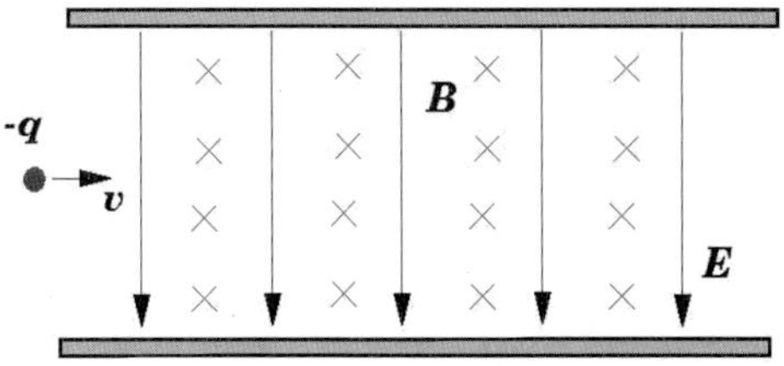

답. $v = \frac{E}{B} = 4 \times 10^4 m/\sec$이다.

문제 36 도선의 중간 부분이 반경 r인 반원으로 굽혀진 도선이 자기장 B에 놓여 있다. 도선에 전류 I가 흐를 때 도선이 받는 자기력의 크기와 방향을 구하라.

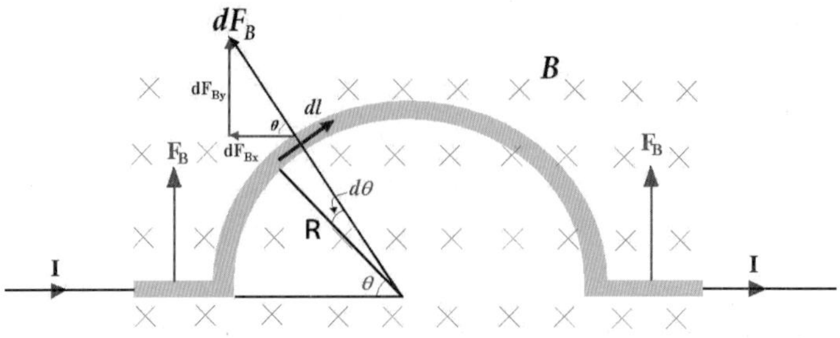

답. 직선 부분은 $\vec{F}=I\vec{l}\times\vec{B}$ 이므로 전류의 방향과 자기장 방향이 수직이므로 $F_B = ILB$의 힘이 위로 작용한다. 여기서 L은 직선 부분의 길이이다. 곡선 부분이 받는 힘은 $d\theta$부분의 선분이 받는 힘을 계산하여 전체적으로 적분해 주면 된다. 힘의 방향 dF_B는 그림에서 표시된 방향인데 이를 성분으로 분리하면 수평성분(x축)은 대칭되는 부분들이 모두 존재하므로 전체적인 힘의 합산은 0이 된다. 따라서 수직성분(y축)만 계산해 주면 된다. 수직성분은 $dF_{By} = dF\sin\theta = dl\,B\sin\theta$이다. 여기서 $dl = Rd\theta$이므로

$$F_{By} = \int dF_{By} = \int_{\theta=0^\circ}^{\theta=180^\circ} I(Rd\theta)B\sin\theta = 2IRB \qquad (5\text{-}197)$$

을 구할 수 있다. 힘의 방향은 위쪽 방향이다.

문제 37 그림과 같은 질량이 m인 U자형 도선을 자기장 B인 평면 안으로 내렸을 때 이 도선이 받는 알짜 힘이 0이 되게 하기 위해서 도선에 흘려야 하는 전류는 얼마인가?

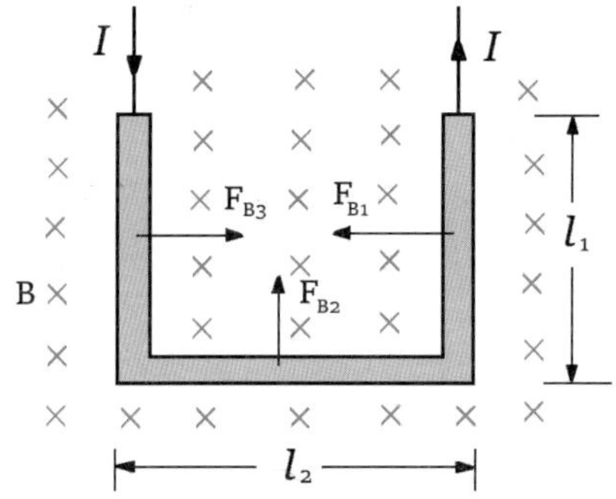

답. 그림에 각 힘의 방향을 표시해 두었다. $|F_{B1}| = |F_{B3}|$이다. 따라서 F_{B2}가 도선의 무게와 같다면 도선이 받는 알짜 힘이 0이 된다. 즉 $Il_2B = mg \Rightarrow \therefore I = mg/(Bl_2)$와 같이 구해진다.

문제 38 반경 R인 원형도선을 그림과 같이 90° 각도로 반으로 접었을 때 중심 P에서의 자기장의 세기와 방향을 구하라.

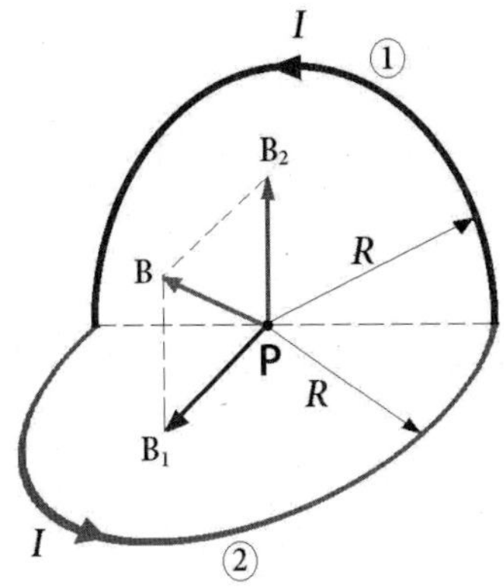

답. 원환의 중심에서의 자기장은 $B = \mu_o I/(2R)$이다. 이 문제에서는 두 개의 반 원환으로 분리되어 있어서 각 반 원환이 주는 자기장의 크기는 $B = \mu_o I/(4R)$로 같으나 자기장의 방향은 다르다. 자기장의 방향은 그림과 같은 방향이고 크기는 $B = \sqrt{2}\,\mu_o I/(4R)$이다.

문제 39 아래 그림은 두 개의 긴 선이 반경 R인 원형의 일부분과 연결된 것을 보여 주고 있다. 원형의 일부분은 각도 θ인 원호이다. 이 도선에는 전류 I가 그림에서와 같은 방향으로 흐르고 있다.

(a) P점에 발생하는 자기장의 크기와 방향을 구하라.

(b) 전하량 $+q$인 전하가 P점에 놓일 경우 자기장에 의해 받는 힘을 구하라.

(c) P에 다른 도선이 지면(紙面)에 수직하게 놓인다고 하자. 이 도선에 지면에서 나오는 방향으로 전류 I가 흐른다고 할 때 이 도선에 작용하는 단위길이당 자기력을 구하라.

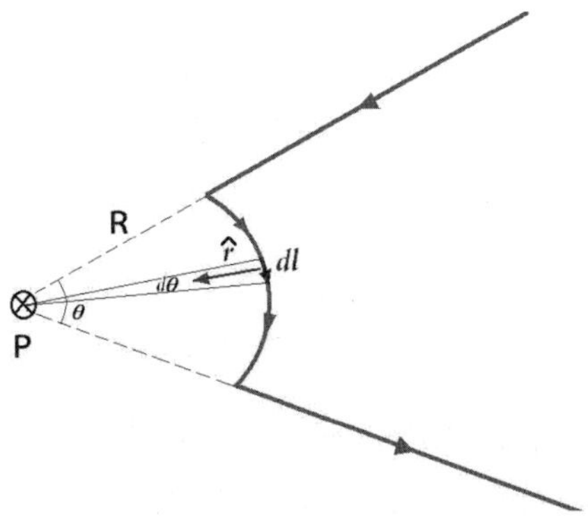

답. 직선 부분은 P점에 자기장을 만들지 못한다. 이는 단위 벡터 $\hat{r}$이 벡터 $\vec{l}$과 평행이어서 $\hat{r} \times \vec{l}$이 0이 되기 때문이다. 따라서 P점에 자기장을 주는 것은 원호뿐이다. Biot-Savart 법칙을 이용하면 $d\theta$ 원환에 의한 자기장은

$$dB = \frac{\mu_0}{4\pi}\frac{Idl}{r^2} = \frac{\mu_0}{4\pi}\frac{I(Rd\theta)}{R^2} = \frac{\mu_0 I}{4\pi R}d\theta \tag{5-198}$$

로 주어진다. 전체 원호에 의한 P점에 발생하는 자기장의 세기는 $\theta = 0$에서 θ까지 적분하면

$$B = \int_0^\theta dB = \frac{\mu_0 I \theta}{4\pi R} \tag{5-199}$$

로 주어진다. 자기장의 방향은 지면 안으로 들어가는 방향이다.

(b) 전하를 P점에 놓는다면 자기장에 의해 아무런 힘을 받지 않는다. 전하가 힘을 받는 것은 전하가 움직일 때뿐이다($\overrightarrow{F_B} = q\vec{v} \times \vec{B}$).

(c) 원호에 흐르는 전류에 의해 발생하는 자기장은 지면 안쪽 방향인데 도선에 흐르는 전류는 지면에서 나오는 방향이다. 따라서 $\vec{l}$과 $\vec{B}$가 평행이고 반대 방향이므로 도선은 힘을 받지 않는다 ($\vec{F} = I\vec{l} \times \vec{B}$).

문제 40 그림과 같은 구조에서 중심 P에서의 자기장의 세기와 방향을 구하라.

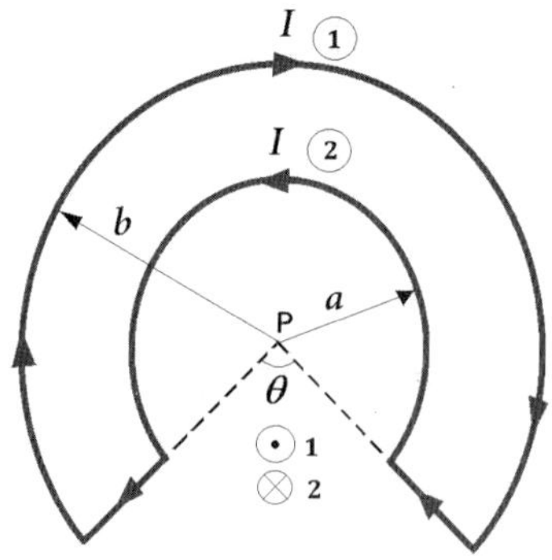

답. 직선 부분은 중심에 자기장을 형성하는 데 기여하지 않는다. 곡선부분이 중심에 대한 자기장의 기여는 원형도선에 대한 자기장인 $B = \mu_o I/(2R)$을 사용하면 된다. 여기서 각 원호의 길이는 각 θ부분을 빼 주어야 하므로 $(2\pi - \theta)a$와 $(2\pi - \theta)b$가 된다. 따라서 P점의 자기장은

$$B = \frac{\mu_0 I}{4\pi}\left[\int_a \frac{dl}{r^2} - \int_b \frac{dl}{r^2}\right] = \frac{\mu_0}{4\pi}\left[\frac{(2\pi-\theta)a}{a^2} - \frac{(2\pi-\theta)b}{b^2}\right] = \frac{\mu_0 I(b-a)(2\pi-\theta)}{4\pi ab} \quad (5\text{-}200)$$

로 주어진다. 두 선이 만드는 자기장의 방향은 반대방향이므로 그 차이를 구하였다. 전체적인 자기장은 지면에서 나오는 방향이다.

문제 41 그림과 같이 전류 I_1이 흐르는 도체 봉이 있고, 그 외곽에는 전류 I_2(I_1과 반대방향)가 흐르는 도체 원통 구각이 놓여 있다. 도체 봉과 도체구각 사이 지점에서의 자기장과 도체구각 외부의 지점에서의 각각 자기장을 구하라. 여기서 $I_1 > I_2$이다.

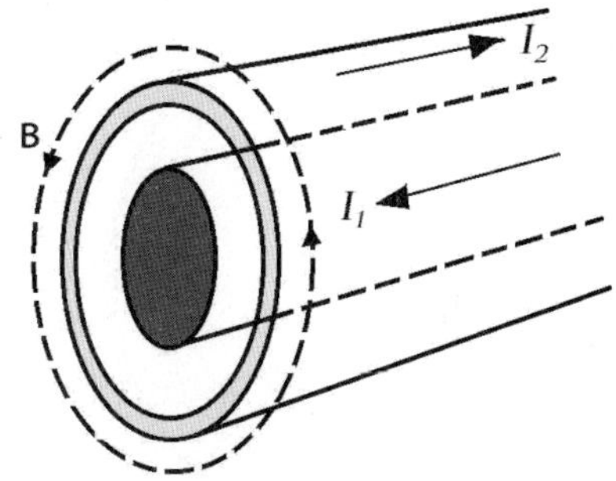

답. 도체 봉과 도체구각 사이 지점에서의 자기장은 Ampere법칙에서 선 적분 구간 안의 전류는 I_1이 있으므로 $B = \mu_o I_1/(2\pi r)$이다. 자기장의 방향은 반시계 방향이다. 도체구각 외부 지점에서는 Ampere 선적분 구간 안에 전류는 $I_1 - I_2$이므로 자기장은 $B = \mu_o (I_1 - I_2)/(2\pi r)$이다. 자기장의 방향은 $I_1 > I_2$이므로 반시계 방향이다.

문제 42 동일한 방향의 전류 I_1과 I_2가 흐르는 무한도선이 거리 R 떨어져 놓여 있다. 두 도선 사이에 자기장이 0이 되는 지점을 구하라.

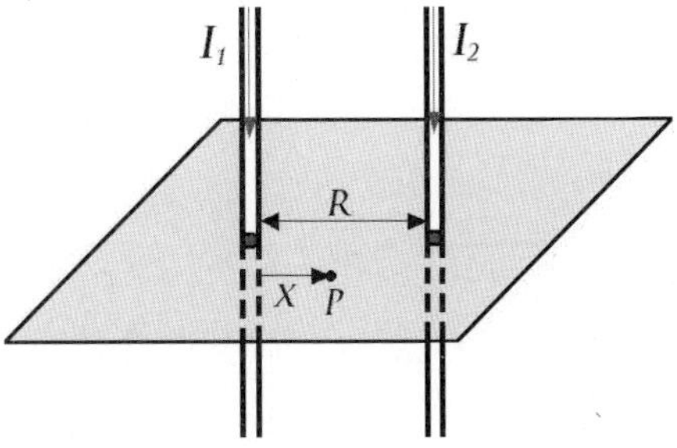

답. 두 도선 사이 임의의 지점에서 두 도선에 의해 만들어지는 자기장의 방향은 반대이다. I_1에서 x떨어진 지점에서 자기장이 0이 된다고 가정하면

$$B_x = \frac{\mu_o I_1}{2\pi x} - \frac{\mu_o I_2}{2\pi(R-x)} = 0 \quad (5\text{-}201)$$

에서 $x = I_1 R/(I_1 + I_2)$를 구할 수 있다.

문제 43 그림과 같은 반경 R_1과 R_2로 구성된 환선에 전류 I가 흐른다고 하자. 두 반원의 중심인 P에 형성되는 자기장을 구하라.

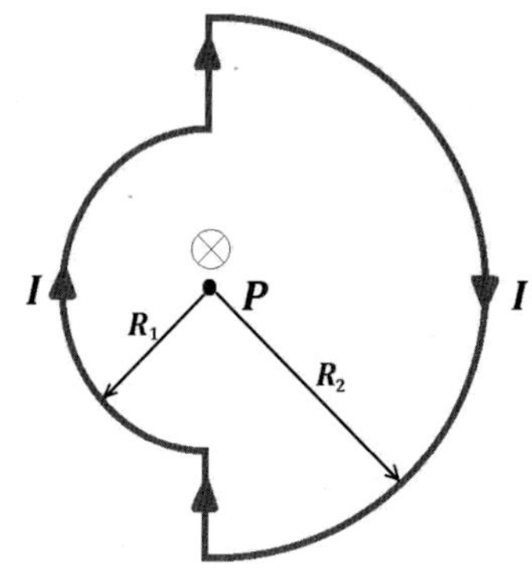

답. 두 반원이 형성하는 자기장의 방향은 동일하다. 즉, 지면으로 들어가는 방향이다. 반경 R인 원환에 전류 I가 흐를 경우 그 중심의 자기장의 크기는 $B = \frac{\mu_o I}{2\pi R}$로 주어진다. 그런데 위의 예에서는 반원이므로 자기장은 각각 $\frac{\mu_o I}{4\pi R_1}$와 $\frac{\mu_o I}{4\pi R_2}$이다. 두 자기장의 방향은 같으므로 전체적인 자기장은 $\frac{\mu_o I}{4\pi}\left(\frac{1}{R_1} + \frac{1}{R_2}\right)$이다.

문제 44 자기장 $0.2T$ 안에서 반경 3cm인 원환이 그림에서와 같이 0.5sec 사이에 45° 회전하였다. 원환에 유도되는 기전력을 구하라. 그리고 전류가 흐르는 방향을 구하라.

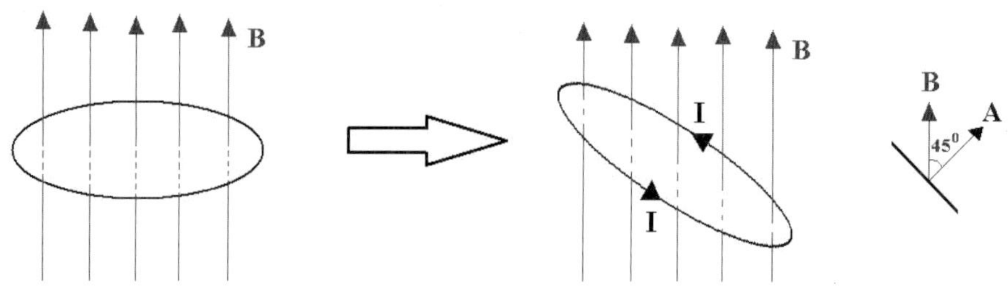

답. $\epsilon = -\frac{\Delta\Phi_B}{\Delta t} = \frac{BA - BA\cos 45^o}{\Delta t} = 3.4\times 10^{-4}\ V$이다. 여기서 $\Delta\Phi_B$는 감소하였다. 따라서 이의 감소를 방해하는 방향으로 전류가 흘러야 한다. 즉, 위 방향으로 자속을 증가시키기 위해서는 원환의 전류는 반시계방향으로 흘러야 한다.

문제 45 길이 l, 폭 y이고 저항이 R인 사각형 모양의 폐곡선(loop)이 전류 I가 흐르는 무한도선에서 r 떨어진 위치에 놓여 있다.

(a) 폐곡면을 통과하는 총 자속을 구하라.

(b) 무한도선에 흐르는 전류가 시간에 따라 $a = dI/dt$율로 변할 때 도선에 흐르는 전류의 크기와 방향을 구하라.

(c) 무한도선과 폐곡선 사이의 상호인덕턴스를 구하라.

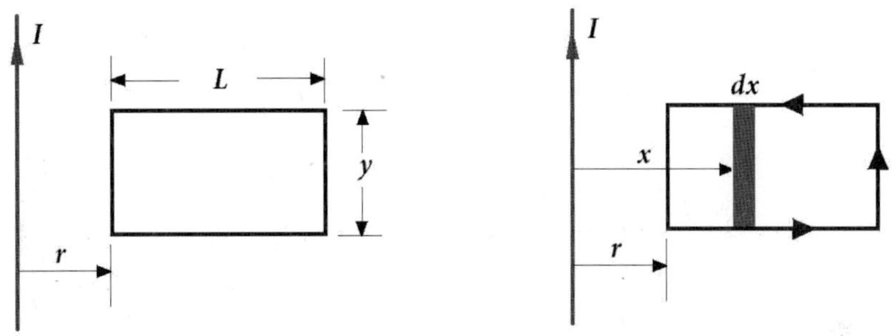

답. (a) 무한도선에서 x 떨어진 위치의 자기장은 $B = \mu_o I/(2\pi x)$이다. 그림에서와 같이 폭 dx인 임의의 띠를 생각하면 이 띠를 통과하는 자속은

$$d\Phi_B = BdA = B(ydx) = \frac{\mu_0}{2\pi}\frac{I}{x}ydx \quad (5\text{-}202)$$

이다. 폐곡선을 통과하는 총 자속은 이 띠의 자속을 $x = r$에서 $x = r + l$까지 적분하면 된다.

$$\Phi_B = \oiint d\Phi_B = \int_{x=r}^{x=r+L} \frac{\mu_0}{2\pi}\frac{I}{x}ydx = \frac{\mu_0 Iy}{2\pi} ln\frac{r+L}{r} \quad (5\text{-}203)$$

이다.

(b) Faraday의 법칙에 의해 폐곡선에 유도되는 기전력은

$$\epsilon = -\frac{d\Phi_B}{dt} = -\frac{d}{dt}\left(\frac{\mu_0 I y}{2\pi} ln\frac{r+L}{r}\right) = -\left(\frac{\mu_0 y}{2\pi} ln\frac{r+L}{r}\right)\frac{dI}{dt} \tag{5-204}$$

이다. 따라서 폐곡선에 흐르는 전류는 $a = dI/dt$를 이용하면

$$I = \frac{\epsilon}{R} = \left(\frac{\mu_0 y}{2\pi R} ln\frac{r+L}{r}\right)a \tag{5-205}$$

이다. 전류의 증가에 의해 지면으로 향하는 자속이 증가하므로 이를 방해하기 위해 폐곡선에는 반시계 방향의 전류가 흘러야 한다.

(c) 상호 인덕턴스의 정의인 $M = \frac{\Phi_B}{I}$에서 $M = \frac{\mu_0 y}{2\pi} ln\frac{r+L}{r}$이다.

문제 46 길이 l, 질량 m, 저항 R인 도선이 저항을 무시할 수 있는 레일(rail) 위에 놓여 있다. 그리고 균일한 자기장 B가 그림과 같은 방향으로 걸려 있다. 도선은 레일 위에 자유롭게 움직일 수 있고 도선과 레일 사이의 마찰은 무시한다. $t=0$에서 도선이 오른쪽으로 초기 속도 v_0로 움직인다고 하자.

(a) 순간속도 v에서 도선에 흐르는 전류의 크기와 방향을 구하라.

(b) 임의의 시간 t에서의 속도를 구하라.

(c) $t=0$에서의 속도의 $1/e$배만큼 줄어들 때까지 걸린 시간을 구하라.

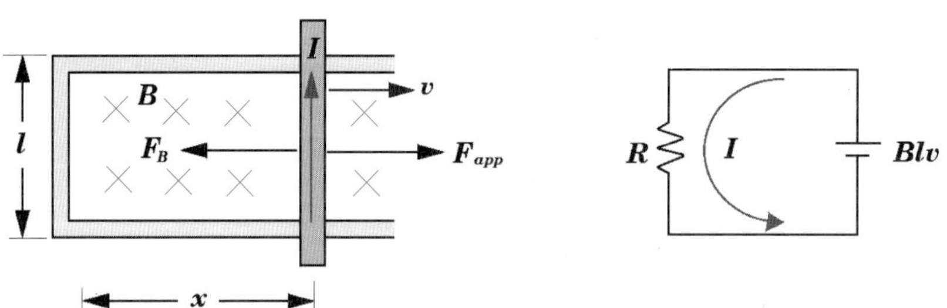

답. (a) 도선이 이동하면 사각형의 도형을 통과하는 자속은 지면으로 들어가는 방향으로 증가한다. 임의의 길이 x에서의 자속은 $\Phi_B = BA = Blx$이다. Faraday의 법칙에서 자속의 변화에 따라 유도되는 emf는 $\epsilon = - d\Phi_B/dt = Bl(dx/dt) = Blv$이다. 따라서 도선에 흐르는 전류의 세기는 $I = \epsilon/R = (Blv)/R$이다. 전류의 방향은 지면방향으로의 자속이 증가하므로 이를 방해하기 위해서는 지면 반대방향으로 자기장이 형성되어야 한다. 따라서 도선에 흐르는 전류의 방향은 아래에서 위 방향이어야 한다.

(b) 자기장 B에서 도선을 흐르는 전류에 의해 작용하는 자기력은 $\overrightarrow{F_B}=\vec{Il}\times\overrightarrow{B}$이다, 따라서 이 자기력의 방향은 왼쪽이다. 이 힘에 의해 도선은 왼쪽으로 힘을 받아 속도가 감소하게 된다. 자기력의 크기는 위 (a)의 I에 대한 표현을 이용하면 $F_B = IlB = (B^2l^2v)/R$이다. 따라서 Newton의 제2법칙에 의해

$$F_B = ma = m\frac{dv}{dt} \Rightarrow \therefore m\frac{dv}{dt} = -\frac{B^2l^2v}{R} \tag{5-206}$$

이다. 위 식은 $\frac{dv}{v} = -\frac{B^2l^2}{mR}dt$이므로 이를 적분하면 $v(t) = v_0 e^{-\frac{B^2l^2}{mR}t}$를 얻는다.

(c) 위의 결과에서 $\frac{v}{v_0} = e^{-\frac{B^2l^2}{mR}t}$이므로 $\frac{v}{v_0} = \frac{1}{e}$에서 $t = \frac{mR}{B^2l^2}$을 구할 수 있다.

문제 47 그림과 같이 작은 원환(반경 r)이 전류 I가 흐르는 무한도선에서 x_2 떨어진 위치에서 x_1 떨어진 위치로 이동한다고 하자. 원환의 저항은 R이라고 한다. 원환이 x_2에서 x_1으로 이동하는데 t초가 걸렸다고 할 때 원환에 유도되는 전류의 크기와 방향을 구하라.

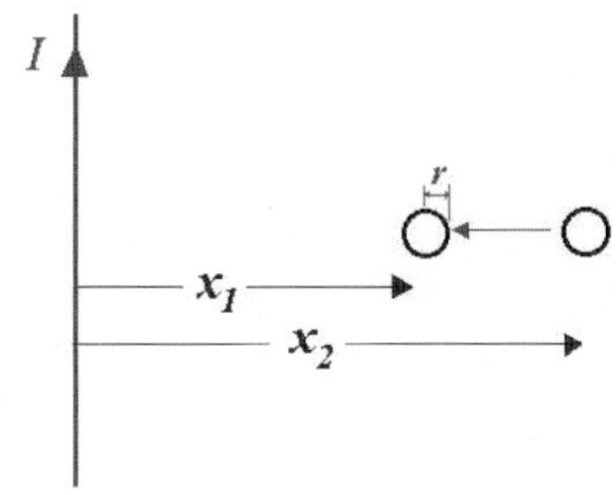

답. 원환의 반경이 작다고 가정했으므로 원환 안의 자기장은 균일하고 원환의 중앙의 자기장으로 근사된다. 무한도선에 의한 자기장은 $B = (\mu_o I)/(2\pi r)$이다. 원환이 움직이는 동안 자속은 변하므로 x_1과 x_2 위치에서의 자속의 변화에 따라 원환에 전류가 유도된다. Faraday의 법칙에서 원환에 유도되는 emf는

$$\epsilon = -\frac{\Delta\Phi_B}{\Delta t} = -\pi r^2 \frac{\mu_o I/(2\pi x_1) - \mu_o I/(2\pi x_2)}{t} = -\frac{\mu_0 I r^2 (x_2 - x_1)}{2t x_1 x_2} \tag{5-207}$$

이다. 따라서 유도되는 전류의 크기는

$$I = \frac{\epsilon}{R} = \frac{\mu_0 I r^2 (x_2 - x_1)}{2t x_1 x_2 R} \tag{5-208}$$

이다. 전류의 방향은 원환이 이동함으로써 지면으로 향하는 자속이 증가하므로 원환에 흐르는 전류는 이를 방해하기 위해 지면 밖으로 자기장을 형성해야 한다. 따라서 전류의 방향은 시계 반대방향이다.

문제 48 경사각 θ의 경사면에 놓인 폭 L인 ㄷ자 모양의 레일(rail) 위에서 자유롭게 움직일 수 있는 질량 m이고 저항 R인 도선이 있다. 그리고 균일한 자기장 B가 그림과 같이 수직으로 걸려 있다. 레일과 도선 사이의 마찰은 무시하고 레일의 전기저항도 무시한다.

(a) 순간속도 v로 레일 위에서 도선이 미끄러져 내려온다고 할 때 도선에 유도되는 기전력과 도선에 흐르는 전류의 세기와 방향을 구하라.

(b) 도선은 최종적으로 일정한 속도로 내려오는데 이 종단속도를 구하라.

(c) 위의 (b)에서와 같이 일정한 속도로 내려올 때 도선에서 소비되는 전력은 중력이 한 일과 같음을 보여라.

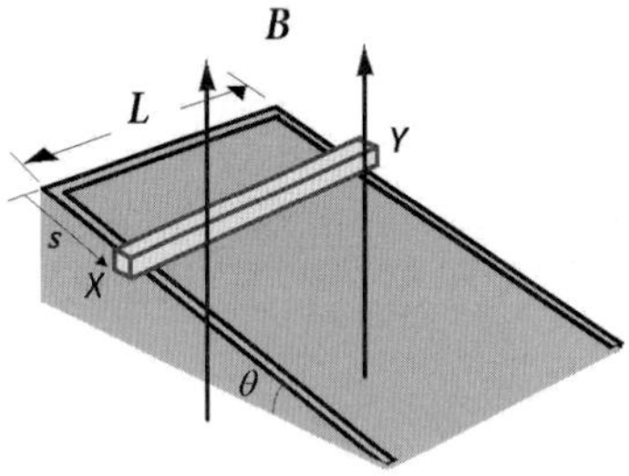

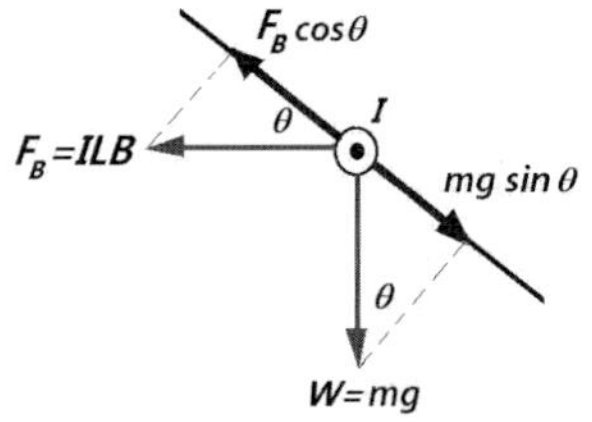

답. (a) 도선이 내려올 때 자속은 위쪽으로 증가한다. 자속증가에 따라 유도되는 기전력은

$$\epsilon = -\frac{d\Phi_B}{dt} = -\frac{d(BLs\cos\theta)}{dt} = -BL\cos\theta\frac{ds}{dt} = -BLv\cos\theta \quad (5\text{-}209)$$

이다. 따라서 도선에 흐르는 전류는

$$I = \frac{\epsilon}{R} = \frac{BLv\cos\theta}{R} \quad (5\text{-}210)$$

이다. Lentz의 법칙에 따라 자속이 위 방향으로 증가하므로 이를 방해하기 위해서는 아래 방향으로의 자기장을 형성해야 하므로 전류의 방향은 $Y \rightarrow X$방향이다.

(b) 일정한 속도로 내려오기 위해서는 막대에 작용하는 전체 힘이 0이 되어야 한다. 위 그림에서 도선에 작용하는 힘이 0이 되기 위해서는 $ILB\cos\theta = mg\sin\theta$ 이다. I의 값을 대입하여 정리하면

$$v = \frac{mgR\sin\theta}{B^2L^2\cos^2\theta} \tag{5-211}$$

이다.

(c) 도선에 전류가 흐름에 따른 Joule열로 단위시간당 발생하는 열은 I^2R이므로

$$P_I = I^2R = \left(\frac{BLv\cos\theta}{R}\right)^2 R \tag{5-212}$$

이다. 이 식에 위 (b)에서 구한 v의 표현을 대입하여 정리하면

$$P_I = \frac{m^2g^2R\sin^2\theta}{B^2L^2\cos^2\theta} \tag{5-213}$$

이다. 반면에 중력이 한 일률은

$$P_g = \vec{F}\cdot\vec{v} = mg\sin\theta\, v = \frac{m^2g^2R\cos^2\theta}{B^2L^2\cos^2\theta} \tag{5-214}$$

로서 Joule열과 동일하다.

문제 49 아래 그림과 같은 구조로 원환을 배치한다고 하자. 원환의 반경은 모두 $a = 10cm$이고, 원환이 서로 떨어진 거리는 $2a$이다. $I_1 = 20A$, $I_2 = 30A$인 경우 원점에서의 자기장의 크기와 이 자기장이 x축과 이루는 각도를 구하라.

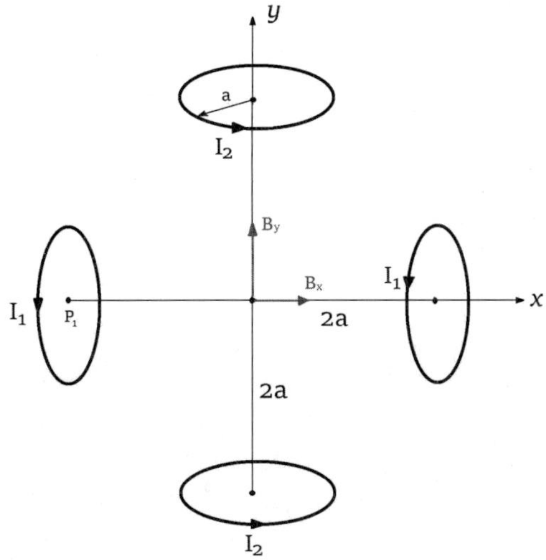

답. 원환에 의한 자기장은 식 5-106으로 구할 수 있다. 여기서 $R = a$, $x = 2a$이다. 자기장의 x성분은 x축에 있는 두 원환에 의해 만들어지므로 $B_x = \frac{\mu_o I_1}{5\sqrt{5}\,a} = 22.47\mu T$이다. 그리고 자기장의 y성분은 y축에 있는 두 원환에 의해 만들어지므로 $B_x = \frac{\mu_o I_2}{5\sqrt{5}\,a} = 33.7\mu T$이다. 따라서 자기장의 크기는 $B = \sqrt{B_x^2 + B_y^2} = 40.5\mu T$이고 x축과 이루는 각도는 $\theta = \tan\frac{B_y}{B_x} = 56.3^o$이다.

문제 50 $B = 0.1\,T$의 정자기장 속에서 반경 $r = 5cm$이고 1,000번 감긴 환선이 60Hz로 회전하고 있다. 어떤 순간에 그림과 같이 환선의 면방향이 자기장에 대해 30^o이다. 그리고 이때 환선을 흐르는 전류는 0.1A이다. (a) 환선이 회전하는 순간의 일률은 얼마인가? (b) 자기장에 의해 만들어지는 순간 emf는 얼마인가?

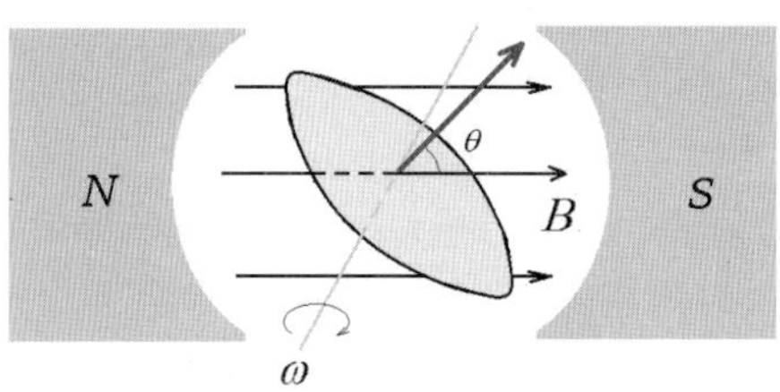

답. $\vec{\tau} = \vec{\mu} \times \vec{B}$ 에서 토오크의 크기는 $\tau = \mu B\sin\theta = (NIA)B\sin\theta = 0.039\,Nm$이다. (a) 일률은 $P = \tau\omega = \tau(2\pi f) = 14.80\,W$이다. (b) 전력은 전압과 전류의 곱인 $P = \epsilon I$이므로 $\epsilon = \frac{P}{I} = 148\,V$이다.

문제 51 전하 q가 반경 a인 원환의 중심으로 속도 v로 다가가고 있다. (a) 전하 q와 원환의 중심 사이의 거리가 x일 때 원환을 통과하는 전기 선속(flux) ϕ_E을 구하라. (b) 원환에 유도되는 자기장의 크기가 방향을 구하라.

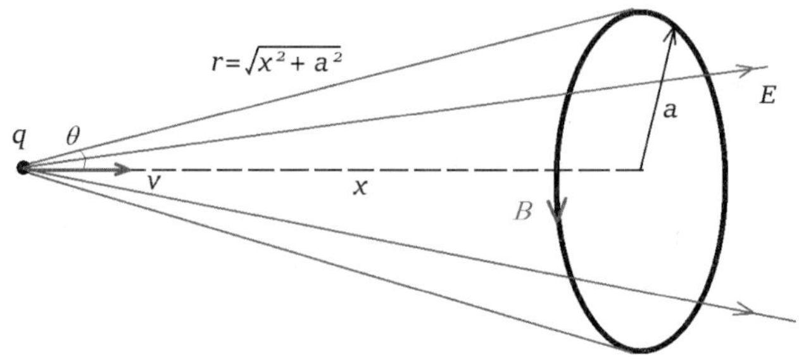

답. (a) 원환의 면적은 $r = \sqrt{x^2 + a^2}$ 인 구의 일부분이다. 이 면적은 구 표면 중에서 각도 θ부분에 해당된다. 따라서 면적은

$$A = \int_0^\theta 2\pi r \sin\theta'(rd\theta') = 2\pi r^2(1-\cos\theta) = 2\pi(x^2+a^2)\left[1-\frac{x}{\sqrt{x^2+a^2}}\right] \quad (5\text{-}215)$$

와 같이 계산된다. 전기 선속은 $\phi_E = AE$이고 $E = \frac{q}{4\pi\epsilon_o r^2}$이므로

$$\phi_E = \frac{q}{2\epsilon_o}\left[1-\frac{x}{\sqrt{x^2+a^2}}\right] \quad (5\text{-}216)$$

이다. (b) Ampere의 법칙은 $\oint \vec{B} \cdot d\vec{l} = \mu_o\epsilon_o \frac{d\phi_E}{dt}$ 이고, 위 식을 미분하여$(d\phi_E/dt)$ 정리하면

$$B = \frac{\mu_o}{4\pi}\frac{qva}{(x^2+a^2)^{3/2}} \quad (5\text{-}217)$$

을 얻는다. 여기서 $\frac{dx}{dt} = -v$를 이용하였다. 자기장의 방향은 그림에 표시해 두었다.

문제 52 길이 60cm인 도선을 구부려 그림과 같은 구조를 만들었다. 이 구조에서 그림과 같은 방향으로 전류 $i = 3A$가 흐르고 있다. 그리고 자기장이 $\vec{B} = 3\hat{k}\,[T]$ 가 걸려 있다. (a) 환선의 자기모멘트의 크기와 방향을 구하라. (b) 환선에 작용하는 토오크의 크기와 방향을 구하라. 토오크가 작용하는 축은 어디에 있는가?

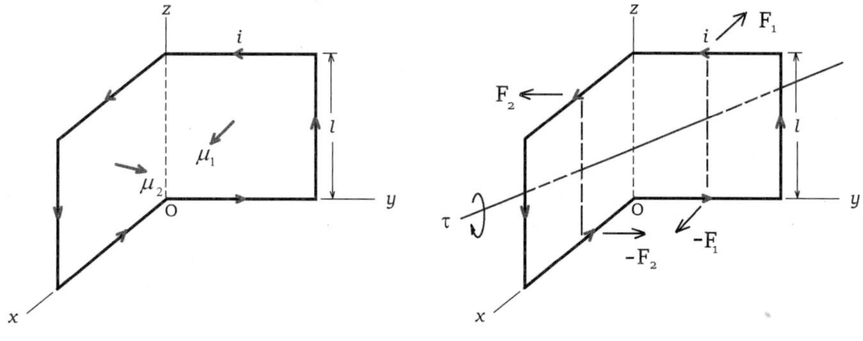

답. (a) $l = 10cm$이다. $\vec{\mu}_1 = i\vec{A} = 0.03\,\hat{i}\ [Am^2]$이다. 그리고 $\vec{\mu}_2 = i\vec{A} = 0.03\,\hat{j}\ [Am^2]$이다. 따라서 전체적인 자기모멘트는 두 양의 벡터합인 $\vec{\mu} = \vec{\mu_1} + \vec{\mu_2} = 0.03(\hat{i}+\hat{j})$ 이다. 자기모멘트의 크기는 $\mu = 0.042\,[Am^2]$이고 방향은 OX 또는 OY 축에 대해 45° 방향이다. (b) 환선에 작용하는 토오크는 $\vec{\tau} = \vec{\mu}\times\vec{B} = 0.09(\hat{i}-\hat{j})[Nm]$ 이다. 토오크의 크기는 $\tau = 0.013\,Nm$이고 방향은 OX 축에 대해 45°, OY 축에 대해 135°, OZ 축에 대해 90^o이다.

문제 53 그림과 같은 회로가 있다. $\epsilon = 20V$, $R_o = 50\Omega$, $R = 150\Omega$, $L = 5H$이다. 스위치 S는 처음에는 열려 있다. 전류가 평형에 도달한 후 스위치 S를 닫았다. 이에 따라 저항 R과 인덕터 L이 닫히게(short circuiting) 된다. 스위치 S가 닫힌 후 0.02초에 스위치 쪽으로 흐르는 전류의 크기와 방향을 구하라.

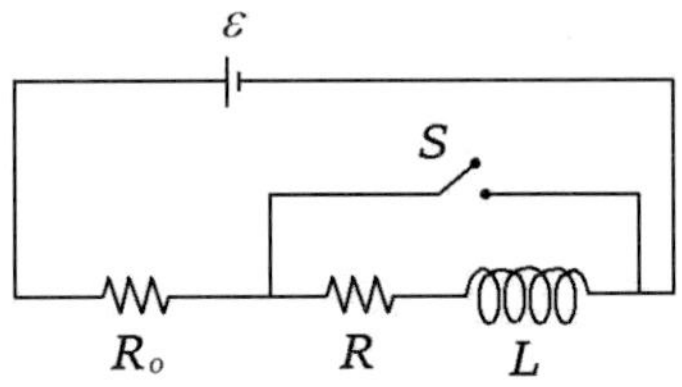

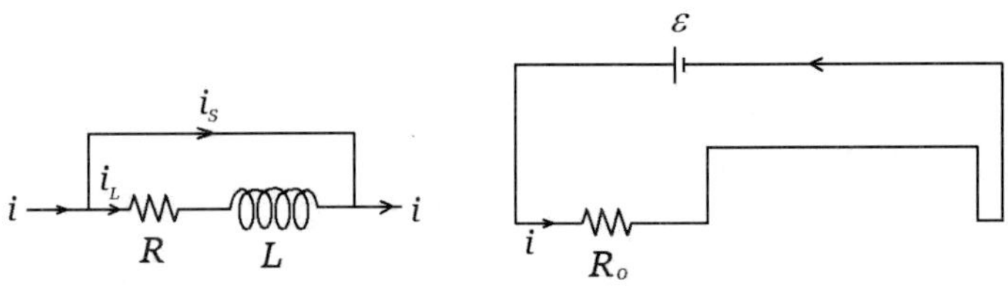

답. 스위치가 닫힌 후 스위치 쪽으로 전류 i_S, 인덕터 쪽으로 전류 i_L이 흐른다고 하자. 이 폐회로에 Kirchhoff 법칙을 적용하면 $i_L R + L\frac{di}{dt} = 0$이고, 이를 풀면 $i_L(t) = i_o e^{-\frac{R}{L}t}$가 구해진다. 여기서 $i_o = \frac{\epsilon}{R+R_o}$이다. 스위치가 닫힌 후 평형전류는 $i = \frac{\epsilon}{R_o}$이고, 인덕터에 의해 평형전류에 도달하는 데 시간이 걸리게 된다. 즉, 이 관계는 그림에서 보듯이 $i_S = i - i_L$이므로

$$i_S(t) = i - i_L(t) = \frac{\epsilon}{R} - \frac{\epsilon}{R+R_o} e^{-\frac{R}{L}t} \qquad (5\text{-}218)$$

로 주어진다. $t = 0.02s$에서 $i_S = 0.35A$로 주어진다.

문제 54 I 영역과 II 영역에서 한곳에는 전기장이 걸려 있고, 다른 한곳에는 자기장이 걸려 있다. $q = 2\mu C$의 전하가 P 위치에 놓인다. 전하의 질량은 $1mg$이다. 전하는 그림과 같은 경로에 따라 움직이는 것이 관찰되었다. II 영역을 수평으로 빠져나오는 것이 관찰되었고, 그 속도는 $0.2m/\sec$로 측정되었다. (a) 어떤 영역에 전기장과 자기장이 각각 걸려 있는가? (b) $a = 10cm$라면 전기장과 자기장의 세기는 각각 얼마인가? (c) 중력은 무시할 정도로 작은가?

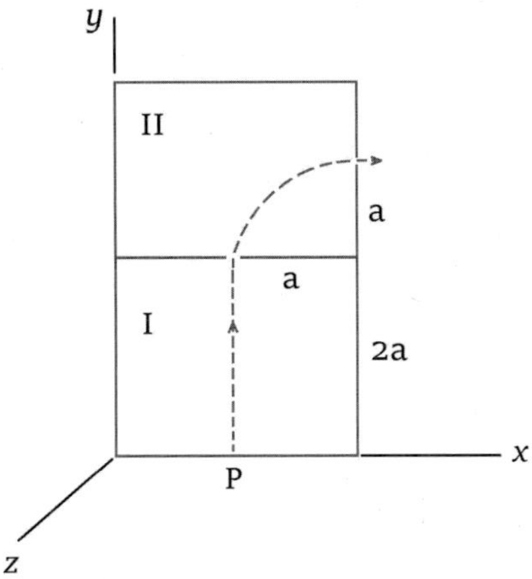

답. (a) P 위치에서 $v=0$로부터 직선운동을 하므로 I 영역에는 전기장 $\vec{E}=E_y\hat{j}$ 가 걸려 있어야 한다. 반면에 II 영역에서는 원운동을 하므로 자기장이 걸려야 한다. $\vec{F}_B=q\vec{v}\times\vec{B}$ 이므로 $\vec{B}=B_z\hat{k}$ 가 걸려야 한다. (b) I 영역에서 전하는 전기장에 의해 가속되므로 전하의 속도는 $\frac{1}{2}mv^2=qV=qEl=qE_y(2a)$로 구해진다. 측정된 속도는 $v=0.2m/\sec$이므로 $E_y=0.05V/m$이다. 여기서 자기장속에서 전하의 속도는 변하지 않는다는 사실을 이용하였다. 그리고 II 영역에서 $qvB_z=\frac{mv^2}{a}$이므로 $B_z=1T$로 구해진다. (c) $\frac{F_E}{F_G}=\frac{qE}{mg}=0.01$이므로 중력은 무시될 수는 없다.

문제 55 한 변의 길이가 5cm인 정사각형 모양의 토로이드(toroid)가 있다. 안쪽 반경은 $a=5cm$이고, 바깥쪽 반경은 $b=10cm$이다. 이 토로이드에 도선이 10,000회 감겨 있다. 그리고 도선의 저항은 0.2Ω이다. (a) 토로이드의 자기인덕턴스를 구하라. (b) 전류가 $2A$가 흐를 경우 토로이드에 저장되는 자기에너지는 얼마인가? (c) 외부 전류가 끊겼을 경우 회로에 흐르는 전류가 2A에서 1A로 감소하는 데 걸리는 시간을 구하라.

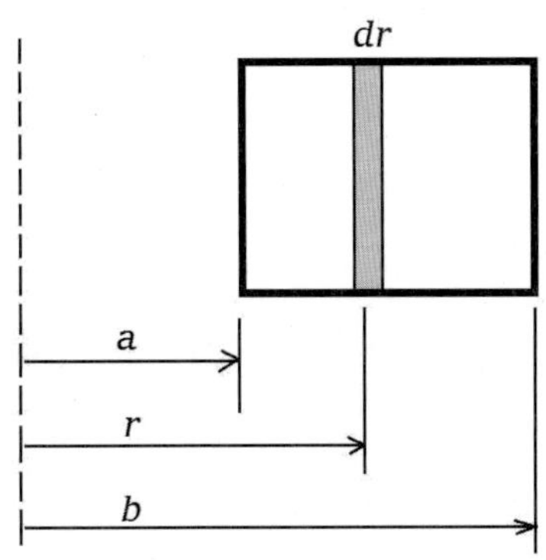

답. (a) Ampere의 법칙에서 $\oint \vec{B} \cdot d\vec{l} = \mu_o N i$ 이므로 $B = \frac{\mu_o N i}{2\pi r}$ 이다. 토로이드 내부를 통과하는 자속은

$$\phi_B = \oiint \vec{B} \cdot d\vec{A} = \int_a^b \frac{\mu_o N i}{2\pi r}(W dr) = \frac{\mu_o N i\, W}{2\pi} \ln\frac{b}{a} \tag{5-219}$$

이다. $N\phi_B = Li$ 이므로 자기인덕턴스는 $L = \frac{\mu_o N^2 W}{2\pi}\ln\frac{b}{a} = 0.69H$ 로 구해진다.
(b) $U_B = \frac{1}{2}Li^2 = 1.39J$ 이다. (c) RL회로이므로 전류는 $i(t) = \frac{\epsilon}{R}e^{-\frac{R}{L}t}$ 이다. 여기서 초기전류인 $\frac{\epsilon}{R} = 2A$ 였다. 따라서 전류가 2A에서 1A로 감소하는데 걸리는 시간은 $t = 2.4s$ 이다.

문제 56 길이 $l = 0.5m$ 이고, 반경 $r = 1cm$ 인 솔레노이드가 있다. 솔레노이드의 인덕턴스는 L 이고, 저항은 R 이다. 솔레노이드에 전류 $i = 10A$ 에서 $\frac{di}{dt} = 50A/\sec$ 로 전류가 증가한다. 이때 솔레노이드의 양단에 $V_{ab} = 150V$ 이 관찰되었다. 반면에 전류 $i = 10A$ 에서 $\frac{di}{dt} = -30A/\sec$ 로 전류를 감소시켰을 때 솔레노이드 양단에는 $V_{ab} = 130V$ 가 관찰되었다. (a) L 과 R 을 구하라. (b) 솔레노이드 안의 자기장이 균일하다고 가정할 때 전류 $10A$ 에 의해 형성되는 자기장의 세기와 감은 도선의 수 N 을 구하라.

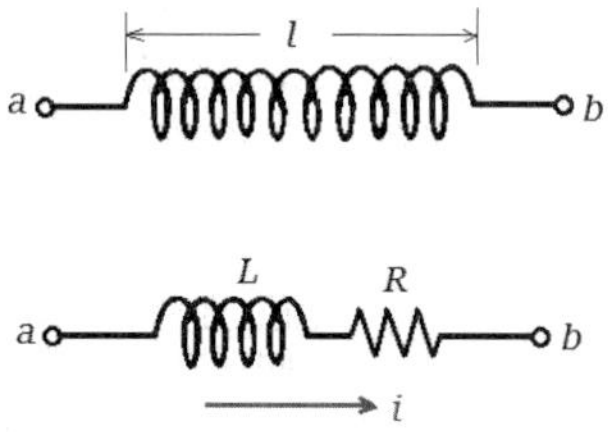

답. (a) 솔레노이드는 인덕터와 저항의 직렬로 생각할 수 있다. 따라서 $V_{ab} = iR + L\frac{di}{dt}$ 로 쓸 수 있다. $i = 10A$ 에서 $\frac{di}{dt} = 50A/\sec$, $V_{ab} = 150V$ 인 경우

$$10R + 50L = 150 \tag{5-220}$$

을 얻을 수 있다. 그리고 $i = 10A$ 에서 $\frac{di}{dt} = -30A/\sec$, $V_{ab} = 130V$ 인 경우

$$10R - 30L = 130 \tag{5-221}$$

이다. 위 두 식을 빼면 $L = 0.25H$ 를 구할 수 있고, 또한 $R = 13.8\Omega$ 이 구해진다.

(b) $B=\mu_o \frac{N}{l} i$이고, $L=\frac{N\phi_B}{i}=\frac{N}{i}B(\pi r^2)=\frac{\mu_o N^2 \pi r^2}{l}$이므로 $N=\sqrt{\frac{Ll}{\mu_o \pi r^2}}=17,800$이 구해지고 $B=0.45\,T$이다.

문제 57 그림과 같은 회로에서 각 전류는 $I_1=1A$, $I_2=2A$, $I_3=2A$로 측정되었다. 여기서 r은 전원의 내부저항으로서 모두 1Ω이다. $\epsilon_1=20\,V$, $R_1=6\Omega$, $R_2=4\Omega$, $R_3=2\Omega$이다. (a) ϵ_1, ϵ_2를 구하라. (b) $C=10\mu F$에 저장되는 전하량을 구하라.

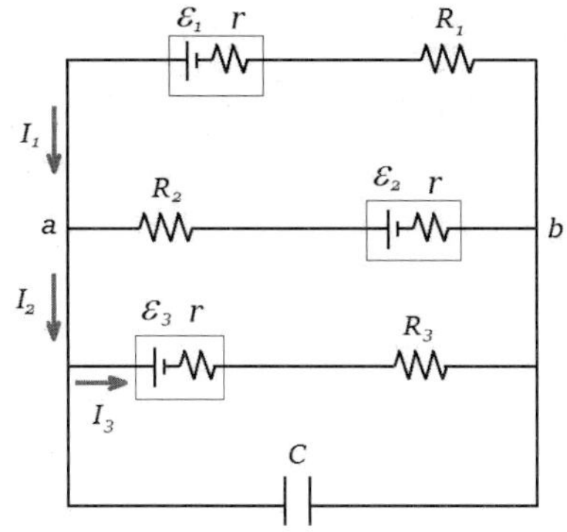

답. (b) a와 b 사이의 전압차이는 $V_a-\epsilon_1+I_1 r+R_1 I_1=V_b$이므로 $V_a-V_b=13\,V$로 구해진다. 따라서 $q=C(V_a-V_b)=130\mu C$이다. (a) 중간 회로에서 흐르는 전류는 $I_{ba}=I_2-I_1=1A$이다. 따라서 $V_a+I_{ba}R_2-\epsilon_1+I_{ba}r=V_b$이고, 주어진 값들을 대입하면 $\epsilon_2=V_a-V_b+5=18\,V$이다. 아래쪽 회로에서는 $V_a-\epsilon_3-I_3 r-I_3 R_3=V_b$이고 $\epsilon_3=V_a-V_b-6=7\,V$로 구해진다.

문제 58 $R=100\Omega$, $L=100mH$, $C=20\mu F$이 직렬로 연결된 RLC회로가 있다. 이 회로에 $V_{\rm rms}=20\,V$, $f=50Hz$인 전원을 연결한다고 하자. (a) 이 회로의 임피던스를 구하라. (b) $I_{\rm rms}$ 전류를 구하라. (c) 전류와 전압의 위상차를 구하라. 전압은 전류보다 위상이 앞서는가? 또는 뒤지는가? (d) 회로에서 소비되는 전력을 구하라. (e) 공명(resonance)을 위해서 새로운 축전기로 바꾸어야 한다. 공명을 위한 축전기의 용량은 얼마인가?

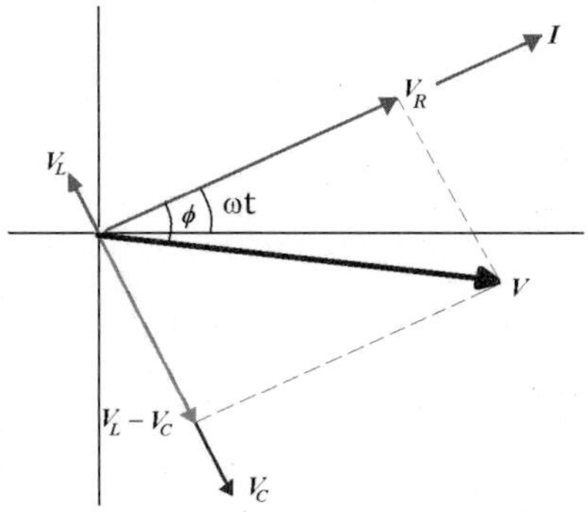

답. (a) $X_L=\omega L=2\pi fL=31.4\Omega$, $X_C=\frac{1}{\omega C}=\frac{1}{2\pi fC}=159.24\Omega$이므로 회로의 임피던스는 $Z=\sqrt{R^2+(X_L-X_C)^2}=162.31\Omega$와 같이 구해진다. (b) 회로를 흐르는 전류는 Ohm의 법칙에서 $I_s=\frac{V_s}{Z}=0.12A$이다. (c) 전류와 전압의 위상차는 $\phi=\tan^{-1}\frac{X_L-X_C}{R}=-52.97^o$이다. 따라서 전압이 전류에 비해 위상이 뒤진다. (d) 저항에서만 에너지가 소비된다. 즉, $P=I_{rms}^2R=1.44W$이다. 또는 $P=I_{rms}V_{rms}\cos\phi=1.44W$와 같이 구할 수도 있다. (e) 공명의 조건은 $X_L=X_C$인 경우이다. 이는 진동수 $\omega=\frac{1}{\sqrt{LC}}$에 해당한다. 전원의 진동수가 $f=50Hz$이므로 공명을 위해서는 이 진동수에 맞추어야 한다. $\omega=2\pi f$이므로 $C=\frac{1}{4\pi^2f^2L}=70.43\mu F$이다. 공명일 때는 전류와 전압 사이에 위상의 차이가 없다.

문제 59 $R=300\Omega$, $L=20mH$, $C=5\mu F$이 직렬로 연결된 RLC회로가 있다. 이 회로에 $V_s=10V$, $f=1kHz$인 전원을 연결한다고 하자. (a) 이 회로의 임피던스를 구하라. (b) I_{rms} 전류를 구하라. (c) 각 소자에 떨어지는 전압을 구하라. (d) 전류와 전압의 위상차를 구하라. 전압은 전류보다 위상이 앞서는가? (e) 회로에서 소비되는 전력을 구하라.

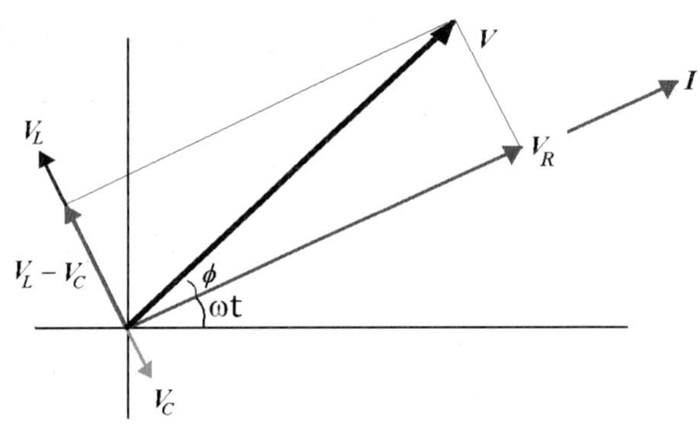

답. (a) $X_L=\omega L=2\pi fL=125.6\Omega$, $X_C=\frac{1}{\omega C}=\frac{1}{2\pi fC}=31.85\Omega$이므로 회로의 임피던스는 $Z=\sqrt{R^2+(X_L-X_C)^2}=314.31\Omega$와 같이 구해진다. (b) 회로를 흐르는 전류는 Ohm의 법칙에서 $I_s=\frac{V_s}{Z}=31.82mA$이다. (c) 저항에 떨어지는 전압은 $V_R=I_{rms}R=9.55V$, 인덕터에 떨어지는 전압은 $V_L=I_{rms}X_L=4V$, 축전기에 떨어지는 전압은 $V_C=I_{rms}X_C=1.01V$이다. (d) 전류와 전압의 위상차는 $\phi=\tan^{-1}\frac{X_L-X_C}{R}=17.35^o$이다. 따라서 전압이 전류에 대해 위상이 앞선다. (e) 저항에서만 에너지가 소비된다. 따라서 $P=I_{rms}^2R=0.3W$이다. 또는 $P=I_{rms}V_{rms}\cos\phi=0.3W$와 같이 구할 수도 있다.

제6장

광학

1. 광학이란 무엇인가?

광의의 의미에서 빛(light)은 모든 파장영역의 전자기파를 포함한다. 즉, 빛은 우주선(10^{-5}m)에서부터 라디오파 영역(수 m)의 전자기파를 망라한다. 반면에 협의의 의미에서 빛은 인간의 눈이 감지할 수 있는 전자기파 영역인 가시광선(visible light)만을 포함한다. 여기서 가시광선은 파장이 대략 400nm에서 700nm 사이의 전자기파이다.

광학은 인간의 눈으로 관측이 가능한 가시광선이 관련된 물리현상을 다룬다. 그리고 광학은 기하광학과 파동광학으로 나누어진다. 기하광학에서는 빛의 파장보다 훨씬 큰 광학기기와 관련된 물리현상들을 다룬다. 특히 거울이나 렌즈와 관련된 광학현상을 주로 다루고 있다. 반면에 파동광학은 빛의 파장에 비교할 수 있을(comparable) 정도의 광학기기에 관련된 광학현상을 다룬다. 즉, 슬릿(slit)이나 회절격자 등에 관련된 광학현상을 다룬다. 이러한 광학기기에서는 간섭이나 회절현상이 주요관심분야이다. 또한 이러한 기기들을 이용하여 빛을 분석한다.

2. 빛의 반사와 굴절

빛이 어떤 매질을 통과할 때의 속도는

$$v = \frac{c}{n} \tag{6-1}$$

로 표현된다. 여기서 c는 진공 속에서의 빛의 속도이고 n은 매질의 굴절률(refractive index)이다. 굴절률은 1보다 크다. 물의 굴절률은 1.33이고 렌즈에 사용되는 유리의 굴절률은 대략 1.5 근방이다.

빛은 두 매질의 경계면에서 반사와 굴절(투과)을 한다. 어느 정도 반사되고, 어느 정도 투과되느냐는 빛이 어떤 경계면을 만나느냐에 따라 다르다. 공기 중에 있는 거울 면에서 빛은 거의 반사한다. 반면에 공기 중에 있는 유리면에서는 빛은 거의 투과한다.

그림과 같이 빛이 굴절률 n_1인 매질에서 굴절률 n_2인 매질로 진행하는 경우를 보자. 빛은 두 경계면에서 반사와 투과를 한다. 반사되는 빛의 양과 투과되는 빛의 양은 두 매질의 굴절률에 따라 다르다. 그리고 반사와 투과가 되는 방향은 반사의 법칙과 굴절의 법칙에 따른다. 반사의 법칙은 다음과 같다.

첫째, 반사는 입사하는 빛과 동일한 평면에서 이루어진다.

둘째, 입사각과 반사각은 동일하다. 즉, $\theta_i = \theta_r$이다.

그리고 굴절의 법칙은 다음과 같다.

첫째, 굴절은 입사하는 빛과 동일한 평면에서 이루어진다.

둘째, 입사각과 굴절각 사이에는 $n_1 \sin\theta_i = n_2 \sin\theta_t$의 관계가 있다.

굴절의 법칙은 Snell의 법칙이라고도 부른다.

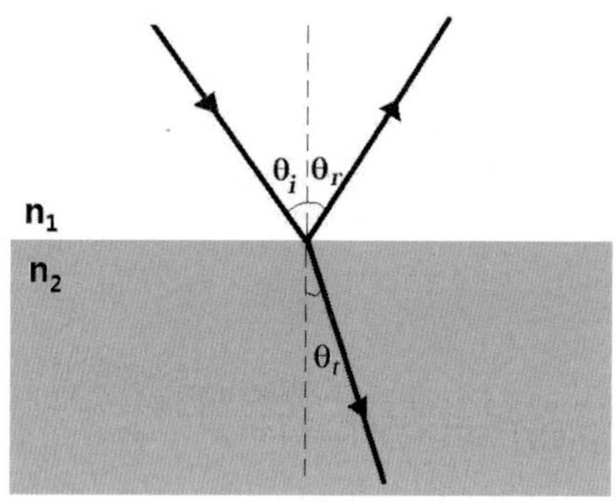

그림 6-1. 경계면에서의 빛의 반사와 굴절

반사와 굴절의 법칙은 기하학적으로 쉽게 증명된다. 입사면과 같은 평면에서 반사와 굴절이 이루어지는 것은 Fermat의 원리로 빛이 최단거리를 택하기 때문이다.

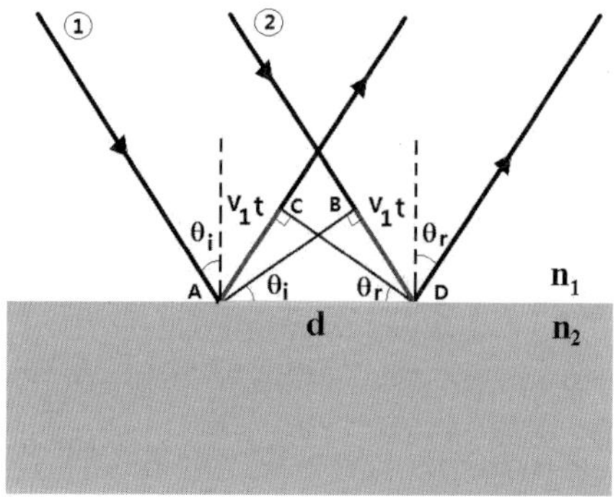

그림 6-2. 반사의 법칙

그림 6-2에서와 같이 광선(ray) ①과 ②를 생각해 보자. 광선 ①이 경계면(A)에 도달했을 때 광선 ②는 경계면에 도착하지 못하고 B지점에 도착한다. 그리고 반사된 광선 ①이 C지점에 도달하면 광선 ②는 경계면(D)에 도착하게 된다. 이 시간 동안 광선이 이동한 시간을 t라고 하면 그림에서와 같이 AC와 BD는 모두 $v_1 t$이다. 여기서 v_1은 매질 n_1에서의 빛의 속도이다. 그리고 $v_1 t = d\sin\theta_i = d\sin\theta_r$이므로 $\theta_i = \theta_r$을 얻을 수 있다.

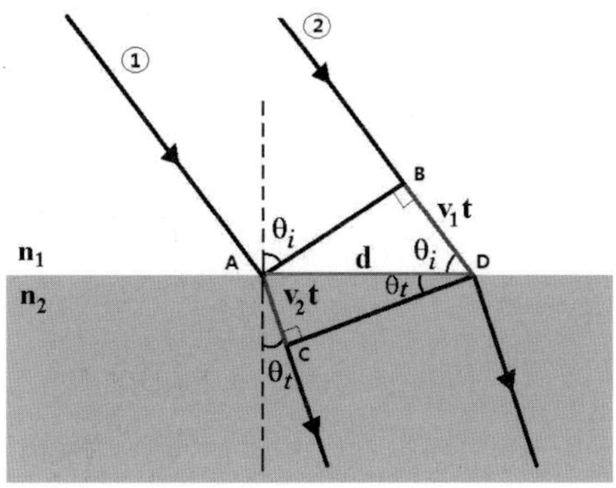

그림 6-3. 굴절의 법칙

그림 6-3에서 광선 ①이 경계면 A에 도착할 때 광선 ②는 B지점에 도달한다. 그리고 시간 t가 경과한 후 광선 ①은 거리 $v_2 t$를 이동한다. 그동안 광선 ②는 경계면 D에 도달하게 된다. 그리고 $v_1 t = d\sin\theta_i$이고 $v_2 t = d\sin\theta_t$이고 $v_1 = c/n_1$, $v_2 = c/n_2$이므로

$$n_1 \sin\theta_i = n_2 \sin\theta_t \tag{6-2}$$

를 구할 수 있다.

예제 1 물속에 있는 광원을 생각해 보자. 광원은 경계면에서 깊이 h에 있다. 물 밖의 관찰자가 광원의 근방에서 있을 경우, 관찰자가 관측하는 광원의 깊이는 h보다 작다. 이를 굴절의 법칙으로 설명하라.

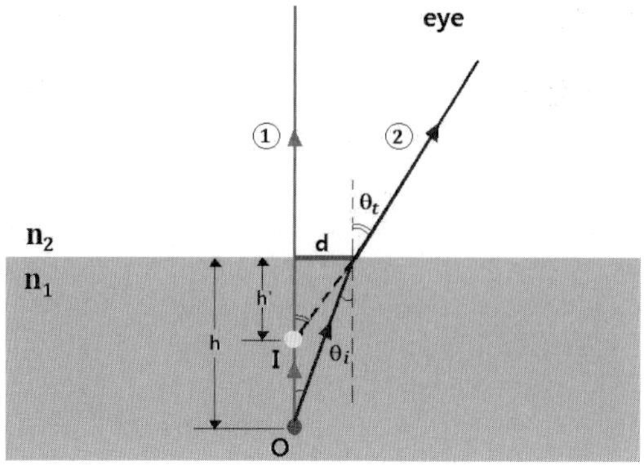

답. 그림에서 $d/h' = \tan\theta_t$와 $d/h = \tan\theta_i$이다. 두 식을 정리하면

$$h' = \frac{\tan\theta_i}{\tan\theta_t}h \simeq \frac{\sin\theta_i}{\sin\theta_t}h = \frac{n_2}{n_1}h \tag{6-3}$$

을 얻을 수 있다. 여기서 $n_1 > n_2$이므로 $h' < h$이다. 물의 굴절률 $n_1 = 1.33$와 물의 굴절률 $n_2 = 1$을 이용하면 $h' = 0.75h$를 구할 수 있다.

3. 거울 면에서의 반사

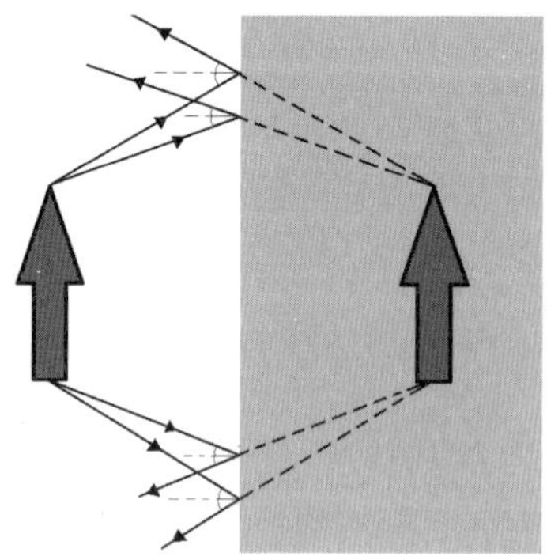

그림 6-4. 평면거울에서의 상의 형성

거울 면에서는 대부분의 광선이 반사된다. 이 절에서는 가장 간단한 구조인 평면거울과 구면거울에 대해 알아보도록 한다. 그림 6-4에 평면거울에서 상이 맺히는 과정을 보도록 하자. 물체(화살표 모양)의 각 지점에서 반사된 빛이 거울 쪽으로 입사하게 된다. 거울 면에서 반사의 법칙이 만족되는

두 개의 광선을 고려하면 각 위치에 대응되는 상의 위치를 구할 수 있다.

상은 물체와 거울까지의 거리와 동일한 거리의 거울 안에 상이 맺히게 된다. 이 상은 허상이다. 상은 실상과 허상으로 나누어지는데, 실상은 광선들이 만나서 상이 이루어지는 것이고, 허상은 그림 6-4에서와 같이 광선들이 모이지 않아서 이들을 뒤쪽으로 연장하여 상의 위치를 구한다. 즉, 허상은 그곳에서 빛(상)이 나오는 것처럼 보인다. 평면거울에 의해 생성되는 상의 배율은 1이다.

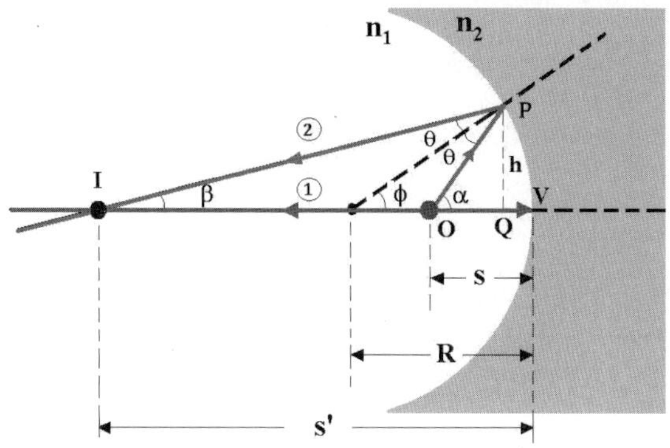

그림 6-5. 오목거울에서의 상의 형성

다음에는 구면거울에서 상이 어떻게 형성되는지를 보도록 하자. 그림 6-5는 오목거울에서 상이 맺히는 과정을 보여 주고 있다. 물체 O의 상을 구하기 위해서는 두 개의 광선이 필요하다. ①번 광선은 거울의 꼭짓점으로 입사함으로써 반사되어 되돌아 나온다. ②번 광선은 P점으로 입사하여 반사의 법칙을 만족하는 방향으로 반사되어 나온다. 내접과 외접각 사이의 관계를 이용하면

$$\alpha = 2\theta + \beta \qquad (6\text{-}4)$$

$$\phi = \theta + \beta$$

을 구할 수 있다. 그리고 선분 $VQ \ll 1$가 만족되고 빛이 근접광선(거울의 꼭짓점 근방으로 입사)이라고 가정하면

$$\alpha \approx \sin\alpha \approx \tan\alpha = \frac{h}{s} \qquad (6\text{-}5)$$

을 구할 수 있다. 마찬가지로 $\beta = h/s'$, $\phi = h/R$이 되므로 식 6-4에서 물체의 위치 s와 s' 사이에는

$$\frac{1}{s}+\frac{1}{s'}=\frac{2}{R}=\frac{1}{f} \tag{6-6}$$

의 관계가 만족된다. 여기서 $f \equiv R/2$로 정의하였다. 식 6-6은 물체의 위치와 상의 위치는 초점(거울의 곡률)에 연관되어 있음을 볼 수 있다.

볼록거울에 대해서도 식 6-6과 동일한 식을 유도할 수 있다. 그러나 오목거울의 경우 R의 부호가 음의 값이라는 것이 다르다. 그리고 초점 f는 오목거울의 경우 평행광선($s \rightarrow \infty$)이 입사할 경우 광선들이 초점에 모이고, 볼록거울의 경우 평행광선이 입사하면 초점에서 광선들이 나오는 것같이 빛이 퍼진다. 그림 6-6이 이를 보여 주고 있다.

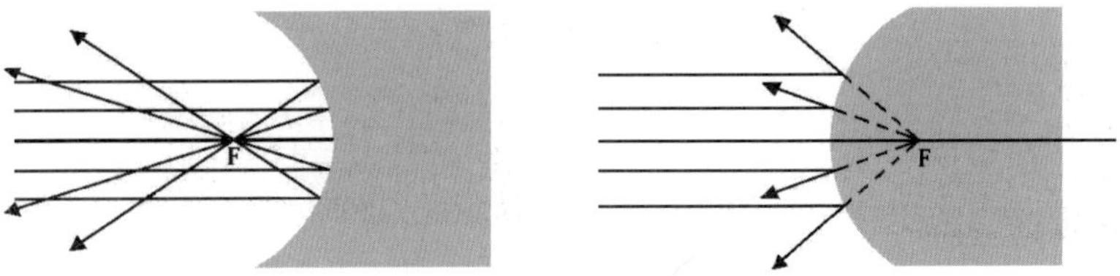

그림 6-6. 오목거울과 볼록거울에서 초점의 의미

식 6-6에서 s, s', f의 값은 다음과 같은 부호를 가진다. 거울의 경우 물체에서 나오는 광선은 거울의 왼쪽에서 입사하여 거울의 왼쪽으로 반사된다. 따라서 실상은 거울의 왼쪽에 생긴다. 이에 따라 s와 s'는 거울의 왼쪽에 있을 경우 양의 값을 가진다. 반면에 거울 안에 있을 경우 음의 부호를 가진다. 초점은 오목거울일 때 양의 값을 가지고 볼록거울일 때 음의 값을 가진다.

구면거울에서 물체에 대한 상의 위치는 식 6-6을 이용함으로써 계산할 수 있다. 또한 상은 작도를 통해서도 구할 수 있는데 이때 두 가지 이상의 특정 광선을 사용하면 된다. 즉,

첫째, 오목거울의 경우 평행광선은 거울 면에 반사된 후 초점에 모인다. 반면에 볼록거울의 경우 평행광선은 초점에서 나오는 것같이 퍼진다.

둘째, 거울곡면의 중심점으로 향하는 광선은 그대로 반사되어 나온다.

셋째, 오목거울에서 초점을 지난 광선은 거울에 반사된 후 평행하게 나온다. 반면에 볼록거울의 경우 초점으로 향한 광선은 거울 면에 반사된 후 평행하게 나온다.

위와 같은 특정광선을 이용하여 오목거울에서 물체의 상을 작도로 통해 구한 것이 그림 6-7에

주어져 있다. 여기서는 그림의 복잡성을 줄이기 위해 두 개의 광선을 사용하였다. 즉, 초점을 지나는 광선과 구면의 중심으로 향하는 광선을 이용하였다. 그림에서 물체의 위치가 초점 바깥에 놓이는 경우 상은 도립 실상임을 볼 수 있다. 반면에 물체가 초점 안쪽에 놓이는 경우 상은 허상이 되는 것을 볼 수 있다.

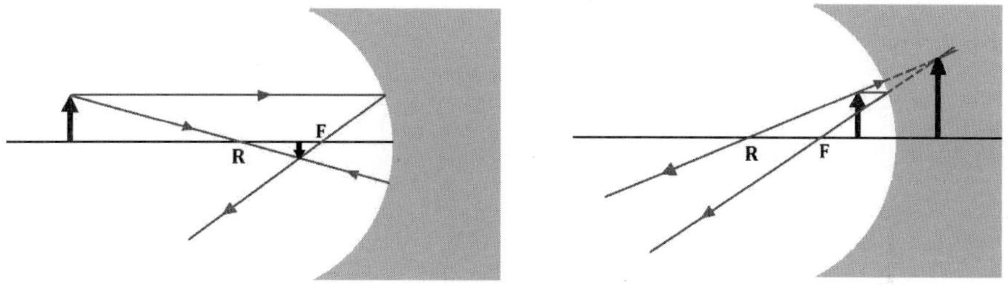

그림 6-7. 오목거울에서의 상의 작도

볼록거울의 경우에는 물체의 위치에 상관없이 항상 허상을 얻음을 보여 주고 있다. 그림 6-8에 이를 보여 주고 있다. 식 6-6을 정리하면

$$\frac{1}{s'}=-\left(\frac{1}{f}+\frac{1}{s}\right)=-\left(\frac{1}{|f|}+\frac{1}{s}\right) \tag{6-7}$$

을 얻을 수 있다. 여기서 볼록거울의 경우 초점이 음의 값임을 이용하였다. 식 6-7에서 보듯이 상의 위치 s'은 s의 값에 관계없이 항상 음임을 볼 수 있다. 즉, 볼록거울의 경우 물체의 위치에 관계없이 항상 허상을 얻음을 보여 주고 있다.

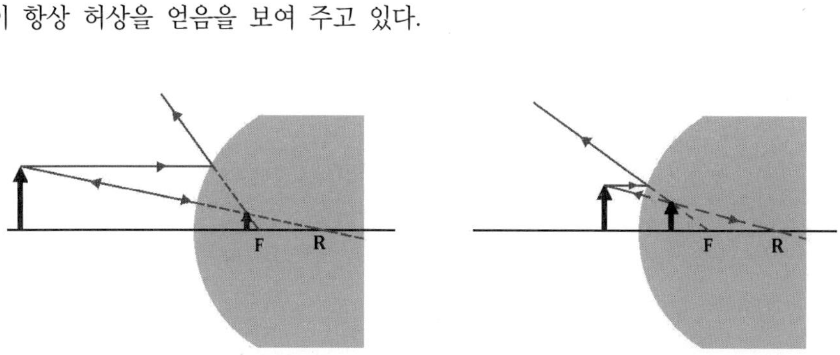

그림 6-8. 볼록거울에서의 상의 작도

예제 2 곡률반경이 5cm인 오목거울 7cm 앞에 물체가 놓여 있다. 상의 위치를 구하라. 상은 실상인가, 허상인가? 물체가 거울의 2cm 앞에 놓일 경우 상의 위치를 구하라.

답. 오목거울의 초점거리는 $f = R/2 = 2.5cm$ 이다. 거울의 7cm 앞에 놓인 물체에 대한 상은 식 6-6을 사용하면 3.89cm를 구할 수 있다. 상은 실상이다. 거울의 2cm 앞에 있는 물체의 상의 위치는 -10cm이다. 즉, 상은 허상으로서 거울 안 10cm 위치에 있다.

예제 3 곡률반경이 5cm인 볼록거울 7cm 앞에 물체가 놓여 있다. 상의 위치를 구하라. 상은 실상인가, 허상인가? 물체가 거울의 2cm 앞에 놓일 경우 상의 위치를 구하라.

답. 볼록거울의 초점거리는 $f = -R/2 = -2.5cm$ 이다. 거울의 7cm 앞에 놓인 물체에 대한 상은 식 6-6을 사용하면 -0.54cm를 구할 수 있다. 상은 허상으로서 거울 안 0.54cm에 있다. 거울의 2cm 앞에 있는 물체의 상의 위치는 -0.9cm이다. 즉, 상은 허상으로서 거울 안 0.9cm 위치에 있다.

4. 투명 면에서의 굴절

유리와 같은 투명 면에 빛이 입사하면 거의 대부분의 빛이 투명 면 안쪽으로 투과된다. 그림 6-9에서와 같이 볼록 투명 면으로 입사하는 광선들을 보기로 하자. 점광원에서 나오는 광선 중에 두 개의 광선을 생각해 보자. 광선 ①은 볼록 면의 꼭짓점으로 입사하는 빛인데 투과 후 입사방향대로 진행한다. 반면에 P점으로 입사한 광선 ②는 굴절의 법칙에 따라 투명 면 안쪽으로 투과된다. 광선이 꼭짓점 근방인 근축광선이라고 하면 $\theta_1 \ll 1, \theta_2 \ll 1$ 이므로

$$n_1 \sin\theta_1 = n_2 \sin\theta_2 \rightarrow \therefore n_1\theta_1 = n_2\theta_2 \tag{6-8}$$

을 만족한다. 삼각형의 내각과 외각의 관계에서

$$\phi = \theta_2 + \beta \rightarrow \therefore \theta_2 = \phi - \beta \tag{6-9}$$

$$\theta_1 = \alpha + \phi$$

을 얻을 수 있다. 식 6-9를 식 6-8에 대입한 후 정리하면

$$n_1\alpha + n_2\beta = (n_2 - n_1)\phi \tag{6-10}$$

을 얻는다. 그림 6-9에서 근축광선의 경우 선분 $VQ \ll 1$이 만족되고

$$\sin\alpha \approx \tan\alpha = h/s \tag{6-11}$$

로 둘 수 있다. 마찬가지로 $\beta \approx h/s', \phi \approx h/R$이므로

$$\frac{n_1}{s} + \frac{n_2}{s'} = \frac{n_2 - n_1}{R} \tag{6-12}$$

을 얻을 수 있다.

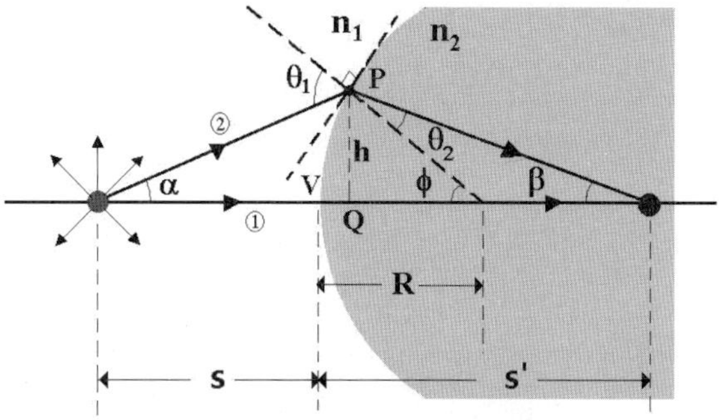

그림 6-9. 투명 면에 의한 상의 형성

다음에는 투명 면에 의해 형성된 상의 배율에 대해 알아보도록 하자. 그림 6-10에서 근축광선에서 $\sin\theta \approx \tan\theta$이므로 굴절의 법칙에서

$$n_1 \tan\theta_1 = n_2 \tan\theta_2 \rightarrow \therefore m = \frac{h'}{h} = -\frac{n_1 s'}{n_2 s} \tag{6-13}$$

을 구할 수 있다. 여기서 음의 부호는 상이 도립임을 나타낸다.

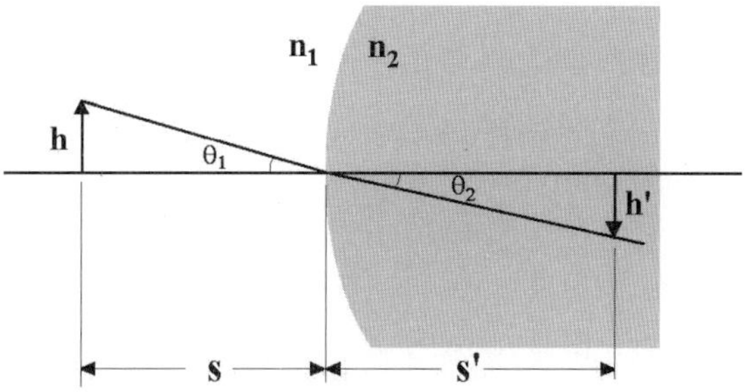

그림 6-10. 투명 면에 의해 형성되는 상의 배율

렌즈는 두 가지로 나눌 수 있다. 즉, 볼록렌즈와 오목렌즈이다. 볼록렌즈는 빛을 모으는 역할을 하고, 오목렌즈는 빛을 분산시키는 역할을 한다. 그림 6-11은 얇은 렌즈의 여러 가지 모양을 보여 주고 있다.

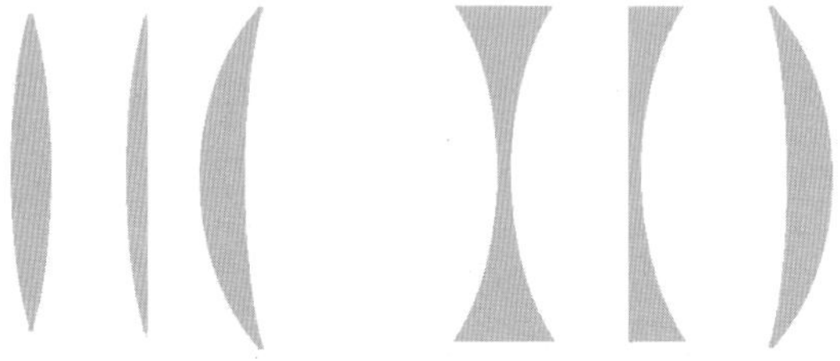

그림 6-11. 여러 가지 모양의 렌즈

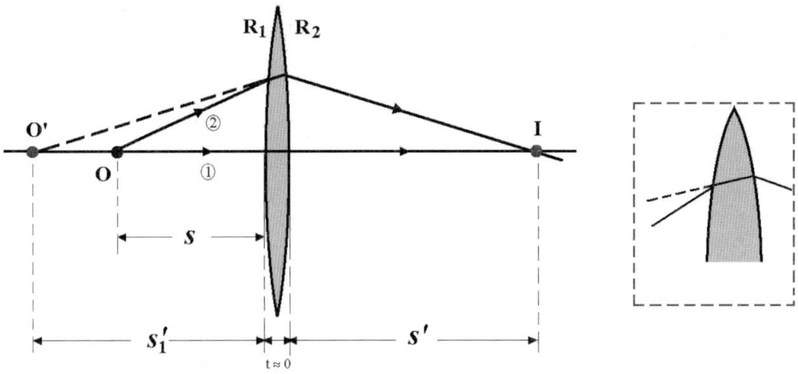

그림 6-12. 얇은 렌즈에서의 상의 형성

다음에는 얇은 렌즈에 의해 형성되는 상의 위치에 대한 공식을 유도해 보자. 그림 6-12에 양쪽이 모두 볼록한 얇은 볼록렌즈가 있다. 물체 O에서 나오는 두 개의 광선에 의해 상이 맺히는 것을 보여 주고 있다. 곡률반경이 R_1인 곡면에 의해 형성되는 상을 먼저 보기로 하자. 식 6-12를 사용하면 물체와 상의 위치는

$$\frac{n_1}{s} + \frac{n_2}{s_1{}'} = \frac{n_2 - n_1}{R_1} \tag{6-14}$$

의 관계가 있다. 그림에서 보듯이 곡면 R_1에 의한 상은 허상임을 알 수 있다. 이 허상이 곡면 R_2에 의해 s'에 최종상이 만들어진다. 즉,

$$\frac{n_2}{-(s_1{}'+t)}+\frac{n_1}{s'}=\frac{n_1-n_2}{R_2} \tag{6-15}$$

을 만족한다. 얇은 렌즈의 경우 $t \approx 0$으로 둘 수 있다. 위 두 식을 더하면

$$\frac{1}{s}+\frac{1}{s'}=(n_2-n_1)\left(\frac{1}{R_1}-\frac{1}{R_2}\right) \tag{6-16}$$

을 얻을 수 있다. 식 6-16에서 초점을

$$\frac{1}{f}=(n_2-n_1)\left(\frac{1}{R_1}-\frac{1}{R_2}\right) \tag{6-17}$$

와 같이 정의하면 식 6-16은

$$\frac{1}{s}+\frac{1}{s'}=\frac{1}{f} \tag{6-18}$$

과 같이 고쳐 쓸 수 있다. 식 6-18을 얇은 렌즈의 공식이라고 부른다. 식 6-18에서 부호의 결정은 다음과 같다. 볼록렌즈의 경우 초점거리 f는 양의 값을 가지고, 오목렌즈는 음의 값을 가진다. 물체의 위치 s는 렌즈의 왼쪽에 있을 경우 양의 값을 가진다. 렌즈의 경우 광선이 렌즈를 투과하여 상이 맺히기 때문에 상의 위치 s'는 렌즈의 오른쪽에 있으면 양의 값을 가진다.

다음에는 배율에 대해 알아보도록 하자. 그림 6-12에서 삼각형 ABC와 삼각형 CDE는 합동이므로

$$m=-\frac{h'}{h}=-\frac{s'}{s} \tag{6-19}$$

을 구할 수 있다.

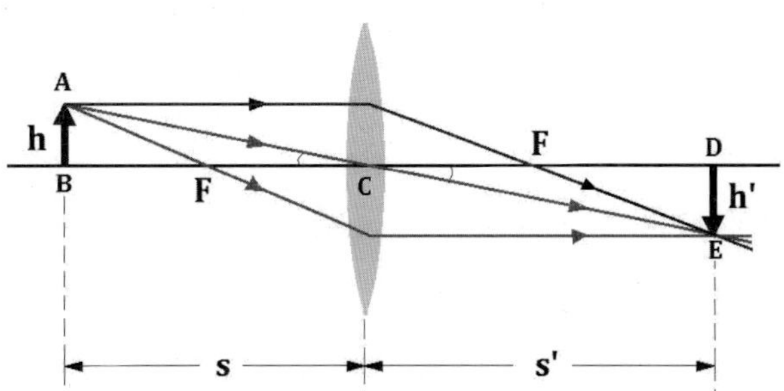

그림 6-13. 렌즈의 배율

렌즈의 초점은 평행광선이 렌즈에 입사하면 빛이 그곳에 모이거나(볼록렌즈) 또는 그곳에서 나오는 것처럼(오목렌즈) 보이는 위치이다. 식 6-18에서 $s \to \infty$, 즉 평행광선이 입사할 경우 상의 위치는 $s' = f$가 된다. 즉, 상이 초점에 맺히게 된다. 볼록렌즈의 경우 $f > 0$이므로 상은 실상이고, 빛이 들어오는 반대편의 초점에 평행광선의 상이 맺히게 된다. 반면에 오목렌즈는 $f < 0$이므로 허상이 된다. 이에 따라 평행광선의 경우 빛이 초점에서 나오는 것처럼 퍼져 나아간다. 그림 6-14에 이를 보여 주고 있다.

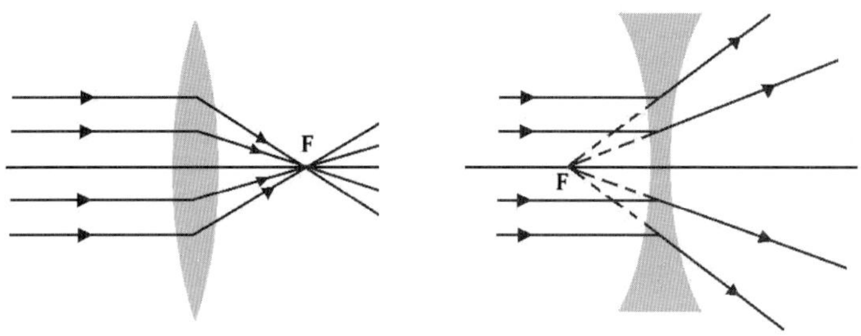

그림 6-14. 렌즈의 초점

렌즈에서 물체에 대한 상의 위치는 식 6-18을 이용함으로써 계산할 수 있다. 또한 상은 작도를 통해서도 구할 수 있는데 이때 두 가지 이상의 특정 광선을 사용하면 된다. 즉,

첫째, 볼록렌즈의 경우 평행광선은 렌즈 면에서 꺾인 후 초점에 모인다. 반면에 오목렌즈의 경우 평행광선은 초점에서 퍼져 나오는 것같이 보인다.

둘째, 렌즈의 중심으로 향하는 광선은 그대로 진행한다.

셋째, 볼록렌즈에서 초점을 지난 광선은 렌즈 면에서 꺾인 후 평행하게 나온다. 반면에 오목렌즈의 경우 초점으로 향한 광선은 렌즈 면을 지난 후 평행하게 나온다.

위와 같은 특정광선을 이용하여 볼록렌즈에서 물체의 상을 작도를 통해 구한 것이 그림 6-15에 주어져 있다. 여기서는 그림의 복잡성을 줄이기 위해 두 개의 광선을 사용하였다. 즉, 초점을 지나는 광선과 렌즈의 중심으로 향하는 광선을 이용하였다. 그림에서 물체의 위치가 초점 바깥에 놓이는 경우 상은 도립 실상임을 볼 수 있다. 반면에 물체가 초점 안쪽에 놓이는 경우 상은 허상이 되는 것을 볼 수 있다.

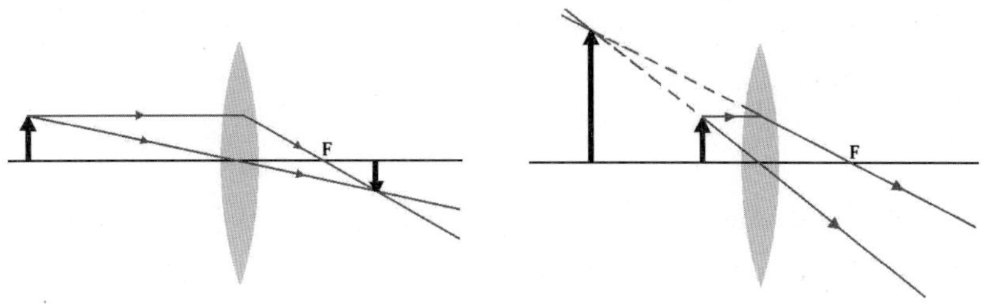

그림 6-15. 볼록렌즈에서의 상의 작도

오목렌즈의 경우에도 작도를 통해 상의 위치를 구할 수 있다. 그림 6-16에 이를 보여 주고 있다. 이 경우에도 초점을 지나는 광선과 렌즈의 중심으로 향하는 광선을 이용하였다. 오목렌즈의 경우 물체의 위치에 관계없이 항상 허상이 맺히는 것을 볼 수 있다. 이는 식 6-18에서

$$\frac{1}{s'}=\frac{1}{f}-\frac{1}{s}=-\left(\frac{1}{|f|}+\frac{1}{s}\right)<0 \tag{6-20}$$

와 같이 물체의 위치에 관계없이 상의 위치 s'은 항상 음이 되는 것을 볼 수 있다.

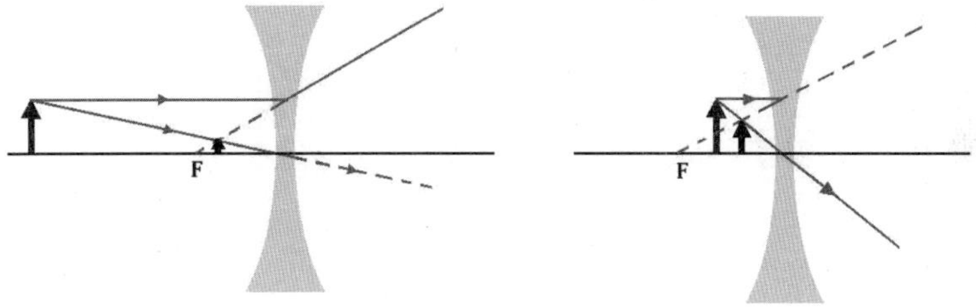

그림 6-16. 오목렌즈에서의 상의 작도

예제 4 한쪽 끝이 볼록한 유리막대 앞에 물체가 놓여 있다. 볼록면의 곡률은 5cm이다. 그리고 유리의 굴절률은 1.5이다. 물체는 볼록면의 20cm 앞에 놓여 있다. 상의 위치와 상의 배율을 구하라. 유리막대는 공기 중에 놓여 있다.

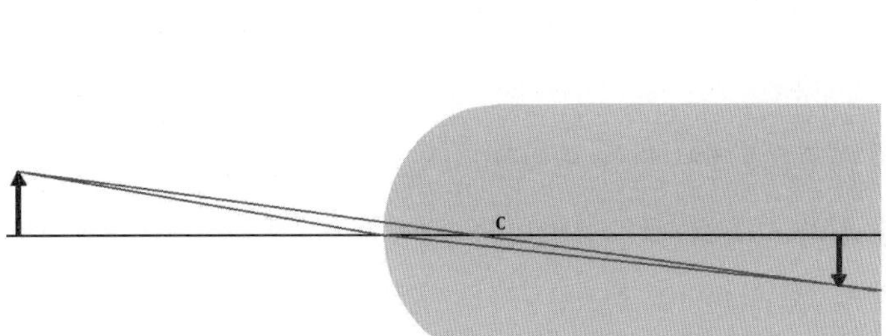

답. 상의 위치는 식 6-12를 이용하면 $s' = 30cm$를 구할 수 있다. 그리고 배율은 식 6-13에서 $m = -1$이다. 상은 도립이다.

예제 5 한쪽은 곡률반경이 5cm이고 다른 한쪽은 평편한 얇은 볼록렌즈가 있다. 이 렌즈의 초점거리를 구하라. 렌즈는 굴절률 1.5인 유리로 만들었다. 이 렌즈 앞 15cm 앞에 물체가 놓여 있다. 상의 위치와 배율을 구하라.

답. 초점거리는 식 6-17을 이용하면 $f = 10cm$를 구할 수 있다. 평편한 경우 곡률은 ∞이다. 얇은 렌즈의 공식을 이용하여 상의 위치를 구하면 $s' = 30cm$이다. 따라서 배율은 -2배로서 상은 도립이다.

예제 6 한쪽은 곡률반경이 -5cm이고 다른 한쪽의 곡률은 +5cm인 오목렌즈가 있다. 이 렌즈의 초점거리를 구하라. 렌즈는 굴절률 1.5인 유리로 만들었다. 이 렌즈 앞 10cm 앞에 물체가 놓여 있다. 상의 위치와 배율을 구하라.

답. 초점거리는 식 6-17을 이용하면 $f = -5cm$를 구할 수 있다. 얇은 렌즈의 공식을 이용하여 상의 위치를 구하면 $s' = -3.33cm$이다. 즉, 상은 렌즈 앞 3.33cm에 맺히는 허상이다. 그리고 배율은 +0.33배이다. 즉, 상은 정립이다.

5. 광학기구

광학기구(optical device)는 렌즈와 거울을 조합하여 특정 목적에 맞게 배열한 것이다. 광학기구는 물체를 관찰하는 광학기구와 빛을 분석하기 위한 분광기(spectroscopy)로 대별할 수 있다. 분광기는 회절 및 간섭 현상 등 파동광학적 원리를 사용하여 빛의 근원적인 성질을 관찰하고자 하는 목적에 많이 사용된다. 본 절에서는 물체를 관찰하는 광학기구만 다루기로 한다. 분광기에 대해서는 간섭과 회절부분에서 다룰 것이다.

광학기구는 한 렌즈 시스템(one lens system)과 두 렌즈 시스템(two lens system)으로 대별할 수 있다. 한 렌즈 시스템은 하나의 렌즈로 구성된 광학기기를 말한다. 한 렌즈 시스템에는 돋보기, 카메라, 사람의 눈 등이 있다. 한 렌즈 시스템에서는 하나의 렌즈에 의해 물체의 상이 맺힌다.

하나의 렌즈라고 해도 렌즈수차를 줄이기 위해 복합렌즈를 사용할 수 있다. 그러나 그러한 경우에도 렌즈가 하는 역할이 하나이기 때문에 한 렌즈 시스템으로 구별된다. 반면에 두 렌즈 시스템은 두 개의 렌즈로 구성된다(현미경, 망원경 등). 즉, 대물렌즈(objective lens)와 대안렌즈(eyepiece)로 구성된다. 여기서 각 렌즈가 하는 역할이 다르다. 대물렌즈는 관찰하고자 하는 물체 가까이에 두는 렌즈이고 대안렌즈는 그곳에 눈을 대고 상을 관찰하는 렌즈이다. 두 렌즈 시스템은 물체를 크게 관찰하고자 하는 데 그 목적이 있다. 즉, 대물렌즈를 물체 가까이에 두고 그 상을 대안렌즈의 초점이나 초점 안쪽에 만들어 큰 허상을 만들어 관찰하는 것이다. 이 절에서는 광학기구로서 사람의 눈, 돋보기, 현미경, 망원경에 대해 알아보기로 한다.

5-1. 사람의 눈

사람의 눈은 시각기관으로 물체에서 반사되어 나오는 빛을 관측하여 전기신호로 만들어 뇌에 전달하여 영상으로 구성하게 하는 기관이다. 눈으로 관측되는 영역의 전자기파는 가시광선(visible light)으로 파장영역이 400~700nm인 전자기파이다. 눈의 개략적인 구조가 그림 6-17에 주어져 있다.

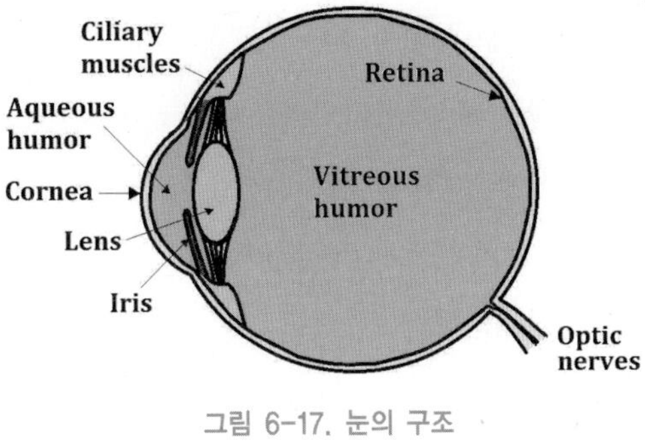

그림 6-17. 눈의 구조

인간의 눈은 거의 원형에 가깝고 그 직경이 대략 2.5cm이다. 눈에는 두 개의 렌즈가 있는데 이들이 각막과 수정체이다. 각막(角膜, cornea)은 공기에 접해 있는 부분으로 투명한 볼록면이다. 그리고 수정체(crystalline lens, 굴절률 1.40)는 세포가 변화한 섬유로 만들어지며, 볼록렌즈와 유사하다. 각막과 렌즈 사이에는 수양액(aqueous humor, 굴절률 1.336)이 존재한다. 수정체의 뒤에는 유리액(vitreous humor, 굴절률 1.337)이 있다. 수양액이나 유리액은 굴절률이 물과 비슷하며 세포에게 영양분을 공급하는 역할을 한다. 이 액체들은 투명한데 그 이유는 눈으로 들어오는 빛과 상호작용을 하지 않아야 되기 때문이다. 위 두 렌즈의 작용에 의해 눈으로 들어오는 빛이 꺾여서 망막(retina)에

상이 맺히게 된다. 그런데 각막에서 빛이 꺾이는 율이 수정체에서 꺾이는 율보다 높다. 이는 공기와 수양액의 굴절률 차이가 수양액과 수정체의 굴절률의 차이보다 크기 때문이다. 이에 따라 각막에서 빛이 많이 꺾이고 수정체에서 더 세밀하게 꺾인다고 볼 수 있다. 그리고 홍체(iris)는 렌즈 앞에 있는 막인데 이는 사진기의 셔터의 역할을 한다. 홍체는 빛이 강하면 수정체 부분을 많이 닫고 어두우면 수정체 부분을 많이 여는 역할을 한다. 홍체에 의해 빛이 들어가는 부분이 조절되는데, 이 부분에는 빛이 들어가서 반사되는 것이 없으므로 검게 보인다. 이를 동공(pupil)이라고 부른다. 동공으로 들어간 빛은 망막에 도달한다. 망막에는 신경들이 분포되어 있고 신경세포는 빛 신호를 전기신호로 바꾸어 뇌로 전달한다. 뇌에서 물체의 모양이 전기신호에 의해 재구성된다.

렌즈와 상이 맺히는 위치(망막)가 고정되어 있으므로, 물체의 상이 망막에 선명하게 맺히기 위해서는 렌즈의 두께를 조절해야 한다. 렌즈의 두께를 조절하는 역할을 하는 것이 모양체 근육(毛樣體 筋, ciliary muscle)이다. 먼 곳에 있는 물체를 볼 경우 렌즈는 모양체 근육이 작용하지 않은 풀린 상태이다. 이에 따라 이 경우에 렌즈의 초점거리가 가장 길다. 그런데 가까이 있는 물체를 보는 경우 모양체 근육이 작용하여 렌즈의 두께를 두껍게 만들어 렌즈의 초점거리를 짧게 만든다. 이렇게 함으로써 가까이 있는 물체의 상이 선명하게 망막에 맺히게 된다. 위와 같은 눈의 활동을 눈의 조절기능(accommodation)이라고 부른다.

근점(near point)은 가장 가까이 있는 물체의 상을 선명하게 망막에 맺도록 하는 눈에서 물체까지의 거리이다. 이 근점은 나이에 따라 달라지는데 10대 때에는 7cm, 20대에서는 10cm, 30대에서는 14cm, 40대에서는 22cm, 50대에서는 40cm, 60대에서는 2m 정도가 된다. 그림 6-19는 나이에 따른 근점의 변화를 보여 주고 있다. 그리고 원점(far point)은 가장 멀리 있는 물체의 상을 선명하게 맺도록 하는 눈에서 물체까지의 거리이다.

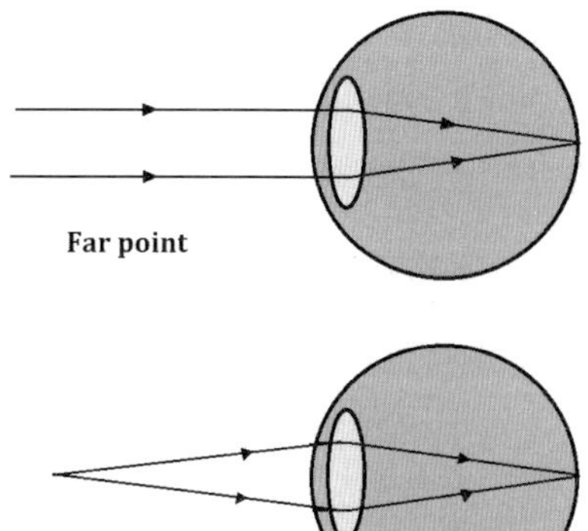

그림 6-18. 눈의 원점과 근점

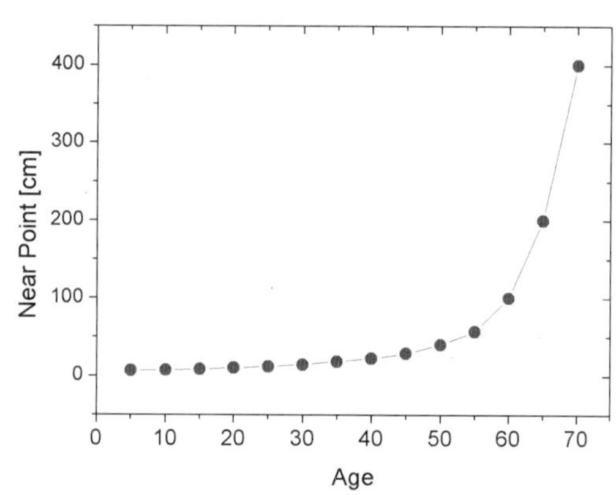

그림 6-19. 나이에 따른 근점의 변화

정상적인 눈(normal eye)은 근점이 25cm이고 원점이 무한대인 눈으로 정의된다. 눈이 정상적인 눈과 같이 25cm에서 무한대까지의 조절기능을 가지지 못하는 결함을 가질 수 있다. 이런 결함을 가지는 눈을 근시와 원시로 구분할 수 있다.

정상적인 눈은 원점이 무한대이므로 평행광선에 대해 망막에 상이 또렷하게 맺히게 된다. 그러나 근시의 경우 평행광선에 대해 상이 망막 앞에 맺힌다. 이는 각막과 망막 사이가 정상적인 눈보다 길기 때문이다. 또는 각막의 곡률이 크거나 모양체 근육의 조절에 이상이 있는 경우도 있다. 이에 따라 근시의 눈에서는 근점이 정상적인 눈보다 짧고 원점도 정상인이나 원시의 눈보다 훨씬 짧다. 즉, 근시의 눈에서는 가까운 곳의 물체는 잘 보이나 먼 곳의 물체는 잘 보이지 않는다.

원시의 눈에서는 평행광선에 대해 상이 망막 뒤에 맺힌다. 이는 각막과 망막 사이가 정상적인 눈보다 짧기 때문이다. 또는 각막의 곡률이 작거나 모양체 근육이 렌즈를 제대로 수축시키지 못하는 경우도 있다. 이에 따라 원시의 눈에서는 근점이 정상적인 눈보다 길다. 그리고 원점은 무한대는 아니나 근시의 원점보다는 훨씬 길다. 이에 따라 원시는 먼 곳의 물체는 잘 보이나 가까이 있는 물체는 잘 보이지 않는다.

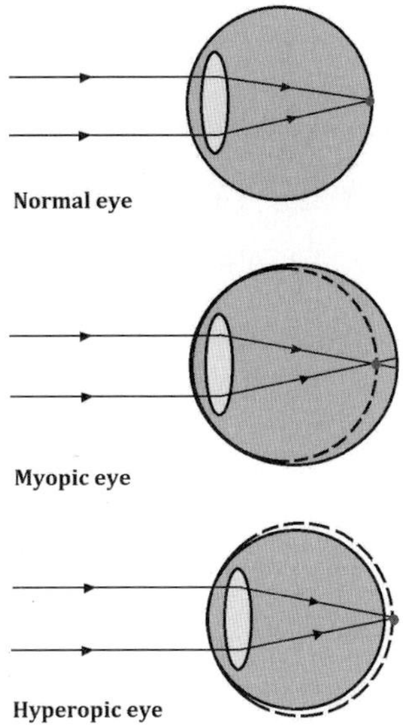

그림 6-20. 정상적인 눈과 근시와 원시의 눈

근시의 경우 먼 곳에 있는 물체를 망막에 또렷이 상을 맺지 못하는 눈이다. 이때 상이 망막 앞에 맺히므로 오목렌즈로 빛을 분산시키면 된다. 그림 6-21에 근시의 교정을 보여 주고 있다.

이 그림에서 근시의 경우 먼 곳에 있는 물체를 볼 때 상이 망막 앞에 맺히므로 오목렌즈를 이용하여 빛을 분산시켜 망막에 상이 또렷하게 맺히게 만드는 것을 보여 주고 있다. 이때 오목렌즈의 작용은 먼 거리에 있는 물체를 근시의 원점에 상을 만들어 보게 만드는 것과 동일하다. 그림 6-21의 아래 그림이 이를 보여 주고 있다.

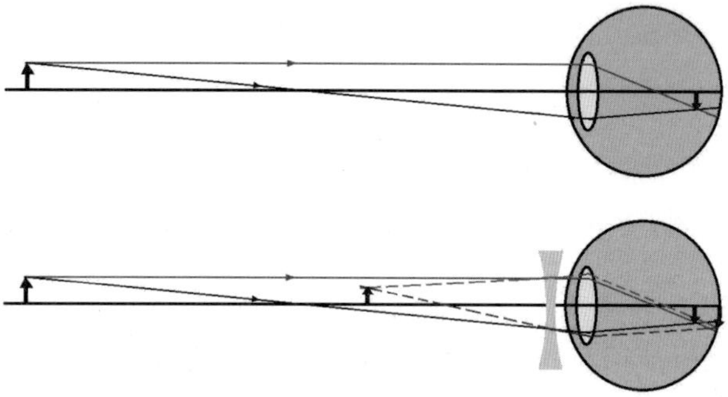

그림 6-21. 근시의 눈과 그 교정

원시의 경우 가까이 있는 물체의 상을 망막에 또렷이 맺지 못하는 눈이다. 이때 상이 망막 뒤에 맺히므로 볼록렌즈로 빛을 더 꺾이게 만들면 된다. 그림 6-22에 원시의 교정을 보여 주고 있다. 이 그림에서 원시의 경우 가까이 있는 곳에 있는 물체를 볼 때 상이 망막 뒤에 맺히므로 볼록렌즈를 이용하여 빛을 더 꺾이게 만들어 망막에 상이 또렷하게 맺히게 만드는 것을 보여 주고 있다. 이때 볼록렌즈의 작용은 가까운 거리에 있는 물체를 원시의 근점에 상을 만들어 눈이 보게 만드는 것과 동일하다. 그림 6-22의 아래 그림이 이를 보여 주고 있다.

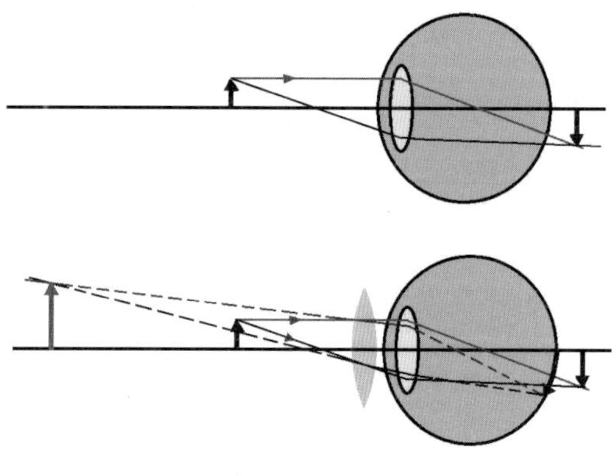

그림 6-22. 원시의 눈과 그 교정

눈과 사진기는 그 구조나 작용이 비슷하다. 렌즈와 상을 맺히게 하는 장치로 구성되어 있다는데서 동일하다. 눈의 경우 상이 맺히는 곳은 망막이고, 사진기에서는 상이 맺히는 곳이 필름(디지털 카메라에서는 CCD 장치)이다. 보통의 사진기에 있어서 렌즈의 초점거리는 고정되고 렌즈와 필름 사이의 거리를 변하게 하여 피사체에 초점을 맞춘다. 사진기에서 렌즈의 초점거리는 렌즈를 바꿈으로써 변하게 할 수도 있다. 반면에 눈의 경우 모양체 근육의 작용에 의해 렌즈의 두께가 변한다. 그러나 렌즈와 망막 사이의 거리는 바꿀 수 없다.

5-2. 돋보기

돋보기는 볼록렌즈로서 물체의 크기를 확대해 보고자 하는 광학기구이다. 대체로 한 개의 볼록렌즈로 구성되어 있으나 여러 개의 복합렌즈로 이루어질 수도 있다. 관찰하고자 하는 물체를 맨눈으로 볼 경우 근점에 놓고 관찰한다. 그러나 돋보기를 사용할 경우 물체를 돋보기의 초점 거리 안에 두거나 초점거리에 두어서 상이 근점이나 무한대에 맺히도록 하여 관찰한다(그림 6-23).

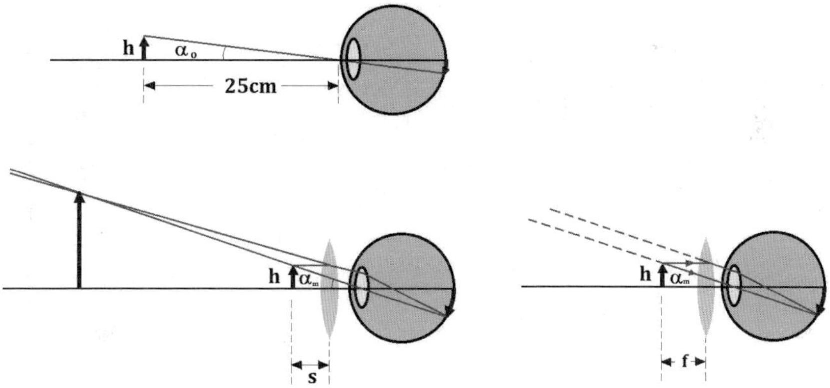

그림 6-23. 돋보기를 통한 물체의 관찰

돋보기의 배율은 맨눈으로 보았을 경우와 돋보기를 사용한 경우에서 각도의 비로 정의할 수 있다. 즉, 각 배율(angular magnification)은

$$m = \frac{\alpha_m}{\alpha_o} \tag{6-21}$$

와 같이 주어진다. 여기서 각 α_o는 맨눈으로 근점에 있는 물체를 볼 때 이루는 각이다. 즉,

$\alpha_o \approx h/25$이다. h는 물체의 높이이다. 그리고 α_m은 돋보기를 사용할 때 허상과 렌즈의 중심선이 이루는 각도이다. 즉, $\alpha_m = h/s$이다.

돋보기를 사용할 때 허상을 만드는 데는 두 가지 방법이 있을 수 있다. 그림 6-23의 아래 그림의 왼쪽과 같이 돋보기를 움직여 물체의 허상을 눈의 근점에 맺히게 하는 경우가 있고, 오른쪽과 같이 물체를 돋보기의 초점에 두어 무한대에 허상을 만드는 경우가 있다.

첫째, 눈이 관찰하는 허상을 근점에 만드는 경우 $s' = -25cm$이다. 이때 물체의 위치는 렌즈의 공식을 이용하면

$$\frac{1}{s} = \frac{1}{f} - \frac{1}{s'} = \frac{s'-f}{s'f} = \frac{25+f}{25f} \tag{6-22}$$

을 구할 수 있다. $\alpha_m = h/s$이므로 식 6-21에서 배율은

$$m = \frac{h/s}{h/25} = \frac{25}{f} + 1 \tag{6-23}$$

을 구할 수 있다,

둘째, 눈이 관찰하는 허상을 무한대에 맺히게 하는 경우 $s' \to \infty$이다. 이 경우 렌즈의 공식에서 물체를 돋보기의 초점에 두어야 한다. 즉, $s = f$이다. 이에 따라 배율은

$$m = \frac{h/f}{h/25} = \frac{25}{f} \tag{6-24}$$

으로 주어진다. 돋보기의 배율은 대략 2~10 정도이다.

5-3. 현미경

현미경은 작은 물체를 확대해 보는 광학기기이다. 물체는 대물렌즈 초점거리 약간 바깥쪽에 놓인다. 이렇게 함으로써 물체의 실상이 대안렌즈의 초점 안쪽이나 또는 초점에 형성된다. 이에 따라 큰 허상을 대안렌즈를 통해 관찰할 수 있다. 실상에 대한 배율(대물렌즈의 배율)은

$$m_o = -\frac{s_o'}{s_o} = -\frac{L-f_e}{s_o} \simeq -\frac{L}{f_o} \tag{6-25}$$

을 구할 수 있다. 여기서 L은 대안렌즈와 대물렌즈 사이의 거리이다. 이 거리는 국제적인 규약에 의해 17cm로 정해져 있다. 식 6-25의 마지막 식을 얻기 위해 $s_o \approx f_o$로 가정하였다. 이는 물체는 대물렌즈의 초점거리 바로 바깥에 놓이기 때문이다. 또한 $L \gg f_e$를 가정하였다. 위 두 가정은 대체로 잘 만족된다. 그리고 대안렌즈의 배율은 돋보기와 동일하므로 $m_e = \frac{-25}{f_e}$로 주어진다. 결과적으로 현미경의 배율은 위 두 배율의 곱으로 주어지므로

$$m = m_o m_e = -\left(\frac{25}{f_e}\right)\left(\frac{L}{f_0}\right) \tag{6-26}$$

을 구할 수 있다.

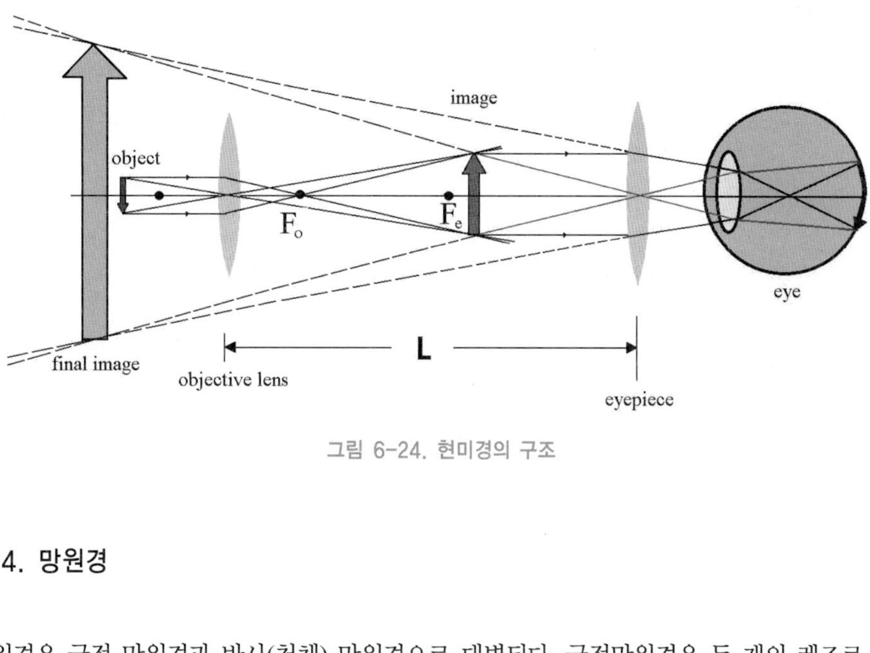

그림 6-24. 현미경의 구조

5-4. 망원경

망원경은 굴절 망원경과 반사(천체) 망원경으로 대별된다. 굴절망원경은 두 개의 렌즈로 구성된다. 망원경은 멀리 떨어진 물체를 확대하여 보고자 하는 광학기구이다. 기본적인 작동원리는 현미경의 경우와 비슷하다. 그러나 망원경의 경우 먼 곳의 물체를 관찰하므로 대물렌즈에 입사하는 광선은 평행광선에 가깝다. 현미경의 경우와 같이 대물렌즈에 의한 실상이 대안렌즈의 초점에 맺히도록 하여 대안렌즈를 통해 무한대에 맺히는 허상을 관찰한다. 망원경의 배율은 각 배율로서

$$m = \frac{\alpha_t}{\alpha} = \frac{h/f_e}{h/f_o} = \frac{f_o}{f_e} \tag{6-27}$$

로 주어진다. 여기서 망원경의 길이는 $L = f_0 + f_e$이다.

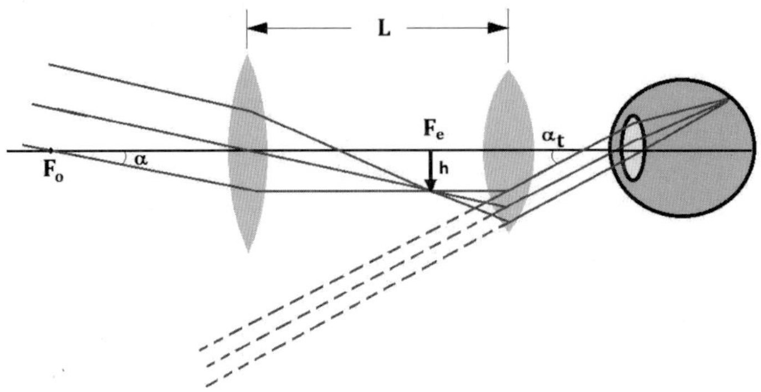

그림 6-25. 굴절 망원경의 구조

천체(반사)망원경의 경우 망원경으로 들어가는 빛의 양이 워낙 적으므로 빛을 모으는 장치가 필요하다. 이를 위해 오목거울을 이용하여 빛을 모아서 관찰하는 구조를 갖고 있다. 여러 형태의 천체망원경이 있을 수 있는데 그림 6-26에 이러한 반사망원경의 몇 종류에 대한 개략적인 구조가 주어져 있다.

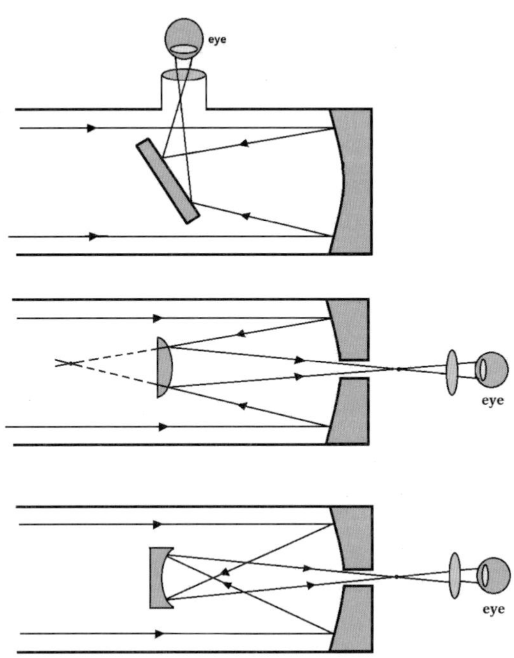

그림 6-26. 반사망원경의 종류

6. 렌즈의 수차

지금까지 렌즈의 공식을 사용하여 상의 위치와 배율을 구하였다. 그러나 이 공식을 유도하는데 근축광선이라는 가정을 이용하였다. 즉, sin 함수는

$$\sin\theta = \theta - \frac{\theta^3}{3!} + \frac{\theta^5}{5!} - \cdots \tag{6-28}$$

와 같이 전개되는데, $\theta \ll 1$에 대해 $\sin\theta \approx \theta$와 같이 가정하였다. 그러나 렌즈의 축에서 먼 곳으로 입사하는 광선의 경우(off axis ray) 위 가정은 맞지 않는다. 이에 따라 이상적인 경우와 다른 상이 형성될 수 있는데 이를 수차(lens aberration)라고 부른다. 렌즈의 수차에는 색수차와 Seidel 5수차가 있다. 색수차는 렌즈의 굴절률이 빛의 파장에 따라 다르기 때문에 생기는 수차이다. 반면에 Seidel 5수차는 렌즈의 공식에서 θ^3항을 포함함으로써 설명이 가능한 수차를 말한다.

첫째, 색수차는 빛의 파장에 따라 렌즈의 굴절률이 다르므로 각 파장의 빛의 초점이 달라짐으로써 생기는 수차이다. 그림 6-27에서 보듯이 평행 백색광이 렌즈에 입사하면 청색의 굴절률이 가장 커서 많이 꺾이고 적색의 굴절률이 가장 작아서 적게 꺾인다. 이에 따라 각 파장의 빛의 초점이 달라지는 것이다. 색수차는 그림 6-27의 아래 그림과 같이 볼록렌즈와 오목렌즈의 이중렌즈(doublet)로 문제를 해결할 수 있다.

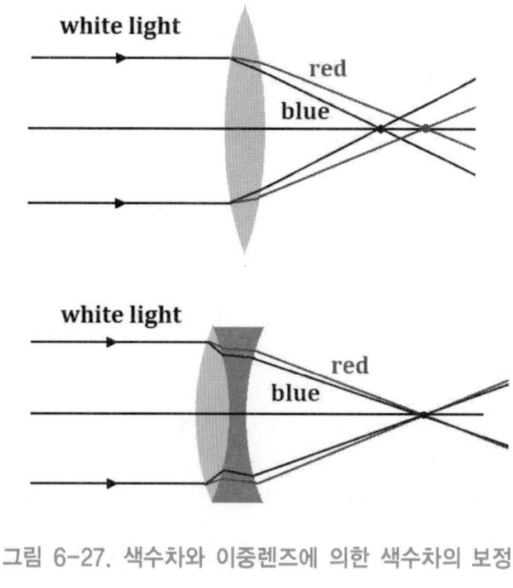

그림 6-27. 색수차와 이중렌즈에 의한 색수차의 보정

둘째, Seidel 5수차는 구면수차(spherical aberration), 코마수차(coma), 비점수차(非點收差, astigmatism), 상면(像面)의 구부러짐(curvature of field), 찌그러짐(didtortion) 등 5가지의 수차이다.

구면수차는 렌즈의 중심축에서 벗어나는 광선의 경우 근축광선에 비해 많이 꺾이기 때문에 발생한다. 그림 6-28에 보듯이 외곽으로 입사하는 광선의 초점이 짧아지는 것을 알 수 있다. 구면수차는 렌즈 앞 또는 뒤에 외곽으로 입사하는 빛을 차단하는 조리개(stop)를 둠으로써 해결할 수 있다.

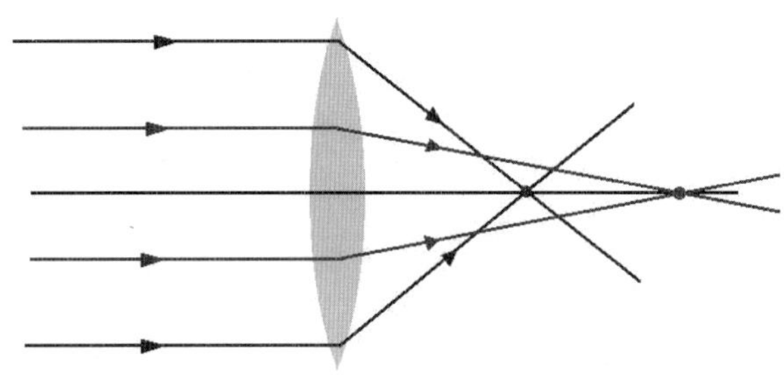

그림 6-28. 구면수차

코마수차는 렌즈 축에서 비스듬히 입사하는 광선(marginal ray)에 관련된 구면수차라고 할 수 있다. 이에 따라 상의 모양이 혜성(coma)과 같으므로 이러한 이름을 얻게 되었다. 코마수차도 렌즈의 외곽으로 입사하는 빛을 차단함으로써 막을 수 있다.

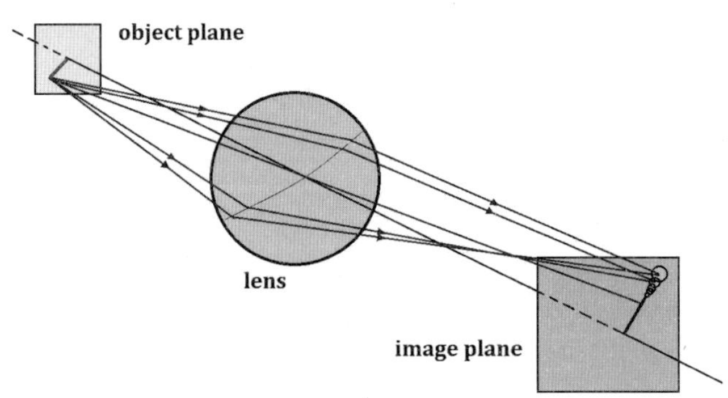

그림 6-29. 코마수차의 모양

비점수차는 렌즈의 두 수직축(tangential and sagital planes)의 초점이 달라서 점광원의 상이 점광원이 되지 않는 현상이다. 두 축의 초점의 중간 부분에서 가장 크기가 작은 상(circle of least confusion)을 얻을 수 있다.

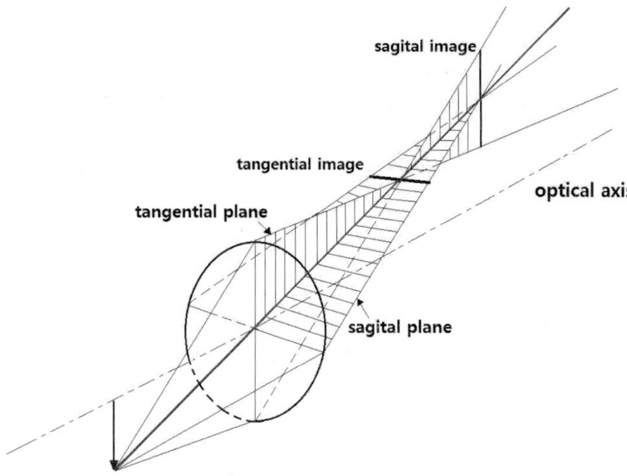

그림 6-30. 비점수차의 형성

상면(像面)의 구부러짐은 물체의 면(object plane)은 평편한 면이지만, 렌즈에 의해 형성되는 상의 면(image plane)은 곡률이 되기 때문에 발생한다. 이에 따라 상의 면에 스크린을 두어 상을 관찰하는 경우 중앙과 외곽을 동일한 선명함으로 얻을 수 없게 된다. 이를 없애기 위해서는 복합렌즈를 사용한다.

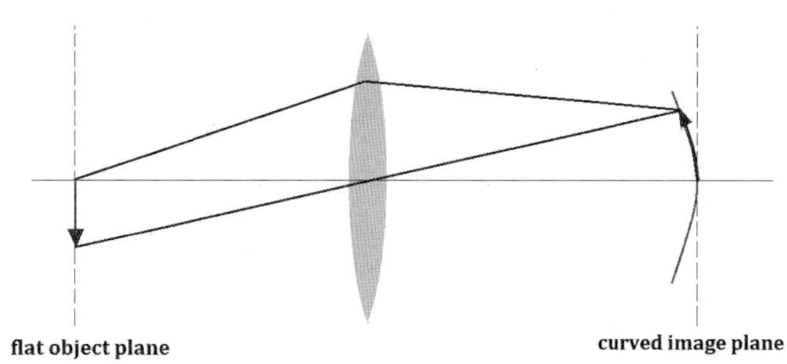

그림 6-31. 상면(像面)의 구부러짐

마지막으로 찌그러짐은 렌즈의 중앙과 외곽의 배율이 다를 경우에 생기는 수차이다. 격자모양의 물체에 대해 두 종류의 상의 모양을 얻을 수 있다. 첫째, 중앙의 배율이 외곽의 배율보다 큰 경우 술통모양(barrel)의 상을 얻는다. 둘째, 렌즈의 중앙보다 외곽의 배율이 클 경우 쿠션을 누른 모양(pin cushion)의 상을 얻을 수 있다. 찌그러짐은 조리개로 조절하기 어려우므로 외곽을 배율이 일치하게 깎거나 필터를 이용할 수밖에 없다.

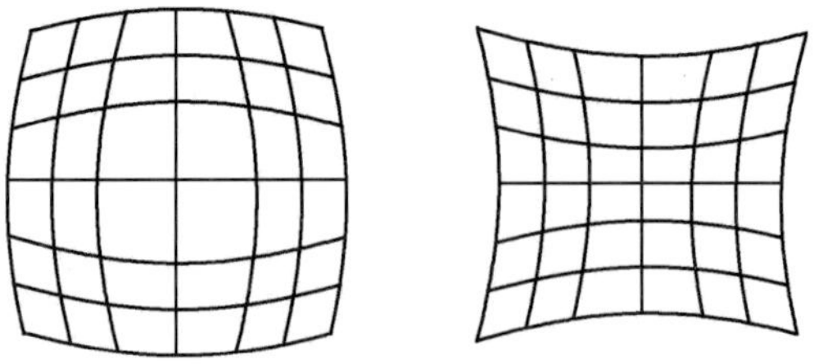

그림 6-32. 격자모양의 물체에 대한 상의 모양

7. 파동광학

지금까지는 기하광학(geometrical optics)에 대해 알아보았다. 기하광학에서는 광학기기들의 크기가 빛의 파장과 비교하여 아주 큰 경우였다. 즉, 물체에서 반사된 광선들이 렌즈와 거울에 입사하여 어떻게 상(image)을 이루는가에 대한 내용이었다. 아래부터는 파동광학(wave optics)에 대해 알아보기로 한다. 파동광학에서는 빛의 파동적 성질을 이용한다. 이에 따라 광학기기들의 크기(슬릿, slit)가 빛의 파장에 비교할 수 있을(comparable) 정도가 되어야 한다. 이런 경우에는 빛의 파동적 성질이 중요하게 된다. 파동광학은 빛의 간섭과 회절에 관련된 내용들이다. 이 간섭과 회절을 이용하여 빛 자체의 성질을 분석할 수 있다. 이러한 광학기기들이 간섭계나 회절격자이다.

7-1. 빛의 간섭

(1) Young의 이중슬릿 실험

빛의 간섭은 경로를 달리하여 이동한 두 파가 중첩에 의해 합쳐졌을 때 일어나는 현상이다. 여기서 두 파는 동일한 원천에서 발생한 파이다. 그런 경우에만 시작점에서 위상이 같고 이동한 경로에 따른 위상의 변화 때문에 관찰위치에 따라 보강 또는 소멸간섭이 일어나게 된다.

간섭현상에 대한 예로서 Young의 이중슬릿(double slit) 실험에 대해 알아보기로 한다. 여기서 슬릿의 폭은 입사하는 빛의 파장과 비교할 정도의 크기를 가진다. 이중슬릿은 이러한 두 개의 슬릿이 떨어져 놓여 있는 것이다. 따라서 이중슬릿에 빛을 비추면 슬릿으로만 빛이 통과되고 나머지 부분으로는 빛이 투과되지 못한다. 두 슬릿에 도달하는 빛의 위상은 동일해야 한다. 이는 슬릿으로 입사하는 빛은 평면파(plane wave)여야 된다는 것을 의미한다. 평면파일 경우 두 슬릿을 통과할 때 빛은 동일한 위상을 가지게 된다. 빛의 원천을 렌즈의 초점을 통과하게 함으로써 평면파로 만들 수 있다. 또는 레이저 빛을 사용하면 된다. 그리고 두 슬릿에 입사하는 빛은 동일한 원천의 빛이어야 한다.

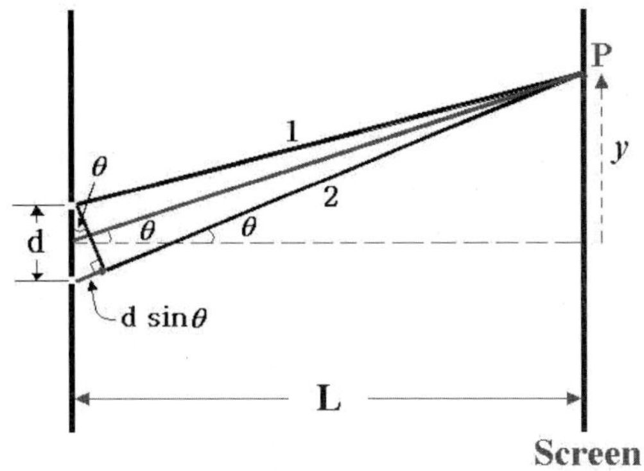

그림 6-33. Young의 이중슬릿 실험

그림 6-33에 이중슬릿에 평면파의 빛이 입사할 때 두 슬릿을 통과한 빛이 두 개의 다른 경로를 거친 후 P점에 모이는 것을 보여 주고 있다. 두 슬릿의 중앙 위치에 대응되는 스크린상의 점(스크린의 중앙)에서는 두 빛의 경로차가 없으므로 밝은 무늬가 될 것이다. 즉, 한 파의 최고점이 다른 파의 최고점과 일치하고 최저점 또한 일치한다. 이에 따라 중앙 위치에 도달하는 두 빛은 위상이 같으므로 서로 더해져서 빛의 세기는 밝게 된다. 그리고 각도 θ인 임의의 점 P에서 빛의 세기는 두 파의 경로 차이에 의존하게 된다. 첫째, 두 파의 경로차가 입사 파장의 배수배가 되는 지점에서는 두 파는 같은 위상으로 스크린에 도달하므로 합쳐져서 밝은 무늬를 주게 된다. 즉, 한 파가 최고점이 될 때 다른 파도 최고점이 되고 또한 최저점도 일치한다. 이에 따라 보강간섭(constructive interference)이 되어 밝은 무늬를 주게 된다. 둘째, 두 파의 경로차가 입사파장의 반 파장만큼 차이가 나는 경우에는 한 파의 최고점일 때 다른 파는 최저점이 된다. 또한 한 파가 최저점일 때 다른 파는 최고점이 된다. 이에 따라 두 파가 합쳐지면 소멸간섭(destructive interference)되어 어두운 무늬를 주게 된다.

그림 6-33에서와 같이 임의의 점 P일 경우 두 파의 경로차는 $d\sin\theta$이다. 여기서 d는 두 슬릿의 떨어진 거리이고, θ는 두 슬릿의 중앙에서 점 P 사이의 각도이다. 보강간섭이 되는 지점은

$$d\sin\theta = m\lambda \tag{6-29}$$

의 조건이 만족된다. 여기서 m은 $\cdots -2, -1, 0, 1, 2, \cdots$ 등의 값을 가진다. $m=0$은 스크린의 중앙을 나타내고 양의 값은 위쪽, 음의 값은 아래쪽을 나타낸다.

소멸간섭이 되는 위치는

$$d\sin\theta = \left(m+\frac{1}{2}\right)\lambda \tag{6-30}$$

의 조건이 만족된다.

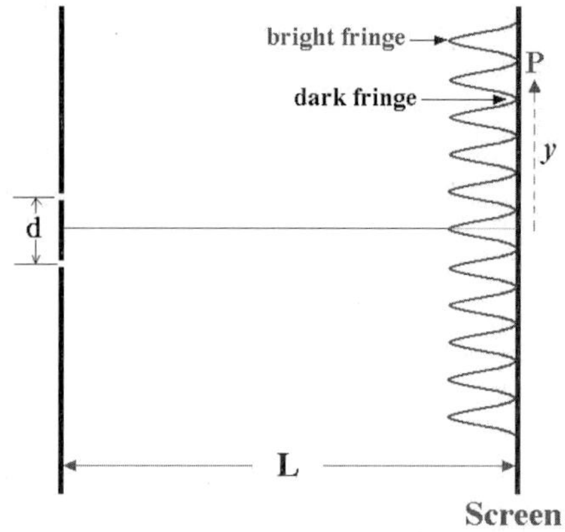

그림 6-34. Young의 이중슬릿의 간섭무늬

간섭무늬는 스크린 중앙에 밝은 무늬가 나타나고, 그 위로 밝고 어두운 무늬가 차례로 나타난다. 또한 스크린 아래쪽에도 밝고 어두운 무늬가 차례로 나타난다. 이를 그림 6-34에 보여 주고 있다.

슬릿에서 스크린 사이의 거리 L이 두 슬릿의 간격 d에 비해 아주 크면 $\sin\theta \simeq \tan\theta$가 된다. 스크린의 중앙에서 y 떨어진 위치는 $\tan\theta = y/L$이므로 보강간섭이 되는 위치는

$$y_{\max} = L\tan\theta \simeq L\sin\theta = \frac{m\lambda L}{d} \tag{6-31}$$

로 표현된다. 이에 따라 두 밝은 무늬 사이에 떨어진 거리는

$$\Delta y_{\max} = \frac{\lambda L}{d} \tag{6-32}$$

와 같다. 마찬가지로 두 어두운 무늬 사이에 떨어진 거리도 식 6-32와 동일하다. 두 슬릿의 간격 d가 좁아지면 좁아질수록 밝은 무늬 사이의 떨어진 거리 Δy는 증가하게 된다.

예제 7 $d = 0.2mm,\ L = 1m$일 경우 중심에서 $y = 7.5mm$의 위치에서 3번째 밝은 무늬가 관찰되었다면 사용한 빛의 파장은 얼마인가?

답. $y_{\max} = m\lambda L/d$에서 $\lambda = y_{\max}\, d/(mL) = 500nm$이다. 여기서 $m = 3$이다.

[참고] Young의 간섭무늬를 파동의 중첩을 이용하여 구해 보기로 하자. 슬릿을 통과한 빛은 실제로는 구면파이다. 구면파는 $E_o \sin(kr - \omega t)/r$로 표현할 수 있다. 또는 지수함수의 형태로는 $E_o e^{i(kr-\omega t)}/r$와 같이 나타낼 수도 있다. 두 파가 다른 경로를 따라 진행하여 P점에서 중첩된다고 할 때 합성파는

$$E = \frac{E_o}{r+\Delta} e^{i[k(r+\Delta)-\omega t]} + \frac{E_o}{r} e^{ik(r-\omega t)} \tag{6-33}$$

와 같이 주어진다. 여기서 Δ는 두 파의 경로차로서 $\Delta = d\sin\theta$를 나타낸다. 첫 번째 항의 분모에 있는 거리는 $r + \Delta \simeq r \simeq L$와 같이 근사할 수 있다. 그러나 위상에 있는 거리는 이와 같이 근사할 수 없다. 이는 위상의 차이가 두 파를 보강 또는 소멸 간섭시킬 수 있기 때문이다. 이에 따라 위 식은

$$E \approx \frac{E_o}{L} e^{i(kr-\omega t)} \left[e^{ik\Delta} + 1 \right] \tag{6-34}$$

$$= \frac{E_o}{L} e^{i(kr-\omega t)} e^{ik\Delta/2} \left[e^{ik\Delta/2} + e^{-ik\Delta/2} \right]$$

$$= \frac{2E_o}{L} e^{i(kr-\omega t)} e^{ik\Delta/2} \cos\frac{kd\sin\theta}{2}$$

와 같이 표현된다. 빛의 세기는 $I = \frac{\epsilon_o c}{2}|E|^2$ 와 같다. 이에 따라 스크린에서의 빛의 세기는

$$I = 4I_o \cos^2 k\Delta = 4I_o \cos^2\left(\frac{\pi d}{\lambda L} y\right) \tag{6-35}$$

로 주어진다. 여기서 $k=2\pi/\lambda$, $\Delta = d\sin\theta \simeq yd/L$이고 $I_o = \epsilon_o c E_o^2/(2L^2)$로 정의되었다. 식 6-35에서 밝은 무늬가 되는 위치는

$$\frac{\pi d}{\lambda L} y_{\max} = m\pi \rightarrow \therefore y_{\max} = \frac{m\lambda L}{d} \tag{6-36}$$

로 표현된다. 위 결과는 식 6-31과 일치함을 볼 수 있다.

(2) Newton ring

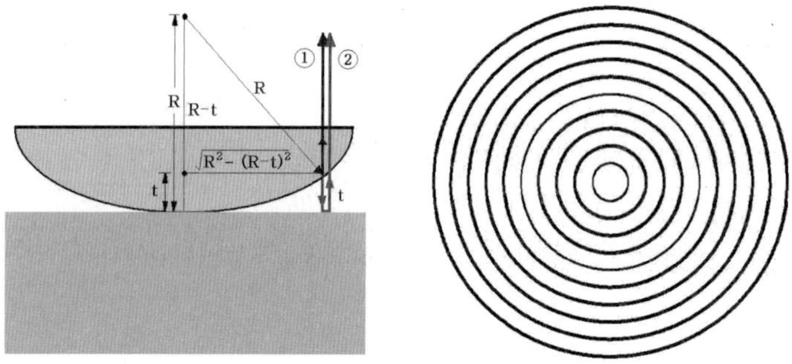

그림 6-35. Newton ring 간섭무늬

렌즈를 평판에 올려 놓고 위에서 빛을 비추면 동심원의 간섭무늬가 나타난다. 간섭은 그림에서와 같이 렌즈 면에서 반사되는 광선 ①과 평판에서 반사되는 광선 ②가 합쳐져서 간섭을 일으켜서 발생한다. 어두운 무늬의 조건은 경로차가 파장의 배수가 되는 것이다. 이중슬릿의 경우 경로차가 파장의 배수가 될 때 밝은 무늬가 나타나는 것과 반대이다. 그 이유는 광선 ①과 광선 ②의 반사의 종류가 다르기 때문이다. 광선 ①은 굴절률이 큰 매질인 유리에서 출발하여 굴절률이 작은 공기 면에서 반사가 일어나는 내부반사(internal reflection)이다. 반면에 광선 ②는 공기에서 출발하여 유리면에서 반사되는 외부반사(external reflection)이다. 이에 따라 두 광선이 반사의 종류차이에 의해 위상이 반파장의 차이가 난다. 이에 따라 경로차가 파장의 배수배가 될 때 어두운 무늬가 관찰된다. 어두운 무늬(Newton rings)가 나타나는 위치는 경로차($2t$, 공기층 두께의 두 배)가 파장의 배수가 되는 곳이므로 n번째 무늬는 $2t_n = m\lambda$의 조건을 만족한다. 이 Newton ring의 반지름은 그림에서 보듯이

$$r_n = \sqrt{R^2-(R-t_n)^2} \tag{6-37}$$

이다. 위 식을 제곱하면

$$r_n^2 = R^2 - (R - t_n)^2 = 2R\,t_n + t_n^2 \simeq 2R\,t_n \tag{6-38}$$

이다. 여기서 t_n^2은 아주 작으므로 무시하였다. 따라서 어두운 무늬가 되는 반경은

$$r_n = \sqrt{2Rt_n} \tag{6-39}$$

이다. 이 식과 어두운 무늬의 조건인 $2t_n = m\lambda$을 이용하여 모르는 변수를 구할 수 있다.

예제 8 Newton ring에서 546nm의 빛에 대해 10번째 ring의 직경이 7.89mm였다. 렌즈의 곡률을 구하라.

답. 렌즈의 직경 R을 구하는 문제이다. $r_m^2 = 2R\,t_m$에서 $R = r_m^2/(2t_m)$이다. t_m은 $2t_m = m\lambda$에서 $m = 10$이므로 $t_{10} = \frac{10\lambda}{2} = 5\lambda$이다. 따라서 $R = r_{10}^2/(2t_{10}) = 2.85m$이다.

(3) 얇은 막에서의 간섭

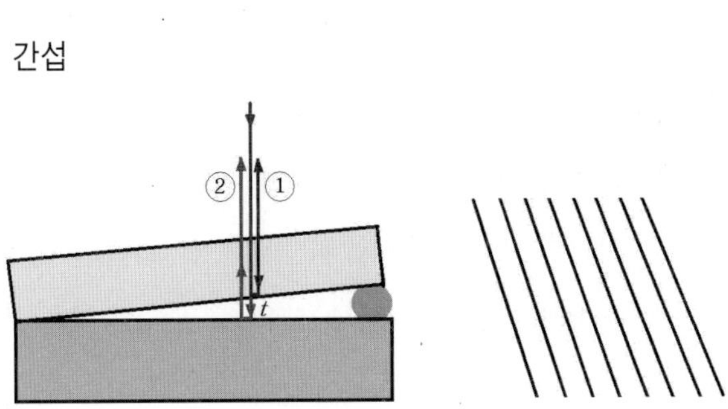

그림 6-36. 같은 두께의 간섭무늬

그림 6-36에서와 같이 어떤 두께 t의 공기 막에서 두 광선 ①과 ②가 간섭되어 간섭무늬(줄무늬, 동일 두께에 대한 간섭무늬)가 만들어진다. 어두운 무늬의 조건은 Newton ring에서와 같이 경로차 $2t$가 파장의 배수가 되는 것이다. 즉,

$$2t = m\lambda \tag{6-40}$$

의 조건이 만족되는 두께 t에서 간섭 줄무늬가 발생한다.

예제 9 길이 10cm인 슬라이드 유리판 두 개를 한쪽 끝은 접촉시키고 다른 쪽 끝에는 두께 0.02mm인 얇은 종이를 끼워 놓았다. 간섭무늬 사이의 간격을 구하라. 사용한 빛의 파장은 500nm이다.

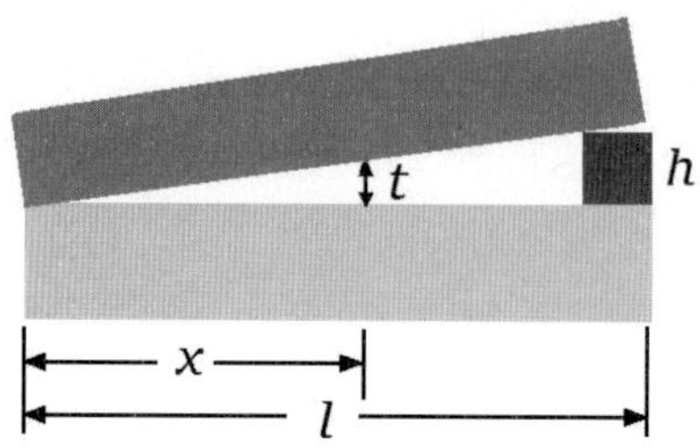

답. 어두운 무늬의 조건은 $2t = m\lambda (m = 0, 1, 2, \cdots)$이다. 임의의 지점 x에서의 공기층의 두께는 기울기가 h/l이므로 $t = (hx)/l$이다. 따라서 어두운 무늬의 조건은 $(2hx)/l = m\lambda$가 된다. 이 식에서 $(2h\,\Delta x)/l = \lambda\,\Delta m$을 얻고 무늬 사이의 간격은 $\Delta m = 1$로 두면 $\Delta x = 1.25mm$이다. 따라서 어두운 무늬 사이의 거리는 1.25mm이다.

(4) Michelson 간섭계

Michelson 간섭계는 빛가르기(beam splitter)에 의해 빛이 분산되어 서로 수직하게 놓인 거울에서 반사된 후 다시 모여 간섭을 일으킨다. 광선 ①은 두 번의 외부반사를 한다(빛가르기에서 한 번, 거울 2에서 한 번). 그리고 광선 ②는 외부반사 한 번(거울 2)과 내부반사 한 번(빛가르기)을 한다. 이에 따라 두 광선은 반사의 차이에 의해 위상에서 반 파장의 차이가 난다. 이에 따라 두 경로의 경로차가 파장의 배수배가 될 때 어두운 무늬가 생긴다. 즉, 두 팔의 길이의 차이가 d이면 경로의 차이는 $2d$(왕복)이고 어두운 무늬의 조건은

$$2d = m\lambda \tag{6-41}$$

이다.

한쪽 거울을 움직이면 무늬이동을 관찰할 수 있는데, 이 무늬이동을 통해 여러 파장의 빛이 입사하는 경우 파장의 분석이 가능하다. 그리고 한 팔에 기체를 담은 통을 넣어 경로차를 발생시켜 무늬이동을 관찰하고, 이를 통해 기체의 굴절률도 측정할 수 있다.

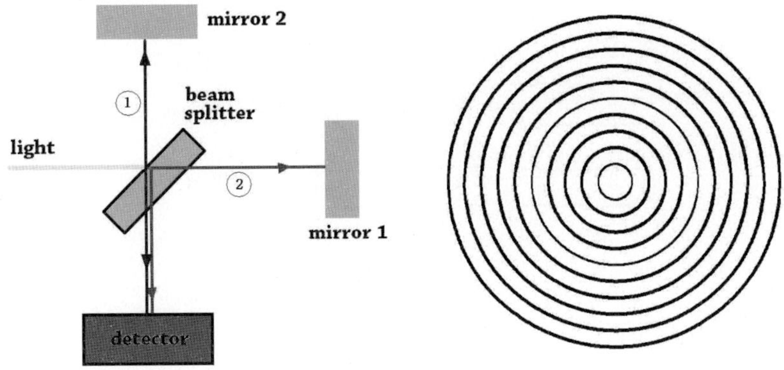

그림 6-37. Michelson 간섭계의 구조

예제 10 Michelson 간섭계의 거울을 0.0114cm 이동했을 때 523개의 무늬가 이동하는 것이 관측되었다. 사용한 빛의 파장을 구하라.

답. $2d = m\lambda$을 미분하면 $2\Delta d = \Delta m\lambda$이다. 따라서 $\lambda = (2\Delta d)/\Delta m = 436nm$이다.

7-2. 빛의 회절

위에서 빛의 간섭현상에 대해 알아보았다. 간섭현상은 경로를 달리하여 한 지점에 도달한 빛들이 중첩할 때 위치에 따라 보강 또는 소멸되는 현상이다. 특히 Young의 이중슬릿 실험에서 두 슬릿의 크기는 빛의 파장과 비슷한 크기여야 했다. 이렇게 함으로써 두 개의 빛이 각각 하나의 점광원으로 행동하게 만들 수 있다. 또한 두 슬릿에 입사하는 빛을 동일한 원천의 빛을 사용함으로써 슬릿을 입사할 때 두 빛이 동일한 위상을 가지게 만들 수 있다.

빛의 회절은 빛이 물체의 가장자리나 구멍(aperture)의 가장자리에서 꺾이는(회절) 현상이다. 예를 들어 엄지와 검지를 붙이고 그 사이를 아주 좁게 만들어 빛을 관찰하면 가는 무늬들을 관찰할 수 있는데, 이는 빛이 손가락 표면에서 회절되는 현상 때문이다. 그림에서 보듯이 빛을 물체에 비추면 물체로는 빛이 통과되지 못하므로 물체의 모양과 같은 그림자가 스크린에 형성된다. 이때 스크린에 형성된 그림자의 가장자리를 세밀히 보면 작은 무늬들이 관찰된다. 이는 빛이 물체의 가장자리에서 회절되기 때문이다.

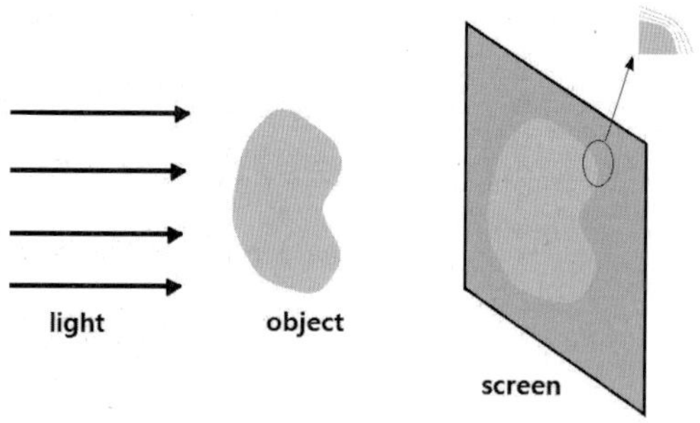

그림 6-38. 빛의 회절

빛은 작은 공간인 슬릿이나 구멍을 통과하면 회절된다. 이때 슬릿이나 구멍의 크기는 빛의 파장보다는 훨씬 크다. 앞에서 언급하였듯이 Young의 이중슬릿 실험에서는 슬릿의 크기가 파장과 비슷하여 회절효과는 거의 없다고 할 수 있다. 그러나 슬릿의 크기가 빛의 파장보다 훨씬 클 경우 회절효과가 나타나게 된다. 아래부터 단일슬릿 또는 여러 슬릿으로 구성된 공간을 통해 빛이 통과될 때 어떤 회절무늬를 얻는지에 대해 알아보기로 한다. 그리고 이러한 구조를 이용하여 빛의 특성을 어떻게 관찰되는지에 대해서도 알아보도록 한다.

(1) 단일슬릿

그림에서와 같이 폭이 D인 단일슬릿으로 평면파가 입사한다고 하자. 슬릿의 크기 D는 빛의 파장보다는 훨씬 크다. 스크린 앞에 볼록렌즈가 있고 이에 의해 빛이 스크린에 상을 맺는다.

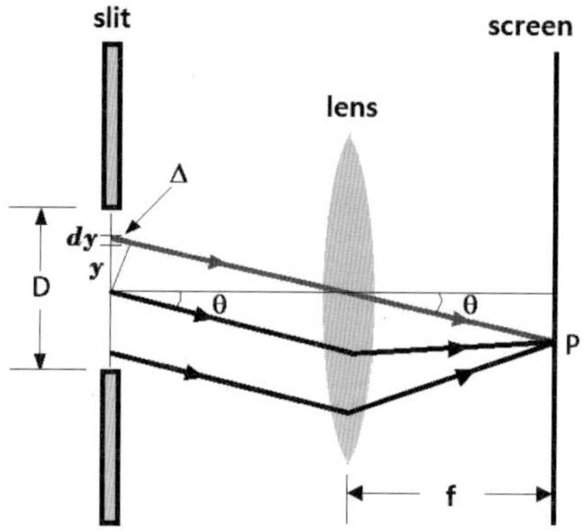

그림 6-39. 단일슬릿에서의 회절

즉, 볼록렌즈와 스크린 사이의 거리는 볼록렌즈의 초점거리와 같다.

슬릿에 평면파가 입사하면 슬릿의 각 부분에서 이차파(secondary wave)들이 형성되고, 이 파들이 계속 진행하여 렌즈에 의해 스크린에 상을 맺는다. 그림에서와 같이 스크린의 중앙선과 각도 θ를 이루고 진행하는 파들은 렌즈에 의해 점 P에 모이게 된다. 점 P에 밝은 무늬가 형성되는지, 또는 어두운 무늬가 형성되는지는 그곳에 모이는 파들을 합성함으로써 결정할 수 있다.

그림에서 보듯이 슬릿의 중앙에서 y위치에 있는 dy부분을 생각해 보자. 이 부분에서 나오는 빛의 전기장부분은

$$dE_P = \frac{E_L dy}{r_o + \Delta} e^{i[k(r_o + \Delta) - \omega t]} \tag{6-42}$$

으로 표현된다. 여기서 E_L은 단위길이당 전기장의 세기이고, $\Delta = y\sin\theta$이다. 식 6-42에서 분모는 $r_o + \Delta \approx r_o$로 근사할 수 있다. 여기서 r_o는 렌즈의 축을 통과하는 광선의 이동거리이다. 스크린의 P점에서 중첩되는 전기장의 세기는 슬릿의 각 부분에서 출발하는 빛을 슬릿의 아래 끝$(-D/2)$에서 위 끝$(+D/2)$까지 적분하면 된다. 즉,

$$\begin{aligned} E_P &\simeq \left(\frac{E_L}{r_o} \int_{-D/2}^{D/2} e^{iky\sin\theta} dy \right) e^{i(kr_o - \omega t)} \qquad (6\text{-}43) \\ &= \frac{E_L}{r_o} \left[\frac{e^{iky\sin\theta}}{ik\sin\theta} \right]_{-D/2}^{D/2} e^{i(kr_o - \omega t)} \\ &= \frac{E_L D}{r_o} \left(\frac{\sin\beta}{\beta} \right) e^{i(kr_o - \omega t)} \end{aligned}$$

을 구할 수 있다. 여기서 $\beta = kD\sin\theta/2$를 나타낸다. 따라서 P점에서의 빛의 세기는

$$I_P = \frac{\epsilon_o c}{2} |E_P|^2 = I_o \left(\frac{\sin\beta}{\beta} \right)^2 \tag{6-44}$$

와 같다. 여기서 $I_o = \frac{\epsilon_o c}{2} \left(\frac{DE_L}{r_o} \right)^2$을 나타낸다. 위 식에서 중앙$(\theta = 0)$일 때 최고의 밝기가 됨을 볼 수 있다. 그리고 2차 최대가 있으나 그 밝기는 중앙보다 현저히 줄어듦을 볼 수 있다. 그림 6-40에 스크린에서 위치에 따른 밝기의 변화를 보여 주고 있다.

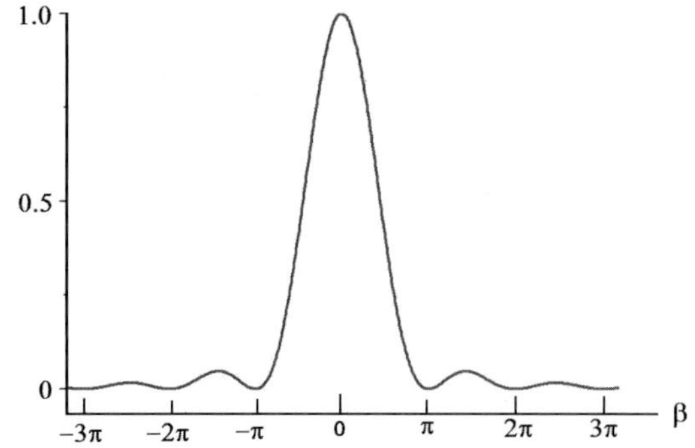

그림 6-40. 단일슬릿의 회절무늬

어두운 무늬가 생기는 위치에서는 식 6-44에서부터 $\sin\beta = 0$이 만족됨을 알 수 있다. 즉,

$$\beta = \frac{kD}{2}\sin\theta = m\pi \rightarrow \therefore D\sin\theta = m\lambda \tag{6-45}$$

을 만족하는 위치는 어두운 무늬이다. 중앙 최대무늬의 폭은 $m = 1(\beta = \pi)$와 $m = -1(\beta = -\pi)$ 사이이다. 식 6-45를 미분하면 중앙최대 폭에 대한 각의 폭은

$$D\cos\theta\,\Delta\theta = \Delta m\,\lambda \rightarrow \therefore \Delta\theta = \frac{2\lambda}{D} \tag{6-46}$$

로 주어진다. 여기서 $\theta \ll 1$이므로 $\cos\theta \approx 1$을 이용하였다.

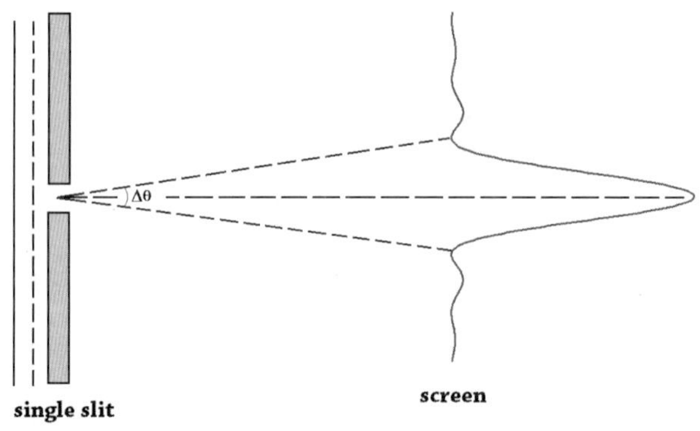

그림 6-41. 단일슬릿의 최대무늬 폭의 각의 폭

슬릿이 원형의 경우에도 슬릿의 경우와 동일하게 스크린의 위치에 따른 빛의 세기를 구할 수 있다. 그러나 수학적으로 복잡하므로 유도과정은 생략하기로 한다. 직경 D인 원형의 구멍에 대한 스크린에서 최대무늬 폭에 대한 각의 폭은

$$\Delta\theta = \frac{1.22\,\lambda}{D} \tag{6-47}$$

와 같이 구해진다. 슬릿과 비교하여 계수가 2 대신에 1.22임을 볼 수 있다.

렌즈나 눈의 경우 원형 구멍(aperture)과 동일하다. 이러한 원형 구멍에서 회절은 물체를 구별할 수 있는 분해능에 한계를 준다. 그림 6-42에 회절에 의한 물체 분해능의 한계를 보여 주고 있다. 그림에서 두 점광원 A와 B가 직경 D인 렌즈에 의해 스크린에 상이 맺히는 경우를 보여 주고 있다. 이때 눈의 경우 스크린은 망막이 된다. 만약 회절현상이 없다면 스크린에는 두 점으로 상이 맺힐 것이다. 그러나 회절현상 때문에 스크린에는 점으로 된 상이 아니고 크기(회절의 최대무늬)를 가지는 두 개의 상이 맺힌다. 그런데 두 점광원 사이의 거리를 점점 좁힐 경우 스크린에 맺히는 상이 서로 겹쳐져서 두 개의 상인지 하나의 상인지 구별할 수 없게 된다. 그 한계는 그림에서와 같이 하나의 상의 영점(zero)이 다른 상의 최대점(max)이 되는 경우이다. 이보다 더 가까워지면 두 상이 겹쳐져 두 개의 상인지 하나의 상인지 구별할 수 없게 된다. 이때 두 물체를 보는 각의 차이는 식 6-47에서 주어지듯이

$$\Delta\theta_{\min} = \frac{1.22\,\lambda}{D} \tag{6-48}$$

과 같다. 이때 두 물체가 떨어진 최소의 위치는 $x_{\min} = R\Delta\theta_{\min}$이다.

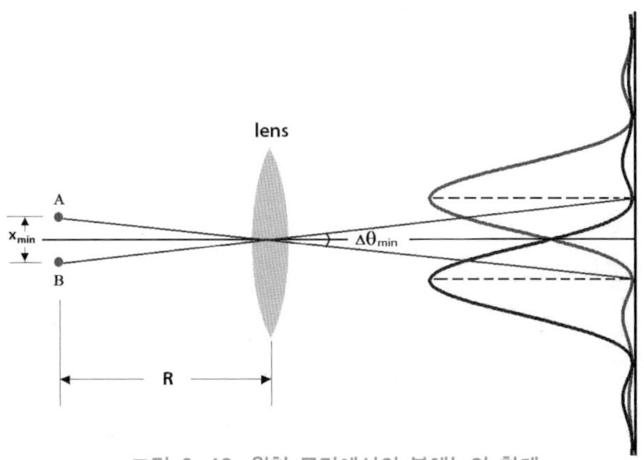

그림 6-42. 원형 구멍에서의 분해능의 한계

예제 11 단일슬릿 회절에서 589nm의 빛이 이용되었다. 첫 번째 최소가 5°의 각에서 생겼다면 슬릿의 너비는 얼마인가?

답. 첫 번째 최소는 $m=1$이므로 $D\sin\theta = m\lambda$에서 $D=\lambda/\sin\theta = 6.758\mu m$을 구할 수 있다.

예제 12 직경 35mm인 쌍안경으로 30,000광년 떨어진 성단을 관찰한다고 하자. 분해할 수 있는 두 별의 최소로 떨어진 거리는 얼마인가?

답. $\Delta\theta_{\min} = \dfrac{1.22\lambda}{D} = 1.92\times 10^{-5} rad$이다. 따라서 분해할 수 있는 최소의 별 사이의 거리는 $s = r\Delta\theta_{\min} = 0.58$광년이다.

(2) 이중 및 다중슬릿

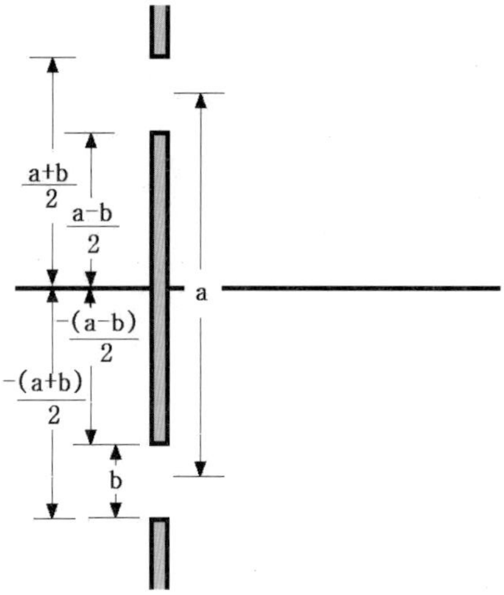

그림 6-43. 이중슬릿에서의 회절

폭이 b인 두 슬릿이 거리 a만큼 떨어져 있는 이중슬릿을 생각해 보자. 이 경우 각 슬릿에 의한 회절과 두 슬릿에 의한 간섭현상이 동시에 나타난다. 위치에 따른 빛의 세기는

$$I = 4I_o\left(\frac{\sin\beta}{\beta}\right)^2 \cos^2\alpha \qquad (6\text{-}49)$$

와 같이 주어진다. 여기서 $\alpha = (ka\sin\theta)/2$, $\beta = (kb\sin\theta)/2$를 나타낸다. 그리고 I_o은 단일슬릿

에 의한 빛의 세기이다. 식 6-49에서 첫 번째 항은 단일슬릿에서의 회절에 의한 것이고, 두 번째 항은 이중슬릿에 의한 빛의 간섭이다. 이와 같이 이중슬릿에서는 간섭과 회절의 곱으로 빛의 세기가 결정된다. Young의 이중슬릿 실험에서는 두 슬릿의 폭이 빛의 파장과 비슷하여 $(b \approx \lambda)$ 회절현상은 고려할 필요가 없었다. 그러나 그림 6-43의 이중슬릿에서는 슬릿의 폭이 빛의 파장보다 몇 배나 크므로$(b \gg \lambda)$ 회절현상이 고려되어야 한다.

$a > b$인 경우 $\alpha > \beta$이다. 이에 따라 간섭무늬가 회절무늬보다 더 빠르게 변한다. 따라서 회절무늬가 덮개(envelope)역할을 하고 그 안에서 간섭무늬가 빠르게 변하게 된다. 그림 6-44에 이를 보여 주고 있다. 그림에서는 a와 b의 비에 따라 간섭무늬가 어떻게 바뀌는지를 보여 주고 있다. a/b가 클수록 간섭무늬가 빠르게 변하는 것을 볼 수 있다. $a \gg b$인 경우 간섭무늬가 아주 빠르게 변하므로 무늬는 연속적으로 보인다.

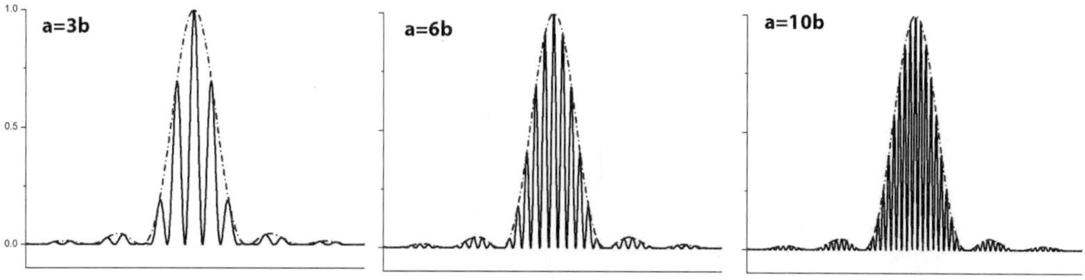

그림 6-44. 슬릿의 폭과 두 슬릿이 떨어진 거리의 비에 따른 무늬의 변화

간섭무늬가 0이 되는 위치는 $\alpha = m\pi$가 만족되는 위치이다. 즉,

$$a\sin\theta = m\lambda \tag{6-50}$$

이 만족되는 위치에서 간섭무늬가 0이 된다. 여기서 $m = 0, \pm 1, \pm 2, \cdots$ 이다. 그리고 간섭무늬의 덮게인 회절무늬가 0이 되는 위치는 $\beta = n\pi$에서

$$b\sin\theta = n\lambda \tag{6-51}$$

와 같이 주어진다. 여기서 $n = \pm 1, \pm 2, \cdots$ 이다. 두 식에서 $a/(m\lambda) = b/(n\lambda)$가 만족되는 위치에서는 간섭무늬와 회절무늬가 일치하므로 동시에 0이 될 수 있다.

그림 6-45에 이중슬릿에 의한 회절무늬와 Young의 이중슬릿의 무늬와 비교하였다. Young의 밝은 무늬의 세기는 모든 위치에서 동일하다. 반면에 이중슬릿의 간섭무늬는 외곽으로 가면서 밝은 무늬의 세기는 급격히 감소한다. Young의 슬릿의 폭은 파장에 비해 작으므로 식 6-51에서 $\sin\theta = \lambda/b \approx 1$이므로 빛이 회절되는 각의 폭은 거의 90°가 된다. 이에 따라 덮개가 위치에 따라 일정하므로 모든 밝은 무늬의 세기가 일정하다. 반면에 이중슬릿에서 슬릿의 폭은 빛의 파장보다 크므로 $\sin\theta = \lambda/b \ll 1$이 된다. 이에 따라 빛의 회절각도는 아주 작게 된다. 이에 따라 그림에서와 같이 유한한 회절 덮개가 되므로 중앙의 간섭무늬가 외곽의 간섭무늬보다 훨씬 세기가 밝다.

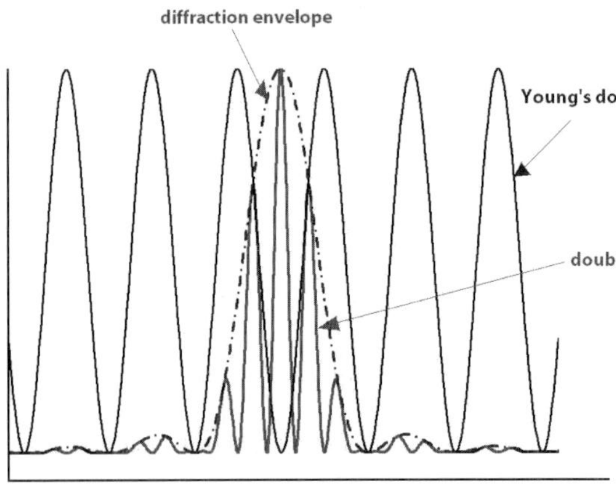

그림 6-45. 이중슬릿의 간섭무늬(a=3b)

다중슬릿의 경우에도 동일한 방법으로 스크린에서의 무늬의 밝기에 대한 식을 구할 수 있다. 즉, 슬릿 폭이 b이고, 떨어진 간격이 a인 N개의 슬릿으로 구성되어 있는 다중슬릿에서의 무늬의 세기는

$$I = I_o \left(\frac{\sin\beta}{\beta}\right)^2 \left(\frac{\sin N\alpha}{\sin\alpha}\right)^2 \qquad (6-52)$$

로 주어진다. 여기서 $\alpha = (ka\sin\theta)/2$, $\beta = (kb\sin\theta)/2$를 나타낸다. 식 6-52에서 첫 번째 항은 회절에 관련된 것이고, 두 번째 항은 간섭에 의한 것이다. 따라서 회절항은 간섭의 덮개 역할을 한다. 주된 최고무늬(principal max)에서는 $(\sin N\alpha)/\sin\alpha = 1$인 조건이 만족되어야 한다. 따라서 최대무늬는 $\alpha = m\pi$에서

$$a\sin\theta = m\lambda \tag{6-53}$$

와 같은 위치에서 나타난다. 이때 간섭 항은

$$\lim_{\alpha\to m\pi}\frac{\sin N\alpha}{\sin\alpha} = \lim_{\alpha\to m\pi}\frac{N\cos N\alpha}{\cos\alpha} = \pm N \tag{6-54}$$

의 값을 가진다. 이에 따라 슬릿의 수 N에 대해 식 6-52에서 빛의 세기는 N^2으로 증가함을 볼 수 있다. 주된 최고무늬 사이에는 2차 최고무늬들이 나타나기는 하지만 주된 최고무늬보다 훨씬 밝기가 떨어진다. 그리고 슬릿의 수 N이 커지면 커질수록 주된 최고무늬의 밝기는 증가하고 (N^2), 2차 밝은 무늬의 밝기는 상대적으로 떨어진다. 그림 6-46에 슬릿의 수에 따른 회절무늬의 변화를 보여 주고 있다.

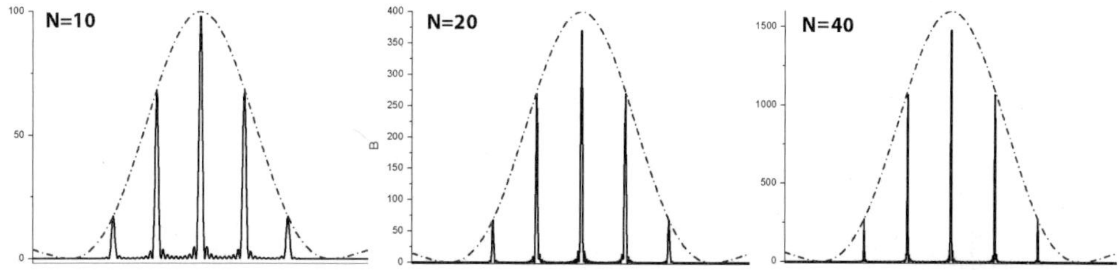

그림 6-46. 슬릿의 수에 따른 회절무늬의 변화(a=3b)

그림 6-46에서 보듯이 슬릿의 수 N이 아주 커지면 주된 최고무늬의 폭이 상대적으로 아주 좁아진다. 이 경우 식 6-53에서 주어진 밝은 무늬의 지점을 아주 정확하게 관찰할 수 있다. 이렇게 슬릿의 수를 아주 많이 만든 것을 회절격자(diffraction grating)라고 부른다. 회절격자에서는 대략 cm당 수 천개의 슬릿을 만든다. 따라서 슬릿 사이의 간격은 10^{-4}cm 정도가 된다.

회절격자를 이용하여 빛을 분석할 수 있다. 여러 파장으로 구성된 빛이 회절격자로 입사하는 경우 각 파장의 빛이 만드는 최고무늬의 위치는 다르다. 최고무늬의 위치는 식 6-53에 의해 주어지는데, 이 식에서 보듯이 같은 차수(m)에 대해 최고무늬가 되는 위치의 각도(θ)는 파장(λ)에 따라 다르다. 차수 m에 대해 파장에 따라 최고무늬가 형성되는 각도의 변화는

$$D = \frac{d\theta_m}{d\lambda} = \frac{m}{a\cos\theta_m} \tag{6-55}$$

와 같이 주어진다. 위 식은 $a\sin\theta_m = m\lambda$의 양변을 미분하여 구한 것이다. 여기서 D를 분산(dispersion)이라고 부른다. 분산이 크면 클수록 회절격자가 분석할 수 있는 파장의 분해능이 좋다.

예제 13 단위 cm당 5,000개의 슬릿이 있는 회절격자가 있다. 이 회절격자를 이용하여 파장 500nm 근방의 빛을 분석하고자 한다. 1차($m=1$)에서 분산(dispersion)을 구하라. 그리고 회절격자 뒤에 초점거리 50cm인 볼록렌즈를 두고 렌즈의 초점거리에 놓인 사진건판에 상이 맺히도록 한다. 이 경우 사진건판 1mm당 관찰되는 파장의 폭은 얼마인가?

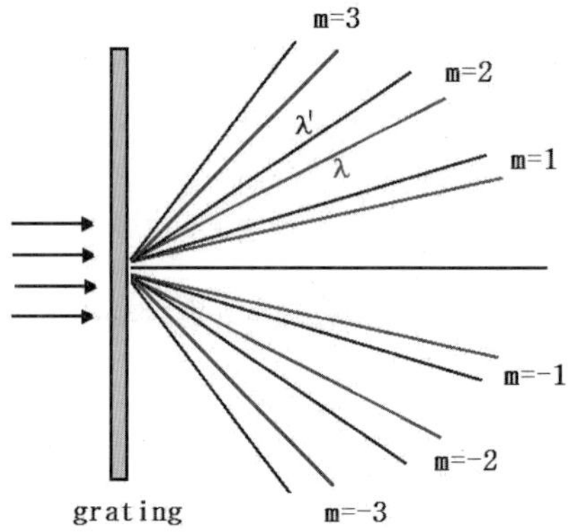

답. 슬릿 사이의 간격은 $a = 2\times10^{-4}cm$이다. $m=1$이므로 $a\sin\theta = m\lambda$에서 $\theta = 14.5°$이다. 따라서 분산은 $D = 1/a\cos\theta_1 = 5.15\times10^{-4}°/nm$를 얻을 수 있다. 이 값은 빛의 파장이 1nm차이가 나는 경우 $m=1$인 최고무늬의 각도가 5.15×10^{-4}(도)(°)의 차이가 난다는 것을 의미한다. 스크린(필름)에서의 파장에 따른 위치의 변화는 $dy/d\lambda = fD = 0.258\,mm/nm$이다. 따라서 1mm필름에 기록되는 파장 폭은 위 값의 역수를 취하면 40Å/mm이다. 즉, 1mm의 필름으로 40Å의 빛의 파장들이 분석될 수 있다. 따라서 3.5cm인 필름을 사용할 경우 분석할 수 있는 파장 폭은 1,400Å이다.

8. 편광

전자기파(빛)는 주로 그림 6-47과 같이 서로 수직인 전기장과 자기장으로 표현된다. 그림에서 보듯이 전기장은 xz평면에서 진동하고 자기장은 xy평면에서 진동한다. 그리고 파의 진행방향은

x방향이다. 빛의 편광(polarization)상태는 전기장의 진동방향으로 정의한다. 이에 따라 그림 6-47의 빛은 전기장이 xz방향에서만 진동하므로 선편광(linearly polarized)된 빛이라고 부른다.

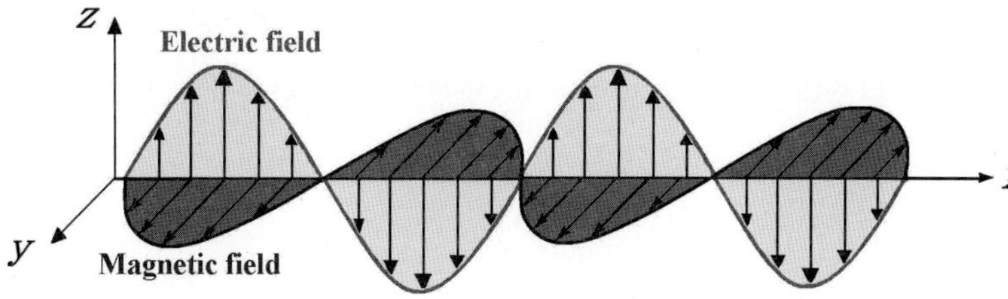

그림 6-47. 빛에서 전기장과 자기장

그림 6-47의 빛을 전파되어 오는 방향에서(즉, x축에서) 관찰하면 전기장은 z축에서 진동하는 것을 볼 수 있다. 즉, 전기장은 그림 6-48에 보는 바와 같이 z축에서 진동한다. 이와 같이 그림 6-47의 빛은 z축 방향으로 선편광되었음을 보여 준다.

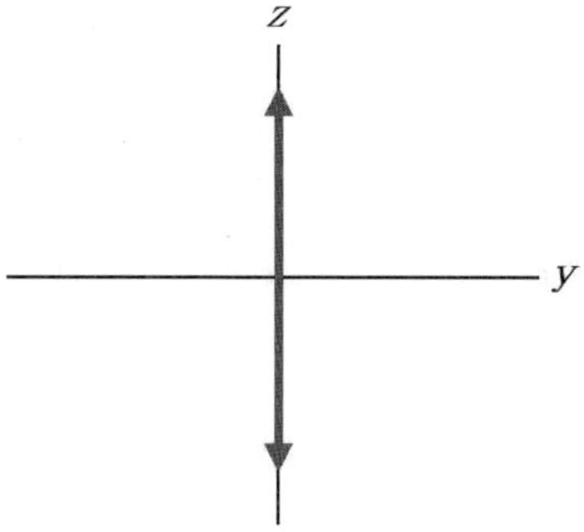

그림 6-48. 〈그림 6-47〉에 주어진 빛의 편광에 대한 표현

반면에 태양광이나 기체방전으로 나오는 빛들은 그림 6-47과 같이 단순하지 않다. 전자기파(빛)는 하전입자의 진동에 의해 발생되는데, 물체를 이루는 하전입자들의 진동방향은 무작위 방향이다. 이에 따라 발생되는 빛은 무작위 방향으로 진동하는 빛들의 합성이다. 즉, 빛이 진행해 오는 방향에서 볼 때 그림 6-49의 왼쪽 그림에서와 같이 무작위 방향으로 진동하는 빛들의 합성이다. 이를 벡터적으로 합성하면 두 개의 수직한 방향으로 진동하는 빛의 합으로 표현할 수 있다. 따라서 편광되지 않은(unpolarized) 빛을 그림 6-49의 오른쪽 그림과 같이 표현한다.

편광되지 않은 빛은 여러 가지 방법으로 편광시킬 수 있다. 첫 번째, 편광자(polarizer, polaroid)에 의해 편광된 빛을 얻을 수 있다. 편광자는 긴 평행한 분자사슬 형태로 만든 물질이다. 편광자로 입사한 편광되지 않은 빛 중에 분자사슬 방향으로 진동하는 빛은 진동자를 통과하고, 분자사슬방향에 수직으로 진동하는 빛은 통과하지 못한다. 이에 따라 선편광의 빛을 얻을 수 있다. 선편광된 빛의 편광상태를 확인하기 위해 검광자(analyzer, 또 다른 편광자)가 사용된다. 그림 6-50에 이를 보여 주고 있다. 편광자에 의해 선편광된 빛이 편광방향이 편광자와 수직인 검광자를 통과하지 못하는 것을 관찰할 수 있다. 두 편광 방향의 한 방향의 빛만 편광자를 통과할 수 있다. 이에 따라 선편광된 빛의 세기는 편광되지 않은 빛의 세기의 반이 된다.

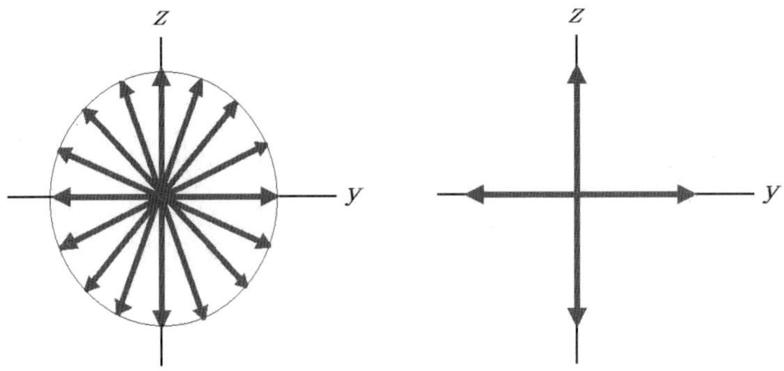

그림 6-49. 편광되지 않은 빛의 표현

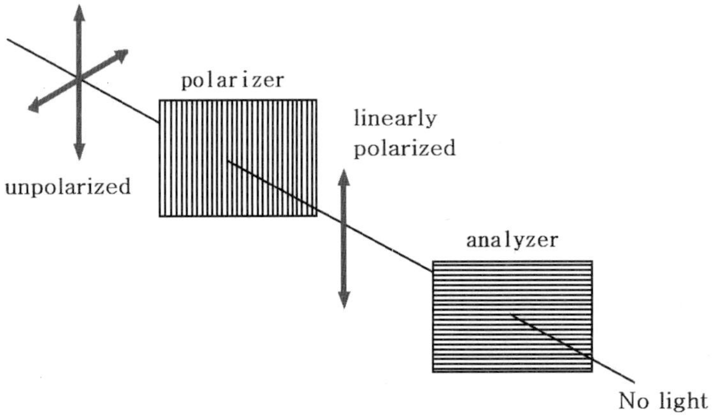

그림 6-50. 선편광된 빛의 검증

그림 6-51과 같이 빛의 선편광된 방향에 각 θ인 검광자를 통과한 빛의 전기장은 $E_o \cos\theta$가 된다. 빛의 세기는 전기장의 제곱이므로 검광자를 통과한 빛의 세기는 $I = I_o \cos^2\theta$가 된다. 여기서 I_o는 선평관된 빛의 세기이다. 이 관계식을 Malus의 법칙이라고 부른다.

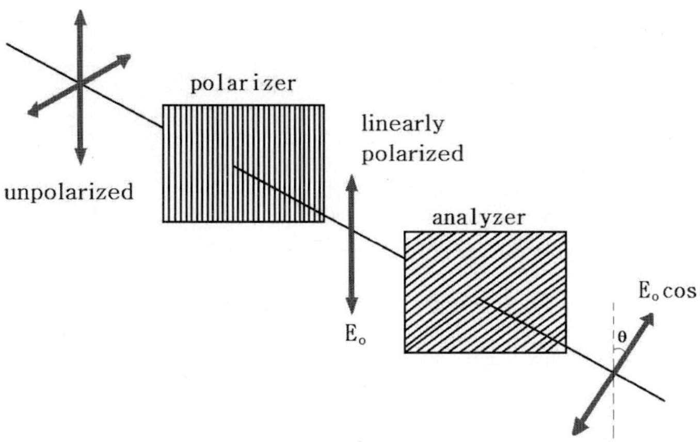

그림 6-51. 선편광된 빛의 검증, Malus의 법칙

두 번째, 편광되지 않은 빛이 금속이 아닌 경계면에서 반사될 때 일부 또는 전부가 편광될 수 있다. 빛이 경계면에 수직으로 입사하는 경우에는 편광이 되지 않는다. 그러나 빛의 입사각이 수직이 아닌 경우 빛은 경계면에 평행한 방향으로 일부 편광된다. 그리고 특정 입사각으로 입사하는 경우에는 모든 빛이 편광된다. Brewster는 여러 매질의 경계면에서 얻은 실험결과를 통하여 빛의 입사각이

$$\theta_P = \tan^{-1}\frac{n_2}{n_1} \tag{6-56}$$

일 때 모든 빛이 편광되는 것을 관찰하였다. 위의 각을 Brewster각이라고 부른다. 여기서 빛은 n_1매질에서 n_2매질로 진행한다. 위 결과는 Fresnel 방정식으로도 구해진다.

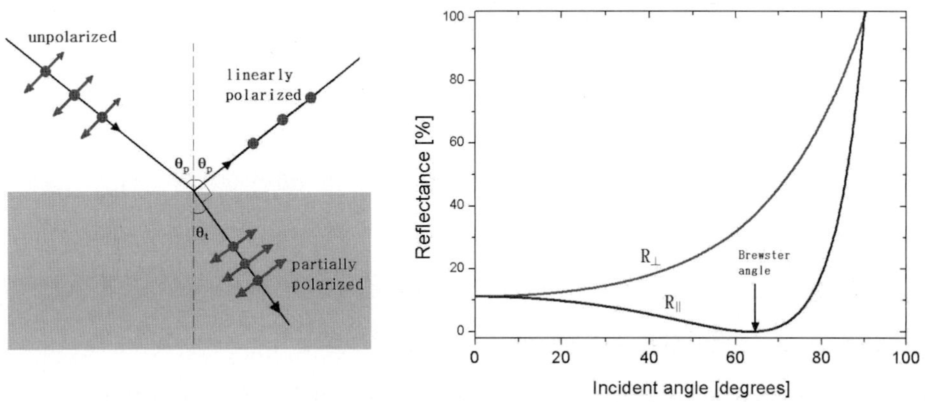

그림 6-52. Brewster 각으로 입사한 빛의 편광

그림 6-52에 Brewster각으로 입사한 빛의 편광을 보여 주고 있다. 이 경우 반사파는 완전히 선편광된다. 즉, 경계면에 수평으로 진동하는 빛만 반사된다. 그리고 투과된 빛도 일부 선편광된다. 그림 6-52의 오른쪽 그림에 Fresnel 방정식에서 얻은 공기 중에서 굴절률이 2인 매질로 입사하는 빛의 반사율의 입사각에 따른 변화를 보여 주고 있다. 여기서 $R_\perp$ 과 $R_\parallel$ 은 입사면(지면)에 수직으로 진동하는 빛의 반사율과 입사면에 수평으로 진동하는 빛의 반사율을 각각 나타낸다. Brewster각으로 입사하는 경우 입사면에 수평인 빛은 반사되지 않음을 보여 주고 있다. 이에 따라 반사되는 빛은 입사면에 수직으로(경계면에 수평) 진동하는 빛뿐이다. 그림 6-52의 왼쪽 그림에서 반사되는 빛과 투과되는 빛 사이의 각도는 90°이다. 경계면에서의 굴절의 법칙에서 $n_1 \sin\theta_P = n_2 \sin\theta_t$이고, 식 6-56은 $n_1 \sin\theta_P = n_2 \cos\theta_P$이다. 따라서 $\sin\theta_t = \cos\theta_P$이므로 $\theta_t = 90^\circ - \theta_P$임을 알 수 있다.

그림 6-53에 수면에서 반사되는 빛이 부분편광되는 것을 보여 주고 있다. 수면에 수평으로 진동하는 빛은 세기가 변하지 않지만 그렇지 않은 방향으로 진동하는 빛들은 세기가 줄어든다. 이에 따라 수면에 수평으로 진동하는 빛으로 부분편광된다.

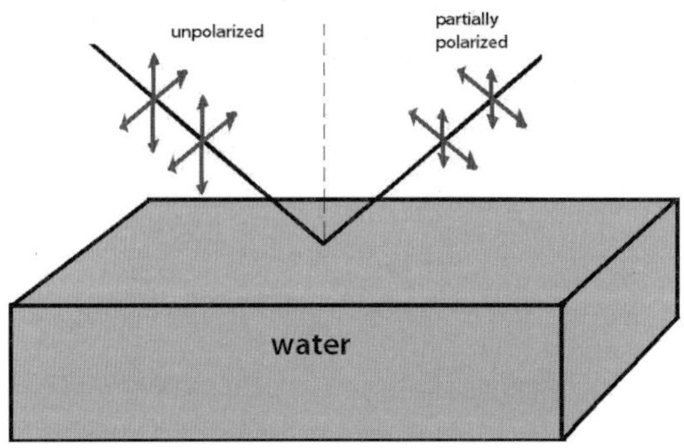

그림 6-53. 수면에서 반사되는 빛의 부분편광

광활성(optical activity)을 가지는 물질들에 선편광된 빛이 입사하면 투과되어 나오는 빛은 입사한 빛의 진동방향과 다른 진동방향을 가지는 선편광이 된다. 즉, 선편광의 각도를 회전시켜(rotator) 다른 각도의 선편광으로 바꾸는 것이다. 어떤 물질은 시계방향으로 진동방향을 바꾸고, 어떤 물질들은 반시계방향으로 진동방향을 바꾼다.

위상변환물질(phase retarder)에서는 수직과 수평으로 진동하는 두 파에 대한 속도가 달라서 투과되어 나오는 빛은 진동방향에 따라 위상이 다르게 된다.

위와 같은 편광자, 광활성 물질, 위상변환물질들을 사용함으로써 다양한 편광상태의 빛을 만들 수 있다. 그림 6-54에 다양한 편광상태를 보여 주고 있다. 대체로 선편광, 원편광, 타원편광 등으로 구별된다. 원편광과 타원편광의 경우 회전방향이 그림 6-54에 보여 주는 것과 반대방향이 존재할 수 있다.

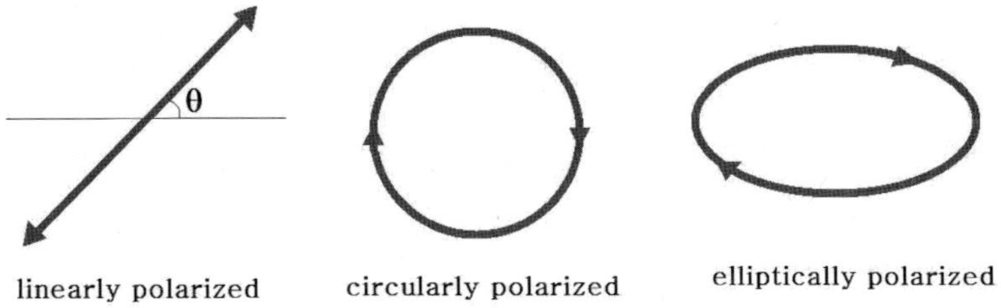

그림 6-54. 다양한 형태의 편광상태

[연습문제]

문제 1 공기 중에서는 $\lambda_o = 500nm$인 빛이 물속으로 전파될 경우 물속에서의 빛의 속도와 파장을 구하라. 물의 굴절률은 1.33이다.

답. 빛이 물질 속으로 전파될 때 진동수는 바뀌지 않는다. 바뀌는 것은 속도와 파장이다. 물질 속에서의 파장은

$$\lambda = \frac{v}{f} = \frac{c}{nf} = \frac{\lambda_o}{n} \tag{6-57}$$

로 주어진다. 즉, 매질 속에서는 파장이 짧아진다. $v = c/n = 2.26 \times 10^8 m/\sec$이고 파장은 376nm이다.

문제 2 빛이 A에서 B로 진행한다. 그 경로 사이에 두께 2mm이고 굴절률 1.5인 유리를 두었을 때 파장 500nm의 빛의 위상변화는 얼마인가?

답. AB 사이의 거리를 d라 두고 유리의 두께를 l이라고 두자. 파는 $\sin(kx - \omega t)$와 같이 기술되므로 위상은 $kx - \omega t$이다. 이에 따라 위상의 변화는 경로 차이 x에 의해서이다. 그리고 $k = 2\pi/\lambda$이고, 공기 중에서의 파장 λ_o와 물질 속에서의 파장 λ 사이에는 $\lambda = \lambda_o/n$의 관계가 있다. 따라서 유리의 두께 l에서는 파장이 λ_o/n이고 나머지 길이 $d-l$에서는 파장이 λ_o이다. 결국 유리에 의한 위상의 변화는

$$\Delta\phi = \frac{2\pi}{\lambda} l + \frac{2\pi}{\lambda_o}(d-l) - \frac{2\pi}{\lambda_o} d = \frac{2\pi l}{\lambda_o}(n-1) \tag{6-58}$$

와 같이 주어진다. 위 식에 값을 대입하면 $\Delta\phi = 2{,}000 \times 2\pi$로 구해진다. 위상변화가 2π의 배수이므로 실제적으로는 위상변화가 없는 것과 동일하다.

문제 3 500nm의 빛이 두께 1cm이고 굴절률 1.5인 유리에 수직으로 입사한다. 빛이 유리판을 통과하는 데 걸리는 시간은 얼마인가? 유리판은 몇 파장 두께에 해당되는가?

답. 빛의 속도는 $v = c/n = 2 \times 10^8 m/sec$이다. 따라서 유리판을 통과하는 데 걸리는 시간은 $t = s/v = 0.05nsec$이다. 유리판 안에서의 파장은 $\lambda_o/n = 333nm$이다. 따라서 유리판 안의 파장의 수는 $s/\lambda = 30,030$이다.

문제 4 물에서 공기로 광선이 진행할 때 전반사가 되는 임계각을 구하라.

답. 임계각은 굴절각이 90°가 되는 입사각이다. 임계각보다 큰 각도로 입사하는 경우 빛은 모두 반사되어 되돌아온다. 즉, 전반사된다. 전반사는 굴절률이 높은 매질에서 굴절률이 낮은 매질로 빛이 진행할 때만 일어난다. $n_1 \sin\theta_1 = n_2 \sin\theta_2$에서 굴절각 $\theta_2 = 90°$일 때의 입사각 θ_1이 임계각이다. 즉, 임계각은

$$\sin\theta_c = \frac{n_2}{n_1} \qquad (6\text{-}59)$$

을 만족한다. 여기서 $\sin\theta_c \le 1$ 이어야 하므로 $n_1 > n_2$를 만족하여야 전반사가 일어난다. 따라서 굴절률이 높은 매질에서 굴절률이 낮은 매질로 빛이 진행할 때만 전반사가 일어나게 된다. 물의 굴절률이 1.33이므로 빛이 물에서 공기로 진행할 때 전반사의 임계각은 $\theta_c = 49°$이다.

문제 5 얼음에서의 빛의 속도는 $2 \times 10^8 m/sec$이다. 얼음의 굴절률을 구하라. 얼음에서 공기로 나오는 빛이 전반사가 되는 임계각을 구하라.

답. $n = c/v = 1.5$이고 $\theta_c = \sin^{-1}(1/n) = 42°$이다.

문제 6 수평선에 떠오르는 해를 물속에 있는 물고기가 보는 각도는 얼마인가?

답. 해는 수평선에 있으므로 굴절각이 90°가 되는 입사각을 구하면 된다. 굴절의 법칙 $n_1 \sin\theta_1 = n_2 \sin\theta_2$에서 $n_1 = 1.33$, $n_2 = 1$, $\theta_2 = 90°$일 때 $\theta_1 = 49°$이다. 물고기가 해를 보는 각도는 $90° - \theta_2 = 41°$이다.

문제 7 광섬유의 중심부분은 굴절률이 1.5인 유리이고 그 표면에 굴절률이 1.48인 물질로 cladding이 되어 있다. 이 광섬유로 빛이 입사한다고 하자. 전반사 조건을 만족하는 임계입사각을 구하라.

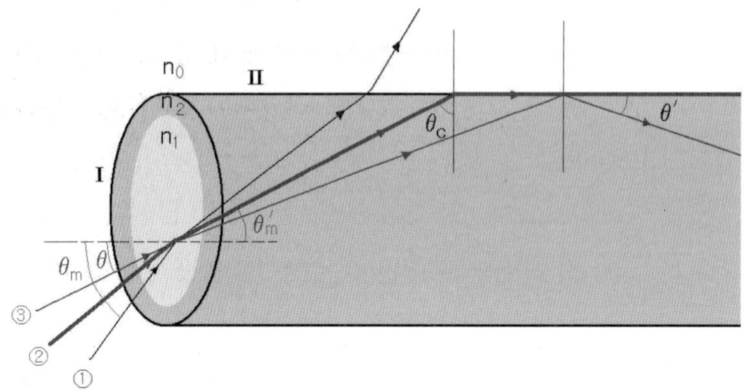

답. 그림에서 ①과 같은 각도로 빛이 입사하면 그림에서 보듯이 외곽으로 투과되어 버린다. 반면에 광선 ②와 같은 경우에는 임계전반사를 보인다. 즉, 이 경우 광선은 광섬유의 표면을 따라 이동한다. 광선 ③의 경우 전반사 조건을 만족하여 광섬유의 표면에서 계속적으로 전반사가 일어나서 광신호가 광섬유의 한 끝에서 다른 끝으로 이동할 수 있다. 전반사의 조건이 만족되는 최대의 입사각 θ_m은 다음과 같이 구할 수 있다. 먼저 I 면에서 굴절의 법칙을 적용하면 $n_0 \sin\theta_m = n_1 \sin\theta_m{}'$이 되고, II 면에서의 굴절의 법칙은 $n_1 \sin\theta_c = n_2 \sin 90^\circ$가 된다. 그리고 θ_c와 $\theta_m{}'$는 $\theta_c + \theta_m{}' = 90^\circ$의 관계가 있으므로 임계각은 $\theta_m = \sin^{-1}(\sqrt{n_1^2 - n_2^2}/n_0)$으로 표현된다. 위 식의 각도는 전반사 조건을 만족하는 입사각의 최대치이다. 즉, 이 각보다 작은 각으로 광신호를 광섬유 안으로 입사시키면 그 신호는 광섬유의 경계면에서 연속적으로 전반사되어 광섬유의 한 끝에서 다른 끝으로 전달될 수 있다. 그리고 광섬유가 공기 중에서 사용된다면 n_0의 값은 1이다. 문제에서는 $n_1 = 1.5$, $n_2 = 1.48$이므로 $\theta_m = \sin^{-1}(\sqrt{n_1^2 - n_2^2}/n_0) = 14^\circ$이다. 즉, 광섬유 단면의 임의의 위치에서 $\pm 14^\circ$의 원뿔 모양 안으로 빛이 입사하는 경우 전반사 조건을 만족한다.

문제 8 굴절률 1.5인 유리로 만든 반경 10cm의 반구형이 공기 중에 놓여 있다. 반구형의 중심축의 중간(5cm)에 흠이 있다. 바깥에서 이 흠을 볼 때 흠이 보이는 위치는 어디인가?

답. $\frac{n_1}{s} + \frac{n_2}{s'} = \frac{n_2 - n_1}{R}$에서 흠은 유리구 안에 있으므로 $n_1 = 1.5$이고 $n_2 = 1$이다. 그리고 유리구 안에서 보면 곡률은 -10cm이다. 따라서 $s' = -4cm$를 구할 수 있다. 즉, 흠은 구의 표면에서 4cm 안에 있는 것같이 보인다. 따라서 실제 깊이보다 1cm 앞에 있는 것같이 보인다.

문제 9 직경 20cm의 구형 어항이 있다. 물고기가 어항 표면에서 8cm 떨어진 지점에 있다. 바깥에서 볼 때 물고기가 관측되는 지점을 구하라. 물을 담고 있는 어항의 효과를 무시하라.

답. $\frac{n_1}{s}+\frac{n_2}{s'}=\frac{n_2-n_1}{R}$에서 물고기는 어항의 물속에 있으므로 $n_1=1.33$이고 $n_2=1$이다. 그리고 유리구 안에서 보면 곡률은 -10cm이다. 따라서 $s'=-7.5cm$를 구할 수 있다. 즉, 실제 위치 8cm보다 0.5cm 앞에 있는 것같이 보인다.

문제 10 깊이 20cm의 어항 바닥에 있는 물고기를 어항의 바로 위에서 볼 때 보이는 위치를 구하라.

답. 물 표면은 평면이므로 $R\to\infty$이다. $\frac{n_1}{s}+\frac{n_2}{s'}=\frac{n_2-n_1}{R}$에서 $s'=15cm$를 구할 수 있다. 즉, 실제 위치보다 5cm 위에 있는 것같이 보인다.

문제 11 곡률반경 40cm인 오목거울 앞 50cm에 놓인 높이 10cm인 물체에 대한 상의 위치와 크기를 구하라. 물체를 앞으로 당겨 거울 앞 10cm에 놓을 경우 상의 위치와 크기를 구하라.

답. 초점거리는 $f=R/2=20cm$이다. $1/s+1/s'=1/f$에서 $s=50cm$에서 $s'=33.33cm$를 구할 수 있다. s'이 양의 값이므로 상은 실상이다. 배율은 $m=h_i/h_o=-s'/s=-0.667$이므로 상의 높이는 $h_i=6.67cm$이 된다. 그리고 물체의 거리가 $s=10cm$일 때 상의 위치는 $s'=-20cm$이다. s'이 음의 값이므로 허상을 얻는다. 배율은 $m=2$이므로 상의 높이는 $h_i=20cm$이다. 오목거울의 경우 물체가 초점 바깥에 있으면 실상이고 초점 안에 있으면 허상이 됨을 알 수 있다.

문제 12 곡률반경 60cm인 볼록거울 앞 40cm에 놓인 높이 10cm인 물체에 대한 상의 위치와 크기를 구하라. 물체를 앞으로 당겨 거울 앞 20cm에 놓을 경우 상의 위치와 크기를 구하라.

답. 초점거리는 $f=-R/2=-30cm$이다. $1/s+1/s'=1/f$에서 $s=40cm$에서 $s'=-17cm$이다. 즉, 거울 뒤 17cm의 거리에 허상이 맺힌다. 배율은 $m=h_i/h_o=-s'/s=0.35$이므로 상의 높이는 $h_i=3.5cm$이 된다. 그리고 물체의 거리가 $s=20cm$일 때 상의 위치는 $s'=-12cm$이다. s'이 음의 값이므로 상은 허상이다. 배율은 $m=0.6$이므로 상의 높이는 $h_i=6cm$이다. 볼록거울의 경우 물체의 위치에 관계없이 항상 허상을 얻음을 볼 수 있다.

문제 13 치과의사가 곡률반경 2cm인 오목거울을 이용하여 치아를 관찰한다. 거울을 치아의 6mm 앞에 두고 관찰할 때 배율은 얼마인가?

답. $f = R/2 = 1cm$이다. $1/s + 1/s' = 1/f$에서 $s = 0.6cm$에서 $s' = -1.5cm$를 얻는다. 배율은 $m = -s'/s = 2.5$이다.

문제 14 볼록거울 앞 10cm에 놓인 물체의 상의 크기가 1/4로 관찰되었다. 볼록거울의 곡률반경을 구하라.

답. $m = \left|\frac{s'}{s}\right| = \frac{1}{4}$ 이다. 볼록렌즈에서는 항상 허상을 얻으므로 $s = 10cm$에서 $s' = -2.5cm$을 얻을 수 있다. $\frac{1}{s} + \frac{1}{s'} = \frac{1}{f}$에서 $f = -\frac{10}{3}cm$를 얻는다. 즉, 곡률은 $R = 2f = -6.67cm$이다.

문제 15 곡률반경 R인 오목거울에 의한 상의 크기가 물체의 크기와 동일하게 되려면 물체를 렌즈 앞 어느 위치에 놓아야 되는가?

답. $m = \left|\frac{s'}{s}\right| = 1$ 이므로 $s = s'$이다. $\frac{1}{s} + \frac{1}{s'} = \frac{1}{f} = \frac{2}{R}$에서 $s = R$을 얻는다. 즉, 거울의 중심에 물체를 놓으면 된다.

문제 16 두께 10cm인 두꺼운 볼록렌즈가 있다. 왼쪽에서 볼 때 한쪽 면의 곡률은 50cm이고, 다른 쪽 면의 곡률은 -50cm이다. 렌즈 앞 30cm에 물체를 놓을 경우 상의 위치와 배율을 구하라. 렌즈를 만든 물질의 굴절률은 1.5이다.

답. 첫 번째 렌즈 면에 의해 형성되는 상의 위치는

$$\frac{n_1}{s_1} + \frac{n_2}{s_1'} = \frac{n_2 - n_1}{R_1} \tag{6-60}$$

를 이용하면 된다. 값을 대입하면 $s_1' = 22.5\,cm$를 구할 수 있다. 이때 배율은

$$m_1 = -\frac{n_1 s_1'}{n_2 s_1} = -0.5 \tag{6-61}$$

로 구해진다. 렌즈의 두께가 5cm이므로 상은 두 번째 면의 오른쪽 12.5cm에 있다. 따라서 이 상은 두 번째 면에서 보면 허물체에 해당된다. 두 번째 면에 의한 상은

$$\frac{n_2}{s_2}+\frac{n_1}{s_2{}'}=\frac{n_1-n_2}{R_2} \tag{6-62}$$

를 이용하면 된다. 값을 대입하면 $s_2{}'=4.5\,cm$를 구할 수 있다. 즉, 두 번째 면의 오른쪽 4.5cm에 최종상이 맺힌다. 이때 배율은

$$m_2=-\frac{n_2\,s_2{}'}{n_1\,s_2}=0.54 \tag{6-63}$$

로 구해진다. 따라서 총 배율은 $m=m_1m_2=0.27$이다. 상은 정립이다.

문제 17 직경 6cm인 반구형 볼록렌즈가 있다. 볼록면 앞 8cm에 물체를 놓을 경우 상의 위치와 배율을 구하라. 렌즈를 만든 물질의 굴절률은 1.5이다.

답. 한쪽 면의 곡률은 3cm이고 다른 쪽 면은 평편하므로 곡률은 ∞이다. 볼록 면에 의해 형성되는 상의 위치는

$$\frac{n_1}{s_1}+\frac{n_2}{s_1{}'}=\frac{n_2-n_1}{R_1} \tag{6-64}$$

를 이용하면 된다. $n_1=1,\ n_2=1.5,\ R_1=3cm,\ s_1=8cm$를 대입하면 $s_1{}'=36cm$를 구할 수 있다. 이때 배율은

$$m_1=-\frac{n_1\,s_1{}'}{n_2\,s_1}=-3 \tag{6-65}$$

로 구해진다. 렌즈의 두께가 3cm이므로 상은 두 번째 면의 오른쪽 33cm에 있다. 따라서 이 상은 두 번째 곡면에서 보면 허물체에 해당된다. 두 번째 면에 의한 상은

$$\frac{n_2}{s_2}+\frac{n_1}{s_2{}'}=\frac{n_1-n_2}{R_2} \tag{6-66}$$

를 이용하면 된다. $s_2 = -33cm$, $R_2 \to \infty$를 대입하면 $s_2{}' = 22\,cm$를 구할 수 있다. 즉, 두 번째 면의 오른쪽 22cm에 최종상이 맺힌다. 이때 배율은

$$m_2 = -\frac{n_2 s_2{}'}{n_1 s_2} = 1 \tag{6-67}$$

로 구해진다. 따라서 총 배율은 $m = m_1 m_2 = -3$이다. 즉, 최종상은 도립이다.

문제 18 양쪽 모두 오목인 두께 5cm인 두꺼운 오목렌즈가 있다. 즉, 한쪽 면의 곡률은 -10cm이고 다른 쪽 면의 곡률은 25cm이다. 렌즈 앞 20cm에 물체를 놓을 경우 상의 위치와 배율을 구하라. 렌즈를 만든 물질의 굴절률은 1.6이다.

답. 첫 번째 면에 의해 형성되는 상의 위치는

$$\frac{n_1}{s_1} + \frac{n_2}{s_1{}'} = \frac{n_2 - n_1}{R_1} \tag{6-68}$$

를 이용하면 된다. 값을 대입하면 $s_1{}' = -14.5\,cm$를 구할 수 있다. 즉, 이는 첫 번째 면의 왼쪽 14.5cm에 해당된다. 이때 배율은

$$m_1 = -\frac{n_1 s_1{}'}{n_2 s_1} = 0.45 \tag{6-69}$$

로 구해진다. 렌즈의 두께가 5cm이므로 상은 두 번째 면의 왼쪽 19.5cm에 있다. 이 상은 두 번째 면의 왼쪽에 있으므로 실물체에 해당된다. 두 번째 면에 의한 상은

$$\frac{n_2}{s_2} + \frac{n_1}{s_2{}'} = \frac{n_1 - n_2}{R_2} \tag{6-70}$$

를 이용하면 된다. 값을 대입하면 $s_2{}' = -9.4\,cm$를 구할 수 있다. 즉, 두 번째 면의 왼쪽 9.4cm에 허상이 맺힌다. 이때 배율은

$$m_2 = -\frac{n_2 s_2{}'}{n_1 s_2} = 0.77 \tag{6-71}$$

로 구해진다. 따라서 총 배율은 $m = m_1 m_2 = 0.35$이다.

문제 19 초점거리 15cm인 볼록렌즈와 초점거리 -15cm인 오목렌즈가 60cm 떨어져 놓여 있다. 물체가 볼록렌즈 앞 25cm에 놓여 있다. 상의 위치와 배율을 구하라.

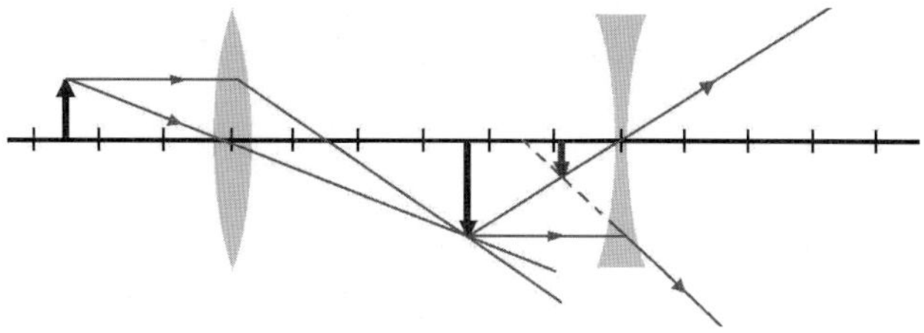

답. 볼록렌즈에 의한 일차상의 위치는 $1/s_1 + 1/s_1{}' = 1/f_1$에서 $s_1{}' = 37.5cm$이다. 즉, 도립실상이다. 이때 배율은 $m_1 = -s_1{}'/s_1 = -1.5$이다. 두 렌즈가 60cm 떨어져 놓여 있으므로 일차상은 오목렌즈 앞 22.5cm 앞에 맺힌다. 이 일차상이 오목렌즈의 물체(실물체)가 된다. $1/s_2 + 1/s_2{}' = 1/f_2$에서 $s_2{}' = -9cm$이다. 즉, 허상이다. 이때 배율은 $m = -s_2{}'/s_2 = 0.4$이다. 최종상은 허상으로서 오목렌즈 앞 9cm에 맺힌다. 배율은 $m = m_1 m_2 = -0.6$으로서 도립허상이다.

문제 20 초점거리 15cm인 볼록렌즈와 초점거리 -10cm인 오목렌즈가 20cm 떨어져 놓여 있다. 물체가 볼록렌즈 앞 30cm에 놓여 있다. 상의 위치와 배율을 구하라.

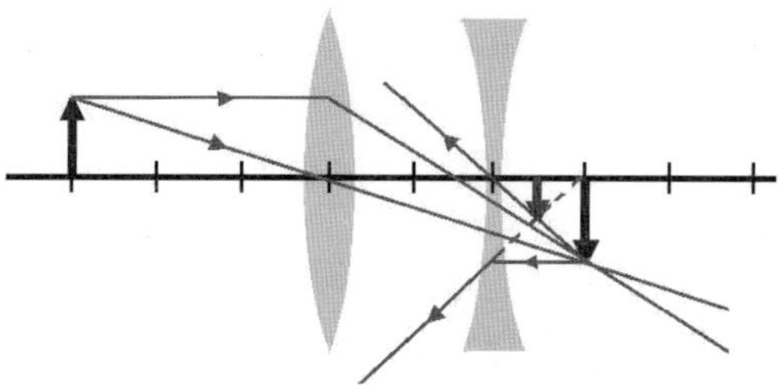

답. 볼록렌즈에 의한 일차상의 위치는 $1/s_1 + 1/s_1{}' = 1/f_1$에서 $s_1{}' = 30cm$이다. 즉, 도립실상이다. 이때 배율은 $m_1 = -s_1{}'/s_1 = -1$이다. 두 렌즈가 20cm 떨어져 놓여 있으므로 일차상은 오목렌즈 뒤쪽 10cm에 맺힌다. 이 일차상이 오목렌즈의 물체(허물체)가 된다. 즉, $s_2 = -10cm$이다. $1/s_2 + 1/s_2{}' = 1/f_2$에서 $s_2{}' = 5cm$이다. 이때 배율은 $m = -s_2{}'/s_2 = 0.5$이다. 최종상은 허상으로서 오목렌즈 뒤 5cm에 맺힌다. 배율은 $m = m_1 m_2 = -0.5$으로서 도립허상이다.

문제 21 초점거리 20cm인 볼록렌즈와 초점거리 10cm인 볼록렌즈가 30cm 떨어져 놓여 있다. 물체가 첫 번째 볼록렌즈 앞 10cm에 놓여 있다. 상의 위치와 배율을 구하라.

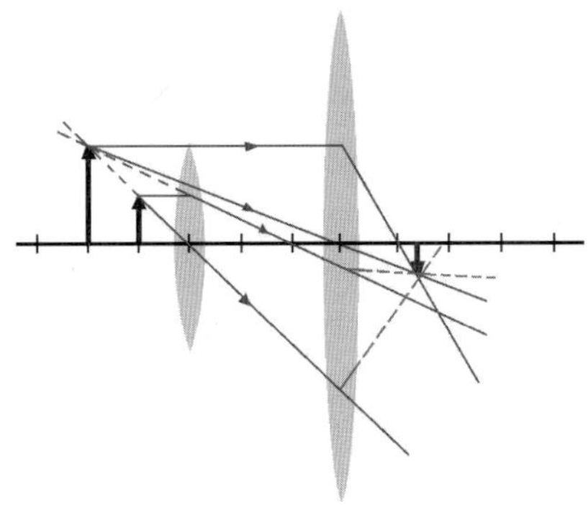

답. 첫 번째 볼록렌즈에 의한 일차상의 위치는 $1/s_1 + 1/s_1{}' = 1/f_1$에서 $s_1{}' = -20cm$이다. 정립허상이다. 이때 배율은 $m_1 = -s_1{}'/s_1 = 2$이다. 두 렌즈가 30cm 떨어져 놓여 있으므로 일차상은 두 번째 볼록렌즈의 앞 50cm에 맺힌다. 이 일차상이 두 번째 볼록렌즈의 물체(실물체)가 된다. 즉, $s_2 = 50cm$이다. $1/s_2 + 1/s_2{}' = 1/f_2$에서 $s_2{}' = -50/4\,cm$이다. 이때 배율은 $m = -s_2{}'/s_2 = -0.25$이다. 최종상은 실상으로서 볼록렌즈 뒤 50/4cm에 맺힌다. 배율은 $m = m_1 m_2 = -0.5$으로서 도립실상이다.

문제 22 현미경의 대물렌즈의 초점거리는 1cm이다. 그리고 대안렌즈의 초점거리는 2.7cm이다. 대물렌즈의 1.05cm 앞에 물체를 놓았을 때 대안렌즈를 통해 또렷한 상을 볼 수 있다. 대물렌즈와 대안렌즈의 떨어진 거리와 현미경의 배율을 구하라.

답. 대물렌즈에 의한 상의 위치는 $1/s_1 + 1/s_1{}' = 1/f_1$에서 $s_1{}' = 21cm$이다. 이 거리는 대물렌즈에서 일차상까지의 거리이다. 이때 배율은 $m_1 = -s_1{}'/s_1 = 20$이다. 그리고 대안렌즈에 의한 상은 25cm에 또렷한 허상이 맺히므로 $1/s_2 + 1/s_2{}' = 1/f_2$에서 $s_2{}' = -25\,cm$을 대입하면 일차상의 위치는 대안렌즈에서 $s_2 = 24.4cm$이다. 이때 배율은 $m_2 = -s_2{}'/s_2 = 10.24$이다. 대물렌즈와 대안렌즈 사이의 거리는 대물렌즈에서 일차상까지의 거리($s_1{}'$)와 일차상에서 대안렌즈까지의 거리(s_2)의 합이다. 따라서 $L = s_1{}' + s_2 = 45.4cm$이다. 현미경의 배율은 대안렌즈와 대물렌즈의 배율의 곱이다. 즉, $m = m_1 m_2 = 205$이다.

문제 23 초점거리가 10cm인 양쪽 모두 볼록인 볼록렌즈를 굴절률 1.5인 유리로 만든다고 하자. 양쪽의 곡률반경을 구하라.

답. 양쪽 볼록인 경우 $R_1 = -R_2$이다. $1/f = (n-1)(1/R_1 - 1/R_2)$에서 $R_1 = 2.5cm = -R_2$이다.

문제 24 한쪽 면이 평편한 오목렌즈를 만든다고 하자. 유리의 굴절률은 1.5이고 초점거리는 −20cm이다. 곡률반경을 구하라.

답. 한쪽 면의 곡률은 음이고 다른 쪽은 평편하므로 곡률이 ∞이다. 따라서 $R_1 = -10cm$이다.

문제 25 한쪽 면이 평편한 볼록렌즈의 초점거리는 10cm이다. 다른 쪽 면의 곡률은 15cm라고 할 때 렌즈를 만든 재질의 굴절률은 얼마인가?

답. 평편한 면의 곡률은 ∞이다. 따라서 $n = 2.5$이다.

문제 26 양쪽이 볼록인 렌즈가 있다. 곡률반경은 모두 20cm이다. 이 렌즈를 공기 중, 물속, 굴절률 1.6인 매질 속에서 이용할 때 각각의 초점거리를 구하라.

답. $\frac{1}{f} = \frac{n_2 - n_1}{n_1}\left(\frac{1}{R_1} - \frac{1}{R_2}\right)$를 이용하면 된다. 첫째, 공기 중에 사용할 경우 $n_1 = 1$, $n_2 = 1.5$이므로 $f = 20cm$이다. 둘째, 물속에서 사용할 경우 $n_1 = 1.33$, $n_2 = 1.5$이므로 $f = 78cm$이다. 셋째, 굴절률 1.6인 매질 속에서는 $n_1 = 1.6$, $n_2 = 1.5$이므로 $f = -160cm$이다.

문제 27 어떤 원시인 사람의 근점은 100cm이다. 3디옵터(diopter)의 안경을 쓸 경우 새로운 근점을 구하라. 안경과 눈 사이의 거리는 2cm이다.

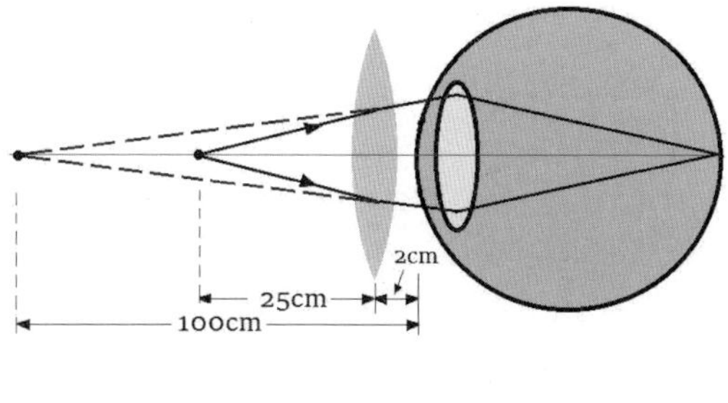

답. 교정안경은 새로운 근점에 있는 물체를 그 사람의 근점(100cm)에 있는 것처럼 또렷이 보이게 한다. 그리고 디옵터는 렌즈의 굴절력(볼록렌즈)과 분산력(오목렌즈)을 나타내는 단위로서 미터(m) 단위로 바꾼 초점거리의 역수이다. 즉, $P = 1/f$이다. 따라서 렌즈의 초점거리는 $f = 1/P =$

$0.33m$이다. $1/s+1/s'=1/f$에서 $s'=-98cm$이므로 $s=25cm$이다. 따라서 새로운 근점은 27cm이다.

문제 28 근시의 사람의 원점이 2m이다. 먼 거리에 있는 물체를 또렷이 볼 수 있는 안경의 도수를 구하라. 안경과 눈 사이의 거리는 2cm이다.

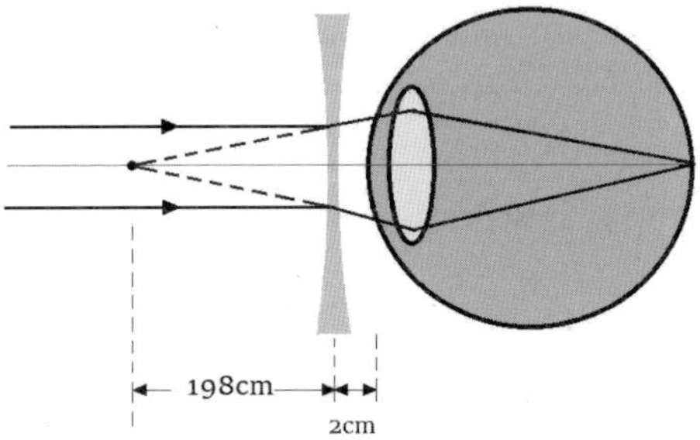

답. 안경은 무한대에 있는 물체를 그 사람의 원점(2m)에 상을 또렷이 맺히게 만든다. $1/s+1/s'=1/f$에서 $s=\infty$, $s'=198cm$이므로 $f=-198cm$이다. 따라서 안경의 도수는 $P=1/f=-0.5\,D$이다.

문제 29 3디옵터의 안경을 쓰는 사람이 책을 읽을 때 적어도 25cm 떨어져 놓아야 깨끗한 상이 보인다. 안경을 벗고 책을 읽을 때 깨끗한 상을 얻기 위한 눈에서 책 사이의 거리를 구하라. 안경과 눈 사이의 거리는 2cm이다.

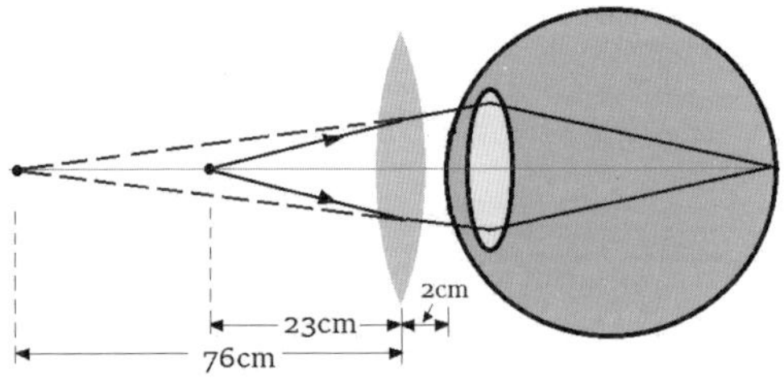

답. 이 사람의 근점을 구하는 문제이다. 안경은 25cm에 놓인 물체를 이 사람의 근점에 깨끗한 상을 만들어 준다. 안경의 도수가 3디옵터이므로 렌즈의 초점거리는 $f=1/P=0.33m$이다. $1/s+1/s'=1/f$에서 $s=23cm$이므로 $s'=-76cm$이다. 따라서 이 사람의 근점은 78cm이다.

문제 30 근점이 100cm인 원시의 눈을 가진 사람이 있다. 25cm에서 신문을 읽기 위해 사용해야 하는 렌즈의 굴절력은 얼마인가? 눈과 렌즈 사이의 거리는 2cm이다.

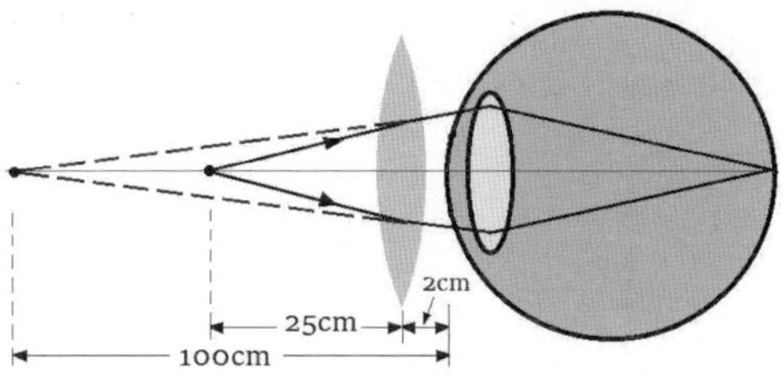

답. 렌즈를 낀 경우 물체가 25cm에 놓일 경우 이 사람의 근점에 허상을 맺는다. $1/s+1/s'=1/f$에서 $s=23cm,\ s'=-98cm$이므로 $f=30cm$이다. 따라서 렌즈의 굴절력은 $P=1/f=3.33D$이다.

문제 31 근시인 사람의 근점과 원점이 각각 12cm와 18cm이다. 이 사람이 먼 곳의 물체를 명확히 보기 위한 렌즈의 굴절력은 얼마인가? 그리고 안경을 낀 경우의 새로운 근점은 얼마인가? 렌즈와 눈 사이의 거리는 2cm이다.

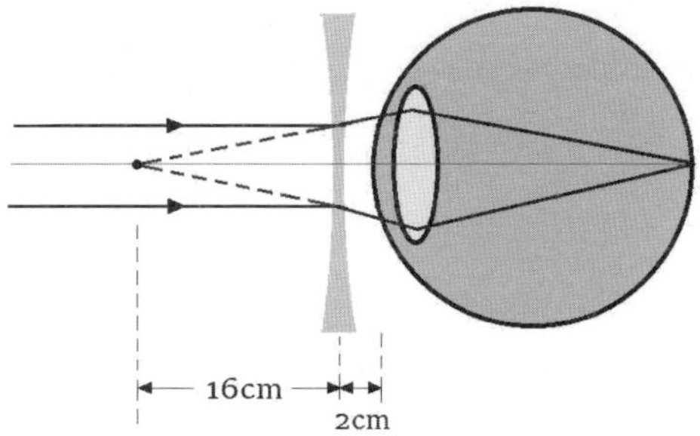

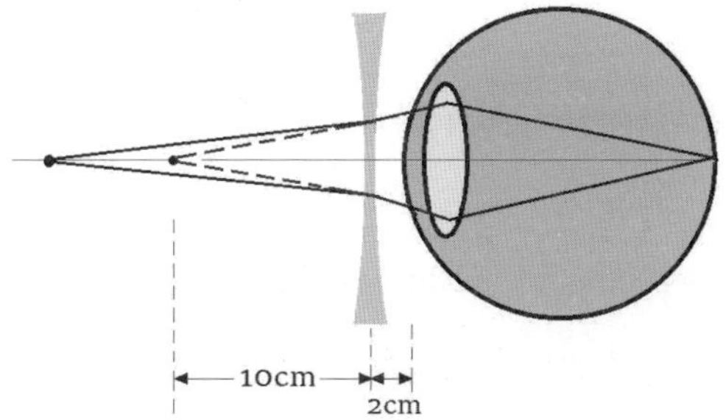

답. 안경을 낀 경우 먼 곳(∞, 정상인의 원점)에 있는 물체에 대해 렌즈는 원시인 사람의 원점에 상을 맺히게 해야 한다. $1/s+1/s'=1/f$에서 $s=\infty$, $s'=-16cm$에서 $f=-16cm$이다. 따라서 굴절력은 $P=1/f=-6.25D$이다. 안경을 낀 경우 새로운 근점에 놓인 물체가 이 사람의 근점에 허상으로 상이 맺힌다. $1/s+1/s'=1/f$에서 $s'=-10cm$이므로 $s=27cm$이다.

문제 32 20D의 돋보기의 배율은 얼마인가? 이때 물체는 어디에 두어야 하는가?

답. 초점거리는 $f=1/P=5cm$이다. 배율은 $m=25/f+1=6$이다. 25cm에 형성된 허상을 보는 것이므로 $1/s+1/s'=1/f$에서 $s'=-25cm$이다. 따라서 $s=4.17cm$이다. 즉, 물체를 4.17cm에 두면 25cm에 허상이 생기게 된다.

문제 33 어떤 사람이 25cm에 책을 읽기 위해 2D의 안경이 필요했다. 그런데 몇 년이 지나서는 그 안경을 끼고서는 40cm에 있는 책을 또렷이 읽을 수 있게 되었다. 25cm에 놓인 책을 읽기 위해서 필요한 안경의 도수를 구하라.

답. 렌즈의 초점거리는 $f=1/P=50cm$이다. 이 안경으로 40cm에 있는 책을 볼 때 상의 위치는 $1/s+1/s'=1/f$에서 $s=40cm$이므로 $s'=-200cm$이다. 25cm에 있는 물체를 볼 때 상이 -200cm(허상)에 생기기 위해서 필요한 렌즈의 초점거리를 구하면 된다. $1/s+1/s'=1/f$에서 $s=25cm$이고 $s'=-200cm$이므로 $f=28.6cm$이다. 도수는 $P=1/f=3.5D$이다.

문제 34 원점이 2m인 사람이 사용해야 하는 교정렌즈의 도수는 얼마인가? 안경 앞 1m의 물체에 대한 상의 위치는 어디인가?

답. 무한대에 있는 물체에 대해 원점에 허상이 맺혀야 한다. $1/s+1/s'=1/f$에서 $s=\infty$, $s'=-200cm$이므로 $f=-200cm$이고 도수는 $P=1/f=-0.5D$이다. 안경 1m 앞의 상은 $1/s+1/s'=1/f$에서 $s=100cm$, $f=-200cm$이므로 $s'=-67cm$이다.

문제 35 근점이 1m인 사람이 사용해야 하는 교정렌즈의 도수는 얼마인가? 이 사람이 2D의 안경을 끼고 책을 볼 때 선명한 상을 위한 책의 위치를 구하라.

답. 25cm에 있는 물체에 대해 근점(1m)에 허상이 맺혀야 한다. $1/s+1/s'=1/f$에서 $s=25cm$, $s'=-100cm$이므로 $f=33.33cm$이고 도수는 $P=1/f=3D$이다. 2D렌즈의 초점거리는 $f=1/P=50cm$이다. 동일한 위치(근점)에 상이 맺혀야 하므로 $1/s+1/s'=1/f$에서 $s'=-100cm$, $f=50cm$이므로 $s=33.33cm$이다.

문제 36 현미경의 대물렌즈의 초점거리는 0.4cm이고 대안렌즈의 초점거리는 3cm이다. 대안렌즈에 의한 최종상이 렌즈 25cm 앞에 맺히게 하기 위한 대물렌즈에 의한 일차상의 위치는 어디인가? 두 렌즈가 26cm 떨어져 있을 경우 물체와 대물렌즈 사이의 거리는 얼마인가? 이 현미경의 배율은 얼마인가?

답. 대안렌즈에 의한 최종상이 25cm지점의 허상이므로 $1/s_1+1/s_1{}'=1/f_e$에서 $s_1{}'=-25cm$이므로 $s_1=2.68cm$이다. 이는 일차상과 대안렌즈 사이의 거리이다. 대안렌즈와 대물렌즈 사이의 거리는 26cm이므로 대물렌즈와 일차상까지의 거리는 23.32cm이다. $1/s_2+1/s_2{}'=1/f_o$에서 $s_2{}'=23.32cm$이므로 $s_2=0.41cm$이다. 즉, 물체를 대물렌즈 앞 0.41cm에 놓아야 한다. 현미경의 배율은 $m=m_1m_2=\frac{s_1{}'}{s_1}\frac{s_2{}'}{s_2}=530$이다.

문제 37 오페라 망원경의 대물렌즈의 초점거리는 20cm이고 대안렌즈의 초점거리는 −5cm(오목렌즈)이다. 최종상이 무한대에 맺히게 될 경우 대안렌즈와 대물렌즈 사이의 거리를 구하라. 이 망원경의 배율을 구하라.

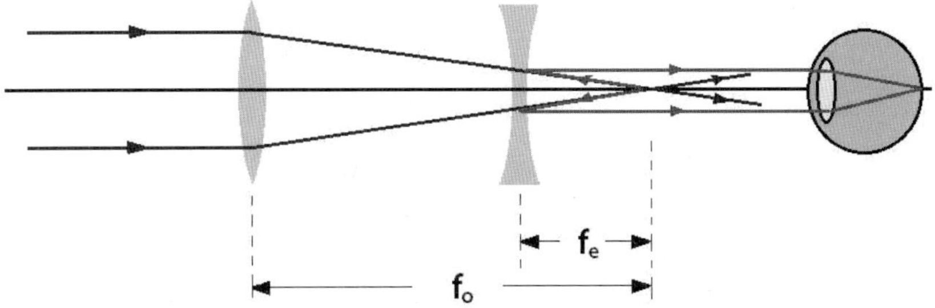

답. 최종상이 무한대에 맺히기 위해서는 $1/s_1+1/s_1{}'=1/f_e$에서 $s_1{}'=\infty$이므로 $s_1=-5cm$이다. 즉, 대안렌즈의 오른쪽 5cm 지점에 일차상이 만들어져야 한다. 이는 대안렌즈의 초점에 일차상이 만들어져야 됨을 의미한다. 먼 곳의 물체에 대한 대물렌즈의 상은 그 초점에 맺히게

되므로 대물렌즈에서 20cm 떨어진 위치에 일차상이 맺힌다. 따라서 대안렌즈는 대물렌즈와 일차상 사이에 놓여야 한다. 즉, 대물렌즈와 대안렌즈 사이의 거리는 20-5=15cm이다. 망원경의 각배율은 $m = f_o/f_e = 4$이다.

문제 38 망원경의 대물렌즈의 초점거리는 18cm이고 대안렌즈는 오목렌즈이다. 대안렌즈와 대물렌즈 사이의 거리는 10cm이다. 먼 물체를 또렷이 보기 위한 대안렌즈의 초점거리는 얼마인가? 망원경의 배율은 얼마인가?

답. 평행광선(무한대 물체)은 대물렌즈의 초점에 모이므로 대물렌즈에 의한 일차상의 위치는 $s_1{}' = f_o = 18cm$이다. 대안렌즈와 대물렌즈 사이의 거리는 10cm이므로 일차상과 대안렌즈 사이의 거리는 $s_2 = 10 - 18 = -8cm$이다. 대안렌즈에 의한 최종상이 무한대에 허상으로 맺히므로 $1/s_2 + 1/s_2{}' = 1/f_e$에서 $s_2 = -8cm$, $s_2{}' = \infty$이므로 $f_e = -8cm$이다. 즉, 대물렌즈에 의한 일차상이 대안렌즈의 오른쪽 초점에 맺히는 것을 볼 수 있다(문제 37의 그림 참조). 망원경의 각배율은 $m = f_o/f_e = 2.25$이다.

문제 39 Young의 이중슬릿 실험에서 한쪽 슬릿 뒤에 굴절률 1.5, 두께 0.05mm인 유리판을 붙여 놓았을 때 간섭무늬가 수직으로 이동하는 거리는 얼마인가? 두 슬릿의 떨어진 거리는 1mm이고 스크린까지의 거리는 1m이다. 그리고 사용한 빛의 파장은 550nm이다.

답. 한쪽 슬릿 뒤에 유리판을 끼워 놓았으므로 두 슬릿을 통과한 빛의 광경로차가 다르게 된다. 유리의 굴절률은 n=1.5이므로 유리가 있는 경우와 없는 경우의 광경로차는 $\delta\Delta = (n-1)t$이다. 이 광경로차의 변화 때문에 스크린 상에 있는 무늬가 이동한다. 경로차가 파장의 배수가 되는 곳에 밝은 무늬가 되는 조건은 $\Delta = m\lambda(\Delta = d\sin\theta)$이었다. 위 식을 미분하면 경로차이의 변화에 따른 무늬 이동의 식을 얻을 수 있다. 즉, $\delta\Delta = \Delta m\,\lambda$을 얻는다. 이 식은 유리판을 끼워 넣음으로써 생기는 광경로차의 변화 $\delta\Delta$ 때문에 움직이는 무늬의 수 Δm을 나타낸다. 따라서 $(n-1)t = \Delta m\,\lambda$을 얻고 이에 따라 $\Delta m = [(n-1)t]/\lambda$을 얻는다. 밝은 무늬의 조건은 $\Delta = d\,\sin\theta = m\lambda$이고 $\sin\theta \simeq \tan\theta = y/L$이므로 $y_m = (m\lambda L)/d$이다. 따라서 무늬 사이에 떨어진 거리는 $\Delta y = (\lambda\Delta m\,L)/d = (\lambda L)/d$ $(\Delta m = 1)$이다. Δm개의 무늬가 움직이면 스크린 상에서 무늬가 이동하는 거리는 $\Delta m\Delta y = [(n-1)t\,L]/d = 2.5\,cm$이다.

문제 40 간격이 0.2mm인 이중슬릿이 있다. 슬릿에서 스크린까지의 거리는 1m이다. 550nm의 빛이 이중슬릿에 입사한다. 스크린에서 밝은 무늬 사이의 거리를 구하라.

답. 밝은 무늬의 조건은 $d\sin\theta = m\lambda$이다. $\theta \ll 1$인 경우 $\sin\theta \approx \tan\theta = y/L$이다. 스크린에서 밝은 무늬의 위치는 $y_m = (m\lambda L)/d$이다. 밝은 무늬 사이의 거리는 $\Delta y = (\lambda L)/d = 2.8mm$이다.

문제 41 589nm의 빛이 이중슬릿에 입사한다. 스크린은 슬릿에서부터 1m 떨어져 있다. 스크린에서 밝은 무늬 사이의 거리는 4mm 떨어져 있다. 두 슬릿 사이의 거리를 구하라.

답. $\Delta y = (\lambda L)/d$에서 $d = (\lambda L)/\Delta y = 0.15mm$이다.

문제 42 660nm의 빛이 이중슬릿에 입사하여 스크린에 밝은 무늬 사이의 간격이 8mm임이 관찰되었다. 다른 파장의 빛을 입사시켰을 때 스크린에서 밝은 무늬의 간격은 7mm였다. 이 빛의 파장을 구하라.

답. $\Delta y_1 = (\lambda_1 L)/d,\ \Delta y_2 = (\lambda_2 L)/d$에서 두 식을 나누면 $\Delta y_1/\Delta y_2 = \lambda_1/\lambda_2$이다. 따라서 $\lambda_1 = 660nm$이므로$\lambda_2 = 578nm$이다.

문제 43 간격이 0.2mm인 이중슬릿이 있다. 슬릿에서 스크린까지의 거리는 1m이다. 세 번째 밝은 무늬는 중앙에서 7mm에서 관찰되었다. 사용한 빛의 파장은 얼마인가?

답. $y_m = (m\lambda L)/d$에서 $\lambda = (y_m d)/(mL) = 467nm$이다.

문제 44 500nm의 빛과 파장을 모르는 빛이 동시에 이중슬릿에 입사한다고 하자. 스크린에서 한 빛의 4번째 밝은 무늬가 다른 빛의 6번째 밝은 무늬와 일치함이 관찰되었다. 모르는 빛의 파장을 구하라.

답. 밝은 무늬의 조건은 $y_m = (m\lambda L)/d$이다. 한 빛의 조건은 $y_4 = (4\lambda_1 L)/d$이고 다른 빛의 조건은 $y_6 = (4\lambda_2 L)/d$이다. $y_4 = y_6$에서 $\lambda_1 = 1.5\lambda_2$이다. $\lambda_1 = 500nm$이면 $\lambda_2 = 333nm$이다. 그리고 $\lambda_2 = 500nm$이면 $\lambda_1 = 750nm$이다.

문제 45 이중슬릿 실험에서 슬릿 사이의 간격 1.5mm, 슬릿에서 스크린까지의 거리 6.0m이다. 사용한 빛의 파장은 589nm이다. (a) 첫 번째 밝은 무늬는 스크린의 중앙에서 얼마나 떨어져 있는가? (b) 이 밝은 무늬의 폭은 얼마인가? (c) 세 번째 어두운 무늬 중 아래쪽 무늬는 중앙에서 얼마나 떨어져 있는가? (d) 슬릿이 가까워지면 간섭무늬는 어떻게 변하는가?

답. (a) $y_m = (m\lambda L)/d$에서 첫 번째 밝은 무늬는 $m=1$이므로 $y_1 = 2.4mm$이다.

(b) $\Delta y = y_2 - y_1 = \dfrac{\lambda L}{d} = 2.4mm$이다.

(c) 아래쪽 세 번째 어두운 무늬의 위치는 $y_{-3} = (-2.5\lambda L)/d = -5.9mm$이다.

(d) 무늬 사이의 간격은 $\Delta y = (\lambda L)/d$이므로 간격 d가 작아지면 무늬 사이의 떨어진 거리는 커지게 된다.

문제 46 파장 λ_1, λ_2인 두 빛이 이중슬릿을 입사한다. λ_1의 3차 밝은 무늬가 λ_2의 4차 밝은 무늬와 일치한다면 λ_1과 λ_2의 관계는 무엇인가?

답. 밝은 무늬의 조건은 $y_m = (m\lambda L)/d$이다. λ_1 조건은 $y_3 = (3\lambda_1 L)/d$이고 λ_2 조건은 $y_4 = (4\lambda_2 L)/d$이다. $y_3 = y_4$에서 $\lambda_1 = 1.33\lambda_2$이다.

문제 47 간섭 가능한 음원이 그림과 같이 놓여 있다. 소리의 첫 번째 최대가 되는 곳은 스크린의 어느 위치인가?

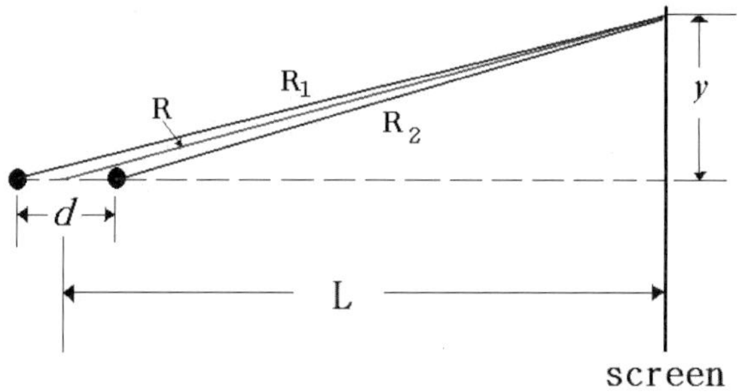

답. 경로차이 $R_1 - R_2$가 파장의 정수배가 되는 곳에 보강간섭이 된다. 즉, 최대가 되는 위치는 $R_1 - R_2 = m\lambda$를 만족한다. 그림에서

$$R_1 = \left(R + \frac{d}{2}\right)^2 + L^2,\ R_2 = \left(R - \frac{d}{2}\right)^2 + L^2 \tag{6-72}$$

이다. 따라서 $R_1^2 - R_2^2 = 2dL$이다. 그런데 필요한 양은 $R_1 - R_2$이다. 그런데

$$R_1^2 - R_2^2 = (R_1 - R_2)(R_1 + R_2) \simeq 2R(R_1 - R_2) \tag{6-73}$$

와 같이 근사할 수 있다. 따라서 위 두 식에서 $2Ld = 2R(R_1 - R_2)$를 얻고 최대가 되는 조건 $R_1 - R_2 = m\lambda$을 이 식에 대입하면 $R = (Ld)/(m\lambda)$이다. $y_m = \sqrt{R^2 - L^2}$ 이고 $m = 1$일 때 $R = (Ld)/\lambda$를 이 식에 대입하면 $y_1 = L\sqrt{(d^2/\lambda^2) - 1}$ 을 얻는다.

문제 48 얇은 쐐기 모양의 플라스틱이 있다. 빛을 위에서 비추면 간섭무늬가 나타난다. 두 인접무늬의 간격은 0.4cm로 관찰되었다. 사용한 파장은 450nm로 쐐기에 수직으로 입사한다. 플라스틱의 굴절률이 1.48이면 두 무늬 위치에서의 두께의 차이는 얼마인가?

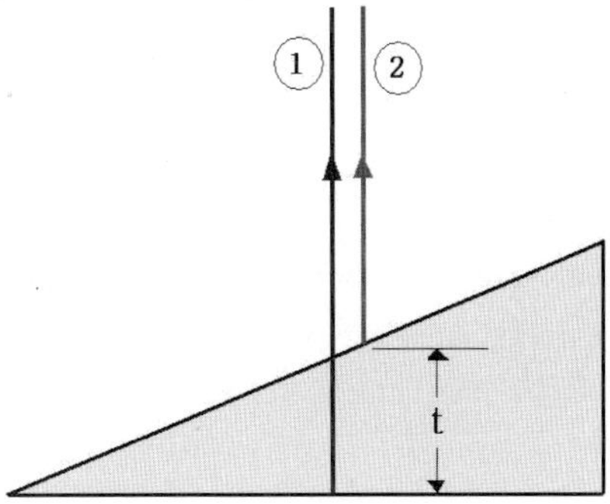

답. 광선 ①과 ②의 광경로차는 $n(2t)$이다. 이 경우 공기층이 아니고 플라스틱이므로 광경로차는 플라스틱의 굴절률을 곱해 주어야 된다. 어두운 무늬의 조건은 $2nt = m\lambda$이다. 이 식을 미분하면 $2n\Delta t = \Delta m\,\lambda$이다. 인접무늬이므로 $\Delta m = 1$이므로 두 지점의 두께 차이 Δt는 $\Delta t = \frac{\lambda}{2n} = 1.52 \times 10^{-4} m$이다.

문제 49 유리기판 위의 얇은 기름 막(굴절률, 1.3)에 빛이 수직으로 입사한다. 빛의 파장은 변할 수 있다. 반사파가 파장이 525nm와 675nm에서 없어지는 것이 관찰되었다. 기름 막의 두께와 간섭차수를 구하라.

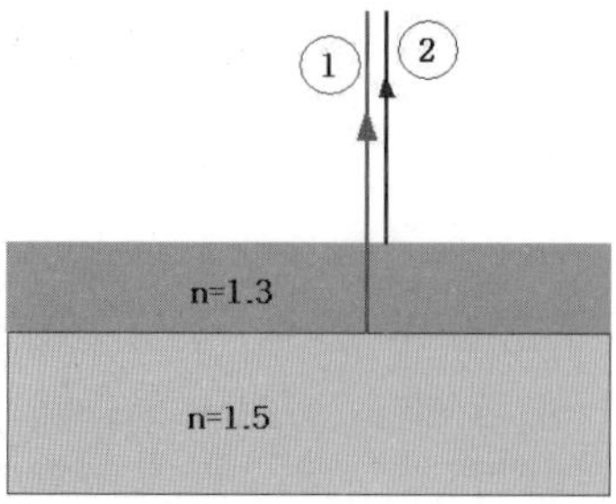

답. 그림에서 광선 ①과 ② 모두 굴절률이 낮은 데서 굴절률이 높은 데로 반사되므로 외부반사이다. 따라서 어두운 무늬의 조건은 광경로차가 반파장의 배수가 되는 것이다. 즉, $n(2t)=(m+1/2)\lambda$ 이다. 입사하는 파장이 여러 개이나 파장이 다르므로 각각 다른 차수 m에서 위 조건을 만족한다. $\lambda_1=675nm$은 차수 m_1, $\lambda_2=525\,nm$는 차수 m_2에서 위 조건을 만족한다고 하면 $2nt=(m_1+1/2)\lambda_1$과 $2nt=(m_2+1/2)\lambda_2$을 얻는다. 동일한 두께 t에서 만족되므로 $2nt$가 같다. $(m_1+1/2)\lambda_1=(m_2+1/2)\lambda_2$이므로 $m_1\lambda_1-m_2\lambda_2=(\lambda_1-\lambda_2)/2=75$이고 $m_2=m_1+1$에서 $150\,m_1=600 \Rightarrow m_1=4$를 얻고 $t=1.168\times10^{-6}m$를 얻는다.

문제 50 직경 7.35×10^{-3}mm인 wire가 두 평편한 유리 사이에 끼워져 있다. 600nm의 빛이 면에 수직하게 입사한다고 하자. 어두운 무늬의 수를 구하라. wire 바로 옆의 무늬는 밝은 무늬인가? 어두운 무늬인가?

답. 어두운 무늬의 조건은 $2t=m\lambda$이고, 밝은 무늬의 조건은 $2t=(m+1/2)\lambda$이다. 여기서 $m=0,1,2,\cdots$이다. wire 주위에는 $t=7.35\times10^{-6}m$이므로 $m=(2t/\lambda)=24.5$, 즉 24개의 무늬가 보인다. 반 파장 차이이므로 wire 주변에는 밝은 무늬가 생긴다.

문제 51 500nm의 빛이 단일슬릿에 입사한다. 단일슬릿이 통과한 후 빛이 회절되는 각도가 1°임이 관찰되었다. 슬릿의 폭을 구하라.

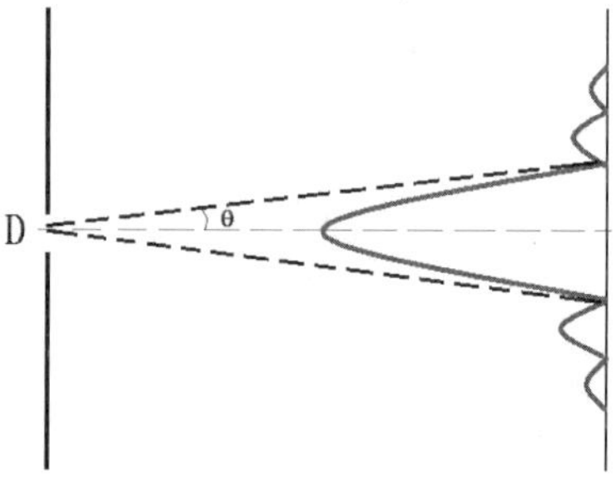

답. 빛의 회절은 그림에서와 같이 구멍(단일슬릿)을 통과한 빛이 꺾이고 또한 이 빛들이 간섭에 의해 밝은 무늬와 어두운 무늬가 발생한다. 중앙 부분이 가장 밝으며 외곽으로 감에 따라 무늬의 밝기는 크게 줄어든다. 어두운 무늬의 조건은 $D\sin\theta = m\lambda$이다. 여기서 m은 차수이다. 중앙이 $m=0$이고 위쪽이 +, 아래쪽이 −이다. 예를 들어 첫 번째 최소 중 위쪽은 $m=1$이고 아래쪽은 $m=-1$이다. 밝은 무늬의 위치는 대략 $D\sin\theta = (m+1/2)\lambda$로 주어진다. 이 문제에서는 중앙에서 첫 번째 최소 사이의 각에 대한 물음이다. 이는 $\sin\theta = \lambda/D$이다. 여기서 D는 슬릿의 폭이다. 따라서 $D = \lambda/\sin\theta = 29\mu m$이다.

문제 52 단일슬릿에서 546nm의 빛이 사용되었다. 3차 최소가 0.5°에서 생겼다. 슬릿의 너비는 얼마인가?

답. 3차 최소는 $m=3$이므로 $D\sin\theta = m\lambda$에서 $D = (3\lambda)/\sin\theta = 1.88\times10^{-4}\,m$이다.

문제 53 단일슬릿의 너비는 0.05cm이다. 632.8nm의 빛을 사용하였다. 슬릿에서 10m 떨어진 스크린의 위치에서 발견되는 중앙의 최대로부터 3차 최대는 얼마나 떨어져 있는가?

답. 밝은 무늬의 위치는 대략(정확한 표현은 아님) $D\sin\theta = (m+1/2)\lambda$로 주어진다. 여기서 $m = 0, \pm1, \pm2, \cdots$ 이다. $m=3$에서 $\sin\theta = (7\lambda)/2 = 4.43\times10^{-3}$이므로 $\theta = 0.254°$이다. 따라서 $y = L\tan\theta = 4.4\,cm$이다.

문제 54 단일 회절 실험에서 스크린 상에서 중심 최대의 너비는 4cm였다. 사용한 빛의 파장은 589nm이다. 빛의 파장을 436nm로 바꾸면 그 너비는 얼마가 될까?

답. 어두운 무늬의 조건 $D\sin\theta = m\lambda$에서 미분하면 $D\cos\theta(\Delta\theta) = (\Delta m)\lambda$이다. 중앙 최대의 폭은 $\Delta m = 2$(즉 $m=-1$에서 $m=1$ 사이)이고 $\cos\theta \approx 1$이므로 $\Delta\theta = (2\lambda)/D$이다. 스크린 상에 있는 무늬의 떨어진 거리는 $\Delta y = L\Delta\theta = (2\lambda L)/D$이다. 파장이 바뀔 경우 스크린에서 거리는 $\Delta y' = (2\lambda' L/D) = \frac{\lambda'}{\lambda}\Delta y = 2.9cm$이다.

문제 55 546nm의 빛이 0.015cm 너비의 단일슬릿에 입사한다. 초점거리 60cm의 렌즈에 의해 스크린에 회절무늬가 관찰된다. (a) 중심 최대와 첫 번째 최소 사이의 거리를 구하라. (b) 첫 번째 최소와 두 번째 최소 사이의 거리를 구하라.

답. (a) 첫 번째 최소는 $m=1$이므로 $D\sin\theta=\lambda$이다. 중심 주위이므로 각도 θ가 아주 작아서 $\sin\theta \simeq \tan\theta = y_1/f$이므로 $y_1 = f\sin\theta = (f\lambda)/D = 0.218cm$이다. y_1이 첫 번째 최소가 생기는 위치이므로 중심 최대와의 거리는 0.218cm이다. (b) 두 번째 최소는 $m=2$이므로 $\sin\theta=(2\lambda)/D$이다. $\sin\theta \simeq \tan\theta = y_2/f$에서 $y_2=(2\lambda f)/D=0.436cm$이다. 첫 번째 최소의 위치가 0.218cm이므로 두 무늬 사이의 거리는 $\Delta y = y_2 - y_1 = 0.218cm$이다.

문제 56 슬릿의 너비를 측정하기 위해 회절무늬를 이용한다. 단일슬릿에서 632.8nm의 레이저 빛을 비추고 슬릿에서부터 2m 떨어진 스크린에서 회절무늬를 관찰한다. 3차 최소 사이의 거리가 5.63cm 떨어져 있음이 관찰되었다. 슬릿의 너비를 구하라.

답. $D\sin\theta=m\lambda$에서 $m=3$이므로 $\sin\theta=(3\lambda)/D$이다. 그리고 작은 각 θ에 대해서는 $\sin\theta \simeq \tan\theta = y_3/L$이므로 $y_3 = L\sin\theta = (3\lambda L)/D$이다. 따라서 $D=(3\lambda L)/y_3 = 0.14mm$이다.

문제 57 단일슬릿에서 복합파가 입사한다고 하자. 파장 620nm의 4번째 최소가 어떤 파장의 5번째 최소와 일치함이 관측되었다. 이 빛의 파장을 구하라.

답. $D\sin\theta=m\lambda$의 조건에서 $\lambda_1=620nm$에 대해서는 $m=4$이므로 $\sin\theta=(4\lambda_1)/D$이고, λ_2에 대해서는 $m=5$이므로 $\sin\theta=(5\lambda_2)/D$이다. 두 최소가 같은 각 θ에서 일치하므로 $(4\lambda_1)/D=(5\lambda_2)/D$이므로 $\lambda_2=(4\lambda_1)/5=496nm$이다.

문제 58 550nm의 빛에 대해 회절의 1차 최대각도가 30°, 45°, 90°, 180°가 관찰될 경우 각각에 대응되는 단일슬릿의 너비는 얼마인가?

답. $D\sin\theta=m\lambda$에서 $\sin\theta=(m\lambda)/D$이다. $m=1$이므로 $\sin\theta=\lambda/D$이고 $D=\lambda/\sin\theta$이다. 30°의 경우 아래위 무늬의 각 차이이므로 $\theta=15°$이다. 따라서 $D=2.13\mu m$이다. 45°의

경우에는 $\theta = 22.5^\circ$이고 $D = 1.44\mu m$이다. 90°의 경우 $\theta = 45^\circ$이고 $D = 0.78\mu m$이다. 180°의 경우 $\theta = 90^\circ$이고 $D = 0.55\mu m$이다.

문제 59 너비가 $2.13\mu m$인 단일슬릿에 550nm의 빛이 입사한다. 중앙 무늬에 대한 각의 폭을 구하라.

답. $D\sin\theta = m\lambda$에서 $\sin\theta = (m\lambda)/D$이다. $m = 1$이므로 $\sin\theta = \lambda/D = 0.258$이므로 $\theta = 15^o$이다. 각의 폭은 위 값의 두 배이므로 30°이다.

문제 60 너비가 0.5mm인 단일슬릿에 600nm의 빛이 입사한다. 1m 떨어진 스크린에 회절무늬가 관찰된다. 중앙 무늬에 대한 폭을 구하라.

답. $D\sin\theta = m\lambda$에서 $\sin\theta = (m\lambda)/D$이다. $m = 1$이므로 $\sin\theta = \lambda/D$이다. 스크린까지의 거리가 L인 경우 $\tan\theta = y_1/L$이다. θ가 작은 경우 $\tan\theta \approx \sin\theta$이므로 $\lambda/D = y_1/L$이다. 따라서 $y_1 = 1.2mm$로 구해진다. 스크린에서 최대무늬의 폭은 $2y_1$이므로 2.4mm이다.

문제 61 슬릿의 너비가 사용한 파장 λ에 대해 $\lambda, 5\lambda, 10\lambda$일 때 angular half width(중앙최대에서 첫 번째 최소 사이의 각)를 구하라.

답. $D\sin\theta = m\lambda$에서 첫 번째 최소는 $m = 1$이므로 $\sin\theta = \lambda/D$이다. $D = \lambda$일 때 $\sin\theta = 1$이므로 $\theta = 90^\circ$이다. $D = 5\lambda$일 때 $\theta = 11.5^\circ$이고 $D = 10\lambda$일 때 $\theta = 5.74^\circ$이다.

문제 62 파장 750nm인 빛이 폭 10^{-3}mm인 슬릿에 입사한다. 중앙최대 무늬의 폭의 각도와 20cm 떨어진 스크린에서의 폭을 구하라.

답. $D\sin\theta = m\lambda$에서 $m = 1$일 때의 각을 구하면 된다. 즉, $\theta = \sin^{-1}(\lambda/D) = 49^\circ$이다. 총 각도는 2θ이므로 98°이다. 스크린 상에서의 거리는 $y/L = \tan 49^\circ$에서 $y = L\tan\theta = 23$cm이다. 총 폭은 이 길이의 두 배인 46cm이다.

문제 63 직경 12cm이고 초점거리가 150cm인 렌즈를 통해 별에서 오는 평행광선(파장 550nm)이 렌즈의 초점에 상이 맺힌다. 별의 상에서 생기는 회절에 의한 중앙 무늬(Airy disk)의 크기를 구하라.

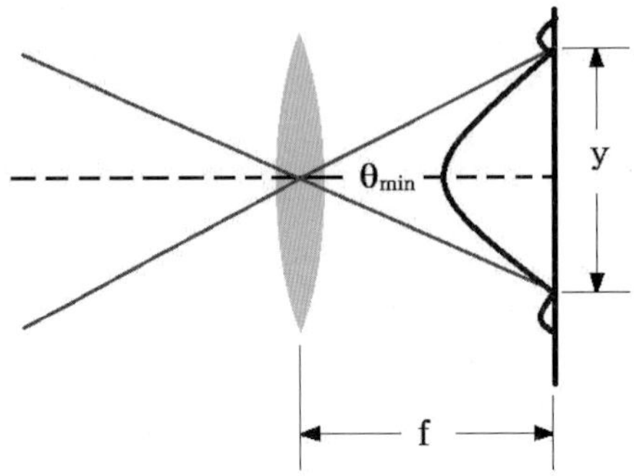

답. $\theta_{\min} = (1.22\lambda)/D = 5.6\times10^{-6}\, rad$ 이므로 초점거리에서는 $y = f\Delta\theta_{\min} = 8.4\times10^{-4} cm$ 이다.

문제 64 0.2mm 떨어진 이중슬릿에 빛이 입사한다. 스크린은 슬릿에서부터 1.5m 떨어져 있다. 아래 위 5번째 최소 사이의 거리가 34.73mm이다. 입사한 파의 파장을 구하라.

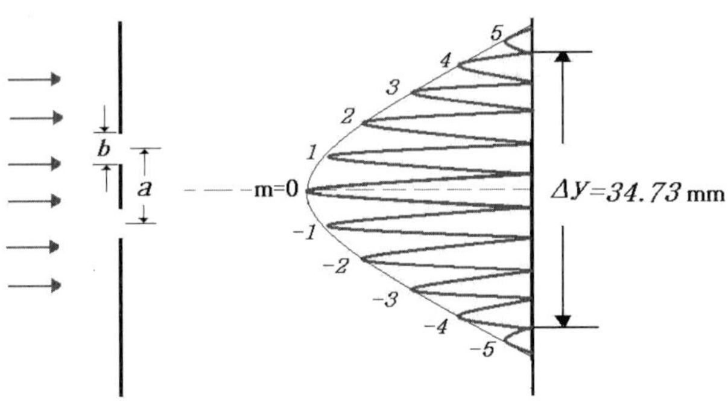

답. 최소의 조건은 $a\sin\theta = (m+1/2)\lambda$이다. 5번째 최소는 그림에서 보듯이 $m=4$인 경우가 되므로 $\sin\theta = (9\lambda)/(2a)$를 얻는다. 작은 각 θ에 대해서 $\sin\theta \simeq \tan\theta = y/L$ 이므로 $\frac{y}{L} = \frac{9\lambda}{2a}$이다. 따라서 $\lambda = \frac{2a}{9}\frac{y}{L} = 515\,nm$이다. 여기서 $y = 34.73/2 = 17.37mm$를 사용해야 한다.

문제 65 단위 cm당 7,000개의 슬릿이 있는 회절격자가 있다. 첫 번째 차수의 무늬가 30° 각도로 회절되는 것이 관찰되었다. 이 빛의 파장을 구하라.

답. 슬릿 사이의 간격은 $a = 1/7,000\,cm$이다. 밝은 무늬의 조건은 $a\sin\theta = m\lambda$이다. 첫 번째 차수는 $m = 1$이므로 $\lambda = a\sin 30^\circ = 714nm$이다.

문제 66 단위 cm당 7,000개의 슬릿이 있는 회절격자가 있다. 550nm의 빛에 대해 첫 번째와 두 번째 무늬 사이의 회절각 차이는 얼마인가?

답. 슬릿 사이의 간격은 $a = 1/7,000\,cm$이다. 밝은 무늬의 조건은 $a\sin\theta = m\lambda$이다. θ가 작은 경우 $\sin\theta \approx \theta$이므로 $\theta_m = (m\lambda)/a$이다. 첫 번째 무늬의 회절각은 $\theta_1 = \lambda/a = 22.6^\circ$이고 두 번째 회절각은 $\theta_2 = (2\lambda)/a = 50.4^\circ$이다. 따라서 $\Delta\theta = 27.8^\circ$이다.

문제 67 단위 cm당 7,000개의 슬릿이 있는 회절격자가 있다. 첫 번째 차수의 무늬가 60° 각도로 회절되는 것이 관찰되었다. 이 빛의 파장을 구하라.

답. 슬릿 사이의 간격은 $a = 1/7,000\,cm$이다. 밝은 무늬의 조건은 $a\sin\theta = m\lambda$이다. 첫 번째 차수는 $m = 1$이므로 $\lambda = a\sin 30^\circ = 618nm$이다.

문제 68 굴절률 1.434인 얇은 판을 Michelson 간섭계의 한쪽 팔에 넣었다. 589nm의 빛을 사용했는데 35무늬가 이동함이 관찰되었다. 얇은 판의 두께를 구하라.

답. 얇은 판을 끼워 넣음으로써 광경로차가 변했다. 유리를 끼워 넣기 전의 경로차는 $2t$였는데 유리를 끼워 넣을 경우 광경로차는 $2nt$로 변한다. 따라서 광경로차의 변화는 $\Delta d = 2(nt - t)$이다. $2\Delta d = \Delta m\,\lambda$에서 $2(nt - t) = \Delta m\,\lambda$이므로 $t = \frac{\Delta m}{2(n-1)}\lambda = 23.75\mu m$이다.

문제 69 Michelson 간섭계의 한 팔에 길이 L인 유리관에 기체를 주입한다. 사용한 빛의 파장은 λ이다. (a) 진공상태에서 기체를 1기압이 될 때까지 주입하는 동안 N개의 무늬이동이 관찰되었다. 기체의 굴절률 n을 N, L, λ로 표현하라. (b) CO_2(n=1.00045) 기체가 길이 10cm 유리관에 주입될 때 무늬 이동 개수를 구하라. 사용한 파장은 589nm이다.

답. (a) 길이 L인 유리관 안에 기체를 넣기 전과 후의 광경로 차이를 구하면 된다. 넣기 전의 길이는 L이고 기체를 주입한 후에는 기체의 굴절률에 의해 광경로차가 달라진다. 즉, nL이 된다.

따라서 경로차의 변화는 $\Delta d=(n-1)L$이다. $2\Delta d=\Delta m\lambda$에서 $\Delta m=N$(무늬 이동개수)이므로 $2(n-1)L=N\lambda \Rightarrow n=1+\frac{N\lambda}{2L}$이다. (b) n=1.00045, L=0.1m, $\lambda=589\times10^{-9}m$ 이므로 $N=\frac{2L}{\lambda}(n-1)$ $=152$이다.

문제 70 연마한 면을 Michelson 간섭계의 거울로 사용하였다. 632.8nm의 빛에 대해 무늬의 찌그러짐이 무늬 간격의 1/4보다 작음이 관측되었다. 연마한 면의 결함(defect)의 최대깊이를 구하라.

답. $2\Delta d=\Delta m\lambda$에서 $\Delta d=t$(결함의 깊이)이고 $\Delta m=1/4$이므로 $t=\lambda/8=158.2nm$이다.

문제 71 고정밀 나사의 pitch를 결정하기 위해 Michelson 간섭계를 이용한다. 즉, 나사를 Michelson 간섭계의 거울을 움직이는 데 사용한다. 나사의 1회전에서 2,023개의 무늬가 움직였다. 나사의 1회전은 거울을 얼마나 움직이게 하는가? 사용한 빛의 파장은 546nm이다.

답. 나사를 움직이면 거울이 움직이고 이에 따라 경로차의 변화가 발생한다. 이 변화에 의해 간섭무늬가 이동한다. 무늬의 이동개수가 주어지고 Δd를 구하는 문제이다. $2d=m\lambda$에서 $2\Delta d=\Delta m\lambda$이다. 따라서 $\Delta d=\frac{\Delta m\lambda}{2}=5.52\times10^{-4}m$이다.

문제 72 Michelson 간섭계에서 기체를 주입하면서 이동하는 무늬의 수를 관측하니 기체를 1기압까지 주입하는 데 200개가 이동하는 것이 관측되었다. 기체의 굴절률은 얼마인가? 유리관의 길이는 0.1m이고 빛의 파장은 590nm이다.

답. 기체를 넣기 전과 후의 한 팔의 광경로의 차이는 $(n-1)L$이다. $2d=m\lambda$에서 $2\Delta d=\Delta m\lambda$이다. $2(n-1)L=\Delta m\lambda$에서 $n=1+\frac{\lambda\Delta m}{2L}=1.0006$이다.

문제 73 동공의 직경은 주위 빛의 양에 따라 2mm에서 7mm로 변한다. 각각의 동공 크기에 대해 1mm 떨어진 두 물체를 분간하기 위한 두 물체의 거리를 구하라. 파장은 550nm이다.

답. 2mm의 동공에 대해 $\Delta\theta_{\min}=\frac{1.22\lambda}{D}$이므로 $s=\Delta y/\Delta\theta_{\min}=2.98m$이다. 그리고 7mm의 동공에 대해서는 $s=\Delta y/\Delta\theta_{\min}=10.4m$이다.

문제 74 자동차의 두 헤드라이트는 120cm 떨어져 있다. 어떤 사람의 수정체의 직경이 5mm이다. 이 사람이 헤드라이트를 두 개로 구별할 수 있기 위해서 차에서 떨어진 최대의 거리는 얼마인가? 가시광선은 550nm이다.

답. $\theta_{\min} = \frac{1.22\lambda}{D} = 1.34 \times 10^{-4}$이다. $s = d\Delta\theta_{\min} = 8.96\,km$ 여기서 d는 두 헤드라이트의 떨어진 거리 120cm이다.

문제 75 높이 10,000m의 비행기 안에서 아래를 내려 본다고 하자. 지상에 있는 물체를 두 개로 분간할 수 있는 두 물체의 떨어진 거리를 구하라. 동공의 직경은 3mm이고 가시광선의 중간 파장은 550nm이다.

답. $\theta_{\min} = \frac{1.22\lambda}{D}$이고 $s = h\theta_{\min} = \frac{1.22\lambda}{D}h = 2.2m$이다. 여기서 h는 높이 10,000m이다.

문제 76 빛이 공기 중에 놓인 굴절률 2인 물질의 표면에서 반사된다. 반사되는 빛이 완전히 선편광되는 빛의 입사각은 얼마인가?

답. Brewster각은 $\theta_P = \tan^{-1} n = 63^\circ$이다. 따라서 이 각도로 입사하는 빛의 반사파는 완전히 선편광된다. 이때 빛의 진동방향은 입사면에 수직이다.

문제 77 불투명한 유전체의 굴절률을 측정하고자 한다. 이 물질의 표면에 빛을 입사시켰을 때 60°에서 선편광되는 것이 관찰되었다. 이 물질의 굴절률을 구하라.

답. Brewster각은 $\theta_P = \tan^{-1} n$에서 $n = \tan\theta_P$이다. 따라서 $n = 1.73$이다.

문제 78 편광되지 않은 빛의 세기는 I_o이다. 이 빛이 θ의 각도를 이루고 있는 두 편광자에 입사했을 때 투과되는 빛의 세기는 얼마인가?

답. 편광되지 않은 빛은 두 개의 수직으로 진동하는 빛의 합성이다. 이 빛이 선편광되면 투과되는 빛의 세기는 $I_o/2$이다. 그리고 편광각이 θ인 다른 편광자를 통과하면 빛의 세기는 $I = I_o \cos^2\theta/2$이다.

문제 79 편광자와 검광자 사이의 각도가 30°이다. 편광되지 않은 빛의 세기는 I_o이다. 편광자와 검광자를 통과한 빛의 세기는 얼마인가?

답. 편광자를 통과한 빛의 세기는 반으로 줄어든다. 그리고 검광자를 통과한 빛의 세기는 $I = I_o \cos^2\theta/2 = 0.38 I_o$이다.

문제 80 선편광된 빛이 두 장의 편광자에 입사한다. 두 편광자의 방향과 선편광된 빛 사이의 각도는 각각 θ_1과 θ_2이다. 두 편광자를 통과한 빛의 세기와 입사한 빛의 세기의 비를 구하라.

답. 입사하는 빛의 세기를 I_o라고 하자. 첫 번째 편광자를 통과하는 빛의 세기는 $I_o \cos^2\theta_1$이 된다. 이 빛은 첫 번째 편광자의 편광축으로 편광된다. 이 축은 두 번째 편광자의 편광축과 $\theta_2 - \theta_1$의 각을 이룬다. 따라서 두 번째 편광자를 통과하는 빛의 세기는

$$I = I_o \cos^2\theta_1 \cos^2(\theta_2 - \theta_1) \tag{6-74}$$

이다.

Physics For University Student

제7장

현대물리

1. 양자역학의 기초
2. 상대성원리의 기초
3. 핵 및 방사선

1. 양자역학의 기초

고전물리학에서는 입자와 파동은 명백하게 다르다. 입자는 공간적으로 명확한 위치에 존재하고 질량과 속도를 가진다. 반면에 파동은 공간적으로 퍼져 있으며 일정한 전파속도를 가진다. 그리고 진동수에 의해 특정된다. 이와 같이 고적물리학적으로는 명확하게 구별되는 입자와 파동의 경계가 현대물리학적인 개념에 의해 모호해지기 시작하였다. 즉, 전자와 전자기파는 모두 입자적인 성질과 동시에 파동적인 성질도 있다는 것이 새로운 실험결과를 설명하는 과정에서 나타나기 시작하였다. 아래에서는 현대물리학의 태동기(1880~1925)에 어떻게 이러한 개념들이 나타나게 되었는가에 대해 알아보기로 한다.

1-1. 파동의 입자성

1900년 Planck는 흑체복사는 파동을 입자적인 개념으로 보아야 설명이 가능하다는 것을 발견하였다. Planck의 가정은 물체는 전자기파 복사와 에너지 알갱이(광자, photon)를 주고받음으로써 상호작용을 한다는 것을 보여 주었다. 이와 같은 개념은 Einstein에 의해 광전효과의 설명에 적용되었고, Compton 효과의 설명에서도 성공적이었다. 그러나 파동이 입자로 구성되어 있다는 개념은 Young의 이중슬릿(double slit) 실험에서 보여 주는 명백한 파동의 성질과는 양립할 수 없는 것이었다. 이에 따라 빛의 이중성(duality)이라는 결론에 도달하게 되었다. 즉, 파동은 전파나 간섭과 같은 경우에는 파동적인 성질을 나타내고 물질과 상호작용을 할 때에는 입자적인 성질을 보인다는 것이었다. 이 절에서는 파동을 입자적인 관점에서 보아야 설명이 가능한 흑체복사, 광전효과, Compton 효과에 대해 알아보기로 한다.

(1) 흑체복사

19세기 중엽부터 원자나 분자의 구조, 빛의 원자나 분자와의 상호작용 등 원자세계에서 일어나는 물리현상에 대한 실험결과들이 많이 나오기 시작했다. 이러한 현상들을 이해하기 위해 기존의 물리현상을 설명하는 데 성공적이었던 고전역학, 전자기학, 열역학 등의 개념들이 동원되었다. 그러나 이러한 고전 물리학적 개념들은 원자세계에서 일어나는 새로운 물리현상들을 설명하는 데 도움이 되지 못했다. 이에 따라 물리학자들은 원자세계의 물리현상을 설명하기 위해서는 새로운 물리적 개념이 필요함을 인식하게 되었다.

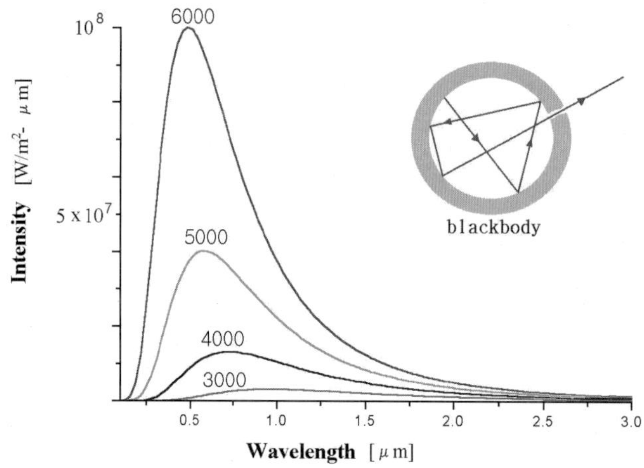

그림 7-1. 흑체복사 스펙트럼

1900년에 Planck는 흑체복사 문제를 해결하는 데 양자개념을 도입하였다. 그는 전자기파 복사와 물체(흑체 내부)와의 에너지 교환은 불연속적이고 양자화된 양으로만 이루어진다고 제안하였다. 즉, 진동수 ν인 전자기파 복사와 물체의 에너지 교환은 $h\nu$의 배수로만 이루어진다는 것이다. 이 Planck의 아이디어는 연속적 물리량의 고전물리학적 개념에 정면으로 배치되는 것이었지만, 어쨌든 이에 의해 흑체복사가 완벽하게 설명되었다.

열에너지에 의해 흑체 벽의 전자들이 진동하고, 이에 따라 발생하는 전자기파는 여러 진동모드(mode)를 가질 수 있다. 진동수 ν와 $\nu+\Delta\nu$ 사이에 있는 단위체적당 모드의 수는 $N(\nu)=8\pi\nu^2/c^3$로 계산된다. 그리고 전자기파 에너지밀도는 $u(\nu,\,T)=N(\nu) \langle E \rangle$로 주어진다. 여기서 $\langle E \rangle$는 모드당 평균에너지를 나타낸다. 고전물리학적인 개념에서는 물리량이 연속이므로 위 모드당 평균에너지는 모든 가능한 에너지를 포함시키기 위해

$$\langle E \rangle = \frac{\int_0^\infty E e^{-E/kT}\, dE}{\int_0^\infty e^{-E/kT} dE} = kT \qquad (7\text{-}1)$$

와 같이 적분의 형태로 계산된다. 따라서 전자기파 에너지 밀도는

$$u(\nu,\,T) = \frac{8\pi\nu^2}{c^3} kT \qquad (7\text{-}2)$$

와 같이 주어진다. 그러나 위 식은 흑체복사의 실험결과를 설명해 주지 못하였다. 특히 낮은 파장영역에서 식 7-2는 발산하므로 그림 7-1에 주어진 흑체복사의 모양과 맞지 않다. 반면에 Planck의 아이디어에서는 흑체의 벽에서 발생되는 전자기파의 에너지는 $h\nu$의 배수뿐이므로 식 7-1은 적분 대신에 합의 형태로

$$< E > = \frac{\sum_{n=0}^{\infty} nh\nu e^{-nh\nu/kT}}{\sum_{n=0}^{\infty} e^{-nh\nu/kT}} = \frac{h\nu}{e^{h\nu/kT}-1} \tag{7-3}$$

와 같이 바꾸어진다. 따라서 전자기파의 에너지밀도는

$$u(\nu, T) = \frac{8\pi\nu^2}{c^3}\frac{h\nu}{e^{h\nu/kT}-1} \tag{7-4}$$

와 같이 구해진다. 식 7-4를 진동수 대신 파장의 함수로 바꾸면

$$u(\lambda, T) = u(\nu, T)\left|\frac{d\nu}{d\lambda}\right| = \frac{8\pi hc}{\lambda^5}\frac{1}{e^{hc/\lambda kT}-1} \tag{7-5}$$

와 같이 표현되며 이 식은 그림 7-1의 흑체복사 실험을 완벽하게 설명한다.

(2) 광전효과

Einstein이 Planck의 양자개념을 이용하여 광전효과에 대한 실험결과를 설명함으로써 전자기파가 에너지 알갱이(1926년 Lewis에 의해 photon(광자)으로 명명됨)로 구성되어 있다는 사실이 받아들여지게 되었다. 광전효과는 금속에 빛을 쪼이면 전자가 튀어나오는 현상이다. 이 현상은 전자기파를 에너지 알갱이의 집단으로 생각하면 쉽게 이해할 수 있다.

금속 내에 있는 자유전자들의 구속에너지(일함수, work function)를 ϕ라고 하자. 금속에 쪼여주는 전자기파의 진동수를 ν라고 하면 이 전자기파는 $h\nu$의 에너지를 가진 에너지 알갱이(광자)의 집단으로 생각할 수 있다. 그러면 광전효과에서 방출되는 전자의 최대 운동에너지는 전자가 광자의 에너지를 전부 흡수하는 경우이므로

$$K_{\max} = h\nu - \phi \tag{7-6}$$

로 구해진다. 위 식은 금속에서 전자가 튀어나오려면 쪼여 주는 빛의 진동수가 적어도 ϕ/h보다 커야 한다는 것을 보여 주고 있다(전자가 튀어나오려면 $K_{\max} \geq 0$이어야 하므로). 즉, 문턱진동수 $\nu_0 = \phi/h$가 존재함을 보여 주고 있다. 또한 전자는 빛을 쪼여 주는 즉시 금속면에서 튀어나오는데 이러한 현상은 빛이 에너지 알갱이인 광자로 구성되어 있다는 사실로 쉽게 설명된다.

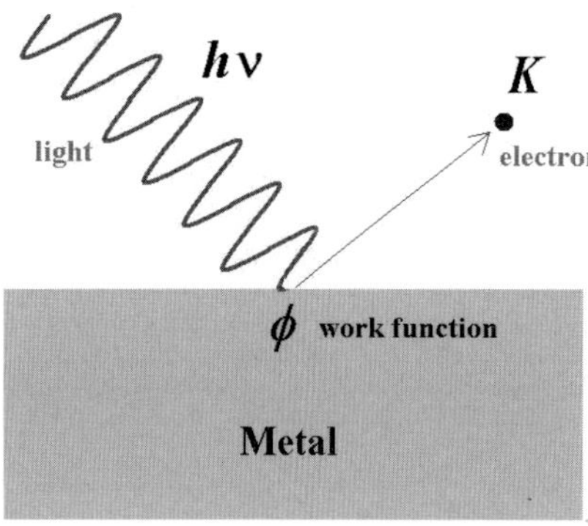

그림 7-2. 광전효과

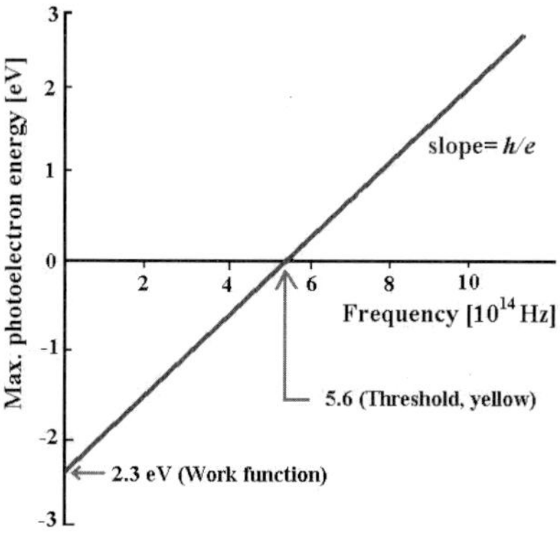

그림 7-3. K(칼륨)의 광전효과 실험결과

(3) Compton 효과

전자기파의 원자(전자)에 의한 산란인 Compton 효과(1923)를 설명하는 데도 전자기파가 광자로 구성되어 있다는 사실을 이용하였다.

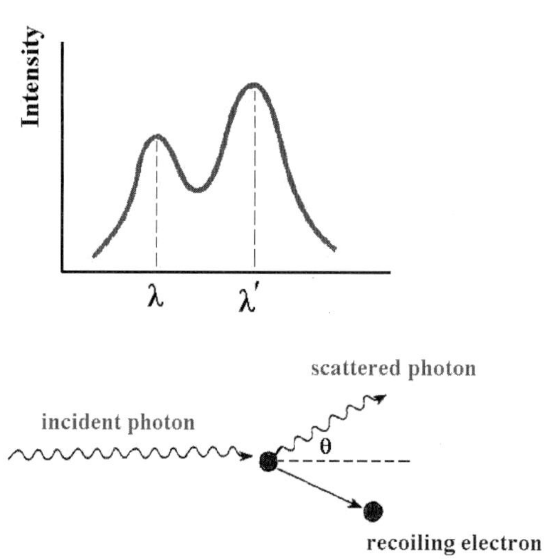

그림 7-4. Compton 산란 실험

전자기파(광자)와 전자는 탄성충돌을 하므로 이 충돌에서 운동량과 에너지가 보존되어야 한다. 입사하는 전자기파의 운동량을 $\vec{p}$라고 하고 진동수를 ν라고 두자. 충돌 전에 전자는 정지하고 있으나 충돌 후에는 운동량 $\vec{P}$를 가지고 움직이게 된다. 그리고 충돌 후의 전자기파는 운동량 $\vec{p'}$과 진동수 ν'을 가진다고 하자. 이 경우 운동량보존칙은 $\vec{p}=\vec{p'}+\vec{P}$이고 광자의 운동량은 $h\nu/c$ (다음 절의 상대성 원리 참조)로 주어지므로 위 식을 제곱하여 정리하면

$$P^2=\left(\frac{h\nu}{c}\right)^2+\left(\frac{h\nu'}{c}\right)^2-2\left(\frac{h\nu}{c}\right)\left(\frac{h\nu'}{c}\right)\cos\theta \tag{7-7}$$

을 구할 수 있다. 그리고 에너지보존칙에서

$$h\nu+m_ec^2=h\nu'+\sqrt{m_e^2c^4+P^2c^2} \tag{7-8}$$

을 얻는다. 식 7-8을 제곱하고 식 7-7의 P에 대한 표현을 사용하면

$$\lambda'-\lambda=\frac{h}{m_ec}(1-\cos\theta) \tag{7-9}$$

을 얻을 수 있다. 이 식은 Compton 산란실험을 잘 설명해 주었다.

1-2. 입자의 파동성

1923년 de Broglie는 파동이 입자(광자)성을 가진다는 것과 유사하게 전자(입자)도 파동적인 성질을 가지고 있을 것이라고 예측하였다. 이 예측은 1925년 전자회절실험을 통해 실험적으로 증명되었다. 그리고 Bohr는 전자의 파동성에 기초하여 수소원자에서 전자가 존재할 수 있는 궤도에 제한이 있다는 것에서부터 수소의 선스펙트럼 문제를 해결하였다. 이 절에서는 이와 같이 입자의 파동적인 성질에서부터 설명되는 물리현상에 대해 알아보기로 한다.

(1) De Broglie의 물질파개념과 전자회절실험

흑체복사, 광전효과, Compton 산란 등은 전자기파가 에너지 알갱이로 구성되어 있다는 사실을 명확하게 보여 줌으로써 당시 물리학계에 큰 딜레마를 안겨 주었다. 전자기파가 파동이라는 사실을

증명하는 수많은 실험결과(Young의 실험과 같은 간섭 및 회절실험)들이 존재하고, 또한 Maxwell 방정식으로 설명되는 전자기파의 전파는 전자기파가 파동이라는 사실을 부인할 수 없게 만든다. 그런데 위 실험들은 전자기파가 에너지 알갱이(광자)로 구성되어 있다는 사실을 이용하여야만 설명이 되었다. 이러한 상황에서 1923년 de Broglie는 물질파(matter wave)를 제안하였다. 이는 움직이는 물체는

$$\lambda = \frac{h}{mv} = \frac{h}{p} \tag{7-10}$$

의 파장을 가진 파동으로 간주할 수 있다는 것이었다. 이 식은 질량 m을 가지는 입자가 파장(파동의 성질)과 어떻게 연결되어 있는가를 보여 주고 있다. 즉, de Broglie의 물질파 개념은 전자기파(파동)가 입자로 구성되어 있다는 광자 개념과 대응되는 것으로서 움직이는 입자도 파동으로 행동한다는 제안이었다.

de Broglie가 제안한 물질파는 1927년 Davison-Germer에 의해 실험적으로 확인되었다. 그들은 그림 7-5에서와 같이 54eV의 전자빔(electron beam)을 단결정 니켈 면에 입사시킴으로써 간섭현상을 관측할 수 있었다. 이와 같은 간섭현상은 파동에 의해서만 가능한데 입자의 집단인 전자빔을 이용하여 관측한 것이었다. 이 실험에서 간섭에 의한 최대신호가 50°에서 관측되었다. de Broglie 물질파 개념에 의하면 54V에 의해 가속되는 전자의 파장은 $\lambda = h/mv = 1.67$ Å 으로 계산된다. Bragg의 조건 $d\sin\theta = \lambda$에 이 파장을 대입하면(각 50°과 함께) 니켈의 격자 사이의 간격이 $d = 2.15$ Å 로 구해진다. 이 값은 X-선 회절 등에서 얻는 실험결과와 정확하게 일치한다. 따라서 이 실험결과는 입자인 전자가 de Broglie가 제안한 파장을 가진 파동으로 행동함을 보여 주었다.

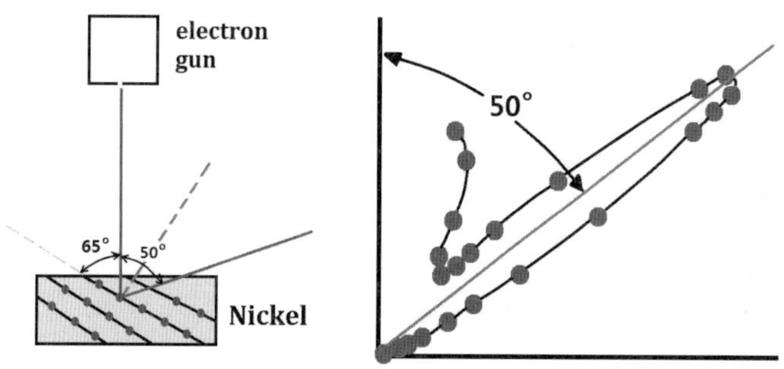

그림 7-5. Davison-Germer의 실험

전자기파에 대한 위와 같은 상충된 실험결과는 이중성(duality)이라는 개념으로 해결되었다. 이에 따르면 전자기파는 전파될 때는 파동의 성질을 가지고, 물질과 상호작용을 할 때는 입자적인 성질을 나타낸다는 것이다.

(2) Bohr의 수소원자모형

1913년 Bohr는 양자개념을 수소원자에 적용하여 수소의 선(line)스펙트럼을 완벽하게 설명하였다. 수소의 선스펙트럼에 대한 실험식은

$$\frac{1}{\lambda} = R\left(\frac{1}{n_f^2} - \frac{1}{n_i^2}\right); \quad n_i > n_f \tag{7-11}$$

로 표현되었다. 여기서 $n_f = 1$인 경우 Lyman 계열, $n_f = 2$인 경우 Balmer 계열, $n_f = 3$인 경우 Paschen 계열, $n_f = 4$인 경우 Brackett 계열, $n_f = 5$인 경우 Pfund 계열이라 부른다. 그러나 위 실험식에 대한 정확한 이론적 해석은 내릴 수 없었다.

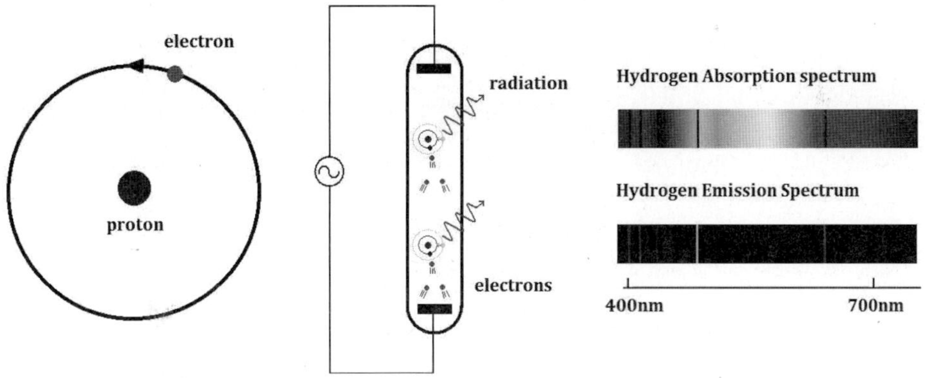

그림 7-6. 수소방전과 선스펙트럼

Bohr는 양의 전하를 가진 양성자 주위를 한 개의 전자가 원운동하는 모형을 사용하여 수소의 선스펙트럼을 설명하였다. 이러한 수소원자의 모형은 전자기학의 원리에 정면으로 배치되는 것이었다. 전자기학에 의하면 가속되는 하전입자는 전자기파를 방출한다. 따라서 원운동하는 전자도 가속운동을 하고 있으므로 원운동의 진동수와 일치하는 전자기파를 방출하여야 한다. 결과적으로 전자는 계속적으로 전자기파를 발생함으로써 에너지를 잃고 나선궤도를 그리면서 핵 쪽으로 끌려가

마침내 원소 자체가 붕괴하여 없어져야 한다. 이는 원소들이 안정하게 존재하는 현실에 맞지 않지만 전자기학적으로는 명확한 설명이었다. 이러한 문제점을 해결하기 위해 Bohr는 각운동량의 양자화조건을 만족하는 정상궤도를 운동하는 전자는 전자기파를 발생하지 않는다는 가정을 하였다. 그리고 전자는 한 정상궤도에서 다른 정상궤도로 전이할 경우에만 전자기파를 주고받을 수 있으며, 이 전자기파의 진동수는

$$\nu = \frac{E_f - E_i}{h} \tag{7-12}$$

로 주어진다고 하였다. 여기서 h는 Planck상수이고 E_i와 E_f는 각각 처음 궤도와 나중 궤도의 총 에너지를 나타낸다. 결과적으로 전자가 한 궤도에서 다른 궤도로 전이할 때 두 궤도의 에너지 차이($E_f - E_i$)에 해당되는 전자기파(에너지 $h\nu$)를 주고받는다(에너지보존칙).

위의 가정들이 어떻게 수소의 선스펙트럼을 설명하는지 알아보도록 하자. 반경 r, 속도 v로 원운동을 하는 전자의 총 에너지는

$$E = \frac{1}{2}mv^2 + U = \frac{1}{2}mv^2 - \frac{e^2}{4\pi\epsilon_0 r} \tag{7-13}$$

와 같이 주어진다. 전자가 양성자 주위를 원운동을 할 때 평형상태는 전기적 Coulomb힘이 원심력과 같아지는 경우이므로 $\frac{e^2}{4\pi\epsilon_0 r^2} = \frac{mv^2}{r}$에서(MKS 단위계)

$$\frac{1}{2}mv^2 = \frac{e^2}{8\pi\epsilon_0 r} \tag{7-14}$$

을 얻을 수 있다. 이를 식 7-13에 대입하면 전자의 총 에너지는

$$E = -\frac{e^2}{8\pi\epsilon_0 r} \tag{7-15}$$

로 주어진다. 전자가 반지름 r_i인 궤도에서 r_f인 궤도로 전이할 때($r_i > r_f$인 경우) 방출하는 전자기파의 진동수는 식 7-12로부터

$$\nu = \frac{E_f - E_i}{h} = \frac{e^2}{8\pi\epsilon_0 h}\left(\frac{1}{r_i} - \frac{1}{r_f}\right) \tag{7-16}$$

와 같이 구해진다. 식 7-16이 수소 선스펙트럼에 대한 실험식(식 7-11)과 같이 표현되도록 하기 위해 Bohr는 두 번째 가정인 각운동량의 양자화를 제안하였다. 즉, 전자의 각운동량은

$$mvr = n\frac{h}{2\pi} \equiv n\hbar;\ n: \text{정수} \tag{7-17}$$

와 같이 $\hbar = h/2\pi$의 정수배의 값만을 가질 수 있다는 것이다. 식 7-17은 전자의 안정한 정상궤도의 조건이며 이를 만족하는 궤도에 있는 전자는 전자기파를 발생하지 않는다. 식 7-17에서 얻은 속도 v의 관계식을 식 7-14에 대입하면 전자의 정상궤도는

$$r_n = \frac{4\pi\epsilon_0\hbar^2 n^2}{me^2};\ n = 1, 2, 3, \cdots \tag{7-18}$$

와 같이 구해진다. 여기서 n번째 정상궤도를 표시하기 위하여 r_n으로 표시하였다. 또한 r_n궤도에서의 전자의 총 에너지는 식 7-15에서

$$E_n = -\frac{me^4}{32\pi^2\epsilon_0^2\hbar^2}\frac{1}{n^2} \tag{7-19}$$

와 같이 구해진다. 여기서 허용된 에너지 E_n을 에너지준위(energy level)라고 부른다. 식 7-19를 식 7-12에 대입하면 반경이 작은 궤도로 전이하는($n_i > n_f$) 전자에 의해 발생되는 전자기파의 진동수는

$$\nu = \frac{me^4}{64\pi^3\epsilon_0^2\hbar^3}\left(\frac{1}{n_f^2} - \frac{1}{n_i^2}\right) \tag{7-20}$$

와 같이 표현된다. 그리고 파장과 진동수의 관계인 $c = \nu\lambda$를 이용하여 위 식을 λ에 대한 식으로 고치면

$$\frac{1}{\lambda} = \frac{me^4}{64\pi^3\epsilon_0^2\hbar^3 c}\left(\frac{1}{n_f^2} - \frac{1}{n_i^2}\right) \tag{7-21}$$

를 얻을 수 있다. 여기서 계수인 $\frac{me^4}{64\pi^3\epsilon_0^2\hbar^3 c} = 1.097 \times 10^7 m^{-1}$은 식 7-11의 Rydberg 상수의 값과 일치한다. 따라서 두 가지의 가정(정상궤도와 각운동량 양자화)을 바탕으로 하여 유도된 Bohr의 수소의 선스펙트럼에 대한 식 7-21은 실험식 7-11과 동일하게 됨을 볼 수 있다.

식 7-19에 알려진 상수 값을 대입하면

$$E_n = -\frac{13.6}{n^2}\,[e\,V] \qquad (7\text{-}22)$$

을 얻고 마찬가지로 식 7-18도

$$r_n = 0.53n^2\ [\text{Å}] \qquad (7\text{-}23)$$

로 표현된다. 여기서 0.53 Å은 $n=1$에 해당되는 전자의 궤도를 나타내며 이를 Bohr 반경이라 부른다. 전자가 Bohr 반경의 궤도를 운동할 때 가장 에너지가 낮은데, 이를 기저상태(ground state)라 부르며 이때의 에너지 $-13.6\,e\,V$를 기저상태 에너지라 부른다.

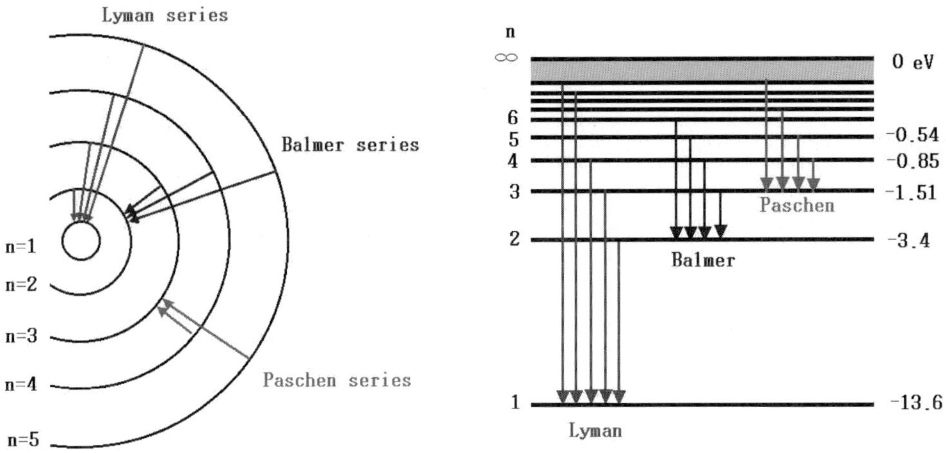

그림 7-7. 수소원자의 정상궤도 및 에너지준위

Bohr의 각운동량의 양자화 조건은 de Broglie의 물질파개념에서 원 궤도에서의 정상파(standing wave)에 해당된다는 것을 알 수 있다. 즉, de Broglie의 물질파개념에 의하면 수소원자의 전자가 가지는 물질파의 파장은 $\lambda = h/mv$로 주어진다. 따라서 $v = h/m\lambda$를 각운동량 양자화 조건인 식 7-17에 대입하면

$$2\pi r = n\lambda \qquad (7\text{-}24)$$

을 얻을 수 있다. 위 식은 원주($2\pi r$)가 파장의 배수가 되어야 함을 보여 주고 있다. 이는 원궤도에서 완전히 닫힌 파, 즉, 정상파만이 수소원자의 궤도로 가능하다는 것을 나타내고 있다.

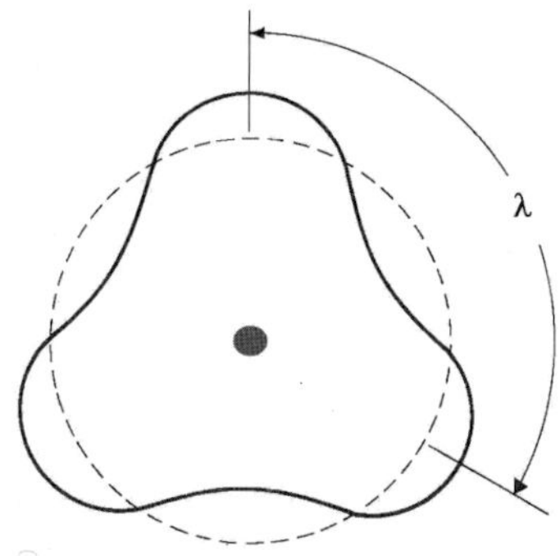

그림 7-8. 원궤도에서의 정상파 조건(n=3인 경우)

Bohr의 수소원자모형은 수소의 선스펙트럼을 잘 설명해 주었지만 완전한 것은 아니었다. Bohr의 수소원자모형은 고전적인 Newton 역학을 사용하면서 수소전자의 궤도가 제한적이라고 가정하였다. Newton 역학에서는 외부 힘에 따라 궤도가 연속적으로 변할 수 있는데 Bohr는 이에 대해 제한을 가함으로써 이론적 모순에 빠져들게 된 것이다. 이러한 모순을 해결하기 위해 등장한 것이 파동역학 즉, Schrödinger에 의한 파동방정식이다. 원자세계의 입자들은 파동성을 가진다는 것이 이 파동역학의 요체이다. 거시세계에서 볼 수 있는 물체 관측의 정확성을 원자세계에서는 기대할 수 없다. 물체는 기본적으로 파동적인 성질을 가지므로 물체의 위치는 불확실하다. 따라서 관측할 때는 물체가 어떤 위치에 존재하는 확률만을 구할 수 있다. 또한 물체의 이동에 관련된 운동방정식도 물체의 파동적인 성질에 따라 파동방정식이 되어야 한다. 그리고 이 파동방정식은 물체의 에너지를 제한하며 이에 따라 에너지준위 개념이 등장하게 된다.

1-3. Schrödinger 파동방정식

Schrödinger은 위에서 언급한 내용을 바탕으로 물체를 파동으로 고려한 파동방정식을 만들었다. 이 방정식이 도출되는 과정을 간단히 보기로 한다.

입자의 에너지는 운동에너지와 포텐셜에너지의 합으로서

$$E = T + V = \frac{p^2}{2m} + V \tag{7-25}$$

으로 주어진다. Planck의 광양자설에 의하면 광자의 에너지는

$$E = h\nu = \hbar\omega \tag{7-26}$$

이다. 여기서 $\omega = 2\pi\nu$를 이용하였다. 그리고 de Broglie의 물질파 개념에 의하면 운동량은

$$p = \frac{h}{\lambda} = \hbar k \tag{7-27}$$

와 같이 표현된다. 여기서 $k = 2\pi/\lambda$이다. 위 세 개의 식을 이용하여 평면파가 만족하는 파동방정식을 구성할 수 있다. 그리고 이 파동방정식은 중첩의 원리를 만족하여야 한다. 이 파동방정식을 만족하는 파동함수를 평면파로서

$$\psi(\vec{x}, t) = A\, e^{i(\vec{k}\cdot\vec{x} - \omega t)} \tag{7-28}$$

로 표현할 수 있다. 식 7-26을 만족하기 위해서는

$$\frac{\partial\psi}{\partial t} = -i\omega\psi \rightarrow \therefore E\psi = \hbar\omega\psi = i\hbar\frac{\partial\psi}{\partial t} \tag{7-29}$$

이 된다. 그리고 7-27을 만족하기 위해서는

$$\frac{\partial\psi}{\partial x} = ik_x\psi \rightarrow \frac{\partial^2\psi}{\partial x^2} = -k_x^2\psi \rightarrow \therefore p_x^2\psi = (\hbar k_x)^2\psi = -\hbar^2\frac{\partial^2\psi}{\partial x^2} \tag{7-30}$$

이 된다. 식 7-30은 3차원에서는

$$p^2\psi = -\hbar^2\nabla^2\psi \tag{7-31}$$

로 표현된다. 따라서 식 7-29와 식 7-31을 식 7-25에 적용하면

$$i\hbar\frac{\partial\psi}{\partial t} = -\frac{\hbar^2}{2m}\nabla^2\psi + V\psi \tag{7-32}$$

을 얻는다. 식 7-32가 Schrödinger 파동방정식이다. 이 파동방정식은 전자기파의 파동방정식과는 다른 형태임을 볼 수 있다. 전자기파 파동방정식은

$$\nabla^2 \vec{E} - \frac{1}{c^2}\frac{\partial^2 \vec{E}}{\partial t^2} = 0 \tag{7-33}$$

와 같이 시간과 공간에 대해 모두 2차 미분이다. 이에 반해서 Schrödinger 파동방정식에서는 시간에 대해서는 1차 미분이다.

Schrödinger의 파동방정식의 해는 시간과 공간의 함수의 곱인 $\psi(\vec{x},t) = T(t)u(\vec{x})$으로 표현할 수 있으므로

$$i\hbar u(\vec{x})\frac{dT(t)}{dt} = \left[-\frac{\hbar^2}{2m}\nabla^2 u(\vec{x}) + V(\vec{x})u(\vec{x})\right]T(t) \tag{7-34}$$

와 같이 고쳐 쓸 수 있다. 그리고 양변을 $T(t)u(\vec{x})$로 나누어 주면

$$i\hbar\frac{1}{T(t)}\frac{dT(t)}{dt} = \frac{1}{u(\vec{x})}\left[-\frac{\hbar^2}{2m}\nabla^2 u(\vec{x}) + V(\vec{x})u(\vec{x})\right] \tag{7-35}$$

을 얻는다. 양변은 서로 독립적인 변수만을 포함하고 있으므로 이를 만족하는 것은 상수 값뿐이다. 이 상수 값을 E라고 두면

$$i\hbar\frac{1}{T(t)}\frac{dT(t)}{dt} = E \tag{7-36}$$

$$-\frac{\hbar^2}{2m}\nabla^2 u(\vec{x}) + V(\vec{x})u(\vec{x}) = Eu(\vec{x})$$

을 얻을 수 있다. 시간에 대한 해는 $T(t) = Ce^{-iEt/\hbar}$와 같이 구해진다. 그리고 시간에 무관한 Schrödinger 방정식은 고유치 방정식이라 불린다. 이 방정식을 풀면 입자의 에너지 상태와 그 입자에 관련된 파동의 공간적인 변화에 대한 정보를 얻을 수 있다.

식 7-32에서 파동함수 ψ의 물리적 의미는 무엇인가? ψ 자체는 파동함수이므로 실측 가능한 물리량은 아니다. 단지 $|\psi(x)|^2$는 위치 x에서의 확률밀도로서 단위체적당 입자를 발견할 확률을 준다. 1차원적으로 움직이는 입자의 경우 확률밀도는 단위길이당 확률이다. 따라서 어떤 위치 x 주위의 작은 구간 dx에서 입자를 발견할 확률은 $|\psi(x)|^2dx$로 표현된다.

그리고 1차원적으로 움직이는 입자의 경우 운동하는 공간 내에서는 입자가 발견되어야 하므로 그 공간 내의 확률밀도의 적분 값은 1(100%)이어야 한다. 즉,

$$\int_{-\infty}^{\infty} |\psi(x)|^2 dx = 1 \tag{7-37}$$

의 조건이 만족되어야 한다. 위 식은 공간에 대한 함수만으로 $\int_{-\infty}^{\infty} |u(x)|^2 dx = 1$ 으로 쓸 수 있다. 이를 규격화 조건이라 부르며 이에 따라 파동함수의 진폭이 결정된다.

Schrödinger 파동방정식을 1차원 포텐셜에 적용한 문제들에 대해 알아보도록 하자. 이 문제들을 통해 어떻게 에너지준위가 생기는지, 왜 터널링 현상이 발생하는지 등 양자역학적인 개념으로만 설명이 가능한 현상들을 다루고자 한다. 실제계의 경우 3차원적이지만 1차원으로 근사할 수 있는 경우가 많으므로 이 예들은 양자역학적 개념이 실제로 어떻게 적용되는지를 이해하는 데 도움이 될 것이다.

(1) 무한우물(infinite potential well) 속의 입자

Schrödinger 방정식을 길이 L인 일차원 우물 속에 갇혀 있는 입자에 적용해 보자. 우물의 벽면에서 포텐셜은 무한대로서 어떤 입자도 뚫고 나갈 수 없다고 가정한다. 우물 내에서 포텐셜은 0이므로 식 7-36의 아래 식은

$$-\frac{\hbar^2}{2m}\frac{d^2u(x)}{dx^2} = Eu(x) \tag{7-38}$$

와 같이 된다. 위 식을 파동함수의 경계조건과 함께 풀면 우물 내에서 운동하고 있는 입자의 파동함수와 에너지준위를 구할 수 있다. 식 7-38은

$$\frac{d^2u(x)}{dx^2} + k^2u(x) = 0 \tag{7-39}$$

와 같이 고쳐 쓸 수 있다. 여기서 $k^2 = 2mE/\hbar^2$이다. 위 식 7-39는 단진자의 운동방정식과 유사하며, 그 해는 $\sin kx$와 $\cos kx$의 조합이다. 그러나 $u(x)$는 $x=0$과 $x=L$에서 영이 되어야 하는 경계조건을 만족해야 하므로 $\cos kx$는 해가 될 수 없다. 따라서 식 7-39의 해는

$$u(x) = A\sin kx \tag{7-40}$$

이다. $x = L$에서 $u(L) = 0$인 경계조건에서 입자의 에너지준위를 구할 수 있다. 즉, $k_n L = n\pi$를 만족해야 하므로 입자의 에너지는

$$E_n = \frac{n^2\pi^2\hbar^2}{2mL^2} = \frac{n^2h^2}{8mL^2} \tag{7-41}$$

와 같이 구해진다. 식 7-41에서 n을 양자수(quantum number)라고 부르며 입자의 양자(에너지) 상태를 나타낸다. 따라서 k_n은 경계조건을 만족하는 양자수 n에 대응되는 k값이다. 양자수 n이 양(陽)이냐 음(陰)이냐는 물리적으로 의미가 없다. 왜냐하면 어떤 부호에 대해서도 입자의 확률밀도 $|u(x)|^2$ 는 동일하기 때문이다. 따라서 n이 음이 되는 경우는 고려할 필요가 없다. $n = 0$이 되는 경우도 물리적으로 맞지 않다. $n = 0$이라는 것은 어느 곳에서나 $u(x) = 0$이라는 것을 의미하는데 이는 사실과 배치된다. 왜냐하면 입자가 우물 속의 어느 위치에 반드시 존재하기 때문이다. 따라서 양자수 n은 자연수인 $1, 2, 3, \cdots$의 값을 가진다.

양자 계에서는 입자의 에너지가 가장 낮은 기저상태(ground state)의 에너지도 0이 되지 않음에 유의하자. 고전적인 관점에서 가장 낮은 에너지 상태는 물체가 정지한 것을 나타낸다. 그러나 양자 계에서는 기저상태에서도 0이 아닌 에너지 값인 $h^2/8mL^2$을 가진다. 이러한 원자세계에서의 현상은 불확정성 원리에 의해 이해된다. 입자는 길이 L인 우물 속에 갇혀 있으므로 그 위치의 불확정성 Δx가 L이다. 그리고 에너지가 0이라는 것은 물체가 정지한 상태이므로 운동량의 불확정성인 Δp는 0이라는 것을 뜻한다. 따라서 Δp가 0이 되면 $\Delta p \Delta x$는 0이 되는데 이는 불확정성 원리($\Delta x\, \Delta p \geq h/2$)에 위배된다. 결과적으로 $\Delta p \neq 0$이어야 되고, 이에 따라 물체는 기저상태에서도 정지할 수 없게 된다.

파동함수의 진폭 A는 규격화 조건에서 구할 수 있다. 즉,

$$\int_0^L A^2 \sin^2 k_n x dx = \frac{A^2 L}{2} = 1 \tag{7-42}$$

에서 $A = \sqrt{2/L}$을 구할 수 있다 따라서 파동함수는

$$u_n(x) = \sqrt{\frac{2}{L}} \sin k_n x \tag{7-43}$$

이며 위치 x 주위에서 입자를 발견할 수 있는 확률밀도는 $|u_n(x)|^2$ 으로 주어진다.

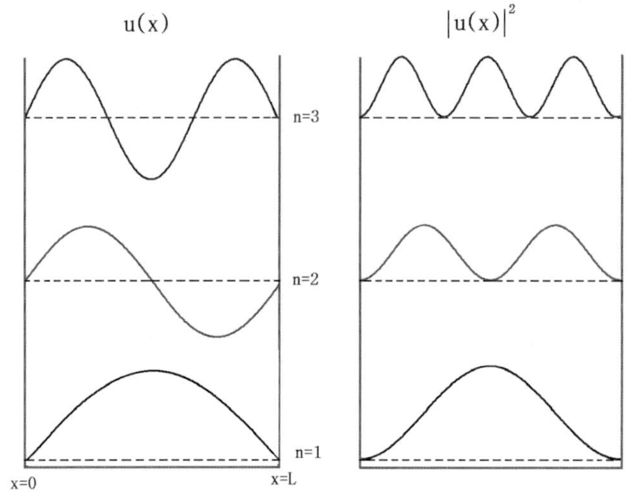

그림 7-9. 우물 속에 갇힌 입자의 파동함수 $u(x)$(왼쪽)와 확률밀도 $|u(x)|^2$ (오른쪽)

(2) 포텐셜 계단

입자빔(particle beam, 질량이 같고 속도가 같은 입자의 집단)이 포텐셜 계단에 입사하는 경우를 생각해 보자. 이때 입자빔의 에너지가 포텐셜 계단보다 큰 경우와 작은 경우가 있을 수 있다. 입자빔의 에너지가 포텐셜 계단보다 작은 경우에 대해 입자빔의 투과에 대해 알아보도록 하자. 고전적으로 볼 때 입자빔의 에너지가 포텐셜 계단보다 낮으면 입자빔은 계단 속으로 투과하여 들어갈 수 없다. 그러나 양자역학적으로는 입자빔을 파동으로 간주함으로 입자빔을 계단 속에서 발견할 확률이 존재하게 된다.

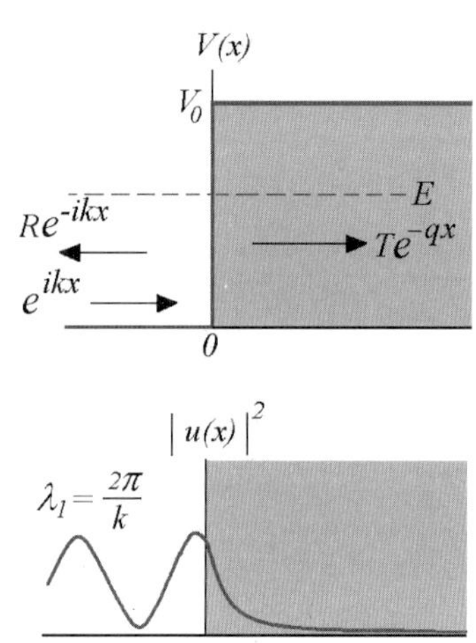

그림 7-10. 포텐셜 계단에서의 입자빔의 투과

Schrödinger 파동방정식에서 계단이 없는 $x<0$의 위치에서는 $V(x)=0$이므로

$$-\frac{\hbar^2}{2m}\frac{d^2u(x)}{dx^2}=Eu(x) \tag{7-44}$$

을 얻을 수 있다. $k^2=2mE/\hbar^2$이라고 두면 위 방정식은 $u''+k^2u=0$로 표현된다. 이 방정식은 단조화 운동방정식과 동일하며, 그 해는 e^{ikx}와 e^{-ikx}가 가능하다. 여기서 k는 파수이며 $\hbar k$는 입자빔의 운동량이다(de Broglie의 식 $v=h/mv$로 확인할 수 있음). 이에 따라 e^{ikx}는 $+x$방향으로 진행하는 파동이고 e^{-ikx}는 $-x$방향으로 진행하는 파동임을 알 수 있다. 따라서 일반적인 해는 이 두 파동의 중첩이므로

$$u_I(x)=e^{ikx}+Re^{-ikx} \tag{7-45}$$

와 같이 쓸 수 있다. 여기서 e^{ikx}는 계단 쪽으로 진행하는 입사파동이고 Re^{-ikx}는 계단에 의해 반사되어 되돌아오는 파동이다. 입사파의 계수를 1로 둠으로써 반사율(입사한 입자선속(flux)에 대한 반사되는 입자선속의 비)은 반사파의 반사계수 R의 제곱 $|R|^2$ 으로 주어진다.

$x>0$인 경우 $V_0>E$이므로 Schrödinger 파동방정식은

$$\frac{d^2u(x)}{dx^2}-\frac{2m}{\hbar^2}(V_0-E)u(x)=0 \tag{7-46}$$

으로 표현된다. 여기서 $q'^2=2m(V_0-E)/\hbar^2$으로 두면 위 방정식은 $u''-q'^2u=0$로 고쳐 쓸 수 있다. 이 방정식의 해는 $e^{-q'x}$이다. 즉, $x>0$에서의 해는

$$u_{II}(x)=Te^{-q'x} \tag{7-47}$$

와 같이 주어진다. 여기서 T는 투과파의 투과계수이다. 반사율과 달리 투과율(입사한 입자선속에 대한 계단으로 투과되는 입자선속의 비)은 입사하는 영역과 투과되는 영역에서 파동의 속도가 다르므로 $\frac{q}{k}|T|^2$ 으로 주어진다.

$x>0$영역에서 입자를 발견할 확률은

$$P(x) = |u_{II}(x)|^2 = \frac{4k^2}{k^2 + q'^2} e^{-2q'x} \tag{7-48}$$

와 같이 구할 수 있다. 식 7-48은 $E < V_0$인 입자도 포텐셜 계단 안으로 투과해 들어갈 수 있는 확률이 있음을 보여 준다. 이는 고전적인 관점에서는 불가능한 일이다.

위에서 본 바와 같이 입자를 파동으로 고려하는 파동역학(양자역학)을 포텐셜 계단에 적용한 결과 고전적인 개념에서는 발생하지 않는 특이한 현상을 보임을 알 수 있었다. 이 현상들은 물체의 질량이 아주 작은 원자세계에서만 일어나는 현상이다. 원자세계에서는 물체를 파동적으로 인식해야 되지만 일상의 물체(거시세계)의 경우 질량이 크므로 이에 대해 고려할 필요가 없다. 즉, 질량이 클 경우 모든 역학적 물리현상은 Newton역학으로 설명이 가능하다.

앞 절에서 무한우물에 갇힌 입자를 고려해 보았는데 만약 우물이 유한한 높이라면 어떻게 될까? 무한우물의 경우 입자가 벽 속으로 투과하지는 못하지만 우물이 유한한 경우 입자는 벽 속으로 투과해 들어갈 수 있다. 따라서 그림 7-9에서 벽 가까이의 파동함수와 확률을 나타내는 곡선들이 벽 속으로 침투해 들어갈 수 있다. 에너지준위의 경우에도 무한우물에서는 무한한 에너지준위가 존재할 수 있지만, 유한한 우물의 경우 유한한 에너지준위가 존재한다. 그리고 동일한 양자수 n에 대해 유한한 우물의 에너지준위가 무한우물의 에너지준위보다 낮으며, 유한우물의 높이가 아무리 작다고 하더라고 적어도 하나의 에너지준위는 존재한다.

포텐셜 장벽의 경우에도 입자빔의 에너지가 장벽보다 낮은 경우라도 장벽을 투과하여 진행하는 입자를 발견할 수 있다. 이를 터널링(tunneling) 현상이라고 한다. 이 터널링 현상은 터널 다이오드, 미세한 자화도를 측정하는 SQUID(양자 간섭), STM(터널 현미경) 등에 응용되고 있다. 또한 핵분열, α-붕괴 등의 설명에도 사용되고 있다.

(3) 주기율표

전자가 원형궤도에서 움직이는 Bohr의 수소원자 모형에서는 에너지준위(궤도)가 하나의 양자수 n에 의해 결정되었다. 그러나 Scrhrödinger의 파동방정식으로 대표되는 양자(파동) 역학 체계에서 전자는 원형궤도에만 존재하지 않는다. 또한 Schrödinger의 파동 방정식의 해(solution)인 파동함수(wave function)는 전자의 위치를 확정한다기보다는 전자를 특정 궤도(orbital)에서 발견할 수 있는 확률을 준다.

수소원자에서 양성자와 전자의 전기적 포텐셜은 $-e^2/r$와 같이 양성자와 전자 사이의 떨어진 거리 r에만 반비례한다. 이에 따라 구면좌표에서의 Scrhrödinger의 파동방정식을 풂으로써 전자의 에너지 상태를 결정할 수 있다. 구면좌표에서 전자의 위치는 세 가지 변수인 r, θ, ϕ로 특정 지어진다. 그리고 구면좌표에서의 Scrhrödinger 파동방정식의 해에서 전자의 에너지 상태를 결정하는 3개의 양자수가 도출된다. 즉, 전자의 궤도는 3개의 양자수인 주양자수(principal quantum number), 궤도양자수(azimuthal quantum number), 자기양자수(magnetic quantum number)에 의해 특정된다. Pauli는 이에 덧붙여 전자의 자전운동에 관련된 스핀양자수(spin quantum number)를 추가하였다. 따라서 양자역학적인 관점에서 전자의 궤도는 4개의 양자수에 의해 결정된다.

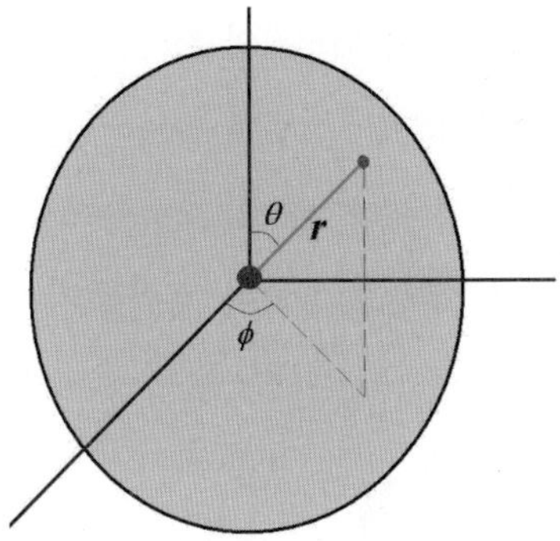

그림 7-11. 구면좌표

주양자수는 n으로 표현되며 전자궤도의 핵에서부터 떨어진 평균거리를 나타낸다. 그리고 궤도양자수는 l로 표현되며 궤도의 모양(shape of orbital)을 나타낸다. 궤도양자수의 값은 주양자수의 값에 의해 제한을 받는다. 자기양자수는 m_l로 표현되며 궤도의 공간적 방향성(orientations of orbital)을 나타낸다. 자기양자수는 궤도양자수 l에 의해 제한된다. 마지막으로 스핀양자수는 m_s로 나타내며 전자의 두 가지 스핀 상태(up and down)를 표현한다. 전자의 상태(quantum state)는 위와 같은 네 가지 양자수(n, l, m_l, m_s)로 표현되며 네 가지 양자수 중 하나라도 다르면 다른 에너지 상태를 나타낸다.

궤도반경을 나타내는 주양자수 n은 $1, 2, 3, \cdots, \infty$ 의 자연수 값을 가질 수 있다. 값이 커짐에 따라 궤도 반경이 커진다. 그리고 궤도양자수 l은 주양자수에 의해 제한이 가해지며 0에서부터 $n-1$의 값을 가질 수 있다. 궤도양자수의 값에 따라 궤도의 모양이 달라진다. 또한 자기양자수 m_l의 값은 궤도양자수에 의해 제한되며 $-l$에서부터 l까지의 값을 가질 수 있다. 자기양자수는 궤도의 방향성을 나타내는데 궤도양자수 l의 경우 $2l+1$가지의 방향성을 보인다는 것을 뜻한다. 마지막으로 스핀양자수 m_s는 스핀의 방향에 따라 각각 -1/2(spin down)와 1/2(spin up)의 값을 가질 수 있다

전자는 에너지가 낮은 상태부터 채워진다. 전자의 채워지는 정도를 구별하기 위해 구각(shell)과

부구각(subshell)이 정의된다. 구각은 n의 값에 따라 결정되고 전통적으로 n의 값이 1, 2, 3, 4, 5 …일 때를 각각 $K, L, M, O, P, \cdots$ 구각이라 부른다. 그리고 부구각은 l의 값이 0, 1, 2, 3, 4, 5, …를 각각 $s, p, d, f, g, h, \cdots$ 부구각이라 부른다. 따라서 구각은 주양자수가 같은 경우 즉, 궤도반경이 같은 전자들을 나타내고 부구각은 주양자수와 궤도양자수가 같은 경우 즉, 궤도반경과 궤도의 모양이 모두 같은 경우를 나타낸다.

전자의 궤도(orbital)는 nl^x로 표현된다. 여기서 n,l,x는 각각 주양자수, 자기양자수, 궤도에 차여진 전자의 수를 각각 나타낸다.

$1s$궤도는 가장 작은 궤도반경($n=1$)과 대칭적인 전자분포($l=0$)를 갖는 궤도이다. 이 궤도에는 2개(스핀이 up, down)의 전자가 채워질 수 있다. $s(l=0)$궤도에서 전자의 분포는 구형이며 대칭적이다. 그림 7-12가 이를 보여 주고 있다. $1s, 2s, 3s, \cdots$ 와 같이 n의 값이 커질수록 궤도반경이 커진다. 그러나 이들 궤도에는 2개의 전자만이 채워질 수 있다.

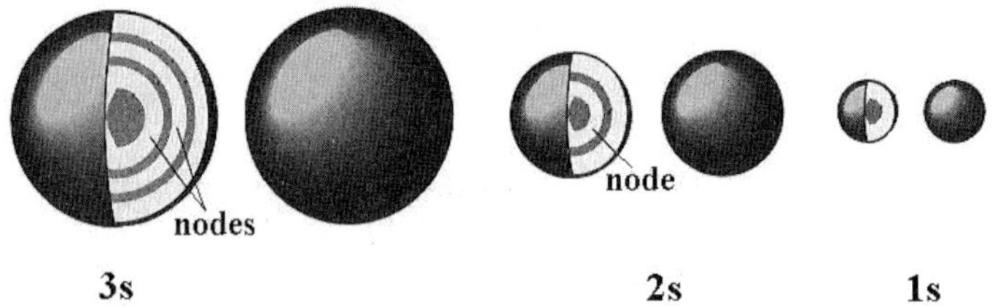

그림 7-12. s 궤도의 전자분포

$2p$궤도는 $l=1$로서 궤도의 방향성을 나타내는 자기양자수의 값이 $m_l=-1,0,1$와 같이 3가지가 가능하며 이에 따라 3가지 종류의 다른 궤도가 존재한다. 그림 7-13에 $2p$궤도의 종류를 보여 주고 있다. $2p, 3p, 4p, \cdots$ 와 같이 주양자수가 커짐에 따라 궤도반경은 커지지만 모두 그림 7-13과 같이 3가지의 궤도 방향성이 가능하다. 따라서 모두 6개의 전자(3개의 궤도 방향성에 각각 스핀 up, down이 존재)가 이 궤도들에 채워질 수 있다.

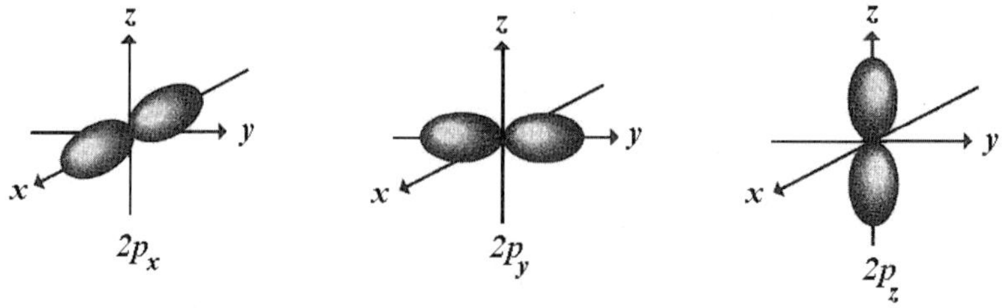

그림 7-13. p 궤도의 전자분포

3d궤도는 $l=2$로서 궤도의 방향성을 나타내는 자기양자수의 값이 $m_l=-2,-1,0,1,2$와 같이 5가지가 가능하며 이에 따라 5가지 종류의 다른 궤도가 존재한다. 그림 7-14가 $3d$궤도의 종류를 보여 주고 있다. $3d, 4d, 5d, \cdots$ 와 같이 주양자수가 커짐에 따라 궤도반경은 커지지만 모두 그림 7-14와 같이 5가지의 궤도 방향성이 가능하다. 따라서 모두 10개의 전자(5개의 궤도 방향성에 각각 스핀 up, down이 존재)가 이 궤도들에 채워질 수 있다.

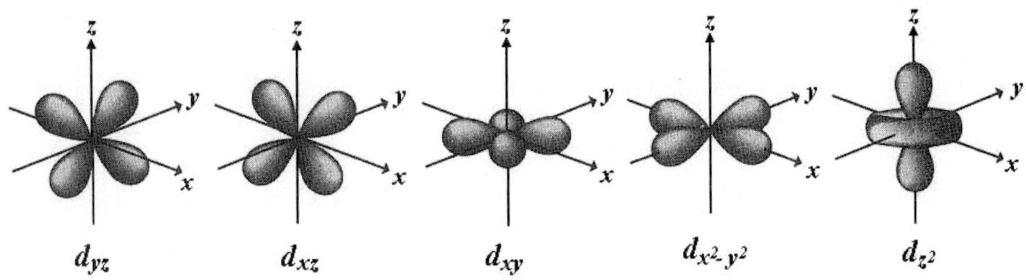

그림 7-14. d 궤도의 전자분포

일반적으로 각운동량이 l인 궤도에는 $2(2l+1)$의 전자가 채워질 수 있다. 따라서 주양자수 n인 구각에 채워질 수 있는 총 전자의 수는 $2(2l+1)$을 l이 가질 수 있는 값인 0에서 $n-1$까지 합산하면 $2n^2$임을 알 수 있다.

그림 7-15에 각 궤도를 에너지 크기의 순서에 따라 배치한 것을 보여 주고 있다. 따라서 낮은 에너지 상태로부터 시작하여 전자를 차례로 채워 감으로써 어떤 원소의 기저상태에서 전자들이 어떻게 분포되어 있는가를 알 수 있다.

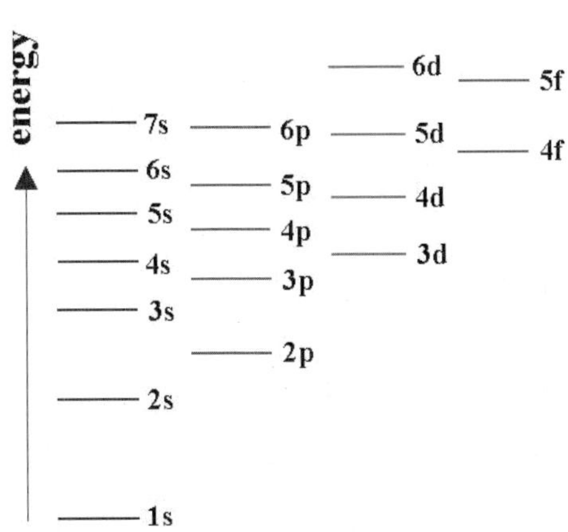

그림 7-15. 궤도를 에너지 크기의 순서로 배열

1869년 Mendeleyev는 원자량에 따라 원소를 배열할 경우 비슷한 성질의 원소들이 규칙적으로 나타나는 것을 발견하였다. 이것이 원소의 주기율표(periodic table)의 시초이다. 아래부터는 주기율표가 양자역학적인 관점에서 어떻게 설명되는지 보도록 하자. 주기율표의 가로줄은 주기(period)를 나타내고 세로줄은 족(group)을 나타낸다. 모두 7개의 주기가 있으며 8개 족과 전이원소계열(또는 전체적으로 18족으로 구별)로 구분된다.

첫째, 1주기는 수소와 헬륨으로 구성되어 있다. 수소는 전자 1개를 가지고 있고 이 전자는 $1s$궤도에 있다. 수소는 I족(알칼리족, Alkaline metal)에 속하며 쉽게 전자를 잃어 +1가 이온이 되어 -1가 이온과 이온결합으로 분자를 형성한다. 반면에 헬륨은 원자번호가 2로서 2개의 전자를 가지고 있다. 두 전자는 $1s$궤도를 채우며 결과적으로 헬륨은 완전히 찬 구각의 형태를 가진다. 따라서 헬륨은 다른 원소와의 상호작용을 잘 하지 않는 불활성 원소(noble gas)이다.

둘째, 2주기는 원자번호 3인 리튬(Li)으로 시작되며 리튬의 3개 전자는 $1s^2 2s^1$궤도에 채워진다. 최외각인 $2s$궤도의 전자를 쉽게 잃어 +1가 이온이 되며 I족에 속한다. 원자번호가 4인 베릴륨(Be)의 4개 전자는 $1s^2 2s^2$와 같이 배치되며 쉽게 최외각 전자 2개를 잃어 +2가 이온이 된다. 이는 II족(Alkaline earth metal)에 속한다. 다음 6개의 원소(Z=5에서 Z=10까지)는 $2p$궤도를 채운다. 원자번호가 9인 플로라인(F)은 $2p$궤도에 5개의 전자가 채워져 있다. 따라서 p궤도에 6개의 전자를 채워 안정한 불활성 기체인 네온(Ne)의 전자구조를 가지기 위해서는 1개의 전자가 더 필요하다. 플로라인은 전자 한 개를 쉽게 받아들여 -1가 이온이 되며 결과적으로 +1가인 I족(알칼리족)과 이온결합을 하여 분자를 이룬다. 플로라인은 VII족(Halogen)에 속한다. 2주기의 마지막 원소인 네온(Neon)은 $2p$궤도를 채워 불활성원소가 된다.

셋째, 3주기에서는 원자번호 11에서 18까지의 8개의 원소는 2주기와 마찬가지로 $3s$궤도와 $3p$궤도를 채운다. 원자번호 11인 나트륨(Na)은 $3s$궤도에 한 개의 전자가 있어서 I족에 속하고 17번인 염소(Cl)은 VII족에 속하며 아르곤(Ar)이 $3p$궤도를 채워 불활성 원소가 된다.

넷째, 4주기에서는 앞의 세 주기와 다른 현상이 발생된다. 3주기까지 채워지는 전자들은 낮은 에너지 상태가 작은 궤도반경에 해당되었다(즉 $1s, 2s, 2p, 3s, 3p$의 순서). 그러나 $3p$궤도 다음의 높은 에너지 상태는 $4s$궤도이기 때문에 $4s$궤도에 먼저 전자를 채우고 난 후 $3d$궤도를 채운다. 그런데 $4s$궤도의 궤도반경이 $3d$궤도의 궤도반경보다 더 크다. 따라서 $4s$궤도에 있는 전자가 $3d$궤도의 전자보다 외곽전자에 해당된다. 4주기의 첫 번째와 두 번째 원소인 칼륨(19, K)과 칼슘(20, Ca)은 각각 $4s$궤도에 1개와 2개의 전자를 채운다. 그런데 Z=21(Sc)부터는 $3d$궤도가 채워지기 시작한다. 따라서 $3d$궤도가 완전히 채워지기까지의 원소(Z=21에서 30까지)들은 모두 최외각 전자($4s$궤도)가 2개로 동일하다. 원소의 화학적 성질은 최외각 전자의 수에 의존하므로 이들 원소들의 화학적 성질은 비슷하다. 따라서 이들을 전이원소(transition elements)라는 이름으로 구분하고 있다. 이렇게 3d궤도를 모두 채운 후 Z=31(Ga)부터는 $4p$궤도를 채우며 Z=36(Kr)이 $4p$궤도를 모두 채워 불활성 원소가 된다.

다섯째, 5주기는 기본적으로 4주기와 동일하다. 4주기에서 $4s, 3d, 4p$궤도를 차례로 채우듯이 5주기에서는 $5s, 4d, 5p$궤도들을 차례로 채운다. $5p$를 모두 채우면 불활성기체인 Xe이 된다.

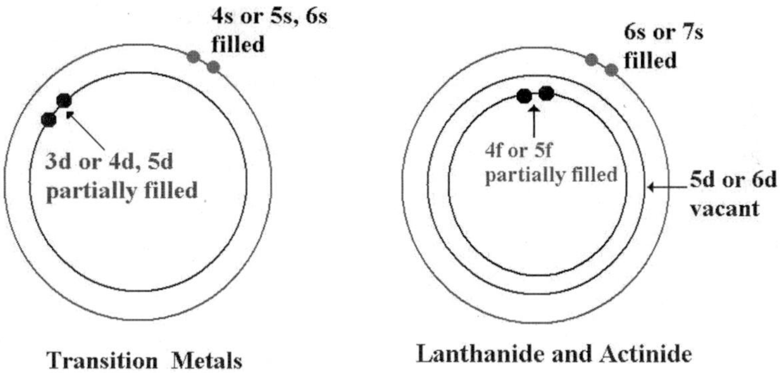

그림 7-16. 전이원소족과 희토류 원소족의 전자 배열 구조의 차이

여섯째, 6주기에서는 원자번호 55(Cs)와 66(Ba)은 $6s$궤도를 채움으로써 I족과 II족이 된다. 그러나 이후 $4f$궤도가 $5d$궤도보다 낮은 에너지 상태이므로 $4f$궤도를 먼저 채우게 된다. 이는 전이원소들의 전자배치 구조와 다르다. 전이원소들은 최외각 전자의 바로 안쪽 구각이 덜 채워진 원소들이다. 그러나 이 경우(6주기)에는 최외각 전자의 바로 안쪽 구각($5d$궤도)은 완전히 비어 있고 그 안쪽 구각($4f$궤도)이 부분적으로 채워져 있는 원소들이다. 즉, 최외각 궤도인 $6s$궤도보다 두 궤도 안쪽인 $4f$궤도에 완전히 채워지지 않는 궤도가 존재하는 것이다. 이들을 희토류 원소(rare earth, lanthanide계)들이라 하여 주기율표의 외곽에 따로 배치한다. 전이원소와 희토류 원소들의 전자배치 구조의 차이가 그림 7-16에 주어져 있다. 원자번호 71(Lu)까지 $4f$궤도를 모두 채운 후로는 Z=72(Hf)에서 80(Hg)까지는 $5d$궤도를 채운다. 이는 전이원소의 전자배치 구조와 동일하다. 따라서 이들은 주기율표에 전이원소 족에 배치된다. $5d$궤도를 모두 채운 후는 III족(Z=81. Tl)에서 VII족(Z=85, At)까지 차례로 $6p$궤도를 채우고 Z=86(Rn)에서 $6p$궤도를 완전히 채워 불활성 원소가 됨으로써 6주기가 끝난다.

일곱째, 7주기는 6주기와 전자배치 구조가 동일하다. 6주기에서 $6s, 4f, 5d$궤도들을 차례로 채우는 것과 같이 7주기에서는 $7s, 5f, 6d$궤도들을 차례로 채워 나간다. 이 경우 6주기와 마찬가지로 $5f$궤도를 채우는 원자번호 89(Ac)에서 103(Lr)까지는 한 개의 묶음으로 생각되어 이를 희토류 원소(rare earth, actinide계)들이라 부르며 주기율표의 외곽에 따로 배치한다. 자연에 존재하는 원소의 마지막은 원자번호 92인 우라늄이다. 그 이상 원자번호의 원소는 인공으로 만든 원소이다.

이와 같이 양자역학적인 개념을 통해 주기율표가 완전히 설명되었다. 주기율표의 성공적인 설명에 의해 양자역학이 원자세계를 설명하는 중요한 수단임이 입증되었다. 현재 양자역학은 원자세계의 모든 물리현상들을 훌륭히 설명하고 있다.

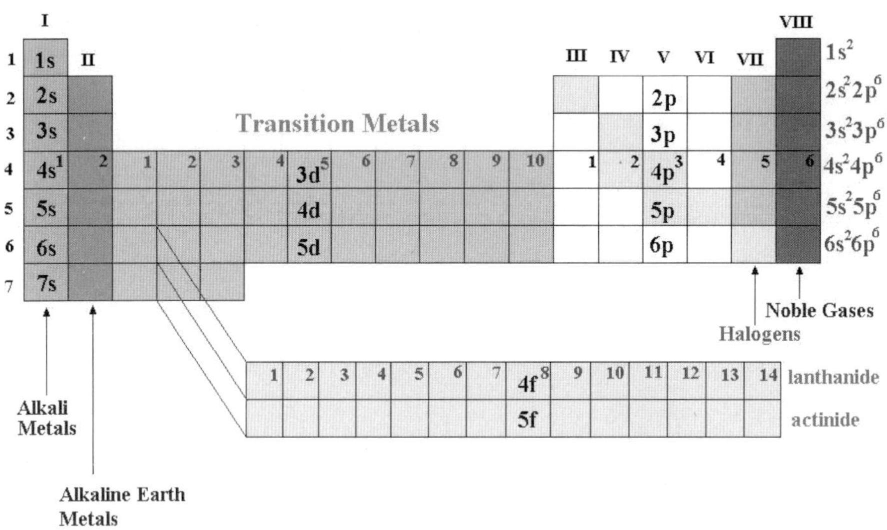

그림 7-17. 주기율표

2. 상대성원리의 기초

2-1. Michelson-Morley의 실험

19세기 후반까지 물리학자들은 빛은 음파 등 다른 역학파와 같이 한 곳에서 다른 곳으로 전파되기 위해 매질을 필요로 한다고 생각하였다. 따라서 빛이 전파되는 태양에서 지구 사이의 공간에도 움직이지 않는 투명한 매질이 존재할 것이라고 가정하였다. 그리고 이 매질이 우주 공간을 채우고 있고 그 속에서 항성과 행성들이 움직인다고 생각했다. 이러한 가상적인 매질을 'aether(또는 'ether')'라고 명명하였다. 물론 이후 'aether'의 존재를 확인하고자 하는 여러 실험이 이루어졌으나 모두 실패하였고, 그에 따라 'aether'는 존재하지 않는다는 결론에 도달하게 되었다. 지금은 빛이 전자기파의 일종이므로 매질이 없이도 진공 속으로 전파된다는 것이 잘 알려져 있다. 그러나 'aether'에 대한 논란은 상대성 원리가 어떻게 나왔는가를 보여 주는 역사적으로 중요한 사건이므로, 'aether'의 존재를 측정한 Michelson 간섭계 실험에 대해 먼저 알아보고자 한다.

지구는 태양의 주위를 운동하고 있으며 태양도 우주의 중심에서 보면 운동하고 있다. 이렇게 지구가 'aether'에 대해 움직이고 있으므로 우주 공간을 채우고 있는 'aether'의 상대적인 흐름인 'aether wind'는 지구상의 모든 위치에서 관찰될 수 있다. 이러한 'aether wind'는 지구 상에서의 위치에 따라 다르므로 각 위치에서 빛의 속도를 측정함으로써 원칙적으로는 'aether wind'의 속도를 결정할 수 있다. 그러나 실제 지구의 공전속도는 빛의 속도와 비교하면 아주 작으므로 위치에 따른 빛의 속도의 차이를 측정하는 것이 쉽지 않았다.

1881년 Michelson은 'aether wind'의 속도 측정을 가능하게 하는 간섭계를 개발하였다. 이후(1887) 그는 Morley와 함께 간섭계를 개선하여 'aether wind'의 속도 측정을 계속하였으나 'aether'의 존재를 증명하는 데는 실패하였다.

그림 7-18에 Michelson 간섭계의 개략적인 구조가 주어져 있다. 중앙에 있는 빛가르기(beam splitter)에 의해 갈라진 빛이 거울 M_1과 M_2에서 각각 반사된 후 측정기에서 합쳐져 간섭무늬로 관찰된다. 즉, 다른 경로를 이동한 두 빛이 합쳐질 경우 경로차이 때문에 간섭이 일어나게 되는 것이다. 그림 7-18의 왼쪽은 정지계에서 본 간섭계이고 오른쪽은 움직이는 계에서 본 간섭계이다. 움직이는 계의 그림은 지구의 이동에 따른 빛의 경로를 추적할 수 있도록 그려져 있다.

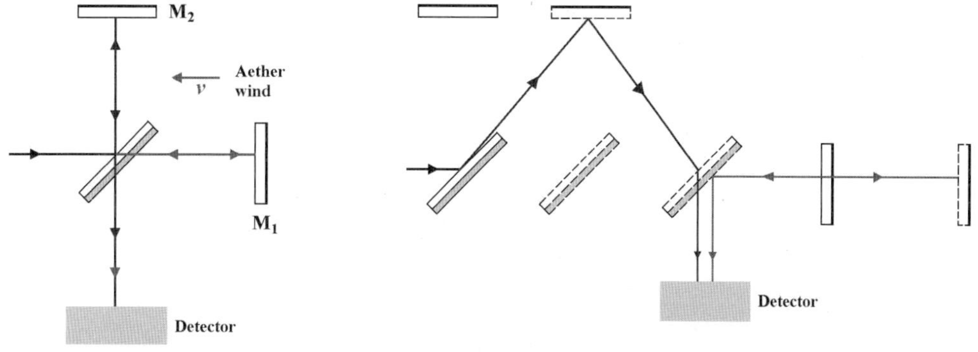

그림 7-18. Michelson 간섭계의 개략적인 구조

그림 7-18의 빛가르기에서 M_1과 M_2 사이의 거리는 모두 L로서 같을 경우 두 빛이 이동하는

데 걸리는 시간 차이를 계산해 보자. 지구의 운동 방향이 오른쪽이라고 할 경우 'aether wind'의 방향은 그림에서와 같이 왼쪽 방향이 된다.

먼저 'aether wind'와 평행 방향인 거울 M_1에서 반사되는 빛이 이동하는 시간을 구해 보자. 빛이 거울 M_1으로 이동할 경우 빛의 속도는 'aether wind' 방향에 거슬러 움직이므로 $c-v$가 된다. 여기서 c는 빛의 속도이고 v는 'aether wind'의 속도를 나타낸다. 그리고 빛이 거울 M_1에서 반사된 후 빛 가르기 쪽으로 이동할 때의 속도는 $c+v$가 된다. 따라서 빛이 빛 가르기에서 거울 M_1으로 이동하여 거울에서 반사된 후 빛 가르기로 다시 돌아오는 데 걸리는 시간은

$$t_1 = \frac{L}{c-v} + \frac{L}{c+v} = \frac{2Lc}{c^2-v^2} \tag{7-49}$$

로 계산된다.

다음에는 빛이 빛가르기에서 수직으로 반사되어 거울 M_2 쪽으로 이동하여 거울에서 반사된 후 빛가르기로 돌아오는 데 걸리는 시간을 계산해 보자. 이 경우 'aether wind'의 이동이 빛의 진행 방향에 대해 수직이므로 빛의 속도의 크기는 $\sqrt{c^2-v^2}$ 이 된다. 따라서 빛이 M_2에서 반사되어 빛가르기로 돌아오는 데 걸리는 시간은

$$t_2 = \frac{2L}{\sqrt{c^2-v^2}} \tag{7-50}$$

과 같이 구해진다.

결과적으로 빛이 수직과 수평으로 이동하는 데 걸리는 시간의 차이는

$$\Delta t = t_1 - t_2 = \frac{2L}{c}\left[\frac{1}{1-v^2/c^2} - \frac{1}{\sqrt{1-v^2/c^2}}\right] \tag{7-51}$$

와 같다. 여기서 'aether wind'의 속도 v는 빛의 속도에 비해 아주 작다. 따라서 $x \ll 1$인 경우의 근사식인 $(1-x)^n \approx 1-nx$를 식 7-51에 적용하면

$$\Delta t = t_1 - t_2 \approx \frac{Lv^2}{c^3} \tag{7-52}$$

를 구할 수 있다. 위와 같은 두 빛의 이동시간의 차이에 의해 두 빛이 서로 간섭되어 간섭무늬가

관찰된다.

다음으로 그림 7-18의 실험 장치를 90°로 회전시켜 보자. 그러면 두 거울의 역할이 바뀌게 된다. 즉, 거울 M_1이 수직 방향의 거울이 되고 거울 M_2가 수평 방향의 거울이 된다. 이 경우 두 경로에 따른 빛의 이동시간의 차이는

$$\Delta t' = t'_1 - t'_2 \approx -\frac{Lv^2}{c^3} \tag{7-53}$$

와 같다. 따라서 간섭계를 90° 회전시킴에 따른 두 경로의 총 시간의 차이는 식 7-52와 7-53에서

$$\Delta t_{\text{total}} = \frac{2Lv^2}{c^3} \tag{7-54}$$

와 같이 구해진다. 이 시간차이에 따른 경로차는 $\Delta d = c\Delta t_{\text{total}}$이고, 빛의 파장이 λ라고 하면 90° 회전에 의해 이동하는 간섭무늬의 수는

$$\Delta N = \frac{c\Delta t_{\text{total}}}{\lambda} = \frac{2Lv^2}{\lambda c^2} \tag{7-55}$$

로 계산할 수 있다. Michelson의 실험에서 사용한 빛의 파장은 550nm이고 길이 L은 11m였다. 지구의 공전 속도는 $3 \times 10^4 m/s$이고 이를 'aether wind'의 속도 v로 가정할 경우 간섭무늬의 이동개수는 0.4로 계산된다. Michelson과 Morley의 실험에서 무늬가 이동하는 수는 0.01보다 작음이 관찰되었다. 이는 'aether wind'의 속도가 <8km/s가 됨을 보여 주고 있고 이 값은 지구공전 속도인 $3 \times 10^4 m/s$에 비해 무시할 수 있으므로 실험오차의 범위에서 'aether wind'의 속도를 0이라고 할 수 있다.

1964년 Jaseja 등은 두 거울 대신에 동일한 레이저를 놓고 두 레이저 빛이 다른 경로를 따라 이동하여 합쳐질 때 이동시간에 차이가 날 경우 발생하는 beat수를 측정하였다. 그들은 beat수의 변화를 관찰할 수 없었다.

결론적으로 지금은 빛은 전자기파의 일종이므로 전파되는 데 매질의 존재가 필요하지 않다는 것은 잘 알려진 사실이다. 따라서 우주 공간에 'aether'라는 물질은 존재하지 않는다.

2-2. Galilean변환

물체의 움직임을 기술할 때 적당한 좌표계를 설정하여 그 좌표계 내에서 시간에 따른 물체의 위치 변화를 표시함으로써 물체의 운동 상태를 나타낸다. 가장 흔히 사용하는 좌표계가 정지계인 실험실계이다.

관성계(inertial frame of reference)는 Newton의 제1법칙이 만족되는 계로 정의한다. 즉, 가속되지 않는 계로서 정지해 있거나 일정한 속도로 움직이는 계가 관성계이다. 따라서 어떤 계에 대해 일정한 속도로 움직이는 계 또한 관성계이다. Newton의 상대성 원리에 의하면 모든 관성계에서 이루어지는 역학실험은 동일한 결과를 도출해야 한다. 즉, 정지한 계에서 실행한 역학실험의 결과와 정지한 계에 대해 일정한 속도로 움직이는 계에서 실행한 역학실험의 결과는 동일하여야 한다.

어떤 물리현상이 어떤 관성계에서 $(x,\ y,\ z)$의 위치에서 시간 t에 일어났다고 할 때 그 사건(event, 물리현상)의 좌표는 그 관성계에서는 $(x,\ y,\ z,\ t)$로 표현된다. 이 물리현상을 다른 관성계에서 관찰할 때의 좌표를 $(x',\ y',\ z',\ t')$이라고 하자. 이 경우 똑같은 사건을 두 개의 다른 관성계에서 기술할 때 두 좌표를 연관시켜 주는 것이 Galilean변환이다. 즉, $(x,\ y,\ z,\ t)$와 $(x',\ y',\ z't')$의 관계를 주는 것이 Galilean변환이다. Galilean변환은 사건이 일어나는 시간은 어떤 관성계에서 보더라도 같다는 것을 전제하고 있다. 즉, $t = t'$의 관계식이 만족된다. 이는 동일한 사건은 관성계에 따라 위치는 다르게 기술되지만, 어떤 관성계에서 보더라도 동일한 시간에 일어난다는 것을 뜻한다. 예를 들면 도로에 정지한 관찰자와 일정한 속도로 움직이는 버스 안에 탄 관찰자가 도로의 어떤 위치에서 발생한 두 자동차의 충돌 사건을 기술한다고 하자. 이 경우 두 관성계에서 표시되는 충돌 사건의 위치 $(x,\ y,\ z)$와 $(x',\ y',\ z')$는 다르겠지만 충돌사건이 일어난 시간 t와 t'은 같다. 즉 $t = t'$이다. 그리고 만약 두 개의 사건이 연이어 일어난다고 할 때 두 사건 사이의 시간간격도 어떤 관성계에서 보더라도 동일하게 된다. 이러한 동시성은 위에서 예로 든 자동차 충돌 사건의 관찰과 같은 일상에서 일어나는 사건으로 볼 때는 당연한 것 같아 보이지만, 물체의 속도가 빛의 속도에 근접하는 물리현상(사건)에 대해서는 맞지 않게 된다. 즉, 이 경우 $t \neq t'$이 된다. 이를 지적한 것이 바로 Einstein의 상대성원리이다.

그림 7-19에서와 같이 두 관성계에서 위치 P에서 일어난 사건(물체의 위치)을 기술한다고 하자. 두 관성계의 원점 O와 O′은 $t = 0$일 때는 일치했다. 원점이 O′인 관성계는 원점이 O인 관성계에 대해 일정한 속도 u로 xx'방향으로 움직이고 있다. 그림에서 보듯이 두 관성계의 좌표 사이에는

$$x' = x - ut \quad (7\text{-}56)$$
$$y' = y$$
$$z' = z$$
$$t' = t$$

와 같은 관계가 만족된다. 위 관계식을 Galilean변환이라고 한다. 위 관계식에서 보듯이 시간은 두 좌표계에서 동일하다. 즉, $t = t'$이다.

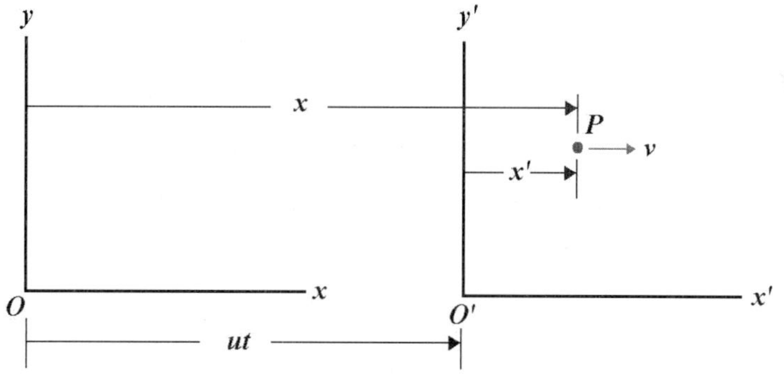

그림 7-19. 정지한 좌표계에 대해 일정한 속도 u로 움직이는 좌표계에서의 좌표

그림 7-19에서와 같이 물체가 P에서 xx'방향으로 이동한다고 하자. 원점이 O′인 좌표계에서 볼 때 $\Delta t' = \Delta t$ 동안의 변위를 $\Delta x'$이라고 하자. 그리고 동일한 변위를 원점이 O인 좌표계에서는 Δx로 관찰된다. 따라서 두 좌표계에서 관찰되는 물체의 속도는

$$\frac{\Delta x'}{\Delta t} = \frac{\Delta x}{\Delta t} - u \ \Rightarrow v_x{}' = v_x - u \quad \text{or} \quad v_x = v_x{}' + u \quad (7\text{-}57)$$

의 관계가 있다. 여기서 $v_x{}'$과 v_x는 각각 원점 O′인 좌표계와 원점 O인 좌표계에서 관찰되는 물체의 속도를 나타낸다. 식 7-57을 Galilean의 속도 변환식이라고 부른다. 예를 들어 일정한 속도인 20m/s로 달리는 버스 안에서 버스의 진행 방향으로 2m/s의 속력으로 공을 던진다고 하자. 이때 도로에 서 있는 사람이 관찰하는 공의 속력은 $v_x = 20 + 2 = 22\,m/s$이다.

위와 같은 Galilean변환을 빛의 경우에 적용시키면 문제가 발생한다. Maxwell 방정식으로 설명되는 전자기파(빛도 전자기파의 일종)는 어떤 관성계에서 관찰해도 $c = 3 \times 10^8\,m/s$의 속도(진공에서의 속도)를 가진다. 그런데 정지계에 대해 상대적인 속도 u로 움직이는 계에서 발사한 빛을 정지계에서 관찰하는 경우 Galilean변환에서는 $v = c + u$가 되어야 한다. 이는 빛의 속도가 관찰하는 계에 무관하게 불변이라는 여러 실험 결과(Michelson-Morley 실험)에 배치되는 결론이다. 이러한 문제의 발생은 Galilean변환을 유도하는 데 일상에서 일어나는 현상에서 볼 때 명백한 $t = t'$이라는 가정을 한 것에서부터 발생하였다는 것을 알 수 있다. 그러나 이 가정이 속도가 빛의 속도에 가까운 물체를 기술할 때는 맞지 않다는 것을 나타낸다. 즉, 이 경우에는 $t \neq t'$을 사용해야 함을 뜻한다. 이는 원점이 O′인 좌표계에서의 속도계산에서는 $v' = \Delta x' / \Delta t'$을 사용해야 한다는 것을 의미한다.

2-3. Einstein의 특수상대성원리

1905년 Einstein은 특수상대성이론을 발표하였다. 이 특수상대성이론은 두 가지 가정 위에 이루어져 있다.

첫째, 물리법칙들은 모든 관성계에서 동일하다.

둘째, 진공 상태에서 빛의 속도는 어떠한 관성계에도 동일하게 $3 \times 10^8 \, m/s$로 관찰된다. 이는 빛의 원천이 움직이거나 관찰자가 움직이는 데 관계없이 항상 성립한다.

두 번째 가정은 Galilean변환에서 보았듯이 우리가 일상에서 관찰하는 사실과 배치된다. 즉, 달리는 자동차에서 던진 공을 도로에 정지한 사람이 관찰할 경우 공의 속도는 자동차의 속도에 더하여 관찰된다. 이는 자동차에서 발사한 빛을 도로에 정지한 사람이 관찰하면 빛의 속도에 자동차의 속도에 더한 만큼 관찰된다는 것을 의미하는데, Einstein의 두 번째 가정은 빛의 속도는 관찰하는 관성계에 무관하다고 말하고 있다. 그러나 Maxwell 방정식이 모든 관성계에서 맞는다면 모든 관성계에서 진공 속에서 빛의 속도는 동일해야만 한다. Michelson-Morley의 실험에서 'aether'의 존재를 부정하는 실험이 이를 뒷받침하고 있다. Maxwell 방정식으로 기술되는 빛을 포함한 모든 전자기파는 전파에 있어서 매질이 필요 없기 때문이다.

특수상대성 원리를 이용하면 정지한 관찰자가 움직이는 관성계를 관찰할 경우 시간이 늦게 가는 현상(time dilation)과 길이 수축(length contraction)을 설명할 수 있다. 이러한 현상은 시간의 간격과 물체의 길이는 측정하는 관성계에 따라 다르다는 것을 의미한다. 이는 절대적인 시간과 거리는 존재하지 않는다는 것을 보여 주고 있다. 그리고 운동량과 에너지보존칙을 모든 관성계에서 만족하게 하려면 운동량과 에너지의 정의도 바뀌어야 한다. 아래의 몇 절에서 이에 관련된 내용을 설명하고자 한다.

일상에서 일어나는 물리현상은 Newton 법칙으로 잘 설명된다. 특수상대성이론에서도 물체의 속도가 빛의 속도에 비해 아주 작을 경우 Newton의 법칙으로 환원되는 것을 확인할 수 있다. 즉, 이는 물체의 속도가 빛의 속도에 가까워질 경우에만 상대론적 개념을 고려하여야만 한다는 것을 뜻한다. 그렇지만 특수상대성이론이 일반적인 법칙이고 Newton의 법칙은 속도가 작은 경우에만 적용되는 특수한 법칙임을 의미한다.

(1) 동시성

Newton 역학에서는 시간이 일반적인 개념으로 받아들여진다. 어떠한 관성계에서 측정한 시간이나 시간간격도 동일하다는 것이다. 그러나 Einstein의 상대성이론에 의하면 시간과 시간간격은 측정하는 관성계에 따라 다르다.

Einstein은 이러한 관성계에 따라 달라지는 시간에 관한 문제를 설명하기 위해서 그림 7-20과 같은 사고실험(thought experiment)을 고안하였다. 열차의 양 끝에 동시에 번개가 떨어져 자국을 남긴다고 하자. 즉, 열차 안의 A′과 B′ 지점, 열차 밖의 A와 B 지점에 번개의 자국이 남는다. 열차는 일정한 속도 u로 움직이고 있다. 열차 안의 관찰자 O′은 A′과 B′의 중간 지점에 있고 열차 바깥에 정지하고 있는 관찰자 O는 A와 B의 중간 지점에 있다.

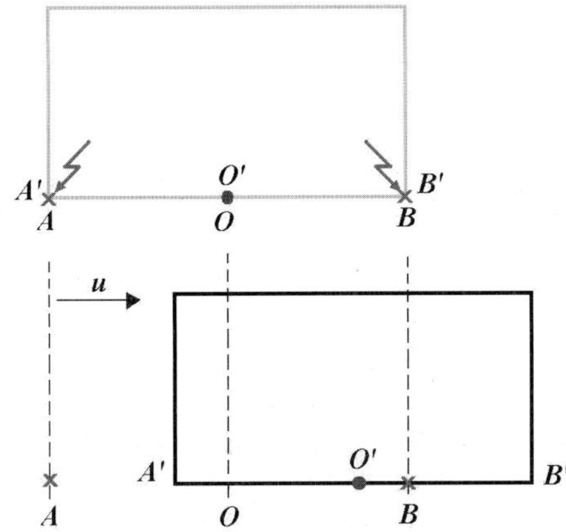

그림 7-20. 동시성에 대한 Einstein의 사고실험

열차 바깥의 관찰자 O는 번개가 A와 B 지점에 동시에 떨어지는 것을 관찰한다. 관찰자 O는 A와 B의 중간 지점에 있기 때문에, 열차의 양 끝의 번개에서 발생한 빛이 동일한 거리를 이동하여 관찰자 O에게 관측되어 번개가 동시에 두 열차의 끝에 떨어진다는 결론을 내릴 수 있다.

반면에 열차 안의 관찰자 O′는 u의 속도로 오른쪽으로 움직이고 있으므로 B′의 번개에서 발생한 빛이 A′의 번개에서 발생한 빛보다 먼저 관찰자 O′에게 도착하게 된다. 이는 A′의 번개에서 발생한 빛이 이동하는 거리가 B′에서 발생한 빛보다 길기 때문이다. 이때 열차의 운동에 관계없이 빛의 속도는 일정하다. 결국 열차 안의 관찰자 O′은 B′에 먼저 번개가 떨어지고 A′에는 나중에 번개가 떨어졌다는 결론에 도달한다.

즉, 하나의 관성계에서 볼 때 동일한 시간에 일어난 사건들이 다른 관성계에서 볼 때는 동일한 시간에 일어나지 않았다는 결론에 도달할 수 있다는 것이다. 이러한 동시성은 절대적인 개념이 아니라 상대적인 개념이며, 따라서 어느 관찰자가 옳다고 얘기할 수 없다. 각 관찰자의 입장에서 볼 때 그들의 관찰은 옳은 것이다. 시간간격과 길이(아래 절 참조)는 절대적인 것이 아니라 관찰자의 운동 상태에 따라 다르게 관찰될 수 있다.

(2) 시간 연장

위에서 각 관성계에서 관측한 두 사건 사이의 시간간격이 다를 수 있다는 것을 보았다. 이 절에서는 정지계와 정지계에 대해 일정한 속도로 움직이는 관성계에서 관측한 두 사건 사이의 시간간격이 어떻게 관련되는지를 보도록 하겠다.

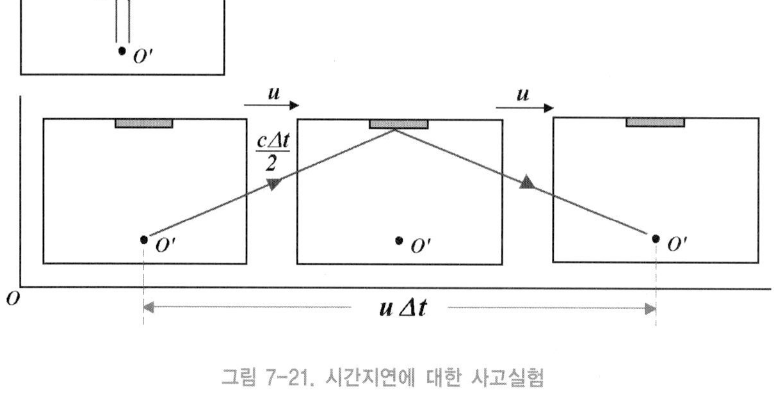

그림 7-21. 시간지연에 대한 사고실험

그림 7-21에서 보듯이 기차 안에 있는 관측자 O′과 바깥에 정지하고 있는 관찰자 O가 있다고 하자. 기차 안에 있는 관찰자 O′이 천장에 고정되어 있는 거울로 레이저 빛을 발사한다(사건1). 그리고 빛은 거울에서 반사된 후 관찰자 O′으로 되돌아온다(사건2). 관찰자 O′과 거울 사이의 거리는 d이다. 이 두 사건의 시간간격을 관찰자 O′은

$$\Delta t' = \frac{2d}{c} \tag{7-58}$$

로 관측한다. 이 관측에서 관찰자 O′은 O′에 고정되어 있는 하나의 시계로 두 사건을 관측한다.

반면에 바깥에 정지하고 있는 관찰자 O가 기차 안을 보면, 기차가 일정한 속도 u로 오른쪽으로 움직이고 있으므로 빛이 거울에 도달할 때 거울은 원래의 위치에서 $u\Delta t/2$만큼 이동한 뒤이다(그림 7-21 참조). 여기서 Δt는 관찰자 O가 관측한 빛이 O′에서 출발하여 거울에 반사된 후 다시 O′로 돌아오는 데 걸리는 시간이다. 그림 7-21에서 보듯이 관찰자 O의 입장에서 보면 빛은 수직 거리인 d보다 먼 거리를 이동한 후 거울에 도달하는 것으로 보인다. 즉, 관찰자 O의 입장에서 빛이 거울에 도달할 때까지 이동한 거리는 $c\Delta t/2$이다. 각 거리와의 관계에서 피타고라스 정리를 사용하면

$$\frac{c^2\Delta t^2}{4} = \frac{u^2\Delta t^2}{4} + d^2 \tag{7-59}$$

을 얻을 수 있다. 위 식을 Δt에 대해서 풀면 $\Delta t^2 = 2d/c\sqrt{1-u^2/c^2}$을 얻을 수 있다. 그리고 식 7-58을 이용하면 Δt와 $\Delta t'$의 관계는

$$\Delta t = \frac{\Delta t'}{\sqrt{1-\dfrac{u^2}{c^2}}} \tag{7-60}$$

와 같이 주어진다.

관찰자 O′은 O′에 고정된 하나의 시계로 두 사건을 관측했다. 반면에 관찰자 O는 빛이 O′를 떠나는 위치와 빛이 다시 O′로 되돌아오는 위치에 놓인 두 개의 동기화된 시계를 가지고 두 사건을 관측했다는 점이 다르다. 시계가 고정된 위치에 존재하는 것은 하나의 관성계에서뿐이고 수많은 다른 관성계에서 시계는 움직이고 있다. 따라서 고정된 위치에 있는 하나의 시계로 두

사건 사이의 시간간격을 측정한 것이 더 기본적인 시간간격이 된다. 이러한 관점에서 고유시간 (proper time)이 정의되는데 위 경우에서 고유시간은 $\Delta t'$이다.

식 7-60에서 어떠한 관찰자도 빛의 속도 이상으로 운동할 수 없음을 보여 준다. 즉, $u > c$가 만족되면 제곱근이 허수가 되므로 물리적으로 허용되지 않는다. 또한 이에 따라 $u < c$이므로 $\sqrt{1-u^2/c^2} < 1$이 되고, 따라서 $\Delta t > \Delta t'$이 만족되어야 한다. 이는 정지한 계에서 측정한 시간간격이 움직이는 계에서 측정한 시간간격보다 길다는 것을 의미한다. 즉, 정지한 계에 있는 관찰자의 입장에서 보면 운동하고 있는 계의 시계가 천천히 가고 있음을 관측하게 된다. 이를 시간지연(time dilation)이라고 부른다.

시간지연은 여러 실험에서 확인되었다. 대표적인 예로 대기권에서 발생하여 지표로 날아오는 muon의 수명(life time)이다. Muon은 전자와 같은 전하를 가지고 있으나 질량은 전자의 200배가 넘는다. 정지계에서 붕괴하는 muon의 수명은 $2.2\mu s$로 관찰된다. 이 시간은 대기권에서 만들어진 muon이 빛의 속도로 지표 쪽으로 다가온다고 가정할 경우 680m 정도 이동하는 데 걸리는 시간에 해당한다. 따라서 위와 같은 계산에 의하면 대기권의 상층부에서 만들어진 muon은 지표까지 도달하지 못한다. 그러나 실제로는 많은 muon이 지표에서 관측된다. 이러한 현상은 시간지연으로 설명이 가능하다. 만약 muon의 속도가 0.99c라면 지표에서 관측하는 muon의 수명은 식 7-60에서 $15.6\mu s$이 된다. 이에 따라 muon의 붕괴되기 전의 평균 이동거리는 4,630m가 되므로 지표에서 관측이 가능하게 되는 것이다.

(3) 길이 축소

위에서 두 사건의 시간간격이 관성계에 따라 다르게 관찰되는 것을 보았다. 이와 마찬가지로 두 점 사이의 거리도 관성계에 따라 달라진다. 정지계의 길이와 움직이는 계의 길이 사이에 어떤 관련이 있는지에 대하여 아래와 같은 사고실험을 생각해 보자. 정지계에 대해 속도 u로 움직이는 기차 안에 두 개의 거울이 거리 L'만큼 떨어져 기차의 운동 방향으로 놓여 있다고 하자. 그리고 두 거울 사이를 빛이 반복적으로 이동하고 있다고 하자. 기차 안에 있는 관찰자 O′는 빛이 거울 사이를 왕복하는 데 걸리는 시간을

$$\Delta t' = \frac{2L'}{c} \tag{7-61}$$

와 같이 관찰한다. 반면에 기차 바깥에 있는 관찰자 O는 기차가 움직이므로 빛이 왕복하는데

그림 7-22와 같은 과정을 고려한다. 빛이 왼쪽 거울을 출발하여 오른쪽 거울에 도착하는 동안 오른쪽 거울은 $u\Delta t_1$의 거리만큼 이동하게 된다. 따라서 빛이 오른쪽 거울에 도달하기까지 이동한 거리는 $L_1 = L + u\Delta t_1$이다. 빛의 속도는 c이고 이동시간이 Δt_1이므로 $L_1 = c\Delta t_1$이다. 위 두 식을 조합하면 빛이 왼쪽 거울에서 오른쪽 거울까지 이동하는 데 걸리는 시간은

$$\Delta t_1 = \frac{L}{c-u} \tag{7-62}$$

이다. 오른쪽 거울에서 반사된 빛이 왼쪽 거울 쪽으로 이동하는 동안 오른쪽 거울은 $u\Delta t_2$만큼 이동하게 된다. 따라서 빛이 왼쪽 거울에 도달하기까지 $L_2 = L - u\Delta t_2$만큼 이동하게 된다. 빛의 속도는 c이고 이동시간이 Δt_2이므로 $L_2 = c\Delta t_2$이다. 위 두 식을 조합하면 빛이 오른쪽 거울에서 왼쪽 거울로 돌아오는 데 걸리는 시간은

$$\Delta t_2 = \frac{L}{c+u} \tag{7-63}$$

이다. 따라서 빛이 왼쪽 거울에서 오른쪽 거울까지 한 번 왕복하는 데 걸리는 시간은 식 7-62와 7-63을 더하면

$$\Delta t = \Delta t_1 + \Delta t_2 = \frac{L}{c-u} + \frac{L}{c+u} = \frac{2L/c}{1-u^2/c^2} \tag{7-64}$$

와 같이 구해진다. Δt와 $\Delta t'$ 사이의 관계는 시간지연에 관련된 식 7-60에 주어져 있다. 따라서

$$\frac{2L/c}{1-u^2/c^2} = \frac{2L'/c}{\sqrt{1-u^2/c^2}} \ \Rightarrow\ L = L'\sqrt{1-\frac{u^2}{c^2}} \tag{7-65}$$

와 같은 관계를 도출할 수 있다. L'은 움직이고 있는 계에 있는 물체를 관찰자 O′이 관측한 길이로서 고유길이(proper length)라고 부른다. 즉, 고유길이는 관찰자에 대해서 정지하고 있는 물체를 측정한 길이로 정의된다. 반면에 길이 L은 정지하고 있는 관찰자 O가 움직이는 물체를 관측한 길이이다. 따라서 정지계에서 움직이는 계에 있는 물체의 길이를 관측하면 움직이는 계에서 관측하는 길이(고유길이)보다 $\sqrt{1-u^2/c^2}$ 만큼 짧아 보인다. 이를 길이수축(length contraction)이라고 부른다. 이 길이수축은 대칭적이다. 즉, 움직이는 계에서 정지계에 있는 물체의 길이를 관측할

때에도 $\sqrt{1-u^2/c^2}$ 만큼 짧게 측정된다.

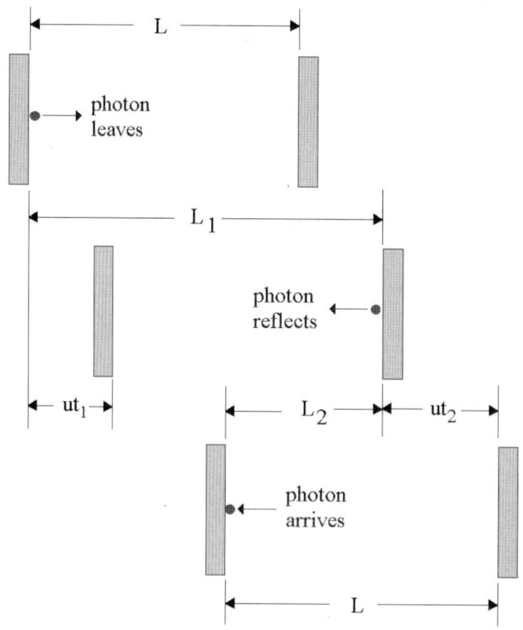

그림 7-22. 정지계에서 움직이는 계에 있는 물체의 길이 측정

Muon 붕괴의 예에서 고유시간과 고유길이에 대해 고찰해 보자. Muon과 같이 움직이는 계의 관찰자는 고유시간으로 muon의 수명을 관측한다(2.2μs). 그리고 상대적인 움직임으로 인해 정지계의 길이수축이 관측된다(680m). 반면에 지표에 있는 정지계의 관찰자는 muon의 이동거리를 고유길이로 관측한다(4,630m). 그리고 움직이는 물체의 시간지연이 관측된다(15.6μs). 결과적으로 정지계에 있어서나 muon과 같이 움직이는 계에 있어서나 $s=vt$의 관계는 모두 만족된다.

2-4. Lorentz변환

Galilean변환은 빛의 속도가 어떤 관성계에서도 일정하다는 사실을 만족시키지 못했다. 그 주된 이유는 시간 t가 모든 관성계에서 동일하다고 가정하였기 때문이다. 그러나 위에서 보았듯이 공간좌표(x, y, z)는 물론이고 시간좌표 t도 관성계에 따라 다르다는 것을 알 수 있었다. 이러한 시간좌표를 포함하여 Einstein의 상대성 원리를 만족하는 좌표변환을 Lorentz변환이라고 부른다.

그림 7-19와 같은 정지계와 정지계에 대해 xx'방향으로 일정한 속도 u로 움직이는 두 관성계

사이의 좌표변환에 대해 다시 생각해 보자. 먼저 y와 z방향으로는 운동을 하지 않으므로 $y' = y$, $z' = z$임을 알 수 있다. x방향으로는 O′계가 O계에 대해 속도 u로 움직이고 있으므로 $x = x' + ut$를 얻는다. 그러나 x'를 O계에서 보면 길이수축이 일어났으므로 x'은 $x'\sqrt{1-u^2/c^2}$으로 치환되어야 한다. 따라서 x와 x'의 좌표변환은 $x = x'\sqrt{1-u^2/c^2} + ut$와 같다. 이를 x'에 대해 정리하면

$$x' = \frac{1}{\sqrt{1-\dfrac{u^2}{c^2}}}(x-ut) \equiv \gamma(x-ut) \tag{7-66}$$

를 얻는다. 여기서 $1/\sqrt{1-u^2/c^2}$은 자주 나오는 양이므로 이를 γ로 치환하였다.

다음에는 시간 t'과 t의 변환을 구해 보자. 이를 위해 먼저 x'에 대한 x의 변환을 구할 필요가 있다. 이를 구하기 위해서는 상대성원리를 이용하면 된다. 즉, O′계에서 보면 O계는 $-u$의 속도로 움직이고 있으므로 식 7-66에서 x와 x'을 치환하면서 u를 $-u$로 바꾸면 된다. 따라서

$$x = \gamma(x' + ut') \tag{7-67}$$

를 얻을 수 있다. 식 7-66의 x'을 식 7-67에 대입하면 $x = \gamma^2 x - u\gamma^2 t + u\gamma t'$을 얻고 이를 t'에 대해 정리하면

$$t' = \gamma\left(t - \frac{v}{c^2}x\right) \tag{7-68}$$

을 얻을 수 있다. 결과적으로 O′와 O계 사이의 Lorentz변환은

$$x' = \gamma(x-ut) \tag{7-69}$$
$$y' = y$$
$$z' = z$$
$$t' = \gamma\left(t - \frac{u}{c^2}x\right)$$

와 같이 주어진다. 위 식에서 관성계의 속도 u가 빛의 속도에 비해 아주 작을 경우 $\gamma=1$이 되고 식 7-69는 Galilean변환과 동일하게 됨을 볼 수 있다. 즉, 시간의 경우에도 $t=t'$이 된다.

두 사건 사이의 거리와 시간차이에 대한 표현이 많이 사용된다. 식 7-69에서 이를 구해 보면

$$\Delta x' = \gamma(\Delta x - u\Delta t) \qquad (7\text{-}70)$$
$$\Delta t' = \gamma\left(\Delta t - \frac{u}{c^2}\Delta x\right)$$

를 구할 수 있다. 여기서 $\Delta x = x_2 - x_1$, $\Delta t = t_2 - t_1$ 등은 두 사건의 거리와 시간차이를 각각 나타낸다. 위 식은 O계에 대한 O′계의 관계식이다. O′계에 대한 O계의 관계식은 식 7-70에서 O와 O′을 치환하고 속도 u를 $-u$로 바꾸면 된다. 즉,

$$\Delta x = \gamma(\Delta x' + u\Delta t') \qquad (7\text{-}71)$$
$$\Delta t = \gamma\left(\Delta t' + \frac{u}{c^2}\Delta x'\right)$$

을 얻을 수 있다.

위 Lorentz변환을 이용하면 위에서 설명한 동시성, 시간의 연장, 길이수축 등을 수학적으로 확인할 수 있다.

첫째, 동시성의 경우 움직이는 관성계에서는 동시에 일어난 사건에 대해 정지계에서는 동시에 일어나지 않았다고 관찰하는 것이다. 즉, O′계에서 두 위치에서 동시에 일어난 사건($\Delta t' = 0$)에 대해 O계에서 관찰한 시간 Δt는 식 7-71의 두 번째 식에서 $\Delta t = \gamma u\Delta x'/c^2$와 같이 주어진다. 따라서 O′계에서 동시에 일어난 사건을 O계에서는 동시에 일어나지 않은 것으로 관찰한다.

둘째, 시간의 연장에 대해 알아보자. 시간의 연장은 O′계의 동일한 위치($\Delta x' = 0$)에서 발생한 두 사건의 시간간격 $\Delta t'$(고유시간)이 O계에서 관찰한 시간간격 Δt보다 작다는 것이다. 즉, O계에서 볼 때 O′계의 시간이 늦게 간다는 것이다. 이에 따라 식 7-71의 두 번째 식에서 $\Delta t = \gamma\Delta t'$을 얻는다. 항상 $\gamma > 1$이므로 $\Delta t > \Delta t'$, 즉 O′계의 시계가 O계의 시계보다 늦게 가는 시간의 지연을 나타낸다. 시계가 고정되어 있는 계(위 경우 O′)에서의 시간간격이 어떤 다른 계에서 측정한 시간간격보다 작다. 따라서 시계가 고정되어 있는 계에서 측정한 시간간격을 고유시간이라 부르고 주로 $\Delta\tau$로 표현한다. 즉, 시간 연장은 $\Delta t = \gamma\Delta\tau$로 나타낸다.

셋째, 길이의 수축에 대해 알아보자. 길이의 수축은 O계에서 관찰한 물체의 길이는 O$'$계에 있는 관찰자가 측정한 값(고유길이)보다 작다는 것이다. O계에서의 길이측정은 동시에($\Delta t = 0$) 물체의 양단의 위치를 관측하는 것이므로 식 7-71의 첫 번째 식에서 $\Delta x' = \gamma \Delta x$, 즉 $L = L'/\gamma$를 얻는다. 이는 정지한 계에서 측정한 길이 L은 항상 움직이는 계에서 측정한 길이 L'보다 짧다는 것을 나타낸다($\gamma > 1$이므로). 물체가 정지해 있는 계(위 경우 O$'$)에서 측정한 길이가 가장 길다. 이를 고유길이라고 부르고 주로 L_0로 표현한다. 따라서 위의 길이수축은 $L = L_0/\gamma$로 나타낸다.

다음에는 관성계 사이의 속도변환이 어떻게 이루어지는지를 Lorentz변환을 이용하여 구해 보자. 우선 식 7-69의 미분을 구해 보면

$$
\begin{aligned}
dx' &= \gamma(dx - udt) \\
dy' &= dy \\
dz' &= dz \\
dt' &= \gamma\left(dt - \frac{u}{c^2}dx\right)
\end{aligned}
\tag{7-72}
$$

와 같다. 다음에 속도의 정의를 이용하면

$$
\begin{aligned}
v_x{}' &= \frac{dx'}{dt'} = \frac{\gamma(dx - udt)}{\gamma(dt - u\,dx/c^2)} = \frac{v_x - u}{1 - uv_x/c^2} \\
v_y{}' &= \frac{dy'}{dt'} = \frac{dy}{\gamma(dt - u\,dx/c^2)} = \frac{v_y}{\gamma(1 - uv_x/c^2)} \\
v_z{}' &= \frac{dz'}{dt'} = \frac{dz}{\gamma(dt - u\,dx/c^2)} = \frac{v_z}{\gamma(1 - uv_x/c^2)}
\end{aligned}
\tag{7-73}
$$

을 얻는다. 위의 역변환은 O와 O$'$계의 속도를 치환하고 계의 움직이는 속도 u를 $-u$로 두면 된다. 예를 들어 x방향의 속도는 $v_x = (v_x{}' + u)/(1 + uv_x{}'/c^2)$이 된다.

위 속도변환에서 물체의 움직이는 속도가 빛의 속도에 비해 아주 작을 경우, 즉 $v \ll c$인 경우 식 7-73의 분모는 1이 된다. 따라서 $v_x{}' = v_x - u$가 되어 Galilean변환으로 환원된다. 이는 속도가 빛의 속도에 비해 아주 작은 경우 Newton 역학으로 되돌아간다는 것을 의미한다.

그리고 물체의 속도가 빛의 속도와 같을 경우, 즉 $v = c$일 때는 $v_x{}' = c$를 얻을 수 있다. 즉 빛의 속도는 모든 관성계에서 일정하다는 사실을 확인할 수 있다.

관성계의 움직이는 속도 u가 빛의 속도보다 작으면 한 계에서 빛의 속도보다 작게 움직이는 물체는 다른 모든 계에서도 빛의 속도보다 작은 속도로 움직인다. 이는 모든 물체는 어떤 계에 있어서도 빛의 속도보다 큰 속도를 가질 수 없음을 나타낸다.

2-5. 상대론적 운동량과 에너지

(1) 상대론적 운동량

상대성 원리에 의하면 물리법칙들은 모든 관성계에서 동일하게 성립되어야 한다. 그리고 관성계 사이의 변환은 Lorentz변환을 따른다. 예를 들면 Newton의 법칙들은 Lorentz변환에 의해 한 관성계에서 다른 관성계로 바뀌더라도 동일한 표현을 가져야 한다. 즉, Lorentz변환에 대해 불변이어야 한다.

운동량보존칙, 에너지보존칙 등도 모든 관성계에서 성립하여야 한다. 즉, Lorentz변환에 의해 한 관성계에서 다른 관성계로 바뀌더라도 이 물리법칙들은 만족되어야 한다. 그러나 Newton계에서의 운동량, 에너지의 정의 등은 Lorentz변환에 대해 불변이어야 한다는 원칙을 만족하지 못한다. 따라서 Lorentz변환에 대해 불변인 상대론적인 운동량과 에너지 등이 새로 정의되어야 한다. 그러나 상대론적인 물리량의 정의들은 속도가 빛의 속도에 비해 아주 작은 경우 Newton계에서의 정의들로 환원되어야 한다. 이 절에서는 이러한 내용들에 대해 알아보도록 한다.

Newton계에서 사용한 운동량의 정의인 $\vec{p}=m\vec{v}$가 Lorentz변환에 대해 불변하지 않다. Lorentz변환에 변하지 않는 운동량의 정의는 $p=m\,dr/dt$에서 dt 대신에 $d\tau$를 사용하면 된다. $d\tau$는 고유시간으로서 움직이는 물체에 고정된 시계에 의해 측정한 시간이다. 이 시간은 모든 관성계에서 보아도 동일한 시간을 나타낸다. 따라서 Lorentz변환에 대해 변하지 않는 양이다. $d\tau=dt/\gamma$로 주어지므로 상대론적인 운동량 정의는

$$\vec{p}=\gamma m\vec{v} \tag{7-74}$$

로 표현할 수 있다.

상대론적 운동량의 정의에서 γm을 상대론적 질량으로 정의하기도 한다. 즉, 상대론적 질량은

$$m_r=\gamma m=\frac{m}{\sqrt{1-\dfrac{v^2}{c^2}}} \tag{7-75}$$

로 나타낸다. 그러면 운동량은 $p = m_r v$와 같이 Newton 계의 형태를 가진다. 상대론적 질량은 물체의 속도와 관련이 있다. 물체의 속도가 증가하면 상대론적 질량은 커지고 물체의 속도가 빛의 속도가 되면 상대론적 질량은 무한대가 된다. 이를 모든 물체의 속도는 빛의 속도보다 작아야 한다고 해석할 수도 있다.

(2) 상대론적 일과 에너지

일-에너지 정리를 사용하여 상대론적 에너지가 어떻게 표현되는지를 보도록 하자. 정지하고 있는 물체에 힘이 가해지면 물체가 움직이게 되고, 이때 물체의 운동에너지는 주어진 일과 같다(일-에너지 정리). 즉,

$$W = K = \int \vec{F} \cdot d\vec{s} = \int \frac{d}{dt}(\gamma m \vec{v}) \cdot \vec{v}\, dt \tag{7-76}$$

과 같이 표현된다. 여기서 $d\vec{s} = \vec{v}dt$를 사용하였다. 위 식을 정리하면

$$K = m \int dt \frac{d}{dt}(\gamma \vec{v}) \cdot \vec{v} = m \int_0^v v\, d(\gamma v) \tag{7-77}$$

을 얻는다. 부분적분을 이용하여 위 식을 적분하면

$$K = \gamma m v^2 - m \int_0^v \gamma v\, dv \equiv \gamma m v^2 - m \int_0^v \frac{v dv}{\sqrt{1 - v^2/c^2}} \equiv (\gamma - 1) m c^2 \tag{7-78}$$

와 같은 결과를 얻는다. 상대론적 운동에너지의 표현인 $K = (\gamma - 1)mc^2$은 Newton의 운동에너지 표현인 $K = \frac{1}{2}mv^2$과의 유사성이 없다. 그러나 물체의 속도가 빛의 속도에 비해 아주 작은 경우 $\gamma = (1 - v^2/c^2)^{-1/2} \approx 1 + \frac{1}{2}\frac{v^2}{c^2} + \cdots$에서 $K = \frac{1}{2}mv^2$으로 환원됨을 볼 수 있다. 따라서 속도가 빛의 속도에 비해 아주 작은 경우 상대론적 운동에너지의 정의와 Newton의 운동에너지의 정의 사이에는 차이가 없다.

반대로 속도가 빛의 속도에 접근하면 어떻게 되는지를 보도록 하자. 이 경우 γ가 무한대가 되므로 운동에너지는 무한대로 접근한다. 이 결과는 물체가 빛의 속도로 움직일 수 없다는 것을 보여 주고 있다. 빛의 속도로 움직이게 하기 위해서는 무한대의 일이 필요하기 때문이다($K = W$).

상수항인 mc^2은 물체의 속도와 무관하며 이를 정지질량이라 부른다. γmc^2항은 속도에 관련되

어 있고 운동에너지와 포텐셜에너지를 합친 총 에너지에 해당된다. 따라서 식 7-78은

$$E = \gamma mc^2 = K + mc^2 \tag{7-79}$$

와 같이 쓸 수 있다. 정지질량에 대한 직접적인 증거는 많다. 예를 들면 전자-양전자 쌍소멸에서 정지상태의 전자와 양전자가 합쳐져서 두 개의 γ선이 발생되는데 그 에너지가 0.511MeV로 전자의 질량에너지와 동일한 것을 관찰할 수 있다.

대부분의 경우 속도보다는 운동량을 측정한다. 이 경우 에너지와 운동량 사이의 관계를 알면 편리하다. 상대론적인 에너지와 운동량은 각각 $E = \gamma mc^2$과 $p = \gamma mv$로 정의되므로

$$E^2 = p^2c^2 + m^2c^4 \tag{7-80}$$

의 관계를 얻을 수 있다. 물체가 정지해 있으면 $E = mc^2$으로 정지질량만 존재한다. 이는 물체가 정지해 있더라도 에너지가 0이 되지 않고 정지질량만큼의 에너지를 가지고 있음을 뜻한다.

질량이 없는 물체(입자, 예를 들면 광자와 중성미자 등)도 존재할 수 있다. 이 경우 식 7-80에서 $m = 0$으로 두면

$$E = pc \tag{7-81}$$

을 얻는다. 질량이 0이 되는 입자들은 항상 빛의 속도로 움직인다.

식 7-80은 $m^2c^4 = E^2 - p^2c^2$으로 주어지고 m^2c^4은 상수이다. 따라서 $E^2 - p^2c^2$도 상수이다. 이는 이 물리량은 Lorentz변환에도 변하지 않는 불변의 양임을 나타낸다.

(3) 상대론적 Doppler 효과

Doppler 효과는 음파의 경우와 마찬가지로 전자기파(빛)의 경우에도 동일하게 적용된다. 그러나 빛의 Doppler 효과에서는 관찰자나 광원의 상대적인 운동에도 불구하고 항상 빛의 속도는 c라는 점이 음파의 경우와 다르다.

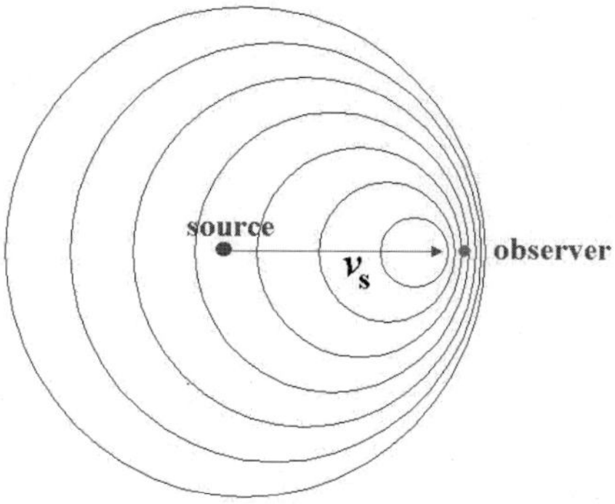

그림 7-23. 광원이 관찰자 쪽으로 이동하는 경우 파장이 짧아짐

광원이 관찰자에게로 속도 v_s로 다가오는 경우를 생각해 보자. 이 경우 관찰자의 위치에서는 파장이 짧아진다. 즉, 관찰자의 관성계에서 볼 때 빛의 파장은

$$\lambda_o = (c - v_s) T_o \tag{7-82}$$

와 같이 주어진다. 여기서 T_o는 관찰자의 관성계에서의 시간이다. 관찰자는 광원의 시간 연장을 관측하므로 $T_o = \gamma T_s$의 관계를 가지고 있다. 따라서 관찰자가 관측하는 파장과 광원의 파장 사이의 관계는

$$\lambda_o = \frac{c - v_s}{\sqrt{1 - \frac{v_s^2}{c^2}}} \frac{\lambda_s}{c} = \sqrt{\frac{c - v_s}{c + v_s}} \lambda_s \tag{7-83}$$

와 같이 구할 수 있다. 여기서 $T_s = \lambda_s / c$를 사용하였다. 광원이 멀어지는 경우는 위 식에서 부호를 바꾸면 된다. 위 관계식에서 다음과 같은 사실을 알 수 있다. 첫째, 광원과 관찰자가 서로 다가가면 관측되는 파장은 광원의 파장보다 짧아진다. 둘째, 광원과 관찰자가 서로 멀어지면 파장이 길어지는 적색편이 효과가 발생한다.

파장변화의 분율은 z-인자로 정의되며

$$z = \frac{\Delta\lambda}{\lambda_s} = \frac{\lambda_o - \lambda_s}{\lambda_s} = \sqrt{\frac{c - v_s}{c + v_s}} - 1 \tag{7-84}$$

와 같이 구해진다.

식 7-83을 진동수에 대한 관계식으로 바꾸면 $f\lambda = c$의 관계식을 이용하면

$$f_o = \sqrt{\frac{c+v_s}{c-v_s}}\, f_s \tag{7-85}$$

을 얻을 수 있다. 빛의 경우에는 음파의 경우와 달리 광원과 관찰자의 운동방향을 구별할 필요가 없다. 즉, 상대적인 운동이 중요하다. 따라서 식 7-83과 7-85에서 v_s 대신에 광원과 관찰자의 상대적인 속도 v로 나타내면 된다.

2-6. 일반상대성이론

특수상대성이론은 일정한 속도로 움직이는 관성계 사이의 상대성이론이다. 반면에 일반상대성이론은 일정하게 가속되는 비관성계에서의 상대성이론이다. 등가원리(equivalence principle)에 의하면 일정한 가속계와 일정한 중력은 동일하다. 따라서 일반상대성이론은 중력에 관련된 상대성이론이라 할 수 있다. 일반상대성이론은 Newton 역학이 설명하지 못한 현상들을 설명해 주었으며 Einstein 장방정식(field equation)은 현대의 우주론에 지대한 영향을 미쳤다. Einstein의 장방정식은 미분기하학(Riemann 기하학)에 기초를 둔 것으로 중력이 미치는 공간에서 일어나는 시공간(space-time)의 왜곡에 대한 정보를 준다. 이 절에서는 일반상대성이론의 기본개념인 등가원리와 일반상대성 원리의 실험적 검증에 관련된 몇 가지 현상만을 다루고자 한다.

(1) 등가원리

바깥을 전혀 볼 수 없는 우주선 안에 있는 사람이 시계를 떨어뜨리는 실험을 한다고 하자. 시계가 바닥으로 떨어지는 것을 보고 그는 어떤 행성(중력이 있는)에 착륙해 있는 것으로 판단한다. 그러나 우주선이 일정하게 가속할 때에도 시계를 떨어뜨리면 중력이 있는 경우와 동일한 실험결과를 얻을 수 있다. 이번에는 시계를 떨어뜨렸을 때 시계가 바닥으로 떨어지지 않고 공중에 떠있는 경우를 생각해 보자. 이 경우 우주선 안의 사람은 그가 중력이 없는 우주공간에 있다고 판단한다. 그러나 이 경우에도 우주선이 행성의 중력에 의해 자유낙하(free falling)하는 때에도 동일한 실험결과를 얻을 수 있다. 위 실험결과들은 중력계와 가속계를 구별할 수 없다(즉, 등가하다)는 것을 나타내고 있다.

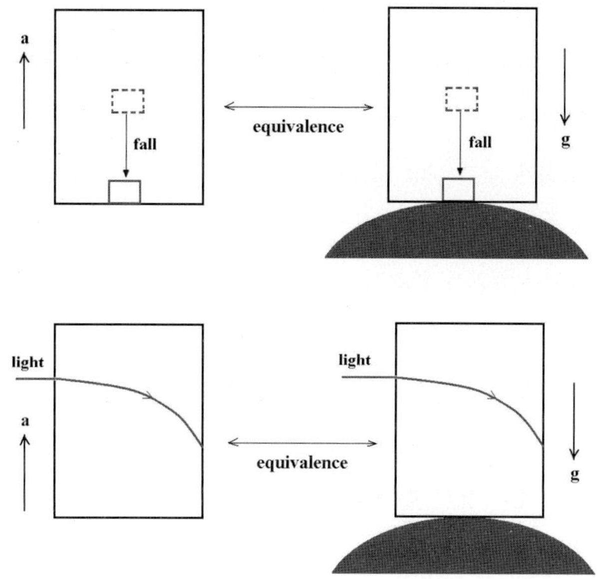

그림 7-24. 중력과 가속의 등가원리

다음에는 우주선에 아주 작은 창이 있어 빛이 그 창을 통해 들어오는 경우를 생각해 보자. 중력이 없는 우주공간에 정지하고 있는 경우 창으로 들어오는 빛은 직진한다. 등가원리에 따라 정지해 있는 경우와 자유낙하를 하는 경우는 같으므로 동일하게 빛의 직진을 관찰할 수 있다. 반면에 우주선이 일정하게 가속하는 경우 빛이 통과하는 동안 우주선은 움직이므로, 빛이 곡선의 경로를 따라 움직이는 것을 관찰할 수 있다. 이 경우에도 등가원리를 적용하면 가속계와 중력계는 동일하므로, 일정한 중력이 미치는 공간에 있는 우주선에서는 빛이 휘는 현상을 관찰해야 한다. 이 사실은 빛이 중력이 있는 공간을 지날 때 휘어지는 현상을 잘 설명해 준다.

Einstein의 일반상대성이론에 의하면 중력에 의해 시공간은 휘어진다. 즉, 중력을 만드는 질량이 존재하는 주위의 공간은 이 중력에 의해 공간이 휘어지게 된다. 따라서 우리가 관찰하기에는 빛이 휘어져 전파되는 것같이 보이지만 실제로는 빛이 중력에 의해 휘어진 공간에서 가장 빠른 길을 선택한 것이다.

(2) 중력 적색편이와 중력 시간지연

중력이 없는 우주공간의 우주선에서 다음과 같은 실험을 한다고 하자. 우주선의 바닥에 레이저가 있고 천정에서 레이저에서 발사된 빛을 관찰하는 것이다. 우주선이 위로 가속되는 순간에 레이저에서 빛이 발사된다고 할 때 발사된 빛이 천정으로 출발하면 우주선이 위로 움직이므로 천정에 있는 사람은 Doppler 효과를 관찰하게 된다. 즉, 관찰자가 빛의 원천에서 멀어지므로 파장이 길어지는 Doppler 효과가 관찰된다(red shifted). 반대로 천정에서 레이저 빛이 발사되고 바닥에서 그 빛을 관찰한다고 하면 바닥의 관찰자는 우주선의 움직임에 따라 빛의 원천에 가까워지므로 짧은 파장의 빛을 관찰하게 된다(blue shifted).

등가원리를 사용하여 위의 실험결과를 중력의 경우에 적용해 보자. 등가원리에 따르면 가속계에서 관찰되는 위의 Doppler 효과는 중력이 존재하는 행성에 멈춰 있는 우주선에서도 동일하게 만족되어야 한다. 즉, 가속되는 우주선 안에서 관찰되는 현상은 중력의 영향을 받는 우주선 안에서도 동일하게 관찰되어야 한다.

위의 결과를 지구 중력에 적용시켜 보자. 지표에서 레이저 빛이 발사된다고 할 때 지상에 있는 관찰자는 지구 중력에 의해 파장이 길어진 파를 관찰하게 되고(red shifted), 반대로 지상에서 레이저 빛을 쏘면 지표에 있는 관찰자는 파장이 짧아진 파(blue shifted)를 관찰하게 된다. 이러한 현상을 중력 적색편이(gravitational redshift)라고 부른다.

다음과 같은 실험을 한다고 가정하자. 아주 높은 탑 안의 천정과 바닥에 동일한 레이저가 각각 설치되어 있다. 천정에 있는 관찰자는 아주 정확한 진동수 측정기를 가지고 있다. 정확하게 1초 동안 진동수 측정기를 작동하여 천정에 있는 레이저 빛과 바닥에서 올라오는 레이저 빛의 진동수를 측정한다고 하자. 그런데 바닥에서 올라오는 빛은 적색편이되어 관찰되므로 천정에 있는 레이저 빛에 대해 진동수가 적게 관찰된다. 관찰자는 두 레이저가 동일하다고 알고 있으므로 바닥에 있는 사람도 자신의 레이저 빛에 대해 1초 동안 동일한 진동수를 측정한다고 알고 있다. 따라서 그에게는 이미 1초가 지나갔지만 바닥에서는 아직 1초가 지나지 않았다고 결론을 내린다. 이는 바닥에서의 시간이 천장에 비해 천천히 간다는 것을 의미한다. 이를 중력 시간지연(gravitational time dilation)이라 부른다. 특수상대성이론에서의 시간지연과 달리 중력 시간지연은 모두(바닥과 천정에 있는 사람)가 어느 쪽의 시간이 늦게 간다는 것에 대해 의견이 일치한다. 이와 같이 중력 시간지연은 중력을 주는 물체 가까이에 있는 경우가 멀리 있는 경우보다 시간이 느리게 간다는 것을 의미한다.

(3) 일반상대성이론의 실험적 증명

일반상대성이론은 여러 가지의 실험적 검증을 거쳤다. 가장 유명한 것이 Einstein 자신이 제시한 일반상대성이론의 3가지 가능한 실험적 검증이다. 또한 일반상대성이론은 우주의 구조, 별의 형성과 진화, 블랙홀, 중력렌즈 등을 설명하는 데 성공적으로 이용되고 있다. 여기서는 Einstein이

제시한 3가지 검증에 대해서만 언급하기로 한다.

첫째, 빛이 중력에 의해 휘어지는 현상을 관찰하는 것이다. 이 현상은 개기일식 때 관찰할 수 있다. 즉, 개기일식 때 태양의 가장자리에서 관찰되는 별들의 떨어진 거리를 관측하여 평소 때의 거리와 비교하는 것이다. 이때 태양의 가장자리에 관찰되는 별들의 떨어진 거리는 평소보다 더 멀게 관측된다. 이는 개기일식 때는 별들에서 나오는 빛이 태양의 중력에 의해 휘어져 관찰되었기 때문이다. 이 실험은 1919년에 처음으로 이루어졌으며 일반상대성이론을 세계적으로 유명하게 만들었다.

둘째, 중력 적색편이는 백색왜성이나 중성자별에서 오는 빛의 스펙트럼을 분석함으로써 관찰할 수 있다. 또는 실험실에서 레이저를 이용하여 실현할 수도 있다. 중력 시간지연도 인공위성에 장치한 정확한 원자시계로써 측정이 가능하다. GPS도 중력 시간지연의 효과를 보정해야 정확한 결과를 얻을 수 있다.

셋째, 수성의 근일점(perihelion, 타원궤도에서 태양에 가장 가까이 접근하는 지점)이 100년에 2°씩 앞서는 현상이다. 2° 중에 80″(초)는 다른 행성의 존재 등에 따른 영향 때문으로 계산이 된다. 그러나 나머지 40″는 Newton 역학으로 설명이 되지 않는 부분이었다. Einstein은 일반상대성이론을 이용하여 43″를 예측했으며 이는 일반상대성이론의 첫 번째 결정적인 검증이 된다.

3. 핵 및 방사선

3-1. 원자의 핵

Rutherford에 의해 핵의 존재가 실험적으로 규명되었다. 그 전에는 원자는 양의 전하가 분포되어 있는 공간에 전자들이 박혀 있는 Thomson 모형이 받아들여졌다. Rutherford는 금박에 $\alpha(^4He)$입자를 입사시켰을 때 대부분의 α입자들은 진로를 바꾸지 않았으나, 크게 휘거나 되튀어 나오는 α입자들을 관찰하였다. 이 실험결과에 따라 Rutherford는 새로운 원자 모형을 제안하였다. 즉, 양의 전하를 가진 핵이 중앙에 존재하고 그 주위를 전자들이 돌고 있는 새로운 원자모형이 Rutherford의 실험결과에서 도출된 것이다. Rutherford의 실험에서 핵과 전자 사이에는 빈 공간이므로 대부분의 α입자들은 진로가 변하지 않고 그대로 진행하고, 양의 전하를 가지는 핵의 정면으로 가까이 다가간 α입자들만이 크게 휘거나 되튀어 나온 것이다. Rutherford는 핵의 정면으로 나아간

α입자가 되돌아오기 전에 어느 정도 핵 가까이에 갈 수 있는지에 대해 계산함으로써 핵의 크기를 어림하였다. α입자가 원자번호 Z인 표적물질의 핵으로 입사한다고 하자. 충돌 전의 운동에너지는 α입자의 운동에너지뿐이고, 포텐셜에너지도 α입자와 핵이 멀리 떨어져 있으므로 무시할 수 있다. α입자가 핵의 정면으로 나아갈 경우 α입자는 그 운동에너지가 핵과 α입자 사이의 전기적 포텐셜 에너지와 같아지는 지점(속도 $v=0$)까지 도달할 수 있을 것이다. 이때 α입자와 핵과의 거리를 d이라고 두면

$$\frac{1}{2}mv^2 = \frac{1}{4\pi\epsilon_0}\frac{q_1q_2}{d} = \frac{1}{4\pi\epsilon_0}\frac{(2e)(Ze)}{d} \tag{7-86}$$

의 조건에서 $d = Ze^2/(\pi e\, mv^2)$과 같이 구해진다. Rutherford는 실험값에서부터 α입자가 핵에 대략 30fm로 접근한다는 것을 계산할 수 있었다. 여기서 $1fm = 10^{-15}$m이다. 이에 따라 핵의 크기는 이 값보다 훨씬 작은 값이 될 것으로 예상되었다. 그 후 핵 안에는 양성자 이외에 중성자가 존재한다는 사실이 밝혀졌다. 양성자와 중성자를 합쳐서 핵자라고 부른다. 여러 실험결과를 통해서 핵은 구형으로서 그 평균반경은

$$r = r_0 A^{1/3} \tag{7-87}$$

으로 주어진다는 것이 알려져 있다. 여기서 A는 질량수(mass number)로서 양성자와 중성자 개수의 합이고, r_0는 1.2fm이다. 핵의 체적은 반경의 세제곱에 비례한다. 따라서 핵의 체적은 질량수에 비례함을 알 수 있다.

양성자들 사이에는 전기적인 반발력이 있기 때문에 양성자들이 좁은 영역(핵)에 존재하기 위해서는 이를 상쇄할 수 있는 인력인 핵력이 존재해야 한다. 그리고 중성자 사이에도 인력이 존재하고 양성자 - 중성자 사이에도 인력이 존재한다. 그림 7-25에 핵자 사이에 작용하는 핵력의 모양이 주어져 있다. 양성자들 사이에 작용하는 힘은 핵력과 반발력의 합이 된다. 2fm 이하에서는 양성자들 사이의 인력과 양성자 - 중성자 사이의 인력이 비슷하다. 인력이 최대가 되는 지점은 대략 1fm이고, 그 에너지는 대략 20MeV 정도이다. 그러나 2fm 이상에서는 양성자들 사이에는 반발력이 존재하는데, 대략 4fm에서 최대 반발력이 존재하고, 그 이상에서는 두 양성자가 멀리 떨어짐으로 인하여 서로 힘의 작용이 줄어듦을 볼 수 있다.

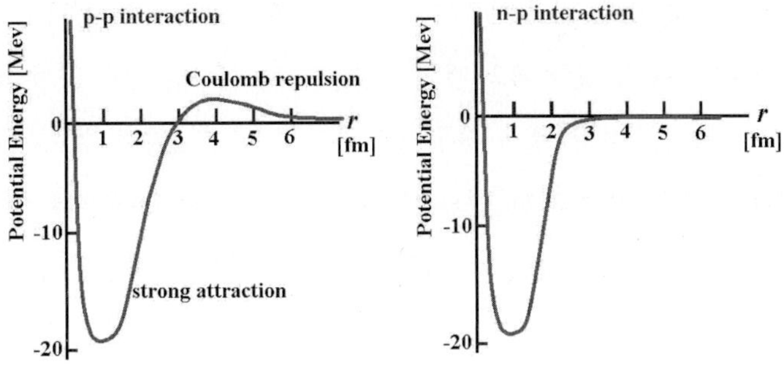

그림 7-25. 핵자 사이에 작용하는 핵력

양성자와 중성자의 질량은 서로 비슷하고 전자의 질량은 이들 질량에 비해 무시할 수 있으므로 양성자와 중성자의 수의 합을 질량수라고 부르고, 이 값을 원소의 질량을 비교하는 양으로 사용한다. 핵을 표시하는 데 있어서, 얼마나 많은 양성자와 중성자가 그 핵에 포함되어 있는가를 나타내는 표현으로 ${}^{A}_{Z}X$를 사용하고 있다. 여기서 A와 Z는 각각 질량수와 양성자의 수를 나타낸다. 그리고 X는 원소의 기호이다. 그런데 원소기호 X가 핵이 몇 개의 양성자로 구성되어 있는가를 나타내고 있으므로 이를 생략하여 ${}^{A}X$라고 표현하기도 한다. 위 식에서 중성자의 개수는 $N = A - Z$로 구해진다. 원소 중에는 양성자의 수는 같으나(같은 원소라는 의미) 중성자의 수가 달라서 질량이 다른 원소들이 있을 수 있다. 이를 동위원소(isotope)라고 부른다. 그리고 질량수가 같은 원소를 동중원소(isobar)라고 부르고, 중성자가 같은 원소를 동중성자원소(isotone)라고 부른다.

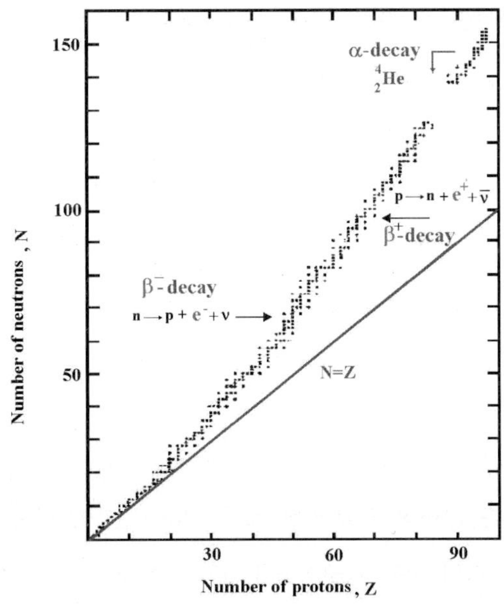

그림 7-26. 안정한 핵의 양성자 수와 중성자 수의 비

그림 7-26에 안정한 핵(점으로 표시)에 대한 중성자 수와 양성자 수의 비가 주어져 있다. 안정한 핵은 대략 280여 종이 된다. 안정한 핵의 경우 질량수가 40 이하인 경우 양성자의 수와 중성자의 수가 같다. 그러나 이보다 무거운 핵의 경우 중성자의 수가 양성자의 수보다 많다. 원자번호가 커져서 양성자의 수가 많아지게 되면 양성자들 사이에 작용하는 반발력이 커지게 되는데, 이 반발력을 상쇄시켜 인력을 더 크게 만들기 위해서는 중성자-중성자, 중성자-양성자 사이의 인력이 필요하므로 중성자의 수가 증가한다. 그러나 원자번호가 83 이상인 경우 중성자의 수를 늘려서 양성자들 사이에 작용하는 반발력을 상쇄하기에는 반발력이 너무 크기 때문에 원자번호가 83보다 큰 원소의 경우에는 안정한 핵은 존재하지 않는다.

3-2. 불안정한 핵의 붕괴

방사선은 불안정한 핵이 안정한 핵으로(외부의 영향이 없이 자발적으로) 전이하는 과정에서 발생하는 입자 및 전자기파이다. 입자로는 α선과 β선이 있고, 전자기파로는 γ선이 있다. 이들을 방사선이라고 부르며, 방사선을 방출하는 물질에 대해서는 방사능을 가졌다고 말한다.

(1) α 붕괴

α붕괴는 질량수가 큰 동위원소($Z \geq 78$)에서 발생한다. α붕괴에서는 헬륨 핵(^4He)이 방출되므로 원래의 원소 X는 2개의 양성자와 2개의 중성자를 잃고

$$ {}^{A}_{Z}X \rightarrow {}^{A-4}_{Z-2}Y + {}^{4}_{2}He \tag{7-88} $$

와 같이 다른 원소 Y로 바뀐다. 위 식은 붕괴에서 질량수와 양성자의 수는 보존되어야 함을 보여 준다. 이에 덧붙여 계의 총 에너지도 보존되어야 한다. 붕괴에너지는

$$ Q = (m_X - m_Y - m_\alpha)c^2 \tag{7-89} $$

로 정의된다. 이 붕괴에너지는 붕괴 전과 후의 질량에너지의 차이이다. 그리고 이 에너지는 붕괴 후의 각 원소들의 운동에너지가 된다. 그런데 붕괴 전과 후의 운동량도 보존되어야 한다. 운동량보존칙에 따르면 붕괴하는 원소의 질량이 클 경우 원소 X와 원소 Y의 속도는 방출되는 α입자의

속도에 비해 아주 작을 것이다. 따라서 식 7-89에 주어진 에너지는 대부분 방출되는 α입자의 운동에너지가 된다.

α붕괴의 반감기는 아주 길다. 예를 들면 ^{238}U이 $^{238}U \rightarrow {}^{234}Th + {}^{4}He$과 같이 α붕괴를 하는데, 그 반감기는 45억 년이나 된다. 모든 ^{238}U원자가 위와 같은 과정을 거쳐서 α붕괴를 한다면 왜 한 번에 모두 붕괴를 하지 않는가? 이에 대한 답은 양자역학적 터널링에서 나온다.

예를 들어 에너지 $5MeV$인 α입자의 경우 de Broglie 물질파의 파장은 $7\times10^{-15}m$로 계산되어 진다. 이는 핵의 크기와 비슷하다. 따라서 α입자가 포텐셜 우물에 갇혀 있는 모델을 생각해 볼 수 있다. α입자는 핵 내에서는 핵력을 받고 핵의 외곽으로 빠져나가면 Coulomb 힘을 받는다. 여기서 Coulomb 포텐셜은 Z개의 양성자를 가진 핵의 경우

$$V(r) = \frac{2\times(Z-2)e^2}{4\pi\epsilon_0 r} \tag{7-90}$$

와 같이 주어진다. α입자의 전하는 $2e$이고 α입자가 빠져나간 핵의 전하는 $(Z-2)e$이다. 그리고 위치에 따른 포텐셜의 모양이 그림 7-27에 주어져 있다.

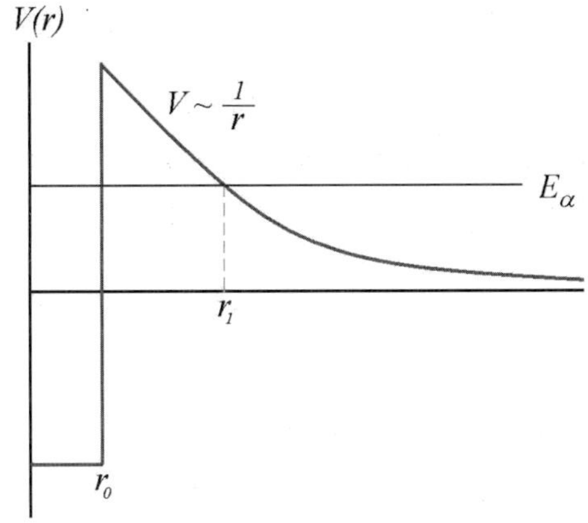

그림 7-27. α-입자의 포텐셜 장벽

그림에서 r_0는 핵력이 미치는 범위이고, 이것을 대략 핵의 크기로 간주할 수 있다. 핵 안에 갇혀 있는 α입자의 에너지는 포텐셜 장벽보다 작으므로 α입자는 핵을 빠져나가지 못한다. 그러나 양자역학적으로 보면 장벽보다 작은 에너지 E_α를 가지는 α입자라도 포텐셜 장벽을 터널링할 수는 있다. 반감기와 α입자의 운동에너지 사이에는 $\ln\tau \sim 1/\sqrt{E_\alpha}$의 관계가 있다. 즉, α붕괴에

서 나오는 α입자의 운동에너지에 따라 반감기는 지수적으로 차이가 난다. 반감기가 작은 방사능 원소 안에서의 α입자의 운동에너지가 커서 터널링될 수 있는 확률이 높다. 그리고 α입자가 터널링에 의해 핵을 빠져나오므로 α입자가 한꺼번에 방출되지는 않는다.

(2) β 붕괴

안정한 핵보다 중성자나 양성자가 많은 원소는 β붕괴를 한다. 안정한 핵보다 중성자가 많은 경우 여분의 중성자가 양성자로 바뀌면서 $(n \to p + e^- + \nu)$ 전자를 방출한다. 이에 따라 원소 X는 원자번호가 하나 큰 원소 Y로 바뀐다. 즉,

$$ {}^{A}_{Z}X \to {}^{A}_{Z+1}Y + {}^{0}_{-1}e + \nu \tag{7-91} $$

와 같이 붕괴한다. 위 식에서 전하가 보존되고 핵자들이 보존됨을 볼 수 있다. 반면에 안정한 핵보다 양성자가 많은 경우 여분의 양성자가 중성자로 바뀌면서$(p \to n + e^+ + \bar{\nu})$ 양전자를 방출하게 된다. 이에 따라 원소 X는 원자번호가 하나 작은 원소 Y로 바뀐다. 즉,

$$ {}^{A}_{Z}X \to {}^{A}_{Z-1}Y + {}^{0}_{+1}e + \bar{\nu} \tag{7-92} $$

와 같이 붕괴한다. 여기서 양전자는 질량은 전자와 같으나 전하는 전자와 반대인 전자의 반입자이다. 또한 $\bar{\nu}$는 중성미자 ν의 반입자이다.

역사적으로 볼 때 중성미자의 존재는 β붕괴에서 설명할 수 없었던 많은 문제점들을 해결해 주었다. β붕괴에서 나오는 전자와 양전자의 에너지는 연속적임이 관측되었다. α붕괴를 하는 방사능 핵종에서 나오는 α입자의 운동에너지는 불연속적이다. 이는 핵의 에너지도 원자의 경우와 동일하게 양자화되어 있다는 것을 보여 주는 증거이다. 그런데 이와 대조적으로 β붕괴에서 나오는 전자와 양전자의 에너지는 연속적이었던 것이다. 또한 운동량보존칙과 각운동량보존칙도 만족되지 않는 실험결과들이 나왔다. 이 문제들을 해결하기 위해 1930년 Pauli는 중성미자(neutrino)라는 전기적으로 중성이고 질량이 없는 입자가 β붕괴에서 방출된다는 것을 제안하였다. 즉, 이 입자가 다양한 에너지와 운동량을 가지고 방출됨으로써 전자나 양전자의 에너지가 연속적이 된다는 것이었다. 중성미자는 전기적으로 중성이고 질량도 없으므로(근래의 실험결과에 의하면 중성미자도 아주 작은 질량을 가짐) 그 존재를 밝히는 것이 쉽지 않았는데 1956년에 와서야 그 존재가 실험적으로

규명되었다. 중성미자는 스핀각운동량이 1/2이므로 이에 따라 β붕괴에서 또 다른 문제였던 각운동량의 보존칙도 만족시켰다.

β붕괴에서의 붕괴에너지 Q도 붕괴 전과 후의 질량에너지의 차이이다. 이 Q값을 방출되는 전자(또는 양전자)와 중성미자(또는 반중성미자)가 운동에너지로 나누어 가지게 된다. 즉, 방출되는 전자(양전자)의 최대 운동에너지는 Q가 되고 최저의 운동에너지는 0이 된다. 따라서 β붕괴에서 나오는 전자(양전자)의 운동에너지는 0에서 Q까지의 연속적인 운동에너지를 가지게 되는 것이다.

안정한 핵보다 양성자가 많은 원소들 중에는 그 자신의 전자를 포획하여 원자번호가 하나 작은 원소로 바뀌면서 핵붕괴를 한다. 이 현상을 전자포획(electron capture)이라고 한다. 이 과정에서 $p+e^{-}\rightarrow n+\nu$의 변환에 의해

$$ {}^{A}_{Z}X+{}^{0}_{-1}e\rightarrow {}^{A}_{Z-1}Y+\nu \qquad (7\text{-}93) $$

와 같은 붕괴가 일어난다. 대부분의 경우 가장 안쪽인 K구각의 전자를 포획하기 때문에 K포획이라고 부르기도 한다.

(3) γ 붕괴

α나 β붕괴를 한 후의 핵이 여기상태에 존재할 수 있다. 이때 핵이 보다 낮은 에너지 상태 또는 기저상태로 떨어지면서 남는 에너지를 전자기파의 형태로 방출하게 된다. 이는 전자가 에너지 준위 사이의 전이에 의해 전자기파를 방출하는 과정과 동일하다. 따라서 이 현상은 핵의 에너지도 양자화되어 있다는 것을 보여 준다. 핵에서 방출되는 전자기파는 핵의 에너지준위 사이의 에너지 차이가 크므로 MeV의 에너지를 가진다. 따라서 파장이 아주 짧은 전자기파가 나오는데 이를 γ선이라고 부른다. 반면에 전자의 에너지준위 사이의 에너지 차이는 eV영역이므로 전자의 경우 주로 가시광선영역의 전자기파를 방출한다. γ붕괴에서는 핵자의 변이가 없으므로 붕괴 전과 후의 원소는 변하지 않는다. 즉, γ붕괴는

$$ {}^{A}_{Z}X^{*}\rightarrow {}^{A}_{Z}X+\gamma \qquad (7\text{-}94) $$

와 같이 표현된다. 여기서 *는 핵이 여기상태에 있음을 나타낸다. 여기된 핵이 γ붕괴하는 시간은 대체로 $10^{-10}s$이다. 그러나 핵의 붕괴시간이 상당히 길어서 수년(${}^{178}Hf^{m2}$는 31년)이 되는 원소들

도 존재하다. 이러한 원소를 핵이성체(nuclear isomer)라고 부른다.

그림 7-28에 ^{60}Co의 붕괴도가 주어져 있다. ^{60}Co(반감기 5.62년)은 $^{60}\mathrm{Ni}$의 여기상태인 $^{60}\mathrm{Ni}^*$로 β붕괴를 한다. 다음에 연속으로 두 개의 γ선을 방출하면서 $^{60}\mathrm{Ni}$로 붕괴한다. 즉,

$$^{60}_{27}Co \rightarrow ^{60}_{28}\mathrm{Ni}^* + e^- + \bar{\nu} + \gamma\,(1.17 MeV) \tag{7-95}$$

$$^{60}_{28}\mathrm{Ni}^* \rightarrow ^{60}_{28}\mathrm{Ni} + \gamma(1.33\,MeV)$$

과 같이 붕괴한다.

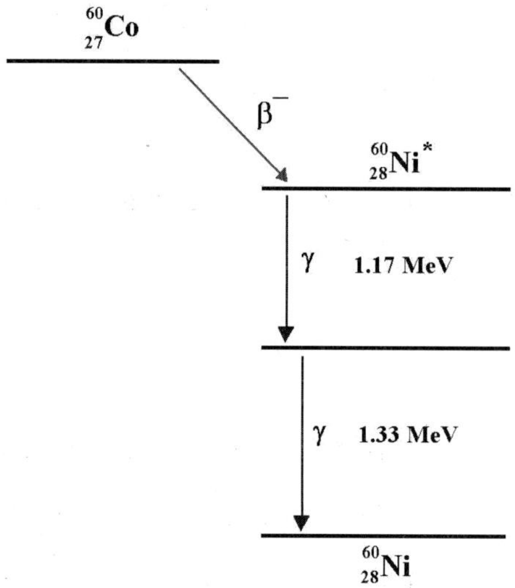

그림 7-28. ^{60}Co의 붕괴도

3-3. 결합에너지

핵의 질량은 핵을 구성하고 있는 중성자와 양성자의 개수에 그들의 질량을 곱해 합한 값보다 항상 작다. 두 질량의 차이 Δm에 해당하는 질량에너지가 그 핵의 결합에너지이다.

$$E_B = \Delta mc^2 = [Nm_n + Zm_p - M(^A_ZX)]c^2 \tag{7-96}$$

여기서 m_n과 m_p는 각각 중성자와 양성자의 질량이다. 원자의 결합에너지는 수 eV인 데 반해서 핵의 결합에너지는 수백만 eV이므로 원자의 결합에너지는 무시할 수 있다.

원자질량은 원자질량단위 u로 측정되는데 $1u$는 ${}^{12}_{6}C$ 질량의 1/12로 정의된다. 즉, $1u = 1.6605 \times 10^{-27}kg$이다. 이 값은 양성자의 질량 $m_p = 1.6726 \times 10^{-27}kg$과 중성자의 질량 $m_n = 1.6749 \times 10^{-27}kg$과 비슷한 값이다. 즉, 양성자와 중성자의 질량을 u단위로 표시하면 각각 1.00727u와 1.008665u이다. 반면에 전자는 0.00054858u로서 양성자와 중성자의 질량에 비해 무시할 수 있을 정도로 작은 값이다.

α입자인 ${}^4He$의 결합에너지를 계산해 보자. ${}^4He$의 핵에는 2개의 양성자와 2개의 중성자가 있으므로 핵자들의 질량의 합은 $m = 2m_n + 2m_p = 4.031918u$이다. 반면에 ${}^4He$원소의 질량은 4.002602u로 측정된다. 결과적으로 두 질량의 차이는 0.029316u이다. 이를 MeV 단위로 환산하면 27.31MeV이다. 여기서 M은 백만(10^6)을 나타내고 $1eV$의 에너지는 $1V$의 전위차에서 전자가 얻는 에너지이다. 전자의 전하량이 $1.6 \times 10^{-19}C$이므로 $1eV$는 $1.6 \times 10^{-19}J$의 에너지에 해당된다. 이에 따라 질량 $1u$는 931MeV의 에너지에 해당된다는 것을 알 수 있다. 핵자당 결합에너지는 결합에너지를 핵자의 수로 나눈 값으로서 원소에 따른 핵의 결합정도를 비교하는 데 사용할 수 있다. ${}^4He$핵의 핵자당 결합에너지는 27.31MeV를 핵자의 수 4로 나눈 값으로 6.828MeV이다.

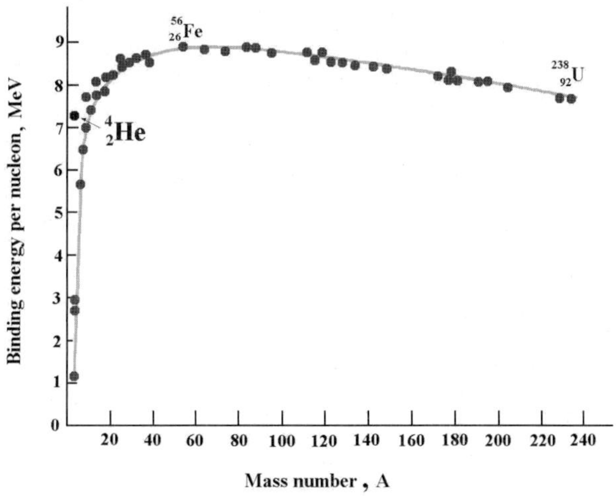

그림 7-29. 핵자당 결합에너지

그림 7-29에 안정한 핵에 대해서 질량수에 따른 핵자당 결합에너지의 변화가 주어져 있다. 이 그림에서 질량수 60 근방에서(철, 코발트, 니켈) 핵자당 결합에너지가 가장 크다는 것을 알

수 있다. 이는 60보다 큰 질량수나 작은 질량수의 핵들은 질량수 60 근방의 핵들보다 덜 강하게 결합되어 있음을 나타낸다. 질량수 60보다 오른쪽에 위치한 핵들은 핵분열에 의해서 두 개의 핵으로 쪼개지면 이 핵들은 원래의 핵보다 결합에너지가 더 큰 핵들이 된다. 이러한 핵분열은 우라늄과 같은 질량수가 큰 핵들에서 발견된다. 반면에 질량수 60보다 왼쪽에 위치한 핵들은 핵융합에 의해서 하나의 핵으로 되면 결합에너지가 더 큰 핵으로 변한다. 핵들이 핵분열과 핵융합을 할 때 많은 에너지를 방출한다. 우라늄이 핵분열을 할 때 발생하는 열을 원자력발전에 이용하고 있다. 그리고 별의 내부에서 핵융합이 발생하고 이 에너지에 의해 별이 빛을 발하고 있다.

그림 7-29에서 보듯이 ^{4}He핵은 질량수가 작음에도 불구하고 높은 결합에너지를 가진다. 이는 ^{4}He핵은 상당히 안정되어 있다는 것을 뜻한다. 따라서 α붕괴에서 ^{4}He의 형태로 핵이 에너지를 방출하는 이유는 결합에너지가 큰 ^{4}He핵의 형태로 에너지를 방출하는 것이 핵이 안정화되는 데 더 유리하기 때문이다.

3-4. 방사능 원소와 반감기

현재 약 1,850개의 핵종(nuclide)이 알려져 있다. 이 중에서 280여개가 안정한 핵이고 나머지는 방사능 핵종들이다. 방사능 핵종은 자연방사능 핵종과 인공방사능 핵종으로 구분된다. 원자번호가 83 이하인 자연방사능 원소는 18개가 존재한다. 이들의 반감기는 10억 년이 넘기 때문에 지구가 생성되고 46억 년이 지난 지금에도 발견되고 있다. 그러나 이 중에는 계속 생성되는 ^{14}C도 있는데 그 반감기는 5,730년이다. 반면에 자연에서 발견되는 원소 중 원자번호가 83(bismuth) 이상의 원소들은 모두 방사능 핵종들인데 45개가 있다. 이들은 3개의 계열로 구분된다. α붕괴에서는 질량수가 4개 감소하고 β붕괴에서는 질량수가 변하지 않기 때문에 이들 계열의 방사능 핵종들의 질량수 사이에는 4의 배수배의 차이가 있다. 첫째, ^{232}Th을 어미핵종으로 하는 토륨계열이다. 이 계열에 속하는 핵종들의 질량수는 모두 4의 배수가 된다. 따라서 $4n$계열이라고도 부른다. 이 계열의 최종적인 안정한 핵은 ^{208}Pb가 된다. 둘째, ^{238}U을 어미핵종으로 하는 우라늄계열이다. 이 계열의 핵종들은 그 질량수에서 2를 뺀 값이 모두 4의 배수가 된다. 즉, 질량수가 $4n+2$로 표현되는 핵종들이다. 이 계열의 최종적인 안정한 핵은 ^{206}Pb이다. 셋째, ^{235}U을 어미핵종으로 하는 악티늄(처음에 ^{235}U을 actinouranium으로 부른 데서 유래)계열이다. 이 계열의 핵종들은 그 질량수에서 3을 뺀 값이 모두 4의 배수가 된다. 즉, 질량수가 $4n+3$으로 표현되는 핵종들이다.

위에서 보듯이 질량수가 $4n+1$이 되는 자연방사능 계열이 없는데, 이 계열의 핵종들은 모두 인공방사능 핵종들이다. 이 계열은 ^{237}Np을 어미핵종으로 하는데 그 반감기가 2십만 년밖에 되지 않아서 모두 붕괴되어 없어진 것으로 추측된다. 최종적인 안정한 핵은 ^{209}Bi이다.

방사능 핵종의 붕괴에서 어떤 핵들이 붕괴를 할 것인지 예측할 수 없다. 따라서 방사능 핵종의 붕괴를 다루는 데 있어서 통계적인 개념을 사용할 수밖에 없다. 즉, 처음에 존재하였던 핵종의 수가 반으로 줄어드는 데 걸리는 시간인 반감기라는 개념을 도입한다. $N(t)$를 임의의 시간 t에서 붕괴하지 않고 남아있는 방사능 핵종의 수라고 하면 시간 t에서 단위시간당 붕괴하는 핵종의 수 $-dN/dt$는 $N(t)$에 비례할 것이다. 즉,

$$-\frac{dN(t)}{dt} = \lambda N(t) \tag{7-97}$$

와 같이 표현된다. 여기서 λ는 붕괴상수로서 방사능 핵종마다 특정한 값을 가진다. 위 식을 정리하여 적분하면

$$\int_{N_0}^{N} \frac{dN}{N} = -\lambda \int_{t_0}^{t} dt \tag{7-98}$$

을 얻는다. 그리고 $\ln N - \ln N_0 = -\lambda(t - t_0)$ 이 구해진다. 여기서 $t_0 = 0$로 두고, 그때 붕괴되지 않은 핵종의 수를 N_0라고 두면

$$N(t) = N_0\, e^{-\lambda t} \tag{7-99}$$

을 얻을 수 있다. 그리고 임의의 시간 t에서 붕괴율(decay rate)은

$$R(t) = -\frac{dN(t)}{dt} = \lambda N(t) = \lambda N_0 e^{-\lambda t} \equiv R_0 e^{-\lambda t} \tag{7-100}$$

와 같이 주어진다. 여기서 초기 붕괴율은 $R_0 = -\lambda N_0$로 정의되었다.

반감기 τ는 식 7-99에서 핵종의 수가 반으로 줄어드는 데 걸리는 시간, 즉 $N = N_0/2$가 되는 시간이므로

$$\tau = \frac{\ln 2}{\lambda} = \frac{0.693}{\lambda} \tag{7-101}$$

과 같이 표현된다. 식 7-101은 붕괴상수 λ와 반감기 τ가 어떻게 연관되어 있는지를 보여 주고 있다.

3-5. 방사능 연대측정

암석, 지각, 화석 등의 연대는 그 안에 존재하는 자연방사능 핵종과 그 딸핵종의 존재비(比)를 측정함으로써 추정할 수 있다. 그리고 탄화된 식물, 동물의 뼈 등의 연대도 ^{14}C 붕괴를 측정함으로써 알 수 있다.

현재 가장 널리 사용되고 있는 연대 측정법에는 K-Ar 연대측정, U-Pb 연대측정, ^{14}C 연대측정 등이 있다. ^{40}K은 ^{40}Ar으로 붕괴되는데 그 반감기가 12.5억 년이다. 암석시료에서 ^{40}K와 ^{40}Ar의 비를 측정함으로써 암석의 연대를 추정할 수 있다. 그리고 U-Pb 연대측정에서는 ^{235}U과 ^{207}Pb의 비를 측정함으로써 암석, 지각 등의 연대를 측정할 수 있다.

^{14}C 연대측정에 대해 알아보도록 하자. ^{14}C는 반감기가 5,730년인 방사능 원소이다. ^{14}C는 우주에서 날아오는 양성자에 의해 형성된 이차 중성자가 질소와 부딪혀서 핵반응을 일으킴으로써 생성된다. 즉,

$$^{14}N + {}^{1}n \rightarrow {}^{14}C + {}^{1}H \tag{7-102}$$

와 같은 반응에서 만들어진다. 이 핵반응은 대기 중에서 ^{14}C의 생성과 붕괴가 평형을 이룰 때까지 계속된다. 이렇게 형성된 ^{14}C는 산소와 결합하여 CO_2가 되고, 이것이 생물의 호흡에 의해 흡수된다. 따라서 대기에 존재하는 ^{14}C의 양과 생물(식물도 포함) 안에 존재하는 ^{14}C의 양은 동일하다. 그러나 생물이 죽게 되면 더 이상 호흡을 하지 않으므로 죽은 생물 안의 ^{14}C의 양은 ^{14}C의 붕괴에 의해 줄어들게 된다. 결국 죽은 생물체에서 ^{14}C의 붕괴율을 측정함으로써 그 연대를 결정할 수 있는 것이다.

대기 중에 있는 ^{14}C와 ^{12}C의 존재 비는 1.3×10^{-12}이다. 이 값은 ^{14}C의 양은 ^{12}C에 비해 아주 적음을 보여 준다. 대기 중의 탄소 1몰(mole, 탄소 1몰은 12g임) 안에 있는 ^{14}C의 붕괴율을 계산해 보자. 1몰 안에는 6.023×10^{23}개의 원자가 존재하므로 1몰 안의 ^{14}C의 수는 이 값에 ^{14}C의 존재비 1.3×10^{-12}을 곱하면 구할 수 있다. 즉, $N=7.83\times10^{11}$개의 ^{14}C가 1몰의 탄소 속에 존재한다. 붕괴율은 λN으로 정의되므로 붕괴율을 알려면 붕괴상수 λ를 알아야 한다. 붕괴상수는 반감기를 알면 계산할 수 있다. ^{14}C의 반감기는 5,730년(3×10^{9}분)이므로 $\lambda=0.693/\tau$에서 λ는 2.31×10^{-10}/분으로 계산되고, 이에 따라 ^{14}C의 붕괴율은 $R=\lambda N=181$붕괴/분이다. 즉,

분당 181개의 ^{14}C원자가 붕괴함을 알 수 있다.

고대 무덤에서 오래된 뼈를 출토했다고 하자. 뼈에서 탄소를 추출하여 붕괴율을 측정한 결과 탄소 12g(1몰)당 붕괴율이 30붕괴/분으로 나왔다고 하자. 사람이 살아 있을 때는 위에서 계산했듯이 호흡에 의해 몸속에 들어와 있던 탄소 ^{14}C는 분당 181개가 붕괴했을 것이다. 그러나 사람이 죽으면 호흡에 의해 더 이상 외부에서 ^{14}C의 유입이 없게 된다. 따라서 이 사람은 죽은 시점부터 몸속에 있던 ^{14}C가 붕괴하기 시작하여 지금 분당 30개의 ^{14}C가 붕괴하는 정도로 ^{14}C의 양이 줄어든 것이다. 붕괴율의 시간에 따른 변화는 $R = R_0 e^{-\lambda t}$로 주어지므로 뼈의 주인이 죽은 시점은

$$t = -\frac{1}{\lambda} ln \frac{R}{R_0} = 14856\, yr \tag{7-103}$$

와 같이 계산할 수 있다. 위 식에서 R_0는 죽기 전의 붕괴율 181이고 R은 지금의 붕괴율 30을 나타낸다. ^{14}C 연대측정의 상한은 58,000년~62,000년 정도로 알려져 있다.

3-6. 인공방사능 원소의 생성방법

핵반응은 에너지 입자와의 충돌에 의해 충돌 후의 핵이 충돌 전의 핵과 다른 핵이 되는 과정이다. 충돌 후에 핵의 종류가 변하지 않았다면 이는 핵반응이 아니고 산란에 속한다. 표적 핵 X가 입사입자 A와의 충돌에 의해 핵 Y가 되고 다른 입자 B가 방출되는 핵반응은

$$X + A \rightarrow Y + B \tag{7-104}$$

와 같이 표현된다. 또는 간략한 형태로 $X(A, B)Y$로 표기할 수도 있다.

핵붕괴에서 붕괴 전과 후의 질량에너지의 차이로 정의된 Q는 핵반응에서도 동일하게 정의될 수 있다. 핵반응의 경우 Q를 반응에너지라고 부르고

$$Q = (m_X + m_A - m_Y - m_B)c^2 \tag{7-105}$$

와 같이 정의한다. Q가 양인 경우 반응 후에 나오는 Y와 B의 운동에너지가 반응 전의 X와 A의 운동에너지보다 Q만큼 크다는 것을 나타낸다. 이 경우를 발열반응이라고 부른다. 반면에 Q가 음인 경우 반응 후의 질량에너지가 크다는 것을 나타낸다. 따라서 이 경우 반응이 일어나려면

반응 전의 X와 A의 운동에너지가 $|Q|$ 보다 커야 된다. 그렇지 않으면 핵반응은 일어나지 않는다. 이를 흡열반응이라고 부른다.

인공방사능 원소는 핵분열이나 핵반응에 의해 만들어진다. 핵분열과정에서는 U과 같은 무거운 핵들이 중성자나 하전입자와의 충돌에 의해 질량이 비슷한 두 개의 핵으로 분열되고 이 과정이 계속되면서 여러 종류의 인공방사능 핵종들이 발생된다. 핵반응은 입자가속기 등에서 가속된 하전입자를 표적 핵과 충돌시켜 새로운 핵을 만들어 내는 과정이다. 아래에는 원자로와 사이클로트론에서의 인공방사능원소의 생성에 대해 알아보도록 하자.

(1) 핵분열 원자로에 의한 인공방사능 핵종의 생성

원자로의 연료로는 ^{235}U(자연 또는 농축된 것), ^{239}Pu, ^{233}U 등이 사용되고 있다. ^{235}U은 핵분열하여 2개의 비슷한 질량을 가진 핵으로 분열하며, 동시에 평균 2.4개의 중성자(빠른 중성자)와 195MeV의 에너지를 방출한다. 여기서 195MeV의 에너지는 결합되어 있던 핵이 분열되면서 그 결합에너지를 방출하는 것이다. 원자력 발전에 이용하는 것이 바로 이 에너지이다. 약 $1g$의 핵연료를 하루 동안 가동함으로써 $1MW$의 열에너지를 얻을 수 있다. 대략 이 에너지의 1/3이 전기에너지로 바뀐다. 따라서 $1g$의 핵연료에 의해 대략 1/3 MW의 전력을 생산할 수 있다.

농축 ^{235}U에서 빠르게 일어나는 핵분열의 연쇄반응은 약 3%로 농축된 ^{235}U 연료(원자력 발전)를 사용함으로써 천천히 만들 수 있다.

^{235}U는 열중성자(천천히 움직이는)에 의해 핵분열된다. 그런데 핵분열에서 ^{235}U 원자당 평균 2.4개의 빠른 중성자가 방출된다. 이 빠른 중성자들의 속도가 감속재(경수 또는 중수)에 의해 떨어져서 계속적으로 핵분열이 발생하게 되어 원자력 발전이 가능하다.

원자로에서 발생하는 핵반응은 3가지 형태로 나눌 수 있다. 첫째, 중성자포획이다. 핵반응은 (n, γ)로 표현된다. 둘째, 중성자 포획 후 붕괴하는 것이다. 셋째, 핵분열이다. 이 중에서 가장 많이 이용되는 것이 열중성자(에너지가 낮은 중성자)에 의한 중성자 포획인 (n, γ) 핵반응에 의한 방사능 핵종의 생성이다.

(n, γ) 핵반응에 의한 방사능 핵종의 생성은 가장 간편한 방법이고 수율도 높다. 단순히 표적원소를 원자로에서 중성자와 핵반응을 시키면 되고 화학적인 분리도 할 필요가 없다. 그러나 가장 큰 단점도 화학적 분리가 불가능하기 때문에 불순물이 많을 수 있다는 점이다. 이 불순물에 대한 문제를 해결하기 위해서는 표적 물질의 순도를 높여야 한다. (n, γ) 핵반응 방법으로 생성되는 방사능 핵종에는 ^{99}Mo, ^{51}Cr, ^{89}Sr 등 여러 핵종들이 있다.

다음에는 (n, γ) 핵반응 후 최종 핵종으로 붕괴하는 경우가 있다. ^{131}I, ^{125}I가 대표적인 예이다. $^{124}Xe(n, \gamma)^{125}Xe$로 핵반응을 한 후 전자포획 또는 β^- 붕괴 후 ^{125}I가 된다. 최종 방사능 핵종이 화학적으로 분리가 가능한 점이 이 방법의 장점이다.

마지막으로 ^{235}U가 중성자에 의해 핵 분열될 때 발생하는 $Z=30$에서 66까지의 방사능 핵종들이 있다. 방사능 핵종을 만들기 위해서 약 $25g$의 아주 농축된 ^{235}U을 표적으로 사용하고 있다. 이러한 방식으로 발생되는 방사능 핵종 중 핵 의약으로 많이 사용되는 것으로서는 ^{131}I, ^{133}Xe, ^{99}Mo 등이 있다.

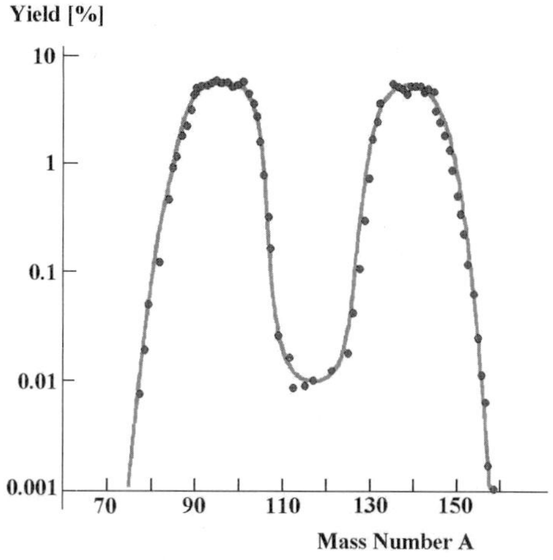

그림 7-30. ^{235}U가 중성자에 의해 핵 분열될 때 발생하는 방사능 원소들

(2) 사이클로트론에 의한 인공방사능 핵종의 생성

사이클로트론(cyclotron)은 방사능 핵종을 만드는 데 가장 많이 사용하는 입자가속기이다. 1930년에 처음 발명된 후 $3MeV$에서부터 $700MeV$까지의 입자에너지를 만들 수 있는 사이클로트론이 현재 세계에서 대략 100여 개가 사용되고 있다.

사이클로트론의 기본적인 작동원리가 그림 7-31에 주어져 있다. 이 장치의 가장 중요한 부분이 Dee라고 부르는 두 개의 D자(字) 형태의 장치인데, 반원으로 비어 있는 금속통 구조를 하고 있다. 그리고 두 개의 Dee 사이에는 빈 공간이다. Dee의 안쪽 및 빈 공간, 즉 장비의 안쪽은 모두 진공상태가 유지되어야 한다. 그리고 Dee에 수직하게 강한 자기장이 걸려 있다.

입자의 가속과정은 다음과 같다. 먼저 이온발생기에서부터 이온이 만들어져서 두 Dee 사이의 빈 공간에 투입된다. 그리고 한쪽 Dee의 전극에 입사된 이온(양성자라고 하자)이 그쪽으로 가속되도록 음의 전압을 걸어 준다. 양성자가 Dee 안에 들어오면 더 이상 전압 차이를 느끼지 못하나, 수직하게 걸려 있는 자기장에 의해 원운동을 하게 된다. Dee에 걸어 주는 전압은 라디오파 전압으로서 주기적으로 양과 음이 바뀐다. 양성자가 한쪽 Dee의 안쪽을 원운동을 하여 두 Dee 사이의 공간을 빠져나오기 전에 다른 쪽 Dee의 전압이 음으로 바뀌어 양성자를 끌어들이게 되고, 자기장에 의해 그곳에서 다시 가속된다. 양성자는 Dee의 공간을 지나갈 때마다 걸어 주는 전압 V에 의해 $+eV$의 운동에너지가 증가한다.

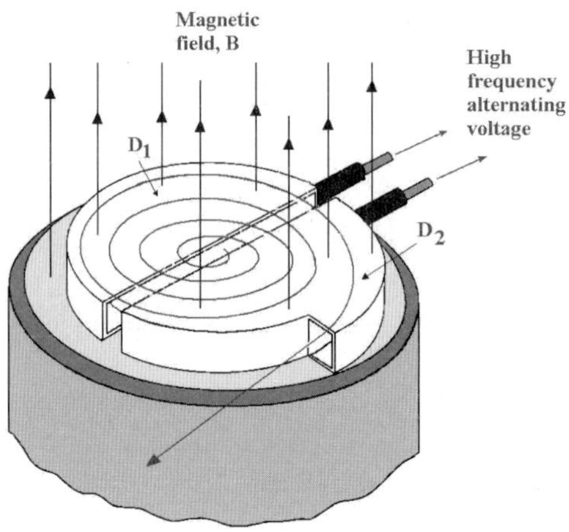

그림 7-31. 사이클로트론의 구조

자기장 B 안에서 양성자가 받는 자기력은 evB이고, 이 힘이 곧 구심력 mv^2/r이다. 따라서

$$evB = \frac{mv^2}{r} \tag{7-106}$$

을 만족한다. 위 식에서 양성자의 속도를 구할 수 있고 $\omega = v/r$에서 각진동수 ω는

$$\omega = \frac{eB}{m} \tag{7-107}$$

와 같이 구해진다. 위 식에서 각진동수는 양성자의 운동반경이나 속도에 무관함을 볼 수 있다. 따라서 양성자가 에너지를 얻어 점점 더 큰 궤도를 돌게 된다고 할지라도 양성자가 두 Dee 사이의 공간에 도달하는 시간간격에는 변함이 없다. 다시 말하면 두 Dee 사이에 걸어 주는 전압의 진동수를 변화시키지 않더라도 양성자는 정확하게 전압의 +/-값이 바뀌는 시점에 두 Dee 사이의 공간을 통과하게 된다.

두 Dee 사이를 넘나들며 가속된 양성자는 외부(exit)로 나와 표적 물질을 때림으로써 핵반응을 일으키게 된다. 사이클로트론으로 얻을 수 있는 양성자의 최대 에너지는

$$E = \frac{1}{2}mv^2 = \frac{r^2e^2B^2}{2m} \tag{7-108}$$

으로 주어진다. 위에서는 양성자의 가속에 대해서 언급하였지만 중수소, α입자 등도 가속시킬 수 있다.

사이클로트론 이외에도 선형가속기를 이용하여 방사능 핵종을 만들 수 있다. 선형가속기는 고주파의 전장에 의해 이온을 가속시키는 장치로서 사이클로트론보다 에너지가 큰 이온을 만들 수 있다. 그러나 장치의 길이가 길고 비싸기 때문에 고에너지 물리의 연구에 주로 사용되고 있다.

3-7. 방사선의 측정

방사선은 고에너지 입자이기 때문에 물질과의 상호작용을 할 때 물질을 이온화시킨다. 방사선의 이러한 특징을 방사선의 측정에 이용하고 있다. 방사선의 궤적을 측정하는 데 안개상자(cloud chamber)와 방울상자(bubble chamber) 등을 사용하는데, 이들은 고에너지 입자가 지나갈 때 이온화된 방울(bubble)이 형성되므로 이를 육안으로 관찰하는 것이다.

방사능의 궤적보다는 방사능의 강도 측정을 위해서 사용되는 계측기로는 Geiger 계수기와 신틸레이션 계수기(scintillation)가 있다. 아래에서 이들에 대해 알아보도록 하자.

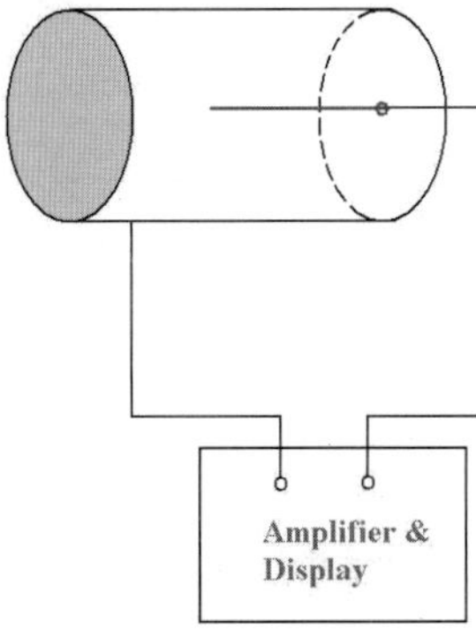

그림 7-32. 가이거 계수기의 개략적인 구조

그림 7-32에 Geiger 계수기의 개략적인 구조가 주어져 있다.

기체로 채워진 금속통 안의 중심에 도선이 놓여 있다. 도선에는 금속통보다 약 수백, 수천 V 정도의 높은 전위차가 주어져 있다. 이 전위차는 통 안의 기체가 이온화되는데 필요한 전위차보다 약간 작은 값이다. 하전입자가 계수기 안으로 들어오면 기체원자를 이온화시키며 이온화된 기체원자가 도선(+전극)쪽으로 가속되면서 다른 기체원자들도 이온화시키는 과정이 되풀이 된다(산사태효과, avalanche). 이렇게 이온화된 기체원자들이 도선에 도착하면 펄스전압으로 관측된다. 이 펄스전압은 증폭되어 계수기에서 숫자로(또는 스피커에 연결되어 소리) 나타난다. Geiger 계수기는 적당한 물질로 통을 싸면 중성자도 측정이 가능하나 원칙적으로는 하전입자만을 측정할 수 있다. 즉, γ선은 측정하지 못한다. Geiger 계수기는 싸고 작동하기 쉬우나 입사하는 하전입자의 에너지를 측정할 수 없고 죽은 시간(dead time)이 긴 단점이 있다. 여기서 죽은 시간이란 계수기가 한 입자를 측정하고 다시 입자를 측정할 수 있는 시간간격을 말한다. Giger 계수기의 죽은 시간은 10^{-3}초 정도로서 초당 측정가능한 입자의 수가 수백 개 정도이다. 따라서 많은 입자가 빠르게 들어오면 측정하기 어렵다.

위와 같은 Geiger 계수기의 단점을 극복할 수 있는 것이 신틸레이션 계수기이다. 신틸레이션 계수기는 보정할 경우 입사입자의 에너지를 정확히 측정할 수 있고, 죽은 시간도 10^{-6}초 정도여서 빠르게 입사하는 입자들도 측정이 가능하다. 신틸레이션 계수기는 Geiger 계수기가 기체를 사용하는 데 반해 고체를 사용하므로 효율이 좋아서 특히 γ선에 대해 효과적이다.

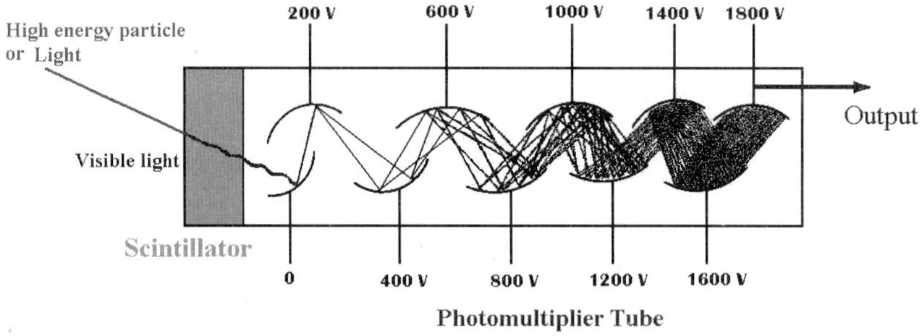

그림 7-33. 신틸레이션 계수기의 개략적인 구조

신틸레이터는 외부에서 들어오는 고에너지 입자나 전자기파에 의해 물질이 이온화되면 에너지준위 사이의 전이에 의해 가시광선 또는 자외선의 빛을 발생하는 물질이다. NaI가 대표적인 신틸레이터 물질로 많이 사용되어 왔으나 현재에는 세라믹 물질인 $Bi_4Ge_3O_{12}$(주로 BGO라 부름)도 많이 이용되고 있다. 신틸레이터의 뒤에는 PM(photomultiplier) 튜브가 붙어 있다. PM튜브는 신틸레이터에 의해 발생된 빛(가시광선 또는 자외선)을 증폭하는 역할을 한다. 신틸레이터에 고속입자나 고에너지 전자기파가 들어와서 신틸레이터를 구성하는 원자들과 상호작용을 하게 되면 빛이 발생된다. 이 빛이 PM튜브의 첫 번째 전극에 부딪히게 되고 이때 광전효과에 의해 전자가 방출된다. 이 전자들은 첫 번째 전극보다 높은 전압이 걸려있는 두 번째 전극으로 가속된다. 두 번째 전극에 부딪히는 전자들이 이차전자(secondary electron)를 발생시키는데 한 개의 전자에 의해 전극물질에 따라 2~10개의 이차전자가 나온다. 이와 같이 단계적으로 높은 전압이 걸려 있는 각 전극에서 전자들이 충돌하는 과정에서 하나의 입사전자는 2~10배로 증가되므로 결과적으로 아주 많은 이차전자가 관측된다. 예를 들어 한 전극에서 2배로 전자의 수가 증가한다면 그림 3-14와 같이 10개의 전극이 있을 경우(3번째 전극부터 증폭이 시작) 1개의 입사전자가 $2^8 = 256$개의 전자로 증폭되어 마지막 전극에서 관찰된다.

3-8. 방사능의 단위

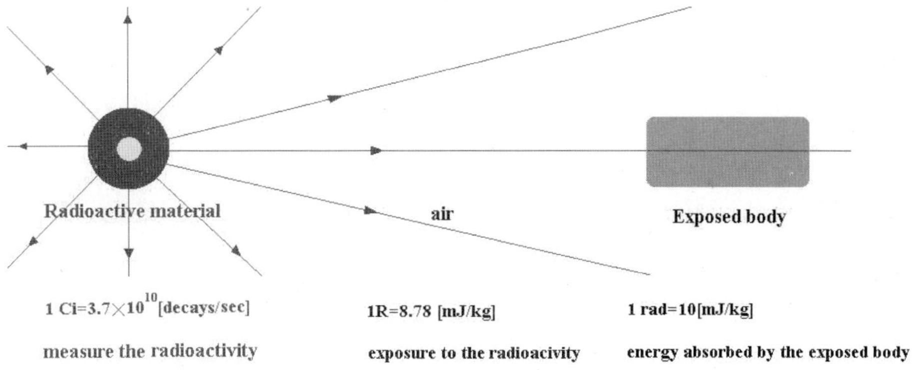

그림 7-34. 방사능의 단위

방사능의 단위는 측정대상에 따라 몇 가지 다른 정의를 가진다. 그림 7-34에 개략적인 개념이 주어져 있다.

첫째, 방사능 물질의 활동율(activity)을 나타내는 단위이다. 이는 방사능 물질이 어느 정도의 세기를 가지느냐를 표현하는 데 사용한다. 단위는 Ci(큐리)로서

$$1[Ci] = 3.7 \times 10^{10} \quad [\text{붕괴/초}] \qquad (7\text{-}109)$$

와 같이 정의된다. 이 정의는 방사능의 종류에 관계없이 방사능 물질이 내는 방사선의 총량을 표시하고 있다. 근래에는 becquerel 단위도 많이 사용하고 있는데 1bequerel = 1붕괴/초를 나타낸다.

둘째, 방사선이 지나가는 동안 주위물질에 어느 정도의 에너지(영향)를 주느냐를 나타내는 단위이다. 단위는 R(뢴트겐)으로서

$$1[R] = 8.78 \quad [mJ/kg] \tag{7-110}$$

와 같이 정의된다. 즉, STP(온도 = 0°C, 1 기압상태)상태의 공기 $1kg$에게 $8.78mJ$의 에너지를 전달할 때 $1R$이라 부른다. 이 단위는 실제로 얼마의 방사선이 어떤 물질에 도달되었다는 것을 표시하기보다는 그만큼의 에너지를 가진 방사능 물질에 노출된다는 의미를 지닌다.

셋째, 방사능이 물체에 어느 정도 흡수됐느냐를 나타내는 단위이다. 단위는 rad(radiation absorbed dose)이며, 이는

$$1[rad] = 10\ [mJ/kg] \tag{7-111}$$

로 정의된다. 사람이 방사능 물질에 노출되었을 경우 전신에 영향을 받을 수도 있고, 또는 영향이 몸의 일부분일 때도 있다. 그리고 방사선의 흡수는 실제로 흡수된 경우만 생각하므로 몸을 통과한 γ선 등은 포함되지 않는다. SI단위로 $gray(Gy)$도 많이 사용되는데 이는 $1Gy = 1J/Kg$으로 정의된다. 따라서 $1Gy = 100\ rad$의 관계가 있다. γ선으로 300rad의 방사선이 전신에 일시적으로 노출되면 사망확률이 대략 50%로 알려져 있다.

넷째, 같은 에너지(rad)의 방사능이더라도 방사선의 종류에 따라 인체에 미치는 영향이 다르다. 이러한 효과를 고려한 단위가 rem(radiation equivalent in man)이다. X선과 γ선이 인체에 미치는 효과는 비슷한데 이를 1로 잡을 경우, 이 X선과 γ선의 효과에 대비한 방사능의 효과를 RBE(relative biological effectiveness)라 부른다. β선도 X선과 γ선의 효과와 비슷하여 RBE가 1이다. 반면에 빠른 중성자나 양성자는 RBE가 10 정도이고, 느린 중성자는 5 정도이며, 양성자는 10~20 정도의 값을 가진다. 결국 rem단위는

$$[rem] = RBE \times [rad] \tag{7-112}$$

과 같이 표현된다. SI단위로는 $sievert(Sv)$를 사용하고 있다. $1\,Sv = 100\,rem$에 해당된다. 미국 방사능 보호위원회에서는 방사능에 관련된 일을 종사하지 않는 사람의 경우 1년 동안의 최대 방사선 피폭 허용치를 $0.5\,rem$로 정해 놓고 있다.

[연습문제]

문제 1 파장 500nm(Yellow-Green)인 전자기파의 진동수를 구하라. 빛의 속도는 $3\times10^8\ m/\sec$이다.

답. $f\lambda = c$에서 $f = c/\lambda = 6\times10^{14}\,Hz$이다.

문제 2 파장 550nm인 빛을 구성하는 광자의 에너지를 구하라. 이 에너지는 몇 eV에 해당되나?

답. $f\lambda = c$에서 $f = c/\lambda = 5.45\times10^{14}\,Hz$. 따라서 광자의 에너지는 $E = hf = 3.6\times10^{-19}J$ 이다. $1\,eV = 1.6\times10^{-19}\,J$이므로 $E \simeq 2.25\,eV$이다.

문제 3 550nm 빛의 원천이 100W를 방출한다. 1초당 방출하는 광자의 수를 구하라.

답. 1초당 방출되는 광자의 수는 $N = \frac{100}{h\nu} = \frac{100\,\lambda}{hc} = 2.78\times10^{20}$이다.

문제 4 니켈의 일함수는 4.8eV이다. 200nm의 자외선이 니켈표면을 비출 경우 발생되는 전자의 최대 에너지를 구하라. 정지전압은 얼마인가?

답. 자외선의 에너지는 $E = h\nu = (hc)/\lambda = 6.19e\,V$이다. $K_{\max} = h\nu - W = 1.39e\,V$이다. 따라서 정지전압은 1.39V이다.

문제 5 (a) Na 금속의 일함수는 2.46eV이다. Na 금속에 200nm의 파장을 가진 빛을 입사시켰을 때 발생하는 광전자의 최대 운동에너지와 전자의 최대속도를 구하라. 전자의 질량은 $9.1\times10^{-31}kg$이다. (b) Na 금속에 대한 광전효과의 문턱파장을 구하라.

답. (a) 광자의 에너지는 $E = h\nu = (hc)/\lambda = 6.21\,e\,V$ 이다. 광전효과에서 광전자의 최대 운동에

너지는 $K_{\max} = h\nu - W = 3.75\,eV$ 이다. 운동에너지는 $mv^2/2$이므로 $v = 1.15 \times 10^6\,m/\sec$ 이다. (b) 문턱파장을 가진 입사 빛에 대해서는 $K_{\max} = 0$을 만족한다. 따라서 $h\nu_{th} = W$에서 $\lambda_{th} = (hc)/W = 505\,nm$을 얻는다.

문제 6 2eV의 일함수를 가진 금속에 500nm의 빛이 입사한다. 광전자가 가질 수 있는 최대의 운동에너지는 얼마인가? 정지전압을 구하라.

답. $K_{\max} = h\nu - W = 0.475\,eV$이다. 따라서 정지전압은 0.475V이다.

문제 7 수소기체가 50nm의 광자를 흡수하여 발생하는 전자의 최대 운동에너지는 얼마인가? 수소의 이온화 에너지는 13.6eV이다.

답. 이온화 에너지가 원자에서 광전자를 발생시키는 데 필요한 에너지이다. 즉, 이온화 에너지가 일함수에 해당된다. 따라서 광전자의 최대 운동에너지는 $K_{\max} = h\nu - W = 11.15\,eV$이다.

문제 8 금속 Cesium의 일함수는 1.8eV이다. 파장이 300nm인 자외선 영역의 파를 입사시킬 때 방출되는 전자의 최대속도를 구하라.

답. 입사 빛의 광자의 에너지는 $E = h\nu = (hc)/\lambda = 4.14\,eV$ 이다. 광전자의 최대 운동에너지는 $K_{\max} = h\nu - W = 2.34\,eV$ 이다. 운동에너지는 $mv^2/2$이므로 $v = 9.07 \times 10^5\,m/\sec$ 이다.

문제 9 구리의 일함수는 4.4eV이다. 광전효과의 문턱파장을 구하라.

답. 문턱파장을 가진 입사 빛에 대해서는 $K_{\max} = 0$이 만족된다. 따라서 $h\nu_{th} = W$에서 $\lambda_{th} = (hc)/W = 282\,nm$(자외선)을 얻는다.

문제 10 420nm의 청색 빛을 발생하는 램프가 있다. 이 파장에서 발생한 빛의 총 일률은 10W이다. 1초당 발산하는 광자의 수를 구하라.

답. 광자의 에너지는 $E = h\nu = 4.71 \times 10^{-19} J$이다. 일률은 $Watt = J/\sec$이므로 1초당 발생하는 광자의 개수는 $n = 10/E = 2.12 \times 10^{19}$개/sec이다.

문제 11 Potassium의 일함수는 2.3eV이다. 파장 250nm의 빛이 potassium의 표면을 때릴 때 정지전압, 발생하는 광전자의 최대 운동에너지, 광전자의 속도를 구하라.

답. $K_{\max} = h\nu - W = 5.62eV$이다. 정지전압은 5.62V이다. 최대 운동에너지가 5.62eV이므로 $v_{\max} = 1.41 \times 10^6 m/\sec$이다.

문제 12 파장 0.5nm의 광자가 정지하고 있는 전자에 의해 산란되어 원래 방향에 대해 150° 각도로 산란된다. 전자와 충돌한 후의 광자의 속도와 파장을 구하라.

답. 광자의 속도(진공)는 항상 빛의 속도와 같다. 산란되는 광자의 파장은 Compton의 관계식에서 $\lambda' = \lambda + \frac{h}{mc}(1 - \cos\phi) = 0.5045nm$이다.

문제 13 파장 0.4nm의 광자가 정지하고 있는 전자와 정면충돌하여 뒤로(backward) 되튀었다. 충돌 후 전자의 속도를 구하라.

답. $\lambda' = \lambda + \frac{h}{mc}(1 - \cos\phi)$에서 $\phi = 180^o$이므로 $\lambda' = 0.4048nm$이다. 운동량보존칙에서 전자는 충돌 전 정지하고 있으므로 $h/\lambda = mv - h/\lambda'$이다. 여기서 음의 부호는 충돌 후 반대방향으로 진행하기 때문이다. 따라서 $v = 1.81 \times 10^6 m/\sec$를 구할 수 있다.

문제 14 파장 0.5nm의 광자가 정지하고 있는 전자와 충돌한다. 충돌 후 광자는 입사방향에 대해 90° 방향으로 진행한다. 전자의 운동방향과 속도를 구하라.

답. $\lambda' = \lambda + \frac{h}{mc}(1 - \cos\phi)$에서 $\phi = 90^o$이므로 $\lambda' = 0.5024nm$이다. x방향을 광자가 입사하는 방향이라고 하면 이 방향에서 운동량보존칙은 $h/\lambda = mv_x$이고, 이에 수직한 방향인 y방향에서의 운동량보존칙은 $h/\lambda' + mv_y = 0$로 주어진다. 따라서 $v_x = 1.46 \times 10^6 m/\sec$이고 $v_y = -1.46 \times 10^6 m/\sec$로 구해진다. 속도의 크기는 $v = 2.06 \times 10^6 m/\sec$이고, 방향은 아래 45° 방향이다.

문제 15 100V의 전압에 의해 가속되는 전자의 de Broglie 파장을 구하라.

답. $mv^2/2 = eV \rightarrow \therefore v = \sqrt{(2eV)/m} = 5.93 \times 10^6 m/\sec$이다. 따라서 de Broglie 물질파의 파장은 $v = h/(mv) = 0.122\,nm$이다.

문제 16 전자의 de Broglie 물질파의 파장이 2Å이다. 전자의 속도와 운동에너지를 구하라.

답. $v = h/(m\lambda) = 3.63 \times 10^6 m/\sec$이다. 운동에너지는 $K = mv^2/2 = 37.4eV$이다.

문제 17 어떤 원자에서 580nm의 빛이 방출되었다. 이 빛의 방출에 관련된 에너지준위 사이의 에너지 차이는 얼마인가?

답. $\Delta E = h\nu = (hc)/\lambda = 2.13eV$이다.

문제 18 수소원자의 선스펙트럼에서 가장 짧은 파장의 빛은 무엇인가?

답. 가장 에너지가 큰 빛은 에너지가 $n = \infty$에서 $n = 1$의 전이에서 나온다. 두 에너지준위 사이의 에너지 차이는 13.6eV이다. $\Delta E = (hc)/\lambda$에서 $\lambda = (hc)/\Delta E = 90nm$이다.

문제 19 수소의 선스펙트럼 중에 $n = 3$에서 $n = 1$로의 전이에서 발생하는 Lyman 계열 선스펙트럼의 파장을 구하라.

답. 발생하는 파장은 $h\nu = (hc)/\lambda = E_3 - E_1$에서 구할 수 있다. 수소원자의 에너지는 $E_n = -\frac{13.6}{n^2}eV$로 주어지므로 $\lambda = 103\,nm$(자외선)가 된다.

문제 20 수소의 선스펙트럼 중 $n = 7$에서 $n = 2$로의 전이에서 발생하는 Balmer 계열 선스펙트럼의 파장을 구하라.

답. 발생하는 빛의 파장은 $\lambda = (hc)/(E_7 - E_2) = 380\,nm$(보라색)이다.

문제 21 기저상태에 있는 수소원자를 이온화(H^+)시키는 데 필요한 빛의 최소파장을 구하라.

답. 이온화 에너지는 $E_{ion} = E_\infty - E_1 = 13.6\,eV$ 이므로 빛의 최소파장은 $\lambda = \frac{hc}{E_{ion}} = 9.14nm$ (X-ray)이다.

문제 22 수소원자의 선스펙트럼 중 Lyman 계열에서 가장 긴 파장과 가장 짧은 파장을 구하라.

답. Lyman 계열은 여기된 수소원자들 중 기저상태로 떨어지는 원자들이 발생하는 빛이므로 빛의 파장은 $\lambda = (hc)/(E_n - E_1)$로 주어진다. 따라서 가장 긴 파장은 $n = 2$에서 $n = 1$로 떨어질 때 발생하므로 $\lambda_{long} = (hc)/(E_2 - E_1) = 122\,nm$이다. 반면에 가장 짧은 파장은 $n = \infty$에서 $n = 1$로 떨어질 때 발생하므로 $\lambda_{short} = (hc)/(E_\infty - E_1) = 91.4\,nm$이다.

문제 23 수은이 채워진 관의 양단 전극에 4.9V 이상을 걸어 줄 때 자외선이 방출되는 것이 관찰되었다(Frank-Hertz 실험). 이는 수은 원자에 에너지준위가 존재한다는 것을 직접적으로 보여 준 실험이다. 수은 원자가 발생하는 자외선의 파장을 구하라.

답. 전극에서 발생하는 전자의 운동에너지는 $K = eV = 4.9eV$이다. 이 에너지에 의해 수은 원자는 여기되고, 다시 기저 준위로 떨어지면서 두 에너지준위 차이에 해당되는 전자기파를 발생한다. 따라서 발생하는 전자기파의 파장은 $h\nu = (hc)/\lambda = 4.9eV$에서 $\lambda = 2.5 \times 10^{-7}m = 250nm$ (자외선)를 얻는다.

문제 24 헬륨원자의 이온화 에너지는 얼마인가? 구리기체의 이온화 에너지는 얼마인가? 구리의 원자번호는 28이다.

답. 원자번호가 Z인 원자의 Bohr 에너지준위는 $E = -\frac{13.6Z^2}{n^2}eV$로 주어진다. 헬륨의 경우 $Z = 2$이므로 이온화 에너지는 54.4eV이다. 구리의 경우 $Z = 28$이므로 11.4keV이다.

문제 25 텅스텐 원자가 $n = 2$에서 $n = 1$로 전이할 때 방출하는 빛의 파장은 얼마인가? 텅스텐의 원자번호는 74이다.

답. $E=-\frac{13.6Z^2}{n^2}eV$에서 $\Delta E=55.86\,keV$이다. $\lambda=(hc)/\Delta E=0.022nm$이다.

문제 26 1 Å 안에 갇힌 전자의 속도에 대한 불확실 정도를 구하고 1mm 안에 갇힌 전자의 불확실 정도와 비교하여 설명하라.

답. 불확정성 원리에서 전자가 1 Å 안에 갇혀 있는 경우 속도의 불확실성은 $\Delta p_x \Delta x \geq \frac{h}{2\pi}$에서 $\Delta v_x \geq \frac{h}{2\pi m \Delta x}=1.16\times10^6\,m/\mathrm{sec}$와 같이 구해진다. 마찬가지로 1mm 안에 갇혀 있는 경우 $\Delta v_x \geq 0.116\,m/\mathrm{sec}$이다. 속도의 불확실성은 위치의 불확실성에 반비례하므로 전자가 1 Å 안에 갇혀 있을 경우 속도의 불확실성이 훨씬 크다.

문제 27 (a) 전자가 길이 1 Å 인 상자 속에 갇혀 있다고 하자. 양자수 $n=1$과 $n=2$인 상태에서의 에너지를 구하라. (b) 기저상태($n=1$)에 있는 전자를 $n=2$인 상태로 여기시키기 위해 외부에서 공급해야 되는 빛의 파장을 구하라.

답. (a) 상자 속의 에너지준위는 $E_n=\frac{n^2h^2}{8mL^2}$이므로 $E_1=37.7\,eV$와 $E_2=150.8\,eV$를 얻는다.
(b) 여기시키기 위한 빛의 파장은 $h\nu=E_2-E_1$에서 $\lambda=(hc)/(E_2-E_1)=11\,nm$이다.

문제 28 질량이 $2\mu g$인 먼지가 길이 1cm인 상자 속에 갇혀 있다고 할 때, 먼지가 가질 수 있는 최저속도를 구하라.

답. 상자 속의 먼지가 가지는 기저상태 에너지는 $E_1=\frac{h^2}{8mL^2}=2.74\times10^{-55}\,J$이다. 이 에너지에 해당되는 먼지의 속도는 $v=\sqrt{(2E_1)/m}=1.66\times10^{-23}\,m/\mathrm{sec}$ 이다. 최저속도가 0이 되지 않으므로 양자역학적인 관점에서 먼지는 멈출 수 없다.

문제 29 (a) 주양자수 $n=3$의 경우 궤도양자수 l이 가질 수 있는 값을 구하라.
(b) 위에서 구한 궤도양자수 l에 대해 가능한 자기양자수 m_l의 값을 구하라.
(c) $n=3$인 구각에 채워질 수 있는 총 전자의 수를 구하라.

답. (a) 궤도양자수는 주양자수에 의해 제한이 가해지며 $l=0,\ 1,\ 2,\ \cdots,\ (n-1)$ 의 값을 가질 수 있다. 따라서 가능한 궤도양자수는 $l=0,\ 1,\ 2$ 등 세 가지이다.
(b) 자기양자수는 궤도양자수에 의해 제한되며 $m_l=-l,\ -l+1,\ \cdots,\ l-1,\ l$ 의 값을 가질 수 있다. 따라서 $l=0$인 경우 $m_l=0$이다. 그리고 $l=1$인 경우 $m_l=-1,\ 0,\ 1$이고 $l=2$인 경우 $m_l=-2,\ -1,\ 0,\ 1,\ 2$이다.
(c) 위와 같이 $n=3$인 경우 9개의 다른 에너지 상태가 존재하는데 각각에 대해 두 개의 스핀 상태(스핀양자수)가 가능하므로 $n=3$에서 총 18개의 다른 에너지 상태가 존재한다. 따라서 총 18개의 전자가 이 에너지 상태를 채울 수 있다.

문제 30 Ge의 원자번호는 32이다. Ge의 기저상태에서의 전자구조를 구하라. 최외각 전자의 수는 몇 개인가?

답. 32개의 전자는 $[Ar]3d^{10}4s^2 4p^2$와 같이 채워진다. 여기서 $[Ar]$에는 18개의 전자가 $1s^2 2s^2 2p^6 3s^2 3p^6$와 같이 채워져 있다. 최외각은 $n=4$이고 이 구각에 4개의 전자가 있으므로 Ge의 최외각 전자의 수는 4개이다.

문제 31 철 이온 Fe^{+3}의 전자구조를 구하라. Fe의 원자번호는 26이다.

답. Fe의 전자구조는 $[Ar]3d^6 4s^2$이다. 이 중에서 전자 3개가 달아났으므로 Fe^{+3}의 전자구조는 $[Ar]3d^5$이다. 즉 $1s^2 2s^2 2p^6 3s^2 3p^6 5d^5$이다.

문제 32 길이 L인 무한우물에 갇힌 입자에 대해 다음을 구하라.
(a) 기저상태에 있는 입자를 $L/4$에서 $3L/4$ 사이에서 발견할 확률을 구하라.
(b) 입자가 첫 번째 여기상태에 있을 때 입자를 $L/4$에서 $3L/4$ 사이에서 발견할 확률을 구하라.

답. 입자를 dx 사이에서 발견할 확률은 $|u(x)|^2dx$ 로 주어진다. 따라서 $L/4$에서 $3L/4$ 사이에서 발견할 확률은 그 사이에서 위 확률을 적분해 주면 된다. 무한우물에서 입자의 파동함수는 $u_n(x)=\sqrt{2/L}\ \sin k_n x$ 이고 $k_n=n\pi/L$이다.
(a) 기저상태의 파동함수는 $u_1(x)=\sqrt{\frac{2}{L}}\sin\frac{\pi x}{L}$ 이므로 입자를 $L/4$에서 $3L/4$ 사이에서 발견할 확률은

$$P = \int_{L/4}^{3L/4} |u_1(x)|^2 dx = \frac{2}{L}\int_{L/4}^{3L/4} \sin^2 \frac{\pi}{L} x\, dx = \frac{1}{2} + \frac{1}{\pi} \tag{1-113}$$

와 같이 구해진다.

(b) 첫 번째 여기상태의 파동함수는 $u_2(x) = \sqrt{\frac{2}{L}} \sin\frac{2\pi x}{L}$ 이므로 $L/4$에서 $3L/4$ 사이에서 발견할 확률은

$$P = \int_{L/4}^{3L/4} |u_2(x)|^2 dx = \frac{2}{L}\int_{L/4}^{3L/4} \sin^2 \frac{2\pi}{L} x\, dx = \frac{1}{2} \tag{1-114}$$

와 같이 구해진다.

문제 33 운동에너지 5eV인 전자가 높이 10eV인 포텐셜 계단을 만난다고 하자. 계단 안으로 1Å 위치까지 투과할 확률을 구하라.

답. 포텐셜 계단 안에서 입자를 발견할 확률은 $P(x) = \frac{4k^2}{k^2 + q'^2} e^{-2q'x}$로 주어진다. 여기서 $q' = \sqrt{[2m(V_o - E)/\hbar^2} = 1.148 \times 10^{10}\, m^{-1}$이다. 따라서 $P(1\text{Å}) = 0.2$, 즉 20%의 확률을 가진다.

문제 34 우주비행사 A가 지구에 대해 0.9c의 속도를 가진 우주선으로 우주여행을 한다고 하자. 지구에서 측정한 키가 180cm일 경우 우주선 안에 있는 A의 키는 지구에서 볼 때 얼마로 관측될까?

답. 정지계(지구)에서 움직이는 계를 보면 길이가 축소되어 보인다. 즉, 지구에서 볼 때 A의 키는 $L = L_0\sqrt{1 - v^2/c^2} = 78.5cm$로 관측된다.

문제 35 지구의 관찰자가 볼 때 muon은 10,000km를 0.998c의 속도로 움직였다. Muon에 붙어있는 관성계에서 볼 때 muon이 이동한 거리는 얼마인가?

답. Muon에서 볼 때 지구 관성계는 0.998c로 다가온다. $L = L_0\sqrt{1 - v^2/c^2} = 632m$이다.

문제 36 지구에서 측정한 정지한 우주선의 길이가 100m였다. 이 우주선이 지구를 지나갈 때 지구에서 측정한 우주선의 길이는 60m였다. 이 우주선의 속도를 구하라.

답. $L = L_0\sqrt{1 - v^2/c^2} \rightarrow v = c\sqrt{1 - L^2/L_o^2} = 0.8c$이다.

문제 37 (a) 지구에 대해 0.9c의 속도로 움직이고 있는 우주선의 길이를 우주비행사가 측정하니 50m였다. 지구에서 볼 때 이 우주선의 길이는 얼마인가?
(b) 지구에서 볼 때 21.8m 떨어진 우주선 안의 두 지점의 거리를 위의 우주선에서 측정하면 얼마가 될까?

답. (a) 우주비행사가 측정한 길이는 고유길이이다. 즉, $L_0 = 50m$라면, 지구에서 본 우주선의 길이는 $L = L_0\sqrt{1-v^2/c^2} = 21.8\,m$로 수축되어 보인다. (b) 위의 (a)의 답이 21.8m라 해서 50m로 답하면 틀린다. 왜냐하면 길이의 수축은 쌍방이 모두 관측하는 것이기 때문이다. 따라서 $L = L_0\sqrt{1-v^2/c^2} = 9.5\,m$이다.

문제 38 우주선 안에 있는 어떤 물체의 길이를 우주선에서 측정하니 1m였다. 그런데 이 물체를 지구에서 볼 때에는 30cm로 관측되었다. 이 우주선의 속도는 얼마인가?

답. $L = L_0\sqrt{1-v^2/c^2}$ 에서 $L_0 = 100cm$이고 $L = 30cm$이다. 따라서 $v = 0.95c$이다.

문제 39 지구에서 볼 때 5광년 떨어진 어떤 별이 있다. 지구에 대해 0.99c로 움직이는 우주선이 이 별로 향하고 있다. 우주선의 관측자에 의해 관측되는 별에 도달하는 데 걸리는 시간은 몇 년인가?

답. 지구에서 볼 때에는 5광년 떨어진 별은 우주선에서 볼 때 $L = L_0\sqrt{1-v^2/c^2} = 0.7$광년 떨어져 있는 것으로 보인다. 따라서 별에 도달할 때까지 걸리는 시간은 $\Delta t = L/0.99 = 0.7$년 걸린다.

문제 40 우주선이 지구에 대해 아래와 같은 속도로 움직일 때 우주선에서의 1시간은 지구에서는 얼마나 될까? (a) 500m/s (b) 0.8c (c) 0.998c

답. (a) $\Delta t = \Delta t_o/\sqrt{1-v^2/c^2} = 1\,hr$ (b) $\Delta t = 1.67\,hr$ (c) $\Delta t = 15.8\,hr$

문제 41 지구에서 30광년 떨어져 있는 별에 우주선 안의 시간으로 6년 만에 도착하려면 우주선의 속도는 얼마여야 할까?

답. $\Delta t = \Delta t_o / \sqrt{1-v^2/c^2} \rightarrow v = c\sqrt{1-\Delta t_o^2/\Delta t^2} = 0.98c$이다.

문제 42 지구에서 볼 때 25광년 떨어진 어떤 별이 있다. A가 지구에 대해 0.99c의 속도로 이 별로 여행을 다녀온다고 하자. A가 여행을 다녀오는 사이에 B는 지구에서 지낸다고 한다. A가 지구로 돌아왔을 때 두 사람이 관측한 시간의 차이는 얼마인가?

답. 움직이는 우주선에서 볼 때 길이의 수축이 일어나므로 25광년 떨어진 별은 $L = L_0\sqrt{1-v^2/c^2}$ $= 3.53$ 떨어져 보인다. 따라서 지구로 다시 돌아왔을 때 A가 관측한 시간의 경과는 $\Delta t = 2L/0.99$ $= 7.13$년이다. 반면에 지구에서 지낸 B는 별까지의 거리를 25광년으로 보므로 0.99c의 우주선에 의해 지구로 돌아오는 데 소요된 시간을 50/0.99=50.51광년으로 본다. 따라서 A와 B의 나이 차이는 50.51 - 7.13 = 43.38년이다.

[참고] 운동의 상대성 때문에 A가 B에 대해 움직이면 B도 A에 대해 움직이고 있으므로 B의 입장에서도 A와 동일하게 시간이 줄어든다는 것이 쌍둥이의 역설(twin paradox)이다. 그러나 B는 항상 정지하고 있는 반면에 A는 지구를 떠날 때 가속해야 되고 별에 도착할 때 감속해야 되고 별을 떠날 때 감속해야 되는 등 B와는 다르다.

문제 43 지구에 대해 0.9c로 움직이는 우주선에서 발사한 펄스의 지속시간이 우주선에서는 $1\mu s$로 관찰되었다. 이 펄스의 지속시간을 지구에서 관측하면 얼마가 될까?

답. 펄스 지속시간 $1\mu s$는 우주선에서 측정한 값이므로 고유시간이다. 지구에서 관측한 시간은 $\Delta t = \Delta t_0 / \sqrt{1-v^2/c^2} = 2.29\mu s$로 시간연장이 관찰된다.

문제 44 (a) 지구에 있는 A와 지구에 대해 0.7c의 속도로 움직이는 우주선에 타고 있는 B가 있다. A가 우주선이 지구를 통과한 후 $5\times10^7 m$을 진행하는 것을 관찰하였다. 이 이동에 걸린 시간을 B의 시계로 측정한 값은 얼마인가? (b) B의 시계로 0.6초 지났을 때 A의 시계로는 얼마가 지났는가?

답. (a) A는 우주선이 0.7c로 $5\times10^7 m$의 거리를 이동한 것을 관찰하였으니 A의 시계로는 $\Delta t = s/v = 0.24\,s$의 시간이 경과되었다. 그 사이 B가 관측한 시간간격은 $\Delta t = \Delta t_0/\sqrt{1-v^2/c^2}$에서 $\Delta t_0 = 0.17s$로 계산된다. (b) $\Delta t = \Delta t_0/\sqrt{1-v^2/c^2}$에서 $\Delta t_0 = 0.6s$이므로 $\Delta t = 0.42\,s$이다.

문제 45 Muon의 정지계에서 측정한 붕괴시간(수명, life time)은 $2.2\mu s$이다.

(a) 실험실에서 가속된 muon의 수명이 $22\mu s$로 관찰되었다. Muon의 속도를 구하라.

(b) Muon이 붕괴할 때까지 이동한 거리를 구하라.

답. (a) 고유시간은 $\Delta t_0 = 2.2s$이다. $\Delta t = \Delta t_0 / \sqrt{1-v^2/c^2}$에서 $v = c\sqrt{1-\Delta t_o^2/\Delta t^2} = 0.995c$이다. (b) $s = vt = 6,567m$이다.

문제 46 (a) 실험실에서 muon의 속도가 0.98c가 될 때까지 가속시켰다. 실험실에서의 muon의 수명은 얼마인가? Muon의 정지계에서 muon의 수명은 $2.2\mu s$ 이다.

(b) Muon은 붕괴하기 전 얼마나 움직이는가?

답. (a) Muon의 계(정지계)에서 수명(고유시간)이 $\Delta t_0 = 2.2\,\mu s$이므로 실험실계에서 수명은 $\Delta t = \Delta t_0 / \sqrt{1-v^2/c^2} = 11\mu s$이다. (b) $s = vt = 3,234m$이다.

문제 47 우주선에서의 시간간격이 지구에서의 시간간격의 1/3이 되려면 우주선의 지구에 대한 속도는 얼마여야 하나?

답. $\Delta t = \Delta t_0 / \sqrt{1-v^2/c^2}$에서 $\Delta t = 3\Delta t_0$이므로 $v = 0.94c$이다.

문제 48 지구에 대해 속도 0.1c인 우주선에서의 1시간은 지구에서는 몇 시간에 해당되나?

답. $\Delta t = \Delta t_0 / \sqrt{1-v^2/c^2}$에서 $\Delta t_0 = 1\,hr$이다. 따라서 $\Delta t = 1.005\,hr$이다.

문제 49 반경 300m인 가속기의 저장링(storage ring) 안에서 muon이 실험실계에 대해 0.99c로 움직이고 있다. Muon의 정지상태에서의 수명은 $2.2\mu s$이다. Muon이 붕괴하기까지 저장링을 몇 바퀴 회전하는가?

답. $\Delta t = \Delta t_0 / \sqrt{1-v^2/c^2}$에서 $\Delta t_0 = 2.2\mu s$이므로 $\Delta t = 15.6\,\mu s$이다. Muon이 붕괴하기까지 움직이는 거리는 $s = v\Delta t = 4633\,m$이다. 따라서 muon은 저장링을 $n = s/2\pi r = 2.46$바퀴 돈다.

문제 50 우주선이 지구 위를 속도 0.95c로 날아가고 있다. 이때 우주비행사는 지구 상에서 $50\mu s$ 동안 깜빡이는 불빛을 관찰하였다. 이 불빛을 지구에서 관찰했을 때는 깜빡이는 시간이 얼마가 될까?

답. $\Delta t = \Delta t_0 / \sqrt{1 - v^2/c^2}$ 에서 $\Delta t = 50\mu s$ 이고 지구에서 관찰한 불빛이 깜빡이는 시간인 Δt_0 는 고유시간이다. 따라서 $\Delta t_0 = 15\mu s$ 이다.

문제 51 서울에서 뉴욕까지 속도 500m/s의 비행기로 14시간 동안(비행기 안에 있는 사람이 측정한 시간) 비행하였다. 그 사이 지상에 있는 사람이 측정한 시간은 얼마인가?

답. $\Delta t = \Delta t_0 / \sqrt{1 - v^2/c^2}$ 에서 $\Delta t_0 = 14hr$ 으로 고유시간이다. Δt는 지상에 있는 사람이 측정한 시간이다. $v \ll c$이므로 $\Delta t = \Delta t_0 / \sqrt{1 - v^2/c^2} \approx \Delta t_0(1 + v^2/2c^2 + \cdots)$로 근사할 수 있다. 따라서 $\Delta t - \Delta t_0 = v^2 \Delta t_0 / 2c^2 = 1.94 \times 10^{-11}$ 시간이다. 1시간은 3,600초이므로 Δt는 Δt_0보다 70ns 크다. 즉, 비행기 안에 탄 사람의 시계가 70ns 늦게 간다.

문제 52 Muon이 지상 50km의 대기권에서 발생하여 속도 0.995c로 지구에 수직으로 다가온다고 하자. Muon의 정지계에서의 수명은 $2.2\mu s$ 이다.

(a) 지구에서 관측하면 muon이 붕괴할 때까지 이동한 거리는 얼마인가? Muon이 붕괴하기 전에 이동한 거리와 지표에서 muon이 발생한 지점까지의 거리의 비는 얼마인가?

(b) Muon의 계에서 볼 때 muon과 지구 사이의 처음의 거리는 얼마인가? 그리고 Muon의 계에서 볼 때 muon이 붕괴할 때까지 이동한 거리는 얼마인가? 위 두 거리의 비는 얼마인가?

답. (a) 지구에서 본 muon의 수명을 계산해야 한다. $\Delta t = \Delta t_0 / \sqrt{1 - v^2/c^2}$ 에서 $\Delta t_0 = 2.2\mu s$ 로 고유시간이다. 따라서 $\Delta t = 22\mu s$ 이다. 이 시간 동안(지구에서 본 muon의 수명) muon이 이동하는 거리는 $s = v\Delta t = 6.5\,km$ 이다. 50km에서 발생한 muon이 붕괴하기 전까지 6.5km 이동하였으므로 거리의 비는 13%이다.

(b) Muon이 속도 0.995c로 지구로 이동하므로 길이 수축에 의해 muon이 보는 지표까지의 거리는 $L = L_0 \sqrt{1 - v^2/c^2}$ 에서 $L = 5km$ 이다. Muon계에서 본 자신의 수명은 $2.2\mu s$ 이므로 이때까지 이동한 거리는 $s = v\Delta t_0 = 0.66km$ 이다. 거리의 비(s/L)는 13%이다. 이는 (a)의 결과와 동일하다.

문제 53 두 우주선이 반대 방향으로 움직이고 있다. 지구에서 관찰한 두 우주선 A와 B의 속도는 각각 0.7c와 0.8c이다. A에 대한 B의 속도를 구하라.

답. 지구를 O계라고 하고 우주선 A에 붙어 있는 계를 O′계라고 하자. 그러면 우주선 A에 대한 우주선 B의 속도는 $v' = \frac{v-u}{1-uv/c^2}$ 로 주어진다. 여기서 $u = 0.7c$(멀어지고)이고 $v = -0.8c$(다가오고)이다. 따라서 우주선 A에서 볼 때 우주선 B의 속도는 $v' = -0.96c$(다가오고)이다.

문제 54 지구에 대해 속도 0.9c로 어떤 우주선이 지나가고 있다.
(a) 우주선에 대해 0.5c의 속도를 가진 미사일을 우주선의 정면으로 발사했다고 하자. 이 미사일을 지구에서 보면 그 속도는 얼마가 될까? (b) 우주선에서 빛을 발사했다고 할 때 지구에서 관측한 빛의 속도는 얼마가 될까?

답. (a) 지구가 O계이고 우주선이 O′계이다. 지구에서 대한 미사일의 속도는 $v = \frac{v'+u}{1+uv'/c^2}$ 로 주어진다. 여기서 $v' = 0.5c$이고 $u = 0.9c$이다. 따라서 지구에서 볼 때 미사일의 속도는 $v = 0.97c$이다.
(b) $v = \frac{v'+u}{1+uv'/c^2}$ 에서 $v' = c$이고 $u = 0.9c$이다. 따라서 $v = c$이다. 움직이는 우주선에서 정면으로 빛을 쏘아도 지구에서 관측한 그 빛의 속도는 여전히 c이다.

문제 55 지구에 대해 속도 0.5c인 우주선 A가 지구에 대해 속도 0.7c인 우주선 B를 뒤따라가고 있다. 상대속도는 얼마인가?

답. 지구를 O계라고 하고 우주선 A를 O′계라고 하자. 우주선 A에 대한 우주선 B의 속도는 $v' = \frac{v-u}{1-vu/c^2}$ 로 주어진다. 여기서 $v = 0.7c$이고 $u = 0.5c$이므로 우주선 A에서 볼 때 우주선 B의 속도는 $v' = 0.31c$이다. 따라서 두 우주선의 상대속도는 $0.31c$이다. Galilean변환에서는 상대속도가 0.2c이고 Lorentz변환에서는 0.31c이다.

문제 56 어떤 중성자별이 지구에 대해 0.9c로 멀어지고 있다. 이 중성자별에 대해 0.5c의 물질이 지구 방향으로 방출되고 있다. 방출되는 물질의 지구에 대한 속도를 구하라.

답. 지구가 O계이고 중성자별에 붙어 있는 관성계가 O′계이다. 지구에 대한 방출되는 물질의 속도는 $v = \frac{v'+u}{1+uv'/c^2}$ 이다. 여기서 $u = 0.9c$이고 $v' = -0.5c$(지구에 다가오고)이다. 따라서 지구에서 볼 때 방출되는 물질의 속도는 $v = 0.72c$이다. 방출되는 물질은 지구에서 멀어지는 것같이 보인다.

문제 57 우주전쟁이 일어났다. 상대 우주선이 자신의 우주선에 대해 속도 0.8c로 다가오면서 0.5c의 속도(상대 우주선에 대해)로 미사일을 쏘았다. 자신의 우주선에서 볼 때 이 미사일의 속도는 얼마인가?

답. 자신의 우주선을 O계로 상대 우주선을 O′계로 하자. 자신의 우주선에서 볼 때 상대 우주선의 속도는 $v = \frac{v'+u}{1+uv'/c^2}$로 주어진다. 여기서 $u = -0.8c$이고 $v' = -0.5c$이다. $v = -0.93c$ 이므로 미사일이 0.93c의 속도로 자신의 우주선으로 다가오고 있다.

문제 58 지구에 대해 속도 0.7c인 우주선 A가 지구에 대해 속도 0.9c인 우주선 B를 뒤따라가는 모습을 지구에서 관측하고 있다. A에 대한 B의 속도를 구하라.

답. 지구를 O계로 하고 A계를 O′계라고 하자. 그러면 우주선 A에 대한 우주선 B의 속도는 $v' = \frac{v-u}{1-uv/c^2}$로 주어진다. 여기서 $u = 0.7c$이고 $v = 0.9c$이다. 따라서 A에 대한 B의 속도는 $v' = 0.54c$이다.

문제 59 지구에서 볼 때 속도 0.7c로 서로 다가가고 있는 두 우주선 A와 B가 있다. 상대속도를 구하라.

답. 지구를 O계로 하고 우주선 A를 O′계라고 하자. 그러면 우주선 A에서 본 우주선 B의 속도는 $v' = \frac{v-u}{1-uv/c^2}$로 주어진다. 여기서 $v = -0.7c$(다가오고)이고 $u = 0.7c$(멀어지고)이다. 두 우주선의 상대속도는 $v' = 0.94c$이다.

문제 60 입자가속기에서 만들어진 두 입자 A와 B가 서로 반대방향으로 움직이고 있다. 실험실계에서 측정한 A입자의 속도는 0.7c이다. 그리고 두 입자의 상대속도는 0.98c로 관측되었다. B입자의 실험실계에 대한 속도를 구하라.

답. 실험실계를 O계라고 하고 A입자를 O′계라고 하자. 그러면 실험실계에서 측정하는 B입자의 속도는 $v=\frac{v'+u}{1+uv'/c^2}$로 주어진다. 여기서 $u=0.7c$이고 $v'=-0.98c$(다가오고)이다. 따라서 $v=-0.89c$(다가오고)이다.

문제 61 속력이 0.9c인 우주선에 60kg인 사람이 타고 있다. 지구에서 볼 때 이 사람의 질량은 얼마일까?

답. $m=m_o/\sqrt{1-v^2/c^2}=138\,kg$이다.

문제 62 속도 0.7c의 우주선 안에서 $1.64\times10^{-25}\,kg$인 어떤 원소를 정지한 지구에서 측정할 때 질량은 얼마나 될까?

답. $m=m_o/\sqrt{1-v^2/c^2}\rightarrow m_0=m\sqrt{1-v^2/c^2}=1.17\times10^{-25}\,kg$

문제 63 전자의 질량은 $9.1\times10^{-31}\,kg$이다. 상대론적인 운동량이 Newton 역학적인 물리량보다 50% 더 크게 되는 전자의 속도를 구하라.

답. Newton 역학적인 운동량과 상대론적인 운동량의 비는 $\gamma=1/\sqrt{1-v^2/c^2}$이다. 상대론적인 운동량이 1.5배가 되는 전자의 속도는 $\gamma=1.5$에서 $v=0.75c$이다.

문제 64 속도가 0.9c인 전자의 운동에너지와 총 에너지를 구하라.

답. 전자의 정지질량은 $mc^2=0.511\,MeV$이다. 총 에너지는 $E=\gamma mc^2$이므로 $E=1.17\,MeV$이다. 운동에너지는 $K=(\gamma-1)mc^2$ 또는 $K=E-mc^2=0.659\,MeV$이다.

문제 65 (a) 양성자의 질량은 $1.67\times10^{-27}\,kg$이다. 양성자의 정지질량은 몇 MeV인가? (b) 양성자의 에너지가 정지질량의 2배가 될 때 속도와 운동량을 구하라.

답. (a) 정지질량은 $mc^2=1.503\times10^{-10}\,J$이다. $1\,eV=1.6\times10^{-19}\,J$이므로 양성자의 정지질량의 에너지는 939MeV이다. (b) 운동에너지는 $E=\gamma mc^2=2mc^2$에서 $\gamma=2$이다. 따라서

$v=0.87c$이다. 운동량은 $p=\gamma mv=2\times(939/c^2)\times0.87c=1634\,MeV/c$이다. 위의 결과는 $E^2=p^2c^2+(mc^2)^2$을 이용하여 구할 수도 있다.

문제 66 입자가속기에서 가속된 양성자의 에너지가 30GeV로 관측되었다. 이 양성자의 속도와 운동량을 구하라.

답. $E=\gamma mc^2=30\,GeV$에서 $mc^2=939\,MeV$이므로 $\gamma=31.9$이다. 따라서 $v=0.9995c$이다. $p=\gamma mv=29939\,MeV/c$이다.

문제 67 속도가 0.99c인 전자의 총 에너지, 운동에너지, 운동량을 구하라.

답. 속도가 0.99c이므로 $\gamma=1/\sqrt{1-v^2/c^2}=7.09$이다. $E=\gamma mc^2=3.6MeV$이다. 운동에너지는 $K=E-mc^2=3.11\,MeV$이다. 운동량은 $p=\gamma mv=3.59\,MeV/c$이다.

문제 68 양성자를 0.5c에서 0.9c로 가속시키는 데 드는 에너지를 구하라.

답. 0.5c와 0.9c에 대한 γ값은 각각 $\gamma_1=1.154$와 $\gamma_2=2.294$이다. 따라서 0.5c에서 0.9c로 가속시키는 데 드는 에너지는 $\Delta E=(\gamma_2-\gamma_1)mc^2=1.07GeV$이다.

문제 69 우주선이 노란색(550nm)의 별을 향해 날아가고 있다. 이 별의 색이 푸른색(450nm)으로 보이기 위해 달려야 하는 우주선의 속도는 얼마인가?

답. z인자는 $z=\Delta\lambda/\lambda_s=\sqrt{(c-v)/(c+v)}-1$로 정의된다. 여기서 $\Delta\lambda=\lambda_o-\lambda_s$이다. 따라서 $v=0.17c$이다. 관찰자가 광원에 다가가면 관측파장은 광원파장보다 짧아진다.

문제 70 중성자별이 0.8c의 속도로 멀어지고 있다. 파장변이 $\Delta\lambda$를 구하라.

답. 멀어지는 경우 $z=\Delta\lambda/\lambda_s=\sqrt{(c+v)/(c-v)}-1$이다. 따라서 $\Delta\lambda/\lambda=2$이다. 관찰자가 광원에서 멀어지면 관측파장은 광원파장보다 길어진다. 이를 적색편이라고 부른다.

문제 71 $5MeV$의 α입자가 금($Z=79$)의 핵의 어느 정도까지 접근할 수 있는가?

답. $K_\alpha = q_\alpha q_{Au}/(4\pi\epsilon_0 d)$에서 $d=(2e)(79e)/(4\pi\epsilon_0 K_\alpha)=45.5fm$이다.

문제 72 ${}^{232}_{92}U \rightarrow {}^{228}_{90}Th + {}^{4}_{2}He$과 같은 α붕괴에서 방출되는 α입자의 운동에너지를 계산하라. 여기서 ${}^{232}_{92}U$과 ${}^{228}_{90}Th$ 원자의 질량은 각각 232.03713u와 228.028716u이다. 그리고 α입자의 질량은 4.002602u이다.

답. 위 식에서 좌변과 우변의 질량 차이는 $\Delta m = 0.005813u$이다. 이는 5.4MeV에 해당된다. 따라서 α입자의 운동에너지는 5.4MeV이다. ${}^{232}_{92}U$과 ${}^{228}_{90}Th$의 질량이 α입자의 질량에 비해 아주 크므로 붕괴 후 이 원소들의 속도(거의 정지상태)는 무시하였다.

문제 73 ${}^{14}_{6}C \rightarrow {}^{14}_{7}N + e^- + \nu$ 와 같은 β붕괴에서 전자의 최대 운동에너지를 계산하라.

답. $Q=(m_C - m_N)c^2 > 0$ 이 되어야 한다. $m_C - m_N = 0.000168u$이다. 이는 0.156MeV에 해당된다. 이 에너지를 전자와 중성미자가 나누어 가진다. 따라서 이 에너지가 방출되는 전자가 가질 수 있는 최대 운동에너지가 된다.

문제 74 ${}^{238}U \rightarrow {}^{237}Pa + {}^{1}H$의 핵분열은 가능한가? $m_{Pa}=237.0152u$, $m_H = 1.0078u$, $m_U = 238.0508u$이다.

답. 핵분열이 일어나려면 $Q=(m_U - m_{Pa} - m_H) > 0$ 이어야 된다. 그런데 $Q<0$이므로 이 붕괴는 일어나지 않는다.

문제 75 ${}^{14}N(d,\alpha){}^{12}C$의 핵반응에서의 Q를 구하라. ${}^{14}N$의 질량은 14.00307u, ${}^{12}C$의 질량은 12u, ${}^{4}He$의 질량은 4.002603u이다.

답. 반응 전의 질량의 합은 16.01717u이고, 반응 후의 질량은 16.002603u이다. 그러므로 $\Delta m = 0.01457u$이다. 따라서 Q는 13.6MeV이다.

문제 76 $^{231}_{90}Th$는 α붕괴를 몇 번 하고 β붕괴를 몇 번 하면 $^{207}_{82}Pb$가 되는가?

답. α붕괴에서는 원자번호 2, 질량수 4개가 감소한다. 반면에 β붕괴에 의해서는 원자번호 1이 증가한다. α붕괴 및 β붕괴 횟수를 각각 n_α, n_β라고 하면 질량수의 변화에서 $231-4n_\alpha=207$이고 원자번호의 변화에서 $90-2n_\alpha+n_\beta=82$이다. 두 식을 연립해서 풀면 각각 $n_\alpha=6, n_\beta=4$이다.

문제 77 중수소의 결합에너지를 구하라. 중수소의 질량은 $2.014102u$이다.

답. 중수소의 핵은 1개의 양성자와 1개의 중성자로 구성되어 있다. 구성요소의 질량 합은 $m_p+m_n=2.015941u$이다. 따라서 질량결손은 $\Delta m=0.001839u$이다. 이를 MeV로 환산하면 $(1u=931\,MeV)$ $E_b=1.71MeV$이다.

문제 78 $^{120}_{50}Sn$의 결합에너지를 구하라. $^{120}_{50}Sn$ 원자의 질량은 $119.902197u$이다.

답. 질량결손은 $\Delta m=(50m_p+70m_n)-119.902197=1.068153u$이다. $E_b=994.45MeV$이다. 핵자당 결합에너지는 $8.29MeV$이다.

문제 79 $5g$의 구리돈이 있다. 이 구리돈 안의 모든 핵자를 갈라놓는 데 필요한 에너지를 구하라. 전자의 결합에너지 등은 무시하라. 구리는 $^{63}_{29}Cu$로 되어 있으며 구리 원자의 질량은 $62.9296u$이다. 구리의 몰 질량은 $63.55g/mole$이다.

답. 구리 $5g$의 몰 수는 $n=5/63.55=0.079\ mole$이다. 1몰 안에 N_A개의 구리원자가 존재하므로 $5g$의 구리 안에는 $N=nN_A=4.74\times10^{22}$개 의 구리원자가 존재한다. 그리고 $\Delta m=29m_p+34m_n-62.9296=0.5760u$이므로 구리 핵의 결합에너지는 $536.25MeV$이다. 이 결합에너지에 원자의 개수를 곱하면 구리 $5g$의 핵자들을 모두 분리할 수 있는 에너지가 계산된다. 이 에너지는 $2.54\times10^{25}\ MeV$이다.

문제 80 $^{226}_{88}Ra$은 반감기가 1.6×10^3년인 방사능 원소이다. 다음 물음에 답하라.
(a) 이 원소의 붕괴상수를 구하라. (b) 방사능 시료가 $t=0$에서 3×10^{18}개의 $^{226}_{88}Ra$을 포함한다고 할 때 $t=0$에서의 붕괴율을 계산하라. (c) 2,000년 후의 붕괴율은 얼마인가?

답. (a) $\tau = 0.693/\lambda$에서 $\lambda = 0.693/\tau = 1.4\times10^{-11}\,\mathrm{sec}^{-1}$이다. 이 값은 1초당 1개의 라듐원자가 붕괴할 확률은 준다. (b) $R_0 = \lambda N_0 = 4.2\times10^7$ 붕괴/sec이므로 $R_0 = 4.2\times10^7 Bq$ 또는 $R_0 = 1.1mCi$로 표현된다. (c) $R = R_0 e^{-\lambda t} = 0.47\,mCi$이다.

문제 81 ${}^{131}_{53}I$의 반감기는 8일이다. 원자로에서 만든 이 방사능 물질을 병원으로 보내기 전에 방사능을 측정한 결과 붕괴율은 $5mCi$임이 관찰되었다. 병원에 도착한 후 측정해 본 결과 붕괴율은 $4mCi$로 감소했음이 관찰되었다. 두 지점의 이동시간을 계산하라.

답. $R = R_0 e^{-\lambda t}$에서 $t = -(1/\lambda)\ln(R/R_0)$이다. ${}^{131}_{53}I$의 붕괴상수는 반감기로부터 $\lambda = 0.693/\tau = 0.0867\,day^{-1}$이다. 따라서 $t = 2.57\,days$이다.

문제 82 ${}^{18}_{9}F$의 반감기는 110분이다. ${}^{18}_{9}F$는 PET에 많이 이용되는 β^+ 붕괴를 하는 방사능원소이다. 이 방사능 물질을 병원으로 보내기 전에 방사능을 측정한 결과 붕괴율은 $4mCi$임이 관찰되었다. 3시간이 지난 후 병원에 도착하여 사용하기 전에 측정하면 붕괴율은 얼마이겠는가?

답. ${}^{18}_{9}F$의 붕괴상수는 반감기로부터 $\lambda = 0.693/\tau = 0.0063\,\mathrm{min}^{-1}$이다. 따라서 3시간 후의 붕괴율은 $R = R_0 e^{-\lambda t} = 1.29\,mCi$로 계산된다.

문제 83 모르는 방사능 핵종의 방사능의 세기를 월요일 아침 10시에 측정해 보니 $100mCi$였다. 화요일 아침 10시에 다시 측정해 보니 $25mCi$로 감소되었다. 이 핵종의 반감기를 구하라.

답. $R/R_0 = (1/2)^{t/\tau}$에서 $R/R_0 = 1/4$이므로 $\tau = t/2 = 12\,hr$이다.

문제 84 $16mCi$의 ${}^{124}I$(반감기가 4일)과 $8mCi$의 ${}^{131}I$(반감기가 8일)이 섞여 있는 물질이 있다. 이 혼합물의 16일 후의 붕괴율은 얼마이겠는가?

답. ${}^{124}I$: $R/R_0 = (1/2)^4$이므로 $R = 1\,mCi$이고 ${}^{131}I$: $R/R_0 = (1/2)^2$이므로 $R = 2\,mCi$이다. 따라서 총 붕괴율은 $3mCi$가 된다.

문제 85 어떤 방사능 핵종의 붕괴율이 1,000mCi로 관찰되었다. 얼마 후 측정해 보니 62.5mCi였다. 두 측정 사이의 시간간격은 반감기의 몇 배가 되는가?

답. $R/R_0 = (1/2)^{t/\tau} = (1/2)^4$이므로 $t = 4\tau$이다.

문제 86 $^{99}Tc^m$의 붕괴율이 아침 10시에 100mCi 임이 관찰되었다. 저녁 5시 45분일 때 붕괴율이 얼마가 되겠는가?

답. $R = R_0 e^{-\lambda t} = R_0\, e^{-0.693t/\tau}$에서 $t = 8.75\,hr$이고 $\tau = 6hr$이므로 $R = 36.4mCi$이다.

문제 87 원소 K에는 $^{39}_{19}K$, $^{40}_{19}K$, $^{41}_{19}K$이 존재하며 $^{40}_{19}K$가 방사능 원소이다. 이 $^{40}_{19}K$의 존재비는 1.17%이고 반감기는 $1.277\times10^9\ yr$이다. (a) K를 포함한 $1mole$의 시료에서 $^{40}_{19}K$의 현재 붕괴율을 계산하라. (b) 현재로부터 1억 년 후 $^{40}_{19}K$의 수를 계산하라.

답. (a) 1mole 안에 N_A개의 원자가 존재하고 $^{40}_{19}K$의 존재비는 1.17%이므로 $^{40}_{19}K$원자의 수는 $N(0) = 7.046\times10^{21}$ 개이다. 붕괴상수는 $\lambda = 0.693/\tau = 1.721\times10^{-17}\ \mathrm{sec}^{-1}$로 구해진다. 현재의 붕괴율은 $R_0 = \lambda N = 1.21\times10^5\ Bq$ 이다. (b) $N(t) = N(0)e^{-\lambda t} = 4.1\times10^{20}$ 개이다.

문제 88 KCl 시료 $3g$이 방사능 물질임이 판명되었고 붕괴율은 5,000붕괴/sec임이 관찰되었다. 이 물질에서 방사능 원소는 $^{40}_{19}K$이다. KCl시료에서 $^{40}_{19}K$의 분율은 1.17%이다. $^{40}_{19}K$의 반감기를 구하라. 칼륨과 칼슘의 분자량은 각각 39.102g와 35.453g이다.

답. KCl 시료 $3g$의 mole 수를 계산하여 N_A를 곱해 주면 KCl의 수가 구해진다. 즉, $N_{KCl} = N_A(M_{시료}/M_{KCl}) = 2.42\times10^{22}$ 개이다. 여기서 M_{KCl}은 KCl의 mole 질량이며 $M_{KCl} = M_K + M_{Cl} = 74.555\,g/mole$이다. 위 KCl 시료 안에 존재하는 $^{40}_{19}K$ 원자의 수는 $N = 0.0117N_{KC} = 2.83\times10^{20}$ 개이다. $R = \lambda N = N(0.693/\tau)$에서 $\tau = 0.693\,N/R = 1.24\times10^9 yr$이다. 사람의 몸속에도 칼륨(K)이 존재하므로 $^{40}_{19}K$에 의해 방사선이 방출되고 있다.

문제 89 자연에서 $^{235}_{92}U$과 $^{238}_{92}U$의 존재비는 0.0072이다. $^{235}_{92}U$과 $^{238}_{92}U$의 반감기는 각각

$7.04 \times 10^8\,yr$와 $44.7 \times 10^8\,yr$이다. 10^9년 전(우주의 연령)의 두 방사능 원소의 존재비는 얼마였겠는가?

답. ${}^{235}_{92}U$과 ${}^{238}_{92}U$은 각각 $N_5 = N_5(0)e^{-\lambda_5 t}$, $N_8 = N_8(0)e^{-\lambda_8 t}$와 같이 붕괴한다. 그리고 붕괴상수는 각각 $\lambda_5 = 9.85 \times 10^{-10}\,yr^{-1}$와 $\lambda_8 = 1.55 \times 10^{-10}\,yr^{-1}$이다. 두 원소의 존재비는

$$N_5(t)/N_8(t) = N_5(0)/N_8(0)\,e^{-(\lambda_5 - \lambda_8)t} \tag{7-115}$$

와 같이 구해진다. 10^9년 전의 비를 구하면

$$N_5(0)/N_8(0) = N_5(t)/N_8(t)\,e^{(\lambda_5 - \lambda_8)t} = 0.0165 \tag{7-116}$$

이다. 따라서 10^9년 전의 두 원소의 비가 현재의 2배 정도임을 알 수 있다.

문제 90 오래된 목탄 $30g$이 발견되었다. 이 시료의 ${}^{14}_{6}C$의 붕괴율을 측정해 보니 100붕괴/분이 관찰되었다. 이 목탄의 나무가 죽은 연도는 얼마인가? ${}^{14}_{6}C$의 반감기는 5,730년이다.

답. 우선 목탄의 mole수를 계산해 보면 $n = 30/12 = 2.5\,mole$이다. $2.5mole$의 붕괴율이 100붕괴/분이므로 1mole의 붕괴율은 40붕괴/분이다. 살아 있는 나무에서 채취한 목탄에서 관찰한 붕괴율은 181붕괴/분으로 계산되므로 오래된 목탄의 연대는

$$t = -(1/\lambda)\ln(R/R_0) = 1.24 \times 10^4\,yr \tag{7-117}$$

이다.

문제 91 암석에서 발견된 ${}^{40}Ar$와 ${}^{40}K$의 비가 11임이 관찰되었다. ${}^{40}K$의 반감기는 12.5억 년이고 붕괴한 ${}^{40}K$은 모두 ${}^{40}Ar$이 된다고 가정한다. 이 암석의 연대를 구하라.

답. 암석이 형성될 때 ${}^{40}K$이 N_0개 있었다고 하자. 그러면 현재 남아 있는 ${}^{40}K$의 개수는

$N_K = N_0 e^{-\lambda t}$로 주어진다. 반면에 ^{40}Ar의 개수는 모든 ^{40}K의 붕괴에서 ^{40}Ar이 생성된다고 했으니 붕괴한 ^{40}K의 수를 구하면 된다. 붕괴한 ^{40}K의 수는 $N_0 - N_K$이다. 따라서 $N_{Ar} = N_0 - N_K$이다. N_0는 구할 수 없으므로 두 식에서 N_0를 소거하면

$$N_K = (N_{Ar} + N_K)e^{-\lambda t} \tag{7-118}$$

을 구할 수 있다. 이 식은 $\lambda t = \ln(1 + N_{Ar}/N_K)$가 되고 $N_{Ar}/N_K = 12$이고 $\lambda = 0.693/\tau$이므로 $t = 44.8$억 년이다. 즉, 44.8억 년 전에 만들어진 암석이다.

문제 92 라듐의 반감기는 1,620년이다. 3g 라듐 시료에서 1초당 붕괴되는 라듐원자의 수를 구하라. 라듐의 원자량은 226g/mole이다.

답. 3g은 $n = 3/226$mole이다. $N = nN_A = 7.99 \times 10^{21}\,\mathrm{sec}^{-1}$, $\lambda = 0.693/\tau = 1.35 \times 10^{-11}\,\mathrm{sec}^{-1}$이다. 따라서 $R = \lambda N = 1.078 \times 10^{11}$이다. $1Ci = 3.7 \times 10^{10}$이므로 $2.92\,Ci$이다.

문제 93 질량 $2kg$인 팔에 X-선을 쬐었다. 피폭된 방사능이 $50mrem$이고 X-선의 에너지가 $60keV$라면 얼마나 많은 광자가 흡수되었는가?

답. $rem = RBE \times rad$로 정의된다. X-선의 RBE는 1이다. 따라서 X-선에 대한 $1rem$은 $1kg$에 $10mJ$의 에너지를 주는 방사능 피폭에 해당된다. $2kg$의 팔에 $50mrem$에 피폭되었으므로 전체적으로 $0.1rem$이다. 따라서 팔은 $0.001J$의 에너지를 받는다. X-선의 광자 에너지가 $60keV$이므로 팔이 흡수되는 광자의 수는 $N = 1.04 \times 10^{14}$개다.

문제 94 $60kg$의 사람에 $1\,Ci$의 방사능이 투여되었다. 방사능 물질이 몸에 고루 퍼진다고 가정하고 한 번의 붕괴 시에 방출하는 전자들에게서 평균 $5keV$의 에너지를 흡수한다고 하자. 방사능 원소의 반감기가 10년이고 전자의 RBE는 1이다. 이 경우 10일 동안 흡수된 방사능은 몇 rad인가? 인체에 효과적 흡수 방사능은 몇 rem인가?

답. $1\,Ci$는 3.7×10^{10} 붕괴/sec에 해당된다. 따라서 투여된 $1\,Ci$의 방사능 물질의 붕괴율은

$R = \lambda N = N(0.693/\tau) = 82$ 붕괴$/\mathrm{sec}$로 계산된다. 하나의 붕괴 시에 나오는 전자의 에너지가 $5keV$이므로 이 에너지에 1초에 붕괴되는 수를 곱하면 $6.56 \times 10^{-14}J$의 에너지를 얻는다. 따라서 10일 동안 환자가 받는 에너지는 $5.6 \times 10^{-8}J$이다. 환자의 질량이 $60kg$이므로 $1kg$당 받는 에너지는 $9.4 \times 10^{-10}J$이다. $1rad$는 $10mJ/kg$이므로 환자가 받는 방사능은 $9.4 \times 10^{-8}rad$이다. 전자의 RBE가 1이므로 인체에 흡수되는 방사능은 $9.4 \times 10^{-8}rem$이다.

문제 95 진단과정에서 10^{11}개의 X-선 광자가 $1kg$의 조직에 흡수되었다. X-선의 파장이 $0.01nm$라면 조직에 흡수된 총 에너지는 얼마인가? 이는 몇 rem에 해당되는가?

답. 하나의 광자의 에너지는 $\epsilon = hf = hc/\lambda = 2 \times 10^{-14}J$이다. 따라서 10^{11}개의 광자가 주는 에너지는 $2mJ$이다. $1rad$는 $10mJ/kg$이므로 조직이 받는 방사능은 $0.2rad$이다. X-선의 RBE는 1이므로 $0.2rem$에 해당된다.

문제 96 세 반값층 두께의 납을 투과한 방사능이 $10mR/hr$로 관찰되었다. 한 반값층의 납을 제거한 후의 방사능의 세기는 얼마가 될까?

답. $I = I_0\,(1/2)^{l/l_0}$에서 $l = 3l_0$이므로 $I_0 = 80\ mR/hr$이다. 한 개의 반값층을 제거하면 두 개의 반값층이 남으므로 $I = I_0(1/2)^2 = 20\,mR/hr$이다.

문제 97 방사능 물질의 방사능의 세기가 $8mR/hr$로 관찰되었다. 그런데 $4cm$ 두께의 벽을 방사능 물질과 방사능 측정기 사이에 놓고 측정한 결과 방사능의 세기는 $0.8mR/hr$로 감소하였다. 벽의 반값층을 구하라.

답. $I = I_0\,(1/2)^{l/l_0}$ 에서 $I_0 = 8mR/hr,\ I = 0.8\,mR/hr,\ l = 4cm$이므로 $l_0 = 1.2cm$이다.

문제 98 $1cm$ 두께의 납이 방사능 물질과 방사능 측정기 사이에 놓여 있다. 납에 의해 방사능의 세기가 30%로 감소하는 것이 관찰되었다. 이 방사능 물질에 대한 납의 반값층을 구하라.

답. $I = I_0\,(1/2)^{l/l_0}$의 관계식에서 $l = 1cm$일 때 $I = 0.3I_0$이므로 $l_0 = 0.58cm$이다.

문제 99 방사능 물질에서 30cm 떨어진 위치에서의 방사능 세기가 40mR/hr로 관찰되었다. 이 물질의 주위에서 일하는 사람이 1년에 주당 40시간에 50주를 일한다고 할 때 1년에 5,000mR의 피폭이 되기 위해서는 방사능 물질에서 어느 정도 떨어져 일해야 하는가?

답. 방사능 물질에서 30cm 떨어진 위치에서 일할 때 받는 총 피폭량은 $I\times t = 80,000\,mR$이다. 피폭량은 거리의 제곱에 반비례하고 피폭이 5,000mR이 되는 거리 r은 $I\times t/(r/r_0)^2 = 5,000$에서 $r = 4r_0 = 120cm$이다.

문제 100 전자-양전자의 쌍생성을 위해서 필요한 빛의 파장을 구하라.

답. 쌍생성에 필요한 에너지는 전자의 정지질량의 두 배이다. 따라서 $h\nu = 2mc^2$에서 $hc/\lambda = 2mc^2$이므로 $\lambda = 1.21\times 10^{-12}m$이다.

부록

부록 A: 기본적인 물리량 및 단위

부록 B: 벡터(vector)의 연산

부록 C: 물리학 공식들

부록 A: 기본적인 물리량 및 단위

이름	표시	값
Avogadro' s number	N_A	6.023×10^{23} 개$/mole$
Boltzmann constant	k	$1.38 \times 10^{-23} J/K$
Coulomb' s constant	$k_e = \frac{1}{4\pi\epsilon_o}$	$9 \times 10^9 Nm^2/C^2$
Electron' s mass	m_e	$9.1 \times 10^{-31} kg$
Electron' s charge	e	$1.6 \times 10^{-19} C$
Gas constant	$R = N_A k$	$8.31 J/mole\,K$
Gravitational constant	G	$6.67 \times 10^{-11} Nm^2/kg^2$
proton mass	m_p	$1.6726 \times 10^{-27} kg$
neutron mass	m_n	$1.6749 \times 10^{-27} kg$
vacuum permittivity	$\epsilon_o = \frac{1}{\mu_o c^2}$	$8.85 \times 10^{-12} C^2/Nm^2$
vacuum permeability	$\mu_o = \frac{1}{\epsilon_o c^2}$	$4\pi \times 10^{-7} N/A^2$
light speed	$c = \frac{1}{\sqrt{\epsilon_o \mu_o}}$	$3 \times 10^8 m/s$
Planck constant	h	$6.6 \times 10^{-34} Js$
Stefan-Boltzmann constant	$\sigma = \frac{\pi k^4}{60\hbar^3 c^2}$	$5.67 \times 10^{-8} W/m^2K^4$

기본단위

물리량	단위이름	단위의 표시
길이	meter	m
질량	kilogram	kg
시간	second	s
전류	Ampere	A
온도	Kelvin	K
물질의 량	mole	mol
각	radian	rad

유도단위의 예

물리량	단위이름	표시	단위
힘	Newton	N	kgm/s^2
진동수	Hertz	Hz	s^{-1}
압력	Pascal	Pa	$N/m^2 = kg/ms^2$
에너지(일, 열)	Joule	J	$Nm = kgm^2/s^2$
일률	Watt	W	$J/s = kgm^2/s^3$
전하	Coulomb	C	As
전위	Volt	V	$J/s = J/As = kgm^2/As^3$
정전용량	Farad	F	$C/V = A^2s^4/kgm^2$
저항	Ohm	Ω	$V/A = kgm^2/A^2s^3$
자속	Weber	Wb	$Vs = kgm^2/As^2$
자기장의 세기	Tesla	T	$Wb/m^2 = kg/As^2$
인덕턴스	Henry	H	$Wb/A = kgm^2/A^2s^2$

부록 B: 벡터(vector)의 연산

물리량은 스칼라(scalar)량과 벡터량으로 대별된다. 스칼라량은 크기만 가지는 물리량이다. 질량, 길이, 체적, 시간, 속력(speed), 전하, 전위, 온도 등이 스칼라량에 속한다. 반면에 벡터량은 크기와 함께 방향을 가지는 물리량이다. 힘, 속도(velocity), 가속도, 운동량, 각운동량, 전기장, 자기장 등이 벡터량이다. 스칼라량의 연산은 스칼라량이 수(real number)로만 표현되므로 일반적인 사칙계산의 원리를 따르면 된다. 반면에 벡터량의 연산은 그 량들이 크기는 물론 방향을 가지므로 일반적인 사칙계산의 원리만으로는 부족하다. 이 장에서는 벡터량들의 덧셈, 뺄셈, 곱셈 등이 어떻게 이루어지는지를 보기로 한다.

B-1. 벡터의 표현

벡터는 크기와 방향을 가지므로 방향을 가지고 있는 물리량임을 나타내기 위해 벡터의 이름 위에 화살표를 사용하는 것이 일반적이다. 즉, $\overrightarrow{A}$는 벡터 물리량인 A를 표시하고 있다. 그리고 그림으로 표시할 때에도 화살표로 표시한다(그림 B-1 참조). 여기서 화살표의 길이가 벡터의 크기를 나타내고 화살표의 방향이 벡터의 방향을 나타낸다.

벡터의 공간적인 방향을 나타내기 위해 단위벡터를 이용한다. 단위벡터는 크기가 1이고 특정방향을 가리키는 벡터를 말한다. 직교좌표에서의 단위벡터는 $\hat{i}$, $\hat{j}$, $\hat{k}$로 나타내는데, 각각 x, y, z축 방향으로의 단위벡터로서 서로 수직이다. 단위벡터를 이용하면 임의의 벡터 A는

$$\overrightarrow{A} = A_x \hat{i} + A_y \hat{j} + A_z \hat{k} \tag{B-1}$$

로 표현된다. 여기서 A_x, A_y, A_z는 각각 x, y, z방향의 성분을 나타낸다.

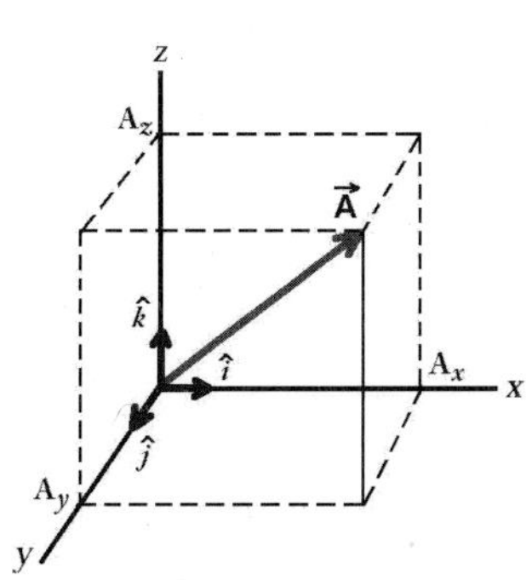

그림 B-1. 단위벡터를 이용한 벡터의 표현

입자의 위치를 표현하는데 위치벡터를 이용한다. 입자가 직교좌표에서 위치 (x, y, z)에 있다면 입자의 위치벡터는

$$\vec{r} = x\,\hat{i} + y\,\hat{j} + z\,\hat{k} \tag{B-2}$$

와 같이 표현된다.

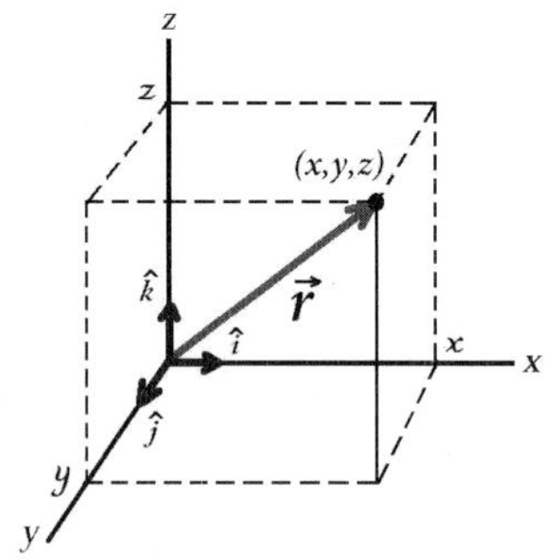

그림 B-2. 입자의 위치벡터의 표현

B-2. 벡터의 덧셈과 뺄셈

벡터의 덧셈과 뺄셈에서는 그림을 이용하는 방법(graphical method)과 해석적인 방법(analytic method)이 있을 수 있다. 그림 B-3에 그림을 이용한 벡터의 덧셈과 뺄셈방법을 보여주고 있다. 두 벡터의 합인 $\vec{A} + \vec{B}$ 에서는 벡터 $\vec{A}$의 끝에 벡터 $\vec{B}$를 연결함으로써 두 벡터의 합을 구할 수 있음을 보여준다. 마찬가지로 두 벡터의 뺄셈은 $\vec{A} - \vec{B} = \vec{A} + (-\vec{B})$ 와 같이 $\vec{A}$와 $-\vec{B}$의 합산으로 두 벡터의 뺄셈을 하고 있다.

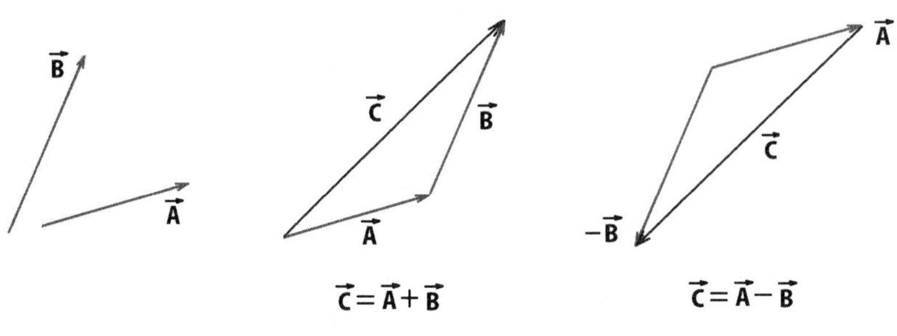

그림 B-3. 벡터의 덧셈과 뺄셈에 그림을 이용하는 방법

해석적인 방법을 이용한 벡터의 덧셈과 뺄셈에서는 단위벡터를 이용한 벡터의 표현에서 각각의 단위벡터 방향으로의 성분을 더하거나 뺌으로써 벡터의 덧셈과 뺄셈을 하고 있다. 즉, 두 벡터 $\vec{A}= A_x\,\hat{i}+A_y\,\hat{j}+A_z\,\hat{k}$, $\vec{B}= B_x\,\hat{i}+B_y\,\hat{j}+B_z\,\hat{k}$ 의 덧셈은 각각의 x, y, z축 방향으로의 성분을 더하면 된다. 마찬가지로 뺄셈에서는 각각의 x, y, z축 방향으로의 성분을 빼면 된다. 즉, 두 벡터의 덧셈과 뺄셈은 각각

$$\vec{A}+\vec{B}=(A_x+B_x)\hat{i}+(A_y+B_y)\hat{j}+(A_z+B_z)\hat{k} \tag{B-3}$$

$$\vec{A}-\vec{B}=(A_x-B_x)\hat{i}+(A_y-B_y)\hat{j}+(A_z-B_z)\hat{k}$$

와 같이 표현된다.

2차원 벡터에서의 덧셈이 어떻게 표현되는지를 그림 A-4가 보여주고 있다.

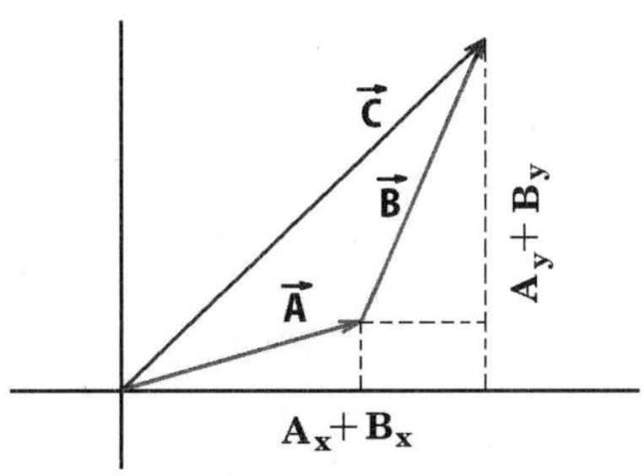

그림 B-4. 두 2차원 벡터의 덧셈에서의 각 벡터의 성분

예제 1 $\vec{A}=2\hat{i}+3\hat{j}$, $\vec{B}=3\hat{i}-4\hat{j}$ 이다. $\vec{A}+\vec{B}$와 $\vec{A}-\vec{B}$를 구하라.

답. $\vec{C}=\vec{A}+\vec{B}=5\hat{i}-\hat{j}$, $\vec{D}=\vec{A}-\vec{B}=-\hat{i}+7\hat{j}$ 이다.

예제 2 $\vec{A}=\hat{i}+3\hat{j}+5\hat{k}$, $\vec{B}=2\hat{i}-4\hat{j}+3\hat{k}$ 이다. $\vec{A}+\vec{B}$와 $\vec{A}-\vec{B}$를 구하라.

답. $\vec{C}=\vec{A}+\vec{B}=3\hat{i}-\hat{j}+8\hat{k}$, $\vec{D}=\vec{A}-\vec{B}=-\hat{i}+7\hat{j}+2\hat{k}$ 이다.

예제 3 $\vec{A}=\hat{i}+2\hat{j}$, $\vec{B}=2\hat{i}-\hat{j}$ 이다. $2\vec{A}+3\vec{B}$와 $\vec{A}-2\vec{B}$를 구하라.

답. $\vec{C}=2\vec{A}+3\vec{B}=8\hat{i}+\hat{j}$, $\vec{D}=\vec{A}-2\vec{B}=-3\hat{i}+4\hat{j}$ 이다.

B-3. 벡터의 곱셈

벡터의 곱에는 두 가지 종류가 있다. 즉, 벡터의 점곱(dot product)과 가위곱(cross product)이 있다. 여기서 벡터의 점곱의 결과는 스칼라량이 되는 반면에 가위곱의 결과는 벡터가 되는 것이 다르다. 아래에서 이 두 종류의 벡터 곱의 방법과 응용에 대해 알아보도록 한다.

(a) 벡터의 점곱(dot product)

두 벡터의 점곱 $\vec{A} \cdot \vec{B}$의 결과는 스칼라량이다. 따라서 벡터의 점곱을 벡터의 스칼라 곱이라고도 부른다. 그 크기는 $|\vec{B}|$ 와 $\vec{A}$벡터의 $\vec{B}$벡터로의 사영과의 곱이다(그림 B-5 참조). 두 벡터 사이의 각도가 주어진다면

$$\vec{A} \cdot \vec{B} = A_{\parallel} |\vec{B}| = |\vec{A}||\vec{B}| \cos\theta \qquad \text{(B-4)}$$

로 표현된다.

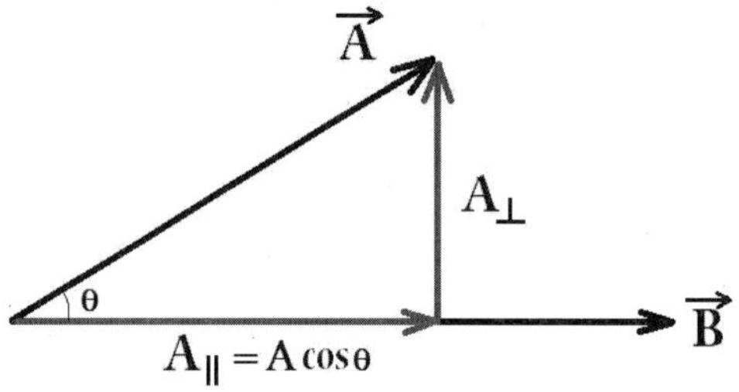

그림 B-5. 벡터의 점곱의 의미

벡터 점곱의 응용에 대한 대표적인 것으로는 일(work)의 계산에서이다. 힘의 방향과 이동방향이 다를 경우 가해진 힘 중에서 일에 기여한 힘은 이동방향으로의 힘뿐이다. 따라서 일의 정의는 이동거리와 이동방향으로의 힘의 성분과의 곱으로 주어진다(그림 B-6 참조). 즉, 일은 벡터의 점곱으로써

$$W = \vec{F} \cdot \vec{s} = F_{\parallel} s = Fs\cos\theta \qquad \text{(B-5)}$$

로 표현된다.

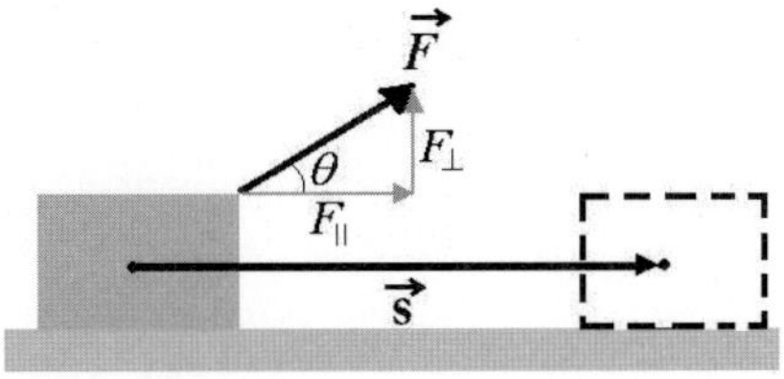

그림 B-6. 벡터 점곱으로 표현되는 일의 정의

위의 그림 B-5에서와 달리 두 벡터 사이의 각도를 모를 경우 두 벡터의 점곱에서 단위벡터의 점곱이 필요하다. 단위벡터들은 서로 수직이므로 단위벡터들의 점곱은

$$\hat{i} \cdot \hat{i} = 1,\ \hat{j} \cdot \hat{j} = 1,\ \hat{k} \cdot \hat{k} = 1 \quad \text{(B-6)}$$

$$\hat{i} \cdot \hat{j} = 0,\ \hat{j} \cdot \hat{k} = 0,\ \hat{k} \cdot \hat{i} = 0$$

로 주어진다. 위에서 보듯이 동일한 단위벡터의 곱은 1이 되고 서로 다른 단위벡터들의 곱은 0이 된다. 이는 단위벡터들이 서로 수직하기 때문이다.

예제 4 두 벡터 $\vec{A} = 3\hat{i} + 4\hat{j}$와 $\vec{B} = 2\hat{i} - 7\hat{j}$ 사이의 각을 구하라.

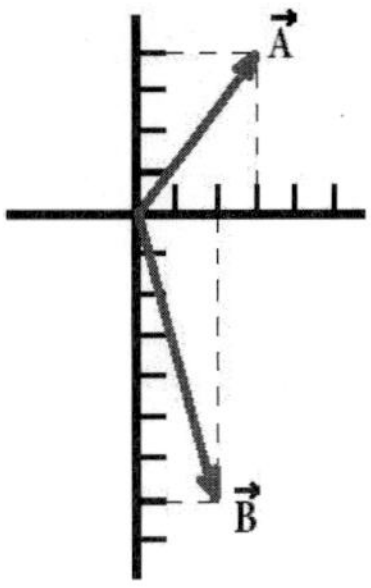

답. $|\vec{A}| = 5$, $|\vec{B}| = 7.28$ 이고 $\vec{A} \cdot \vec{B} = -22$ 이다. $\vec{A} \cdot \vec{B} = |\vec{A}||\vec{B}|\cos\theta$ 의 관계식을 이용하면 $\theta = 127^o$이다.

예제 5 어떤 물체에 두 개의 힘 $\vec{F_1} = 4\hat{i} + 3\hat{j} + 5\hat{k}$, $\vec{F_2} = -2\hat{i} + 4\hat{j} + 3\hat{k}$ 이 주어졌다. 이에 따라 물체는 (1, 2, 1)에서 (2, -1, 4)로 변위하였다. 물체에 작용한 힘이 한 일을 구하라. 힘의 단위는 N이고 거리의 단위는 m이다.

답. 합력은 $\vec{F}=\vec{F_1}+\vec{F_2}=2\hat{i}+7\hat{j}+8\hat{k}$ 이고 변위벡터는 $\vec{s}=\vec{r_2}-\vec{r_1}=\hat{i}-3\hat{j}+3\hat{k}$이다. 따라서 힘이 한 일은 $W=\vec{F}\cdot\vec{s}=5J$ 이다.

(b) 벡터의 가위곱(cross product)

두 벡터의 가위곱 $\vec{A}\times\vec{B}$의 결과는 벡터량이다. 따라서 벡터의 가위곱을 벡터곱이라고도 부른다. 그 크기는 $|\vec{B}|$ 와 $\vec{A}$의 $\vec{B}$에 수직한 방향의 성분과의 곱이고, 방향은 $\vec{A}$, $\vec{B}$와 수직한 방향으로 오른 나사의 법칙을 따른다(그림 B-5 참조). 두 벡터 사이의 각도가 주어진다면 가위곱의 크기는

$$|\vec{C}|=|\vec{A}||\vec{B}|\sin\theta \qquad \text{(B-7)}$$

으로 주어진다. 위 크기는 두 벡터가 만드는 면적과 동일함을 볼 수 있다.

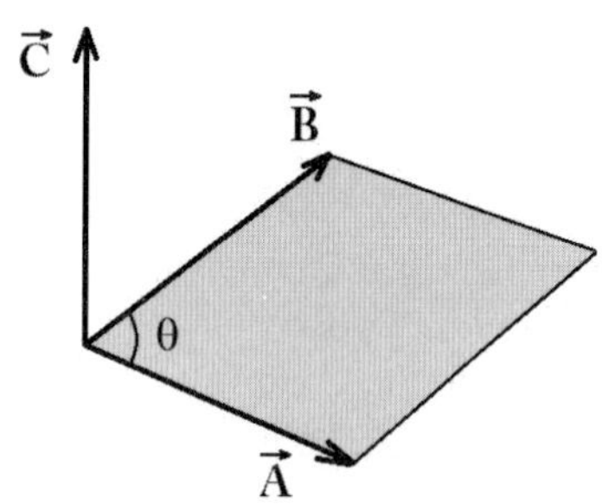

그림 B-7. 벡터의 가위곱의 크기와 방향

가위곱의 응용에 대한 대표적인 것으로는 토오크(torque)의 계산에서이다. 주어진 힘 중에서 회전축(pivot)에서 힘이 주어지는 위치까지의 벡터(팔의 길이)와 수직한 힘의 성분만이 물체를 회전시키는데 기여를 한다. 팔의 길이 방향으로의 힘의 성분은 물체를 회전시키는데 도움을 주지 않는다. 따라서 토오크의 크기는 팔의 길이와 팔이 길이와 수직한 방향의 힘과의 곱으로 정의된다. 토오크의 정의는

$$\vec{\tau}=\vec{r}\times\vec{F} \qquad \text{(B-8)}$$

으로 정의된다. 위 벡터의 크기는 $|\vec{\tau}|=rF_{\perp}=rF\sin\theta$ 로 주어지고 방향은 오른나사의 법칙에

따른다. 그림에서와 같은 경우 물체는 반시계방향으로 돌고 가위곱의 방향은 지면에서 나오는 방향임을 볼 수 있다.

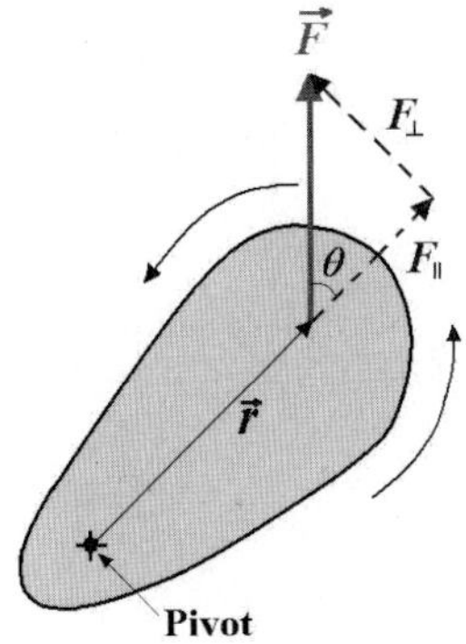

그림 B-8. 토오크의 정의

두 벡터 사이의 각도를 모를 경우 두 벡터의 가위곱에서 단위벡터의 가위곱이 어떻게 되는지를 알 필요가 있다. 단위벡터들은 서로 수직이므로 단위벡터들의 가위곱들은

$$\hat{i}\times\hat{j}=\hat{k},\ \hat{j}\times\hat{k}=\hat{i},\ \hat{k}\times\hat{i}=\hat{j} \tag{B-9}$$

$$\hat{j}\times\hat{i}=-\hat{k},\ \hat{k}\times\hat{j}=-\hat{i},\ \hat{i}\times\hat{k}=-\hat{j}$$

$$\hat{i}\times\hat{i}=\hat{j}\times\hat{j}=\hat{k}\times\hat{k}=0$$

로 주어진다. 위에서 보듯이 동일한 단위벡터의 곱은 $|\vec{C}|=|\vec{A}||\vec{B}|\sin\theta$ 에서 $\theta=0$이므로 0이 되고, 서로 다른 단위벡터들의 곱은 크기는 1이고 방향은 오른나사의 법칙에 따른다.

3차원 벡터의 가위곱은

$$\vec{C}=\vec{A}\times\vec{B}=\begin{vmatrix}\hat{i} & \hat{j} & \hat{k}\\ A_x & A_y & A_z\\ B_x & B_y & B_z\end{vmatrix} \tag{B-10}$$

으로 표현된다.

예제 6 $\vec{A}=-\hat{i}+2\hat{j}+\hat{k}$, $\vec{B}=2\hat{i}-2\hat{j}+3\hat{k}$의 벡터 곱 $\vec{A}\times\vec{B}$를 구하라.

답. $\vec{A} \times \vec{B} = \begin{vmatrix} \hat{i} & \hat{j} & \hat{k} \\ -1 & 2 & 1 \\ 2 & -2 & 3 \end{vmatrix} = 8\hat{i} + 5\hat{j} - 2\hat{k}$

예제 7 $|\vec{A} \cdot (\vec{B} \times \vec{C})|$ 는 세 벡터 $\vec{A}, \vec{B}, \vec{C}$가 만드는 육면체의 체적임을 보여라.

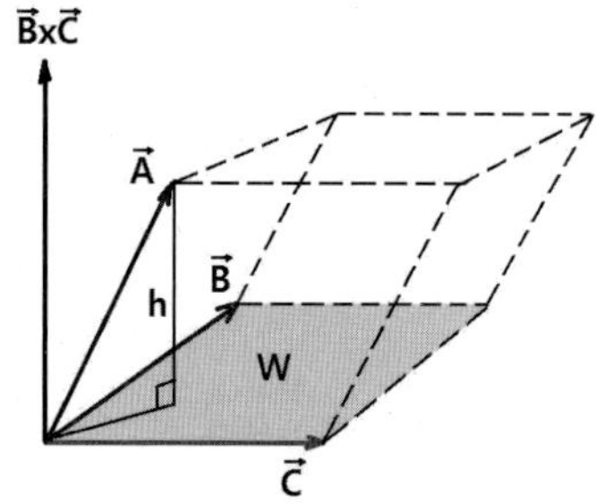

답. $|\vec{A} \cdot (\vec{B} \times \vec{C})| = |\vec{A}||\vec{B} \times \vec{C}|\cos\theta = h|\vec{B} \times \vec{C}| = hW$, 즉, 육면체의 체적이 된다. 그리고 $|\vec{A} \cdot (\vec{B} \times \vec{C})| = \begin{vmatrix} A_x & A_y & A_z \\ B_x & B_y & B_z \\ C_x & C_y & C_z \end{vmatrix}$ 와 같이 계산할 수 있음을 볼 수 있다.

예제 8 세 벡터 $\vec{A} = \hat{i} + 2\hat{j} + 3\hat{k}$, $\vec{B} = 2\hat{i} + 2\hat{j} + \hat{k}$, $\vec{B} = \hat{i} - 2\hat{j} + 2\hat{k}$가 만드는 체적을 구하라.

답. $\vec{B} \times \vec{C} = \begin{vmatrix} \hat{i} & \hat{j} & \hat{k} \\ 2 & 2 & 1 \\ 1 & -2 & 2 \end{vmatrix} = 6\hat{i} - 3\hat{j} - 6\hat{k}$ 이고 $|\vec{A} \cdot (\vec{B} \times \vec{C})| = 18$ 을 구할 수 있다.

$$|\vec{A} \cdot (\vec{B} \times \vec{C})| = \begin{vmatrix} A_x & A_y & A_z \\ B_x & B_y & B_z \\ C_x & C_y & C_z \end{vmatrix} = \begin{vmatrix} 1 & 2 & 3 \\ 2 & 2 & 1 \\ 1 & -2 & 2 \end{vmatrix} = 18$$ 과 같이 구할 수도 있다.

부록 C: 물리학 공식들

역학, 진동, 파동	
내용	공식
Newton의 운동방정식(병진운동)	$\vec{F}=m\vec{a}=m\frac{d\vec{v}}{dt}=m\frac{d^2\vec{s}}{dt^2}$
Newton의 운동방정식(회전운동)	$\vec{\tau}=I\vec{\alpha}=I\frac{d\vec{\omega}}{dt}=I\frac{d^2\vec{\theta}}{dt^2}$
병진운동과 회전운동 사이의 관계	$\vec{s}=r\vec{\theta},\ \vec{v}=r\vec{\omega},\ \ \vec{a}=r\vec{\alpha}$
일-에너지 정리	$W_{12}=K_2-K_1\equiv\Delta K$
일	$W_{12}=\int_1^2\vec{F}\cdot d\vec{s}$
운동에너지	$K=\frac{1}{2}mv^2$
중력위치에너지	$U=mgy$
만유인력(중력)위치에너지	$U=-\frac{Gm_1m_2}{r}$
탄성위치에너지	$U=\frac{1}{2}kx^2$
탄성충돌에서의 상대속도	$\vec{v}_1-\vec{v}_2=-(\vec{v'}_1-\vec{v'}_2)$
질량중심	$\vec{R}=\frac{\sum_i m_i\vec{r_i}}{\sum_i m_i}$ (불연속체), $\vec{R}=\frac{1}{M}\int\vec{r}\,dm$ (연속체)
관성모멘트	$I=\sum_i m_i r_i^2$ (불연속체), $I=\int r^2\,dm$ (연속체)
평행축 정리	$I=I_{CM}+Mh^2$
강체의 회전운동에너지	$K=\frac{1}{2}I\omega^2$
강체의 각운동량	$\vec{L}=I\vec{\omega}$
단진동의 주기	$T=\frac{2\pi}{\omega}=2\pi\sqrt{\frac{m}{k}}$
단진자의 주기	$T=\frac{2\pi}{\omega}=2\pi\sqrt{\frac{l}{g}}$
물리진자의 주기	$T=2\pi\sqrt{\frac{I}{mgL}}$ (L : 축에서 질량중심까지의 거리)
Doppler 효과	$f_o=f\frac{v\pm v_o}{v\pm v_s}$ f : 음원의 진동수, f_o : 관측 진동수 v_s : 음원의 속도, v_o : 관측자의 속도 v : 음파의 속도

유체역학, 열역학	
내용	공식
1기압	$1.013\times10^5\,Pa$ 또는 $760\,mmHg$ or $Torr$
유체의 깊이에 따른 압력의 변화	$P_2-P_1=\rho g(h_2-h_1)$
점성계수	$\eta=\frac{F/A}{v/l}$, 단위: $poise=g/cm\sec$, $Pa\sec=kg/m\sec=10poise$
연속의 정리	$A_1v_1=A_2v_2$
Bernoulli의 정리	$P+\frac{\rho}{2}v^2+\rho gh=$ 일정
유체 속에서 구형물체의 종단속도	$v_t=\frac{2r^2g}{9\eta}(\rho-\rho_f)$ ρ : 물체의 밀도, ρ_f : 유체의 밀도
Poiseuille의 법칙	$\Delta P=\frac{8\eta LQ}{\pi R^4}=\frac{8\eta L\bar{v}}{R^2}$
Reynolds number	$Re=\frac{\rho vD}{\eta}$ v: 유체의 속도, D: 관의 직경
이상기체 상태방정식	$PV=NkT$ 또는 $PV=nRT$ $R=8.31\,J/mole\,K,\ k=1.38\times10^{-23}\,J/K$ $n=N/N_A,\ N_A=6.02\times10^{23}$ 개
열전도	$\frac{dQ}{dt}=-\kappa A\frac{\Delta T}{L}$
정적비열	$c_V=\frac{Q}{n\Delta T}$: $cal/mole\,K$ 또는 $Q=nc_V\Delta T$
정압비열	$c_P=\frac{Q}{n\Delta T}$: $cal/mole\,K$ 또는 $Q=nc_P\Delta T$
기체가 한 일	$W_{12}=\int_1^2 PdV$
이상기체의 내부에너지	$U=N(3+n)\frac{1}{2}kT$ n: 이동(3)이외의 자유도, (예) 회전, 진동
열역학 제1법칙	$Q=\Delta U+W=\Delta U+PdV$
Carnot 기관의 효율	$\eta=1-\frac{T_L}{T_H}$
엔트로피	$S=\frac{\Delta Q}{T}$
단열과정	$PV^\gamma=$ 일정, $TV^{\gamma-1}=$ 일정 $\gamma=c_P/c_V$

전기 및 자기현상	
내용	공식
Coulomb의 법칙	$\vec{F}_{12}=-\vec{F}_{21}=k_e\frac{q_1 q_2}{r_{12}^2}\widehat{r_{12}}$ $k_e=\frac{1}{4\pi\epsilon_o}=9\times10^9\ Nm^2/C^2$
전기장(Electric field)	$\vec{E}=\sum_{i=1}^{n}\frac{k_e q_i}{r_i^2}\hat{r}_i$: 불연속적 전하분포 $\vec{E}=\int_V\frac{k_e dq}{r^2}\hat{r}$: 연속적 전화분포
Gauss 법칙	$\Phi_E=\oiint\vec{E}\cdot d\vec{A}=\sum_i\frac{q_i}{\epsilon_o}$
전위(Electric potential)	$V=\sum_i\frac{k_e q_i}{r_i}$: 불연속적 전하분포 $V=\int_V\frac{k_e dq}{r}$: 연속적 전하분포
전위와 전기장과의 관계	$V=-\int_{\infty}^{r}\vec{E}\cdot d\vec{r},\ V_A-V_B=\int_{r_A}^{r_B}\vec{E}\cdot d\vec{r}$
전기쌍극자(Electric dipole)	$\vec{p}=q\vec{d}$: 쌍극자 모멘트 $\vec{\tau}=\vec{p}\times\vec{E}$: 전기장에서의 토오크 $U=-\vec{p}\cdot\vec{E}$: 전기장에서의 에너지
Ohm의 법칙	$\vec{J}=\sigma\vec{E}\ \Rightarrow V=IR,\ R=\rho\frac{L}{A},\ \rho=\frac{1}{\sigma}$
저항에 소비되는 전력	$P=IV=I^2R=\frac{V^2}{R}$
하전입자가 받는 자기력	$\vec{F_B}=q\vec{v}\times\vec{B}$
Biot-Savart의 법칙	$\vec{B}=\frac{\mu_o I}{4\pi}\int\frac{d\vec{l}\times\vec{r}}{r^3}$
Ampere의 법칙	$\oint\vec{B}\cdot d\vec{l}=\mu_o\sum_i I_i$
Faraday의 법칙	$\epsilon=-\frac{d\Phi_M}{dt}=-\frac{d}{dt}\oiint\vec{B}\cdot d\vec{A}$
인덕턴스(inductance)	$\epsilon=-L\frac{dI}{dt}$
자기쌍극자(Magnetic dipole)	$\vec{\mu}=I\vec{A}$: 쌍극자 모멘트 $\vec{\tau}=\vec{\mu}\times\vec{B}$: 자기장에서의 토오크 $U=-\vec{\mu}\cdot\vec{B}$: 자기장에서의 에너지
RLC 교류 임피던스	$Z=\sqrt{R^2+(X_L-X_C)^2},\ X_L=\omega L,\ X_C=\frac{1}{\omega C}$
변압기	$\frac{V_2}{V_1}=\frac{N_2}{N_1}$, 1 : 1차 코일, 2 : 2차 코일

광학	
내용	공식
굴절률(refractive index)	$n=\frac{c}{v}$
굴절의 법칙	$n_1\sin\theta_i = n_2\sin\theta_t$
투명한 구면에서의 굴절	$\frac{n_1}{s}+\frac{n_2}{s'}=\frac{n_2-n_1}{R}$
구면거울 면에서의 반사	$\frac{1}{s}+\frac{1}{s'}=\frac{2}{R}=\frac{1}{f}$
얇은 렌즈의 공식	$\frac{1}{s}+\frac{1}{s'}=(n_2-n_1)\left(\frac{1}{R_1}-\frac{1}{R_2}\right)=\frac{1}{f}$
현미경의 배율	$m=m_e m_o=-\left(\frac{25}{f_e}\right)\left(\frac{L}{f_o}\right)$
망원경의 배율	$m=-\frac{f_o}{f_e}$
Young의 2중 슬릿(slit) 실험	$d\sin\theta=m\lambda$: 보강간섭 $d\sin\theta=\left(m+\frac{1}{2}\right)\lambda$: 소멸간섭
Michelson 간섭계	$2d=m\lambda$: 어두운 무늬의 조건 d : 두 팔의 길이차이
Newton Ring 무늬	$r_n=\sqrt{2Rt_n}$: 어두운 무늬의 반경 $2t_n=m\lambda$: 어두운 무늬의 조건
빛의 회절(단일 슬릿)	$I_P=I_o\left(\frac{\sin\beta}{\beta}\right)^2$, $\beta=\frac{kD}{2}\sin\theta$, D : 슬릿의 직경
분해능의 한계(원형 구멍)	$\Delta\theta_{\min}=\frac{1.22\lambda}{D}$
회절격자(다중 슬릿)	$a\sin\theta_m=m\lambda$: 최대무늬의 조건 $D=\frac{d\theta_m}{d\lambda}=\frac{m}{a\cos\theta_m}$: 분해능
Malus의 법칙	$I=I_o\cos^2\theta$
Brewster 각(angle)	$\theta_P=\tan^{-1}\frac{n_2}{n_1}$

현대물리	
내용	공식
광전효과	$K_{\max} = h\nu - \phi,\ \nu_o = \frac{\phi}{h}$: 문턱진동수
Compton 효과	$\lambda' - \lambda = \frac{h}{m_e c}(1-\cos\theta)$
de Broglie의 물질파	$\lambda = \frac{h}{mv}$
Bohr의 수소원자모형	$r_n = 0.53n^2\ [\text{Å}],\ E_n = -\frac{13.6}{n^2}\ [eV]$
수소의 선스펙트럼	$\frac{1}{\lambda} = R\left(\frac{1}{n_f^2} - \frac{1}{n_i^2}\right)$
Schrödinger 파동방정식	$\left(-\frac{\hbar^2}{2m}\nabla^2 + V\right)\Psi = i\hbar\frac{\partial\Psi}{\partial t},\ \left(-\frac{\hbar^2}{2m}\nabla^2 + V\right)u = Eu$
두 관성계의 시간차이(동시성)	$\Delta t = \gamma u \frac{\Delta x'}{c^2}$
시간 연장(time dilation)	$\Delta t = \gamma \Delta t'$
길이축소(length contraction)	$L = \frac{L'}{\gamma}$
속도 변환식	$v_x' = \frac{v_x - u}{1 - uv_x/c^2},\ v_y' = \frac{v_y}{1 - uv_x/c^2},\ v_z' = \frac{v_z}{1 - uv_x/c^2}$
상대론적 운동량	$\vec{p} = \gamma m \vec{v}$
상대론적 일과 에너지	$K = (\gamma - 1)mc^2$ $E = \gamma m v^2$ $E^2 = p^2c^2 + m^2c^4$
상대론적 Doppler효과	$f_o = \sqrt{\frac{c+v}{c-v}}\, f_s$, v : 광원과 관찰자의 상대속도
핵의 결합에너지	$E_B = \Delta m c^2 = [Nm_n + Zm_p + M({}^A_Z X)]c^2$ $1u = 1.6605 \times 10^{-27} kg,\ 931 MeV$ $m_p = 1.00727u,\ m_n = 1.008665u$ $M({}^A_Z X)$: 원소의 질량
방사능원소의 반감기	$\tau = \frac{0.693}{\lambda}$, λ : 붕괴상수
핵반응	$X + A \rightarrow Y + B,\ Q = (m_X + m_A - m_Y - m_B)c^2$ $Q > 0$: 발열반응 $Q < 08$: 흡열반응

찾아보기